新编建设工程无损检测技术发展与应用

◎ 王文明　主编

中国水利水电出版社
www.waterpub.com.cn

内 容 提 要

　　本书汇集了我国建设工程无损检测技术发展与应用领域的试验研究成果、工程检测实践总结、新技术开发应用和规程编制背景等相关内容，具有非常重要的应用指导价值。

　　本书可作为建设工程无损检测技术人员自学提高的参考书，也可作为土木工程建设技术人员继续教育培训用书及相关院校师生的教学参考书。

图书在版编目（ＣＩＰ）数据

新编建设工程无损检测技术发展与应用 / 王文明主编. -- 北京 ： 中国水利水电出版社，2012.7
ISBN 978-7-5084-9921-5

Ⅰ．①新… Ⅱ．①王… Ⅲ．①建筑工程—无损检验
Ⅳ．①TU712

中国版本图书馆CIP数据核字(2012)第135741号

书　　　名	**新编建设工程无损检测技术发展与应用**	
作　　　者	王文明　主编	
出 版 发 行	中国水利水电出版社	
	（北京市海淀区玉渊潭南路 1 号 D 座　　100038）	
	网址：www. waterpub. com. cn	
	E - mail： sales@waterpub. com. cn	
	电话：（010）68367658（发行部）	
经　　　售	北京科水图书销售中心（零售）	
	电话：（010）88383994、63202643、68545874	
	全国各地新华书店和相关出版物销售网点	
排　　　版	中国水利水电出版社微机排版中心	
印　　　刷	北京市北中印刷厂	
规　　　格	184mm×260mm　16 开本　34.75 印张　824 千字	
版　　　次	2012 年 7 月第 1 版　2012 年 7 月第 1 次印刷	
印　　　数	0001—2000 册	
定　　　价	**70.00 元**	

《新编建设工程无损检测技术发展与应用》
编委会

主　　编：王文明

编委会成员：龚景齐　张荣成　童寿兴　黄政宇　苏丛柏

　　　　　　罗仁安　王安坤　王宇新　李杰成　罗　敏

　　　　　　王文艺　徐国孝　王正成　王春娥　梁　润

　　　　　　胡卫东　王先芬　付素娟

前 言

早在 20 世纪 30 年代初，国外就已开始探索和研究建设工程无损检测技术，并获得了快速发展。1930 年开始研究表面压痕法；1935 年把共振法用于测量混凝土的弹性模量；1948 年施米特成功研制出检测混凝土表面硬度进而推定其抗压强度的回弹仪；1949 年运用超声脉冲对混凝土检测获得成功后，随即使用放射性同位素对混凝土密实度和强度进行检测，这些研究成果为混凝土无损检测技术的发展与应用奠定了可靠的基础。随后，许多国家也相继开展了这方面的研究。

我国在建设工程无损检测技术领域的研究工作从 20 世纪 50 年代中期开始，首先，通过引进瑞士的回弹仪和英国、波兰的超声仪，结合工程应用开展研究工作。从 1976 年起，国家建委将混凝土无损检测技术研究列入了建筑科学发展计划，组织全国 6 个单位进行技术攻关。1976 年 10 月，派出建设工程无损检测技术考察组赴罗马尼亚进行考察，重点对混凝土无损检测技术中的回弹法、超声波法和综合法的测试技术和测试仪器进行了解。从此，我国的建设工程无损检测技术开始进入有计划、有目标的研究开发和应用阶段。建设工程无损检测技术的发展与应用，至今已有三十多年的历史。实践证明，建设工程无损检测技术既适用于建设施工过程工程质量的检测，又适用于工程质量的验收和建筑物使用期间工程质量的检测鉴定。

为使我国土木工程技术人员了解建设工程无损检测技术发展概况，更好地把无损检测技术不断发展完善，我们编撰了《新编建设工程无损检测技术发展与应用》一书。该书基于我国建设工程无损检测技术发展与应用历程，结合我国建设工程无损检测技术领域的最新研究成果，以及针对各地建筑材料和气候特点的地方非破损测强曲线、泵送混凝土测强曲线、高强混凝土测强曲线等试验研究进行了系统的归纳和总结，同时汇集了一些典型的建设工程无损检测方法应用实例和研究经验。检测应用范围广泛，涵盖了回弹法、钻芯法、拔出法、超声回弹综合法、红外热线法、直拔法、超声反射法、超声波衰减层析成像法、混凝土雷达和地质雷达等。

本书汇集了我国建设工程无损检测技术界多位专家、学者和技术同仁的试验研究成果、工程检测实践总结、新技术开发应用和规程编制背景等内容，具有非常广泛的参考价值。

本书可作为土木工程建设技术人员自学提高的参考书，也可作为继续教育的培训用书及相关院校师生的参考书。

本书在编写过程中得到了中国水利水电出版社有关领导和编辑同志的热心指导，以及有关单位和个人的大力支持和帮助，谨致由衷的谢意。书中不足之处在所难免，欢迎读者批评指正。

《新编建设工程无损检测技术发展与应用》编委会

2011 年 12 月 18 日

目　录

前言

第一部分　综　述

结构中混凝土质量检测技术和评估方法的研究与应用 …………………… 龚景齐　卢瑞珍（1）
纵论混凝土现场施工质量的无损检测与评定 …………………………… 李杰成　李凤明（4）

第二部分　回弹法检测技术

《回弹法检测混凝土抗压强度技术规程》（JGJ/T 23—2011）解析 ………………… 王文明（13）
回弹法测强应注意的几个问题 …………………………………………………… 徐国孝（18）
混凝土回弹法测强中假性碳化对工程质量的误判 ……………………………… 童寿兴（21）
对《回弹法检测混凝土抗压强度技术规程》（JGJ/T 23—2001）的应用与理解
　……………………………………………………………………………………… 王文明（24）
泵送混凝土回弹测强修正方法研究 ……………………………………………… 徐国孝（27）
回弹法检测结构混凝土强度的影响因素 ………………………………………… 李杰成（31）
某工业厂房坍塌事故检测鉴定方法 ……………………………………………… 王文明（41）
浅议回弹法检测商品（泵送）混凝土强度 ……………………………………… 赵　强（43）
解析浙江省碎、卵石泵送混凝土回弹测强修正值分开设立的必要性 ………… 徐国孝（45）

第三部分　钻芯法检测技术

对《钻芯法检测混凝土强度技术规程》（CECS 03：2007）
　有关问题的商榷 ………………………………………………………… 王文明　罗　敏（48）
钻芯法检测混凝土强度时钻芯部位的确定 ……………………………………… 徐国孝（56）
钻芯法检测混凝土强度工作中的几点经验 ……………………………………… 王宇新（58）
不同行业芯样试件混凝土强度换算值的计算方法 ……………………………… 王文明（61）
芯样端面修补效应的试验研究 …………………………………………………… 李杰成（64）
和田玉龙喀什河老桥灌缝混凝土强度检测鉴定 ………………………………… 王文明（70）
利用回弹、钻芯检测结果的相关性判定旧结构混凝土强度 …………………… 徐国孝（72）
国道218线新源—库尔勒公路改建工程桥涵盖板质量安全危害的鉴定 ……… 王文明（76）

第四部分　后装拔出法检测技术

后装拔出法检测混凝土强度山西省地方曲线试验研究 ………………………… 王宇新（80）
某制药厂钢筋混凝土罐破损情况试验研究 ……………………………………… 王文明（84）

拔出法测试喷射混凝土强度试验研究 ……………………………………… 岳　峰（88）

某工贸公司办公楼及厂房既有结构工程质量检测鉴定及思考建议 ……………… 王文明（93）

后装拔出法检测高强混凝土强度试验研究 ……… 边智慧　商冬凡　付素娟　陈朝阳（96）

第五部分　综合法检测技术

不同版本混凝土无损检测规程换算强度的偏差 ……………………………… 童寿兴（101）

用平测法修正声速检测混凝土强度技术的研究 ……………………………… 童寿兴（106）

三种波速测试方法对混凝土测强影响的研究 ………………………………… 李杰成（112）

超声法测量空气声速时的测点数与误差问题 ………………………………… 童寿兴（119）

超声波首波相位反转法检测混凝土裂缝深度的研究 ………………………… 童寿兴（122）

混凝土强度非破损检测中修正方法的模拟比较 ………… 黄政宇　黄　靓　汪　优（126）

超声波首波波幅对混凝土强度测值的影响研究 ……………………………… 童寿兴（133）

广西地区超声—回弹综合法测定和评定结构混凝土强度方法 ………………… 李杰成（137）

采用标准棒扣除换能器 t_0 产生误差的成因 ………………………………… 童寿兴（147）

综合法统一曲线在广西地区适用性的研究 …………………………………… 李杰成（150）

修订后的超声回弹综合法与回弹法的主要区别 ……………………………… 徐国孝（154）

混凝土超声波测试的尺寸效应研究 …………………………………………… 李杰成（156）

汉口大清银行老建筑加固修缮前后检验鉴定

………………………… 罗仁安　陈文钊　刘　凯　姜洋标　童　凯（161）

钢管混凝土质量超声波检测的方法与工程实例 ……………………………… 童寿兴（174）

混凝土内部缺陷超声波检测技术 ……………………………………………… 童寿兴（179）

第六部分　高强混凝土测强技术

高强混凝土的无损测强技术试验研究 ………………………………………… 张荣成（214）

关于标称动能为 4.5J 和 5.5J 两种高强混凝土

　回弹仪检测精度的试验研究 ……………… 王文明　邓　军　陈光荣　汤旭江（222）

回弹法和超声回弹综合法检测高强混凝土强度在

　广东中山地区的试验研究与应用 …………………………… 朱艾路　王先芬（228）

高强混凝土强度无损检测方法精度对比 ………………… 付素娟　边智慧　赵灿强（234）

新疆高强混凝土回弹法检测强度的试验研究 ………………………………… 王文明（236）

回弹法检测高强混凝土强度回归方程的比较 …………… 付素娟　戴占彪　赵士永（240）

针贯入法检测高强混凝土强度试验研究 ………… 陈朝阳　付素娟　边智慧　赵占山（243）

高强度混凝土回弹仪和强度曲线的研究与应用 ……………………… 王　鹏　龚景齐（247）

第七部分　测强曲线制定与应用

回弹—钻芯法在混凝土质量鉴定中的应用与研究 …………………… 王文明　罗　敏（265）

浙江地区回弹法检测泵送混凝土抗压强度测强曲线

研究 …………………… 徐国孝 丁伟军 唐 蕾 翟延波 程 波 付兴权 (270)

建立中山地区回弹法检测混凝土抗压强度测强曲线的试验研究 ……… 王先芬 朱艾路 (277)

超声回弹综合法检测岳阳地区混凝土抗压强度曲线

    的建立 …………………… 胡卫东 祝新念 肖四喜 陈积光 (281)

建立中山地区超声回弹综合法检测 C10～C80 混凝土强度

    测强曲线试验研究 …………………… 王先芬 朱艾路 李浩军 (285)

回弹法检测混凝土抗压强度地区曲线建立 ………………………………… 梁 润 (289)

回弹法检测岳阳地区混凝土抗压强度曲线

    的建立 …………………… 胡卫东 祝新念 肖四喜 陈积光 (296)

全国回弹法测强曲线验证与碳化修正理论研究 ………………………… 李杰成 (302)

回弹法统一测强曲线在山西部分地区的应用 ………………… 郭 庆 王宇新 (307)

高强混凝土超声回弹综合法测强曲线的建立 … 赵士永 王铁成 付素娟 边智慧 (310)

第八部分 钢网架、桩基及其他检测技术

既有钢网架结构工程质量检验项目及方法 ……………………………… 王安坤 (315)

声波透射法检测钻孔灌注桩基桩完整性

    检测技术 …………………… 管 钧 王维刚 陈卫红 张全旭 (322)

石材质量的超声波检测技术研究 ………………………………………… 童寿兴 (326)

混凝土结构实体钢筋检测的研究 …………… 张全旭 管 钧 张立平 范瑞民 (330)

超声波检测拱桥的拱肋钢管混凝土质量 ………………………………… 童寿兴 (335)

混凝土中的钢筋锈蚀检测应用技术方法 …………… 张全旭 管 钧 陈卫红 (338)

混凝土黑斑成因引发石子氯盐检测问题的思考 ………………… 王文明 邓少敏 (341)

遭受火灾后结构安全性的鉴定方法 ……………………………………… 王文明 (355)

采用低应变动测和钻芯取样综合检测高层建筑嵌岩桩罕见缺陷 ……… 罗仁安 (360)

某办公楼加层改造工程质量检测鉴定 …………………………………… 王文明 (366)

对火灾后钢筋混凝土结构检测的方法 …………………………………… 赵 强 (372)

孔雀大厦屋面梁可靠性鉴定分析 ………………………………………… 王文明 (375)

无损检测技术在世界文化遗产平遥古城城墙检测中的应用 …………… 苏丛柏 (381)

天津信达广场混凝土实体质量检测 ……………………………………… 龚景齐 (395)

某抗震加固工程结构质量安全性检测鉴定与加固处理 ………………… 王文明 (403)

用超声纵波换能器测量混凝土的动弹模量 ……………………………… 童寿兴 (408)

第九部分 检测仪器研制与应用

智能型、模拟型超声仪声时测量值的比对试验 ………………………… 童寿兴 (413)

小波分析在 ZBL－P810 基桩动测仪中的应用 ………………………… 陈卫红 (416)

超声波首波波幅差异与声时测量值的关系研究 ………………………… 童寿兴 (423)

混凝土雷达检测新技术及应用 …………………………………………… 王正成 (427)

第十部分　数据分析与处理

Excel 在管桩质量检验中的应用 ………………………………… 梁　润（432）

回弹法检测混凝土抗压强度的 Excel 方法 …………………… 赵全斌（440）

巧用 Excel 表格建立混凝土强度专用（地区）曲线 ………… 常志红　杨　涛（443）

第十一部分　裂缝的检测、分析与修复

某多层砖混结构住宅楼严重开裂事故的分析和处理 …………… 王文明（449）

超声检测混凝土裂缝深度中首波相位反转法的研究 …………… 童寿兴（452）

某化肥厂冷却塔塔下水池裂缝鉴定分析 ………………………… 王春娥（456）

某工程梯板裂缝与主体框架柱垂直偏差原因分析与处理 ……… 王文艺（460）

关于某土木结构和砖木结构房屋的质量鉴定 …………………… 王春娥（463）

现场预制桥梁 T 梁开裂分析、处理及预防 …………………… 梁　润（465）

某桥梁工程桥板裂缝原因分析鉴定及处理 ……………………… 王文艺（471）

关于某办公楼裂缝的鉴定与处理 ………………………… 王文艺　王春娥（474）

第十二部分　无损检测新技术的研究与应用

直拔法检测混凝土抗压强度技术试验研究 ……………………… 王文明（478）

红外热像法检测混凝土建筑物饰面缺陷的试验研究 …………… 张荣成（503）

超声反射法单面检测钢—混凝土粘接界面质量的研究 ……… 黄政宇　周伟刚　李　瑜（511）

雷达在建筑工程无损检测中的应用 ……………………………… 王正成（518）

结构混凝土超声波衰减层析成像的试验研究 …………………… 黄政宇（521）

混凝土雷达在结构无损检测的应用技术 ………………………… 王正成（526）

红外线—微波综合法检测砌块结构中混凝土芯柱浇筑质量技术的研究 ……… 张荣成（532）

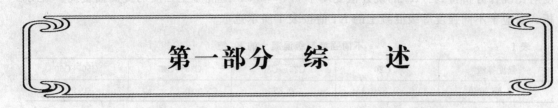

第一部分 综 述

结构中混凝土质量检测技术和评估方法的研究与应用

龚景齐 卢瑞珍

（天津港湾工程研究所，天津，300000）

本文提出了用标准立方体试件强度监控和评定混凝土材料的自身质量，同时用非破损（超声回弹综合法）检测手段配以芯样强度校核的方法，对结构混凝土进行监控和评估。

对结构中混凝土强度的检测和监控，在国外已逐渐引起重视，1984 年 ISO 第 71 委员会编制了《结构混凝土强度检验标准》，在此国际标准中，结构中混凝土强度被定义为"参考强度"（Reference Strength），并以钻取芯样得到的混凝土强度为代表。参考强度即由它可以换算得出相应的标准强度值，对被检测的混凝土构件作出必要的合格性判断结论。

天津港湾工程研究所（原交通部一航局科研所）从 20 世纪 50 年代末开始研究混凝土非破损检测技术并利用其检测现场混凝土的强度，目的是评估结构中混凝土的强度。结合混凝土工程的检测，逐步建立了一套对混凝土材料性能和结构中混凝土强度跟踪检测和评定的办法（以下简称"双控"）。实践表明，这一方法对混凝土工程质量确能起到保证作用，测定的数据可供设计者进行结构分析和可靠性计算。

1 结构设计规范对混凝土的强度要求

《建筑结构设计统一标准》（GB 50068—2001）中规定，将材料性能当做随机变量来处理；混凝土强度等级划分依据的强度标准值，其强度保证率应达到 95%。但在实际结构物中，由于浇筑、捣实、组成材料沉降及自然养护等诸多因素的影响，以芯样为代表的结构物中混凝土强度与标准试件混凝土的强度是有差别的，可以用式（1）来描述这两者的关系：

$$K_0 = f_{cor}/f_{cu} \tag{1}$$

式中　K_0——反映结构混凝土强度与标准试件混凝土强度之差别的系数；

　　　f_{cor}——结构中混凝土的强度值，MPa；

　　　f_{cu}——混凝土标准立方体试件的强度值，MPa。

此时，K_0 也是一个随机变量，需要通过测试和统计分析来获得。

有鉴于此，本课题组结合实际工程，通过 1512 个实测芯样强度及相应的标准试件强度对比统计分析得到：K_0 的统计值变动于 0.7～0.9，随混凝土强度的提高而提高。经分析，对应于不同强度等级混凝土的 K_0 值按表 1 所示选取。

表 1 不同强度等级混凝土的 K_0 值

强度等级	＜C20	C25～C30	C35～C45	C50～C60
建议 K_0 取值	0.82	0.85	0.88	0.90

2 用超声回弹综合法对混凝土标准立方体强度进行推算

结构中混凝土强度的检测，只能采用非破损手段。当今非破损检测方法很多，且各有利弊。目前比较可行、可信的方法是超声回弹综合法。超声回弹综合法基础的工作，是要先建立混凝土标准立方体试件强度与超声声速、回弹的相关关系，较适宜的表达形式为：

$$f_{cu,e(V,N)} = AV^B N^C \tag{2}$$

式中　$f_{cu,e(V,N)}$——超声声速 V、回弹值 N 推算的混凝土标准立方体试件强度，MPa；

V——测区的超声声速平均值；

N——测区的回弹值平均值；

A、B、C——根据实测结果，用回归分析方法得出的系数。

超声回弹综合法的优点是除推断混凝土强度外，还可以利用超声声速对混凝土构件进行均匀性的检查，若发现结构物的薄弱部位，就可有目标地加严检测和监控。

由于用超声回弹综合法推算得到的标准立方体强度可能存在一定误差，为缩减误差，可钻取少量芯样，用芯样强度对上述推算得到的强度进行校准。进行此项工作时需考虑下述问题。

1）由于在结构设计规范中已经认可：结构物中混凝土 $\phi 100\text{mm} \times 100\text{mm}$ 芯样强度与混凝土标准立方体强度的比值 K_0 可按表选取。

$$f_{cu,e(cor)} = f_{cor} / K_0 \tag{3}$$

式中　$f_{cu,e(cor)}$——根据芯样强度推算得到的混凝土标准立方体强度，MPa；

f_{cor}——从结构物中钻取的 $\phi 100\text{mm} \times 100\text{mm}$ 芯样强度，MPa。

2）单个测区内，实测芯样强度与实测超声、回弹值都是随机变量，其一一对应的比值，也仍然是一个具有相当离散性的量，以一个离散的量作为举足轻重的校准系数是不合适的，两者之间可靠的相关关系应是整批混凝土内全部测区大量实测数据的总体均值之比，即：

$$\psi = \frac{\mu f_{cu,e(cor)}}{\mu f_{cu,e(V,N)}} \tag{4}$$

式中　$f_{cu,e(cor)}$——全部测区芯样强度推定强度均值，MPa；

$f_{cu,e(V,N)}$——全部测区超声回弹综合法推定强度均值，MPa。

3）整批混凝土内布置有大量测区，所以式 4 中的分母是容易计算得到的。但是钻取芯样时会对结构有一定的损伤，要获得大量测试数据的总体均值是不可行的。因此，在实际应用时，建议将芯样的钻取位置限制在超声回弹综合法推算得到的强度均值附近，且芯样数量不大于 5，以期获得两者之间尽可能可靠的比值。

4）芯样校准后的标准立方强度，按下式计算：

$$\left[f_{cu,e(V,N)}\right]_{\text{校}} = \psi f_{cu,e(V,N)} \tag{5}$$

3 混凝土强度质量的合格评定

基于结构设计规范对结构物中强度质量的判定要求，可归结为以下两点。

（1）评定混凝土材料质量是否合格。是在一批混凝土中抽取标准试件进行统计分析，用宽严适度的强度合格评定标准，判定该批混凝土的强度标准值能否达到95%保证率。

（2）评估结构中混凝土的质量是否合格。即用结构物中实测的超声声速、回弹值，按专用曲线推算成混凝土标准立方体强度，再辅以芯样强度校准。此时可用结构设计规范对混凝土强度的要求，来评估该批混凝土的强度标准值能否达到95%保证率。

混凝土强度合格评定中，一个极其重要的问题是必须有一个宽严适度的验收标准。经课题组对国内外，包括日本、美国、英国、欧洲混凝土协会、原联邦德国、澳大利亚以及建工、港工、水工等现行混凝土强度验收标准中抽样检验特性进行研究，分类探讨了它们不同生产条件、不同管理水平、不同样本容量下的适用性，提出了一个与我国工程结构可靠度设计统一标准相匹配的强度验收标准。

为了验证这个强度检验标准的可行性和可信性，特在天津国际大厦、天津日报业务楼和金皇大厦三项结构工程中试行。在施工过程中同时采用了三种检测手段作相对比较，现将金皇大厦高强度混凝土合格评定结果列于表2。

表 2   金皇大厦高强度混凝土合格评定结果

强度等级	楼层	强度评定的合格率		$K = \dfrac{\mu f_{cor}}{\mu f_{cu}}$	K_0 取值
		标准立方体强度	以芯样校准后的强度		
C60	一1层～一3层	3/3=100%	3/3=100%	0.93	0.88
	1层～15层	15/15=100%	15/15=100%		0.88
C50	16层～31层	16/16=100%	16/16=100%	0.87	0.88

由表2可以看出以下几点。

1）由C60浇筑的各楼层的混凝土，通过各层标准立方体试件强度的评定，合格率达100%，混凝土拌和物质量良好，满足设计所需的标准值达95%的保证率。

2）结构中混凝土经超声和高强度混凝土回弹仪综合法检测，并配以小芯样校核，混凝土强度也均判合格，说明施工质量良好。

3）实测芯样强度与标准立方体试件强度之比值，确与混凝土强度等级有关。

4 结语

本课题组先后在国际大厦、天津日报业务楼和金皇大厦的施工过程中，摸索了一套对混凝土强度和结构物中现场混凝土强度的判定标准，与此同时，进行了混凝土拌和物质量的监控。这种双控方法主要遵循的原则如下。

（1）采用破损与非破损检测相结合的手段，前者用标准试块，以确保工程所用混凝土材料的质量，后者用于实际结构物的检测，以确保结构中混凝土真实质量。

（2）遵循 ISO 第 71 委员会的规定，结构混凝土强度以芯样试验结果为基准。通过大量以芯样强度为标准立方体强度的统计分析，建立对应不同等级（C45 以下）的 K_0 值，为结构混凝土强度合格评定提供基本折算系数。

（3）对于结构中混凝土质量的检测，采用超声回弹综合法做大面积普查，通过已建立的专用曲线推算混凝土强度，并从结构物中钻取少量芯样，采用校准相结合的方法，以期达到技术和经济效益的最佳组合。

（4）对结构中混凝土强度的合格评估，以《建筑结构设计统一标准》（GB 50068—2001）为依据，采用了与标准试件破损检测相同的评定标准，既确保混凝土强度等级和概率分布满足设计要求，又保持两者评定标准的宽严一致。

参 考 文 献

[1] 现行建筑结构规范大全. 北京：中国建筑工业出版社，2009.
[2] 交通部第一航务工程局. 港口工程施工手册. 北京：人民交通出版社，1997.
[3] 港口工程结构可靠度设计统一标准编制组. 港口工程结构可靠度. 北京：人民交通出版，1993.

纵论混凝土现场施工质量的无损检测与评定

李杰成　李凤明

（广西建筑科学研究设计院，南宁，530011）

本文通过多年的现场检定混凝土施工质量的实测数据以及较为详细的分析研究成果，从多方面指出并论证了现阶段区内多数混凝土检测人员对无损检测的一些模糊观点，针对各种错误看法的根源，进行了认真的分析论证。证明了"综合法"、"钻芯法"精度的可信性，提出了如何利用钻芯法、回弹法、超声—回弹综合法以及三者的综合使用进行混凝土质量评定的技术要求、注意事项以及应用建议。

1 问题的提出

现场混凝土质量的评定方法历年来是广大技术人员感到棘手的问题之一，最经典的方法是通过现场预留混凝土立方试块的 28d 强度代表之，而事实上，由于质监人员（包括业主代表）的监督往往还不能保证试块的成型状态与实际构件的完全相同，以及养护条件的差异、施工人员的做假等多方面因素的影响，构成了试块的代表性"失真"甚至错误的结果。即在实际工程中，能按规程严格制作的真正代表构件真实情况的试块甚为少见，虽然它是较为人们所接受的又合乎规程的方法。但是，由于这个试块评定不是在构件上直接测得其有关指标来评价混凝土的质量情况，这就必然存在一种由于期间接性引起的误差。

所以，多年来国内外专家探讨了各种各样更为直接（在结构混凝土直接测试）、更为简便的评价方法，其中的回弹法、钻芯法、综合法等最为突出，也最为大众所接受。

近些年来，我国也在积极地逐步推广这些评价方法，并分别建立了规程及曲线等。无损检测专家们为此倾注了大量心血，成果可喜，但是由于以下一些错觉和误解或某些其他原因造成了这些方法推广进展不快，或未受重视，甚至威信下降，其原因主要如下。

1）检测人员素质不高，技术粗糙，造成采集数据失真。

2）芯样采集及后期处理不善。

3）应用方法与建立规程、曲线时的状态不同，而造成的错位误差较大。

4）大多数检测人员抱着"一条曲线打天下"的错误观点，忽视各种技术联系、现场具体情况的修正。

5）仪器及人员管理不善，对检测人员培训不够。

由于以上诸多的原因使人们对这些方法的可靠度、精度提出了疑惑，致使其推广面不宽、人们的信任不高等不良后果。

实际上，这些方法应用的真实情况如何？这是一个值得重视的问题。通过多年来在一些实际工程中检测数据详细和综合的分析，获得了许多有价值的成果，它将对提高检测精度起到极其重要的作用。

注：本文所述数据及曲线使用只限于普通水泥、碎石成型且采用自然养护方法，而且也只就此作结论。

2 论述与例证

2.1 回弹法、综合法、钻芯法的实际应用情况简述

回弹法是无损检测方法中，最早也是最多地应用于实际工程的方法之一，由于其简单方便、成本低，故目前全国各地已普遍应用，成为各施工、检测、质量单位后期控制及评定混凝土质量的重要手段之一。但由于回弹法全国曲线在广西应用的误差甚大，广西地区曲线中某些公式（普碎自公式）的计算强度又偏低，而曲线建立单位及主管部门又未能及时做补充试验予以纠正。这样检测人员依然按照规程及曲线计算结果来评定结构混凝土，忽略了曲线误差及修正，加上仪器使用不当，影响因素的修正方法不健全等，致使许多工程混凝土质量评定错误，给工程带来了麻烦，造成损失。时间一长，就引起人们对这种方法精度的可靠性产生了不信任感，既影响了工程混凝土质量的合理评价又影响它的推广应用。实际上，若应用得当，回弹法的规律性及可信度还是比较高的。

综合法的应用情况稍有不同，目前它主要掌握在为数不多（目前全区已有部分地市配备了超声仪）的专门从事施工质量监督及检测的机构和人员手里，其精度以及在实际应用中的威信均比回弹法高。广西地区也在1986年建立了广西"综合法"测强曲线并通过了技术鉴定。但由于综合法应用时，对检测人员的素质要求较高，仪器操作也比较复杂严格，如果使用人员的操作不熟练，技术不过硬就很容易造成人为的测定误差（这种误差不是由于方法或是曲线本身的精度带来的，而是由于操作不规范或是评定方法不合理而导致的）。由于我们对应用人员培训不足，故实际上能正确使用该方法的人员尚不多，所以很多检测人员因未能很好了解它而对它敬而远之，故目前"综合法"的应用尚不够广泛。

钻芯法则是直接采取评定的方法，虽然它对结构有局部的破坏，但其直观的强度却为人们所信赖。由于受现场条件及结构情况的限制取样困难，加上设备及操作上的原因，致

使取出的芯样离标准芯样的要求相去甚远（如垂直度、平整度以及高径比等的差距），需要作较严格的加工修补方可进行抗压试验。又因受到加工设备的限制，难以使芯样的加工达到标准芯样的要求（如未加磨平之垂直等），而芯样的最终抗压受这些因素影响较大，加上各种修正尚未得到足够重视，或者对国家现行规程不够熟悉，误认为芯样取回后进行抗压试验所得强度即为混凝土的实际强度，而对芯样状态不同所带来的误差不予重视，所以很多检测结果未能达到令人满意的效果。

那么，实际应用的误差及精度情况如何呢？对几年来在实际检测中一些有可比性的数据进行了分析和统计，得到了一些关于这三种测强方法的一些数据对比的有价值的结论。

2.2 现场检测数据的分析和结果

（1）现场预留的标准立方试块抗压强度与回弹法计算强度的比较情况：在检测武鸣染织厂工程的混凝土质量中，同时得到了构件的预留试块共 14 个。对这批现场试块先进行了回弹测定，接着又进行了抗压试验。然后按南宁地区普碎自公式计算的强度 $f_计$ 与实际试块的抗压强度 $f_压$ 相比（表1）。

表1   南宁地区普碎自公式计算的强度 $f_计$ 与实际试块的抗压强度 $f_压$ 相比

构件编号	回弹值（N）	南宁普碎自曲线计算强度 $f_计$（MPa）	实际试块的抗压强度 $f_压$（MPa）	相对误差值 $\dfrac{f_计-f_压}{f_压}\times100\%$	备注
柱子	28.4	11.5	16.0	−28.1	
柱子	30.5	14.0	16.2	−13.5	
柱子	28.9	12.1	15.2	−20.0	
柱子	29.3	12.5	16.5	−24.2	
柱子	28.8	12.0	15.6	−23.0	
柱子	29.7	13.0	17.0	−23.5	
柱子	27.5	10.6	18.6	−43.0	剔除
柱子	31.5	15.2	18.1	−16.0	
柱子	30.5	14.0	18.1	−22.7	
楼梯	33.0	17.3	20.3	−14.8	
楼梯	32.4	16.5	21.9	−24.7	
楼梯	32.6	16.7	20.8	−19.7	
梁板	23.5	6.9	10.0	−31.0	剔除
梁板	25.6	8.5	14.4	−40.9	剔除

剔除其中3个异常数据（误差值比平均相对误差大50%以上），得 $n=11$。统计结果（表2）表明：在同一试块上测试，按普碎自公式计算的强度比实际试块的抗压强度值低 20.9% 左右，而全国曲线统计的结果误差更大，高达 32.8%（其原因是地方材料不同）。

表2   统 计 结 果

子样数	有效子样数	南宁地区普碎自公式计算的强度平均值（MPa）	实际试块的抗压强度平均值（MPa）	平均相对误差	标准差
14	11	13.5	17.1	20.9	22.4

（2）钻芯法的应用情况实例分析。在多年的实践中，积累了一些很有价值的可比性强的数据（详见表3，表中数据均来自于普通水泥、碎石、自然养护）。在现场测定时，先选定钻取芯样的部位，在此部位先做回弹测试，然后在同一部位取芯（ϕ100mm，高径比为1：1），芯样进行切割后用水泥浆补平，自然养护干硬后进行抗压试验，得到修正前的芯样强度 f_1 与按南宁地区回弹计算得到的强度 $f_回$ 作比较，结果见表3。

表3 　　　　　　　　　　　　芯样强度 f_1 与回弹计算得到的强度 $f_回$ 比较

回弹值（N）	南宁地区曲线计算强度 $f_回$（MPa）	芯样抗压强度 f_1（MPa）	未加磨平修正系数前两者间误差（%）	加磨平修正系数后芯样强度 f（MPa）	修正后两者间的误差 $\dfrac{f_回 - f}{f} \times 100\%$	备注
25.5	8.7	9.9	−12.1	11.6	−25.0	
26.2	9.4	10.3	−8.7	12.0	−21.7	
25.2	8.4	9.1	−7.7	10.6	−20.8	
27.4	10.6	11.7	−9.4	13.7	−22.6	
23.7	7.1	10.3	−31.1	12.1	−41.3	剔除
23.7	7.1	9.5	−25.3	11.1	−36.0	剔除
23.0	6.5	7.5	−13.3	8.8	−26.0	
30.5	13.6	13.8	−14.5	16.1	−15.5	
31.0	14.0	14.1	−0.7	16.5	−15.1	
25.1	8.3	8.3	0	9.7	−14.4	
36.1	19.7	19.7	0	22.9	−14.0	
29.5	11.5	13.0	−3.3	15.2	−24.3	

从表3中计算得到：芯样的抗压强度 f_1 比回弹法的计算强度高6.97%左右。而在前面的分析中，我们知道 $f_回$ 比混凝土实际强度低20.9%左右，也就是说此时得到的芯样强度仍然比混凝土的真实抗压强度低。其原因是什么呢？从以前的研究成果中得知：芯样在补平前抗压面未加以研磨，故芯样平整度和垂直度不满足要求而致使芯样抗压强度偏低11.7%。所以，为了使芯样强度较精确地反映混凝土的实际强度，将芯样抗压强度乘以修正系数 $K_磨$=1.1，对其强度进行修正，（表3），然后再计算它同回弹法的误差。

通过计算，得到了这样的结果：修正后芯样的强度比 $f_回$ 高19.9%。而前面证实了混凝土试块强度比 $f_回$ 高20.9%左右，这就说明修正后的芯样强度与混凝土的真实强度非常接近。它再次证实了芯样的磨平（或磨平修正）是必要的。

（3）从上面的分析中得知：芯样修正后的强度与混凝土实际强度比较接近。那么综合法的评定强度与芯样强度之间比较的情况又是怎样的呢？下面就将芯样强度同综合法评定强度作一比较。

在现场测试工作中，确定了取芯部位之后，先在该部位进行综合法的测试，测完之后就在该部位钻取 ϕ100mm 标准芯样，芯样切割修补后做抗压试验，结果详见表6。

表4的数据中，剔除基中3个异常数据，统计结果是：相对标准差为8.47%，说明综合法评定强度同芯样强度非常接近。前面已证明芯样强度是较准确地反映混凝土实际强

度的，那就说明了广西综合法的评定强度是比较准确的，精度也是较高的。在表2列举的8.47%标准差中，有部分属于芯样本身的误差引起，有部分属于综合法自身引起。所以综合法评定强度的误差实际还没有这么高，作现场测定能达到这样高的精度已是令人满意的了。通过以上几个方法的两两相比较知道：钻芯法、综合法评定强度与混凝土试块强度误差很小。

表4 广西综合法评定强度与芯样强度比较

回弹值 （N）	声速值 （V）	广西综合法 曲线强度 $f_综$ （MPa）	修正后芯样 强度 $f_芯$ （MPa）	相对误差值 $\dfrac{f_综 - f_芯}{f_芯} \times 100\%$	误差平方值 δ_2	备注
25.5	3.53	11.0	11.6	−5.1	26.01	
26.2	3.52	11.7	12.0	−2.5	6.25	
25.2	3.26	10.0	10.6	−5.7	32.49	
27.4	3.00	14.1	13.7	2.9	8.41	
23.7	3.57	9.3	12.1	−23.7	533.61	剔除
23.7	3.59	9.3	11.1	−16.2	262.44	
24.3	3.74	10.8	8.8	22.7	515.29	剔除
28.2	3.89	16.0	16.1	−0.6	0.36	
27.5	3.59	14.1	16.5	−14.5	210.25	
28.2	3.80	13.1	9.7	35.0	1225.0	剔除
34.1	3.99	24.1	22.9	5.2	27.04	
29.5	3.40	15.2	15.2	0	0	

（4）再用实际工程上利用回弹法与综合法测取的实例数据（两法数据均在构件的同一部位测取）进行比较，通过间接比较了解试块与综合法的误差情况。

详细整理了武鸣城厢镇政府办公楼、武鸣染织厂、扶南糖厂热电站、柳州窗纱厂、来宾县印刷厂、区交通厅、贵港市电缆厂等7个工程实例数据（详见表5）并进行了统计分析。结果是：广西综合法曲线的强度与混凝土实际强度非常接近，精度是比较高的。

表5 工程实例数据统计分析

序号	回弹值 （N）	声速值 （V）	南宁地区普碎自曲线 计算中强度 $f_南$（MPa）	广西综合法曲线计算 强度 $f_г$（MPa）	相对误差值 $\dfrac{f_南 - f_г}{f_г} \times 100\%$	备注
1	25.1	3.53	8.3	10.6	−21.7	剔除
2	25.2	3.53	8.7	11.0	−20.9	剔除
3	26.2	3.52	9.4	11.7	−19.7	
4	25.2	3.26	8.4	10.0	−16.0	剔除
5	25.8	3.45	9.0	11.1	−18.9	剔除
6	26.3	3.33	9.5	11.3	−15.9	
7	27.4	3.88	10.6	14.1	−24.8	剔除

序号	回弹值（N）	声速值（V）	南宁地区普碎自曲线计算中强度 $f_南$（MPa）	广西综合法曲线计算强度 f_r（MPa）	相对误差值 $\dfrac{f_南 - f_r}{f_r} \times 100\%$	备注
8	23.7	3.57	7.1	9.3	−23.7	
9	26.1	3.44	9.3	11.4	−18.4	剔除
10	23.7	3.59	7.1	9.3	−23.7	剔除
11	24.3	3.74	8.5	10.8	−21.3	剔除
12	24.5	3.65	8.7	10.8	−19.4	
13	26.2	3.95	10.4	13.5	−23.0	
14	26.5	3.90	10.7	13.8	−22.5	
15	28.2	3.89	12.7	16.0	−20.6	
16	28.7	4.05	13.3	17.3	−23.1	
17	29.1	3.99	13.8	17.7	−22.0	
18	28.3	4.02	12.8	16.6	−22.9	
19	29.2	3.76	13.9	17.0	−18.2	
20	27.8	3.04	12.2	15.3	−20.3	剔除
21	24.2	3.61	8.4	10.4	−19.2	
22	27.5	3.59	11.9	14.1	−15.6	
23	26.2	3.80	10.4	13.1	−20.6	
24	27.7	4.00	12.1	15.7	−22.9	
25	27.6	3.99	12.0	15.5	−22.6	
26	35.1	3.75	20.6	25.1	−17.9	
27	32.0	4.11	16.6	21.8	−23.9	
28	30.5	4.11	14.6	19.6	−25.5	
29	32.8	4.19	18.3	23.4	−21.8	
30	35.3	3.81	21.6	26.1	−17.2	
31	31.4	3.75	15.7	19.4	−19.0	
32	35.3	4.01	22.3	27.6	−19.2	
33	35.7	4.12	21.5	28.4	−24.3	
34	32.0	4.23	17.1	22.6	−24.3	
35	35.9	4.38	22.6	30.6	−26.1	
36	36.0	4.30	22.7	30.0	−24.3	
37	33.0	4.18	18.0	23.9	−24.7	
38	31.3	3.90	16.1	20.1	−19.9	
39	31.0	4.18	15.9	20.9	−23.9	
40	33.2	4.01	19.1	24.0	−20.4	

序号	回弹值 （N）	声速值 （V）	南宁地区普碎自曲线 计算中强度 $f_南$（MPa）	广西综合法曲线计算 强度 f_r（MPa）	相对误差值 $\dfrac{f_南-f_r}{f_r}\times100\%$	备注
41	35.5	4.30	22.8	30.2	−24.5	
42	32.3	4.00	16.4	21.7	−24.4	
43	35.3	4.40	20.9	29.2	−28.4	
44	36.9	4.35	23.5	32.2	−27.0	
45	35.7	4.24	23.0	29.1	−20.9	
46	35.0	4.27	20.4	27.9	−26.9	
47	32.7	4.29	17.0	23.7	−28.3	
48	30.3	3.59	13.8	17.0	−18.8	
49	27.5	3.43	10.7	12.9	−17.0	
50	29.6	3.35	13.4	15.3	−12.4	
51	33.0	3.83	18.6	22.3	−16.6	
52	28.6	3.88	11.9	15.7	−24.2	
53	31.0	3.42	14.7	17.3	−15.0	
54	27.6	3.27	10.8	12.5	−13.6	
55	35.6	4.36	23.7	20.5	−22.3	
56	36.3	4.34	25.0	31.9	−21.6	
57	29.7	4.46	14.6	19.9	−26.6	
58	28.9	4.13	13.5	17.5	−22.9	
59	29.0	4.06	13.7	17.4	−21.3	
60	31.2	4.22	16.6	21.5	−22.8	
61	30.9	4.31	16.2	21.3	−23.9	
62	32.8	4.38	19.0	25.5	−25.4	
63	30.3	4.17	15.4	20.2	−23.8	
64	34.3	4.29	23.2	28.0	−17.1	
65	34.0	4.35	21.0	27.7	−24.2	
66	37.3	4.59	26.1	35.2	−25.9	
67	36.2	4.50	24.1	32.3	−25.4	
68	33.3	3.79	19.2	22.3	−15.8	
69	37.0	4.21	25.5	32.2	−20.8	
70	38.3	4.40	28.0	36.4	−23.1	
71	36.3	4.02	24.3	29.6	−17.9	
72	34.5	3.78	21.2	24.9	−14.9	

注 平均相对误差：−21.5%。

为了更直观地比较各种方法在实际使用时的误差情况，设计了一种巧妙的比较方法——同心圆法，即把这几种方法两两相比的结果联合放进一个同心圆内，使它们能统一比较。

（1）以混凝土标准试块强度为100％作一直径为R的圆，作为标准圆。

（2）分别按先后次序，以回弹法、广西综合法、钻芯法的评定强度占混凝土标准强度的百分比作为直径分别画同心圆（图1）。

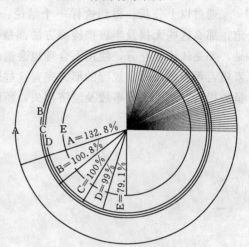

综上所述，大量的现场实测数据对比和统计分析结果证明了以下观点。

（1）广西综合法曲线的评定强度和芯样强度较接近混凝土的实际强度。

（2）无论是什么样的方法，都不能抱着"一条曲线打天下"的想法，要充分联系现场实际情况和各种影响因素，作出合理的修正评定。

（3）芯样试块的平整度和垂直度不满足规程要求时（如不做切割面打磨时），在最后评定强度时，应做磨平修正，以减少误差。另外由于该法成本高，操作困难，故它虽然精度高，但也不宜做大量混凝土普查之用。只是采用回

图1　各种方法的现场数据同心圆比较
A—全国回弹法曲线强度圆；B—广西综合法曲线强度圆；C—现场混凝土试块抗压强度圆；D—现场混凝土芯样抗压强度圆；E—南宁地区回弹法曲线强度圆

弹法、综合法普查之后，选择少部位取芯，用其强度做回弹法、综合法强度的校核之用。

3　检测中一些值得注意的事项

3.1　回弹法的使用

回弹法较简易方便，是用来做大量混凝土质量普查的一种较好的手段，应用它时特别应该注意以下几点。

（1）全国回弹曲线广西地区应用误差较大，不宜在广西地区使用。

（2）在使用地区曲线时，应根据有关资料予以适当修正。

（3）正确处理好碳化修正问题。

3.2　广西地区综合法使用

（1）首先是要培训出一批具有良好素质和高度责任心，对仪器操作与维护比较熟练、论理知识强的检测人员。人员素质决定着采集数据的可靠性。需严格遵守规程要求，注意做好现场测区的选择及表面处理，测试时耐心细致，避免各种不必要的人为误差。

（2）在使用超声仪时，其工作状态和操作方法需完全按照制定广西地区综合法曲线时态和操作方法进行，这样才不会产生由于仪器状态等不同造成采集数据"错位"而导致的误差。

3.3　钻芯法的使用

钻芯法由于其设备笨重，操作困难，芯样的加工烦琐，成本大，而且芯样加工精度要

求高，对构件有破损等，故它不宜做工程的大量普查之用。但最直接反映现场混凝土的施工质量，特别是当工程有争议时，选取一些特征部位钻芯，以其强度来校核回弹法、综合法的强度，用这种综合评定的方法所得的结论就会是较精确的。

4 结语

通过以上分析，得到这样一个结论：只要使用得当，修正合理、综合运用，统一评定，那么这些无损及半破损检测方法都是可行的，而且精度是能满足现场评定要求的。但是，要是认识不充分，使用不合理也会造成较大误差。所以首先应该重视的是检测人员的素质，再者是及时以规程的形式完善这些理论。因此，它的推广应用定可促进我国施工质量的提高，减少工程事故及经济损失，所以它的前景将是广阔的。

第二部分 回弹法检测技术

《回弹法检测混凝土抗压强度技术规程》
(JGJ/T 23—2011) 解析

王文明

(新疆巴州建设工程质量检测中心，新疆库尔勒市，841000)

根据住房和城乡建设部《关于印发〈2008 年工程建设标准规范制订修订计划（第一批）〉的通知》（建标［2008］102 号）的要求，由陕西省建筑科学研究院和浙江海天建设集团有限公司会同有关单位经过大量的试验和调查研究，认真总结实践经验，并在广泛征求意见的基础上，修订编制了《回弹法检测混凝土抗压强度技术规程》（JGJ/T 23—2011）（以下简称《新规程》）。笔者结合自己的检测实践经验和参加标准协调和审查时的建议和意见，对新规程的修订背景和修订的主要技术内容加以介绍，对有关问题进行解析。

1 修订背景

根据住房和城乡建设部《关于印发〈2008 年工程建设标准规范制订修订计划（第一批）〉的通知》（建标［2008］102 号）的要求，规程编制组对《回弹法检测混凝土抗压强度技术规程》（JGJ/T23—2001）（以下简称《原规程》）进行了修订。回弹法规程 1985 年版为首版，先后两次修订后有了 1992 年版和 2001 年版。此次针对 2001 年版的修订，已是回弹法规程的第三次了。此次修订工作主要针对现行工程建设中泵送混凝土的推广应用，亟须建立和完善新的回弹测强曲线。修订工作始于 2008 年，2009 年 7 月完成送审稿。结合我国工程建设混凝土应用的现状，在传统的自拌混凝土和现代泵送混凝土并存的情况下，规程修订在保留原有测强曲线的基础上，增加了泵送混凝土和高强混凝土专用测强曲线。修订内容中有关高强部分的内容因与《高强混凝土强度检测技术规程》送审稿在高强检测内容和高强混凝土回弹仪选择上产生矛盾，2009 年 8 月 18 日在北京召开了协调审查会议。送审稿在送审前又经协调讨论后删除了和工程建设行业标准《高强混凝土强度检测技术规程》送审稿相矛盾的所有关于高强部分的内容，2010 年 5 月通过了送审稿的审查。2011 年 5 月 3 日，新规程予以发布，自 2011 年 12 月 1 日起实施。

2 修订的主要技术内容

新规程与原规程相比，主要修订技术内容包括以下几个方面。

①增加了数字式回弹仪的技术要求；②增加了泵送混凝土测强曲线及测区强度换算

表；③增加了钢砧的检定和校准；④对回弹仪检定的规定进行了局部修改和完善；⑤将测定碳化深度用的酚酞酒精溶液的浓度进行了修改；⑥对制定测强曲线时的试件回弹预加压力进行了修订；⑦对养护类型和龄期对应关系作了细化和修改；⑧抽样方法和数量的协调处理。

2.1 增加了数字式回弹仪的技术要求

结合建筑科技的发展和建筑仪器设备的进步，增加了数字回弹仪，并统一了使用规定，满足了实际检测需求，极大程度地减少了数据统计计算的工作量和发生人为错误的可能性。也有利于保证数据采集的科学性和公正性，减少人为的"徇私舞弊"以及弄虚作假行为的发生。

2.2 增加了泵送混凝土测强曲线及测区强度换算表

原规程对泵送混凝土的测试是根据其回弹值的大小范围和不同测试面进行修正计算，而现规程通过大量的泵送混凝土的检测试验数据进行计算统计分析，制定了专门的泵送混凝土测强曲线及测区强度换算表，提高了精度也方便了检测过程的应用。但试验数据还不够全面导致一些检测应用还受到一定限制，这些问题将在后面的有关问题商榷中和大家一起探讨。

2.3 增加了钢砧的检定和校准

对钢砧的检定和校准在回弹法规程中首次提出，颇具现实意义，这也是本次回弹法规程修订的一大亮点。为更好地确保回弹仪的标准状态奠定了前提基础。在本规程第 3.2.5 条规定应每 2 年对钢砧进行一次检定和校准，并对具体校准部门也和回弹仪一样在规程中予以明确规定，这样的补充规定很有实际价值，对确保回弹仪的标准状态至关重要。

2.4 对回弹仪检定的规定进行了局部修改和完善

对回弹仪检定频率的规定，审查委员会专家讨论后一致认为：对原规程中的弹击 6000 次就进行检定的规定，频率过高，建议修订原规程的弹击次数。有专家建议调高到 10000～16000 次；甚至有专家认为某品牌回弹仪质量好，性能稳定，即便弹击 26000 次回弹仪仍然可以处于标准状态。但鉴于目前回弹仪生产厂家较多，技术性能各有差异，无法准确地给出各弹击次数，而回弹法规程中又有"有效期为半年"的限定，因此审查委员会专家一致同意取消弹击次数作为检定的规定。

2.5 将测定碳化深度用的酚酞酒精溶液的浓度进行了修改

将测定碳化深度用的酚酞酒精溶液的浓度进行了修改，由原来规定的 1% 提高到 2%。由于原规程规定 1% 的酚酞酒精溶液的浓度在北方冷的地区测试时反应不敏感，适当提高酚酞酒精溶液的浓度到 2%，既不会对混凝土构成危害，也提高了在北方冷的地区测试时反应的敏感性。

2.6 对制定测强曲线时的试件回弹预加压力进行了修订

对试件回弹前的预加压力进行了修订，由 30～80kN 提高到 60～100kN。原规程"附录 E 专用测强曲线的制定方法"中预加压为 30～80kN，笔者认同提高预加压的必要性，并建议加压到 60～100kN（低强度试件取低值加压，高强度时取高值加压）。试验验证表明，有时按此力值确实不能稳固，甚至到 100kN 左右才能稳固，确保回弹时试件不移位不颤抖。另据回弹法元老邱平专家介绍，国内外已有文献资料表明预加压不应低于试件极限荷载的 15%，并曾翻译后以论文《约束力对回弹的影响》发表在《工程质量管理与检测》1993 年第 2 期。论文中阐述的试验结果表明：约束力为试件极限荷载的 15% 为最佳约束力，大于或小于此值对回弹测值都有影响。因此，最小值下限值 30kN 是不满足要求的。本规程编制组和审查委员会专家综合多方意见建议，最终一致同意将预加压由 30～80kN 提高到 60～100kN。

2.7 对养护类型和龄期对应关系作了细化和修改

原规程第 6.2.1 条第 4 款"自然养护或蒸汽养护出池经 7d 以上，且混凝土表层为干燥状态"改为现在的第 6.2.1 条第 4 款"蒸汽养护出池经自然养护 7d 以上，且混凝土表层为干燥状态"和第 5 款"自然养护且龄期为：（14～1000）d"。实际上，这种修改只是对两种不同的养护方式所对应的龄期作了分类说明，避免了一些理解上的歧义出现。

2.8 抽样方法和数量的修订

新规程在抽样方法和数量的修订，和《建筑结构检测技术标准》（GB 50344—2004）等进行了相应的协调处理，即在新规程第 4.1.3 条中增加了"当检验批构件数量大于 30 个时，抽样构件数量可适当调整，但不得少于有关标准规定的最小抽样数量"的规定。

3 有关问题解析

3.1 普通混凝土的定义

普通混凝土因不同规程定义也各有不同，如何科学准确地定义非常重要。

按照常规理解，普通混凝土特指未掺加外加剂、掺和料的水泥混凝土，它应该是区别于特种或特殊混凝土而言的。如果按照密度来区分，普通混凝土就应该是现行《普通混凝土配合比设计规程》（JGJ 55—2011）中规定的干密度为 2000～2800kg/m³ 的水泥混凝土，也应在回弹法规程的术语中予以明确。因此，回弹法规程对普通混凝土的定义值得斟酌。一般认为，普通混凝土定义的核心宜在"普通"二字上，也就是说理应是普通的材料、普通的浇筑养护工艺，至于密度无须加以规定。如果采用普通的材料、普通的浇筑养护工艺的话，混凝土密度就肯定不会超出现行《普通混凝土配合比设计规程》（JGJ 55—2011）的定义范围了。普通混凝土在回弹法新规程术语中没有专门规定，后面条文说明第 1.0.2 条对普通混凝土的定义"是指由水泥、沙、石、外加剂、掺和料和水配制的密度为 2000～2800kg/m³ 的混凝土"，这里的水泥混凝土掺加了外加剂、掺和料。因此，补充的定义也值得商榷。按照常理理解，普通混凝土应该是区别于特种或特殊混凝土而言的。它的定义就应该是水泥、沙、石和水配制的水泥混凝土。为改善某些性能通过掺入外加剂和掺和料的混凝土诸如高强高性能混凝土、泵送混凝土、预应力混凝土以及有特殊要求（如抗冻、抗渗、抗腐蚀等）的混凝土或其他轻集料混凝土等，就不应属于普通混凝土。另外，有相关资料把密度大于 2500kg/m³ 的混凝土定义为重混凝土。因此，现行《普通混凝土配合比设计规程》（JGJ 55—2011）的定义是否恰当，值得考虑。实际上，像上面所说的普通混凝土（水泥、沙、石和水配制的水泥混凝土），密度不会超过 2500kg/m³。总之，现在定义很多很乱，值得认真商榷。

3.2 关于泵送混凝土回弹法检测的建议

从新规程第 4.4.1 条可知，"检测泵送混凝土时，测区应选在混凝土浇筑侧面"。也就是说，泵送混凝土的回弹检测不允许浇筑面修正也不允许角度修正。对于采用泵送混凝土施工的现浇板就无法采用回弹法检测。这是因为本次修订时编制组尚未对泵送混凝土进行测试面和测试角度修正的试验研究工作。建议对泵送混凝土的非水平方向和非浇筑侧面进行相关试验研究，采集相关数据，加以补充完善，使泵送混凝土的测区不应局限于水平方向和浇筑侧面。通常情况下对现浇板进行检测，以保证泵送混凝土回弹法的正常应用范围。

3.3 对于检测混凝土龄期的规定应予合理

而对本规程附录 A（测区混凝土强度换算表）和附录 B（测区泵送混凝土强度换算表）的检测混凝土龄期，在新规程 6.2.1 对其规定：蒸汽养护出池经自然养护 7d 以上；自然养护龄期为 14～1000d；对于检测龄期前者没有异议，对于后者规定的下限 14d 不妥，建议提高到 28d 较合适。具体理由：新规程规定，回弹法检测结果可作为处理混凝土质量问题的依据。从混凝土的成熟度来看，600 度天成熟度作为混凝土强度相对稳定的一个共性，本质上都是一样的。因此，不管哪类混凝土都可以将成熟度达到 600 度天时作为混凝土强度相对稳定的一个界限。由于各地不同季节温度的差异，成熟度达到 600 度天时的天数各有不同，但混凝土按照标准养护的温度成熟度达到 600 度天时基本在 28d 左右。因此，对第 6.2.1 条第 5 款混凝土龄期规定为 14～1000d，建议把下限参照混凝土实际达到 600 度天时的成熟度所需天数作为标准，考虑到标准的可操作性，正常最低龄期宜规定为 28d 左右。也就是说保证混凝土达到 600 度天成熟度时强度相对稳定的状况，以免回弹结果不够时产生因混凝土龄期不够的争议。

3.4 关于非标准状态测试的修正问题（即角度修正）

据我国回弹法权威专家邱平介绍，我国现行的回弹法规程中非水平测试的修正值一直是照搬瑞士的数据，我国没有做任何研究。我国有关单位和专家对此进行多次检测验证，结果表明：非水平方向回弹检测的误差都非常大，本规程提供的修正值根本无法满足精度要求。现在新规程对此没有做新的研究和验证就一直沿用旧的修正方法和数据，颇有修订的必要。建议暂时取消该项依据不足精度不够的条款，或对此开展相关专题试验研究加以修订和完善。

3.5 关于检测温度扩展的建议

建议对新规程第 3.1.4 条进行修改补充，使其检测环境温度范围得以扩展。建议规程修订组对回弹法测试环境温度进行相关实验研究，通过实验比对找出相关系数，使温度范围从－4～＋40℃扩展到－10～＋50℃以适应新疆（冬天温度基本在－5～－10℃，冬天极端低温可达－20～－30℃；夏天有一段时间温度超过 40℃，个别地区如吐鲁番、塔中白天室外最高温度可达 50℃以上）乃至整个西北地区寒冬酷暑期间的检测。根据笔者使用普通直读式回弹仪对新疆地区长期回弹检测的实践，只要混凝土表面干燥，当温度范围从－4～＋40℃扩展到－10～＋50℃或更大范围，对检测结果并无显著影响。但鉴于数字式回弹仪对温度的敏感性，尚需进行技术开发，首先确保电子产品本身要适应低温要求。据了解，目前国内已有一些厂家生产的数字式回弹仪能够满足测试环境温度在－10℃甚至更低时的数值正常显示的要求。

3.6 关于系数法修正和修正量法修正的问题

在"回弹法检测混凝土抗压强度测区强度修正时宜用修正量方法的技术报告"以及新

规程中，对钻芯法一些引用实际上是错误的，笔者观点：钻芯法修正宜采用修正系数而不应采用修正量（详见《混凝土》2009 年第 4 期《对〈钻芯法检测混凝土强度技术规程〉CECS03：2007 有关问题的商榷》）。修正量的概念与现行国家标准《数据的统计处理和解释 在成对观测情形下两个均值的比较》（GB/T 3361）的概念相符。笔者对修正方式做过相关试验比对发现：采用系数法，则修正后的各测定值的标准差会产生变化。而采用修正量法则不会改变同一构件或同批构件的标准差。但无论是系数法修正还是修正量法修正，其修正后最终的强度平均值几乎相当。若采用系数法，则修正后各测定值的标准差会随修正系数大小而变，这影响到推定值的计算；采用修正量法则不会，但同时与附录中的修正似乎也不协调、不统一。修正量法只对间接方法测得的混凝土强度的平均值进行修正。因此，钻芯法作为直接检测混凝土强度的方法也就不适合采用修正量进行修正。但回弹法作为间接检测混凝土强度的方法是适用的，事实上，无论是系数法修正还是修正量法修正，其修正后最终的强度平均值几乎相当。但是与后面的标准差的规定相矛盾。

3.7 如何准确测量碳化深度的问题

如何准确地测量碳化深度，是回弹法所要解决的重点和难点问题之一。目前用酚酞试剂检测碳化深度是否可靠准确应作考虑和研究了，笔者对这种方式的准确性也持质疑态度。实际检测过程中，由于试剂、人员、仪器操作等各种因素的差异以及原材料含碱过高，导致混凝土构件表面泛碱等造成非碳化，混凝土表面胶浆偏厚造成假性碳化。对于这些问题通常靠增加打磨表面胶浆厚度避免假性碳化的情形，采取钻芯或拔出法等方式修正解决由于试剂、人员、仪器操作等各种因素的差异以及原材料含碱过高，还有混凝土构件表面泛碱等造成的非碳化的情形。因而如何把测量碳化深度的问题解决好，理应是回弹法所要解决的重点和难点问题之一。希望修订组能够引起足够重视，在修订中对这些需要逐步完善的地方切实加以解决。

3.8 建议对回弹法测强曲线做一次脱胎换骨的修订

现今混凝土材质及组分较以往发生了巨大变化，建议对回弹法测强曲线做一次脱胎换骨的修订。回弹法前两次改版都仅针对前一个规程的细微排编结构进行调整，略微改变了混凝土强度的推定公式，适当扩宽了率定室温的范围，扩大了统一测强曲线的使用范围，并未对 1985 年版统一测强基准曲线进行脱胎换骨的重新制定。仅仅是相应验证一批较长龄期的混凝土试块后延长了曲线适用龄期至 3 年，验证 164 个高强度混凝土试块后扩展了混凝土强度适用的范围至 60MPa 而已。尽管第三次修订增加了泵送混凝土的测强曲线，但基于原有基础的自拌混凝土全国基本曲线还是没变，仍是基于 1985 年版的基本曲线。由于现今混凝土材质、组分、施工工艺及水平较以往发生了巨大变化，原来的混凝土没有掺和料和外加剂就是真实意义的普通混凝土，而现今的混凝土大多不属于原来意义的普通混凝土了。因此，建议对自拌混凝土回弹法测强曲线做一次脱胎换骨的修订。

4 结论

"科学技术是第一生产力"，这已被公众普遍认可。所有检测规程理论若上升到科学技术的高度，就应该是在充分总结各种实践经验的基础上产生和发展起来的创新技术。因此，加强检测规程理论的研究与实施应用的有机结合，并不断总结经验完善检测规程的理论体系，使其真正成为可以用于指导解决实际工作中遇到的相关问题的科学技术，已成为广大工程科技工作者的共识。

总之，由于笔者工作经验和水平有限，对新规程的修编的一些内容谈了自己的拙见，与同行商榷。所提建议和意见过于直白，只是希望把自己参与混凝土无损检测的一些实践经验毫无保留地和大家互通有无，共同分享，希望日后的规程更具有代表性和可操作性。笔者十分乐意协助和参与混凝土无损检测技术规程的修编，为我国工程检测事业尽自己的微薄之力。以上建议意见，供斟酌参考，不当之处恳请批评指正。

参 考 文 献

[1] 王文明．对《回弹法检测混凝土抗压强度技术规程》(JGJ/T 23—1992) 的应用与理解．建筑技术开发，2001 (7).

[2] 王文明．建设工程质量检测鉴定实例及应用指南．北京：中国建筑工业出版社，2008.

[3] 王文明．全国混凝土质量检测高级研修班培训教材．北京：全国高科技建筑建材产业化委员会培训中心，2010.

[4] 王文明．混凝土检测标准解析与检测鉴定技术应用指南．北京：中国建筑工业出版社．2011.

[5] 王文明，邓军，陈光荣，等．高强混凝土回弹仪检测精度的试验研究．工程质量，2010 (7).

[6] 王文明，罗敏．对《钻芯法检测混凝土强度技术规程》(CECS03：2007) 有关问题的商榷．混凝土，2009 (4).

[7] 王文明，罗民．建筑结构技术新进展．北京：原子能出版社，2004.

[8] 回弹法检测混凝土强度技术规程 (JGJ/T 23—2011)．北京：中国建筑工业出版社，2011.

[9] 王文明．新修订的《回弹法检测混凝土抗压强度技术规程》(JGJ/T 23—2011) 的特点分析及问题商榷．混凝土世界，2012 (1).

回弹法测强应注意的几个问题

徐国孝

（浙江省建筑科学设计研究院，杭州，310012）

本文从新修订的 JGJ/T 23—2001 规程出发，把回弹法在检测过程中存在的几个问题作了详细的分析。

自 1985 年第一次颁布《回弹法评定混凝土抗压强度技术规程》(JGJ 23—1985) 以来，回弹法在全国的推广应用已近 20 年，其间 1991 年曾对《回弹法评定混凝土抗压强度技术规程》进行过修订。随着科学技术的提高，社会经济的发展，工程质量保证的需要，2001 年又重新修编为《回弹法检测普通混凝土抗压强度技术规程》(JGJ/T 23—2001)（以下简称《规程》）。笔者工作中经常会遇到一些反映《规程》中的疑难问题，同时也发现有的检测单位对理解、执行《规程》出现偏差。在此，把回弹法在检测过程中存在的几个问题作一论述。

1 回弹仪的问题

回弹仪使用前，需查明型号、制造厂名（或商标）、出厂编号、出厂日期、中国计量器具制造许可证（CMC 标志）和许可证证号及检定合格证等。《规程》第 3.1.1 条规定："测定回弹值的仪器，宜采用示值系统为指针直读式的混凝土回弹仪。"现在社会上有部分国内外生产的数显式、自动记录式、信息遥记式或微机式回弹仪，在使用时也套用《规程》中统一的测强曲线，推定混凝土强度值。在国外（如美国）每一种型号的检测仪器都有该仪器的检测标准。不同的仪器，其内部的技术指标要求可能不一样。某外国公司生产的回弹仪，就发现软件上存在缺陷和错误。因此，选用回弹仪时，只有按《混凝土回弹仪（JJG 817—1993）》规程检定合格的回弹仪，才能按《规程》进行测试。

回弹仪检定的程序是：先在回弹仪检定器上测量弹击拉簧刚度、工作长度、标准拉伸度；检查弹击锤在回弹仪检定器上"0"起跳点，检查指针静摩擦力等；最后在标准钢砧上率定。

钢砧上率定的作用是：检验回弹仪的标准能量是否为 2.207J，回弹仪的测试标准性能是否稳定，机芯的滑动部分是否有污垢等。陕西省建筑科学研究院曾将 7 台回弹仪用来做对比试验，先是通过调整回弹仪尾盖上的螺钉使其在钢砧上的率定值均为规定的 80±2，在 5 种不同硬度的均匀砂浆试块上由同一操作者进行平行试验；然后把上述 7 台回弹仪调整为标准状态，仍由该操作者在上述试件上平行试验，7 台回弹仪在调整前后的回弹极差平均值分别为 7.8、1.7。该项试验表明，前者率定值尽管符合要求，但为非标准状态，其回弹值极差达 7.8。用这样的回弹仪检测混凝土强度，必然会产生很大的误差。

总之，不管何种回弹仪，只有经回弹仪检定器检定合格及钢砧上率定合格方可使用，若只在钢砧上率定合格，而没有经过（或不能用）回弹仪检定器检定，则不能出具检定合格证并用于检测。也有的回弹仪没有 CMC 标志，许可证证号等，这也是不能用来检测的。

2 检测前应了解的问题

测试前应了解所测工程、施工及监理单位等名称；结构或构件名称、外形尺寸及其所处环境条件（如湿度、腐蚀度等）、混凝土设计强度等级；水泥品种、安定性合格与否、混凝土是普通混凝土还是泵送混凝土；构件成型日期、测试面状况（浇捣面底面、侧面）等。

需引起注意的是水泥品种，如高铝水泥、富硫酸盐水泥，就不能用回弹法来检测。《规程》只适用于普通水泥、硅酸盐水泥、火山灰水泥、粉煤灰水泥拌制的混凝土。水泥安定性不合格的混凝土也不能使用回弹法检测，其检测报告并不对因水泥安定性不合格出现的问题负责。

因此，要尽量避免对所测工程构件状况了解不够，以致误测、重测的现象发生。

3 旧结构混凝土强度检测问题

关于混凝土龄期超过 1000d 的旧结构混凝土强度，是否还能用回弹法检测，一直有各种说法。《规程》第 4.1.5 条这样规定："当检测条件与测强曲线的适用条件有较大差异时，可采用同条件试件或钻取混凝土芯样进行修正。"其中，"检测条件"指龄期、湿度、成型工艺的差异（见《规程》第 4.1.5 条条文说明）。国内外的研究结果表明，对于长龄期混凝土的检测，一般认为回弹法结合钻芯取样，可以用于测试龄期几十年的混凝土。原上海城建学院在上海外滩，对几十年的混凝土进行回弹检测，钻芯取样修正，取得了良好的应用效果。因此，检测混凝土龄期超过 1000d 的旧结构混凝土强度时，可以钻取 6 个以上芯样，建立修正系数，推定强度值，这是符合《规程》要求的。

4 回弹强度计算存在的问题

（1）《规程》附录 A 表中回弹值 $R_i \leqslant 23.8$ 时，出现部分空格，此时测区回弹换算强度值应取 $f_{cu,i}^c < 10.0$MPa。如 $R_i = 20$、$d_i = 1.0$ 时，查不到相应换算强度值，则取 $f_{cu,i}^c <$ 10.0MPa，该构件强度推定值应取 $f_{cu,e}^c < 10.0$MPa，且不计算平均强度值、均方差。《规程》附录 A 中回弹值 $R_i \geqslant 48.2$ 时，也出现部分空格，即没有相应的换算强度值，此时应取 $f_{cu,i}^c > 60$MPa，该构件强度推定值则取测区最小强度值，也不必计算平均强度值、均方差。如 $d_i = 0$、$R_i = 48.2$ 时，取 $f_{cu,i}^c > 60$MPa。查表时为了查到换算强度值而随意增加碳化深度的做法，是错误的。批量检测出现上述情况，则不能按批量推定强度，只能按单个构件推定强度。批量检测推定混凝土强度时，可以只提供批量推定强度值，所测具体单个构件的推定强度值可不列出。

（2）非水平状态、非混凝土浇捣侧面回弹值的修正。经常易出错的是：对强度换算值进行修正，而没有修正回弹值；还有非水平状态与非混凝土浇捣侧面修正次序颠倒，或同一回弹值重复查《规程》附录 C、附录 D 表。正确的查表方法是：按回弹值 R_m 先查附录 C 得 R_{m^a}，再由 $(R_{m^a} + R_a^a)$ 值查附录 D 得 $R_a^t (R_a^b)$，其修正后回弹值应为 $R_{m^a} + R_a^a + R_a^t$ (R_a^b)。其中，R_a^a 为非水平状态检测时回弹值的修正值；R_a^t 为回弹仪检测混凝土浇筑表面时回弹值的修正值，R_a^b 为回弹仪检测混凝土浇筑底面时回弹值的修正值。

5 《规程》统一测强曲线与地区测强曲线使用问题

《规程》第 6.1.2 条规定："对有条件的地区和部门，应制定本地区的测强曲线或专用测强曲线，经上级主管部门组织审定和批准后实施。各检测单位应按专用测强曲线、地区测强曲线、统一测强曲线的次序选用测强曲线。"可见，地区测强曲线要优先使用于统一测强曲线。事实上《规程》附录 E 表是由全国有代表性的原材料、成型养护工艺配制的混凝土试件，通过试验建立的回弹值与混凝土强度换算值关系表，其平均相对误差 $\delta \leqslant \pm$ 15.0%，相对标准差 $e_r \leqslant 18.0$%。而地区测强曲线虽然规定 $\delta \leqslant \pm 14.0$%，$e_r \leqslant 17.0$%，但有的地区测强曲线的 δ、e_r 值远远小于规定值。如我省卵石回弹测强曲线 $\delta = \pm 10.9$%，$e_r = 14.6$%，宁波地区回弹测强曲线 $\delta = \pm 10.8$%，$e_r = 13.7$%，测试精度都高于统一测强曲线。因此，有地区测强曲线的地区，首先应使用地区测强曲线，这也是符合《规程》条款要求的。

上述问题是各检测单位在使用回弹法测强时，经常会遇到的问题。为了正确理解、执行《规程》、提高检测精度，解决工程实际质量问题，每个检测人员都应该竭尽所能做到最好。

参 考 文 献

[1] 回弹法检测普通混凝土抗压强度技术规程（JGJ/T 23—2001）．北京：中国建筑工业出版社，2011.

混凝土回弹法测强中假性碳化对工程质量的误判

童寿兴

（同济大学，上海，200092）

混凝土的碳化作用能提高其表面的硬度，现行无损检测规程把碳化深度作为回弹法测强的一个修正参量来采用。研究发现在某种场合用酚酞试剂测定到的碳化值，不一定是实质意义上氢氧化钙和二氧化碳反应生成的碳酸钙现象。这疑似混凝土碳化深度值实际是混凝土表层失碱产生的中性化现象，研究揭示了回弹法检测中酚酞试剂指示的假性碳化对混凝土检测强度评判的误区。

1 前言

硅酸盐水泥主要由石灰质原料和黏土质原料组成。石灰质原料提供碱性物质——氧化钙。新拌混凝土由于水化作用形成氢氧化钙，水泥浆在空气中硬化时，表层的氢氧化钙就会与空气中的二氧化碳生成碳化钙，这被称为混凝土的碳化作用。混凝土的碳化速度及碳化深度与混凝土水灰比有关，还与混凝土所处的环境条件如空气中的二氧化碳浓度，空气相对湿度有关。由于碳化收缩，碳酸钙的生成能提高混凝土表面的硬度，在回弹法检测强度时提高了回弹值读数，而且碳化深度与混凝土的龄期接近正比，因此我国在早期的回弹法测定混凝土强度技术的研究中，为了克服混凝土碳化及龄期对回弹法测强的影响，就把碳化深度作为一个参量来采用，使之成为一个反比的系数，当回弹值相当时，碳化深度值越大其对应的混凝土检测强度值就越低。

我国现行无损检测规程——JGJ/T 23—2001（回弹法检测混凝土抗压强度技术规程）[1]中规定了测量碳化深度的方法：采用浓度为1%的酚酞酒精溶液测量已碳化与未碳化混凝土交接面到混凝土表面的垂直距离，读数精确至0.5mm，大于6mm以上时以6.0mm计。这种检测混凝土碳化的方法已经使用了几十年。酚酞酒精溶液是一种指示剂，它可以成为混凝土是否碳化的一种检测方法，但广义上讲酚酞试剂是一种对物质进行酸、碱性检测的指示剂，有时它所指示的上述界面到混凝土表面垂直距离并不一定是混凝土的碳化层。当被测混凝土表面受到了某化学物质的侵蚀，如混凝土试块成型时的立方体试模，或工地浇筑混凝土架支的模板，采用了酸性脱模剂而使与模板接触的混凝土表面失碱产生的中性化现象，并不是真正意义上的回弹检测中的碳化事实，这种假性碳化现象，对混凝土表面硬度没有多少提高，当然回弹值也并不提高，但由此计算的回弹强度值却因这种假性碳化深度的引入而较大程度的锐减，甚至导致判定检测工程质量的不合格，如果不适时纠正将会造成财产的巨大损失。本文通过某一回弹法测强课题的研究中偶尔发现的混凝土表层中性化现象，揭示了回弹法检测中假碳化现象对混凝土检测强度评判的误区。

2 问题的提出

某一研究课题成型了一批 150mm×150mm×150mm 的立方体试块，设计混凝土强度等级为 C20、C30、C40、C50 等，在混凝土试块上进行回弹、抗压强度检测的混凝土龄期分别为 14、28、60、90、120d。每组试块的回弹平均值、碳化深度及极限抗压强度平均值见表 1。

表 1 检测数值

检测项		设计混凝土强度等级			
		C20	C30	C40	C50
14d	回弹值	27.9	31.7	33.4	35.0
	碳化深度（mm）	—	—	—	—
	抗压强度（MPa）	17.0	24.5	31.0	42.2
28d	回弹值	30.4	33.7	35.1	39.1
	碳化深度（mm）	3	2	2	1
	抗压强度（MPa）	20.7	31.3	36.5	48.9
60d	回弹值	34.3	38.5	41.0	43.5
	碳化深度（mm）	4	3	3	2
	抗压强度（MPa）	27.3	37.6	46.8	56.3
90d	回弹值	35.5	40.1	42.0	43.4
	碳化深度（mm）	5	4	4	3
	抗压强度（MPa）	28.4	40.8	46.5	60.0
120d	回弹值	37.3	43.2	46.0	48.8
	碳化深度（mm）	5	5	4	3
	抗压强度（MPa）	35.5	47.7	53.2	64.4

注 14d 碳化深度值未做测量试验。

从表 1 的检测数据可以得知：

（1）随混凝土设计强度等级的提高及混凝土龄期的增长，混凝土试块的回弹值和抗压强度也提高，而且回弹值 R 与抗压强度 f 几乎呈线性关系：$f = -45.5 + 2.248R$、直线方程相关系数 $r = 0.94$、平均相对误差 $\delta = \pm 8.6\%$。

（2）混凝土的碳化深度随混凝土的龄期逐渐增加，但是碳化深度值有些怪异。该批试块按计划成型一天拆模后放入水中养护一周，然后移至室外进行自然养护。按以往经验，放入水中养护一周龄期为 14d 的混凝土几乎没有碳化，故没有检测 14d 龄期的混凝土碳化值，但 28d 龄期的碳化值却出乎意料的大。

（3）将表 1 中 20 个回弹值直接代入文献 [1]（取碳化值为零），把查得的回弹强度值与实际抗压强度值作比较，其负误差为 6 个，正误差为 14 个，平均相对误差 δ 为 18.3%；同样，将 16 个回弹值、碳化值代入文献 [1]，查得的回弹强度值与实际抗压强度值作比较，16 个回弹值全体为负误差，即回弹强度值全体小于实际强度值，平均相对误差 δ 为 24.0%，即同批试块引入碳化之后得到的回弹强度值误差更大，显然回弹强度值与实际强度值之间存在系统性偏差。

3　疑似混凝土碳化深度值

回弹法检测混凝土强度规程中引入碳化深度值，能克服混凝土的长龄期影响因素、且能显著提高无损检测的精度，这一公认的事实为什么在本次试验中不能得到体现？回弹强度值与实际强度值之间存在系统性偏差的原因是什么？在现场观察到，同一试块 6 个面上的碳化值不尽相同，有些同一组 3 块试块的碳化值也不尽相当，甚至没法取其平均值。有些试块底面和侧面的碳化值大、成型面碳化值很小或为零。这和自然规律相左：室外自然养护时，试块的成型面朝上，底面直接放在支承体上，因场地小，试块较集中，其间距也比较小，相对而言，底面和侧面较成型面与空气的接触少，却有较大的碳化测量值。如此反常现象使疑点集中在脱模剂上，脱模剂使用的是废机油，经 pH 检测 pH 值为 5，呈酸性。试块成型面及底面中各放置 1 根 $\phi 12$ 钢筋，在压力机上做劈裂破坏，从被劈开的正方形截面上肉眼就清晰可见：成型面一边的另外三条边旁有或宽或窄成条状的灰色印痕，用 1‰浓度酚酞酒精溶液点滴，该灰色印痕呈非碱性反应，这种灰色的印痕并不是实质意义上氢氧化钙和二氧化碳反应生成的碳酸钙，只不过是混凝土表层被污染或酸、碱性物质中和形成的混凝土试块表层中性化现象，揭示了这种灰色的印痕是试模上的脱模剂造成混凝土表面碳化的疑似碳化值。

4　工程实例

某一工程混凝土设计强度等级为 C30，采用回弹法检测混凝土强度，因有一部分设备基础构件不具备侧面水平检测的条件，这些构件在基础成型面上进行回弹检测并按回弹检测规程修正测试角度与检测面后计算回弹强度，对能进行侧面回弹的构件尽可能水平检测。结果发现成型面和侧面这两个面上的回弹测定强度具有显著差异。有代表对比性构件的回弹法测定强度结果见表 2。

表 2　　　　　　　　　　　　部分构件检测结果

构件检测面	回弹值	碳化值（mm）	回弹法测定强度（MPa）
1#成型面	27.8	0	32.4
2#成型面	28.3	0	33.1
1#侧面	32.7	2	26.8
2#侧面	33.0	2	27.3

表 2 构件检测面的一个区别是测试角度、检测面状况不同；另一个区别就是混凝土浇筑时成型面上无模板、侧面上架设有模板，二者的回弹差值为 5 左右，但成型面上混凝土

的碳化深度为 0，侧面上的碳化深度为 2mm。同批混凝土同龄期在统一施工环境中成型养护，同一构件的成型面和侧面成直角的两个面上竟有 2mm 的碳化区别。经询问该工程使用的脱模剂是酸性脱模剂。同一构件在成型面上检测的回弹值经测试角度、检测面修正后与侧面的回弹值相当。因无碳化值，其回弹法测定混凝土强度大于 30MPa，可满足混凝土设计强度要求，但侧面上检测的回弹值经碳化值修正，却得到不满足混凝土设计强度要求的结论。

5 结论

（1）采用废机油或酸性脱模剂成型的混凝土，其模板结合面的表层混凝土，用酚酞酒精溶液测定到的碳化值，不一定是实质意义上氢氧化钙和二氧化碳反应生成的碳酸钙现象，这疑似碳化现象只不过是碱性混凝土受到脱模剂侵蚀后的中性化反映。

（2）现行无损检测规程把碳化深度作为一个参量用来克服某些混凝土回弹法测强的影响因素：当回弹值相当时，测量到的碳化深度值越大其对应的混凝土检测强度值就越低，回弹法检测中存在假碳化现象对混凝土检测强度评判的误区。

（3）当在短龄期混凝土检测到大数据碳化值或对碳化值有怀疑时，可打磨掉混凝土表层疑似碳化层后进行回弹验证，但此时应避免裸露石子对回弹测量值的影响，并应及时询问工程中使用的混凝土脱模剂种类，避免假碳化值对混凝土回弹检测强度的误导。

参 考 文 献

[1] 回弹法检测混凝土抗压强度技术规程（JGJ/T 23—2011）　[S]．北京：中国建筑工业出版社，2011.

对《回弹法检测混凝土抗压强度技术规程》（JGJ/T 23—2001）的应用与理解

王文明

（新疆巴州建设工程质量检测中心，新疆库尔勒市，841000）

本文对混凝土无损检测中最常见的回弹法进行实际应用时，结合工作实践中的经验，就 JGJ/T 23—2001 标准中相关问题提出了自己的建议和看法。

混凝土是我国建筑工程中最为普及最为重要的建材之一。如何加强混凝土质量的监控和检测，是当今建设工程中的一大重要课题。而传统的质控方式是把混凝土的质量指标主要定性在标准试件的抗压强度上。近年来《普通混凝土力学性能试验方法标准》（GB 50081—2002）及《混凝土强度检验评定标准》（GBJ 107—1987）对这一试验作出了明确的规定，为按标准试件强度进行质控奠定了基础。但必须清楚地认识到，标准试件的成型养护与受力状态不可能与结构实物完全一致，因此，标准试件的抗压强度对结构混凝土而言只能作为一个间接测定值，也即混凝土在特定条件下的性能反映，并非代表结构混凝土的真实状态。同时有些施工单位送检的试块经力学性能测试不能满足相应强度要求值，而又无复试验块，只有进行无损检测了。混凝土无损检测技术的产生与发展，为进一步确保混凝土生产质量提供了有力的保障。而回弹法作为无损检测中极为常见又易于操作的一种方法，近年来在建设工程中得到了日益广泛的应用。

对混凝土无损检测中最常见的回弹法进行实际应用时，结合工作实践中的经验，就 JGJ/T 23—2001 标准中相关问题提出了自己的建议和看法，在此亟待解释和探讨。

1 应用与理解

1.1 一般情况下，空板结构不宜用回弹法测定抗压强度，只有作适当处理后方可使用回弹法

依据《回弹法检测混凝土抗压强度技术规程》（JGJ/T 23—2001）中第 1.0.2 规定，该规程仅适用于工程结构中普通混凝土抗压强度的检测，不适用于表层与内部质量有明显差异或内部存在缺陷的混凝土构件的检测。而预制构件厂生产的预应力空心板，是一种中空的预制构件。从整体上看，可以在某种意义上认为它是一种表层与内部质量有明显差异或内部存在缺陷的混凝土构件。因此，对测定预应力空板的抗压强度是不宜用回弹法的。当然在实际操作中，我们可以对这种特殊构件做避开孔洞及缺陷等特殊处理后，参照 1991 年 11 月由新疆建筑科学研究所与昌吉回族自治州建筑工程质量监督站编发的《回弹法测定预制混凝土构件抗压强度技术条例》试用稿进行回弹，测区宜按该条例第 3.5 条中的规定选择构件侧面上缘或横肋的部位。

1.2 回弹值换算中的问题及检测范畴和环境温度扩展的建议

利用回弹值计算混凝土强度换算值，通常有全国统一曲线、地区曲线和专用曲线 3 种。而我国部分地区目前尚未建立起自己的地区曲线和专用曲线。在进行回弹值与强度值的换算时只能利用全国统一曲线提供的附录表 A。而在实际回弹中有时也遇到低于 20 的回弹值，原规程 JGJ/T 23—2001 在附录表 A 中无法查找，也未作任何注解，仅在附录 C 和附录 D（即非水平方向检测时的回弹修正值和不同浇筑面上的回弹修正值）中，对低于 20 或高于 50 的回弹修正值作了分别按 20 或 50 查表的注解。因此，遇到此类情况就找不到可靠的理论依据来推算，数据无从处理，报告也难以得出结论，自编的文字说明就很难令被检测方信服接受。因此，在 JGJ/T 23—2001 条文说明第 7.0.3 条中补充：该情况因无法计算平均值与方差值，仅以最小值作为推定值。但很难为设计提供必要的复核数据，为避免类似问题，建议回弹法曲线进行必要扩展。

再者，JGJ/T 23—2001 规程所引附录表 A 中标有许多"—"号未加说明，这在查表时往往给检测者带来困惑，是依前附后还是承上启下，这一点也容易产生争议。建议在规程中加以补充说明。

另外，在 JGJ/T 23—2001 规程 6.2.1 第（7）条对附录表 A 适用的抗压强度为 10～60MPa，而实际表中最小值仅列到 10.1MPa，最大值仅列到 58.3MPa，而且附录 B 中关于修正值过于粗化，特别是对于抗压强度≤40.0MPa 和抗压强度≤30.0MPa 的统统按一个修正值不可取。还有，在规程附录 C 和附录 D 中，关于非水平状态检测和不同浇筑面的回弹值修正没有扩展，对低于 20 或高于 50 的回弹值修正还是分别按 20 或 50 查表，也

就是说没有按新的强度检测范围进行扩展。那么高于50的回弹值修正统一按50查表，实际应用中误差较大。所有这些是编写规程时的疏忽还是另有别的什么原因？虽然C10的混凝土已经极少了，但在混凝土垫层和部分挡土墙还较为常见。遇到类似情况就很难为设计方提供准确的复核数据。因此建议把检测范畴从表中实际意义上的10.1～58.3MPa，扩展到5.0～60.0 MPa，或者更大范围以适应不同要求。测试环境温度要求通过试验对比找出相关系数，温度范围从－4～＋40℃扩展到－10～＋50℃以适应不同地区和温度条件下的检测。

1.3 回弹之前必须考虑混凝土构件成型时的施工状况，优先使用地区曲线

特别值得注意的是，在进行回弹前，一般只对回弹仪做率定校验处理，往往不考虑混凝土构件成型时的施工状态。不对被测混凝土是否掺有外加剂进行了解，也不区分其输送方式和成型工艺。但在现代建设工程施工中为提高强度，加快工期或是为了满足某种特定要求相应地掺加了不同的外加剂，而外加剂中又多有引气类型的。对掺有引气型外加剂混凝土的回弹值在附录表A中是不适用的，这一点在《回弹法检测混凝土抗压强度技术规程》（JGJ/T 23—2001）中6.2.1第2条已说明，但往往容易被检测者忽视。实际施工中是自拌还是泵送商品混凝土，是普通成型工艺还是离心等特殊工艺，都得区别对待，采取相应措施加以修正。在《混凝土管用混凝土抗压强度试验方法》（GB 11837—89）中，对离心工艺和非离心工艺等不同工艺方式规定了不同的工艺换算系数。但现行回弹法规程中，对离心等特殊工艺成型的混凝土尚无修正规定，建议通过试验验证对规范作出补充。而对泵送混凝土的修正问题，是否完全适用也值得探讨。泵送混凝土一般都掺加了外加剂，若所掺外加剂为引气型的，在附录表A中是不适用的。对于该种泵送混凝土是否适用回弹法确实有待明确验证。因此，《回弹法检测混凝土抗压强度技术规程》（JGJ/T 23—2001）中第6.1.2条强调，各检测单位因按专用测强曲线、地区测强曲线、统一测强曲线的次序选用是十分必要的。诚然，除了考虑外加剂这一重要影响因素外，还得考虑各地区生产混凝土拌和用水、砂石料及水泥等材料存有的相应程度的差异。如果一味地照搬《回弹法检测混凝土抗压强度技术规程》（JGJ/T 23—2001）中的统一测强曲线，就难以真正把握混凝土生产的质量。

1.4 回弹法测试中碳化深度对强度推定值影响问题的修正

回弹法测试规程6.2.1第6条规定：测试混凝土适用龄期为14～1000d。正常情况下，普通混凝土强度在龄期14d左右尚难以达到设计强度要求，当龄期28d后基本可以达到设计强度要求。龄期3个月左右，混凝土强度基本处于稳定状态，后期的强度增长已相对趋缓。而龄期3个月以内的混凝土一般极少出现碳化，即便出现碳化，一般也在0.5mm以下。但龄期在3个月以上的混凝土一般开始出现碳化，3～6个月龄期的混凝土碳化深度一般在5.0mm之内，而当龄期超过6个月特别是超过12个月的混凝土碳化深度就有可能超过5.0mm。而现行规范中对碳化深度测试取值规定，对小于0.5mm和大于6.0mm的碳化深度，分别按0mm和6.0mm取值。这种碳化深度的取值方法对于龄期过短或过长的混凝土强度推定值影响较大，实际检测中，由于被测混凝土龄期过短或过长，造成碳化深度取值的误差较大，特别是对超长龄期但也在规程规定的1000d龄期以内的混凝土，有时在前期无碳化或碳化小于0.5mm时测试强度推定值可达到设计要求，而经过

一段龄期后，当碳化深度刚好达到 6.0mm 时再进行测试，由于此时的碳化深度是按规程中的最大值取值，折减幅度相对较大，往往会造成混凝土强度推定值"未达到设计要求"的"错判"。

因此，为避免这种误判的发生，建议回弹法检测混凝土的适用龄期最短宜规定为28d，最长可依然按着 1000d 龄期考虑，但由于龄期跨度较大，实际碳化可能较大，而在取值上有可能出现较大误差，建议补充规定：对碳化深度大于 6.0mm 的混凝土应做相关修正处理，可以采用实测碳化深度和打磨表层碳化部分进行回弹相结合的办法处理，也可以采用钻芯等其他方法相结合找出相关修正系数进行相应换算。

2 结论

《回弹法检测混凝土抗压强度技术规程》（JGJ/T 23—2001）标准自 2001 年 10 月 1 日施行至 2007 年已近 6 年，根据使用中的情况，建议对《回弹法检测混凝土抗压强度技术规程》（JGJ/T 23—2001）进行修订补充的同时，也建议那些未制定测强曲线地区的建设主管部门应尽快进行技术攻关，制定出适宜本地区的测强曲线，以便更加有效地服务本地区的建设行业。

泵送混凝土回弹测强修正方法研究

徐国孝

（浙江省建筑科学设计研究院，浙江杭州市，310012）

本文通过全国部分省提供的回弹、试块强度、碳化深度数据分析，得出了泵送混凝土不同强度修正值，并通过试验证明使用不同强度修正值，可提高泵送混凝土回弹测强的精度。

大量试验检测结果表明，回弹法检测强度设计等级低的泵送混凝土，所推定的混凝土强度值明显低于其实际强度。《回弹法检测混凝土抗压强度技术规程》（JGJ/T 23—1992）（以下简称《规程》），是针对非泵送普通混凝土制定的。非泵送普通混凝土中很少掺外加剂或仅掺非引气型外加剂，而泵送普通混凝土则掺入了加气型泵送剂，砂率增加，粗骨料粒径减小，坍落度明显增大。因此有必要对回弹法检测泵送混凝土所推定的抗压强度值进行修正。

1 泵送混凝土回弹测强误差分析

全国部分省共提供了 716 组碳化深度 $d_m = 0 \sim 2.0$mm 的泵送混凝土回弹和试压强度数据，去掉其中试块抗压强度值大于 60MPa 的数据，余下 529 组，回弹值及碳化深度值查《规程》附录 E 换算表或代入其测强曲线方程（略），得出其强度换算值 $f^c_{cu,i} < 25.0$，$25.1 \sim 30.0$，$30.1 \sim 35.0$，$35.1 \sim 40.0$，$40.1 \sim 45.0$，$45.1 \sim 50.0$，$45.1 \sim 50.0$，$50.1 \sim 55.0$，$55.1 \sim 60.0$ 共 8 个数据段，分别计算平均相对误差 δ 和相对标准差 e_r 及其 $\delta_总$、$e_{r总}$。所有数据计算过程见附表 1（略），误差计算结果见表 1。

表 1　　　　　　　　　　　　泵送混凝土回弹测强误差表

$f_{cu.i}$ (MPa)	试件数量	平均相对误差 δ（%）				相对标准差 e_r（%）	
		间段误差	正偏差（个）	负偏差（个）	《规程》专用测强曲线要求	间段误差	《规程》专用测强曲线要求
≤25.0	84	34.27	84	0		36.65	
25.1～30.0	75	±28.19	72	3		36.99	
30.1～35.0	88	±20.15	82	6		22.15	
35.1～40.0	106	±17.59	99	7		19.88	
40.1～45.0	69	±12.54	63	6	≤±12	15.01	≤14
45.1～50.0	51	±12.23	41	10		14.84	
50.1～55.0	34	±5.68	25	9		6.87	
55.1～60.0	22	±5.69	9	13		7.35	
总误差	529	±19.73	475	54		24.85	

由表 1 可知，随着混凝土换算强度 $f_{cu.i}$ 值由小到大，即从 25MPa 以下到 60MPa 内的平均相对误差由 34.27% 下降到 ±5.69%，相对标准差由 36.65% 下降到 7.35%。说明 f_{cu}^c 值越低，误差越大，且正偏差居多，负偏差较少，实际抗压强度值 f_{cu} 普遍要高于 f_{cu}^c 值。f_{cu}^c 值在 50MPa 以上时，正负偏差差异减小，误差相对也较小，且能满足《规程》专用测强曲线要求。因此，要减小回弹测强误差，必须设立修正值。

2　泵送混凝土回弹测强修正值的设立

把 529 组数据中试块抗压强度值小于 20MPa 的数据去掉，余下 467 组用幂函数公式按最小二乘法进行回归分析，得到如下方程：

$$f_{cu}^c = 0.23758 R_m^{1.4309} \times 10^{-0.05034 d_m} \tag{1}$$

式中　　R_m——回弹平均值；

　　　　d_m——碳化深度平均值，mm；

　　　　f_{cu}^c——回弹值、碳化深度值对应的泵送混凝土强度换算值。

方程（1）计算得出的平均相对误差 $\delta = \pm 6.91\%$，相对标准差 $e_r = 8.97\%$，满足《规程》专用测强曲线要求。

取《规程》回弹换算强度值 $f_{cu.i}^c = 25.0$、30.0、35.0、40.0、45.0、50.0、55.0MPa 时，按碳化深度大小，分别计算出回弹值，再代入方程（1），得 $f_{cu.i}$ 值（表 2）。

表 2　　　　　　　　　　　　泵送混凝土强度换算值

d_m	$f_{cu.i}^c$ (MPa)	25.0	30.0	35.0	40.0	45.0	50.0	55.0
	R_m	31.1	34.0	36.7	39.3	41.6	43.8	46.0
0.0	$f_{cu.i}^c$ (MPa)	32.5	36.9	41.2	45.4	49.3	53.0	56.9
	$f_{cu.i}^c / f_{cu.i}^c = K_i$	1.30	1.23	1.18	1.13	1.10	1.06	1.03

d_m	$f^c_{cu.i}$ (MPa)	25.0	30.0	35.0	40.0	45.0	50.0	55.0
1.0	R_m	32.4	35.4	38.3	40.9	43.3	45.7	47.9
	$f^c_{cu.i}$ (MPa)	30.7	34.8	39.0	42.8	46.5	50.2	53.7
	$f^c_{cu.i}/f^c_{cu.i}=K_i$	1.23	1.16	1.11	1.07	1.03	1.00	0.98
2.0	R_m	33.7	36.9	39.8	42.6	45.2	47.6	49.9
	$f^c_{cu.i}$ (MPa)	28.9	32.9	36.7	40.4	44.0	47.4	50.7
	$f^c_{cu.i}/f^c_{cu.i}=K_i$	1.16	1.10	1.05	1.01	0.98	0.95	0.92

由表 2 可知，当 $d_m=0$，$f^c_{cu.i}=25.0$MPa 时，$K_i=1.30$；当 $d_m=2.0$，$f^c_{cu.i}=55.0$MPa 时，$K_i=0.92$。说明碳化深度及换算强度 $f^c_{cu.i}$ 值越小，按回归曲线方程（1）计算得出的 K_i 越大；反之，两者已趋接近，K_i 便趋于 1.0。

为了减少负误差的影响，使结构安全更为可靠，适当降低修正系数 K_i 值。考虑上述因素后得出的泵送混凝土回弹测强修正值见表 3。

表 3   泵送混凝土回弹测强修正值 (K_i)

碳化深度值（mm）	换算强度值（MPa）			
$d_m=0$ $d_m=0.5$ $d_m=1.0$	$f^c_{cu.i}$	≤40.0	45.0	50.0	55.0~60.0
	K_i	+4.5	+3.0	+1.5	0.0
$d_m=1.5$ $d_m=2.0$	$f^c_{cu.i}$	≤30.0	35.0	40.0~60.0	
	K_i	+3.0	+1.5	0.0	

注　表中未列入的值可用内插法求得其修正值，精确至 0.1。

3 泵送混凝土回弹测强修正方法

当碳化深度不大于 2.0mm 时，先由 d_m、R_m 查《规程》附录 E 表，得强度换算值 f^c_{cu}，然后根据 d_m 值大小查表 3，得泵送混凝土修正值 K_i，则泵混凝土测区混凝土强度换算值 f^c_{cu}，为上述两者之和，即 $f^c_{cu}=K_i+f^c_{cu}$。各组数据经修正后各间段误差及总误差见表 4。由表 4 可知，各间段误差明显减小，总误差已在《规程》专用测强曲线误差要求之内，正偏差个数减少，负偏差有所增加。

表 4   修正后泵送混凝土回弹测强误差

$f^c_{cu.i}$ (MPa)	试件数量	平均相对误差 δ（%）				相对标准差 e_r（%）	
		间段误差	正偏差 （个）	负偏差 （个）	《规程》专用测强 曲线要求	间段误差	《规程》专用测强 曲线要求
≤25.0	84	±10.31	79	6		13.12	
25.1~30.0	75	±12.43	64	11		14.65	
30.1~35.0	88	±9.63	64	24		11.34	
35.1~40.0	106	±8.78	75	31		10.46	
40.1~45.0	69	±7.29	43	26	≤±12	9.00	≤14
45.1~50.0	51	±9.18	35	16		11.22	
50.1~55.0	34	±4.97	24	10		6.32	
55.1~60.0	22	—	—	—		—	
总误差	529	±9.30	383	124		11.42	

当碳化深度大于 2.00mm 时，是否有必要修正，尚有待进一步研究。但是，由于泵送混凝土同时又满足预拌混凝土（GB 14902—1994）各项技术指标要求，混凝土质量比较均匀，因此工程中一旦出现混凝土试块抗压强度不合格或对其有怀疑，一般都会立即用回弹法检测。此时，混凝土龄期较短，碳化深度相对较小（$d_m \leqslant 2.00$mm）。如果 $d_m >$ 2.00mm，可按《规程》中第 4.1.5 条钻取芯样，求得修正系数 η 后进行检测。

4 泵送混凝土修正值设立后的误差验证试验

4.1 室内自然养护试块验证（部分试块标准养护 28d）

采用普通 525 号水泥、碎石作为粗骨料，奈系高效减水剂作为泵送剂，坍落度为 12cm±2cm。共制作了 150mm×150mm×150mm 立方体试块 120 块，龄期为 28d、60d、90d、105d，室内自然养护（部分试块标准养护 28d）后分别进行回弹、试压，碳化深度测试结果在 0～2.0mm。120 组回弹、抗压强度及修正前后的数据见附表 2（略），误差计算结果见表 5。

表 5　　　误 差 计 算 结 果

误差名称	修正前			修正后			试件数量（块）
	误差	正偏差（个）	负偏差（个）	误差	正偏差（个）	负偏差（个）	
平均相对误差 δ(%)	±16.83	95	25	±9.31	76	44	120
相对标准差 e_r(%)	19.97			11.33			

4.2 泵送混凝土芯样抗压强度值与同部位回弹换算强度值比较

分别在强度设计等级 C20、C25、C40、C45 4 个工程上，先回弹并测出碳化深度值，再取芯。上述工程结构混凝土所用原材料如下：碎石、525 号普通水泥、奈系高效减水剂、Ⅱ级粉煤灰，坍落度 12cm±3cm。混凝土芯样抗压强度值、回弹换算强度值、修正系数 η_1 及按表 3 修正后的修正系数 η_2 见表 6。

表 6　　　修正系数 η_2 值

试件编号	回弹值 R_m	d_m（mm）	$f^c_{cor.i}$（MPa）	修正前			修正后		
				$f^c_{cu.i}$(MPa)	η_1	η_2	$f^c_{cu.i}$(MPa)	η_1	η_2
1	32.8	0	30.8	27.9	1.10		32.4	0.951	
2	35.2	1.0	42.0	29.9	1.40		34.4	1.221	
3	34.9	0	39.7	31.6	1.26		35.1	1.131	
4	36.6	1.0	41.5	32.4	1.28		36.9	1.125	
5	39.0	1.5	41.0	34.7	1.18		39.2	1.046	
6	38.2	1.0	41.8	35.2	1.19		39.7	1.053	
7	37.2	0	41.3	35.9	1.15	1.18	40.4	1.022	1.05
8	38.2	1.0	47.4	36.0	1.32		40.5	1.170	
9	37.3	0	40.3	36.1	1.12		40.6	0.993	
10	39.0	1.0	40.5	36.7	1.10		41.2	0.983	
11	37.9	0	45.8	37.3	1.23		41.8	1.096	
12	39.6	1.0	40.3	37.6	1.07		43.1	0.957	
13	38.5	0	41.3	38.5	1.07		43.0	0.960	
14	38.6	0	41.8	38.7	1.03		43.2	0.968	

试件编号	回弹值 R_m	d_m (mm)	$f^c_{cor.i}$ (MPa)	修正前			修正后		
				$f^c_{cu.i}$(MPa)	η_1	η_2	$f^c_{cu.i}$(MPa)	η_1	η_2
1	39.3	0	47.9	40.1	1.19		44.5	1.076	
2	39.4	0.0	40.8	40.2	1.01		44.7	0.913	
3	40.1	0	47.2	41.8	1.13	1.09	45.8	1.031	1.00
4	45.0	1.0	49.8	48.5	1.03		50.5	0.986	
1	47.2	1.0	54.9	53.4	1.03		53.9	1.019	
2	47.4	1.0	57.2	53.9	1.06		54.2	1.055	
3	47.8	1.0	49.2	54.8	0.90	0.99	54.8	0.900	.0.99
4	48.8	1.0	53.6	57.1	0.94		57.1	0.940	
5	50.0	1.0	60.9	60.0	1.02		60	1.020	

注　$f^c_{cor.i}$为混凝土芯样抗压强度；η_1 为修正前修正系数；η_2 为修正后修正系数 $\eta=f^c_{cor,i}/f^c_{cu,i}$。

由表 6 可知，回弹强度换算值 $f^c_{cu.i}$ 在 40MPa 以下时，修正前修正系数 η_2 达到 1.18，芯样强度明显大于表层 $f^c_{cu.i}$ 强度值。按表 3 修正后，两者已相当，修正系数 η_2 降至 1.05。$f^c_{cu.i}$ 值在 $40.1 \sim 50$MPa 时，修正前 $\eta_2=1.09$，修正后 $\eta_2=1.00$，内外层强度差异减小。$f^c_{cu.i}$ 值在 $50.0 \sim 60.0$MPa 时，修正前后的修正系数相同，均等于 0.99，说明泵送混凝土表层与内部强度非常接近。

5　结语

试验证明，泵送混凝土试块经不同强度修正值修正后的误差验证及同部位芯样抗压强度值与修正前后回弹换算强度值间的比较，证明本文设立的不同强度修正值，具有一定的科学性、合理性，同时可提高泵送混凝土回弹测强的精度。

参　考　文　献

[1]　回弹法检测普通混凝土抗压强度技术规程（JGJ/T 23—2001）. 北京：中国建筑工业出版社，2001.

回弹法检测结构混凝土强度的影响因素

李杰成

（广西建筑科学研究设计院，广西南宁，530011）

本文就回弹法应用中遇到较多而又未完全解决的现场结构混凝土强度评定问题，在试验验证和分析研究的基础上，对回弹法检测结构混凝土强度的影响因素进行了分析，特别是针对广西南宁地区回弹测强曲线的使用及碳化修正问题提出了新的看法。

a. 建议采用新建立的"第二代"广西地区曲线，这样可以取消碳化修正项，以提高精度；b. 如果继续使用原地区曲线，则需作必要的修正：采用一个新的碳化修正系数代替全国规程规定的修正表；c. 全国回弹法曲线在广西地区使用误差过大，不宜在广西地区推广使用。

1 问题的来源及提出

随着建筑业和非破损检测技术的日益发展，全国"回弹法"规程的实施及个别地区曲线的相继建立，回弹测强技术已被广泛用于现场结构混凝土的质量控制、检测及强度评定工作。它以其操作简单方便、速度快、成本低及不损害结构物混凝土等无可比拟的优点而深受广大建筑检测技术人员的喜爱。但是由于各地环境气候条件及建筑地方材料情况差异较大，使得全国曲线在某些地区的使用产生较大的误差。比如在广西地区使用的误差就比较大（见表1比较）。故在广西一直沿用广西建研院于1981年建立的"南宁地区混凝土回弹测强曲线"（以下简称"南地曲线"）来评定混凝土强度。由于当时技术、设备等条件所限，制定该曲线时未能对各种影响因素进行全面、充分的试验研究和论证分析。很多测强影响因素的修正系数往往是套用外地资料的数字。而由于地方材料的差异，导致使用过程中，遇到不少问题，给工程评价造成相当大的误差。为解决这些问题，本文提出一些很值得重视的问题，并作了论证和分析，希望能促使该理论的更加完善，提高回弹法测试评定的精度。特别就广西地区曲线的选择、使用及碳化修正问题作了深入的论述并提出了一些新的见解。希望起到"抛砖引玉"之效果，引起大家的重视，促使回弹法理论向更高深度、更完善的方向发展。

表1   误 差 验 证

普碎自	子样数	混凝土标号	龄期 (d)	平均相对 R_r(%)	相对标准差 S_r(%)	误差大于国标规定±15% 的出现频率（%）
全国回弹曲线	108	C10～C40	28～ 360	26.2	35.7	58.3
本文提出的代用曲线				8.9	12	14.8

2 试验条件方式及方法

本文所涉及的所有试验均按标准试验方法设计进行，原材料（包括水泥、沙、石等）均符合国家有关规程的指标要求。

（1）试验成型：人工搅拌，振动台振动成型。试件尺寸为：150mm × 150mm × 150mm 标准钢模试件。成型后 24h 拆模养护。

（2）养护。

a. 自然养护。

b. 标准养护（密封无碳化影响养护），拆摸后立即移入标准养护池内进行 7d 标养，出池后立即擦干表面水分装入密封的塑料袋内养护至试验龄期，取出自然风干 1d 然后上机试验。

（3）试验：按国家标准试验方法进行。

（4）仪器。

a. HT－225 型回弹仪（国家及瑞士产）。

b. 压力试验机。

以上仪器均经标定符合国家有关标准要求。

3 各种影响因素对回弹法影响的研究

3.1 水泥品种对回弹法影响的研究

通过试验研究和大量的数据分析，用回归分析及统计检验的方式来探讨水泥品种的影响情况。选择了最常用的两种水泥（普通硅酸盐水泥及矿渣硅酸盐水泥）进行试验分析；分别成型了 100～400 号的混凝土（配合比相同，见表 2）进行对比试验。

表 2 配 合 比

水泥品种	混凝土设计标号	重量配合比 水泥：沙：石：水	实际施工坍落度（cm）	
			普通硅酸盐水泥	矿渣硅酸盐水泥
普通矿渣水泥	C10	1：3.98：6.78：0.87	2.5	3.0
	C20	1：2.23：4.34：0.59	3.5	3.0
	C30	1：1.44：3.22：0.45	2.0	1.5
	C40	1：1.01：2.35：0.35	2.0	1.8

首先进行方程选择：我们分辨同组数据用三种类型方程（直接方程、幂函数方程、指数方程）进行回归对比，发现这三种方程结果很接近，差异不大（见图 1）。为此，选择其中的直线方程来作回归分析，结果见表 3。

同时，还选择了一种方程（幂函数方程）回归出来的两种水泥（普通、矿渣）分别在自然养护时的关系图（图 2）及标准封养（无碳化）时的关系图（图 3）进行比较分析。同上面的回归结果所表明的是一样。从图 2 及图 3 中，也可发现两种不同品种的水

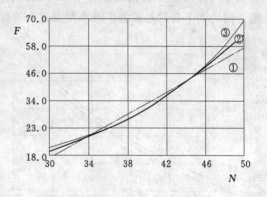

图 1　三种函数方程关系

①—直线方程；②—幂函数方程；③—指数方程

泥（普、矿）分别在自然养护和标准养护（密封无碳化）情况下，其影响仍然存在，其大致关系是：同条件下同样的回弹值 N 所对应的混凝土强度中，矿渣水泥混凝土的 f 值稍高，比普通水泥混凝土高出 12% 左右（自然养护）和 15% 左右（标准无碳化养护）。为此，对方程的剩余标准 S 作过 f 检验分析[1]。验证结果是：

（1）自然养护（有碳化）时：$f_{自}=1.998 > f_{0.05}=1.49$（影响显著）。

（2）标准养护（无碳化）时：$f_{封}=1.32 < f_{0.05}=1.49$（影响不显著）。

表3 　　　　　　　　　　　　　直 线 方 程 参 数

编号	水泥品种	养护方法	样本量 n	回归方程 $f=a+bN$	相关系数 r	回归剩余标准 S_y	相对标准差 S_r	平均相对误差 R_r
A_1	普	自然养护	90	$f=23.812N-822.236$	0.974	30.7	12.54	8.80
B_1	矿		72	$f=22.9097N-568.359$	0.925	40.39	14.58	11.76
A_1B_1	普矿		162	$f=22.751N-567.720$	0.952	37.01	12.64	9.26
A_2	普	标准封养	90	$f=16.897N-308.569$	0.977	27.53	10.73	8.38
B_2	矿		72	$f=16.894N-286.279$	0.963	31.65	10.42	8.09
A_2B_2	普矿		162	$f=16.755N-290.039$	0.975	29.75	10.03	7.59

注 普代表普通硅酸盐水泥；矿代表矿渣硅酸盐水泥；普矿代表普通矿渣水泥。该公式回归统计时为旧规范单位，计算后应进行单位换算。

也就是说两种品种不同的水泥成型的混凝土在自然养护状态下，对回弹值有较显著的影响，而在标准密封养护状态下，则影响不显著。这就说明：水泥品种对 $N—f$ 关系的影响主要来源于养护方式，从表面上看，碳化似乎又是自然养护的主要表现之一。那么这种影响归根到底主要是由于"碳化"的呢？还是由于自然养护而产生的其他原因呢？单就"碳化"本身来说，其影响程度又有多大呢，这些在下面还将作更详细的论述。

在这里进行比较的方程中，并没有把碳化作为变量放入方程（$f=a+bN$）中去。从图2，图3可以发现：同样的 f 值下矿渣水泥混凝土的 N 值比普通水泥混凝土的 N 值小。而同一 N 值下，矿渣水泥混凝土的 f 值却要比普通水泥混凝土的 f 值高 2MPa 左右。同时还发现，同龄期下自然养护的矿渣水泥混凝土的碳化深度要比普通水泥混凝土的大（见表4）。

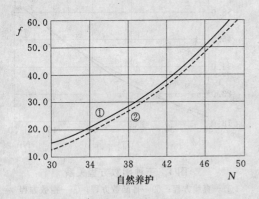

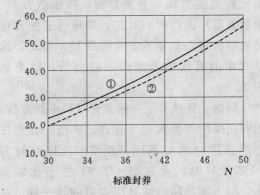

图2　自然养护下两种水泥混凝土曲线关系　　　图3　标准封养下两种水泥混凝土曲线关系
　　　①—矿渣；②—普硅　　　　　　　　　　　　①—矿渣；②—普硅

表4 　　　　　　　　　　不同水泥品种碳化深度变化

混凝土设计强度（MPa）	水 泥 品 种	各龄期下自然养护平均碳化深度（mm）		
		14d	28d	60d
C15.0 （$n=144$）	普通水泥	0.37	1.50	4.67
	矿渣水泥	0.17	2.83	5.50

混凝土设计强度 （MPa）	水 泥 品 种	各龄期下自然养护平均碳化深度（mm）		
		14d	28d	60d
C25 （n＝144）	普通水泥	0.00	0.30	1.67
	矿渣水泥	1.00	1.50	2.75
C35 （n＝144）	普通水泥	0.00	0.30	1.17
	矿渣水泥	0.80	1.00	1.75
C45 （n＝144）	普通水泥	0.00	0.00	0.30
	矿渣水泥	0.50	0.60	0.35

通常认为：碳化层越厚其回弹值越高。从而按一定关系曲线计算得到的强度也就越高。而从表4我们看到：同条件混凝土设计强度下，矿渣水泥混凝土的碳化深度要比普通水泥混凝土大。按理说，一般地应该是同条件同强度下的矿渣水泥混凝土的 N 值比普通水泥混凝土的 N 值高才是。可是图2、图3给我们显示的结果却恰恰相反，那么通常所认为的碳化影响较大的概念就出现问题了，那问题出现在哪里呢？分析结论告诉我们：差异的主要原因来源于水泥品种本身，而不是碳化深度。当然不是说碳化对 N 值没有影响，而是说，这种影响远没有通常认为的那么严重。也就是说，碳值对测强本身的较大影响，实际上是一种错觉。影响 $N—f$ 关系的主要原因不在碳化本身，而在其他因素。因为碳化层的影响，在建立自然养护的方程时试验的试块中已存在碳化，所以方程中的相关关系里的 N 值实际上是已包含碳化再用在内的"假"的回弹值，而不是无碳化的"真"实回弹值，所以使用这种方程时，只要建立曲线的试块也是自然养护有碳化的试验数据，即使结构混凝土有碳化，条件基本相同时，不作修正，也不致对强度评定有很大的影响。

3.2 养护方式对回弹值及 $N—f$ 关系的影响

我们知道，同条件同龄期的混凝土，标准养护的强度要比自然养护高，那么养护方式对回弹值及 $N—f$ 关系到底有多大影响呢？我们分别把其他条件相同，但养护方式不同的两组数据进行对比分析，分别建立关系曲线。两种养护方式的曲线关系如图4、图5所示：从图中我们可以发现，不管是矿渣水泥还是普通水泥，在混凝土标号较低时（C20以下）同一强度的混凝土，自然养护者 N 值比标准养护的高（高4度左右），而随着混凝土标号的增加这种差异就越来越小（C30时， N 值约差2.5度；而C40时， N 值约差0.5度，约在混凝土标号达到C45时，这种差异趋于零）。而且逐渐随混凝土强度的增加，标准养护的混凝土的 N 值反而高于自然养护（见图4、图5）。也就说，当我们测得相同的回弹值 $N＝30$ 的时候，此时标准养护的混凝土其强度反而比自然养护的高6~7MPa，而当 $N＝46$ 时，则标准养护的混凝土其强度反而比自然养护者低10~13MPa左右。

3.3 水泥用量对测强的影响

为了弄清这一因素的影响程度，又做了这样一个试验：同一标号的混凝土，我们采用了不同的水泥用量，分五级，水泥用量从0~±15%进行变化，通过调整骨灰比（保持水灰比）使5种用量下的混凝土大致控制在同一等级内进行比较分析。

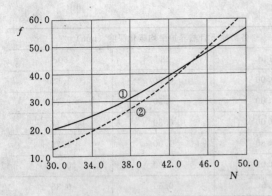
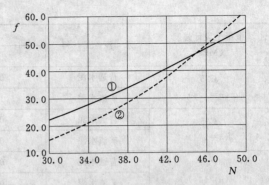

图 4 普通硅酸水泥两种养护法 N—f 关系
①—标准封养；②—自养养护

图 5 矿渣水泥不同养护法的 N—f 关系
①—标准封养；②—自养养护

首先，检验所成型的 5 种水泥用量的混凝土其强度是否在同一等级内（即有否显著差异）。用方差分析我们可以知道，它们大致是控制在同一等级内的（见表 5）。

表 5　　　　　　　　　　　不同水泥用量对强度的影响

方差来源	平方和	自由度	均方	f	$f_{0.01}$	显著性
水泥用量	32098.11	4	8024.03	3.4365	3.567	不显著
误差	198467.75	89	2334.92	—	—	—
总和	230563.86	93	—	—	—	—

也就是说，通过调整骨灰比，变化水泥用量的 5 组试件的强度已经控制在同一等级，这样，我们便可以利用它来研究增减水泥用量时引起的回弹值的变化规律。为此，又把 5 种不同水泥用量的 N 值进行方差分析（结果见表 6）。

表 6　　　　　　　　　　　不同水泥用量对 N 值影响

方差来源	平方和	自由度	均方	f	$f_{0.01}$	显著性
水泥用量	61.517	4	15.379	3.4146	3.567	不显著
误差	382.842	89	4.504	—	—	—
总和	444.360	93	—	—	—	—

分析结果表明，单就回弹值而言随着水泥用量的增减（只要强度没有显著的差异），其 N 值的影响就是不显著的。因为影响 N 值的仅是混凝土强度本身，而不是强度相同的混凝土中的水泥用量之多少（见图 6）。

实际上，我们在设计某一标号的混凝土的配合比时，都依水泥标号而使用量大致趋于常规用量。如果水泥用量增多，沙量不变，又要保持强度不变、水灰比不变时，此时石子用量就要相应减少。而我们知道混凝土中石子量减少会使混凝土的回弹值偏低，但由于水泥用量的增加又使 N 值偏高。这样回弹值在一定范围内受到这种一增一减的交互作用，已抵消或部分抵消由于水泥用量增减的影响，而其剩余的影响已不十分显著。

4　碳化对回弹测强影响的探讨

多年来，非破损学术界对这一问题没有给予足够的重视，而把国内某些不大成熟的研

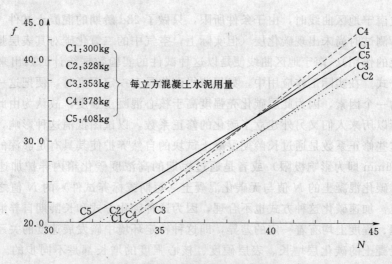

图6　各种水泥用量下的曲线关系

究成果作为定性定量的结论予以应用，使工程应用上经常遇到一些问题而难以解决。

笔者通过多年的试验研究，发现多年来国内学术界对此问题的认识不足（全国规程中的修正系数在应用中也存在问题）。本文就此提出了一些新的看法和见解，认为结构混凝土非破损测强中（包括回弹法、超声法和综合法）碳化影响并不像以往的论断所述的那么严重（图7）。特别是在建立自然养护公式的强度评定中影响不大，如果建立公式的数据是自然养护的，而且数据全面可靠（分别照顾到各种

表7　　　全国规程中碳化修正系数

碳化深度 L（mm）	碳化修正系数 $K=1^{0-0.035L}$
0.5	0.960
1	0.921
2	0.848
3	0.781
4	0.719
5	0.622
6	0.6098

龄期、各种碳化层深）时，碳化对评定强度的影响甚至可以忽略不计或用一个接近1的系数表，即可修正。而历年来我们通过对碳化修正系数（见表7、表8）的使用，不但没有提高测试评定的精度，反而增大了误差，应该引起足够的重视。

近年来，广西地区的结构混凝土的回弹测试及评定一直使用广西建研所建立的"南宁地区回弹法曲线"，[2]与此同时，碳化修正使用了一个折减较大的休整系数表（见表8）。

表8　　　　　　　　　南宁地区曲线套用的修正系数

强度等级 \ 碳化深度（mm）	0.5	1.0	2.0	3.0	4.0	5.0
C10～C20	1.00	0.96	0.85	0.75	0.67	0.63
C20～C30	1.00	0.96	0.84	0.74	0.66	0.62
C30～C40	1.00	0.95	0.82	0.72	0.64	0.60
C40～C50	1.00	0.94	0.80	0.70	0.62	0.58

在建立南宁地区曲线时，由于条件所限，只做了28d龄期的混凝土试件（自然养护），因龄期短，测试时尚未出现碳化层（但实际上，空气中的二氧化碳对其表层强度的增长已经起了一定的作用）。南宁地区曲线便是以这种试件的实验数据统计回归出来的相关关系作为经验公式。在实际工作应用中，如果测得碳化具有一定深度时，便把这一深度视作增加回弹值的一个因素，因为此层碳化壳强度高于核心混凝土强度，故认为由此而导致回弹值偏高。所以历来人们又另外建立了碳化的修正系数，以试图抵消这种影响，从而提高精度。但是这些修正系数是通过长龄期混凝土试块的自然养护使其具有足够深的碳化层（一般认为5～6mm即为影响极限）或者是通过短期的高浓度碳化箱内养护加速度碳化。由此而得到有碳化混凝土的 N 值与无碳化混凝土（短期或标养试件）的 N 值之间的相关关系。事实上，加速碳化这种方式也不合理，因为这种碳化方式和长龄期自养混凝土对碳化的影响机理、程度上均有着一定的差异，即这种特定环境中碳发展速度的关系，同结构上自然养护混凝土的碳化层增长、表层硬度、核心强度的增长都是不同步的。取出某时刻（试验时，碳化已增长足值，但强度发展未同步）得到的关系而加之于自然养护的碳化与强度同步增长（当然随环境不同而不同）的结构混凝土测强中去，自然会存在一定的差异。如果把自然养护做出的碳化修正系数套用到标准养护的碳化的相关关系公式里，则更为不合理。

为此，笔者做了一个试验验证：按标准方法成型实验了108块标准试件（C10～C40）进行自然养护，龄期分别从28d到360d，测试其回弹值及碳化值和抗压强度，然后分别把实测抗压强度（f）同用回弹法测得的 N 值套用"南宁地区曲线"得到的计算值（理论值 f_m、f_z）以及碳化深度值用表8进行碳化修正后的强度值（f_m、f_{zs}）三者进行了比较分析。我们发现，修正后误差远大于修正前的误差，这就说明这种修正不但是没有意义的，而且还是有害的，其验证结果见表9～表11。在全部108块试块中，按南宁地区曲线计算的理论值比实际抗压强度低的试占25%（直线方程）～39.81%（幂函数方程）。而做碳化修正后的最终强度值与实际强度的相对误差较修正前的还要大。

表9 修正前后总体相对误差比较（$n=108$）

平均相对误差 方程类型	碳化修正前相对误差（%）	碳化修正后相对误差（%）
南宁地区幂函数方程	9.22	10.72
南宁地区直线方程	10.30	17.60

表10 不同碳化深度下修正前后误差对照

碳化深度（mm）	子样数	碳化修正前强度平均相对误差（%）	碳化修正后强度平均相对误差（%）
1～1.5	18	8.70	10.86
1.6～2.5	18	8.47	23.56
2.6～3.5	18	13.52	33.56
3.6～4.5	18	6.27	40.39
4.6～5.0	18	8.30	26.56
1～5.0	总汇90	8.95	25.9

从修正前后各级误差出现频率对比情况也证明这一点（见表11），也就是说，修正后误差值超过全国规程规定的限值（小于15%）的误差出现频率，大于修正前的。修正前为22.4%，而修正后增加到79.5%。

表11 修正前后各种误差等级出现频率对照 %

误差等级	误差出现频率	南宁地区曲线理论计算值（修正前）	碳化修正后的强度
5		71.4	91.84
10		48.9	85.71
15		22.4	79.59
20		8.10	75.50
30		2.04	38.78

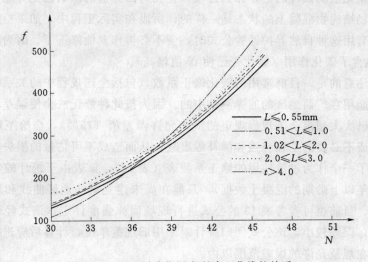

图7 由不同碳化深度所建立曲线的关系

也就是说，按照这种系数进行碳化修正不但没有消除碳化造成的误差反而大大增加了误差值。这就说明以下两个问题。

（1）按南宁地区曲线中的自然养护公式计算的理论强度比实际强度低的原因主要有以下两个。

1）原建立公式时的规范是以 200mm×200mm×200mm 立方试块为标准试块的。故试验时用 150mm×150mm×150mm 试块得出的抗压强度需折减成 200mm×200mm×200mm 标准试块的强度，然后进行回归再建立经验公式。而现在新规范中强度概念是指 150mm×150mm×150mm 的标准立方试块的抗压强度。故现在使用南宁地区曲线时，其强度与回弹值的相关关系中的强度值稍微偏低。

2）原公式建立时，只有短龄期无碳化混凝土试块，而实际应用中常常是有碳化层的长龄期的混凝土，故使用公式时导致公式使用范围外延，这也是导致评定强度误差的原因之一。

（2）使用目前的碳化修正理论不太合理　因为这种碳化修正方式所带来的后果，并不像我们想象中的那样：可以减少或消除碳化对回弹值的影响而带来的误差，相反，按此法修正后强度误差更大。特别是如果用的公式是建立在长龄期有碳化试块之上的，显然再另作修正就更不合理了。

事实上我们知道，在建立地区曲线自然养护类公式时混凝土试块是进行自然养护的，而这种养护条件下，混凝土表面是一直接触空气中的二氧化碳的，也就是说从混凝土浇注那一刻起碳化对混凝土表面强度的作用已经开始（这就同实际工程上结构混凝土的状态相同），到28d龄期进行测试时，这种作用已在一定程度上对混凝土表层的分子结构和强度等产生了一定的影响，尽管在用试液检验时常常只发现极浅的一层（一般不大于1.0mm）甚至没有发现碳化层，但是混凝土的回弹指标（N值）中已包含了这种影响（虽然因龄期短，影响极小，但毕竟存在着。如果龄期长影响自然会跟着增大）。也就是说相关关系中（自然养护类公式）的强度值实际上也已经包含了碳化的影响。如果建立公式的试块中已有长龄期有碳化层的试件的话，那么这些碳化壳对回弹值的影响已充分地包含在相关关系中。这同现场结构物混凝土的状态是一样的。所以在实际工程中，如果检测的是自然养护混凝土，在套用这种自然养护经验公式时，便不必再作其他修正了。因为相关关系公式里的N值已包含了碳化作用（碳化壳已使N值增高）。

特别值得注意的是，目前常用的碳化修正系数（包括全国规程中的关系公式及碳化修正系数）是不能用在广西地区的回弹测试中的。因为按此种修正法会使误差增大到不可容忍的程度，即已大大超出全国规程规定的最大允许误差值（15%），会给工程评估带来极大的错误和造成不必要的工程补强和漏补等事故，从而造成不可估量的损失。根据广西地区的情况建立了一个作为过渡使用的修正系数表（表12），该表由于统计的数据尚不够全面（如缺乏一年以上龄期的混凝土数据），只能在尚未建立新的地区曲线和新的修正系数以前参考使用。目前也可参考表13的公式进行现场回弹强度评定（该式经验证，与实际强度比较接近，误差较小，该公式回归统计时采用旧规范单位，计算后应进行单位换算），其应用误差均在规范允许的误差范围以内。

表12　　　　　　　　　　　　　修　正　系　数

碳化深度（mm）	0.5	1.0	2.0	3.01	4.01	5.00	6.0
修正系数	1.000	0.98	0.952	0.953	0.893	0.862	0.837

表13　　　　　　　　　　　　建 议 使 用 的 公 式

分类	经验公式	公式类型	相关系数 r	剩余标准差 S	相对标准差 S_r（%）	平均相对误差 R_r（%）
普卵自	$f_u = 23.592N - 611.465$	直线方程	0.968	31.32	9.61	8.12
普卵自	$f_u = 0.0045N^{3.028614}$	幂函数方程	0.937	42.0	14.4	10.97
矿卵自	$f_u = 22.9097N - 568.359$	直线方程	0.925	42.79	14.58	11.76
矿卵自	$f_u = 0.006623N^{2.93548}$	幂函数方程	0.920	44.46	15.39	12.30
不分水泥石子品种	$f_u = 22.751N - 567.720$	直线方程	0.952	37.0	12.64	9.26
	$f_u = 0.0049N^{3.00}$	幂函数方程	0.945	36.6	13.66	10.10

综上所述，通过多次实际检验，我们认为有必要重新按照目前分析的情况建立一个数据全面、考虑周全的新一代地区回弹曲线。而且在新的回弹曲线中，要包括长龄期有碳化层的混凝土试块的数据，使建立新公式时可以忽略碳化对回弹值的影响，从而使回弹法更简便、更精确。如果目前还没有条件立即重新建立公式，那么可以使用目前笔者提供的过渡公式及碳化修正表，在条件成熟时使用条件再建立一个精确度更高的曲线，以推动回弹测强技术进步及向前发展。

注：本文承 梁南靖 高级工程师审阅。试验验证过程中，亦得到李凤明工程师的大力协助。在此表示衷心感谢！

参 考 文 献

[1] 李杰成编著《水泥品种对综合法评定结构混凝土强度影响的研究》，梁南靖 审阅，全国综合法规程论证资料之一。
[2] 梁南靖编著《南宁地区回弹法曲线汇总表》（广西建研院）。

某工业厂房坍塌事故检测鉴定方法

王文明

（新疆巴州建设工程质量检测中心，新疆库尔勒，841000）

结合某工业厂房原液车间混凝土现浇屋面坍塌事故实例，通过调查了解以及对现场相关结构实体混凝土强度、轴线位移等进行检测，对坍塌事故原因作出分析，为责任划分和设计复核提供可靠依据。

1 坍塌事故概况

某工业厂房原液车间为年产 100000t 粘胶纤维工程，由江西省纺织工业科研设计院设计，新疆某建设集团五分公司负责施工，库尔勒市监理中心监理。该工业厂房原液车间于 2008 年 7 月 31 日 20 时 15 分，在混凝土浇筑至 49－51 交 E－G 轴间，转换到第二个工作面时，现浇混凝土突然发生坍塌，坍落面积约 110m²。

事故发生后，某建设集团驻地建设工程管理处立即组织甲方、设计、监理各方，对坍塌事故进行现场勘察分析后认为，此次坍塌原因为钢管扣件老化造成断裂、滑脱而引起钢管脚手架失稳。

2 鉴定目的、内容和范围

受某建设集团委托，于 2008 年 8 月 14 日对某工业厂房原液车间混凝土现浇屋面发生坍塌事故的 49－51 交 E－G 轴间柱、梁、板混凝土强度、轴线位移进行检测鉴定，为设计方提供设计复核的依据。

3 现场检测过程、方法及结果

通过目测，无肉眼可见的裂缝，也未见坍塌部位及邻边混凝土柱有显著倾斜。为了工程进度不受影响，为设计方及时提供设计复核的依据，现场采用 HT225 型普通混凝土回弹仪和经纬仪对发生坍塌事故的 49‑51 交 E‑G 轴间柱、梁、板混凝土强度和轴线位移进行检测鉴定。

3.1 混凝土强度检测

应委托方要求，仅对 4 个柱 2 榀梁 2 块板总计 8 个构件进行现龄期（14d）混凝土强度检测。4 个柱：49‑E 柱、49‑G 柱、48‑G 柱、48‑E 柱；2 榀梁：48 轴主梁、48‑49 轴次梁；2 块板：48‑49 交 E‑G 二层顶板、48‑49 交 C‑E 二层顶板。所检构件混凝土强度检测数据见表1。

表 1   混凝土强度检测数据

构件名称	轴线位置	混凝土设计等级	混凝土实测强度（14d）（MPa）
柱	49‑E	C30	35.2
柱	49‑G	C30	32.1
柱	48‑G	C30	30.7
柱	48‑E	C30	32.9
二层顶板	48‑49 交 E‑G	C30	31.4
二层顶板	48‑49 交 C‑E	C30	30.9
主梁	48	C30	35.4
次梁	48‑49	C30	35.7

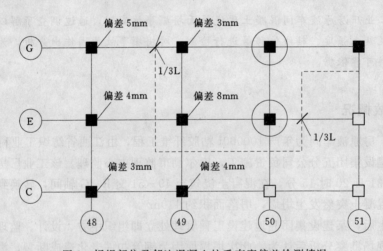

图 1 坍塌部位及邻边混凝土柱垂直度偏差检测情况

说明：1. 黑色方框代表已浇筑混凝土的柱；

      2. 白色方框代表未浇筑混凝土的柱；

      3. 虚线区域为混凝土现浇板拆除区；

      4. 圆圈内的混凝土柱已拆除。

3.2 垂直度偏差检测

柱 49‑E、49‑G 模板受坍塌梁板模板的拉力牵引，柱上口混凝土胀模 8～12mm，轴线位置在允许偏差范围内。坍塌部位及邻边混凝土柱垂直度偏差检测情况见图1。

4 检测鉴定结论

经检测，所委托部位混凝土强度满足设计要求，轴线位移偏差满足《混凝土结构工程施工质量验收规范》（GB 50204—2002）的规定。

参 考 文 献

[1] 回弹法检测混凝土抗压强度技术规程（JGJ/T 23—2001）. 北京：中国建筑工业出版社，2001.
[2] 混凝土结构工程施工质量验收规范（GB 50204—2002）. 北京：中国建筑工业出版社，2001.
[3] 王文明. 某工业厂房原液车间混凝土现浇屋面坍塌事故检测鉴定. 第十届全国建设工程无损检测技术学术会议论文集，2008.

浅议回弹法检测商品（泵送）混凝土强度

赵 强

（山西省建筑科学研究院，山西太原，030001）

本文介绍了回弹法的发展概况，结合工程实例，对商品混凝土强度的回弹检测进行了分析，并对回弹法检测商品混凝土强度偏低的因素进行了研究，提出了提高回弹法检测精度的方法，以更真实地反映商品混凝土的测试强度。

1 回弹法的发展概况

自从1948年瑞士施米特（E. schmidt）发明回弹仪，以及苏黎世材料试验所发表研究报告以来，回弹法的应用已有50多年的历史。许多国家或协会都制定了回弹法的应用技术标准。这些标准有两种类型：一类是将回弹值换算为强度值的标准，属此类标准的有日本、罗马尼亚等；另一类是只用回弹值作为混凝土质量相对比较的标准，属此类标准的有前苏联、美国、英国等。我国自20世纪50年代中期开始采用回弹法测定现场混凝土抗压强度，经过多年的系统研究和应用，提出了具有中国特色的回弹仪标准状态及"回弹值—碳化深度—强度"相关关系，提高了回弹法的测试精度和适应性。

虽然多年来其他无损检测方法不断出现，如钻芯法、超声回弹综合法等，但回弹法以仪器构造简单、方法简便、测试值在一定条件下与混凝土强度有较好的相关性，测试费用低廉等特点，成为我国应用最广泛的无损检测方法之一。

2 对商品（泵送）混凝土强度的回弹检测

近年来，随着大中城市商品（泵送）混凝土使用的普及，笔者近年来，主持和参与了多项回弹法检测商品混凝土强度的检测工程实例，发现采用回弹法按统一测强曲线推定的测区混凝土强度值远低于其实际强度值。例如，某住宅小区 X♯住宅楼为地下2层，地上

30 层剪力墙结构，该楼于 2004 年 9 月开工，至 2005 年 7 月主体封顶。混凝土构件均采用某商品混凝土公司的商品混凝土浇筑。因对该楼部分层次剪力墙混凝土强度有所怀疑，建设方要求对该楼 15 层、20 层剪力墙的现龄期混凝土强度进行检测。

经调查，15 层剪力墙混凝土设计强度等级为 C35，20 层剪力墙混凝土设计强度等级为 C30，采用的商品混凝土所掺外加剂主要为 UNF－3B，骨料最大粒径为 31.5mm。15 层剪力墙浇筑成型时间为 2005 年 5 月 3～6 日，20 层剪力墙浇筑成型时间为 2005 年 5 月 24～27 日，均采用洒水养护。

依据《回弹法检测混凝土抗压强度技术规程》（以下简称《规程》）（JGJ/T 23—2001）的抽样原则，在每层随机抽取十七道剪力墙，依据《规程》进行回弹和碳化测试。经数据处理后：15 层所检构件的测区强度平均值 $mf_{cu}^c = 22.2MPa$，测区强度标准差 $sf_{cu}^c = 1.90MPa$；20 层所检剪力墙的测区强度平均值 $mf_{cu}^c = 18.7MPa$，测区强度标准差 $sf_{cu}^c = 1.39MPa$。所测碳化值均大于 2mm，故依据《规程》采用钻取混凝土芯样的方法对测区混凝土强度换算值进行修正，每层各选取 6 个测试构件对应测区钻取芯样。15 层修正系数 $\eta = 2.09$，20 层修正系数 $\eta = 1.98$。最终的检测结果为：15 层剪力墙测区强度标准值 $mf_{cu}^c = 46.4MPa$，测区强度标准差 $sf_{cu}^c = 3.97MPa$，强度推定值 $f_{cu,e} = 39.9MPa$；20 层剪力墙测区强度标准值 $mf_{cu}^c = 37.0MPa$，测区强度标准差 $sf_{cu}^c = 2.75MPa$，强度推定值 $f_{cu,e} = 32.5MPa$，均达到了设计要求的混凝土立方体抗压强度标准值。

正如上例，如果单纯地采用回弹法，不用取芯进行修正，那么所得的结果会比实际偏低近一倍。

3 回弹法检测商品混凝土强度偏低的诸多因素

导致回弹法测强统一曲线推定的测区混凝土强度值偏低的因素如下。

（1）回弹法是通过回弹仪检测混凝土表面硬度从而推算出混凝土强度的方法。而商品（泵送）混凝土，因其运输和施工特点，要求其流动性大，粗骨料粒径小，沙率增加，从而导致在浇筑成型后，构件表面骨料少，而浆料多，混凝土的砂浆包裹层偏厚，表面硬度较低。

（2）我国研究制定的回弹法测强统一曲线只适用于普通混凝土，即由水泥、普通碎（卵）石、沙和水配制的质量密度为 1950～2500kg/m³ 的普通混凝土，而现阶段应用的商品混凝土中大都掺加了 15%～25% 的粉煤灰或矿粉为主的掺和料，通常会导致混凝土早期泵料的强度偏低。

（3）现阶段商品混凝土为了满足施工需求，大都掺加了不同品种、用途的外加剂，如减水剂、早强剂、防冻剂等，这些外加剂实际上大都会产生不同程度的引气效果，从而导致商品混凝土构件表面的浆料微气孔较多，不密实，降低了表面硬度，而现行的《回弹法检测混凝土抗压强度技术规程》（JGJ/T 23—2001）明确规定了回弹法测强统一曲线不适用于掺加了引气型外加剂的混凝土。

（4）现阶段商品混凝土的掺和料中含有活性氧化硅和活性氧化铝，它们和氢氧化钙结合形成具有胶凝性的活性物质，降低了混凝土的碱度，因而加速了混凝土表面形成碳酸钙的过程，亦即加快了碳化速度，从而导致在回弹测试过程中，碳化测试值较同龄期普遍混凝土偏大，引起了误差。

除以上因素外，如不同的成型方法、养护方法及温度、湿度等都会对回弹测试工作存在一定的影响，可能会导致测试的偏差。

4 结语

采用回弹法检测商品混凝土强度时，应详细调查商品混凝土的配比，以及施工成型过程、养护过程。

对碳化值大于 2mm 的商品混凝土必须严格按《回弹法检测混凝土抗压强度技术规程》（JGJ/T 23—2001），第 4.1.5 条执行，对碳化值不大于 2mm 的商品混凝土，也应考虑采用回弹法配合取芯修正的方法，从而提高检测的精度，更真实地反映商品混凝土的测试龄期强度。

解析浙江省碎、卵石泵送混凝土回弹测强
修正值分开设立的必要性

徐国孝

（浙江省建筑科学设计研究院，浙江杭州，310012）

本文通过碎石、卵石泵送混凝土回弹测强数据误差分析，指出了浙江省碎、卵石泵送混凝土回弹测强修正值分开设立的必要性。

泵送混凝土的特点是采用泵送工艺，掺入加气型外加剂（或称高效减水剂、泵送剂），坍落度、砂率增大，骨料粒径减小（不大于 30），《回弹法检测普通混凝土抗压强度技术规程（JGJ/T 23—1992）》（以下简称《规程》）推定的强度值与实际试块抗压强度值间的误差也增大。因此，2000 年《规程》编制修订组已对其设立了修正值，但该修正值是在碎、卵石泵送混凝土试验数据合在一起的基础上计算而设的。浙江省金华、衢州、温州、丽水、桐庐等地区普遍采用卵石作为泵送混凝土的粗骨料，对回弹法检测碎、卵石泵送混凝土抗压强度时，它们的误差有何区别，修正值如何设立，进行了试验分析。

1 全国泵送混凝土回弹测强修正值设立简介

共选取 474 组回弹、抗压强度数据，这些数据分别来自浙江、四川、陕西、北京、广东等科研单位、商品混凝土厂[1]。其中，碎石泵混凝土数据 399 组，卵石 75 组。474 组中去掉 $R_m > 50$ 及 $f_{cu,i} < 20$MPa 的数据，余下 453 组用最小二乘法按幂函数方程回归得到的方程为 $f_{cu,i}^c = 0.23758 R_m^{1.4309} \times 10^{-0.5034 d_m}$。由此与《规程》的方程（略）相比较，计算得出的修正值 K_1 见表 1（暂定）。474 组数据修正前后的误差见表 2。由表 2 可知，设立修正值，不仅使各间段误差低于《规程》专用曲线要求，其总误差也在规定范围内。

表 1 　　　　　　　　　　　　　　泵送混凝土回弹测强修正值

$0{\leqslant}d_m{\leqslant}1.0$	$f^c_{cu.i}$(MPa)	≤40.0	45.0	50.0	55.0～60.0
	K_1(MPa)	+4.5	+3.0	+1.5	0.0
$1.5{\leqslant}d_m{\leqslant}2.0$	$f^c_{cu.i}$(MPa)	≤30.0	35.0	40.0～60.0	
	K_1(MPa)	+3.0	+1.5	0.0	

注 表中未列人的 f^c_{cu} 值，可用内插法计算其 K_1 值，精确到 0.1。

2 碎、卵石泵送混凝土回弹测强误差分析

2.1 碎石泵送混凝土回弹测强误差

　　399 组碎石泵送混凝土数据单独算得的测强误差见表 3，由表中可知其回弹值 R_m 越小，δ、e_r 值越大。如 $R_m=20.0\sim24.9$ 时，$\delta=+48.57\%$，$e_r=54.40\%$；当 $R_m=45.0\sim49.9$ 时，$\delta=\pm5.46\%$，$e_r=6.88\%$，符合《规程》要求的范围（即 $\delta{\leqslant}\pm18\%$）；当 $R_m{\geqslant}50$ 时，$\delta=-16.96\%$，$e_r=17.99\%$，即实际抗压强度值远小于按《规程》推定的强度值，误差又增大。

表 2 　　　　　　　　　　　　　　474 组数据修正前后误差

$f^c_{cu.i}$（MPa）	修正前		修正后	
	平均相对误差 δ(%)	相对标准差 e_r(%)	平均相对误差 δ(%)	相对标准差 e_r(%)
≤25.0	34.27	36.65	±10.31	13.12
25.1～30.0	±28.19	36.99	±12.43	14.65
30.1～35.0	±20.15	22.15	±9.63	11.34
35.1～40.0	±17.59	19.88	±8.78	10.46
40.1～45.0	±12.54	15.01	±7.29	9.00
45.1～50.0	±12.23	14.84	±9.18	11.22
50.1～55.0	±5.68	6.87	±4.97	6.32
55.1～60.0	±5.69	7.35	—	—
总误差	±19.73	24.85	±9.30	11.42

表 3 　　　　　　　　　　　　399 组碎石泵送混凝土数据的测强误差

回弹值 R_m	换算强度 $f^c_{cu.i}$					
	平均相对误差 δ(%)			相对标准差 e_r(%)		
	间段误差	总误差	《规程》要求	间段误差	总误差	《规程》要求
20.0～24.9	+48.57			54.40		
25.0～29.9	+33.86			35.25		
30.0～34.9	+30.16			31.87		
35.0～39.9	+19.39	±21.85	≤±15	21.60	25.53	≤18
40.0～44.9	+13.89			16.94		
45.0～49.9	+5.46			6.88		
≥50.0	-16.96			17.99		

2.2 卵石泵送混凝土回弹测强误差

75块卵石泵送混凝土试块（尺寸：150mm×150mm×150mm立方体），采用SOB、NMR-Ⅰ泵送剂，坍落度8~18cm，龄期为28~120d，碳化深度d_m=0~2.000。当回弹值在32.1~48.5变化时，试块抗压强度在24.4~60.8MPa内变化。计算结果：平均相对误差δ=±7.56%，相对标准差e_r=9.13%，符合δ≤±12%、e_r≤14%的《规程》专用测强曲线规定，即卵石泵送混凝土回弹测强不经修正，误差已很小。

2.3 两者回弹测强误差相差如此之大的原因分析

《规程》制定时，没有把碎、卵石普通混凝土区分开来，而实际上回弹法检测碎、卵石普通混凝土强度是有很大差异的。20世纪80年代末，浙江省曾研究过卵石普通混凝土回弹测强曲线，其方程$f_{cu,i}^c=0.03138R_m^{1.917}$。取$f_{cu,i}^c$=25.0、30.0、35.0、40.0、45.0、50.0MPa，则R_m=32.6、35.9、38.9、41.7、44.3、46.8，代入《规程》方程计算得$f_{cu,2}^c$=27.6、33.5、39.3、45.2、51.1、57.0，其比值$f_{cu,2}^c/f_{cu,1}^c$=1.104、1.117、1.123、1.130、1.136、1.140。说明按《规程》计算的f_{cu}^c值已经比浙江省卵石混凝土测强曲线计算的强度提高了10.4%~14.0%，即当回弹法检测卵石泵送混凝土时，按《规程》查得的$f_{cu,i}^c$值，实际已经提高10.4%~14.0%不等，正好与现《规程》编制修订组设立的修正值的提高比值抵消一部分（18%~3%），使得卵石泵送混凝土按《规程》推定的测强误差，没有增大。如果再加上修正值，则其推定的强度值比实际抗压强度又提高18%~3%，后果不堪设想。因此，碎、卵石泵送混凝土回弹测强修正值分开设立，应该是非常必要、合理的。

3 结语

（1）回弹法检测卵石泵送混凝土抗压强度，其误差在《规程》允许范围内，不必再设修正值。而碎石泵送混凝土随着强度增加，确实存在大小不等的误差范围。浙江省碎石泵送混凝土回弹测强修正值可参照全国K_1值（表1）取值。

（2）浙江省金华、衢州、温州、丽水、桐庐等地区有丰富的卵石资源，采用卵石作为泵送混凝土的粗骨料在当地一直都是优先考虑的。要正确检测该混凝土抗压强度，就必须考虑卵石泵送混凝土回弹测强的特殊性。

参 考 文 献

[1] 回弹法检测普通混凝土抗压强度技术规程（JGJ/T 23—2001）.

[2] 徐国孝，马淑娜. 泵送与非泵送普通混凝土回弹测强差异的修正. 浙江建筑，2000（5）.

第三部分 钻芯法检测技术

对《钻芯法检测混凝土强度技术规程》
(CECS 03：2007) 有关问题的商榷

王文明 罗 敏

（新疆巴州建设工程质量检测中心，新疆库尔勒，841000）

针对中国工程建设标准化协会标准《钻芯法检测混凝土强度技术规程》（CECS 03：2007）有关修编的条文和内容，指出存在的主要问题，结合自己实际检测应用的经验和理解，提出个人的一些见解和看法，与同行专家商榷。

1 引言

曾有清华大学土木水利学院廉慧珍教授撰文《质疑'回弹法检测混凝土抗压强度'》对回弹法提出质疑，并在《混凝土》杂志 2007 年第 9 期刊发，引起了较大反响。尽管有些观点提得不妥或是不当甚至是错误，但至少给规范编制部门也提了个醒，编制规范一定要深入研究、科学准确，经得起推敲。作为专家学者以及广大工程技术科技工作者就应该敢于发表自己的看法和见解，有利于形成学术争鸣、百花齐放的学术氛围，有利于促进学术进步。否则就易形成一潭死水的学术腐败。笔者作为一个工程质量检测工作者，想从实际应用的角度，对中国工程建设标准化协会标准《钻芯法检测混凝土强度技术规程》（CECS 03：2007）的修编内容发表自己的一些想法，不敢说质疑，暂且就说提提自己的看法和专家同行商榷。

根据中国工程建设标准化协会（2000）建标协字第 15 号文《关于印发中国工程建设标准化协会 2000 年第一批推荐性标准制、修订计划的通知》的要求，由中国建筑科学研究院会同有关科研单位对协会标准原《钻芯法检测混凝土强度技术规程》（CECS 03：1988）（以下简称《旧标准》）进行了修订。

笔者通过对新标准《钻芯法检测混凝土强度技术规程》（CECS 03：2007）（以下简称《新标准》）的研读，结合自己实际检测应用的经验和理解，并将新、旧标准作一分析对比，发现存在一些修编不妥的问题。现针对主要问题提出个人的一些看法和见解，与同行专家商榷。

2 新标准存在的主要问题

（1）新标准前言对修订的主要技术内容的第一条就说将钻芯检测混凝土强度技术的应

用范围扩大到抗压强度不大于 80MPa，这种说法不妥，其实这一点修订根本的区别是：旧标准规定了不低于 C10 这一下限，而新标准则规定了 80MPa 这一上限。新标准在适用范围上更不应仅局限于"普通"混凝土。

旧标准在总则第 1.0.3 条规定了不低于 C10 这一下限〔而且还是"不宜"（见总则第 1.0.3 条的规定），因为有时钻芯机钻头扰动较小，也能取出比 C10 低的芯样〕，是有其客观的原因的，由于钻芯机钻头本身对混凝土中石子（有时还有钢筋）的扰动较大，对低强度造成了直接破坏，在实际工作中有时发现芯样难以成型，并且发生一取就碎的现象。因此这一规定很现实，也确实来源于实践，经得起真理的检验。相反，新规范规定了 80MPa 这一上限，用意何在？难道超过 80MPa 就不能用钻芯法了？而原规程并未对此作出限制，那么对此作出限制怎么还能说应用范围扩大了？

再者，标准的用语应该是很严谨的，尽量避免出现漏洞。当然就更不能想当然了。标准的修订应该是把一些应用实施中发现的问题和漏洞加以修改和补充，而不应该是为实施设置障碍。如果再深入想一想，像如此规定 80MPa 这一上限后，试问遇到超过 80MPa 的混凝土强度需要检测鉴定怎么办？而且新标准总则中第 1.0.2 条对规程适用范围的规定更是不妥，在将混凝土强度限定不超过 80MPa 的同时，更是明文规定为仅限于普通混凝土。普通混凝土在本规程没有专门术语规定，那按照常理理解，普通混凝土应该是区别于特种或特殊混凝土而言的。诸如高强高性能混凝土或其他轻集料混凝土等，就应该不属于普通混凝土。如果按照密度来区分，普通混凝土就应该是干密度为 $2000 \sim 2800 kg/m^3$ 的水泥混凝土。难道高强高性能混凝土或其他轻集料混凝土以及干密度不在 $2000 \sim 2800 kg/m^3$ 范围的水泥混凝土等非普通混凝土就不能用钻芯法进行检测？理由何在？倘若遇到这种情况，除了钻芯法检测外还有什么可以直接检测结果的方法？因此这种修订在笔者看来是画蛇添足，甚至弄巧成拙，本来钻芯检测就是一个很直接的做法，又有什么不妥？如此牵强附会地修编规定确实有点不合时宜。如今，建筑技术的日新月异，促进了混凝土技术的飞速发展，已经极大地丰富了混凝土组分及配置技术的内涵。原来的普通混凝土已经退出历史舞台而失去原有主导地位。如今的混凝土基本都是一些高强高性能混凝土。因此，如今的一些国家标准再把标题定名为"普通混凝土"之类就不太合适。如《普通混凝土力学性能试验方法标准》（GB/T 50081—2002）、《普通混凝土拌和物性能试验方法标准》（GB/T 50080—2002）、《普通混凝土用沙、石质量及检验方法标准》（JGJ 52—2006）等，在标题中都有"普通"一词限定不太合适，而应该和《混凝土结构工程施工质量验收规范》（GB 50204—2002）、《混凝土强度检验评定标准》（GB/T 50107—2010）等规程标题中的"混凝土"保持一致。也就是说，"混凝土"前不加"普通"一词限制其包含的范畴要广，这符合当今混凝土发展的实际现状。

总之，笔者认为旧标准对其适用范围的规定就要客观具体得多。大家不妨来看，旧标准对其适用范围在总则第 1.0.2 条中是这样规定的：对试块抗压强度的测试结果有怀疑时；因材料、施工或养护不良而发生混凝土质量问题时；混凝土遭受冻害、火灾、化学侵蚀或其他损害时；需检测经多年使用的建筑结构或构筑物中混凝土强度时。

看完之后不知大家有否同感？笔者确实不清楚修编者为何要把这些客观具体的规定修订成"适用于钻芯方法检测结构中强度不大于 80MPa 的普通混凝土强度"？而且新标准还

有其他方面较大的修正，如在附录中增加了轴心抗拉强度和劈裂抗拉强度，等等。但前言对修订的主要技术内容没有列出。因此建议新标准前言对修订的主要技术内容应进一步表述准确与完整，在这里就不赘述了。

（2）新、旧标准对"标准芯样试件"的定义不同，但修订版本的定义没有充足的理论依据及其条文说明。

新标准第 2.1.5 条把"标准芯样试件"定义为"取芯质量符合要求且芯样公称直径为100mm、高径比为 1∶1 的混凝土圆柱体试件"。而旧标准第 6.0.3 条则规定，"高度和直径均为 100mm 或 150mm 芯样试件的抗压强度测试值，可直接作为混凝土的强度换算值"。由此可见，旧标准对"标准芯样试件"的定义应该是"芯样公称直径为 100mm 或150mm 高径比为 1∶1 的混凝土圆柱体试件。"而且旧标准对"标准芯样试件"的规定是有明确依据的，并且在条文说明第 6.0.3 条也有相应陈述。亦即："据国内外的一些试验证明，高度与直径均为 100mm 或 150mm 芯样强度值与同条件的边长为 150mm 立方体试块的强度值是非常接近的。从表 6.0.3 中国内各单位的实验结果可以看出，立方体试块的强度与芯样强度值之比的平均值为 1.03。"从这一点也佐证了实际取出的芯样值较结构实际强度偏低。而旧规程从结构的安全考虑和为了计算上的方便，将高径比为 1∶1 的芯样试件强度值直接作为边长为 150mm 立方体试块的换算强度。如果新规程通过研究，芯样公称直径为 150mm 高径比为 1∶1 的混凝土圆柱体试件与公称直径为 100mm 高径比为1∶1 的混凝土圆柱体试件强度值相差很大，也应该在条文说明中加以注释，怎么能在修订中无形中被删除而没有任何理由？

（3）新标准第 6.0.1 条规定与条文说明中第 6.0.1 条的解释不够吻合，修正方法的合理确定应是钻芯法所要侧重研究的重点和难点。

新标准第 6.0.1 条规定，"抗压芯样试件的高度与直径之比（H/d）宜为 1.00"。规定中的"宜"表示"稍有选择，在条件许可时首先应这样做"的意思。这在一般标准中都是这样，在本规程用词说明中也是如此解释的。而在条文说明第 6.0.1 条中却是这样的："由于目前芯样锯切机使用比较普遍，因此只规定高径比为 1.00 的芯样试件。"条文说明第 6.0.1 条中用一个"只"字，实际上就使得规程变严格甚至很严格了，表示"唯一，不可选择"之意，相当于"必须"的意思。因此，本人认为宜将"只"字改为"宜"字这样就较为恰当，而且也使第 6.0.1 条规定与条文说明中第6.0.1 条的解释能够吻合。据笔者所知，虽然目前芯样锯切机使用比较普遍，也不宜把高径比硬性规定为 1.00，主要是由于混凝土组分的特殊性，有时受骨料粒径的影响，锯切时须避开较大粒径的骨料，这样难免会出现高径比不为 1.00 的情况，势必需要进行一定的修正。因此，旧标准的修正系数不能彻底删除。只能在此基础上做更多的试验研究使其进一步完善，这也正是钻芯法所要侧重研究的重点和难点。因此，新标准第 7.0.5 条对芯样强度值的计算公式还不宜去掉修正系数。同时，对于直径比标准规定的 100mm 大或小的芯样该如何处理？新标准中对其修正没有明确规定。如果把此类可能发生的情形都按无效处理，在实际应用中就极有可能额外增加取芯数量，无形之中对结构构件造成更大破坏，实际应用起来难度会加大。

而且这与标准芯样的试件强度换算肯定是不一样的，那你有没有相应的换算系数，新标准又该如何进行应用？因此，还是笔者前面提及的，旧标准的修正系数不能彻底删除。修正方法是采用如今的修正量还是以往的修正系数，此时还难以定论。建议应在此基础上做更多的试验研究使其进一步完善，不宜对前人的成果彻底否定。因而新标准规定的"自实施之日起，旧标准废止"的说法不太合适也不太现实，主要原因恐怕也就在此。笔者认为，钻芯法修正宜采用修正系数而不应采用修正量。既然编者认为修正量的概念与现行国家标准《数据的统计处理和解释 在成对观测情形下两个均值的比较》（GB/T 3361）的概念相符，而且修正量方法只对间接方法测得的混凝土强度的平均值进行修正。因此，钻芯法作为直接检测混凝土强度的方法也就不适合采用修正量进行修正。

笔者在一次全国性混凝土无损检测技术学术会议上，曾和部分同行就钻芯有关问题进行过交流与探讨。有说芯样强度稍高于回弹值的，也有说芯样强度略低于回弹值的，总之不同地区不同混凝土有些差异，但毕竟不是很大。据一安徽专家介绍，他们当地的芯样强度有时比回弹强度要高几倍，笔者极为不解。但由于没有安徽方面的检测数据，而且人家振振有词，笔者没有理由否认，但内心也没法接受这个天壤之别的差距。诚然，各地的混凝土原材料及气候环境等均存在一定差异，因此钻芯强度也会有些许差别，这点很正常。但差距极大的情况，笔者分析认为主要和回弹法操作不标准有关。对于某些特殊混凝土尤其是掺和料较多的混凝土通常表面有 $2\sim5\text{mm}$ 的灰土浮层，在回弹前一定要打磨干净。否则回弹值就会偏低很多，如果不对表面进行打磨处理，混凝土的内外质量也就不一致，这时的强度就不具有代表性，这本身也不符合回弹法的操作规程及其适用范围。如果用这样的回弹值和芯样值比较，倒是有可能出现芯样强度比回弹强度要高几倍的情况。

笔者对全国各地混凝土研究虽说不是很深入很全面，但对新疆地区的混凝土研究还是较多的。主要涉及建筑、路桥、水利、油田工程等各个行业，而且采集了很多有代表性的数据，通过数理统计分析得到芯样强度和回弹强度的关系曲线，完成了《回弹—钻芯法在混凝土质量鉴定中的应用与研究》这一研究技术成果。参加了全国第四届建筑结构技术研讨会的交流，并入选《建筑结构检测技术新进展》一书（原子能出版社，2004）。总体来说，芯样强度普遍比回弹强度要低一点（个别芯样强度比回弹强度要高的也有）。基本关系式为：$Y=a+bX=2.980+0.812X$，其中 Y 指芯样强度换算值（即理论上推定的结构实体强度），X 指回弹强度值，a、b 系数分别为 2.980 和 0.812。该检测技术研究的主要目的就是在混凝土质量鉴定时不需采用钻芯法，而仅根据中华人民共和国回弹行业标准测得的推定值和回弹—钻芯的曲线进行计算来推定结构构件混凝土强度值。该检测技术研究成果对指导本地区的检测鉴定工作起到了重要的作用，也可以为其他地区研究钻芯法与其他间接检测方法之间的关系提供一个较好的借鉴和启发。

（4）对于检验批混凝土的检验不宜采用钻芯法进行，新规程中对一定置信度条件下强度区间的引入不符合国家现行有关标准的规定，且未对不符合强度区间的情况作出明确处理说明。

钻芯法是不宜大范围大批量推广使用的，主要是由于它本身对结构有一定程度的破坏。因此，笔者的观点就是在混凝土检测鉴定中力求尽可能地避免采用钻芯法。而新规程增加检验批混凝土的检验，并在抽样检测结构混凝土强度中引入了一定置信度条件下强度区间的概念，而且还引入了 ISO 等国际组织提出的结果不确定度的概念，表面看来好像是个进步。但究竟体现了检测结果的可信程度没有？其实，在工程检测或鉴定中，对于检验批混凝土的检验不宜采用钻芯法进行。笔者认为基于钻芯法对构件有明显破坏，钻芯法宜用于单个构件的检测或在检验批混凝土的检验中作为修正方式来采用。笔者认为，不进行深入研究，不结合中国国情，在实际应用中恐怕没人愿意几乎也不可能在检验批混凝土的检验中采用钻芯法。因为通常情况下，可以采用回弹法、超声法。不是所有的东西都必须不务实际地引入，应该学会鲁迅先生正确的"拿来主义"。对于一些特殊情况，如混凝土表面已凿毛或风化，就可以采用拔出法或是对表面未凿毛或风化处进行检测，或对已凿毛或风化的混凝土表面打磨处理后再回弹。这些都是可以回避对结构混凝土采用钻芯法检测的方式。类似的情况笔者都有遇见，一般也是按照这些原则去做的。如笔者对一储蓄所工程的鉴定就是如此，因基础打好后由于过境公路施工停工 7 年后准备施工，要求对基础部位进行鉴定，基础二台上部已严重风化，对于混凝土的检测就是避开风化区选取未风化处进行检测（详见：王文明著：《建设工程质量检测鉴定实例及应用指南》中 1.17《关于某储蓄所基础质量鉴定》，中国建筑工业出版社 2008 年 4 月版）。因此，新规程增加检验批混凝土的检验也就没有实际的应用价值，大可不必把简单的事情复杂化。这应该是专业研究者采用此种方法做完研究，把经验总结关键是修正系数的总结加以推广而已。规范的目的也应该是指导大家如何运用科研的理论成果，而不是每人都去研究一次。因此，缺乏实际应用价值的规范是很难得以推广和应用的。

同时，同一个理论体系中，对置信度的引入又相互矛盾。现行国家标准——《建筑结构检测技术标准》（GB/T 50344—2004）中第 3.3.15 条对置信度的具体规定是这样的："计量抽样检测批的检验结果，宜提供推定区间。推定区间的置信度宜为 0.90，并使错判概率和漏判概率为 0.05，特殊情况下，推定区间的置信度可为 0.85，使漏判概率为 0.10，错判概率仍为 0.05。"钻芯法是一种很普通的检测方式，谈不上什么特殊情况。可新标准中引入的置信度为 0.85，很显然新标准中置信度的引入不符合现行国家标准——《建筑结构检测技术标准》（GB/T 50344—2004）中第 3.3.15 条对置信度的明文规定。《建筑结构检测技术标准》（GB/T 50344—2004）中第 3.3.15 条对置信度有明确规定的同时，在第 3.3.16 条中对推定区间的差值作出了明确限定，即"结构材料强度计量抽样的检测结果，推定区间的上限值与下限值之差应予以限制，不宜大于材料相邻强度等级的差值和推定区间上限值与下限值算术平均值 10% 两者中的较大值"，并在第 3.3.17 条对不满足一定置信度条件下推定区间差值规定的情况作出了相应说明，即"可提供单个构件的检测结果，单个构件的检测结果的推定应符合相应检测标准的规定"。而钻芯法新标准对不符合强度区间强度的情况也未作出相应说明。如果碰到此类情况也就没有相应的处理依据。

（5）新规程增加抗拉强度检测，其加压方式与国家标准《普通混凝土力学性能试验方法标准》（GB/T 50081—2002）不一致。

《普通混凝土力学性能试验方法标准》（GB/T 50081—2002）抗拉强度检测，其加压方式如图 1、图 2 所示。而新规程抗拉强度检测，其加压方式如图 3 所示。

为何新规程抗拉强度检测与《普通混凝土力学性能试验方法标准》（GB/T 50081—2002）抗拉强度检测方式不同，原因何在？笔者尚不清楚，但至少可以断定，新规程抗拉强度检测方式轴线位置的对中就很困难，操作也不方便，稍有偏差就会对结果产生较大影响。而国家标准——《普通混凝土力学性能试验方法标准》（GB/T 50081—2002）抗拉强度检测方式中由于有定位架的辅助作用，轴线位置的对中就会相对方便得多，易于操作，且误差相对较小。

　　笔者在库尔勒机场混凝土质量鉴定中进行过多组混凝土圆柱体芯样劈裂抗拉试验，采用的就是国家标准——《普通混凝土力学性能试验方法标准》（GB/T 50081—2002）抗拉强度检测方式。从破坏情形来看，实际效果较为理想（详见图 4 和图 5）。而且这两种不同的方式，加压方式不同，影响因素大小不一，肯定存在结果上的差异，究竟以谁作为评定的依据？同样是国家标准，对于相同的检测项目，不同的规范有不同的规定，到底谁是谁非？该以谁作为权威？如果受检方不同意新规程的方式，检测方该如何应对？用国家标准——《普通混凝土力学性能试验方法标准》（GB/T 50081—2002）抗拉强度方法进行检测满足了受检方要求，然而就不满足新规程抗拉强度检测的规定。因此，笔者认为，同一体系的国家标准同一类检测项目的检测方法理应保持一致，不应出现诸如此类的差异。让规程使用者产生不必要的疑虑和困惑。

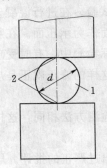

图 1　劈裂抗拉试验
1—试件；2—垫条

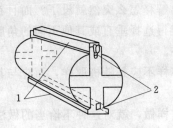

图 2　定位架
1—定位架；2—垫条

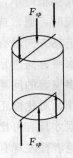

图 3　劈裂抗拉试验

图 4　圆柱体芯样在进行劈裂抗拉试验

图 5　劈裂抗拉试验后芯样破坏形态

（6）新标准只有施行日期，没有批准日期和发布日期，作为标准体系本身也不完善。

旧标准只有批准日期，没有发布日期和施行日期，作为标准体系本身就不完善。这一点理应在新标准中加以完善，新标准出来后就又犯了个类似的错误。新标准只有施行日期，没有批准日期和发布日期，作为标准体系本身还是不完善。标准前后2个版本由于人员完全变动，极易造成标准修订的脱节，这一点从新规程多处修订得不妥当就可以体现出来。

此外，新标准条文说明3.2.2第2条"从表1可以看出：当样本容量 $n=15$，样本标准差 $S_{cor}=3.7MPa$ 时，可以满足推定区间置信度为0.85，$\Delta K \leqslant 50MPa$ 的要求"中 $\Delta K \leqslant 50MPa$ 应该是 $\Delta K \leqslant 5.0MPa$。

3　几点建议与意见

（1）钻芯机的进钻方向也应予考虑，不得随意删除。

旧规程对钻芯机的进钻方向是有考虑的，有关数据均是进钻方向与混凝土成型方向垂直时建立的。实际上，钻芯机的进钻方向对芯样强度的影响，这也是客观存在的因素，而且有其理论依据。根据有关试验研究，进钻方向与混凝土成型方向垂直时取出的芯样强度，要比与成型方向平行时低一些。这一点在旧标准条文说明第3.0.6条就有明确解释。这个道理其实很简单，就类同于混凝土立方体试件抗压强度试验。在进行混凝土立方体试件抗压试验时，通常选择混凝土试件的侧面而不是表面和底面作为承压面。在新规程中对钻芯机的进钻方向没有作出解释怎么突然就没了？而且在实际检测中，有时受现场条件限制不能按水平方向进钻，就得选择垂直或其他不同的角度，这样的修正就正是规程修编所要给予更多完善的问题所在。

（2）作为对比修正的芯样不应是随机取样，而应与其他检测方法相同，这样相同部位的检测数据才具有可比性。

早前笔者曾发现有人这样做，就对这种不恰当的做法提出过严正的批评。居然如今规范还这样写，如此浅显的道理都疏忽了，能不觉得荒诞吗？随机与随便是有本质的区别，新标准的编者这一点倒很清楚，可为何把用于对比修正的取样部位应该一致的原理给忽略了？笔者认为这样的忽略就是错误。在正常的检测取样上，应按《利用随机数骰子进行随机抽样的方法》（GB 10111—1988）中随机取样的方法进行。但对于已按随机取样方式选定的部位，若需采用钻芯进行比对，此时所取芯样部位应与需比对的方法部位相同，这样才具有可比性。

（3）新疆作为全国疆土最大的省份，而且砂石及混凝土有其一定的特殊性，居然没有采集任何数据，因此规程虽然作为一个国家标准但其本身就不完全具备代表性。而且在正规的出版物和规程中，有些专业术语不宜直接采用简称。

新疆地区地域广阔，混凝土原材料资源丰富且差异较大，针对这样的地区居然没有采集任何数据，因此规程虽然作为一个国家标准但其本身就不完全具备代表性。

笔者来自最基层的一个涉及建筑、公路、水利等不同资质类型的综合性检测单位，因此亲临现场从事混凝土检测工作参与规程应用实践的机会相对较多。通过近年来对新疆各地建筑、公路、水利等不同类型的回弹钻芯实验研究并通过试块加以验证，发现：有些机构提出的将计算强度除以 0.88 的系数得到标准养护立方体试块的抗压强度，笔者的研究也基本和此一致。

在新规程条文说明最后一节中：把"标准养护"直接在规程中用"标养"提出，也是不合适的。在正规的出版物和规程中，如果前面没有提及是不宜直接采用简称的。还有一些习惯用语在正规出版物中是不宜采用的，而应用专业术语来表达。比如"混凝土"就不宜用"砼"，"标准养护"就不宜用"标养"、"蒸气养护"就不宜用"蒸养"，等等。

（4）对于芯样的修补方式，新旧标准没有太大的变化。笔者建议补平方式宜采用直接磨平法和硫磺胶泥补平法。采用水泥砂浆、水泥净浆等补平方式时，其补平厚度宜为 1.5～2.0mm。

在新标准中只是用环氧胶泥或聚合物水泥砂浆补平方式取代了在磨平机上磨平的方法，然后在其他补平方式前添加了"抗压强度低于 40MPa 的芯样试件"作为限定，而相应补平材料的厚度没有任何修订。而根据笔者和其他有关同行的实际操作经验证明，补平方式宜采用直接磨平法和硫黄胶泥补平法，因为这两种方法可靠性较好。对于水泥砂浆、水泥净浆等补平方式，笔者也做过多次试验，补平层较难与芯样结合牢固，受压时通常在补平层与芯样的结合面提前破坏，而且补平厚越大，对芯样检测结果影响越大。实践证明，补平厚度为 5.0mm 时影响较大。厚度在 1.5～2.0mm 时虽然还是在补平层与芯样的结合面提前破坏，但相对影响较小，基本与磨平的相差不大。因此，笔者建议采用水泥砂浆、水泥净浆等补平方式时，其补平厚度宜为 1.5～2.0mm。

4　结束语

笔者在多年的工程检测工作中，主持和参与了大量工程质量鉴定工作，其中混凝土强度质量鉴定工作占了 80% 以上，涉及建筑、路桥、水利、油田工程等各个行业。采用的检测方法涉及回弹法、钻芯法、后装拔出法、超声法、射钉法、回弹—超声综合法以及其他两种或两种以上方法。在综合法检测方法中，基本都采用钻芯法加以修正。由于混凝土的强度直接关系到结构物的安全，因此要特别慎重。为了尽可能地不使已成型结构物遭受破坏，我们通常选择回弹法、超声法或拔出法作为结构构件混凝土的检测手段，较少采用钻芯法，而且仅对单个构件检测时采用。对于检验批来说，钻芯法通常仅作为一个对比检测手段。有人认为钻芯法最为准确，其实这一观点也不妥当，钻芯法只能说是直观得多。它也受人员，仪器设备（包括钻芯机的进钻方向），芯样加工（包括锯切、修补），养护等诸多因素的影响。加之钻芯法对结构有一定程度的破坏，因此，钻芯法是不宜大范围大批量推广使用的。因此，在修订中增加批次的检测完全没有必要也不可取，更不具有实用价值。不管是施工企业还是建设单位或是检测机构通常都不会这样去做。笔者建议采用其他无损检测的方式进行检测然后采用钻芯法修正就可以了。笔者在赛里木湖环湖公路大批量的桥涵检测中就是通过回弹和钻芯进行综合检测，就是按照回弹法规程进行回弹，然后钻取了少量芯样找出其修正系数，最后进行修正处理。

"科学技术是第一生产力"，这已被大家普遍认可。我们的检测规程理论若上升到科学技术的高度，就应该是在充分总结各种实践经验的基础上产生和发展起来的创新技术。因此，加强检测规程理论的研究与实施应用的有机结合，并不断总结经验完善检测规程的理论体系，使其真正成为可以用于指导解决实际工作中遇到的相关问题的科学技术，已成为广大工程科技工作者的共识。由于笔者工作经验和水平有限，对新规程修编的一些内容谈了自己的拙见，与同行商榷，请同仁们多加批评指正。

参 考 文 献

[1] 王文明. 对《回弹法检测混凝土抗压强度技术规程》（JGJ/T 23—92）的应用与理解. 建筑技术开发，2001（7）.

[2] 王文明. 新疆兵团某制药厂钢筋混凝土罐破损情况检测分析. 第八届建设工程无损检测技术学术会议论文集，2004.

[3] 王文明，罗民. 建筑结构技术新进展. 北京：原子能出版社，2004.

[4] 王文明. 孔雀大厦屋面梁可靠性鉴定分析. 第九届全国建设工程无损检测技术学术会议论文集，2006.

[5] 王文明. 国道218线新源—库尔勒公路改建工程安全质量危害的鉴定. 第九届全国建设工程无损检测技术学术会议论文集，2006.

[6] 王文明，邓少敏. 混凝土黑斑成因引发石子氯盐检测问题的思考. 工程质量，2006（3）.

[7] 王文明. 关于某综合楼遭受火灾后结构安全性的鉴定. 建筑技术开发，2006（2）.

[8] 王文明. 建设工程质量检测鉴定实例及应用指南. 北京：中国建筑工业出版社，2008.

钻芯法检测混凝土强度时钻芯部位的确定

徐国孝

（浙江省建筑科学设计研究院，浙江杭州，310012）

本文针对房屋建筑结构构件的受力分布情况，指出了钻芯法检测混凝土抗压强度的钻芯位应选在构受力弯矩最小的部位，并提出了检测时的其他注意事项。

钻芯法检测混凝土抗压强度，容易造成局部破损，因此采用此法时应尽量避免对结构安全产生影响。为此，《钻芯法检测混凝土抗压强度技术规范》（CEC 03：88）（以下简称《规范》）第3.0.2条第1款明确规定：应在结构或构件受力较小的部位钻取芯样。如何正确执行这一条款，笔者经过大量工程实践，作了如下论述。

1 先选受力较小的结构或构件

实际工程中，同层次、同混凝土强度等级、同浇捣日期的相同类型的结构或构件很多，应按不同工程类型选择受力较小的构件钻取芯样。如住宅工程，检测阳台挑梁的混凝土强度，可选在阳台挑梁的拖梁部分（距外墙1m左右）钻取芯样。若是底层半框架、二层以上砖混结构的商住楼，要检测底层半框架的混凝土强度，应选在纵横轴的边轴框架梁（或称联系梁）上钻取芯样。当简支梁与圈梁相连时，要检测简支梁的混凝土强度，应选在圈梁上钻取。带形基础梁的强度检测，可在大放脚的基杯上钻取芯样。

2 再选结构或构件上受力较小的部位

选定受力较小的结构或构件后，应按其受力弯矩图，进一步确定其受力较小的部位。

（1）框架梁：梁截面高度 $h \geqslant 500\text{mm}$ 时，钻芯部位可选在中和轴上弯矩 $M=0$ 处 [图 1 (a) 中 A]，或者梁跨中和轴以下部分 [图 1 (a) 中 B]。梁截面高度 $h < 500\text{mm}$ 时，则取在中和轴上弯矩 $M=0$ 处 [图 1 (a) 中 A]，而不能在梁跨中和轴以下部位取。当梁截面高度较小时，跨中混凝土受压受拉区高度也较小，易误取受压区混凝土而影响构件安全使用。

理论上弯矩 $M=0$ 处的混凝土不受力，钻取芯样后，对构件影响甚微。梁跨中和轴以下部分混凝土只受拉，按钢筋混凝土计算原理，该处抗拉由钢筋承担，混凝土只与钢筋粘接、起保护作用。实际操作过程中，工程现场不可能提供构件弯矩图，必须根据结构力学知识，迅速判断出构件弯矩 $M=0$ 处的大致位置。因此，对一般的框架梁，也可取在梁跨 1/3 处。

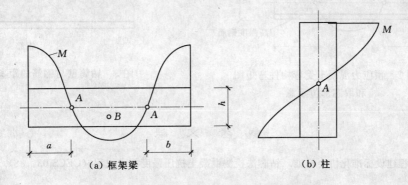

图 1　框架梁和柱的弯矩图及取芯部位示意图

（2）柱：无论是轴向受力柱或偏心受力柱，钻芯部位都可选在柱的纵横轴线交点处即柱中 [图 1 (b) 中 A]。因为柱混凝土是从下到上进行浇捣的，振捣后，柱的下半部石子偏多而上半部则偏少，一般说来下半部的混凝土强度要高于上半部，此处对偏心受力柱来说，弯矩 $M=0$ 处也大致在柱中位置。因此，钻芯部位选在柱中，既最能代表该柱混凝土实际质量，又可减少柱损伤。

（3）预应力混凝土构件：常用的预应力构件按受力不同分为轴心受拉和受弯两种，而按预加应力的方法不同分为先张和后张两类。后张法的受弯构件（构件宽 $b \leqslant 250\text{mm}$），在没有张拉前可在构件中和轴弯矩 $M=0$ 处（图 2 中 A）钻取芯样，钻芯深度不宜过长，尽量控制在 120mm，绝对不能在两端的锚固区钻取。至于其他类型的预应力混凝土构件（无论是使用中的还是使用前的）应按《规范》要求，不宜钻取。

3 注意事项

在选定钻取构件部位之后，尚应注意以下几个方面。

（1）柱子、墙板、深梁构件，一般要在其顶部浇灌段以下至少 300mm 处水平钻取芯样。楼板一类的构件，钻取芯样后应切去浇捣面约板厚 20% 的不具代表的混凝土。

（2）绝对避免在混凝土施工缝即二次混凝土浇捣结合处钻取芯样，因为此处混凝土不具代表性。

（3）由于强度太低的混凝土上钻芯机较难固定，芯样也极易损伤，因为此处混凝土不具代表性。

（4）钻芯时钻筒壁离钢筋的距离 d（图 3）应大于钢筋直径，以免影响钢筋和混凝土的粘接力或切断钢筋。万一钢筋被切断，应及时用相同类型的钢筋按焊接规范要求焊接好。

综上所述，确定钻芯部位，既要选择整个工程中受力较小、作用次要的构件，又要考虑构件本身弯矩 $M=0$ 处或混凝土受拉区，以及混凝土最具代表性的结构或构件及其部位。

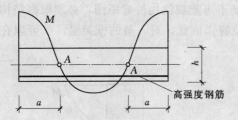

图 2　预应力混凝土受弯构件弯矩图
和取芯部位示意

图 3　钻筒壁与钢筋的距离 d

参　考　文　献

[1]　中国工程建设标准化协会标准. 钻芯法检测混凝土抗压强度技术规程（CECS 03：88）.

钻芯法检测混凝土强度工作中的几点经验

王宇新

（山西省建筑科学研究院，山西太原，030001）

本文通过作者多年工作经验，对钻芯法检测混凝土强度工作中关于芯样试件的强度换算值、换算关系的调整系数、小直径芯样、芯样强度批次平定等问题进行探讨。

钻芯法是一种采用专用钻机，从结构混凝土中钻取芯样，以检测混凝土强度并可以观察混凝土内部质量的方法。该方法会对结构混凝土造成局部损伤，因此，它是一种半破损的现场检测手段。这种方法在国外的应用已有几十年的历史，我国从 20 世纪 80 年代开始将其作为现场检测混凝土抗压强度的专门技术进行研究，并使其标准化。

利用钻芯法检测混凝土抗压强度，无须进行某种物理量与抗压强度之间的换算，普遍认为它是一种直观、可靠和准确的方法，但由于检测时会对结构混凝土造成局部损伤，而且成本较高，因此，大量取芯往往受到一定限制。近年来，国内外都主张把钻芯法与其他非破损检测方法结合使用：一方面，可以利用非破损法的测试量大、面广而不损伤结构等特点；另一方面，又可以利用钻芯法的精度高等特点，提高非破损测强的精度，使上述两种方法相辅相成。

自从中国工程建设标准化委员会在 1988 年批准发行了《钻芯法检测混凝土强度技术规程》（CECS 03：88），这一方法已在结构混凝土的质量检测中得到了普遍应用，并取得明显的技术、经济效益。笔者多年来从事工程结构质量检测工作，对钻芯法检测混凝土强度有一些体会，供大家探讨。

1 芯样试件的强度换算值

高度和直径均为 100mm 或 150mm 的芯样试件的抗压强度测试值，可直接作为混凝土的强度换算值，高径比为 1～2 的芯样试件抗压强度值乘以相应的换算系数，可得混凝土强度换算值，此换算值相当于测试龄期的边长 150mm 的立方体试块的抗压强度值。需要说明的一点是，此换算值与混凝土抗压强度设计等级的 C×× 是不具可比性的，因为混凝土强度设计等级 C×× 是指，按标准方法制作并养护的边长为 150mm 的立方体试件在 28d 龄期用标准试验方法测得的具有 95％保证率的抗压强度。所以，采用钻芯法（包括其他无损检测混凝土强度方法）无法给出所测试的混凝土强度是否达到设计要求的结论，而只能评价测试龄期的抗压强度。

2 换算关系的调整系数

许多学者提出，对于芯样试件的混凝土换算强度应该进行调整。其理由是《混凝土结构设计规范》有 0.88 的综合系数，《钻芯法检测混凝土强度技术规程》（CECS 03：88）条文说明中提到：龄期 28d 时，标准芯样试件的抗压强度只有标养试块抗压强度的 86％，同条件养护试块抗压强度的 88％，因此，以 0.88 的倒数作为调整系数似乎是理所当然的。

实际上，两本标准所提到的数字虽然非常接近，但反映的是两个截然不同的问题。

《混凝土结构设计规范》（GB 50010—2010）的综合系数不是针对立方体试块抗压强度的，而是从立方体试块抗压强度换算成结构混凝土抗压强度和抗拉强度标准值以及设计值时所采用的系数。这个系数综合反映了立方体试块混凝土抗压强度与结构混凝土实际强度的差异。造成这些差异的原因至少有下列几个。

（1）加载速度的差异：加载速度对混凝土强度有影响；在混凝土质量完全相同时，加载速度快，混凝土强度高，加载速度慢，混凝土强度低。试块的加载速度较快，一般在几分钟之内就完成了试验。在实际结构中，结构上的荷载增加的速度相对较慢，一般要几个月、几年甚至更长的时间才能达到较高的应力值。因此，在质量完全相同时，结构混凝土的强度要比试块试验得到的混凝土强度低。

（2）混凝土的长期强度：当混凝土中的应力超过一定数值时，混凝土的抗压强度或抗拉强度随持荷时间增长而降低。也就是说，当混凝土中的应力较高但未达到短期强度值时，在持荷过程中（混凝土的应力不增加）混凝土会发生破坏。混凝土试块的试验没有持荷时间，而结构混凝土有长期荷载作用，因而在质量完全相同时，结构混凝土的强度低于试块试验得到的混凝土强度。

（3）尺寸的影响：试件尺寸大混凝土的强度低。试块的尺寸一般不大于 200mm，而结构构件的尺寸大于此值较多，因此当不考虑混凝土后期强度时，结构中混凝土的强度要低于试块试验得到的混凝土强度。

综合上面三项因素，GB 50010—2010 在确定结构混凝土抗压强度和抗拉强度标准值以及设计值时考虑 0.88 的综合系数是合适的。

由于 GB 50010—2010 的综合系数既不是针对混凝土质量差异的系数，也不是针对混凝土龄期或养护条件差异的系数，更不是留给施工质量的余量，特别是，该系数不是针对立方体试块混凝土抗压强度的，因此，GB 50010—2010 的这个综合系数根本不能成为设立标准芯样试件换算抗压强度调整系数的理由。

至于《钻芯法检测混凝土强度技术规程》（CECS 03：88）条文说明中提到系数，这些系数不是普遍规律的具体体现，而是特定品种的混凝土在龄期 28d 的特殊试验结论，不应该作为普通的规律接受。也就是说，在特定情况下为了消除可能存在的系统误差，相应的换算关系要通过有针对性的试验研究确定。因此，规程正文中并未提及，只是在条文说明中有所叙述。

3 小直径芯样（70～75mm 直径）

现行《钻芯法检测混凝土强度技术规程》（CECS 03：88）未提及小直径芯样强度采用的方法。因此，在检测过程中，对存在较大争议或进行仲裁检验时，因无规范可依，尽可能不采用小直径芯样进行评价。

由于泵送混凝土的广泛使用，混凝土中的粗骨料直径较以往减小了许多。这使采用小直径芯样评价混凝土强度有了可能。而且，在工程实践中，各类构件的配筋越来越密集，尤其是对柱类构件，主筋间距较小，直径 100mm 的钻芯钻头很难穿过。当使用钻芯法评价混凝土强度或采用其他测试方法钻芯修正时，都迫切需要采用小直径芯样来进行。目前，全国各地区对小直径芯样的研究结果表明，小直径芯样的抗压强度与芯样标准试件或混凝土标准试块抗压强度间的换算关系不很明确统一，因此无法在规程中明确，这需要广大工程技术人员在工作中更多地积累数据，为日后的规范编制提供依据，我们很迫切地希望小直径芯样检测混凝土强度的规程早日出台。

4 批次评定

现行《钻芯法检测混凝土强度技术规程》（CECS 03：88）中没有给出对混凝土检测批的评定方法，而在实际工作中，委托方往往又对此十分重视，检测单位就会套用各类相关规范进行评定，导致评定方法五花八门，依据各不相同，结果也时有差异，往往使得工程中各相关单位争论不休。对此笔者认为：应尽可能采取其他检测手段（如回弹法）配合钻芯法修正，进行批次评定。如果不是采用钻芯法进行评定，在现阶段无明确规范可依据时，就采用数据统计的方法。对采样的数据进行统计分析，按 95% 的保证率进行评价，这是符合《建筑结构可靠度设计统一标准》（GB 50008—2001）中规定的。采用这种方法进行评价时，样本数量不宜过少，尽量不少于 30 个。

参 考 文 献

[1] 建筑结构可靠度涉及统一标准 [S] (GB 50008—2001).
[2] 钻芯法检测混凝土强度技术规程 [S] (CECS 03：88).

不同行业芯样试件混凝土强度
换算值的计算方法

王文明

（新疆巴音郭楞蒙古自治州建设工程质量检测中心，新疆库尔勒，841000）

本文系笔者通过多年来主持参加不同行业混凝土强度鉴定的实践，发现钻芯法检测鉴定混凝土强度过程中，不同行业对混凝土强度换算值计算方法、结果处理存在着不同程度的差异。有时为了满足一些行业验收的要求，又考虑到混凝土的相关性要求，在混凝土强度鉴定中往往把相关标准都列了进去。以下就不同行业芯样试件混凝土强度换算值的计算方法作一介绍，为相关部门进行规程修订和相关人员检测鉴定时正确使用规程提供有益借鉴和参考。

在混凝土强度鉴定的过程中，不同行业对混凝土强度的评价方法、结果处理存在着不同程度的差异。很多问题值得探讨，尤其是混凝土强度换算值的计算问题。这不仅是规程的理解应用问题，更重要的是规程的适用性和准确性问题。现以某公路工程鉴定为例进行具体分析，将本人看法和观点一并提出，与相关专家同行商榷。

首先，在公路工程混凝土质量鉴定中，在钻芯法新规程和水泥新规程实施之前，建议采用的检测依据为：《钻芯法检测混凝土强度技术规程》（CECS 03：88）和《公路工程水泥及水泥混凝土试验规程》（JTGE 30—2005）。

(1)《钻芯法检测混凝土强度技术规程》（CECS 03：88）为中国建筑科学研究院主编的中国工程建设标准化委员会标准，《公路工程水泥及水泥混凝土试验规程》（JTGE 30—2005）为交通部公路科学研究所主编的公路行业标准。在公路工程混凝土质量鉴定中，通常建议使用这两个规程。主要也是考虑到尽量满足检测计算的需要和使用行业规程的需要。由于所检测的是公路工程，所以试验的原理、方法尽量满足行业规程的要求，但JTGE 30—2005 规程虽然很多内容是引用了国家相关规程的规定，但增加的一些具体细节内容部分存在一些不太适宜的问题。特别是检测计算的适用性和准确性问题，值得商榷。因此，在计算时采用了《钻芯法检测混凝土强度技术规程》（CECS 03：88）。为保证报告的可溯源性及公路行业验收的要求，故在检测依据中增加了《公路工程水泥及水泥混凝土试验规程》（JTGE 30—2005）。

(2) 以某公路工程鉴定为例，对具体计算过程作一详细阐述，以分析不同行业对混凝土强度的评价方法、结果处理存在的不同程度的差异。该公路工程鉴定具体数据见表1。

表 1   某公路工程混凝土钻芯法检测结果

芯样编号	平均直径 d (mm)	芯样高度 h (mm)	高径比 h/d	换算系数 α	破坏荷载 (kN)	芯样抗压强度 (MPa)	混凝土强度换算值 f_{cu}^c (MPa)
1	99	179	1.81	1.21	256	40.3	40.3
2	99	137	1.38	1.13	285	42.2	
3	99	135	1.36	1.13	292	42.9	

表 1 系采用《钻芯法检测混凝土强度技术规程》（CECS 03：88）中第 6.0.2 条中式 (6.0.2) 即 $f_{cu}^c = \dfrac{4F}{\pi d^2}\alpha$ 计算所得。其中，f_{cu}^c 为芯样试件混凝土强度换算值（MPa）；F 为芯样试件抗压试验测得的最大压力（N）；d 为芯样试件平均直径（mm）；α 为不同高径比的芯样试件混凝土强度换算系数。

表 1 中所取 3 号芯样试件的实际直径为 99.0mm，加工后的实际高度为 135.0mm，芯样试件抗压试验测得的最大压力为 292kN。故该芯样试件实际高径比为：135.0/99.0 = 1.36，由《钻芯法检测混凝土强度技术规程》（CECS 03：88）中表 6.0.2 查得 α 为：1.13，故 3 号芯样试件混凝土强度换算值的计算结果为 $f_{cu}^c = \dfrac{4F}{\pi d^2}\alpha = \dfrac{4 \times 292000}{3.14 \times 99.0^2} \times 1.13 =$ 42.9MPa。同理，可计算得到 1 号和 2 号芯样试件的混凝土强度换算值分别为 40.3MPa 和 42.2MPa。

如果严格执行公路行业标准《公路工程水泥及水泥混凝土试验规程》（JTGE 30—2005）的话，计算出来的混凝土强度换算值就比实际值要偏小了。还是以表 1 中所取 3 号芯样试件为例来计算。$\dfrac{4F}{\pi d^2} = \dfrac{4 \times 292000}{3.14 \times 99^2} = 38.0$（MPa），由于 3 号芯样试件长径比不为 2，根据《公路工程水泥及水泥混凝土试验规程》（JTGE 30—2005）中第 5.4 条的规定，按表 T0554-2 修正。通过查 JTGE 30—2005 中表 T0554-2 并用插入法求得抗压强度尺寸修正系数为 0.95。故最终混凝土强度换算值为 38.0 × 0.95 = 36.1（MPa）< 42.9（MPa）。其他也同理可知，按照《公路工程水泥及水泥混凝土试验规程》（JTGE 30—2005）计算的混凝土强度换算值比采用《钻芯法检测混凝土强度技术规程》（CECS 03：88）计算的混凝土强度换算值明显偏低。这和混凝土的实际情况是不符的。因此，应予纠正。

其次，采用《钻芯法检测混凝土强度技术规程》（CECS 03：88）和《公路工程水泥及水泥混凝土试验规程》（JTGE 30—2005）这两种试验规程，其试验目的和侧重点不同。

（1）作为普通力学性能试验来说，强度试验的目的和侧重点在于混凝土的匀质性，以综合评定混凝土是否达标合格。因此，对单组混凝土试件结果用算术平均值、最大值、最小值和中间值等不同指标来描述。故《公路工程水泥及水泥混凝土试验规程》（JTGE 30—2005）中 T0554—2005 水泥混凝土圆柱体轴心抗压强度试验方法中试验结果第 5.2 条就如此规定。

（2）对于现场芯样的极限抗压强度试验来说，其主要目的是验证结构或构件的混凝土结构强度，重点判定其是否安全可靠，由于结构或构件的破坏往往是从混凝土结构的薄弱环节开始的，故《钻芯法检测混凝土强度技术规程》（CECS 03：88）第 6.0.4 条规定：取芯样试件强度换算值中的最小值作为其代表值是比较合理的。因此，在某公路工程鉴定中报告编号为 BJ 200733055 的报告中最终混凝土强度换算代表值取最小值 40.3 MPa。

最后，对于《公路工程水泥及水泥混凝土试验规程》（JTGE 30—2005）中 T 0554—2005 水泥混凝土圆柱体轴心抗压强度试验方法，笔者认为严格地讲是不适用于现场芯样的极限抗压强度试验的，特别是在数据的处理上。

（1）该规程有些地方与现行国家规程不符 如现行国家规程关于混凝土强度等级最低为 C10，也没有 C12.5、C16 这些等级的说法，更不存在 C8、C7.5、C5、C4、C2.5 和 C2 等强度等级的概念。实际上，只有 16MPa、12.5MPa、8MPa、7.5MPa、5 MPa、4MPa、2.5MPa 和 2MPa 等不同强度的说法。因此，JTGE 30—2005 表 T0544−3 中表述不妥，里面的数据更值得推敲和思考。

（2）现场芯样加工后虽然是圆柱体，但因其取芯过程诸多因素（主要是钻芯方向、钻芯机扰动和芯样加工养护等）的影响，实际测定值通常要比圆柱体试件值低 因此，在对芯样试件进行混凝土强度换算值计算时，所乘的强度换算系数必定为 $\alpha \geq 1$，而不应该小于 1。

（3）《公路工程水泥及水泥混凝土试验规程》（JTGE 30—2005）虽然才于 2005-03-03 发布，2005-08-01 实施，但由于水泥的规程已重新修订成《通用硅酸盐水泥》（GB 175—2007）代替了原六大通用水泥的 3 个规程，因此《公路工程水泥及水泥混凝土试验规程》（JTGE 30—2005）应探讨使用最新版本的可能性 因此，一些换算系数得重新通过试验测定。至于探讨使用最新版本的可能性，在《公路工程水泥及水泥混凝土试验规程》（JTGE 30—2005）总则第 1.0.6 条也有明确说明，一般的规程都有类似说明。因此，笔者认为规程的使用要遵照执行但不宜死搬硬套的教条主义，对于不同规程应合理选择应用，力求检测数据的科学准确。实际上，由于水泥的规程的变化导致水泥混凝土的一系列变化，现行的《公路工程水泥及水泥混凝土试验规程》（JTGE 30—2005）也已经名存实亡没有多大意义，建议重新修订。

（4）原《钻芯法检测混凝土强度技术规程》（CECS 03：88），虽为中国工程建设标准化委员会标准，但在使用中也发现了许多有待修订的问题，故新修订的《钻芯法检测混凝土强度技术规程》（CECS 03：2007）对计算处理规则规定得更为科学具体 计算处理规则规定的具体内容和《建筑结构检测技术标准》大体相同。基本上是力保各类规程的原则性内容的统一。

（5）对于标准规范的构成和分类，有其专门的规定 新规程实施后，对不同行业混凝土强度鉴定均宜采用《钻芯法检测混凝土强度技术规程》（CECS 03：2007）进行。在公路检测中，《公路工程水泥及水泥混凝土试验规程》（JTGE 30—2005）仅作为试验方法的引用标准而已，其主要目的还是为了应付行业验收的要求，否则没有引用的必要。

1）根据中华人民共和国标准化法，标准规范按等级分为 4 级：国家标准、行业标准、地方标准和企业标准，各行业标准要服从国家标准，企业标准要服从行业标准，但各类型标准之间尤其是各行业标准之间又存在着分工协调的关系，因此各标准之间又有相互引用参照的内容。详见《建设工程质量检测鉴定实例及应用指南》（王文明著，中国建筑工业出版社）一书第 7 章第 7.1 节《工程技术标准体系的大致构成和分类》。

2）对于不同规程之间的矛盾和统一方面，还有许多值得深层次探讨的问题。特别是对于公路有关试验检测问题，根据自身的微薄经验，总结了部分想法供参考。详见《建设工程质量检测鉴定实例及应用指南》（王文明著，中国建筑工业出版社）一书第 6 章第 6.14 节《对公路工程试验检测鉴定有关问题的解释与建议》。因此，在钻芯法新规程和水泥新规程实施之后，对不同行业混凝土强度鉴定均宜采用《钻芯法检测混凝土强度技术规程》（CECS 03：2007）进行。

芯样端面修补效应的试验研究

李杰成

（广西建筑科学研究设计院，广西南宁，530011）

本文通过试验数对混凝土芯样在不同湿度下及各种端面状态下芯样的强度变化与混凝土标准立方试块的强度变化之间的关系作了探讨和对比分析。通过试验数据阐述了不同湿度、不同修补材料、不同修补厚度及裸面芯样与标准立方试块的强度差异情况，并对钻取芯样的处理方法提出了建议。

1　试验的设计

按广西常用配合比设计了 8 块 4 种标号的板式取样件。

1.1　原材料

（1）水泥：普通水泥。

（2）骨料：5～32cm 南宁河卵石；0.5～5.0mm 南宁中砂。

1.2　混凝土配合比（见表 1）

表 1　　　　　　　　　　　　　混 凝 土 配 合 比

编号	混凝土设计标号	水泥：砂：石：水	水灰比	砂率（%）
P₁	C10	1：4.89：5.89：0.9	0.90	44.99
P₂	C20	1：2.76：4.15：0.62	0.62	39.94
P₃	C30	1：1.79：3.18：0.48	0.48	36.00
P₄	C40	1：1.08：2.15：0.38	0.38	33.00

1.3　试件及试块的成型

用于取芯的板式试件尺寸为：1500mm×1200mm×150mm（长×宽×厚）。用钢模立浇分层振捣，并预留 6 组试块（150mm×150mm×150mm）。

1.4　养护

取芯试件及试块均采用自然养护。取芯板式试件在钢模中浇水养护 3d，拆模后室内浇水养护 4d，标准试块成型后次日拆模，浇水养护 6d，在室内空气中按品字型堆放养护待测。

2 芯样的钻取及制备

2.1 机具

(1) 取芯机采用国产 GZ—1120 型钻芯机。

(2) 钻头采用国产人造金刚石空心薄壁钻头，公称内径 ϕ100mm。

(3) 芯样端面切割用国产 BQ—1 岩心切割机。

2.2 芯样的钻取

将取样的板式试件水平放稳，芯样的钻取方向垂直于混凝土捣制成型方向，钻机置于构件上，用水平尺双向调水平，用压杆或重块（铁锭）加压固定，调正钻取方向，接通冷却电源后开机，钻取芯样。取样过程中保持水温不高于 30～35℃，并且水流畅通，以排出屑末。

2.3 芯样的加工及修补方法

为了确保芯样的试验精度，必须保证芯样两个抗压端面平行且垂直于芯样轴线，表面无凹凸不平（以 0.2mm 为限），芯样的高度不小于芯样直径的 95%，但实际取出的芯样往往长度（高度）不符合要求，表面不平或端面不垂直于轴线等，要保证芯样的试验精度，一般均须经过再加工。

2.3.1 芯样的切割

芯样两端采用切割机切平，切割时仍需用冷却液（如冷水）冷却。本试验采用国产 BQ—1 岩石切割机切割。该机采用台钳固定、锯片移动的工作方式，切割前，先将芯样固定于工作台钳上，然后开机切割。切割时，保持一定的进刀速度。切割后芯样应表面平整，端面垂直于轴线。

2.3.2 芯样的研磨

切割后测量芯样高度及端面是否平行且垂直于芯样轴线，如果不符合要求，则需要研磨使之保证垂直度及平整度。

2.3.3 端面的补平

(1) 补平材料的选择。关于修补用的材料，国外有不少规范规定选择高强石膏（如美国：ASTM C42—标准），也有用水泥砂浆（如原民主德国 TGL 3344/01 标准）。本试验选用硫磺净浆和水泥净浆两种材料进行修补。

(2) 补平厚度。为了研究补平厚度对芯样强度的影响，本试验选用：≤1mm（尽可能薄，实测为 0.5～1.5），5mm（实测为 4.5～5.5mm），8mm（实测为 7～8mm）3 种厚度进行对比试验。

(3) 补平方法。

1) 硫磺净浆的补平方法。芯样帽模：用厚 20mm 的钢板车一块帽模并加工芯样固定支架，通过支架控制芯样补平厚度；通过两个水平尺控制、调正水平，将硫磺烧至棕色后放入帽模稍后凝结即可取出（见图 1）。

2) 水泥浆补平方法。采用座浆法补平，在一水平的台座上放置一块平滑的玻璃板（可再垫上一块塑料薄膜），将水泥浆铺平其上（控制厚度），再将芯样置于座浆上，用水平尺及直角尺保证其精度，待凝结即可翻转（见图2）。

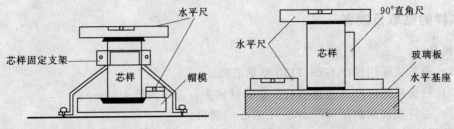

图 1 硫磺净浆修补图示　　　　　图 2 硫磺净浆修补图示

2.4 试件尺寸的测量及芯样的取舍

（1）量取芯样的平均直径：将芯样沿高度 3 等分成 3 段，每段按相垂直的两个方向量取直径，将 6 次量的值平均得平均直径，精确到 0.1mm（用游标卡尺测量）。

（2）量取芯样高度及垂直度：沿圆周取 4～5 个高度值进行平均（精确到 0.5mm）。当芯样高度小于直径的 95％时，该芯样舍弃。

（3）测量芯样两端面是否平行、与轴线是否垂直。当垂直高度相差大于 3°时，该芯样舍弃。有裂缝或大的蜂窝、气孔者也舍弃。

3 试验结果及分析

芯样及试块分为浸水及不浸水两种：浸水的是在抗压前 48h 内将芯样及试块放入 20℃±5℃ 的水中浸泡，取出擦干表面水后立即试验。不浸水的即自然风干养护至试验。

3.1 芯样及试块的软化

我们知道，混凝土浸水后，水分充满混凝土的孔隙，固体颗粒间的内聚力减小。而且，水不能压缩，受压时，只好向垂直于加荷方向（横向）挤压，使试块的横向拉应力增大。故浸水后，试块及芯样强度明显降低。A. M. 内维尔［A. M. Neville（英）］的资料表明：混凝土全干时的抗压强度可比正常情况下高 10％，混凝土湿度比正常湿度大时的强度也有较大下降。

我们的试验资料也证明：浸水 48h 后的芯样及试块强度均明显降低，150mm×150mm×150mm 立方试块强度平均下降 13.72％；芯样（硫磺净浆补平，厚度≤1.5mm）强度降低达 22.14％（见表 2，本文以边长为 150mm 的立方试件作为标准试块）。

表 2　　　　　　　　　　　　试 件 试 验 数 据 （1）

试件类别	温度情况	试件数量 n	平均强度 $\bar{f}$	均方差 S_r	变异系数 C_v（％）	强度变化（％）
15cm×15cm×15cm 立方试块	风干	9	174.4	22.55	12.9	$\frac{f_干 - f_湿}{f_干} \times 100\%$
	浸水 48h	9	150.5	22.68	15.1	$= 13.72$
ϕ100mm×100mm 芯样硫磺净浆厚 ≤1.5mm	风干	9	191.0	28.39	14.8	$\frac{f_干 - f_湿}{f_干} \times 100\%$
	浸水 48h	9	148.7	6.53	11.1	$= 22.14$

注　$\bar{h}_{磺干}=10.68cm$，$\bar{h}_{磺湿}=10.56cm$。

从表 2 我们还发现，同条件的芯样与试块强度较接近；自然风干的试块强度比同条件的 ϕ100mm×100mm 芯样（硫磺净浆补平，厚≤1.5mm）低 8.69%；浸水后的芯样强度比同等条件的试块仅低 1.07%，是非常接近的。

3.2 修补厚度的影响

关于修补厚度影响，国内外很多研究资料及规范均未见提到，本试验结果如下。

3.2.1 硫磺浆补平的不同修补厚度的影响

试验表明，修补厚度对芯样强度有一定影响。当硫磺浆的厚度为 7～8mm，其芯样的强度比修补厚度为 0.5～1.5mm 时的强度低 9.17% 左右。其主要原因是：硫磺浆过厚时，因硫磺抗拉强度较低，抗压时横向变形能力较差，易于拉裂，故容易失去箍勒作用，所以强度稍有降低（见表 3）。

表 3　　　　　试　验　数　据（2）

修补厚度	温度情况	试件数量 n	平均强度 $\overline{f}$	均方差 S_r	变异系数 $C_v(\%)$	强度变化（%）
7～8mm	浸水 48h	9	13.1	25.55	18.9	$\dfrac{R_{薄}-R_{厚}}{R_{薄}}\times100\%$
≤1.5mm		9	148.74	16.53	11.1	$=9.17$

注　$\overline{h}_8=11.7\text{cm}$，$\overline{h}_{1.5}=10.56\text{cm}$。

同时，我们还发现，修补厚度太厚时均方差及变异系数均有所增大。

3.2.2 水泥净浆修补时不同厚度的影响

同样，水泥净浆修补帽盖较厚（5mm）使芯样强度增加，且水泥净浆较厚时养护期间易产生一些小裂纹，使帽盖的整体工作性能降低，造成其对芯样的箍勒作用变小，强度降低约 3.1%（见表 4）。如果帽盖不产生裂纹，因帽盖强度比芯样混凝土强度高，故其厚度影响是较小的（指厚度在 5mm 以内）。也就是说修补厚度在 5mm 以下时帽盖厚度对芯样强度无多大影响。但帽盖较厚时养护应加以注意，不让其产生裂纹。这种影响在一定期范围内是不显著的，这里的影响很可能是被混凝土强度本身的变异性掩盖。

表 4　　　　　试　件　试　验　数　据（3）

修补厚度（mm）	修补材料	湿度情况	试件数量 n	平均强度 $\overline{f}$	均方差 S_r	变异系数 $C_v(\%)$	强度变化（%）
≤1	525# 水泥净浆	浸水 48h	9	146.5	15.42	10.52	$\dfrac{f_1-f_5}{f_1}\times100\%$
5			9	141.97	18.83	13.27	$=3.1$

表 4 还说明，当修补厚度增大，均方差及变异系数也增大。

3.3 不同的端面进行抗压时对芯样强度的影响

我们知道，芯样切割后如果不修补，因切割时有部分缺角或端面不够平行且不垂直于轴线等诸多原因，使芯样受压时应力集中受压面积变小等，致使芯样抗压强度比修补后的芯样强度分别偏低 30.6%（硫磺净浆≤1.5mm）和 29.55%（水泥净浆≤1mm）。比同条件（浸水 48h）的标准试块低 31.4%，而且其变异系数也较大，达 15.87%。这些数值相当可观，很容易带来较大误差（见表 5），故一般不宜采用切割面直接进行抗压试验。切割后的芯样最好进行研磨，使其平整度、垂直度达到要求的精度，且两端面平行（修补时端面最好凿毛以增加黏结力）。此时（磨平但不修补）的芯样强度约比不磨平的芯样强度提高 20.46%，即此时它的强度（磨平后）比同条件 15cm×15cm×15cm 标准立方试块的强度低 13.79%，比同条件的不同材料修补后的芯样强度分别低 12.57%（硫磺净浆补厚＜1.5mm）和 11.43%（水泥净浆补厚＜1.5mm）。同时我们发现，磨平或补平后芯样的强度变异系数变小（见表 5）。

表 5　　　　　　　　　　　试 件 试 验 数 据 (C4)

抗压端面状态	修补厚度 （mm）	试件数量 n	平均强度 $\overline{f}$	均方差 S_r	变异系数 C_v（%）	强度变化 （%）
切割面	—	9	103.22	16.38	15.87	$\dfrac{f_{标}-f_{切}}{f_{标}}\times100\%=31.4$
磨平面	—	9	129.77	15.94	12.28	$\dfrac{f_{标}-f_{磨}}{f_{标}}\times100\%=13.79$
硫磺净浆补面	≤1.5	9	148.74	16.53	11.11	$\dfrac{f_{标}-f_{硫}}{f_{标}}\times100\%=1.78$
水泥净浆补面	≤1.5	9	146.51	15.41	10.52	$\dfrac{f_{标}-f_{泥}}{f_{标}}\times100\%=2.66$
15cm×15cm×15cm 标准试块	—	9	150.52	15.07	15.07	—

注　表内试件均浸水 48h 后取出立即试验，各种芯样的平均高度为 $\overline{h}_{切}=10.3$cm；$\overline{h}_{磨}=10.07$cm，$\overline{h}_{硫}=10.56$cm，$\overline{h}_{泥}=10.19$cm。

3.4　修补材料强度对芯样强度的影响

我们知道，芯样加上帽盖后，它对芯样两端的横向变形起到箍勒的作用，当这种帽盖的强度越高这种作用就越大，但这种作用也随修补厚度的减小而变小。一般来说，因为修补帽盖的强度一般均高于芯样混凝土的强度，而且修补的厚度均较小，它对芯样的端头的箍勒作用不大，所以这种影响较小。试验结果证明了这点，用 325♯火山灰水泥和 525♯普通水泥进行修补（采用相同的水灰比，使帽盖强度基本不同），修补厚度均为 5mm，比较发现：修补材料的强度低时，芯样抗压强度约偏低 7%（见表 6）。

表 6　　　　　　　　　　　试 件 试 验 数 据 (5)

修补材料及其强度	修补厚度 （mm）	湿度情况	试件数量 n	平均强度 R	均方差 S_r	变异系数 C_v（%）	强度变化 （%）
325♯水泥净浆	5	浸水 48h	9	132.03	18.69	14.15	$\dfrac{R_{高}-R_{低}}{R_{高}}\times100\%$
525♯水泥净浆			9	141.97	18.83	13.27	$=7$

注　$h_{低}=11.07$cm；$h_{高}=11.39$cm。

试验结果表明，帽盖的强度对芯样强度有一定影响，但这种影响不十分显著。

3.5 不同端面状态下修补的芯样强度比较

用两种端面修补的芯样比较：①芯样切割后，不研磨便进行修补；②芯样切割后，进行磨平，使用端面平行并垂直于轴线后再进行修补。试验结果表明，这两种情况下的芯样强度也有所不同，不研磨的芯样，由于切割精度有限，有的表面不平，端面不平行，端面也不一定垂直轴线等情况，修补时为了使端面平行且垂直于轴线，则同一芯样各处修补厚度不一定一致，故强度可能受到影响。试验数据表明，其芯样强度约比磨平后再修补的芯样强度低 10.64％（见表 7）。

表 7   试 件 试 验 数 据 (5)

修补状态	修补材料	修补厚度	湿度情况	试件数量 n	平均强度 $\bar{f}$	均方差 S_r	变异系数 $C_v(\%)$	强度变化 （%）
切割面	硫磺净浆	5	浸水 48h	9	132.91	19.24	14.48	$\dfrac{f_磨 - f_{低切}}{f_{高磨}}\times100\%$
磨平面				9	148.74	16.53	11.11	$=10.64$

注   同条件试块平均强度 $f=150.52\text{kg/cm}^2$。

切割后不经磨平便修补的芯样，比经磨平后修补的芯样强度偏低 10.64％，比同条件的标准试块也低 11.7％，均方差及变异系数也比磨平面修补的芯样大，所以，芯样切割后如端面的平整度、垂直度等不能满足精度要求，应进行研磨，使之符合要求后方可进行修补，否则会造成较大的误差。

4 结论

通过本试验研究，我们认为：芯样修补材料、修补方法、修补厚度等对芯样强度均有一定的影响。

（1）浸水（48h）后的芯样及试块强度比风干状态均明显降低（分别降低 22％和 14％左右），而同条件下的芯样与试块的强度较接近。

（2）芯样端面的修补厚度对芯样的强度有一定影响，修补太厚会降低芯样强度，而且均方差及变异系数均较大，建议尽量减少修补厚度，保持在 ≤1.5mm。

（3）芯样切割后不修补的强度比修补后的强度大（降低约 30％），而且其变异系数也较大，所以建议芯样切割后最好要经过修补后再进行试验，修补材料可用硫磺浆、水泥浆等材料，而且修补前最好进行研磨，使其平整度和垂直度达到要求。

（4）修补材料强度对芯样强度有一定的影响，但不十分明显，故建议对不同修补方法及不同修补厚度芯样湿度等作必要的规定和修正。

各种端面、各种修补材、方法及厚度下试验结果见表 8。

表 8   各种端面、各种补修材料、方法及厚度下试验结果

编号	端面状态	试件尺寸 （cm）	修补材料	修补厚度 （mm）	试件湿度	试件数量 n	平均强度 $R(\text{kg/cm}^2)$	均方差 S_r	变异系数 $C_v(\%)$
J1	钢模试块	$15\times15\times15$	—	0	自然风干	9	174.44	22.55	12.93

编号	端面状态	试件尺寸 (cm)	修补材料	修补厚度 (mm)	试件湿度	试件数量 n	平均强度 R(kg/cm²)	均方差 S_r	变异系数 C_v(%)
J3	磨平面	$\phi10\times10$	硫磺净浆	≤1.5	自然风干	9	191.04	28.39	14.86
J2	钢模试块	$\phi10\times10$	—	0	浸水48h	9	150.52	22.68	15.07
J5	磨平面	$\phi10\times10$	硫磺净浆	≤1.5	浸水48h	9	148.74	16.53	11.1
J11	磨平面	$\phi10\times10$	525#水泥净浆	≤1.5	浸水48h	9	146.51	15.42	10.52
J8	磨平面	$\phi10\times10$	525#水泥净浆	5	浸水48h	9	141.97	18.83	13.26
J7	磨平面	$\phi10\times10$	525#水泥净浆	5	浸水48h	9	132.03	18.69	14.15
J6	磨平面	$\phi10\times10$	硫磺净浆	7～8	浸水48h	9	135.1	25.55	18.91
J4	切割面	$\phi10\times10$	硫磺净浆	≤1.5	浸水48h	9	132.91	19.24	14.48
J10	切割面	$\phi10\times10$	不补	0	浸水48h	9	103.22	16.38	15.87
J9	磨平面	$\phi10\times10$	不补	0	浸水48h	9	129.77	15.94	12.28

参 考 文 献

[1] 中国建研院结构所：《国外取芯法检验混凝土质量规范规程汇编》.
[2] A.M. 内维尔著.《混凝土的性能》. 李国泮. 马贞勇译.
[3] 中国科学院教学所统计组《常用数理统计方法》.

和田玉龙喀什河老桥灌缝混凝土强度检测鉴定

王文明

（新疆巴音郭楞蒙古自治州建设工程质量检测中心，新疆库尔勒，841000）

本文是对2004年新疆公路网改建工程第九合同段和田玉龙喀什河老桥伸缩缝灌缝混凝土强度进行的回弹及钻芯取样检测。对伸缩缝灌缝混凝土强度给出了具体推定值，给工程验收部门提供了可靠依据，为和田玉龙喀什河老桥的早日通行提供了确切的保障。

1 工程概况

和田玉龙喀什河老桥位于2004年公路网改建工程第九合同段，一端与和田市衔接，另一端与洛浦县相连。该桥伸缩缝改造工作由新疆一洲路桥工程有限公司承接，新疆公路工程咨询公司路网监理组现场监理。伸缩缝灌缝混凝土强度设计强度等级为C40。该混凝土配合比原材料采用阿克苏多浪水泥厂生产的强度等级为42.5级普通硅酸盐水泥，砂石料来源于G315线K2468+000左200m处砂石料厂，砂为水洗中粗砂，石子为卵石，颗粒级配为 5~40mm，伸缩缝配筋为 φ14×150。

该桥伸缩缝总计 16 道。其中，2005 年 7 月 3 日浇筑 5 道，2005 年 7 月 4 日浇筑 11 道。由于驻地处抽检混凝土试块一组，2005 年 7 月 3 日制作，7 月 31 日完成实验，其结果值为：15.3MPa、35.1MPa、34.2MPa，监理组 7 月 4 日制作两组，8 月 1 日在驻地处监理旁站下完成，其结果为：9.7MPa、35.1MPa、34.6MPa、41.1MPa、35.0MPa、40.5MPa（见图 1、图 2）。

图 1　驻地处抽检混凝土试块破坏后图片　　　图 2　驻地处抽检混凝土试块压碎后图片

2　鉴定的目的、范围和内容

根据《公路桥涵施工技术规范》（JTJ 041—2000）及委托方新疆一洲路桥工程有限公司的要求，鉴定的目的、范围和内容如下：对位于 2004 年公路网改建工程第九合同段和田玉龙喀什河老桥伸缩缝灌缝混凝土强度作出评价。

3　现场检查、分析、鉴定的结果

通过现场了解得知，该桥位于 2004 年公路网改建工程第九合同段，一端与和田市衔接，另一端与洛浦县相连。该桥伸缩缝改造工作由新疆一洲路桥工程有限公司承接。伸缩缝灌缝混凝土分两次浇筑施工，浇筑日期分别为 2005 年 7 月 3 日和 2005 年 7 月 4 日。

从该桥伸缩缝灌缝混凝土的外观来看，表面密实平整，无明显可见裂缝，也没有明显修饰痕迹。我们采用 HT225 型回弹仪参照《公路路基路面现场测试规程》（JTJ 059—1995），对该桥伸缩缝灌缝混凝土随即进行了 20 个测区的回弹测试，并随机抽取了 6 处进行混凝土碳化深度的测量。经采用浓度为 1% 的酚酞试剂滴定后，混凝土颜色全部变红，说明混凝土没有碳化。相应检测结果见表 1。

表 1　　　　　　　　　　　　回弹法测试强度结果及碳化深度检测结果

测试部位	混凝土测试面及测试方向	测区数（测区）	平均值 mf_{cu}^c（MPa）	标准差 sf_{cu}^c（MPa）	推定值 $f_{cu,e}$（MPa）	碳化深度（mm）
伸缩缝灌缝混凝土	混凝土浇筑表面、垂直向下方向	20	59.6	1.18	57.7	0
备注	$f_{cu,e} = mf_{cu}^c - 1.645 sf_{cu,i}^c$					

由于回弹过程中发现各测区之间回弹差值较小，说明混凝土本身质量相对比较均匀。由于回弹法检测是基于混凝土内外质量一致的基础上的检测，为了验证混凝土内外质量是否一致以取得真实可靠的检测鉴定数据，经与委托方及现场监理协商后采用钻芯机对该桥伸缩缝灌缝混凝土随机钻取了 4 个 φ100 芯样。其中，在 7 月 3 日浇筑的 5 道伸缩缝随机抽检了一道，在 7 月 4 日浇筑的 11 道伸缩缝也随机抽检了一道，分别代表这两天浇筑的混凝土强度。依据中国工程建设标准化委员会标准——《钻芯法检测混凝强度技术规程》（CECS 03：88）进行了检测，具体检测数据见表 2。

表 2　　　　　　　　　　　　　钻芯法检测结果

部位	芯样高度（mm）	芯样直径 d(mm)	高径比	换算系数	破坏荷载 F(kN)	芯样抗压强度（MPa）	混凝土强度换算值 $f_{cu.i}^c$（MPa）	混凝土强度换算值中的最小值 $f_{cu.i}^c$（MPa）
7 月 3 日	148	100	1.48	1.15	328	48.1	48.1	46.4
	149	100	1.49	1.15	317	46.4	46.4	
7 月 4 日	129	100	1.29	1.10	353	49.5	49.5	48.2
	100	100	1.00	1.00	378	48.2	48.2	
计算公式	$f_{cu.i}^c = \alpha 4F/\pi d^2$							

4　检测鉴定结论及建议处理措施

综观以上数据，根据《公路桥涵施工技术规范》（JTJ 041—2000）及委托方要求，参照《民用建筑可靠性鉴定标准》（GB 50292—1999）检测鉴定，该桥伸缩缝灌缝混凝土强度满足设计要求 C40（$R/\gamma_0 S > 1.0$）（其中，R 和 S 分别为结构构件的抗力和作用效应，γ_0 为结构构件重要性系数）。经综合评定安全性鉴定评级为 a_u 级。结构构件承载能力达到正常使用要求，不必采取措施。

利用回弹、钻芯检测结果的相关性
判定旧结构混凝土强度

徐国孝

（浙江省建筑科学设计研究院，浙江杭州，310012）

本文针对旧结构混凝土，通过钻取混凝土芯样，并在混凝土芯样强度与回弹强度间建立相关关系曲线，用工程实例证明该曲线可以用于旧结构的混凝土强度检测，结果可靠。

1 问题的提出

旧结构混凝土由于龄期长，碳化深度大，或遭受化学腐蚀、火灾，或硬化期间遭受冻伤，或内部存在缺陷等，混凝土表层与内部质量往往不一致。用单一的回弹法只能反映混凝土表层的强度，测试结果误差较大，容易造成误判。钻芯法对工程实体造成局部破坏，钻芯过多受到一定限制，钻芯过少又不能反映混凝土的匀质性。因此，用钻芯法检测混凝土内部质量和回弹法检测混凝土匀质性状况，研究它们之间的相关关系，并据此检测旧结构混凝土强度，成为混凝土质量无损检测领域亟待需要解决的一个问题。

现行《回弹法检测混凝土抗压强度技术规程》（JGJ/T 23—92）（以下简称《规程》）规定：用同条件试件或钻取混凝土芯样修正回弹测强结果时，试件数量不少于 3 个。计算时，测区混凝土强度换长值应乘以修正系数。修正系数 η 按下式计算可精确到 0.01：

$$\eta = \frac{1}{n}\sum_{i=1}^{n} f_{\mathrm{cu},i}/f_{\mathrm{cu}.i}^{\mathrm{c}}$$

或
$$\eta = \frac{1}{n}\sum_{i=1}^{n} f_{\mathrm{cor},i}/f_{\mathrm{cu}.i}^{\mathrm{c}} \tag{1}$$

式中　　$f_{\mathrm{cu}.i}$、$f_{\mathrm{cor}.i}$——第 i 个混凝土立方体试件（边长为 150mm）或芯样试件（$\phi100\mathrm{mm}$ $\times100\mathrm{mm}$）的抗压强度值，精确到 0.1MPa；

　　　　　$f_{\mathrm{cu}.i}^{\mathrm{c}}$——第 i 个试件的回弹值考虑碳化深度影响由《规程》附录表 E 查得的混凝土强度换算值；

　　　　　n——试件数。

由式（1）可知，修正系数实际上是一个平均值的概念。不同的工程，有一个不同的修正系数。当同一工程，相同混凝土设计等级的构件回弹所测混凝土强度差异较大时，用一个平均值的修正系数加以修正，其修正结果的精确度不会太高。因此，笔者尝试用数理统计的方法建立一条曲线来揭示回弹测强和钻芯测强间的相关性，而后利用其相关性，判定旧结构混凝土强度，取得了较满意的结果。

2 相关曲线的建立

多年来，笔者用《规程》修正系数法检测了很多工程旧结构混凝土强度。被测混凝土所用材料，基本上为粒径 5～40mm 的碎石、中砂、普通水泥，自然养护，芯样尺寸 $\phi100\mathrm{mm}\times100\mathrm{mm}$，加工后自然养护 3d 再进行试压。这些工程中回弹法和钻芯法所测强度如表 1 和图 1 所示。

数据共 76 组，回弹法强度换算值为 10.7～34.8MPa，相应的芯样强度值为 13.8～48.3MPa。用最小二乘法按幂函数式统计，得出如下曲线方程：

$$f_{\mathrm{cor}} = 1.1644 f_{\mathrm{cu}}^{1.0123}(\mathrm{MPa}) \tag{2}$$

表 1   76 组实测回弹强度及相应芯样强度   单位：MPa

序号	回弹强度换算值	芯样抗压强度值	序号	回弹强度换算值	芯样抗压强度值	序号	回弹强度换算值	芯样抗压强度值
1	25.7	36.4	27	25.4	28.6	53	13.7	18.4
2	31.3	34.3	28	10.7	13.8	54	20.4	30.2
3	25.7	27.8	29	32.9	37.0	55	31.0	41.1
4	12.5	17.8	30	16.2	18.0	56	16.8	16.4
5	17.6	18.1	31	32.2	34.8	57	14.7	12.0
6	13.9	16.3	32	24.2	32.7	58	19.6	22.4
7	23.5	27.4	33	25.0	28.3	59	13.6	13.9
8	23.0	29.3	34	22.5	20.2	60	34.8	45.5
9	20.0	31.3	35	17.0	15.2	61	29.6	45.7
10	22.9	18.1	36	25.0	29.4	62	29.1	48.3
11	14.3	23.5	37	30.2	38.5	63	23.4	26.3
12	20.4	25.1	38	26.2	30.7	64	23.9	33.8
13	16.2	24.4	39	16.1	20.5	65	24.3	21.4
14	26.7	44.2	40	29.6	29.8	66	18.3	23.9
15	22.3	35.1	41	27.2	26.4	67	22.9	34.3
16	16.3	22.5	42	22.2	25.3	68	30.5	37.8
17	23.1	32.8	43	24.9	28.8	69	23.5	31.3
18	17.7	24.0	44	26.5	33.4	70	16.5	22.0
19	21.5	31.2	45	20.7	28.4	71	16.7	20.1
20	23.7	26.7	46	20.4	19.0	72	18.1	18.6
21	29.4	37.7	47	12.0	14.3	73	16.2	21.8
22	23.8	22.1	48	23.5	25.8	74	16.2	15.5
23	12.0	17.9	49	26.2	27.2	75	16.8	18.2
24	16.2	16.0	50	25.2	27.9	76	15.6	18.6
25	30.8	44.6	51	13.9	17.3			
26	24.7	38.3	52	16.5	19.4			

由统计结果表明，用回弹法得出的测区混凝土强度换算值与用钻芯法得出的对应测区芯样试件抗压强度值之间，存在着显著的相关性，相关系数 $\gamma = 0.85$；均方差 $\delta = 4.67\text{MPa}$，变异系数 $C_v = 17.5\%$。按统计学一般原理，用这个相关关系的数据推测的结果，精度是较高的。

3 工程实例

某县城 6 层砖混结构住宅楼，窗间墙上出现裂缝。有关部门应住户的要求，委托检查分析原因，且对其梁混凝土强度进行抽检。该住宅楼是 1992 年建造的，

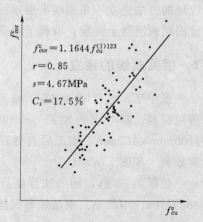

图 1 回弹强度与芯样强度的关系

检测时混凝土龄期已达 5 年，碳化深度均大于 6mm。检测步骤和结果如下。

（1）每层阳台挑梁、圈梁各取一根构件进行回弹检测，并在其中任一根构件上钻取一个芯样，计算平均值的修正系数 η（见表 2）。

表 2　　　　　　　　　　　　　某住宅楼的混凝土修正系数

编号	芯样抗压强度（MPa）	回弹强度换算值（MPa）	修正系数 η	修正系数平均值 η
1	22.0	16.5	1.33	
2	21.8	16.2	1.35	
3	16.4	16.8	0.98	1.18
4	18.2	16.8	1.08	
5	18.6	15.6	1.19	

（2）把每根构件的回弹强度换算值代入曲线方程式（2），计算其相应的强度值。用 4 种检测方法（即回弹法、钻芯法、《规程》修正系数法和本文提出的曲线方程法）检测结果见表 3。由于该住宅楼用的《规程》修正系数法和曲线方程法推定的结构混凝土强度值均大于 15.0MPa，经原设计单位复算，满意设计要求。窗间墙上出现裂缝是由于地基沉降所致。经沉降观测，住宅楼已趋稳定，局部加固处理后，使用至今。

表 3　　　　　　　　　　　混凝土强度推定值对照　　　　　　　　　　　单位：MPa

检测方法	构件编号																				均方差	极差	变异系数（%）	强度平均值
	1	2	3	4	5	6	7	8	9	10	11	12	13	14	15	16	17	18	19	20				
回弹法	15.2	16.2	20.8	14.2	16.2	14.6	16.2	13.0	17.4	15.6	13.8	12.7	19.2	15.1	14.1	16.0	14.7	17.0	14.7	18.5	2.05	8.1	13.0	15.8
钻芯法	22.0	—	—	21.8	—	16.4	—	18.2	—	18.6	—	—	—	—	—	—	—	—	—	—	2.43	5.6	12.5	19.4
修正系数法	17.9	19.1	24.5	16.8	19.1	17.2	19.1	15.3	20.5	18.4	16.3	15.0	22.7	17.8	16.6	18.9	17.3	20.1	17.3	21.8	2.42	9.5	13.0	18.6
曲线方程法	18.3	19.5	25.1	17.1	19.5	19.8	19.5	15.6	21.0	18.8	16.6	15.3	23.2	18.2	17.0	19.3	17.7	20.5	17.7	22.3	2.48	9.8	13.0	19.1

4　结语

（1）从表 3 可见，4 种检测方法的均方差、极差、变异系数十分相近，说明《规程》的修正系数法保持了回弹法实际反映混凝土质量匀质性这一特征；由于强度平均值也十分相近，说明同时保持了钻芯法实际反映结构混凝土真实强度这一特征。回弹法和《规程》修正系数法或曲线方程法推定的混凝土强度差值为 2.6～4.3MPa。这主要是因为旧结构混凝土表层受异常因素长期影响所致。

（2）曲线方程法适合于判定设计强度等级在 C10～C50 并表面受碳化、冻伤等异常因素影响严重的混凝土的强度。由此，笔者认为该法也适用于推测龄期在 3 年以上的混凝土的强度。检测时，不再钻芯取样，直接用回弹仪测试，查表（限于篇幅未列出）即可。

（3）当回弹法所设强度值从 10.0～40.0MPa 变化时，曲线方程法的强度提高 2.0～8.8MPa。说明混凝土从某一龄期起随龄期增长而强度提高时，混凝土内层与表层的强度差异也趋大；原强度低，内外层变化相对较小。

（4）在回弹法测强与钻芯法测强之间建立相关性曲线方程是可能的，也是可行的。利用曲线方程修正回弹法测强的数据，可以扩大《规程》的适用范围，建议在修订《规程》时，予以采纳。

参考文献

[1] 钻芯法检测混凝土抗压强度技术规程（CECS 03：88）.
[2] 回弹法检测普通混凝土抗压强度技术规程（JCJ/T 23—92）.

国道 218 线新源—库尔勒公路改建工程桥涵盖板质量安全危害的鉴定

王文明

（新疆巴音郭楞蒙古自治州建设工程质量检测中心，新疆库尔勒，841000）

本文是对国道 218 线新源—库尔勒公路改建工程第五合同段桥涵盖板质量进行的检测鉴定，通过对现场测定的混凝土强度、钢筋直径及位置、裂缝情况等分析，阐述了桥涵盖板质量安全危害产生的原因并提出了相应的建议处理措施。

1　工程概况

国道 218 线新源—库尔勒公路改建工程第五合同段由中铁二十局集团承建，位于新疆巴州和静县巴仑台镇境内，全长 43.19km，起讫点桩号为 k507＋800～k550＋987.71，开工日期为 2004 年 8 月 20 日，拟定竣工日期为 2006 年 10 月 31 日。合同总工期为 26 个月，设计路面宽为 8.5m 的三级公路，设计车辆通行速度为 30km/h。

该合同段路基工程包括 58.13 万 m³ 的土石方（其中，土方 50.56 万 m³，石方 7.57 万 m³），小桥三座，共计 90.15 延米，涵洞 85 道，共计 827.58 延米，防护工程 29896.9m³。路面工程主要由 40 万 m² 天然砂砾底基层、4‰水泥稳定料 38 万 m² 和 34 万 m² 沥青外延路面组成。

该合同段路基涵洞已于 2005 年 10 月中旬基本完工，除明涵和小桥外，全线交通处于正常开放状态。通过一段时间运行已发现暗涵盖板均产生不同程度的裂缝。

2　鉴定的目的、范围和内容

根据委托方中铁二十局集团要求，于 2006 年 5 月 29～31 日，对该合同段桥涵盖板的质量进行全面的检测，主要包括混凝土强度、钢筋直径及位置分布、裂缝深度宽度情况等。对桥涵盖板质量安全危害作出分析鉴定并提出相应处理对策。

3　现场检查、分析、鉴定的结果

首先对混凝土配合比设计进行了复核，该配合比未掺加任何外加剂，水泥用量较大，每方为390kg，水化热较大，加之施工期间所处自然环境温度较高，养护成为确保混凝土质量的一个主要因素，据施工方反映，养护安排专人轮流值班，定时养护到位，避免了温度裂缝的产生。

由于涵洞施工已于2005年10月中旬完成，盖板在专用场址预制，现有部分多余盖板可用于直接钻芯取样测强。在预制场观测盖板外观良好，无任何可见裂缝和混凝土缺陷存在，我们随机抽取一块2m跨的设计强度等级为C30的暗涵盖板（见图1）直接钻芯取样3个。同时我们对已建成的涵洞进行了实地观测，发现已通车运行的盖板底部几乎均有不同程度的裂缝出现，而且裂缝呈较为规则的横向分布，分布的数量和位置大致与盖板箍筋数量和位置大体相当。这些裂缝可以断定为破坏性裂缝，对盖板涵结构已经构成一定破坏。考虑到预制现场尚有剩余盖板备用，而且距涵洞现场仅8km左右。我们随机在k539＋921.7暗涵（见图2）处抽取了一块开裂最为严重的盖板（见图3）拉回预制场，进行直接钻芯取样观测裂缝深度并将裂缝断面切除后检测其混凝土抗压强度（数据见表1）。对所取盖板采用钢筋直径位置测定仪进行检测（见图4）发现，裂缝基本处于箍筋位置，该盖板底部配筋为6根φ16。经检测，其间距分别为220mm、240mm、200mm、180mm、220mm，平均间距为212mm，钢筋混凝土保护层厚度设计为25mm，实际钢筋混凝土保护层厚度为22～30mm箍筋平均间距为108mm，所有配筋情况基本满足图纸设计要求。

在该盖板涵裂缝处钻芯取的芯样发现裂缝处即为箍筋位置，目前裂缝深度已延展至箍筋位置外侧，也就是说裂缝深度已达20～25mm。同时实测当前裂缝宽度为0.04～0.08mm。

由于暗涵混凝土设计强度等级为C30，明涵混凝土设计强度等级为C25，我们也考虑到暗涵开裂是否会由于施工时将C30暗涵混凝土错误施工成设计强度等级为C25的明涵混凝土，因此我们在对暗涵取芯的同时，也对现场剩余的明涵（见图5）钻取芯样，为了取芯的方便在一块板上仅固定一点打膨胀螺栓固定钻孔机，采用旋转定位法钻取芯样，由于在旋转过程中的偏差因素有两处可能与主筋有接触后放弃取样，因此按较小构件的最小取样数量2个进行检测评定。经现场对相同规格相同强度等级（C30）的涵洞盖板及预制场盖板回弹比对，强度推定值基本一致为43.2 MPa。芯样（见图6）的抗压结果因受各种因素影响有所偏小，检测结果见表1。

图1　在预制场暗涵盖板上钻取芯样3个

图2　现场拍摄的k539＋921.7暗涵概貌

图3　在 k539＋921.7暗涵盖板上钻取芯样1个

图4　采用钢筋直径位置测定仪进行检测

图5　对现场剩余的明涵钻取芯样2个

图6　现场钻取的6个芯样

表1　　　　　　　　　　钻取芯样检测混凝土抗压强度结果

结构件名称	结构件部位	芯样编号	破坏荷载（kN）	高径比	换算系数	芯样抗压强度（MPa）	推定值（MPa）	设计强度等级
盖板	暗涵	1	277	1.21	1.07	37.8	34.4	C30
		2	241	1.37	1.12	34.4		
		3	254	1.40	1.13	36.6		
盖板	明涵	1	208	1.25	1.08	28.6	28.6	C25
		2	231	1.10	1.04	30.6		
盖板	开裂暗涵	1	268	1.00	1.00	34.1	34.1	C30

从表1可知，所抽检明涵盖板混凝土强度较所抽检暗涵盖板混凝土强度要低，说明不同设计强度等级混凝土在施工上没有出现错误问题。同时可见，所抽检暗涵盖板和开裂暗涵盖板混凝土强度基本相当，说明预制现场所取盖板与工地现场所取盖板具有可比性和代表性。据此可以断定，所抽检暗涵、明涵以及开裂暗涵盖板混凝土强度均完全满足设计强度等级的要求。因此，针对已出现的裂缝，对设计、施工及交通车辆运行情况进行了调查了解。据该项目部提供的有关资料表明，该合同段自开工以来，在 G218 线的通行车辆不

仅数量多，而且严重超限超载超速，并引发多起交通事故。为此，该项目部及执行办分别于 2005 年 5 月 14 日和 2005 年 8 月 8 日对该路段车辆通行情况进行了 24h 实地观测统计。统计结果表明，通行高峰期每天约有 900 辆车通过，其中超限超载车辆 100 多辆，车货总重在 80～100t，主要为拉运铁矿石的车辆；一些载重通行车辆已达到 120t 以上。通行低峰期每天也有 300 辆车通行，少数车辆在纵坡直线地段行驶速度已达 80km/h 以上。由于原设计是基于车流量少，车速在 30km/h，荷载为汽 20 挂 100。而实际由于大量的超限超载超速车辆已超出原设计要求通行，对已建成通车的工程构成了实际危害，致使路基顶面形成了明显的"搓板"和深槽，便道翻浆沉陷，便桥几经加固修缮几经损坏，刚刚建成的盖板涵、盖板在超设计标准的使用中仅半年之久就已出现许多明显裂缝，对桥涵工程造成了严重的质量安全隐患。

4 鉴定结论及建议处理措施

综观以上情况，根据《公路桥涵施工技术规范》（JTJ 041—2000）、《钻芯法检测混凝土强度技术规程》（CECS 03：88）及委托方要求检测鉴定，该盖板混凝土强度及配筋情况均满足设计要求，但由于大量超限超速超载车辆超设计标准通行，已对部分盖板造成了相应的破坏。基于该路段超限超载超速车辆及车辆多的现实因素，建议提高设计标准或采取加固措施等，以确保日后交通安全。

第四部分　后装拔出法检测技术

后装拔出法检测混凝土强度山西省地方曲线试验研究

王宇新

（山西省建筑科学研究院，山西太原，030001）

　　通过对山西省6个地区所采集到的试验数据的分析、整理及计算回归，初步建立了后装拔出法检测混凝土抗压强度技术山西省地方曲线，其相关系数和相对标准差满足有关规程要求。

1　拔出法检测混凝土强度技术概述

　　在我国，以混凝土为主要结构材料的建筑物占很大的比重，而且影响混凝土质量的因素也比较复杂。研究一种操作简单易行、精度高、速度快、适用面广的混凝土质量非破损（或微破损）检测方法，具有重要价值。

　　近年来，我国分别对回弹法、超声—回弹综合法及钻芯法现场混凝土强度检测技术进行了深入的研究并制订了相应的标准规范，取得了良好的社会效益和经济效益。上述检测方法都有许多优点，但也存在着一定的局限性。前两种方法具有使用方便、对结构不产生损伤等优点，但回弹值和声速值对混凝土强度来说并不是很敏感的参数，在测试中很容易造成误差，因而这两种方法的最大缺点是检测精度不高。钻芯法无疑是可靠的混凝土强度检测方法，但其试验程序多、时间长、成本高，且对构件有一定的损伤，不适合大量的检测。相比之下，后装拔出法检测混凝土强度具有精度高、适应性强、操作简便、周期短、成本低等优点，是一种比较理想的现场混凝土强度检测新技术，这是一种介于无损检测方法和钻芯法之间的检测方法。下面就山西省地方曲线的建立工作作一概述。

2　试验基本参数的确定

2.1　拔出试验的基本参数

　　拔出试验的基本参数是指拔出试验边界条件的主要规定值。主要有以下几个方面。

　　（1）试验仪器的基本参数。

　　（2）锚固件的构造尺寸、形式及安装深度。

　　（3）反力支承的形式和约束尺寸。

　　（4）钻孔、扩孔及成孔尺寸。

2.2　试件及试块

（1）数量：所有有效数据共计 530 组（每组由一个至少可布置 3 个测点的拔出试件和相应的 3 个立方体试块组成）。

（2）地区（市）：长治市、离石市、临汾市、太原市、忻州市和阳泉市，共 6 个地区（市）。

（3）设计强度等级：包括 C10、C20、C30、C40、C50 和 C60 6 个混凝土设计强度等级。

（4）养护龄期：对于同一配合比的混凝土试件，分为 30d、90d 和 360d 3 个养护龄期。

3　数据的采集和初步处理

3.1　试验过程及数据记录

对每个试件做拔出试验，测得拔出力，然后将每个试件对应的试块进行抗压强度试验，相当于测得混凝土试件的抗压强度。

3.2　初步处理

（1）试件抗拔力的取值。根据《后装拔出法检测混凝土强度技术规程》（CECS 69：96）中拔出试验的一般规定，对于同一试件上测得的 3 个拔出力，当 3 个拔出力中的最大拔出力和最小拔出力与中间值之差均小于中间值的 15％时，取平均值作为计算值。

（2）试件抗压强度的确定。依照《混凝土强度检验评定标准》（GB 107—1987）中的有关规定进行。

4　回归分析

将各试件试验所得的拔出力和试块抗压强度值汇总，按最小二乘法原理，进行回归分析。

4.1　方程的建立

4.1.1　回归方程的形式

回归方程一般有直线、幂函数曲线和指数函数曲线 3 种形式。其中，直线方程使用方便、回归简单、相关性好，是国际上普遍使用的方程形式；并且《后装拔出法检测混凝土强度技术规程》（CECS 69：96）"附录 A　建立测强曲线的基本要求"中推荐采用直线形式。因此，研究人员在回归分析时确定采用直线形式，回归方程式如下：

$$f_{cu}^c = A \times F + B \tag{1}$$

式中　f_{cu}^c——混凝土强度换算值，MPa，精确至 0.1MPa；

F——拔出力，kN，精确至 0.1kN；

A、B——测强公式回归系数。

4.1.2　最小二乘法简述

在确定了方程形式后，现在的问题就是如何确定 A、B 的数值。

现假设当 A、B 已确定，那么，对于每个给定的自变量 F，由方程式（1）就可以算出对应的换算值 f_{cu}^c，但实际检测结果对每一个 F 值就有两个强度值（即实测值 f_{cu} 和换算

值 f_{cu}^c），它们之间的误差为：

$$e_i = f_{cu,i} - f_{cu,i}^c \quad (i=1,2,3,\cdots,n) \tag{2}$$

显然，误差 e_i 的大小是衡量回归方程中 A、B 取值好坏的重要标志，所以应选择最好的方法来确定 A、B 的取值，使 e_i 值最小，这种方法就是最小二乘法。

设 Q 代表误差平方总和，则

$$Q = \sum e_i^2 = \sum (f_{cu,i} - f_{cu,i}^c)^2 = \sum (f_{cu,i} - A \times F_i - B)^2 \tag{3}$$

注：$\sum\limits_{i=1}^{n}$ 简写为 $\sum$，以下与此相同。

若使 Q 取值最小，只需对上式的 A、B 分别求偏导数，并令其等于零，即

$$\frac{\partial Q}{\partial a} = -2\sum (f_{cu,i} - A \times F_i - B) = 0 \tag{4}$$

$$\frac{\partial Q}{\partial a} = -2\sum F_i (f_{cu,i} - A \times F_i - B) = 0 \tag{5}$$

其中，式（4）可写成：

$$\sum f_{cu,i} - A \times \sum F_i - B \times n = 0 \tag{6}$$

式（5）可写成：

$$\sum f_{cu,i} - A \times \sum F_i - \sum B = 0 \tag{7}$$

式（6）和式（7）称为规范方程式，根据此方程式求得 A、B 值，将其代入式（1）中即得回归方程式。

A、B 值计算如下：

由式（6）得出：

$$B = \frac{\sum f_{cu,i} - A \times \sum F_i}{n}$$

$$m_F = \frac{1}{n}\sum F_i, \quad m_f = \frac{1}{n}\sum f_{cu,i}$$

$$B = m_f - A \times m_F \tag{8}$$

将式（8）代入式（7）得

$$\sum f_{cu,i} - \sum (m_f - A \times m_F) - A \times \sum R_i = 0$$

简化后得

$$A = \frac{\sum (f_{cu,i} - m_f)}{\sum (F_i - m_F)} \tag{9}$$

为回归计算简便，规定如下几个定义：

$$L_{XX} = \sum (F_i - m_F)^2 \tag{10}$$

$$L_{YY} = \sum (f_{cu,i} - m_f)^2 \tag{11}$$

$$L_{XY} = \sum (F_i - m_F)(f_{cu,i} - m_f) \tag{12}$$

$$A = \frac{\sum (f_{cu,i} - m_f)(F_i - m_F)}{\sum (F_i - m_F)^2} = \frac{L_{XY}}{L_{XX}} \tag{13}$$

4.1.3 回归分析

在回归分析过程中，首先对各地市所得试验数据分别进行直线形式的回归，在对得到

的回归曲线进行比较后，得出各地市回归曲线无显著差异；其次，将各个混凝土级别的数据分别进行回归分析，在比较了各回归曲线后，得出各混凝土强度等级对本课题的回归分析无显著影响。经过上述分析，课题组认为试验数据之间有很好的相关性。最终，将试验所得所有数据总体进行回归，即得到后装拔出法检测混凝土强度技术规程山西省地方曲线。

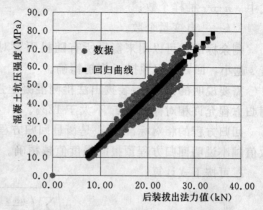

图 1　数据及回归曲线

经过对数据的整理和分析，可用于建立地方曲线的数据共计 530 组，建立的地方曲线如图 1 所示。其计算公式如下：

$$f_{cu}^c = 2.571 \times F - 8.195$$

4.2　龄期对地方曲线的影响

经回归分析后发现，龄期对回归曲线的建立无显著影响。

4.3　相关系数及其显著性检验原理

4.3.1　相关系数检验

相关系数是用来判别回归方程中两个变量之间线性关系的密切程度的，即回归线是否有意义。对于所分析的自变量和因变量来说，只有当相关系数 r 的绝对值越接近 1，说明相关就越密切，才可能用回归线来表示它们之间的关系。r 值由下式确定：

$$r = \frac{L_{XY}}{\sqrt{L_{XX} L_{YY}}} \tag{14}$$

4.3.2　线性回归方程效果的检验

回归方程在一定程度上反映了两个变量之间的内在规律，但是，在求出方程后应对方程所揭示的规律进行检验。

全部 n 次测试的总离差，可由离差平方和表示，即

$$L_{YY} = \sum (f_{cu,i} - m_f)^2$$

回归平方和 U 按下式计算：

$$U = A^2 \times \sum (F_i - m_F)^2 = A \times L_{XY} \tag{15}$$

剩余平方和 Q 按下式计算：

$$Q = \sum (f_{cu,i} - m_f)^2 - b \times L_{XY} = L_{YY} - b \times L_{XY} \tag{16}$$

从式（15）和式（16）的意义可知，回归效果的好坏，取决于 U 和 Q 的大小，或者说取决于 U 的平方和 L_{XY} 的比例，这个比例越大回归效果越好，由上式可以得到一个重要参数，即剩余标准差 s。

剩余标准差 s 可按下式计算：

$$s = \sqrt{\frac{Q}{n-k-1}} = \sqrt{\frac{(1-r)^2 L_{YY}}{n-k-1}} \tag{17}$$

式中 n——抽样个数;

k——自变量个数。

剩余标准差可以用来衡量所有随机因素对因变量（f）的一次观测平均离差的大小，若 s 越小，回归方程预报 f 值越精确。

需要说明的是，《后装拔出法检测混凝土强度技术规程》（CECS 69：96）中严格要求回归方程允许相对标准差 e_r 不大于 12%。

回归方程的相对标准差 e_r 是衡量回归方程所揭示的规律性强弱的参数，一般来说，e_r 取值越小说明回归方程预报的强度值越精确。

e_r 可按下式计算：

$$e_r = \sqrt{\frac{\sum\limits_{i=1}^{n}\left(\frac{f_{cu,i}}{f_{cu,i}^c}-1\right)^2}{n-1}} \times 100\% \tag{18}$$

式中 $f_{cu,i}$——第 i 组立方体试块抗压强度代表值，MPa，精确至 0.1MPa；

$f_{cu,i}^c$——由第 i 个拔出试件的拔出力计算值 F_i 按式（1）计算的强度换算值，MPa，精确至 0.1MPa；

n——建立回归方程式的试块（试件）组数。

5 山西省地方曲线的建立

经过 4 年的努力，课题组研究人员终于完成了山西省地方曲线的建立工作。

山西省后装拔出法检测混凝土抗压强度技术的计算公式如下：

$$f_{cu}^c = 2.571 \times F - 8.195$$

式中 F——拔出力力值；

f_{cu}^c——由后装拔出法得到的混凝土抗压强度换算值。

该式的相关系数：$r=0.939$（$n=530$）。

剩余标准差：$s=0.831$。

相对标准差：$e_r=11.7\%<12\%$。

某制药厂钢筋混凝土罐破损情况试验研究

王文明

（新疆巴音郭楞蒙古自治州建设工程质量检测中心，新疆库尔勒，841000）

通过对某制药厂钢筋混凝土罐破损状况的调查分析与检测，阐述了该批钢筋混凝土罐破损的主要原因，并用科学的检测数据对破损状况作出了客观的定量分析，对结构物可靠性提出了合理的鉴定等级和处理建议。

1 建筑物概况

该钢筋混凝土罐位于某制药厂生产车间东侧，由北至南呈"一"字形排列，共 4 个。

罐高约 3m，罐体上部约 30cm 为圆台状，罐径上口约 1.8m，下口约 2.5m，壁厚约 300mm。该批钢筋混凝土罐约建于 1972 年，主要用于加工甘草药液。使用至今已 30 余年，经目测已明显严重破损。4 个钢筋混凝土罐体外围的抹灰层已绝大部分空鼓，部分抹灰层已经剥落。同时，罐内混凝土已遭到了不同程度的冲蚀，石子和部分钢筋外露且侵蚀严重。

2　现场调查与检测

2.1　现场调查的目的和初步结果

经现场实地调查，该厂钢筋混凝土罐没有任何设计图纸及相关施工、质检等质保资料存档，无明确建造日期。但从该厂的成立日期推算，该批钢筋混凝土罐大约在 1972 年建造。该罐的使用条件为甘草药液在约 100℃ 高温煮沸数小时后更换新的常温药液再进行高温沸煮，属高低温交替高湿度工作环境。该批钢筋混凝土罐外抹灰层已部分脱落，混凝土表面已呈现多处无规则网状裂缝，罐内混凝土已凸现石子和部分钢筋，个别地方明显可见钢筋锈断现象。根据该厂生产技术科的委托，鉴于安全生产角度的考虑要求对该批尚在生产运行中的钢筋混凝土罐的破损状况作一可靠性检测鉴定。为不耽误正常生产，整个检测过程只能采取无损检测，而且必须在停工 8h 内完成。

根据现场调查了解的结果，为了满足该厂正常生产和检测鉴定的双重需要，经过相关的研讨，预备了检测工作之后的速凝修补堵漏材料，对检测鉴定工作程序及内容作出了相应部署，并力求从混凝土碳化深度及罐内药液 pH 值测定、混凝土强度推及混凝土侵蚀情况、混凝土裂缝的测定与分析、罐体配筋情况分析及钢筋侵蚀率测定等 4 个方面判断钢筋混凝土罐结构的损伤程度、损伤速度、维修状况及其现场生产因素对结构安全的危害程度等，对建筑物的可靠性进行相应评估，以推断该批钢筋混凝土罐可否继续使用，以防重大安全事故的发生。同时，为该厂进行维修加固或报废翻新等决策提供科学可靠的技术依据。

2.2　检测情况分析

2.2.1　罐体混凝土碳化深度测定及罐内药液的 pH 值测定

依据《回弹法检测混凝土抗压强度技术规程》中混凝土碳化深度测定方法，对罐体混凝土随机凿取深度、直径 1～2cm 的数个孔洞。清理干净后，经滴定浓度为 1% 的酚酞试剂后观察，混凝土颜色均呈现红色，说明混凝土没有碳化。经过数十年后的混凝土几乎没有碳化，这在工程建设中是极其少见的。主要原因有二：一是混凝土施工工艺良好，混凝土相当密实；二是因外裹的砂浆保护面层起到了很好的保护作用，尽管目前已大部分开始剥落，但至少在未剥落之前很长一段时间内起到了很好的屏障作用。

pH 值的测定：经对罐装药液进行随机取样，测得其 pH 值分别为 5.4、5.3、5.4、5.4、5.4，平均值为 5.4，呈酸性。

2.2.2　混凝土强度推定及混凝土侵蚀情况测定

对位于该厂制药车间东侧的 4 个钢筋混凝土罐，依次由北至南编号为 1#、2#、3# 和 4#，参照现行建筑行业标准——《回弹法检测混凝土抗压强度技术规程》，采用 HT225 型混凝土回弹仪进行测试，强度推定值均在 50.0MPa 以上。由于混凝土龄期过长以及施工状况可能引发的检测条件与现行回弹法规程适用条件间的差异,从而导致混凝土回弹强度真实性的较大差异,因此该检测值仅供参考,不作为混凝土强度代表值。为了取得真实可靠的混凝土强度,采用 YJ—PI 型拔出仪对罐体混凝土随机进行后装拔出法测试(见图1、图2)。根据工程建设标准化委员会编写的《后装拔出法检测混凝土强度技术规程》(CECS 69:94)及该仪器压力值与抗拔力曲线查表后计算混凝土强度,并采用射钉法作对比测试,综合推定混凝土强度值达 50.0MPa 以上。

采用钢板尺、游标卡尺、塞尺和吊线锤对 1~4# 钢筋混凝土罐、混凝土侵蚀情况进行了测定。1~4# 钢筋混凝土罐内表混凝土冲蚀严重,造成钢筋和石子大部分外露。外表混凝土最大侵蚀从自然面分别凹陷 45mm、30mm、50mm 和 70mm。

图1　拔出法试验布点　　　　　　　图2　进行拔出测试后混凝土的破坏

2.2.3　罐体裂缝测定与分析

1~4# 罐体裂缝分布较多,从罐体所处高低温度循环交替高湿度工作环境及外宽内窄的裂缝特征可以断定许多裂缝为温度裂缝。从混凝土表面产生的杂乱无章的网状裂缝以及骨料颗粒周围出现白色反应环可以推断有可能因水泥中的碱和骨料中的活性氧化硅发生碱骨料反应,从而引发混凝土开裂。生成碱—硅酸盐凝胶并吸水产生膨胀压力,致使混凝土出现开裂现象。其化学方程式如下:

$$Na_2O + SiO_2 \xrightarrow{H_2O} Na_2O \cdot SiO_2 + H_2O$$

碱—硅酸盐凝胶吸水膨胀的体积增大 3~4 倍,膨胀压力为 3.0~4.0MPa,碱骨料反应进行得很慢,经过若干年后才出现。

经现场实测,1~3# 罐外混凝土最大裂缝宽度均达 12mm 以上(见图3),4# 罐外混凝土最大裂缝宽度达 11mm(见图4)。由于罐内混凝土冲蚀严重,裂缝观测不明显,但从外表药液溢出的痕迹可以推断罐体混凝土裂缝有部分贯穿。温度裂缝及碱骨料反应的变化是长期而缓慢的,由于该罐为非密封性常压罐体,加之药液中药渣对裂缝的堵塞,渗液现象不很明显。

2.2.4　配筋情况分析及钢筋侵蚀率测定

对委托检测的 1~4# 钢筋混凝土罐,在当时尚未拥有钢筋直径保护层厚度测定仪时,通过局部微破损方式及外露筋对比测量推算,均为双层一级配筋。纵筋为 $\phi10$,间距 15~

图3 1~3#罐外破损图像

图4 4#罐外破损图像

25cm，箍筋为φ6.5，间距30~35cm。对钢筋侵蚀率情况经现场实测，1~4#罐纵筋最小直径分别缩至6.1mm、7.0mm、6.9mm和8.1mm，比原设计直径10mm分别缩小3.9mm、3.0mm、3.1mm和1.9mm，钢筋最大侵蚀率分别为39%、30%、31%和19%，最大侵蚀率平均值达30%以上。经现场观测，1#罐有1根纵筋和箍筋蚀断，2#罐有2根纵筋和箍筋断裂，3#罐和4#罐均有1根纵筋蚀断，1~4#罐均有部分钢筋与混凝土剥离，因此钢筋所应具备的整体拉结作用已大大减小（见图5~图8）。

罐内混凝土外露的钢筋　罐内混凝土外露的石子

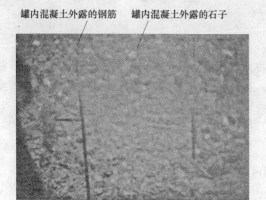

罐内混凝土外露的钢筋　罐内混凝土外露的石子

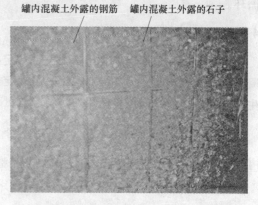

图5 1#罐内破损图像

图6 2#罐内破损图像

罐内混凝土外露的钢筋　　罐内混凝土外露的石子

罐内混凝土外露的钢筋　　罐内混凝土外露的石子

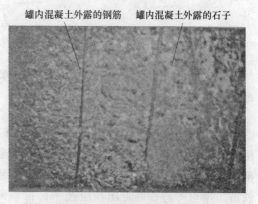

图7 3#罐内破损图像

图8 4#罐内破损图像

3 破损原因分析

该批钢筋混凝土罐未达正常使用年限（按房建相关规定应为 50 年），依据现场调查与检测的结果，分析原因如下。

（1）主要是工作环境特殊，为高低温交替循环，温度不断变化且变化温差较大，远超过冻融循环试验的温差范围 28℃，属一种特殊意义上的恶性"冻融循环"。因此易造成混凝土的开裂和腐蚀。

（2）主要是介质的特殊，因该罐是用于加工生产甘草药液，而药液呈酸性，混凝土呈碱性，因此二者会因接触产生中和反应造成混凝土逐步腐蚀。加之药液在生产加工过程中不断升温，且需在约 100℃高温下煮沸数小时，高温且持续时间的增长更加速了混凝土的腐蚀。

（3）有碱—骨料反应引发的可能性。因为碱—骨料反应是缓慢的，需经过若干年，而裂缝的特征应为无规则网状裂缝，且会在骨料周围出现白色反应环。从现场的实际情况来看外观特征以及碱—骨料反应的条件均基本具备。

（4）混凝土的开裂和腐蚀使得钢筋逐步失去保护层，最终钢筋表面的钝化膜遭到破坏而产生锈蚀，钢筋的锈蚀使体积膨胀产生破坏应力致使密实的混凝土开裂，混凝土的开裂不断增快、增大，又加速了药液的渗透破坏，使钢筋锈蚀进一步加快，从而产生了恶性循环。

4 结论与建议

综上所述，根据《工业厂房安全性鉴定技术标准》（GBJ 144—1990）所检 4 个钢筋混凝土罐可靠度均鉴定为 d 级。根据规范规定，该罐已严重不满足现行规范要求，随时有发生事故的可能，立即停止使用，进行加固处理或报废翻新。

参 考 文 献

[1] 王文明. 建设工程质量检测鉴定实例及应用指南. 北京：建筑工业出版社，2008.

拔出法测试喷射混凝土强度试验研究

岳 峰

（煤炭科学研究总院，北京，100013）

论述拔出法测定喷射混凝土的工作原理，测定基本参数，测试仪表和机具，拔出测试过程，测试结果和分析。

拔出法是通过测定拔出置于混凝土内锚固件所需的力来检测混凝土强度的一种微破损测试方法。近十几年来拔出法测强发展迅速，许多国家在此领域进行了大量研究，国际标准化组织、美国、北欧、前苏联等国家和组织已将拔出法列为标准试验方法。我国建筑、铁道、冶金等行业制定出相应技术标准。原煤炭部发布的锚喷支护巷道验收标准（MT/

T5015）中也将拔出法列为检测喷射混凝土强度方法之一。可见拔出法作为一种现场检测混凝土强度方法，已获得广泛的承认和应用。

1989 年，煤炭科学研究总院开始对拔出法进行研究，1991 年 PQJ－1 型喷射混凝土强度拔出仪通过鉴定，接着又研制出 PL－1 型喷射混凝土强度拔出仪及用于检测高强混凝土强度的 PL－1J 型拔出仪，目前已发展到最新型 SHJ－40 型和检测喷射混凝土专用 SHJ－30 型，两种仪器均具有体积小巧、数字智能多功能显示的特点。

1 拔出法测强的基本原理

拔出法测强原理是根据拔出力 F 或抗拔强度 f_b 与混凝土立方体抗压强度 f_{cu} 之间存在的相关关系。若拔出试验装置参数选择适当，混凝土抗拔强度接近于抗拉强度 f_{tk}。混凝土试块受压破坏实质上也是由于横向受拉破坏引起的。大量试验及理论分析表明，f_b 与 f_{cu} 都是 f_{tk} 的一元增函数，且 f_b 与 f_{cu} 之间关系受混凝土碳化、含水率影响小，f_{cu}、f_{tk}、f_b 之间有着密切的关系。这是拔出法检测混凝土强度的理论基础。

如图 1 所示，锚固件由胀簧及与其相连的拉杆组成。胀簧承力面直径为 d_2，埋深为 h，反力支承内径为 d_1，拔出夹角为 2α，拔出试验时，以底盘支座为反力约束点，拉杆与拔出仪的加载装置相连，当加载到混凝土极限抗拔力时，混凝土沿 2α 圆锥面产生开裂破坏，一块圆锥台型混凝土和胀簧一起脱离混凝土母体。

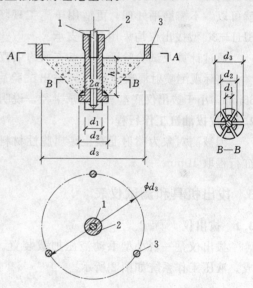

图 1 拔出法测强示意
1—拉杆；2—胀簧；3—反力支承点

关于混凝土在拔出力作用下的破坏理论主要有：压溃理论、受剪破坏理论和压剪组合破坏理论等。经过大量试验，分析混凝土破坏的锥体形式，2α 角比较大，可明显地看出：当反力支承座采用三点支承形式时，混凝土的破坏是由于受力面达到抗拉极限所引起的。根据锚固件置入混凝土内的方式不同，一般将拔出法分为预埋拔出法和后装拔出法两种。预埋拔出法是在浇注混凝土时将锚盘埋设于混凝土内，后装拔出法是在硬化后的混凝土上进行钻孔、磨槽，然后将胀簧嵌入孔内。预埋拔出法主要用来测定混凝土的早期强度，在使用上有较大局限性，而后装拔出法则比较灵活，可用于现场评定硬化混凝土结构或构件的质量。两种方法虽然具体操作有所不同，但原理是相同的。根据煤矿井下喷射混凝土施工工艺特点，测定喷射混凝土强度采用后装拔出法较好。

2 基本参数的确定

2.1 锚固台阶外径 d_2 与埋深 h

锚固台阶外径（d_2）是根据国际标准草案推荐值和国内经验选定的，一般取 $d_2=$

16mm。这样既可保证试验精度，又符合小型拔出仪加载能力要求。锚固深度 h 取 25mm，其理由是：h 值过小，胀簧放置较浅，检测结果不能反映喷层内部的性质，测量值变异性偏高。规程规定，h 值取 25mm，SHJ－30 型拔出仪参数选择符合要求。

2.2　反力支承形式及约束直径 d_3

拔出仪反力支承有二点支承、三点支承和圆环支承之分。二点支承与中间的锚固件均处在同一条直线上，在拔出过程中拔出仪不够稳定，易产生倾斜偏心，影响测试精度。三点支承和圆环支承可避免上述现象。

试验结果表明，反力支承约束内径 d_3，在混凝土拔出约束角 $\alpha < 71°$ 范围内，取值越大拔出力的变异系数越小，在同样 h、d_3 下，随着喷射混凝土内粗骨料直径的增大，拔出力和变异系数将增大，此时三点支承与圆环支承相比，三点支承的拔出力与变异系数相对小，即测试离散性小。这是因为三点支承的边界约束干扰较小的缘故。

拔出试验时，三点支承较圆环支承所需提供的拔出力小，有利于减小拔出仪体积和重量。又因三点支承为点接触，对煤矿井下喷射混凝土测试表面平整度要求不高，基本平整就可以，不需磨平处理，更适用于施工现场特别是井下检测。目前生产的 SHJ－40 型和 SHJ－30 型拔出仪均采用三点支承。

通过计算及试验验证，三点支承约束直径 d_3 取 120mm。

实际观测喷射混凝土试块经拔出试验后的破坏情况，测点最大破坏半径平均为 50～65mm，小于拔出仪底盘三点支承半径，说明三点支承约束边界对拔出力造成的干扰很小。

2.3　拉拔油缸工作行程

因被测对象为喷射混凝土，属脆性材料，具有破坏位移小的特点。参考标准规定，油缸行程取 10mm。

3　拔出机具和测试仪表

3.1　拔出仪

拔出仪是一台小型手动液压加载装置。主要由拔出油缸、手摇泵及压力表等部件组成。液压工作系统如图 2 所示。

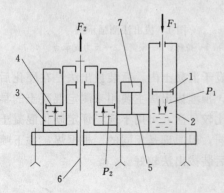

图 2　拔出仪液压系统
1—小活塞；2—油泵；3—拔出油缸；4—大活塞；
5—油管；6—拉杆；7—压力表

当小活塞 1 受外力 F_1 作用后，泵体内压强为 F_1 的油经油管 5 压向拔出油缸 3，此时大活塞 4 受到压强为 P_2 的油压作用后，产生推力 F_2，并通过拉杆 6 带动胀簧进行拔出工作。表达式如下：

$$P_1 = F_1 / S_1$$

$$P_2 = P_1 - \Delta P$$

$$F_2 = P_2 S_2 - F_3$$

上各式中　S_1——油泵活塞面积；

　　　　　S_2——拔出油缸活塞面积；

　　　　　ΔP——压力损失；

　　　　　F_3——摩擦力。

拔出仪工作油压高达 20MPa 以上，解决液压系统的密封防漏问题很重要。另外，拔出仪实质上是一套测力机构，在解决好密封的同时，要最大限度减少油缸内活塞与缸壁及密封圈相互之间的摩擦力，只有这样才有可能提高设备测力精度，这是研制拔出仪液压系统的关键。

为使拔出仪在加载过程中油压平稳和连续，研制出活塞式手摇泵，通过手柄转动带动蜗杆与蜗轮传动机构，驱动丝杆带动活塞稳定移动。此种机构比常规往复式加载油泵输出油压更加稳定。因手摇泵和数字压力表体积小，拔出油缸工作行程短各部件重量均较轻，所以可以将各部件通过三点支承底盘固定在一起组成整体结构。其优点是，结构紧凑，便于携带；不需储油箱，可缩小体积减轻重量；油管短，压强损失小，检测精度高；操作方便，一人即可完成。

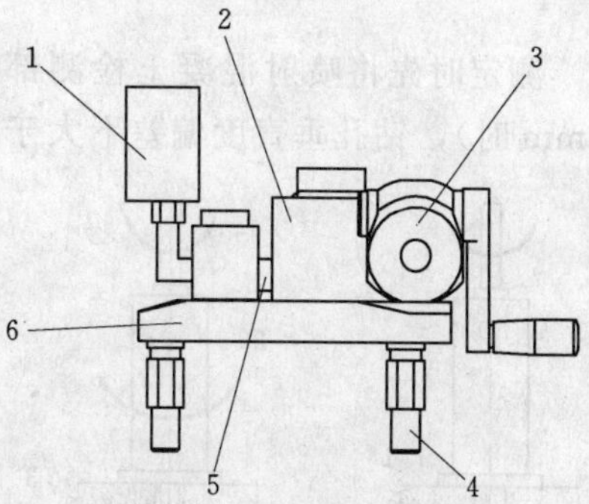

检测过程中，为准确记录极限拔出力，拔出仪采用本单位研制的 YS 型矿用本安型数字压力表，它具有拔出力峰值自动保持、超量程和欠电压报警及检测数据储存等功能，这是国内外其他拔出仪所不具备的。

图 3　拔出仪主要结构
1—数字压力表；2—拔出油缸；3—手摇泵；
4—支点；5—油管；6—底盘

SHJ－30 型拔出仪结构如图 3 所示，主要技术特征如表 1 所示。

表 1　　　　　　　　　　技 术 参 数 规 格

项　　目	SHJ－30	SHJ－40
最大拔出力（kN）	30	40
示值误差（%）	<2	<2
分辨率（kN）	0.1	0.1
工作活塞行程（mm）	10	10
电源（V）	9	可充电
防爆类型	本安型	—
主机质量（kg）	4.3	3.6

3.2　钻孔和磨槽机

在煤矿井下对喷射混凝土测强时，需用小型手持式风钻作为成孔机具。为提高打孔和磨槽效率，对风钻的选型有一定要求，既要打孔速度快、磨槽时转速高，还要小巧、轻便。经对比试用，选择的风钻转速 1500r/min，质量 3.2kg，基本满足需要。当使用环境对打孔机具无特殊要求时，也可使用电钻。

钻孔直径与环形槽的尺寸精度，直接关系到拔出法的测试精度，因此钻头与磨槽轮的质量以及成孔的辅助工具非常重要。经反复试验，研制出薄壁空心钻头、整体齿形合金钢磨头和特厚金刚砂磨头，无论成孔或磨槽精度、速度、使用寿命，均比一般冲击钻头和普通金刚砂磨头有较大提高。辅助钻孔及磨槽工具，带有控制垂直度和深度的装置，可满足成孔精度的需要。

4　拔出法测强试验

测定时先将喷射混凝土检测部位钻一直径 $\phi 16mm$、深不小于 40mm 的孔（当 h 为 25mm 时），钻孔垂直度偏差不大于 3°，见图 4（a）。在孔深 25mm 处，用金刚砂磨头磨出一道环形槽［见图 4（b）］，将胀簧送入孔中沟槽内，当承力面滑到沟槽上时，胀簧胀开卡住沟槽承力面［见图 4（c）］。将拔出仪拔出油缸与胀簧上的拉杆连接，施加拔出力。加载时应连续均匀，其速度控制在 0.5～1.0kN/s，直至拔出一混凝土圆锥体［见图 4（d）］，从压力表测读极限抗拔力 F。

本次试验共制作边长为 150mm 的立方体试块 30 组，每组 3 块，同时制作 450mm×450mm×150mm 试块 30 个，分别作为抗压与拔出试验之用。一个大试块与 3 个小试块应分别对应，每组拔出试块和立方体试块采用同盘混凝土，在同一振动台上同时振捣成型，同条件养护。试块养护 3d 后，即每天或若干天进行一对应组试块的拔出与抗压试验。拔出试验在同一个大试块上进行 5 次，取平均值作为该试件的拔出力计算值 F(kN)，精确至 0.1kN。将 30 组试件的力计算值与立方体试块的抗压强度代表值汇总，按最小二乘法原理，直线方程回归。

拔出法的具体检测程序、质量评判以及计算公式的校验，应按现行规程规定执行。

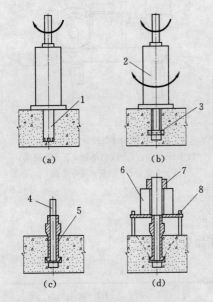

图 4　后装法拔出试验步骤

1—空心钻头；2—磨槽机；3—金刚砂磨头；
4—拉杆；5—胀簧；6—拔出油缸；
7—锁紧螺母；8—三角底盘

拔出仪试制后经鹤壁矿务局组织有关试验室和生产矿井进行机具性能标测和工业性试验，取得预期效果。测强公式的建立应在喷射混凝土试块上进行，建立测强公式所选用的原材料为鹤壁市水泥厂 425 号普通硅酸盐水泥及林县曲山水泥厂 425 号矿渣硅酸盐水泥。骨料为粒径小于 10mm 的碎石和细砂。根据井下喷射混凝土常用规格配比，将 3d、7d、28d 数据回归后，测强公式为

$$f_{cu}^c = 2.95F + 0.07$$

式中　　f_{cu}^c——测定喷射混凝土强度。

f_{cu} 和 f_{cu}^c 之间存在一个标准差 e_r，即相对标准差为 14%，f_{cu} 为喷射混凝土强度。

参　考　文　献

[1]　后装拔出法检测混凝土强度（CECS 69：94）.

某工贸公司办公楼及厂房既有结构工程
质量检测鉴定及思考建议

王文明

（新疆巴州建设工程质量检测中心，新疆库尔勒，841000）

本文系对某工贸公司办公楼及厂房既有结构工程质量进行的检测鉴定，通过采取无损检测的方式对现场的混凝土强度的检测分析及现场随机抽取的钢筋进行物理力学性能试验结果分析。对既有结构的实体质量作出明确判断，为下一道工序的进行提供可靠依据。

1 工程概况

某工贸公司办公楼、厂房工程位于新疆库尔勒市开发区，结构形式为砖混结构。由新疆建设规划设计研究院设计，库尔勒某建安公司施工，巴州西江监理公司监理，巴州新地岩土工程有限责任公司负责岩土工程勘察。

该工程建筑类别等级属三类二级，抗震设防烈度为Ⅶ度，办公楼、厂房建筑高度分别为 10.65m 和 6.0m，设计层数分别为地上二层和一层，建筑面积分别为 1402.16m^2 和 1354.20m^2。

该办公楼、厂房工程基础为钢筋混凝土独立基础，独立基础数目分别为 24 个和 30 个。办公楼已浇筑基础一台和二台，厂房仅浇筑完基础一台。基础一台和二台施工日期分别为 2008 年 5 月 30 日和 2008 年 6 月 3 日。由于工程未招标前先行施工，对工程质保资料核查，仅见巴州新地岩土工程有限责任公司出具的岩土工程勘察报告（详勘）（编号：XD2007－11），未见地基开挖后的验槽记录和报告。未对进场使用的钢筋按规定提前进行见证取样和送检，混凝土资料仅见厂家商品混凝土合格证及厂家的原材料送检报告，混凝土施工过程未制备抗压强度试验用试块，因此质保资料不全。

2 鉴定的目的、范围和内容

根据委托方及质监站有关要求，需对工程已建成部分基础工程混凝土强度和钢筋质量作出评价，为后续施工等相关手续提供可靠的质保资料。

3 现场检查、分析、鉴定的结果

受某建安公司委托，于 2008 年 6 月 24 日前往现场对某工贸公司办公楼及厂房既有结构工程质量进行了检测鉴定。经现场调查，该办公楼、厂房工程施工所用钢材为酒泉钢铁厂、金特和钢钢铁厂、八一钢铁厂等厂家生产。商品混凝土由库尔勒天山神州混凝土搅拌站负责供应。但施工过程未按照正常的质量监督和监理程序进行，没有制备和送检混凝土试块。地基验槽相关资料和手续不全。设计施工图纸尚在有关图纸会审部门的审核之中。鉴于房屋已经先期施工的现状以及后期施工的需要，只能采用无损检测的方法进行检测鉴定。通过随机对该底商住宅楼抽取回弹测区，采用 HT225 型回弹仪进行回弹，由于基础为较小独立柱基，可供回弹面积小，很难满足回弹法规程有关检测评定依据，故对设计强度等级为 C30 的基础一台通过回弹方式，根据《建筑结构检测技术标准》（GB/T 50344—2004）进行检测评定。具体检测评定见表 1 和表 2。

表 1　　　　　　　工贸公司办公楼基础一台混凝土强度检测评定结果

检验批容量	24 个	检测类别	B
样本容量	7 个	抽样方案	随机
推定区间置信度	0.90	分位值	0.05
推定区间上限值系数	0.92037	推定区间下限值系数	3.39947
设计强度等级	C30	龄期	24d
碳化深度	0	浇筑工艺	泵送混凝土
样本强度回弹测试结果			
A—9	33.8MPa	C—9	33.8MPa
C—6	36.1MPa	C—5	33.6MPa
C—1	36.6MPa	B—4	35.6MPa
A—4	37.4MPa	—	
检测结果及评定	$mf_{cu}^c=34.79MPa$，$sf_{cu}^c=1.12MPa$； 推定区间上限值：$X_{k,1}=m-K_1S=33.8MPa$； 推定区间下限值：$X_{k,2}=m-K_2S=31.0MPa$； 推定区间上限值与推定区间下限值之差：2.8MPa＜5MPa； 依据《建筑结构检测技术标准》（GB/T 50344—2004）检测，该办公楼基础一台混凝土强度达到设计强度等级 C30 的要求		

表 2　　　　　　　工贸公司厂房基础一台混凝土强度检测评定结果

检验批容量	30 个	检测类别	B
样本容量	8 个	抽样方案	随机
推定区间置信度	0.90	分位值	0.05
推定区间上限值系数	0.95803	推定区间下限值系数	3.18729
设计强度等级	C30	龄期	24d
碳化深度	0	浇筑工艺	泵送混凝土
样本强度回弹测试结果			
A—6	32.2MPa	A—10	32.6MPa
A—13	35.6MPa	D—1	30.5MPa
D—5	32.5MPa	B—1	32.4MPa
D—10	32.7MPa	C—13	33.9MPa
检测结果及评定	$mf_{cu}^c=32.80MPa$，$sf_{cu}^c=1.46MPa$； 推定区间上限值：$X_{k,1}=m-K_1S=31.4MPa$； 推定区间下限值：$X_{k,2}=m-K_2S=28.1MPa$； 推定区间上限值与推定区间下限值之差：3.3MPa＜5MPa； 依据《建筑结构检测技术标准》（GB/T 50344—2004）检测，该厂房基础一台混凝土强度达到设计强度等级 C30 的要求		

由于基础二台混凝土龄期过短，故依据《后装拔出法检测混凝土强度技术规程》（CECS 69：94）测试规定，采用 YJ－PI 型拔出仪进行拔出法测试，测试结果满足设计强度等级 C30 的要求。具体检测数据见表 3。

表 3　　　　　　　　办公楼基础二台后装拔出法检测混凝土强度数据

检测部位	设计强度	表读数（MPa）	抗拔力（kN）	代表值（MPa）	破坏形式
基础二台	C30	＞16	＞14.3	＞30.5	未破坏
		＞16	＞14.3		未破坏
		＞16	＞14.3		未破坏
检测结论	依据《后装拔出法检测混凝土强度技术规程》（CECS 69：94）检测，该办公楼基础二台混凝土强度满足设计强度等级 C30 的要求				

同时，针对现场施工使用的不同规格的钢筋随机抽样进行测试。钢筋质量符合相应的产品质量要求，具体检测数据及报告见附件。

4　检测鉴定结论意见和思考建议

4.1　检测鉴定结论意见

根据《建筑结构检测技术标准》（GB/T 50344—2004）检测，该工贸公司办公楼及厂房工程已完工基础部分结构实体混凝土强度达到设计强度等级 C30 的要求，所用钢筋质量符合相应的产品质量要求。综观以上情况，根据检测鉴定结果可以进行下一道工序。

4.2　思考建议

对于此类既有工程结构的检测鉴定，不宜按照某一单一的检测规程进行取样检测。应根据检测项目、检测目的、建筑结构状况和现场条件选择适宜的检测方法。通常来说，应按照现行《建筑结构检测技术标准》（GB/T 50344—2004）进行取样和其相关检测方法的标准进行检测。在按照现行《建筑结构检测技术标准》（GB/T 50344—2004）进行取样时，一定要根据检测批的容量和具体的检测类别，合理确定样本容量，且应满足最小样本容量的规定。通过这样的检测鉴定程序所获得的检测鉴定结果才能客观真实地反映工程的实际状况，对工程的检测质量具有相对较高可靠性。

参　考　文　献

[1]　建筑结构检测技术标准（GB/T 50344—2004）.
[2]　后装拔出法检测混凝土强度技术规程（CECS 69：94）.
[3]　回弹法检测混凝土抗压强度技术规程（JGJ/T 23—2001）.
[4]　王文明. 建设工程质量检测鉴定实例及应用指南. 北京：中国建筑工业出版社，2008.

后装拔出法检测高强混凝土强度试验研究

边智慧　商冬凡　付素娟　陈朝阳

（河北省建筑科学研究院，河北石家庄，050021）

本文对圆环支撑和三点支撑两种拔出仪检测高强混凝土强度的方法进行了试验研究，在此基础上，得出了混凝土材料的抗压强度与其抗拉强度之间存在较明显相关性，建立了河北省包括 C50 以上混凝土的后装拔出法的地方测强曲线，并对这两种拔出仪的检测精度进行了对比。

1　引言

由于回弹法和超声—回弹综合法所测试的回弹值、超声波声速值和混凝土强度并无直接关系，只是反映混凝土的物理特性，而且存在不同相关性，在测试中由于检测人员的操作易带来误差。钻芯法虽然是一种直接、可靠的检测方法，但由于其对结构物有一定损伤，检测费用高，有些情况无法进行大量的检测。因此，人们找到了拔出法这种操作相对较简单、又有足够精度的现场混凝土强度检测的新方法。拔出法是在混凝土中预埋或钻孔装入一个钢质锚固件，然后用拉拔装置拉拔，拉下一锥台形混凝土块。以抗拔力或拉拔强度作为混凝土质量的量度，利用拉拔强度与混凝土标准抗压强度的经验关系，来推算混凝土的抗压强度。整个测试系统由嵌装的锚固件、反力支承环或支承架、液压加荷装置三部分组成。

后装拔出法是直接在混凝土结构上进行局部力学试验的检测方法，早在 20 年前美、苏、北欧等国家和地区就有实际应用，并将该方法纳入标准。我国于 1994 年也颁布了《后装拔出法检测混凝土强度技术规程》（CECS 69：94）。后装拔出法与现行几种无损测强方法比较，具有结果可靠、破损很小、不影响结构承载力、测试精度高的特点。

目前，后装拔出法检测混凝土强度范围发生变化。原有曲线仅适用于强度 50MPa 以下普通混凝土，而国家现行规范已修订至强度在 80MPa 的混凝土，很明显不能应用于高强混凝土检测，因此，需要研究建立包括 C50 以上高强混凝土的后装拔出法的测强曲线。考虑地域差别，本文通过研究河北省高强商品混凝土构件的抗拔力与混凝土抗压强度的关系，建立河北省包括 C50 以上混凝土的后装拔出法的地方测强曲线。

2　试验概况

2.1　试验设备的选定

2.1.1　拔出仪

试验分别采用圆环支撑和三点支撑拔出仪。

圆环支撑式拔出仪采用 PL—2J 拔出仪，其中圆环反力支撑内径为 $d_3=65$mm，锚固件的锚固深度为 $h=35$mm，钻孔直径为 $d_1=16$mm。

三点支撑式拔出仪采用 PL—1J 拔出仪，其中反力支撑内径为 $d_3=120$mm，锚固件的锚固深度为 $h=35$mm，钻孔直径为 $d_1=16$mm。

2.1.2 锚固件

锚固件由胀簧和胀杆组成，胀簧锚固台阶宽度 $b=3.5mm$，见图 1 和图 2。

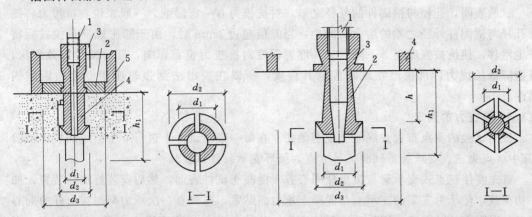

图 1　圆环式拔出试验装置示意
1—拉杆；2—对中圆盘；3—胀簧；
4—胀杆；5—反力支承

图 2　三式拔出试验装置示意
1—拉杆；2—胀簧；3—胀杆；4—反力支承

2.2　试验试件

试件混凝土强度等级分为 5 个：C40、C50、C60、C70、C80，试块为 1500mm×1000mm×300mm 大体积试件，同时制作 150mm×150mm×150mm 试块，与试验试件同批混凝土，在振动台上振动成型，试块均采用自然养护，分别测试各自 1d、3d、7d、14d、28d、60d、90d、180d、360d、540d、730d 的混凝土强度，在每个测试龄期测试 3 个试块。

2.3　试验测试

考虑实际构件与试块之间的强度差异，本次试验均在试件上进行。依照不同龄期，在试件上进行后装拔出试验测出混凝土抗拔力，由同条件养护的试块抗压强度试验获得试件混凝土的真实强度；然后根据抗拔力与构件混凝土的抗压强度的一一对应关系，回归后装拔出法的测强曲线。严格遵守国家《后装拔出法检测混凝土强度技术规程》（CECS 69：94）附录 A 建立测强曲线的基本要求，具体操作如下。

2.3.1　测点布置

（1）测点布置在试件混凝土成型的侧面。

（2）在每一个拔出试件上，均匀布置 3 个测点进行拔出试验。当 3 个拔出力中的最大值和最小值与中间值之差均小于中间值的 15% 时，仅布置 3 点即可；当最大拔出力或最小拔出力与中间值之差大于中间值的 15%（包括两者均大于中间值的 15%）时，在最小拔出力测点附近再增加 2 个测点。

（3）相邻 2 测点的间距不小于 $10h$，测点距构件边缘不小于 $4h$（h 为锚固件的锚固深

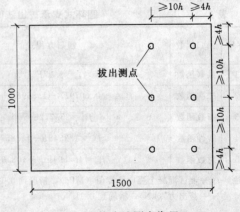

图 3　拔出法测点布置

度），具体布置见图3。

2.3.2 锚固件的埋置

试验表明，孔径与锚固件的外径之差，对抗拔力有一定影响。一般来说，抗拔力将随着孔径与锚固件外径之差的增大而减小，当差值超过1mm时，由于膨胀螺栓受拉拔后将产生滑移，使抗拔强度显著下降；另外埋置深度对抗拔力也有影响，同时减少有效埋深，可能降低拉拔力，且很难在现场控制其程度，所以在拔出法测强时应用专用的钢质锚固件。

2.3.3 抗拔力的测定

拔出试验的测点布置在混凝土成型侧面：在每一拔出试件上进行6个测点的拔出试验（其中3点为三点支承装置试验，另3点为圆环支承装置试验）。

首先要使三点式支承架与拔出杆同心置于混凝土试件表面，然后安装好加荷装置，加一初荷载，使承力支架的支承点与混凝土承力面贴紧，再检查一次承力架与拔出杆的同心度和与混凝土的贴平度。用手动油泵给液压缸徐徐加荷，加荷速度应小于0.1MPa/s，直至拉脱一锥台形混凝土块，记录混凝土拔出破坏时的瞬时最大读数，即混凝土最大抗拔力。整个过程应在120±30s内完成，拔出力计算值F(kN)精确至0.1kN，取三个拔出力的最小值作为该构件拔出力计算值。

拔出试验结束后立即进行同条件试块的抗压试验，3个立方体试块的抗压强度代表值应按现行国家标准——《混凝土强度检验评定标准》确定。

3 试验结果数据分析

依照不同龄期和试件强度，本文共进行了53组（477个试验数据）拔出试验。

3.1 圆环式支承试验结果数据分析

应用回归分析原理，将所测得的试验数据汇总，参照国家《后装拔出法检测混凝土强度技术规程》（CECS 69：94）对数据处理原则，通过对53组（每组为1组试件，每一组数据包括3个拔出值，3个抗压试验强度值）共318个数据利用计算机进行数据处理，分别进行线性函数、幂函数、一元指数函数、二次函数和对数函数曲线形式的回归分析，回归公式及相关系数等指标见表1。

表1　　　　　　　　　圆环式支承拔出法回归公式及相关系数对比

序号	回归函数	回归方程式	相关系数 r	相对标准差（%）	平均相对误差（%）
1	乘幂函数	$f_{cu}^c = 3.17F^{0.8064}$	0.910	9.0	7.5
2	二次函数	$f_{cu}^c = -0.0079F^2 - 1.8696F + 0.5844$	0.902	9.2	7.7
3	指数函数	$f_{cu}^c = 25.772e^{0.0214F}$	0.899	9.5	7.8
4	线性函数	$f_{cu}^c = 1.2548F + 11.857$	0.901	9.7	8.2
5	对数函数	$f_{cu}^c = 46.594\ln F - 108.61$	0.900	9.5	7.8

注　f_{cu}^c—测区混凝土强度换算值（MPa），精确到0.1MPa；
　　F—拔出力（kN），精确到0.1kN。

从几种回归函数分析对比来看，几种回归函数曲线的相关性均比较好，且相对标准差、平均相对误差均满足后装拔出法测强曲线精度要求。经比较，乘幂函数曲线相关性最好，其相对标准差、平均相对误差也是最小，因此综合分析圆环支承后装拔出法测强公式选用式（1）式。

$$f_{cu}^c = 3.17F^{0.8064} \tag{1}$$

该公式测强曲线图形如图4所示，其相关系数为0.91，相对标准差为9.0%，平均相对误差为7.5%。

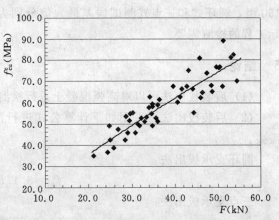

图4 圆环式支承拔出法测强曲线

3.2 三点支承试验结果数据分析

应用回归分析原理，将所测得的试验数据汇总，根据国家《后装拔出法检测混凝土强度技术规程》（CECS 69：94）对数据处理原则，通过对53组（每组为1组试件，每一组数据包括3个拔出值，3个抗压试验强度值）共318个数据利用计算机进行数据处理，分别进行线性函数、乘幂函数、指数函数、二次函数和对数函数等曲线形式的回归分析，回归公式及相关系数等指标见表2。

表2 三点式拔出法回归公式及相关系数对比

序号	回归函数	回归方程式	相关系数 r	相对标准差（%）	平均相对误差（%）
1	乘幂函数	$f_{cu}^c = 2.6834F^{0.9313}$	0.913	8.8	7.5
2	二次函数	$f_{cu}^c = -0.0063F^2 + 2.3401F - 0.4715$	0.907	9.1	7.6
3	指数函数	$f_{cu}^c = 22.512e^{0.0342F}$	0.905	9.3	7.8
4	线性函数	$f_{cu}^c = 1.9854F + 4.3104$	0.907	9.2	7.8
5	对数函数	$f_{cu}^c = 53.408\ln F - 116.93$	0.903	9.2	7.9

注 f_{cu}^c—测区混凝土强度换算值（MPa），精确到0.1MPa；
F—拔出力（kN），精确到0.1kN。

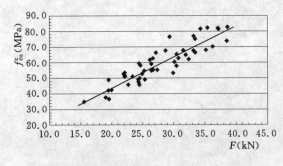

图5 三点式拔出法测强曲线

从几种回归函数分析对比来看，几种回归函数曲线的相关性均比较好，且相对标准差、平均相对误差均满足后装拔出法测强曲线精度要求。经比较，乘幂函数曲线相关性最好，其相对标准差、平均相对误差也是最小，因此综合分析三点支承后装拔出法测强公式选用式（2）。

$$f_{cu}^c = 2.6834F^{0.9313} \tag{2}$$

该公式测强曲线图形如图5所示，其相关系数为0.913，相对标准差为8.9%，平均相对误差为 7.5%。

4　测强曲线的验证

　　根据得出的测强曲线，在河北省石家庄地区实际工程中进行了验证，共得验证数据 150 组，圆环式和三点式测试误差最大值分别为 11.2% 和 10.5%，测试精度能够满足实际工程的检测需要。

5　结论

　　(1) 后装拔出法可以对高强混凝土进行检测，检测精度满足现场质量控制要求。

　　(2) 后装拔出法可采用如下计算公式进行混凝土强度换算，其各种误差均满足测试需要。

　　圆环支承拔出法：

$$f_{cu}^{c} = 3.17 F^{0.8064}$$

　　三点支承拔出法：

$$f_{cu}^{c} = 2.6834 F^{0.9313}$$

式中　f_{cu}^{c}——混凝土强度换算值，MPa，精确到 0.1MPa；

　　　F——拔出力，kN，精确到 0.1kN。

　　(3) 三点支承后装拔出法检测精度和操作可行性均高于圆环支承后装拔出法。而二者相比，三点支承稳定，边界约束小而清楚，拔出力及其离散性比圆环支承相对较小，对混凝土测试表面的平整度要求不高，一般测试情况下测试表面不用磨平处理，便于使用。

　　(4) 后装拔出法虽然对普通混凝土造成局部损伤，但是并不影响结构的承载力。

　　(5) 采用本文所述的研究成果检测高强混凝土强度时，建议公式的应用范围为 C50～C80，不宜外推。

参　考　文　献

[1]　后装拔出法检测混凝土强度技术规程（CECS 69：1994）.

第五部分 综合法检测技术

不同版本混凝土无损检测规程
换算强度的偏差

童寿兴

（同济大学，上海，200092）

上海市新颁布的《结构混凝土抗压强度检测技术规程》（DG/TJ 08—2020—2007）规范，采用超声回弹综合法检测的混凝土换算值与已废除的 DBJ 08—223—1996 标准的偏差较小；采用回弹法检测的混凝土换算值，纠正了 JGJ/T 23—2001 标准在上海地区使用时低强度范围偏大、高强度范围偏小的误差。但在中、高强度的检测范围，其换算强度显而易见的偏大以及检测公式中碳化权重的偏弱需要引起检测者的重视。

1 引言

《结构混凝土抗压强度检测技术规程》（DG/TJ 08—2020—2007[1]）已于 2007 年 9 月 1 日起施行，原上海市《超声回弹综合法检测混凝土强度技术规程》（DBJ 08—223—1996）标准已经废除，中华人民共和国行业标准——《回弹法检测混凝土抗压强度技术规程》（JGJ/T 23—2001[2]）目前仍在国内执行中。笔者先后参与了前述规范的编制工作，在 DG/TJ 08—2020—2007 规范中承担了超声回弹综合法章节的编写。原 DBJ 08—223—1996 超声回弹综合法检测标准中混凝土换算强度公式是笔者 1996 年回归计算处理的结果，当时预拌混凝土的测强公式数据主要来源于同济大学历年来的积累以及规范编制组委托成型的一批新混凝土试块的测试值。近 10 年来，这一公式的认同性良好，因此在本次新规范的编制中，充分兼顾考虑了新、老版本混凝土换算值计算公式的衔接。回弹法检测一直是上海市标准中的空白，所以这次编制规范中的回弹法检测混凝土换算强度公式其准确性、适用性、符合程度还有待于社会实践的检验。自新规范问世以来，有几家检测单位和拌站曾来咨询过新规范测强的技术问题，有一拌站的工程师欢呼上海市新规范 DG/TJ 08—2020—2007 的回弹强度换算值比行业标准 JGJ/T 25—2001 提高了很多，这引起了笔者的重视。

2 行业标准在上海地区的适用性验证

回弹法在我国使用已达 50 多年，其测定混凝土的表面硬度来推算混凝土抗压强度是当前结构混凝土现场检测中最常用的方法。但由于我国地域辽阔，气候悬殊，混凝土材料品种繁多，当采用全国统一测强曲线 JGJ/T 23—2001 标准进行工程检测时，有必要对其在本地区的适用性进行系统的验证和必要的校核，明确使用的全国统一测强曲线在本地区工程检测中误差范围的大小及有效性。

2.1 试验设计方案

混凝土设计强度等级：C20、C30、C40、C50、C60；混凝土试验龄期：14d、28d、60d、90d。全部试块采用某混凝土有限公司拌站当日生产的混凝土，试块尺寸为 150mm×150mm×150mm。自然养护试块每组（每个龄期、每个强度等级）各 6 块，脱模后放置于室外，上有遮盖物防雨淋，成型后 1～3d 内浇水养护。混凝土试块到试验龄期，放置于压力机上先预压 80kN 时，在混凝土试块两侧面上（压力机前后方向）各回弹 8 点，共计 16 个测点。回弹检测完毕即做混凝土抗压强度试验及碳化深度测定。

2.2 验证研究结果

自然养护组试块共计 120 块，验证试块混凝土实际抗压强度范围为 18.2～72.9MPa；回弹值为 29.4～50.4；碳化值为 0～2.0mm（有个别 C20 试块碳化值大于 2.0mm），将回弹值、碳化值代入 JGJ/T 23—2001 中验算。除 6 块试块测试值超出 JGJ/T 23—2001 范围，不能查表以外，其余 114 块试块的相对标准误差、平均相对误差及其与试块类别混凝土强度等级的关系见表 1。

表 1　　　　　　　　　　　　　自然养护组误差及其试块类别

平均相对误差 δ（%）			试块类别/混凝土强度等级—龄期
负误差	数据个数	46 个	C20－14，C20－28，C20－60，C30－14，C30－28，
	误差（一）	12.5	C40－14，C40－28，C60－14
正误差	数据个数	68 个	C20－90，C30－60，C30－90，C40－60，C40－90，C50－14，
	误差（＋）	10.1	C50－28，C50－60，C50－90，C60－28，C60－60，C60－90
总误差	数据个数	114 个	相对标准误差 e_r＝14.2%
	误差（±）	11.0	

2.3 结果分析

验证结果表明，自然养护组试块查表率为 95%，其 114 块可查表试块的平均相对误差 δ＝±11.0%，相对标准差 e_r＝14.2%，验证结果如图 1 所示：45°斜线下、上方的黑点表明 JGJ/T 23—2001 存在低强度短龄期混凝土的强度推定值偏大、而高强度混凝土的强度推定值偏小的系统误差。鉴于 JGJ/T 23—2001 的母体试块建立于 20 世纪 80 年代初期且绝大多数为低标号的混凝土试块，低标号混凝土较高标号混凝土含石量高。当混凝土强度相同时，低标号混凝土的回弹值高于高标号混凝土的回弹值而导致混凝土的强度推定值偏大；又因为

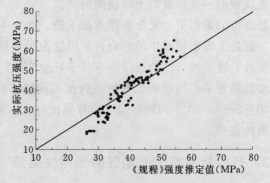

图 1　自然养护条件下《规程》强度和实际抗压强度的关系

JGJ/T 23—2001 附录 B "泵送混凝土测区混凝土强度推算值的修正值" 中，当碳化为 0～1mm 时，小于 40MPa 的测区混凝土强度可增加 4.5MPa，大于 55MPa 时修正值为 0MPa，混凝土强度越高则修正值递减，即 JGJ/T 23—2001 对低强混凝土强度推定值有偏大的趋向。

如按 JGJ/T 23—2001 检测工程现场混凝土，当回弹仪向下 90° 检测混凝土的表面且混凝土碳化深度为 0mm，回弹值 18 时推定混凝土强度可达 20MPa，回弹值 26 时推定混凝土强度为 30MPa。在混凝土设计强度等级较低（如 C20、C25 混凝土的场合），较低的回弹值就能获得相当高的混凝土强度推算值，经采用 JGJ/T 23—2001 检测工程实体混凝土构件的强度，极易通过工程质量验收；而 C50 以上的混凝土推定强度则偏小，即当采用 JGJ/T 23—2001 推定较低或较高混凝土的强度存在一定的误判风险。

JGJ/T 23—2001 回弹法测强规程因采用修正值法编制，其混凝土强度推定值在上海地区的验证存在低强短龄期混凝土时偏大、高强度混凝土时偏小的趋向。

3 不同版本规程混凝土强度换算值

为便于不同版本间混凝土强度换算值偏差的直观分析，本文特定了回弹值为（25、30、35、40、45、50）6 档，碳化深度值为（0、1.0、2.0、3.0、4.0、5.0、>6.0）7 档，声速值为（4.0、4.1、4.2、4.3、4.4、4.5、4.6、4.7、4.8、4.9）10 档的考察数值平台。其不同版本的检测混凝土强度换算值见表 2、表 3、表 4 以及表 5。其中，表 2、表 3 为不同版本回弹法检测混凝土抗压强度换算值的比对，表 4、表 5 为不同版本综合法检测混凝土抗压强度换算值的比对。

表 2　　　　　　　JGJ/T 23—2001 回弹法检测混凝土抗压强度换算值

平均回弹值 R_m	测区混凝土抗压强度换算值 $f^c_{cu,i}$(MPa)							混凝土平均强度 (MPa)
	测区的平均碳化深度 d_m(mm)							
	0	1.0	2.0	3.0	4.0	5.0	>6.0	
25.0	20.7	19.9	17.3	13.3	12.5	11.7	10.9	15.2
30.0	27.8	26.4	23.0	18.6	17.4	16.4	14.7	20.6
35.0	36.3	34.1	29.7	24.8	23.2	21.4	19.2	27.0
40.0	45.6	42.8	36.2	31.7	30.0	27.0	25.0	34.0
45.0	53.4	50.4	43.2	40.1	37.9	34.3	31.6	41.6
50.0	63.0	59.9	53.4	49.5	46.9	42.3	39.1	50.6
混凝土平均强度 (MPa)	41.1	38.9	33.8	29.7	28.0	25.5	23.4	31.5

表 2、表 3 为不同版本回弹法检测混凝土抗压强度换算值的比对，在低强度范围（低回弹值 25～35、碳化深度 0～2.0）的场合，新规范 DG/TJ 08—2020—2007 检测的混凝土强度较 JGJ/T 23—2001 为小，但是除上述低回弹、低碳化的范围，当回弹值加大时，新规范 DG/TJ 08—2020—2007 的测区混凝土抗压强度换算值迅速暴增，其检测强度增加的程度平均约为 JGJ/T 23—2001 的 1.3 倍。

表 3　　　　　　DG/TJ 08—2020—2007 回弹法检测混凝土抗压强度换算值

平均回弹值 R_m	测区混凝土抗压强度换算值 $f^c_{cu,i}$（MPa）							混凝土平均强度（MPa）
	测区的平均碳化深度 d_m（mm）							
	0	1.0	2.0	3.0	4.0	5.0	>6.0	
25.0	14.5	14.3	14.0	13.7	13.5	13.2	12.9	13.7
30.0	22.7	22.3	21.9	21.4	21.0	20.6	20.2	21.4
35.0	33.1	32.5	31.9	31.3	30.7	30.1	29.5	31.3
40.0	45.9	45.1	44.2	43.4	42.5	41.7	40.9	43.4
45.0	61.3	60.1	59.0	57.9	56.8	55.7	54.6	57.9
50.0	79.4	77.8	76.4	74.9	73.5	72.1	70.7	75.0
混凝土平均强度（MPa）	42.8	42.0	41.2	40.4	39.7	38.9	38.1	40.4

　　比对表 2、表 3，从表格横向看，当回弹值相同，平均碳化深度增加时，表 3 其测区混凝土抗压强度换算值的递减量较表 2 要小，表明混凝土碳化深度对新规范 DG/TJ 08—2020—2007 的影响程度较 JGJ/T 23—2001 小，反映了新规范 DG/TJ 08—2020—2007 的回弹法检测混凝土抗压强度计算公式中碳化的权重较弱。

表 4　　　　　　DBJ 08—223—1996 综合法检测混凝土抗压强度换算值

平均声速 v（km/s）	测区混凝土抗压强度换算值 $f^c_{cu,i}$（MPa）						混凝土平均强度（MPa）
	平均回弹值 R_m						
	25.0	30.0	35.0	40.0	45.0	50.0	
4.00	19.0	23.5	28.0	32.7	37.4	42.2	30.5
4.10	20.0	24.7	29.5	34.4	39.3	44.4	32.1
4.20	21.0	25.9	31.0	36.1	41.3	46.7	33.7
4.30	22.1	27.2	32.5	37.9	43.4	49.0	35.4
4.40	23.1	28.5	34.1	39.7	45.5	51.4	37.1
4.50	24.2	29.9	35.7	41.6	47.7	53.8	38.8
4.60	25.4	31.3	37.4	43.6	49.9	56.3	40.7
4.70	26.5	32.7	39.0	45.5	52.1	58.8	42.4
4.80	27.7	34.2	40.8	47.5	54.4	61.5	44.4
4.90	28.9	35.6	42.5	49.6	56.8	64.1	46.3
混凝土平均强度（MPa）	23.8	29.4	35.1	40.9	46.8	52.8	38.1

表 5			DG/TJ 08—2020—2007 综合法检测混凝土抗压强度换算值				
平均声速 v (km/s)	测区混凝土抗压强度换算值 $f^c_{cu,i}$(MPa)						混凝土 平均强度 (MPa)
	平均回弹值 R_m						
	25.0	30.0	35.0	40.0	45.0	50.0	
4.00	16.9	21.7	26.9	32.4	38.1	44.0	30.0
4.10	17.9	23.0	28.5	34.2	40.3	46.6	31.8
4.20	18.9	24.3	30.1	36.1	42.5	49.2	33.5
4.30	19.9	25.6	31.7	38.1	44.9	51.9	35.4
4.40	21.0	27.0	33.4	40.2	47.3	54.7	37.3
4.50	22.1	28.4	35.2	42.3	49.8	57.6	39.2
4.60	23.2	29.9	37.0	44.4	52.3	60.5	41.2
4.70	24.4	31.4	38.8	46.7	54.9	63.5	43.3
4.80	25.6	32.9	40.7	49.0	57.6	66.7	45.4
4.90	26.8	34.5	42.7	51.3	60.4	69.8	47.6
混凝土平均强度 (MPa)	21.7	27.9	34.5	41.5	48.8	65.5	38.5

表 4、表 5 为不同版本综合法检测混凝土抗压强度换算值的比对，新规范 DG/TJ 08—2020—2007 与 DBJ 08—223—1996 检测的混凝土强度偏差较小。在较低声速（4.0～4.2km/s）和较低回弹值（25～35）的场合，新规范 DG/TJ 08—2020—2007 检测的混凝土强度较偏小，在较高声速和较高回弹值的场合，新规范 DG/TJ 08—2020—2007 检测的混凝土强度较偏大。二者平均相差不多，但是因为目前工程中使用中、高强度等级的混凝土较普遍，会有新规范比老版本综合法检测混凝土抗压强度换算值偏高的感觉。

4 结语

（1）新规范 DG/TJ 08—2020—2007 中，采用超声回弹综合法检测的混凝土换算值与已废除的 DBJ 08—223—1996 标准的偏差较小。

（2）新规范 DG/TJ 08—2020—2007 中，采用回弹法检测的混凝土换算值，纠正了 JGJ/T 23—2001 标准在上海地区使用时低强度范围偏大、高强度范围偏小的误差。

（3）检测者应重视新规范 DG/TJ 08—2020—2007 检测公式中碳化权重偏弱的问题。

参 考 文 献

[1] 结构混凝土抗压强度检测技术规程（DG/TJ 08—2020—2007）.
[2] 回弹法检测混凝土抗压强度技术规程（JGJ/T 23—2001）.

用平测法修正声速检测混凝土
强度技术的研究

童寿兴

（同济大学，上海，200092）

在混凝土试件上通过混凝土龄期及强度变化，用常规方法进行对测和用"时—距"回归方式求得平测声速的比对测定，确定了混凝土对测声速（v_d）与平测声速（v_p）两者检测方法的比例系数。在工程中只有一个检测面的特殊场合，采用修正的平测法声速值取代对测法声速值，可用现有的无损检测常规通式推定混凝土的强度。

在建筑物施工过程以及随后的质量评估中，检测混凝土强度是最重要的环节之一。根据超声波在混凝土中传播的速度及其他参量来推定混凝土的强度，从而对建筑物的质量进行评估，近年来已广泛应用于各项工程中。超声波在混凝土中的传播速度与混凝土的抗压强度之间有着良好的相关关系，即混凝土的强度越高，相应的超声声速也越高。因此，可以根据超声波在混凝土中的传播速度来推定混凝土的强度。在实际工程中，由于混凝土强度的无损检测受外界环境条件的限制，超声换能器的布置大致有两种方式：直接穿透对测法和单面平测法。其中，直接穿透对测法灵敏度高、测距明确、精度好，是通常采用的方法[1]，并且前人已经回归总结出一套可靠的混凝土测强经验公式——利用对测声速值推定出混凝土的强度。但是在建筑物结构混凝土只有一个可测平面的情况下，只能采用单面平测法布置换能器，如水池壁、底板、飞机跑道、路面、地下室及沉井井壁等。尽管在同一混凝土构件上，但平测法与对测法所测得的声速值并不相同；此外，平测法不能准确地确定超声路径的距离，简单采用换能器边—边或中—中间距使计算的声速值产生偏差，因此平测法测得的声速不能直接采用现有的对测法声速测强公式推定混凝土强度。在工程中有些检测单位直接用平测法的声速代替对测法的声速，缺乏科学依据。针对这一问题，本文成型了一系列不同强度等级的混凝土试件，旨在现有的超声波检测混凝土强度技术的基础上，分数个龄期在混凝土试件上进行对测和平测的声速对比测定。通过混凝土龄期及强度变化的试验，用常规方法求出对测的声速，用"时—距"回归方式求得平测的声速，确定对测声速（v_d）与平测声速（v_p）两者的比例系数或同时建立平测声速与对测声速的线性方程，其经检验的平均相对误差和相对标准误差均很小。依据平测声速的换算值，使得在工程检测中就能应用超声平测法检测混凝土的强度。

1 试验方法

1.1 试验设计

1.1.1 试验原材料

（1）普通混凝土组——水泥：32.5♯普通硅酸盐水泥；细骨料：中砂（$\mu_f = 2.4$）；粗

骨料：碎石（5~31.5mm）；水：自来水。

（2）泵送混凝土组——水泥：42.5♯普通硅酸盐水泥；细骨料：中砂（$\mu_f=2.5$）；粗骨料：碎石（5~25mm）；水：自来水。

1.1.2 混凝土强度等级及配合比设计

根据试验要拉开混凝土强度范围的要求，设计了：

（1）普通混凝土组：C15、C20、C30、C40、C50 5个混凝土强度等级；

（2）泵送混凝土组：C20、C30、C40、C50、C60 5个混凝土强度等级。

1.1.3 试件制作、养护方法及龄期

采用150mm×150mm×600mm的钢模，振动台密实振捣成型。试块在试模中停置两天拆模、标准养护8d后，在室内自然养护。混凝土试块按10d、20d、28d、40d、50d、60d（70d，90d）龄期进行超声波声速测定。

1.2 声速测试方法及步骤

在每块混凝土试块的2个150mm×600mm侧面中选择一个侧面作为平测面，两个150mm×150mm的端面作为对测面。声速测试面上换能器测点布置如图1所示：平测面上取7对测点，间距$a=50$mm，检测时固定发射换能器、接收换能器以间距a的整数倍移动；对测面上布置5对测点。使用CTS—25型非金属超声波检测仪，测试时固定发射电压200V、增益2，超声波换能器频率50kHz。

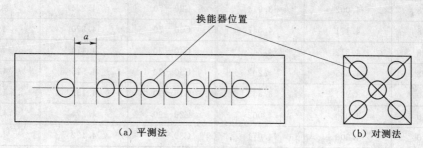

图1 换能器测点布置

1.2.1 对测法

直接采用常规方法，在两个对测面5对测点上用等压力等幅分别测得各点的超声波传播时间，计算出各点的超声声速值，然后求5对测点的平均声速v_d。对测时首波等幅4cm。

1.2.2 平测法

在平测面一条中线上固定发射换能器于第一点，等间距移动接收换能器，使两换能器内边缘间距d为50mm，100mm，…，350mm，共7对间距，分别测得不同距离时各自的超声波传播时间t_i，然后采用时—距回归法求得$d_i=a_0+v_p \cdot t_i$的线性方程。超声法平测时，每一个测点的超声波实际传播距离$d=d_i+|a_0|$。考虑a_0是因为声时读取过程存在一个与对测法不完全一样的声时初读数t_0及首波信号的传播距离并非两换能器内边缘的距离，所以a_0是一个平测t_0和声程的综合修正值。式中，v_p为回归系数，即平测声速值。平测时首波等幅2cm。

2 试验数据处理

（1）普通混凝土各组试块各个龄期所测得的 v_d、v_p 值如表 1 所示。

表 1 测试结果 v_d、v_p 值

编号	v_d(km/s)	v_p(km/s)	编号	v_d(km/s)	v_p(km/s)
C15－10	3.541	3.451	C15－50	4.033	3.899
C20－10	3.829	3.748	C20－50	4.128	4.067
C30－10	3.904	3.804	C30－50	4.279	4.154
C40－10	4.074	4.037	C40－50	4.408	4.334
C50－10	4.130	4.049	C50－50	4.460	4.381
C15－20	3.742	3.689	C15－60	4.058	3.891
C20－20	3.889	3.799	C20－60	4.181	4.121
C30－20	4.061	3.935	C30－60	4.331	4.222
C40－20	4.225	4.191	C40－60	4.451	4.374
C50－20	4.264	4.160	C50－60	4.502	4.387
C15－28	3.860	3.790	C15－70	4.094	4.009
C20－28	4.002	3.914	C20－70	4.224	4.187
C30－28	4.171	4.047	C30－70	4.370	4.273
C40－28	4.312	4.242	C40－70	4.474	4.428
C50－28	4.365	4.202	C50－70	4.525	4.420
C15－40	3.931	3.845	C15－90	4.152	4.045
C20－40	4.050	4.002	C20－90	4.274	4.186
C30－40	4.208	4.071	C30－90	4.422	4.376
C40－40	4.354	4.280	C40－90	4.515	4.461
C50－40	4.410	4.299	C50－90	4.573	4.486

注 C15－10 表示混凝土强度等级为 C15，龄期为 10d；

v_d 平均值：$\dfrac{1}{40}\sum\limits_{i=1}^{40} v_d = 4.194(\text{km/s})$；

v_p 平均值：$\dfrac{1}{40}\sum\limits_{i=1}^{40} v_p = 4.106(\text{km/s})$。

（2）泵送混凝土各组试块各个龄期所测得的 v_d、v_p 值如表 2 所示。

表 2 测试结果 v_d、v_p 值

编号	v_d(km/s)	v_p(km/s)	编号	v_d(km/s)	v_p(km/s)
C20－10	3.631	3.484	C20－40	4.015	3.893
C30－10	4.144	4.013	C30－40	4.339	4.206
C40－10	4.189	4.022	C40－40	4.420	4.216
C50－10	4.260	4.049	C50－40	4.469	4.274

编号	v_d(km/s)	v_p(km/s)	编号	v_d(km/s)	v_p(km/s)
C60—10	4.359	4.139	C60—40	4.525	4.294
C20—20	3.921	3.824	C20—50	4.031	3.882
C30—20	4.280	4.125	C30—50	4.341	4.240
C40—20	4.352	4.158	C40—50	4.432	4.216
C50—20	4.411	4.283	C50—50	4.464	4.278
C60—20	4.484	4.214	C60—50	4.513	4.291
C20—28	3.976	3.859	C20—60	4.050	3.811
C30—28	4.308	4.197	C30—60	4.368	4.198
C40—28	4.386	4.224	C40—60	4.446	4.343
C50—28	4.436	4.213	C50—60	4.472	4.255
C60—28	4.509	4.326	C60—60	4.536	4.345

注　v_d 平均值：$\dfrac{1}{30}\sum\limits_{i=1}^{30} v_d = 4.302(\text{km/s})$；

　　　v_p 平均值：$\dfrac{1}{30}\sum\limits_{i=1}^{30} v_p = 4.130(\text{km/s})$。

3　对测声速与平测声速相关关系

根据表 1 的对测声速 v_d 与平测声速 v_p 两组数据建立起 v_d—v_p 的散点图，如图 2 所示。从图 2 的散点走势可以看出，图上各数据点基本都在某一直线附近波动，说明 v_d 与 v_p 之间具有良好的线性相关关系，则二者之间应该有一个可确定的比例系数 α。

由表 1 数据统计，普通混凝土组试块的对测法平均声速值 $v_{d平均值}$ 与平测法平均声速值 $v_{p平均值}$ 的比值 α 为：

$$\alpha = v_{d平均值}/v_{p平均值} = 4.194/4.106 = 1.0214$$
$$v_{dj} = 1.0214 \times v_p \qquad (1)$$

式中　v_{dj}——平测声速的换算值。

平均相对误差：$\delta = \pm \dfrac{1}{n} \sum \left| \dfrac{v_d}{v_{dj}} - 1 \right| \times 100\% = \pm 0.64\%$。

相对标准误差：$e_r = \sqrt{\dfrac{1}{n-1} \sum \left(\dfrac{v_d}{v_{dj}} - 1 \right)^2} \times 100\% = 0.81\%$（式中 $n=40$）。

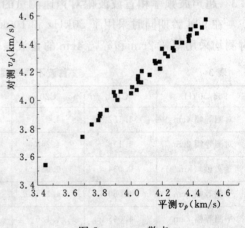

图 2　v_d—v_p 散点

由表 2 数据统计，泵送混凝土组试块的对测法平均声速值 $v_{d平均值}$ 与平测法平均声速值 $v_{p平均值}$ 的比值 α 为：

$$\alpha = v_{d平均值}/v_{p平均值} = 4.302/4.130 = 1.0416$$
$$v_{dj} = 1.0416 \times v_p \qquad (2)$$

式中 v_{dj}——平测声速的换算值。

平均相对误差：$\delta = \pm \dfrac{1}{n} \sum \left| \dfrac{v_d}{v_{dj}} - 1 \right| \times 100\% = \pm 0.88\%$。

相对标准误差：$e_r = \sqrt{\dfrac{1}{n-1} \sum \left(\dfrac{v_d}{v_{dj}} - 1 \right)^2} \times 100\% = 1.09\%$（式中 $n=30$）。

4 讨论

4.1 比例系数的确定

根据前节所述，普通混凝土组试块平测声速的换算值 v_{dj} 用式（1）（$v_{dj} = 1.0214 \times v_p$）。泵送混凝土组试块平测声速的换算值 v_{dj} 用式（2）$v_{dj} = 1.0416 \times v_p$。

在实际工程检测时，也可根据各自情况按上述方法先进行平测声速与对测声速的标定。

4.2 三种声速值推算混凝土强度比较

将表1全部测试数据：40组对测声速值 v_d、40组平测声速值 v_p 以及40组修正后的 αv_p 平测声速的换算值 v_{dj}，分别代入上海地区超声声速检测混凝土强度专用曲线 $f_c = 0.0012v^{6.8808}$（1985年度上海市科技进步二等奖推荐公式）。其各自用40组对测声速计算的混凝土平均强度 mf_d 为24.5MPa、平测声速计算的混凝土平均强度 mf_p 为21.3MPa、以修正的 αv_p 即平测声速的换算值 v_{dj} 计算的混凝土平均强度 mf_{di} 为24.6MPa。由此可见，用修正后的平测声速推算混凝土强度 f_{dj} 与实际的对测声速推算强度 f_d 相当，而在超声波检测时，如采用了平测法却又不修正，直接用平测声速代入测强公式计算混凝土的强度，虽然平测声速比对测声速仅仅低2%左右，但产生的强度计算误差高达13%以上。据此，足以说明应对平测声速进行修正后再计算混凝土强度的必要性和正确性。

4.3 超声波频率和首波波幅对声速测量的影响

在90d龄期同时采用了50kHz和100kHz的换能器对各试块进行比对检测，且平测、对测均采用等幅2cm和等幅4cm的首波振幅进行重复试验，测试结果见表3和表4。

表3　　　　　首波不同等幅读数对声速的影响

90d/50kHz	C15	C20	C30	C40	C50	平均差值
对测等幅4cm	4.152	4.274	4.422	4.515	4.573	
对测等幅2cm	4.118	4.243	4.396	4.487	4.548	
声速差值（km/s）	0.034	0.031	0.026	0.028	0.025	0.029
平测等幅4cm	4.060	4.197	4.399	4.483	4.512	
平测等幅2cm	4.045	4.186	4.376	4.461	4.486	
声速差值（km/s）	0.015	0.011	0.023	0.022	0.026	0.019

由表3可知对测和平测首波等幅4cm时测得的声速比等幅2cm时高，平均差值约为0.024km/s。原因是等幅4cm时首波陡峭，声时读数准确；而等幅2cm时波形首波幅值小，接收信号的前沿起弯点后移，使声时读数偏大，导致声速偏小。

表 4 不同频率换能器对声速的影响

90d/对测	C15	C20	C30	C40	C50	平均差值
100kHz 等幅 4cm	4.164	4.292	4.447	4.535	4.591	
50kHz 等幅 4cm	4.152	4.274	4.422	4.515	4.573	
声速差值（km/s）	0.012	0.018	0.025	0.020	0.018	0.019
100kHz 等幅 2cm	4.136	4.267	4.423	4.509	4.564	
50kHz 等幅 2cm	4.118	4.243	4.396	4.487	4.548	
声速差值（km/s）	0.018	0.024	0.027	0.022	0.016	0.021

由表 4 可知 100kHz 换能器测得的声速值比 50kHz 换能器测出的大，平均差值约为 0.020km/s。这也是因为 100kHz 的首波陡峭程度优于 50kHz 的首波，声时读数较小，所以声速略高。

平测时采用频率为 100kHz 的换能器检测，当固定发射电压为 200V、增益为 2，首波幅度都能大于 2cm，即等幅 2cm 的设计要求可以满足，但 100kHz 不能满足首波等幅 4cm 的要求；如改电压为 500V、增益为 6 时，使超声仪接收信号的幅值增大，刻意使首波等幅达到 4cm，此时示波器内基线、波形跳动厉害不稳定，极易产生读数偏差。

超声测强一般采用的频率范围为 50～100kHz，本试验采用频率为 50kHz 的超声波换能器进行检测。在波幅选择上，参照规程要求：正常对测法检测时，宜以首波等幅 4cm 读数[2]，最佳选择应该建立首波幅度同为 4cm 的平测、对测相关关系，但是考虑到现场混凝土平测时，有时是在混凝土成型面上进行，表面毛糙、尤其是低强度等级或长龄期混凝土在 350mm 测距下，根据笔者实际检测经验，接收信号将达不到首波等幅 4cm 的要求。所以本试验统一采用平测法首波等幅 2cm 的读数标准，以适应工程中实测的需求。

5 工程实例

某工程混凝土楼板（普通混凝土）要求采用超声回弹综合法检测混凝土抗压强度，因该工程楼面上已浇筑了找平层，直接采用对测法超声波将穿过找平层，而得不到实际混凝土的声速值，且不能保证楼面上下的换能器的对中性，因此决定在楼板的底面作回弹检测及采用超声波平测法检测其声速值，同时钻取少量的混凝土芯样，制成 $\phi100mm \times 100mm$ 标准试件，做混凝土抗压模型的并行试验。分别用平测声速、修正后的平测声速按《超声回弹综合法检测混凝土强度技术规程》[2]（DBJ 08—223—1996）计算混凝土强度。其计算公式为：$f_{cu} = 0.027v^{2.06}R^{1.15}$，推算的混凝土无损检测强度值及钻芯法检测的混凝土强度数据见表 5。

表 5 检测统计数据

检测部位	v_p （km/s）	v_{dj} （km/s）	修正后回弹值	综合法检测混凝土强度（MPa）		钻芯法检测混凝土强度（MPa）
				平测修正前	平测修正后	
1#	4.202	4.292	38.9	35.0	36.6	37.3
2#	4.145	4.234	38.0	33.1	34.6	36.7
3#	3.803	3.884	38.6	28.2	29.5	35.5
平均值	4.050	4.137	38.5	32.1	33.6	36.5

由表 5 可知，两种不同声速的计算结果与钻芯检测结果比较，直接采用平测声速计算的混凝土强度误差为 12.1%；而用修正后的平测声速推定的强度误差为 7.9%，经修正的无损检测结果较接近于实际抗压强度值。

6 结论

（1）超声波检测混凝土的强度，直接采用平测声速值计算，将产生混凝土强度被严重低判的误差。

（2）在建筑物混凝土构件上只有一个可供超声波检测平面的情况下，采用超声平测法修正声速取代对测法声速后，无损检测按常规通式推定混凝土强度的技术是可行有效的。用平测声速换算值 v_{dj} 推算的混凝土强度与实际对测声速 v_d 推定的混凝土强度结果相一致。

（3）平测法声速取自多点表面平测声时与其对应测距的回归系数，不受结构物尺寸和形状的影响，不苛求对测法必需的两个平行检测面，有时往往比对测法检测实体结构更具可操作性。

（4）即使在同一试体上，当选用的换能器频率不同或读取首波幅度不同时，其测得的声速值有一定差异，本文特定了取对测法首波幅度 4cm、平测法首波等幅 2cm 的试验条件，既结合了规程，又能保证现场实用要求。

（5）对测声速与平测声速之间具有良好的线性相关关系，选用 50kHz 换能器，并在对测法首波等幅 4cm、平测法首波等幅 2cm 的试验条件下，笔者建立的对测声速与平测声速之间的比例系数 α：普通混凝土组为 1.0214、泵送混凝土组为 1.0416。在实际工程检测时，也可根据各自工程情况，事先进行平测声速与对测声速的比对，确定比例系数 α。

参 考 文 献

[1] 童寿兴，王征. 混凝土非破坏检查与评估. 上海：同济大学，2003.
[2] 超声回弹综合法检测混凝土强度技术规程（DBJ 08—223—1996）.

三种波速测试方法对混凝土测强影响的研究

李杰成

（广西建筑科学研究设计院，南宁，530011）

本文重点探讨了三种不同的超声波速测试方法对其波速的影响程度。利用均值比较、方差分析检验等方法进行对比。提出了在不同测距下三种测试方法的影响程度和修正建议。

在混凝土现场强度检测中，"超声—回弹"综合法是现场检测结构混凝土强度的最有效的方法之一，而在综合法中，声波速度的测量和修正，是测强精度的关键因素之一。我们知道，声波速度和混凝土自身强度之间存在着一定的相关关系，综合法就是利用这种关系，与回弹值的综合建立经验公式来推定混凝土强度的，那么波速和回弹值测量是否精确，决定了强度推定的误差大小。在以前的综合法规程中，只提供了对测法测定混凝土声波速度的内容，使得有时受现场条件限制的检测工作在进行声波测试时遇到了麻烦而一筹莫展。新版的《超声回弹综合法检测混凝土强度技术规程》（CECS 02：2005）增加了"平测"和"角测"方式的内容，使得很多检测受现场条件限制的时候可以选择"角测"和"平测"方式，大大方便了检测工作的开展，但是到底"角测"法与"平测"法与建立曲线时的"对测"法之间，其波速有什么不同？差别有多大？为了弄清它们之间的关系，我们做了大量的对比试验，以寻求其相关关系和修正系数。

1 试验设计

（1）采用了目前工程常用的普通硅酸盐水泥和常用的 $10\sim31.5$mm 的中砂骨料（碎石、河卵石），分别配制了 C30～C60 4 种强度等级的试块，分别成型 100mm×100mm×100mm，150mm×150mm×150mm～1500mm×1500mm×300mm 的各种大小试件，全部统一钢模成型。标准养护 8d 再在室内浇水养护至试验，龄期从 28～360d。

（2）仪器：U510 非金属超声波检测仪，换能器：50kHz，发射电压为 500V。

（3）测试方法及操作，均按《超声回弹综合法检测混凝土强度技术规程》（CECS 02：2005）的要求。

2 试验数据统计结果

2.1 试验数据的总体描述

2.1.1 三种测试方法波速数据的均值比较

分别完成了包含 C30～C60，测距 100～1400mm 的试件，按三种测试方法进行了试验（数据较多，在此不一一列出），样本总量及其均值比较情况见表 1。

从原始数据的均值统计比较，可以发现三种测法其波速变化不大，其均值相差均小于 1%。

表 1　　　　　　　　　　全部原始数据统计描述

参　　数	对测声速 v_d	角测声速 v_j	平测声速 v_p
平均值	5.1274	5.1933	5.003
标准误差	0.0197	0.02919	0.0282
样本方差	0.1273	0.1934	0.3423
样本数量 n	328	229	430
置信度（95.0%）	0.0388	0.0573	0.0555
速度关系	1.0	0.9873	1.0249

2.1.2 数据取舍

为了检验 3 种方法的试验数是否同属一个正态分布总体，并决定其取舍，我们利用了"拉依特准则"，按置信概率为 95%，将超出误差置信极限（3δ）的数据进行了舍弃处理（见表 2），分别余下 328（对测），225（角测）和 419（平测）组数据，对舍弃异常数据后的数据又作了均值方差比较（见表3），结果和表1相差不大。

表 2 **数 据 剔 除 分 布**

参　　数	对测声速 v_d	角测声速 v_j	平测声速 v_p
样本总量	328	229	430
超出置信限样本	0	4	11
数据剔除比例（%）	0.00	1.75	2.56

表 3 　　　　　　　　　　剔除异常数据后数据统计描述

参数 ＼ 声速	对测声速 v_d	角测声速 v_j	平测声速 v_p
平均值	5.1274	5.1657	5.1024
标准误差	0.0197	0.0261	0.0205
样本方差	0.1273	0.1530	0.1762
样本数量 n	328.0	225.0	419.0
置信度（95.0%）	0.0388	0.0514	0.0403
速度关系	1.0000	0.9926	1.0049

2.2 数据散点图

为了直观表示它们之间关系，建立了三种测法在不同测距下的散点图来比较三组数据的区别（见图1）。从图1可以看到，三种测法的数据曲线聚合在一起，也就是说它们之间直观差异并不太大，无法从散点图中判别它们之间是否存在明显的差异，只能通过方差检验判别。

2.3 方差检验

2.3.1 三种测试方法之间的方差检验

通过方差分析来判断三种试验方法取得的三组样本之间是否存在着较大差异，先用 F 检验方式看三组数据的方差是否一致，以"对测"数据为基准分别与"角测"、"平测"数据配对检验，结果分别见表4、表5。

从表4、表5中可以看出，"对测＋角测"，"对测＋平测"的检验中，检验值 $F<F_{临界}$。说明它们之间的方差差异不大，可以按等方差的假设来作 t 检验，t 检验结果见表6、表7。其中，t_{Stat} 值均小于临界值，说明两组数据无明显差异。从而说明"角测"与"平测"法没有显著差异。

表 4　双样本方差分析 F 检验（1）

参数	对测声速 v_d	角测声速 v_j
平均值	5.1274	5.1786
方差	0.1273	0.2083
观测值	328	229
d_f	327	228
F	0.6110	—
$P(F\leqslant f)$ 单尾	2.2455×10^{-5}	—
F 单尾临界	0.8196	—

表 5　双样本方差分析 F 检验（2）

参数	对测声速 v_d	平测声速 v_p
平均值	5.1274	5.0127
方差	0.1273	0.3202
观测值	328	430
d_f	327	429
F	0.3974	—
$P(F\leqslant f)$ 单尾	0	—
F 单尾临界	0.8419	—

表6	对测角测 t 检验		表7	对测平测 t 检验	
参　数	对测声速 v_d	角测声速 v_j	参　数	对测声速 v_d	平测声速 v_p
平均值	5.1274	5.1657	平均值	5.1274	5.1024
方差	0.1273	0.1530	方差	0.1273	0.1762
观测值	328	225	观测值	328	419
合并方差	0.1377	—	合并方差	0.1547	—
假设平均差	0.0000	—	假设平均差	0	—
d_f	551	—	d_f	745	—
t_{Stat}	(1.1943)	—	t_{Stat}	0.8607	—
$P(T{\leqslant}t)$ 单尾	0.1164	—	$P(T{\leqslant}t)$ 单尾	0.1949	—
t 单尾临界	1.6476	—	t 单尾临界	1.6469	—
$P(T{\leqslant}t)$ 双尾	0.2329	—	$P(T{\leqslant}t)$ 双尾	0.3897	—
t 双尾临界	1.9643	—	t 双尾临界	1.9632	—

2.3.2　不同测距下的方差检验

实际上真正影响波速的不是测试方法本身，而是测距。从图1中可以发现波速随着测距的不断增大，呈缓慢降低的趋势，由此认为测距对波速有一定影响，所以又专门对不同测距下三种方法的波速进行方差检验。

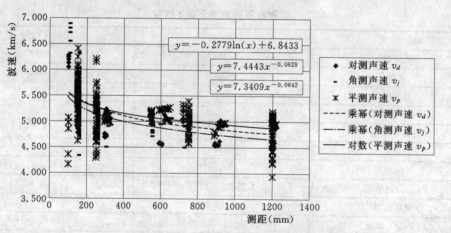

图1　100～1200 三种方法波速—测距关系散点

2.4　三种测法的数据离散性

从散点图（图1）可以看到"平测"数据相对离散性较大，从异常数据剔除分析中也可以看出："对测"最稳定（误差没有超过置信限的），"角测"次之（被剔除的超过置信限的数据占 1.75%），"平测"离散度最大（被剔除的超过置信限的数据占 2.56%），详见表2。

2.5　测试距离的影响

将数据按测试距离以 100～600 和 600～1200 两段进行分组，并进行方差 t 检验（双样本等方差假设），看不同测距下它们的总体间有无明显差异。分析结果见表 8、表 9、表 10。它们分别为"对测"、"角测"和"平测"三组数据在两种测距下的方差检验结果。从表中可以发现三种测法下的两种测距的 t 值均大于临界值 3～8 倍，说明它们在不同测距下的声波速度有明显的差别。其均值比较见表 11，根据其平均值建立趋势曲线（见图 2）。

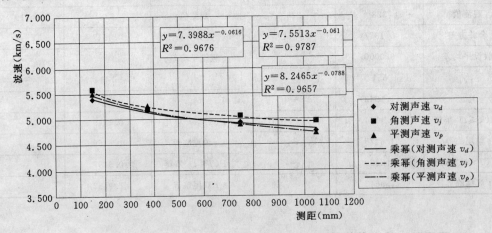

$$y=7.3988x^{-0.0616}$$
$$R^2=0.9676$$

$$y=7.5513x^{-0.061}$$
$$R^2=0.9787$$

$$y=8.2465x^{-0.0788}$$
$$R^2=0.9657$$

◆ 对测声速 v_d
■ 角测声速 v_j
▲ 平测声速 v_p
—— 乘幂（对测声速 v_d）
---- 乘幂（角测声速 v_j）
—·— 乘幂（平测声速 v_p）

图 2　分段波速均值与测距关系趋势

从图 2 可以看出不同测法在不同测距下的修正系数。说明不同的测距对波速的影响范围在 -3%～$+16.6\%$，这样的波速变化对强度的影响高达 25%。所以必须引起重视。

表 8　　　　　　　　　　　　　　　　对测在不同距离下的 t 检验

对　　测	100～600	600～1200
平均值	5.3187	4.8467
方差	0.0990	0.0363
观测值	195	133
合并方差	0.0736	—
假设平均差	0	—
d_f	326	
t_{Stat}	15.4657	$>t_{临界}$
$P(T\leqslant t)$ 单尾	3.76625×10^{-41}	
t 单尾临界	1.6495	
$P(T\leqslant t)$ 双尾	7.5325×10^{-41}	
t 双尾临界	1.9672	

表 9　　　　　　　　　　　　　　　　角测在不同距离下的 t 检验

角　　测	100～600	600～1200
平均值	5.397626183	4.965320889
方差	0.294101944	0.033518187
观测值	113	116
合并方差	0.162088147	—
假设平均差	0	—

d_f	227	—
t_{Stat}	8.123915561	$>t_{临界}$
$P(T\leqslant t)$ 单尾	1.44406×10^{-14}	—
t 单尾临界	1.65159463	—
$P(T\leqslant t)$ 双尾	2.88812×10^{-14}	—

表 10   平测在不同距离下的 t 检验

平　　测	100~600	600~1200
平均值	5.112795616	4.75983153
方差	0.375377524	0.093013653
观测值	308	122
合并方差	0.295550355	—
假设平均差	0	—
d_f	428	—
t_{Stat}	6.069261101	$>t_{临界}$
$P(T\leqslant t)$ 单尾	1.4166×10^{-9}	—
t 单尾临界	1.648422767	—
$P(T\leqslant t)$ 双尾	2.8332×10^{-9}	—

2.6 不同测试面的影响

在进行角测时，一般情况应选择两个混凝土成侧面来试验，但有时受条件限制，必须采用混凝土成型顶面来测试时，其波速有没有影响呢？有多大影响？由于低标号混凝土其表面成型顶面较粗糙，容易造成测量误差，离散性较大，不便分析其影响程度，所以我们选择了 C50 混凝土试件来做试验，对同一构件分别对应测取"侧面＋侧面"，"侧面＋顶面"两组数据（图 3）。

对两种测试面的数据进行均值比较及 F 检验与 t 检验，以查看其区别，结果见表 12、表 13。结果表明，两组样本间无显著差异，即"顶面＋侧面"与"侧面＋侧面"之间的差异很小，实际上如果顶面打磨也比较平整的话，这种差异可以忽略不计（0.7%）。

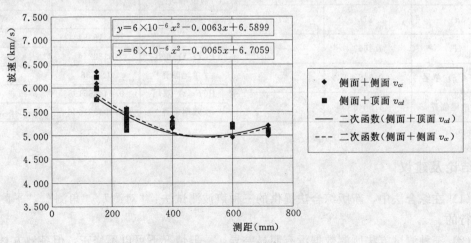

图 3　两种角测面数据比较

表 11 不同测距声速比较

测距 (mm)	对测平均声速 (m/s)	对测修正系数	角测平均声速 (m/s)	角测修正系数	平测平均声速 (m/s)	平测修正系数
100	5.5714	0.9750	5.7019	0.9526	5.7368	0.9468
150	5.4339	0.9996	5.5626	0.9765	5.5564	0.9776
200	5.3385	1.0175	5.4659	0.9938	5.4319	1.0000
300	5.2068	1.0432	5.3323	1.0187	5.2611	1.0325
400	5.1153	1.0619	5.2396	1.0367	5.1431	1.0561
500	5.0455	1.0766	5.1687	1.0509	5.0535	1.0749
600	4.9892	1.0887	5.1116	1.0627	4.9814	1.0904
700	4.9420	1.0991	5.0637	1.0727	4.9213	1.1038
800	4.9015	1.1082	5.0227	1.0815	4.8697	1.1154
900	4.8661	1.1163	4.9867	1.0893	4.8248	1.1258
1000	4.8346	1.1235	4.9547	1.0963	4.7849	1.1352
1100	4.8063	1.1302	4.9260	1.1027	4.7491	1.1438
1200	4.7806	1.1362	4.9000	1.1086	4.7166	1.1516
1300	4.7571	1.1418	4.8761	1.1140	4.6870	1.1589
1400	4.7354	1.1471	4.8541	1.1190	4.6597	1.1657

表 12 双样本方差分析 F 检验

参数	侧面+侧面 v_{cc}	侧面+顶面 v_{cd}
平均值	5.3972	5.3596
方差	0.0994	0.0853
观测值	28	28
d_f	27	27
F	1.1662	
$P(F \leqslant f)$ 单尾	0.3462	—
F 单尾临界	1.9048	

表 13 双样本方差分析 t 检验

参数	侧面+侧面 v_{cc}	侧面+顶面 v_{cd}
平均值	5.3972	5.3596
方差	0.0994	0.0853
观测值	28	28
合并方差	0.09234	—
假设平均差	0	—
d_f	54	—
t_{Stat}	0.46354	—
$P(T \leqslant t)$ 单尾	0.32244	—
t 单尾临界	1.6736	—
$P(T \leqslant t)$ 双尾	0.644865198	—
t 双尾临界	2.004881026	$> t_{\text{Stat}}$

3 结论及建议

（1）在综合法中，新版综合法提供的三种声波测试法："对测"、"角测"、"平测"均是可行的。

（2）三种测试方法所测数据没有明显差异，一般情况下可以不修正，但各地方材料不同也可能出现不同情况，建议进行验证后再决定是否修正。

（3）不同测试距离对声波测试有显著影响，不同测试距离下的声速应作修正。建议修正值参考表 14，各地也可根据地方实际情况进行验证和修正。

表 14　　　　　　　　　　　泵送混凝土不同测距声速修正系数

测距（mm）	对测修正系数	角测修正系数	平测修正系数
100	0.9750	0.9526	0.9468
150	0.9996	0.9765	0.9776
200	1.0175	0.9938	1.0000
300	1.0432	1.0187	1.0325
400	1.0619	1.0367	1.0561
500	1.0766	1.0509	1.0749
600	1.0887	1.0627	1.0904
700	1.0991	1.0727	1.1038
800	1.1082	1.0815	1.1154
900	1.1163	1.0893	1.1258
1000	1.1235	1.0963	1.1352
1100	1.1302	1.1027	1.1438
1200	1.1362	1.1086	1.1516
1300	1.1418	1.1140	1.1589
1400	1.1471	1.1190	1.1657

（4）不同测试面"侧面＋侧面"与"侧面＋顶面"的测试中，两种测试面数据间没有明显差别，一般情况下可不必修正，但前提是顶面必须打磨平整。

（5）三种方法中，"对测"数据最稳定，"角测"次之，"平测"则离散性较大。而且受测距大小影响最大，特别是在低标号时影响更大，所以建议在有条件时尽量使用"对测"和"角测"，必要时才使用"平测"法。

参 考 文 献

[1]　超声回弹综合法检测混凝土强度技术规程（CECS 02：2005）（征求意见稿）。

超声法测量空气声速时的测点数与误差问题

童寿兴

（同济大学，上海，200092）

研究结果表明，在用测量空气声速的办法来检验仪器的计时性能和操作者的测读方法中，布置的测点数量太少或不采用首波等幅读数的场合，以时—距回归的直线斜率为空气声速的测量值随机误差很大。

1 引言

超声测试中，操作者的测读方法是否正确，仪器的计时系统是否正常，都直接影响声时读数的可靠性。由于空气的声速除随温度变化而产生一定规律的变化外，受其他的因素影响很小。按照常识，只要仪器正常、操作人员测读声时正确，空气声速的测量值就十分接近理论标准值，其相对误差一般小于±0.5%[1]，因此在超声声时的计量检测中，通常采用测量空气声速的办法检验仪器声时显示的准确性及被引用来考核操作者的水平。

2 问题的提出

在上海市前期举办的混凝土非破损检测上岗证培训考核中，曾尝试用超声仪器测量空气声速的方法考核操作者对仪器使用的熟练、正确程度。考生们把换能器与超声仪连接后，将两个换能器的辐射面相互对准，再将间距为100mm、150mm、200mm、250mm、300mm 5个测点依次放置在空气中，逐点读取各间距所对应的声时值 t_i，计算空气的声速测量值分别采用以下两种方法。

（1）以测距 L 为纵坐标、声时读数 t 为横坐标，绘制时—距坐标图，坐标图中直线的斜率即为空气声速的测量值；同理可用最小二乘法原理以回归计算分析直接求出 L 与 t 之间的直线方程：$L=a+bt$，回归系数 b 即为空气声速的测量值。

（2）分别计算出各测距与声时值的比值，取其比值的算术平均数，即为空气声速的测量值。

30位考生采用两种方法计算空气声速的测量值见表1。

表1 两种计算方法的空气声速测量值

序号	声速 1v(m/s)	声速 2v(m/s)	偏差（%）	序号	声速 1v(m/s)	声速 2v(m/s)	偏差（%）
1	339.6	341.8	−0.6	16	336.3	336.0	+
2	340.8	341.5	—	17	340.2	340.0	+
3	338.7	343.8	−1.5	18	338.3	340.1	−0.5
4	336.6	338.8	−0.7	19	340.2	337.6	+0.8
5	336.0	338.6	−0.8	20	333.3	338.2	−1.4
6	337.2	338.5	—	21	333.4	338.1	−1.4
7	338.5	339.9	—	22	338.5	340.6	−0.6
8	337.1	338.6	—	23	338.7	341.5	−0.8
9	339.7	339.2	+	24	339.7	335.7	+1.2
10	338.6	338.6	0	25	338.9	339.5	—
11	342.7	343.6	—	26	340.1	339.5	+
12	341.1	341.8	—	27	337.4	338.2	—
13	341.0	341.1	—	28	339.6	340.1	—
14	342.4	342.2	+	29	337.8	338.5	—
15	339.8	342.5	−0.8	30	339.1	339.4	—

注 声速1为回归直线方程的斜率；声速2为测点声速的算术平均值。

根据文献［1］的要求，超声仪器声时计量检验按时—距法测量空气声速的测量值与空气声速的标准值（检测日温度为 14℃，空气声速标准值为 339.8m/s），二者之间的相对误差应不大于±0.5％。本文先避开空气声速测量值与空气声速标准值的比较相对误差问题，由表 1 可知，同一台仪器操作者所检测的数据，仅由于空气声速测量值在计算时采用的数据处理方法不同。30 位考生中，声速 1（回归直线方程的斜率）比声速 2（测点声速的算术平均值）小的有 22 人，声速 1 比声速 2 大的有 7 人，二者相等的有 1 人，而二者之间偏差超过±0.5％的竟有 12 人之多。这种偏差的产生似乎与仪器的质量无关，但其产生的根源是什么呢？

3 数据分析

进一步观察考生的测距、声时、声速计算值，发现回归直线方程的斜率小于声速算术平均值的 22 人，其短测距即 $L=100$mm 时的声速值均偏大，并且都大于长测距即 $L=300$mm 时的声速值，反映在时—距坐标图上，即短测距声时比正常值小，长测距声时比正常值大。分析原因可能是超声测点数目布置得太少（5 对测点），由此产生了跷跷板效应，导致时—距坐标图中直线的斜率有偏小的倾向。在短测距时，超声仪器接收信号的首波幅度较高，随着测距的增加，由于超声信号的衰减，首波幅度会降低，易造成声时读数偏大的错误。作为初学者的考生，在各测距中又不擅长保持首波幅度一致的条件，很容易产生上述的问题。

4 检验

作者采用 CTS−25 型非金属超声波检测仪，重复做了测量空气声速的试验，相应增加了测点数，并在各测距的声时读数时，始终保持超声首波幅度等幅一致的条件。检验数据及计算结果见表 2。

表 2　　　　　　　　　　　　　　　9 对检验数据及计算结果

测距 L(mm)	100	125	150	175	200	225	250	275	300
声时 $t(\mu s)$	291.8	363.8	436.8	510.2	583.7	655.5	728.7	800.7	874.4
声速 v(m/s)	342.7	343.6	343.4	343.0	342.6	343.2	343.1	343.4	341.4

注　1. 声速：回归直线方程的斜率 343.2（m/s）。

2. 声速：算术平均值 343.1（m/s）。（试验当日实验室温度为 19℃，空气声速标准值为 342.8m/s，相对误差为 0.1％）

由表 2 得知，当测距依然是 100～300mm 时，其间加密了测点至 9 对，在保持首波幅度等幅一致的条件下，回归直线方程斜率得出的声速与声速算术平均值相当一致。

5 结论

（1）超声法测量空气声速的声时计量校验，其测点数应大于等于 9 点。当测点数较少时，检测数据在回归统计时由于"跷跷板"效应，易产生直线斜率的随机误差。

（2）超声声时的测量必须保持首波等幅一致的检测条件，当测距较大、首波幅度偏小时，必须注意声时读数有偏大倾向的问题。

（3）在保持首波幅度一致的条件下读取声时，并具一定检测测点数量的场合，采用回归直线方程斜率与算术平均值这两种方法计算的声速值理应等同。

6 后记

采用超声波平测法对混凝土裂缝深度和混凝土表面损伤层的检测中，尤其是混凝土表面损伤层的检测，一般情况下实践中超声测点数是比较少的，CECS 21：2000 超声法检测混凝土缺陷技术规程中的要求是"每一测位的测点数不得少于 6 个"。这个要求太低了，当只用 6 个测点要绘制"时—距"坐标图，如果仅依靠转折点前后平均 3 个测点数分别表示损伤和未损伤混凝土的 L 与 T 相关直线，其斜率分别表示的损伤和未损伤混凝土的声速，"跷跷板"效应的随机误差可想而知。同理，超声波平测法检测混凝土裂缝深度跨缝与不跨缝测量的测点数也应足够多才行。否则由于测点数较少的场合，混凝土裂缝深度计算公式中的回归声速 v 的不准确性，将会造成混凝土裂缝深度计算值的较大随机误差。

参 考 文 献

[1] 超声法检测混凝土缺陷技术规程［S］. CECS 21：2000.

超声波首波相位反转法检测混凝土
裂缝深度的研究

童寿兴

（同济大学 上海，200092）

本文介绍了超声波首波相位反转法检测混凝土裂缝深度的一种新方法，这一方法是利用低频超声脉冲在混凝土中绕射的特性，只需移动换能器，确定首波相位反转临界点，即可确定混凝土的裂缝深度。与其他混凝土裂缝深度检测方法相比，无需通过公式的计算，检测简单、直观、方便、迅速，并使超声波检测钢筋较密集区域的混凝土裂缝深度成为可能。

超声波技术运用于结构混凝土强度和缺陷的非破损检测，尤其是现场混凝土的缺陷检测，在我国早有研究并已广泛应用。为了有章可循，统一检测程序和判定混凝土缺陷的方法，1990 年 9 月 10 日，中国工程建设标准化协会批准颁布的标准——《超声法检测混凝土缺陷技术规程》[1]（CECS 21：90）（以下简称《测缺规程》）已在全国工程建设混凝土质量的检测中实施。自"测缺规程"在我国工程建设系统实施以来，超声波检测技术的水平和精度日益提高，对确保工程质量、加快工程施工进度起了积极的作用，取得了显著的社会及经济效益。随着新工艺、新技术的不断发展，混凝土无损检测技术也日益完善，在工程实际检测中不断有新方法取代老方法。本文仅就《测缺规程》第四章浅裂缝检测提出一种新的方法。

1　问题的由来

对混凝土浅裂缝深度（50cm 以下）超声法检测主要有以下几种方法，如图 1 所示的 t_c—t_0 法，图 2 所示的英国标准 BS—4408 法等。《测缺规程》推荐使用 t_c—t_0 法。[2,3]

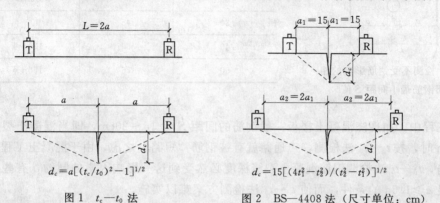

图 1　t_c—t_0 法　　　　　　图 2　BS—4408 法（尺寸单位：cm）

上述方法中，声通路测距 BS—4408 法以二换能器的边到边计算，而 t_c—t_0 法则以二换能器的中到中计算，实际上声通路既不是二换能器的边到边距离，也不是中到中距离。《测缺规程》中介绍了以平测"时—距"坐标图中 L 轴的截矩，即直线方程回归系数的常数项作为修正值。修正后的测距提高了 t_c—t_0 法测试精度，但增加了检测工作量，实际操作较麻烦，且复测时，往往由于二换能器的耦合状态程度及其间距的变化，使检测结果重复性不良。

应用 BS—4408 法时，当二换能器跨缝间距为 60cm，发射换能器声能在裂缝处产生很大衰减，绕过裂缝传播到接收换能器的超声信号已很微弱，因此日本提出了"修改 BS—4408 法"方案，此方案将换能器到裂缝的距离改为 $a_1 \leqslant 10$cm，这样就使二换能器跨缝最大间距缩短在 40cm 以内。

《测缺规程》的条文说明部分（表 4.2.1）中，当边一边平测距离为 20cm、25cm 时，按 t_c—t_0 法计算的误差较大，表 4.2.1 中检测精度较高的数据处理判定值为舍弃了该两组数据后的平均值。条文说明第 4.3.1 条仅作了关于舍弃 $L' < d_c$ 数据的提示。实际上当二换能器测距小于裂缝深度时，超声波接收波形产生了严重的畸变，导致声时测读困难，这就是造成较大误差的直接原因。表 4.2.1 中数值的取舍是在已知试件实际裂缝深度的情况下决定的，在工程中混凝土裂缝深度是一个待测量的未知数。t_c—t_0 法在现场检测中对错误测读数值的取舍是一个不易处理的问题。

《测缺规程》的条文说明第 4.1.3 条指出：当钢筋穿过裂缝而又靠近换能器时，钢筋将使声信号"短路"，读取的声时不反映裂缝深度，因此换能器的连线应避开主钢筋一定距离口，口应使绕裂缝而过的信号先于经钢筋"短路"的信号到达接收换能器，按一般的钢筋混凝土及探测距离 L 计算，a 应大于等于 1.5 倍的裂缝深度。

根据 $a \geqslant 1.5 d_0$ 这一要求，如图 3 所示，表 1 给出了相邻钢筋的间距 S 值。

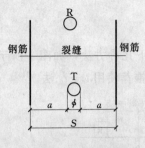

图 3 检测不受钢筋影响的相邻钢筋最小间距 S 值

裂缝深度 d_c (cm)	$1.5d_c$ (cm)	S (cm)
5	7.5	$15+\phi$
10	15	$30+\phi$
20	30	$60+\phi$
30	45	$90+\phi$
40	60	$120+\phi$
50	75	$150+\phi$

表 1　　　检测不受钢筋影响的相邻钢筋最小间距 S 值

在工程中，如现浇混凝土楼板一般钢筋的间距 S 为 $15\sim20$cm，即当混凝土裂缝深度大于 5cm 时，按 t_c—t_0 法检测，声通路就有被钢筋"短路"之虑。由于混凝土工程中总要配置钢筋，t_c—t_0 法检测钢筋混凝土裂缝深度必然受到这一影响因素的制约，有些场合因不能满足 $a\geqslant1.5d$ 的条件，而使 t_c—t_0 法检测方案难以实施。

2　超声波首波相位反转法检测混凝土裂缝深度的新方法

笔者曾对数种超声波推定混凝土裂缝深度的方法进行反复的试验比较，并在裂缝检测实践中发现了因换能器平置裂缝两侧的间距不同而引起首波幅度及其振幅相位变化的规律。

如图 4 所示，若置换能器于裂缝两侧，当换能器与裂缝间距 a 分别大于、等于、小于裂缝深度 d_c 时，超声波接收波形如图 4（a）、（b）、（c）所示。

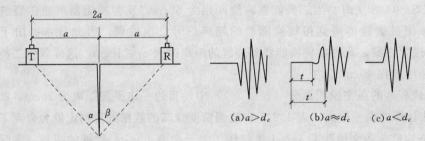

图 4　首波幅度及其振幅相位反转变化规律

首波的振幅相位先后发生了 $180°$ 的反转变化，即在平移换能器时，随着 a 的变化，存在着一个使首波相位发生反转变化的临界点。如图 4（b）所示，当 $a\approx d_c$ 时回折角 $a+\beta$ 约为 $90°$。在该临界点左右，波形变化特别敏感。只要把换能器稍做来回移动，首波振幅相位反转瞬间而变。此时，如采用超声仪的自动挡整形读数方式，当首波相位瞬间变化时，时间数码管中声时读数值呈突变状态，因为采用自动挡读数时，超声仪设计时间显示取其前沿首波作为计时门控的关门信号，当首波波形由图 4 中（a）缩短成图 4（b）状态时，计数门控的关门点由 t 点瞬间改变为 t' 点，数码管显示时间值产生突变，这显然是丢波引起的。

124

所以，无论采用观察示波器首波振幅反转法或采用自动挡声时读数突变法，都能确定首波相位反转临界点，测量此时的 a 值，即为裂缝深度 d_c。当然，如果示波器波形观察、数码管声时读数二者同时兼顾，则能减少相位反转临界点，进一步统一测读精度。

若受现场条件所限，换能器不能对称于裂缝两侧布置，如图 5 所示，可先固定某一换能器，再移动另一换能器，则也可以观察到首波相位的反转变化现象。图 5 （a）、（b）、（c）点波形参见图 4 （a）、（b）、（c）。此时可取二换能器连线的距离之半，推定裂缝深度。

若布置换能器的连线方向与裂缝方向不垂直，如图 6 所示，同样存在首波相位变化的临界点，这时二换能器间距之半 a 相当于混凝土裂缝的深度。

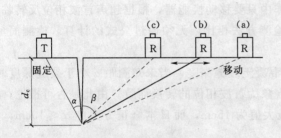 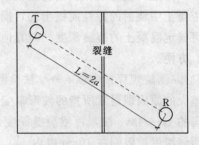

图 5　换能器不对称裂缝两侧布置　　　图 6　换能器连线与裂缝不垂直布置

工程现场钢筋密集的场合，采用超声波首波相位反转法检测混凝土裂缝深度更具有其独特的优点。图 7 表示钢筋密集的场合接收波形变化的情况，如图所示，二换能器间距 $a > d_c$ 置 Ⅰ—Ⅰ 区域、$a < d_c$ 置 Ⅱ—Ⅱ 区域时，其波形分别呈图 7 （a）、（c）波形，这与前文所述相同。当换能器置钢筋近旁，图中 Ⅳ 所示区域为检测盲区，即钢筋使声信号"短路"，接收波形首波为钢筋直达波，呈图 7 中（d）波形。图 7 中 Ⅳ 的宽度 D' 表示换能器与钢筋最小间距，见表 2。D' 随钢筋直径粗细程度而不同，钢筋越细则 D' 范围越小。在Ⅲ—Ⅲ区域，即图示 D 范围内，如图 7 （b）所示接收波形受到钢筋影响，呈现钢筋、混凝土叠加畸变波。此时可将换能器做横向左右平移，判定钢筋透过波前沿，换能器再做相对前后移动，只要注意观察到钢筋透过波前沿下面的混凝土接收波相位反转现象，就可用超声波检测钢筋密集区域混凝土的裂缝深度。

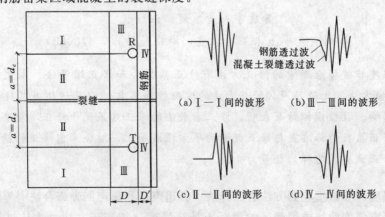

图 7　钢筋密集场合接收波形变化情况

表 2 　　　　　　　　　　　　　　换能器与钢筋最小间距 D' 值

钢筋直径 ϕ （mm）	声速（m·s^{-1}）	D'（cm）
16	5470	4
13	5330	2
10	5280	<1

3　结论

（1）用超声波首波相位反转法检测混凝土裂缝深度的这一新方法，是利用低频超声脉冲在混凝土中绕射的特性而提出的，操作中只要移动换能器，根据超声首波相位反转临界点即可确定混凝土的裂缝深度。与其他检测方法相比，无须通过公式的计算，检测简单、直观、方便。

（2）《测缺规程》中以 $t_c - t_0$ 法检测混凝土裂缝深度，当未知测距 a 小于裂缝深度时，其误差大的原因即通常所指的波形畸变现象为首波相位的转换而致。由此是否可推论，采用英国的 BS—4408 法，可测裂缝深度最大值为 15cm，而日本修正方案中 $a_1 \leqslant 10\text{cm}$，则可测裂缝深度被限制在 10cm 以内。

（3）钢筋混凝土裂缝深度的检测，为减小平行钢筋的影响，二换能器连线可与钢筋纵横走向呈斜角布置，并注意观察、分辨钢筋透过波前沿下部混凝土裂缝透过波的相位反转变化，使超声波检测钢筋密集区域混凝土裂缝深度成为可能。

参　考　文　献

[1]　超声法检测混凝土缺陷技术规程（CECS 21：1990）.
[2]　李为杜.混凝土无损检测技术.上海：同济大学出版社，1989.70 - 71.
[3]　吴慧敏.结构混凝土现场检测技术.长沙：湖南大学出版社，1988.148 - 150.

混凝土强度非破损检测中修正方法的模拟比较

黄政宇　黄　靓　汪　优

（湖南大学土木工程学院，湖南长沙市，410082）

混凝土强度非破损检测中的修正方法有修正系数法和修正增量法，本文采用 Monte Carlo 数值模拟方法，比较了两种修正方法的准确性和可靠性以及试块或芯样修正数量对计算精度的影响。数值模拟结果表明，修正系数法的修正结果优于修正增量法，具有较好的稳健性；修正系数的标准差与修正数量的平方根成反比，综合考虑修正的精度和抽样成本，建议取修正试块或芯样的数量为 4 或 6。

混凝土强度的非破损检测方法有回弹法[1]、超声法和超声回弹综合法[2] 等，其推定原则是先按照基准强度曲线求得测区的混凝土计算强度（相当于一块立方体试块的强度），然后根据若干个测区的推定强度，对一个构件或一批同强度等级混凝土的构件，或对采用相同强度等级混凝土连续整体浇筑的整个结构的混凝土强度作出总体评价，作为验收的辅助依据。但现场混凝土的原材料、配合比以及施工条件等不可能与基准强度曲线的制作条件完全一致，因此，强度计算值往往偏差较大。为了提高结果的可靠性，可结合现场情况对基准曲线进行修正。《超声回弹综合法检测混凝土强度技术规程》（CECS 02：1988）和《回弹法检测混凝土抗压强度技术规程》（JGJ/T 23—2001）提供的修正方法是利用现场预留的同条件试块或从结构或构件上钻取的芯样，用标准方法测定这些试样的超声值、回弹值、抗压强度值，并用基准强度曲线算出试样的计算强度；然后按式（1）求出修正系数 η 乘以基准曲线公式进行强度修正，故称为修正系数法，见式（2）。

$$\eta = \frac{1}{n} \sum_{i=1}^{n} \frac{R'_i}{R_i} \tag{1}$$

式中　n——试块或芯样数量；

　　　R'_i——试样实测强度；

　　　R_i——试样根据基准强度曲线的计算强度。

$$f' = \eta f \tag{2}$$

式中　f'——修正的基准曲线公式；

　　　f——拟修正的基准曲线公式。

有的学者提出了另外一种修正方法——修正增量法，即按式（3）求得修正增量 Δ，加上基准曲线公式，以修正计算强度，如式（4）所示。

$$\Delta = \frac{1}{n} \sum_{i=1}^{n} (R'_i - R_i) \tag{3}$$

$$f' = f + \Delta \tag{4}$$

修正方法中另一个需要研究的问题是校正试块或芯样的数量 n，从理论上，n 越多，修正的结果的可靠度越大，但检测成本也越高。现在对于 n 的取值，有 4、6、9 三种意见。

本文针对上述问题，采用 Monte Carlo 数值模拟的方法，对修正系数法和修正增量法以及 n 的不同取值进行了模拟比较研究。

1　模拟的数学模型

由于回弹值、超声值与混凝土强度的回归公式是非线性的，难以导出解析公式比较不同的修正方法和 n 的不同取值对修正结果的影响，故宜采用 Monte Carlo 方法进行数值模拟。

以超声回弹综合法为例，基准强度曲线可用式（5）表示。

$$R = av^b N^c \tag{5}$$

式中　R——计算强度；

a、b、c——常系数；

　　　v——声速值；

　　　N——回弹值。

假定真实的强度曲线可用式（6）表示：

$$R' = a'v^{b'} N^{c'} + \delta \tag{6}$$

式中　　　　R'——实际强度；

a'、b'、c'、δ——常系数。

同时假定 R'、N、v 分别服从正态分布 $N(\mu_{R'},\ \sigma_{R'})$，$N(\mu_N,\ \sigma_N)$，$N(\mu_v,\ \sigma_v)$，那么当测区数大于 10 个时，真实混凝土推定强度为 $f_{R'}$：

$$f_{R'}=\mu_{R'}-1.645\sigma_{R'} \tag{7}$$

根据修正系数法和修正增量法推定的混凝土强度分别为 f_η 和 f_Δ，如式（8）、式（9）所示，相应的标准差记为 s_{f_η} 和 s_{f_Δ}。

$$f_\eta=\overline{\eta}(m_R-1.645s_R) \tag{8}$$

$$f_\Delta=m_R+\overline{\Delta}-1.645s_R \tag{9}$$

上二式中　m_R、s_R——依据基准曲线计算测强混凝土强度的平均值和标准差；

$\overline{\eta}$、$\overline{\Delta}$——η、Δ 的平均值。

合适的修正方法，应该要使经修正的混凝土强度的平均值尽量接近 $f_{R'}$，且标准差较小。比较修正系数法和修正增量法的模拟过程如下。

（1）设定混凝土实际强度 R' 的平均值 $\mu_{R'}$ 和标准差 $\sigma_{R'}$，和真实强度曲线式（6）中的系数 a'、b'、c'、δ。

（2）对 R' 随机抽取 M 个样本值，$R'_i(i=1,\ \cdots,\ M)$，M 为测区数量。

（3）根据 R'_i 确定相应回弹值 N_i 的均值 μ_{N_i}，再由式（6）确定相应声速值 v_i 的均值 μ_{v_i}。

（4）假定在测试时 R'_i 的变异系数为 $Cv_{R'_i}$ 和 v_i 的变异系数为 Cv_i（本文固定为 0.02），根据式（6）计算回弹值 N 的标准差 σ_{N_i}。

（5）对 N_i、v_i 随机抽样一次，代入式（5）计算与实际 R'_i 相对应的计算强度 R'。

（6）选择修正方法和修正芯样或试块的数量 n，计算 η、Δ、f_η、f_Δ。

（7）重复第（2）～（6）步骤 1 万次。

（8）计算 η、Δ 的均值 $\overline{\eta}$、$\overline{\Delta}$ 和标准差 s_η、s_Δ，计算 f_η、f_Δ 的均值 $\overline{f_\eta}$、$\overline{f_\Delta}$ 和标准差 s_{f_η}、s_{f_Δ}，以及理论推定强度 $f_{R'}$。

（9）计算 $\overline{f_\eta}$、$\overline{f_\Delta}$ 相对于 $f_{R'}$ 的误差 e_{f_η} 和 e_{f_Δ}，比较 s_{f_η} 和 s_{f_Δ} 的大小。

比较修正芯样或试块数量 n 对计算结果的影响，只需令以上模拟方法第（6）步中的 n 取 4、6、9 不同数值，进行计算即可。

2　模拟结果

2.1　修正方法

对于修正方法的比较，本文考虑了真实强度曲线的 3 种情况：

（1）系数 c' 为 c 的某一倍数，系数 a'、b' 分别与 a、b 相同，$\delta=0$。

（2）δ 为 μ_f 的某一倍数或不为零的常数，系数 a'、b'、c' 不变化，分别与 a、b、c 相同。

（3）系数 c' 和 δ 同时变化，系数 a'、b' 分别与 a、b 相同。

需要说明的是，系数 a'、b'、c' 的不同变化组合下，大量试算结果表明，基本的变化规律是一致的，故本文只列出了仅改变 c' 的模拟结果。

模拟过程中，取 $Cv_{R'_i}=0.05$，$n=6$。表 1、表 2 是情况 1）、2）时两种修正方的模拟

表1　情况1)、2) 两种修正方法的模拟结果（一）（M=20, $Cv_{K_i}=0.05$, $n=6$）

(c', δ)

$\mu_{R'}$	$\sigma_{R'}$	$f_{R'}$	修正方法	情况 1)								情况 2)							
				$(1.02c, 0)$		$(1.05c, 0)$		$(0.98c, 0)$		$(0.95c, 0)$		$(c, 0.1\mu_{R'})$		$(c, 0.25\mu_{R'})$		$(c, -0.1\mu_{R'})$		$(c, -0.25\mu_{R'})$	
				e_f	s_f	e_f	s_f	e_f	s_f	e_f	s_f	e_f	s_f	e_f	s_f	e_f	s_f	e_f	s_f
20	2	16.71	A	-1.37	0.76	-0.91	0.75	-2.34	0.81	-2.58	0.79	-3.93	0.82	-8.30	0.97	0.19	0.69	2.19	0.67
			B	0.83	0.73	4.48	0.68	-5.47	0.93	-10.77	1.07	-1.89	0.80	-1.90	0.81	-1.89	0.77	-2.20	0.80
	3	15.07	A	-0.46	1.11	0.41	1.11	-2.13	1.13	-2.33	1.11	-4.68	1.17	-11.61	1.31	2.09	1.01	5.13	0.98
			B	3.14	1.08	8.76	1.01	-6.88	1.28	-15.08	1.48	-1.43	1.13	-1.57	1.10	-0.98	1.11	-1.53	1.13
35	3	30.07	A	-1.99	1.20	-1.35	1.16	-2.64	1.18	-2.79	1.25	4.00	1.31	-7.78	1.48	-0.51	1.24	1.44	1.29
			B	0.04	1.15	3.48	1.02	-5.63	1.38	-10.66	1.76	-2.27	1.28	-2.27	1.26	-2.35	1.24	-2.37	1.67
	5	26.78	A	-0.71	1.81	0.36	1.73	-1.96	1.80	-2.48	1.76	-4.38	2.02	-11.12	2.24	1.43	1.82	4.95	1.67
			B	2.98	1.74	8.73	1.58	-6.84	2.02	-15.80	2.48	-1.33	1.94	-1.56	1.90	-1.50	1.96	-1.33	1.94
50	4	43.42	A	2.04	1.68	-1.58	1.68	-2.53	1.69	-3.10	1.73	-4.21	1.83	-7.69	2.09	-0.83	1.54	1.17	1.45
			B	-0.05	1.61	3.24	1.50	-5.42	1.99	-10.97	2.53	-2.64	1.79	-2.49	1.75	-2.61	1.74	-2.40	1.74
	6	40.13	A	-1.24	2.31	-0.55	2.08	-1.89	2.31	-2.39	2.27	-4.25	2.46	-9.66	2.80	0.99	2.08	3.35	2.05
			B	1.89	2.19	6.65	1.88	-6.14	2.66	-14.02	3.23	-1.79	2.38	-1.80	2.32	-1.47	2.30	-1.93	2.40

注　A—修正系数法；B—修正增量法；e_f—推定强度的相对误差（%）；s_f—推定强度的标准差（MPa）。

表2　情况1)、2)两种修正方法的模拟结果（二）（$M=80$；$Cv_{K_i}=0.05$，$n=6$）

| $\mu_{R'}$ | $\sigma_{R'}$ | $f_{R'}$ | 修正方法 | 情况1) (c',δ) | | | | | | | | 情况2) | | | | | | | |
| | | | | (1.02c, 0) | | (1.04c, 0) | | (0.98c, 0) | | (0.96c, 0) | | (c, 0.1$\mu_{R'}$) | | (c, 0.2$\mu_{R'}$) | | (c, −0.1$\mu_{R'}$) | | (c, −0.3$\mu_{R'}$) | |
				e_f	s_f	e_f	s_f	e_f	s_f	e_f	s_f	e_f	s_f	e_f	s_f	e_f	s_f	e_f	s_f
20	2	16.71	A	−1.65	0.48	−1.42	0.48	−2.43	0.47	−2.78	0.48	−4.37	0.52	−6.96	0.60	0.23	0.45	2.79	0.43
			B	0.56	0.50	−2.93	0.48	−5.59	0.60	−9.29	0.71	−2.36	0.53	−2.19	0.55	−2.35	0.53	−2.21	0.53
	3	15.07	A	−1.07	0.60	−0.46	0.60	−1.87	0.61	−2.41	0.61	−5.00	0.66	−8.96	0.74	1.40	0.57	6.03	0.57
			B	2.55	0.62	6.50	0.62	−6.64	0.77	−12.38	0.93	−1.75	0.66	−1.37	0.66	−1.79	0.66	−1.64	0.68
35	3	30.07	A	−2.01	0.81	−1.70	0.76	−2.57	0.80	−2.77	0.85	−4.19	0.83	−6.60	0.98	−0.66	0.77	1.83	0.71
			B	0.02	0.83	2.27	0.74	−5.53	1.02	−8.86	1.27	−2.46	0.84	−2.43	0.90	−2.51	0.91	−2.57	0.89
	5	26.78	A	0.89	1.01	−0.43	1.00	−2.12	1.03	−2.50	1.08	−4.82	1.11	−8.79	1.23	1.34	0.97	5.72	0.97
			B	2.82	1.05	6.61	1.05	−7.09	1.29	−12.89	1.65	−1.81	1.13	−1.61	1.13	−1.69	1.14	−1.57	1.16
50	4	43.42	A	−2.04	1.12	−1.80	1.07	−2.57	1.10	−2.92	1.16	−4.41	1.20	−6.51	1.37	−0.87	1.07	1.54	0.98
			B	−0.03	1.13	2.11	1.02	−5.45	1.41	−8.98	1.75	−2.81	1.23	−2.61	1.25	−2.66	1.28	−2.59	1.22
	6	40.13	A	−1.32	1.32	0.63	1.28	−2.30	1.28	−2.71	1.31	−4.51	1.46	−7.88	1.56	−0.55	1.24	2.59	1.18
			B	1.85	1.36	5.37	1.33	−6.55	1.64	−11.82	2.04	−1.94	1.48	−2.02	1.44	−1.94	1.46	−2.07	1.46

注　A—修正系数法；B—修正增量法；e_f—推定强度的相对误差（%）；s_f—推定强度的标准差（MPa）。

结果，测区数 M 分别为 20、80；表 3 是情况 3）时的模拟结果，测区数为 50。

从表中的模拟结果可以看出：在情况 1）下，修正系数法的结果整体上明显优于修正增量法；在情况 2）下，当 $\delta > 0$ 时，修正增量法的结果优于系数法，但在 $\delta < 0$ 时，修正系数法的相对误差与增量法相当，推定强度的标准差却较小；在情况 3）下，当 $\eta > 1$ 时，修正系数法的整体误差与增量法相当，当 $\eta < 1$ 时，系数法的整体误差、标准差均小于增量法。由此可见，与修正增量法相比，修正系数法对真实强度曲线的方程形式较不敏感，具有较好的稳健性。

表 3　　情况 3）两种修正方法的模拟结果（$M=50$，$Cv_{R'_i}=0.05$，$n=6$）

$\mu_{R'}$	$\sigma_{R'}$	(c', δ)	修正方法	e_f	s_f
20	3	$(1.04c, 1)$	A	-2.02	0.77
			B	6.49	0.73
20	3	$(1.01c, 3)$	A	-6.86	0.80
			B	-0.44	0.72
35	5	$(0.97c, -2)$	A	-0.42	1.18
			B	-9.46	1.60
35	5	$(0.99c, -8)$	A	-3.79	1.11
			B	-4.41	1.40
50	4	$(1.03c, -2)$	A	-1.29	1.20
			B	-1.07	1.18
50	4	$(0.99c, 10)$	A	-6.61	1.54
			B	-3.99	1.46
50	4	$(0.97c, 2)$	A	-3.41	1.30
			B	-7.12	1.72
50	4	$(1.01c, -10)$	A	0.55	1.13
			B	-1.30	1.29

注　A—修正系数法；B—修正增量法；e_f—推定强度的相对误差（%）；s_f—推定强度的标准差（MPa）。

2.2　修正芯样或试块的数量

修正系数法中，修正芯样或试块的数量 n 直接影响修正系数 η 的均值 $\bar{\eta}$ 和标准差 s_η，根据统计理论可知，当 n 取值不同时，η 的算术平均值的均值相同，但其标准差与 $\sqrt{n}$ 成反比。由此可见，当 $n=4$、6 和 9 时，若记相应的修正系数均值为 $\bar{\eta}_4$、$\bar{\eta}_6$ 和 $\bar{\eta}_9$，标准差为 $s_\eta{}^4$、$s_\eta{}^6$ 和 $s_\eta{}^9$，则 $\bar{\eta}_4 = \bar{\eta}_6 = \bar{\eta}_9$，$\dfrac{s_\eta{}^4}{s_\eta{}^6} = \dfrac{\sqrt{6}}{\sqrt{4}} \approx 1.22$，$\dfrac{s_\eta{}^4}{s_\eta{}^9} = \dfrac{\sqrt{9}}{\sqrt{4}} = 1.50$。

由修正系数法的修正公式（2），以及误差传递定律可知，经修正的测区混凝土强度的标准差 σ_{f_η} 为：

$$\sigma_{f_\eta} \approx \sqrt{f^2 \sigma_\eta^2 + \eta^2 \sigma_f^2} \tag{10}$$

n 为 4、6、9，$Cv_{R'_i}$ 为 0.05、0.08 时，修正系数法的模拟结果列于表 4。分析表 4 中

的模拟结果可知，n 为不同取值时，η 和 f_η 的均值几乎相同，η 的标准差与 $\sqrt{n}$ 成反比，这与理论结果相符；当 $Cv_{R'_i}$ 变大时，f_η 的相对误差以及 f_η 和 η 的标准差均变大，可见修正系数 η 和推定强度的计算精度与修正芯样或试块强度的测试精度正相关，且修正芯样或试块强度的测试精度的影响较大；s_{f_η} 和 σ_{f_η} 随着 n 的增大而减小，但幅度较小，可见修正芯样或试块的数量对推定强度精度的影响较小，综合考虑修正的精度和抽样成本，n 可取 4 或 6。

表 4 　　　　　　不同 n 取值下修正系数法的模拟结果

$\mu_{R'}$	$\sigma_{R'}$	$(c',\ \delta)$	$Cv_{R'_i}$	n	e_f	s_f	$\bar{\eta}$	s_η	σ_{f_η}
20	3	$(0.97c,\ 0)$	0.05	4	-2.41	0.736	0.837	0.0214	3.043
				6	-2.42	0.705	0.837	0.0175	3.029
				9	-2.41	0.683	0.837	0.0143	3.019
			0.08	4	-4.58	0.912	0.841	0.0349	3.113
				6	-4.60	0.837	0.840	0.0284	3.075
				9	-4.63	0.790	0.840	0.0232	3.051
35	3	$(0.95c,\ 0)$	0.05	4	-3.09	0.994	0.723	0.0189	3.136
				6	-3.11	0.899	0.723	0.0154	3.092
				9	-3.12	0.812	0.723	0.0125	3.060
			0.08	4	-6.29	1.389	0.725	0.0305	3.341
				6	-6.30	1.210	0.725	0.0249	3.232
				9	-6.27	1.062	0.725	0.0204	3.157
50	6	$(1.05c,\ 0)$	0.05	4	-0.53	1.583	1.412	0.0349	6.126
				6	-0.49	1.475	1.412	0.0287	6.085
				9	-0.48	1.419	1.412	0.0232	6.056
			0.08	4	-2.91	1.909	1.416	0.0550	6.306
				6	-2.90	1.738	1.416	0.0450	6.207
				9	-2.92	1.616	1.416	0.0368	6.139
20	3	$(1.03c,\ 2)$	0.05	4	-4.29	0.803	1.336	0.0376	3.052
				6	-4.25	0.767	1.336	0.0308	3.034
				9	-4.28	0.735	1.336	0.0252	3.024
			0.08	4	-6.40	0.916	1.342	0.0597	3.129
				6	-6.38	0.846	1.343	0.0485	3.085
				9	-6.39	0.790	1.344	0.0394	3.057
35	3	$(0.96c,\ 2)$	0.05	4	-4.05	1.069	0.819	0.0227	3.153
				6	-4.04	0.0973	0.820	0.0185	3.103
				9	-4.03	0.884	0.820	0.0151	3.068
			0.08	4	-7.42	1.436	0.822	0.0368	3.384
				6	-7.42	1.223	0.822	0.0299	3.259
				9	-7.39	1.106	0.822	0.0245	3.176

$\mu_{R'}$	$\sigma_{R'}$	(c', δ)	$Cv_{R'_i}$	n	e_f	s_f	$\overline{\eta}$	s_η	$\sigma_{f'_\eta}$
50	6	$(0.97c, -2)$	0.05	4	-1.33	1.632	0.784	0.0191	6.123
				6	-1.31	1.541	0.784	0.0157	6.083
				9	-1.32	1.449	0.784	0.0127	6.055
			0.08	4	-4.14	1.953	0.786	0.0313	6.321
				6	-4.15	1.769	0.786	0.0256	6.217
				9	-4.15	1.616	0.785	0.0209	6.145

注 e_f—推定强度的相对误差（%）；s_f—推定强度的标准差（MPa）；$\sigma_{f'_\eta}$—经修正的混凝土强度标准差（MPa）。

3 结论

（1）对于真实强度曲线的不同方程形式，修正系数法比修正增量法具有更好的稳定性，总体上修正系数法优于修正增量法，建议修正方法采用修正系数法。

（2）修正系数 η 的标准差与修正芯样或试块的数量 n 的平方根成反比，修正芯样或试块的数量对推定强度精度的影响较小，综合考虑修正的精度和抽样成本，建议修正数量取 4 或 6。

（3）修正系数 η 和推定强度的计算精度与修正芯样或试块强度的测试精度正相关，且修正芯样或试块强度的测试精度的影响较大。在修正系数 η 的确定中，应注意采取措施提高修正芯样或试块强度的测试精度。

参 考 文 献

[1] 回弹法检测混凝土抗压强度技术规程（JGJ/T 23—2001）. 北京：中国建筑工业出版社，2001.
[2] 超声回弹综合法检测混凝土强度技术规程（CECS 02：1988）. 北京：中国工程建设标准化协会，1988.

超声波首波波幅对混凝土强度测值的影响研究

童寿兴

（同济大学，上海，200092）

本文基于超声波首波波幅改变对混凝土声时测值的影响程度，分析研究了超声波检测仪首波波幅变化与混凝土强度计算值之间的关系。结果表明，同一试件由于首波波幅的不同而造成声时测值的误判，将对混凝土强度值的计算产生很大的误差。为了减小声时测值的错误，研究结果必须以规定的首波幅度读取的声时值计算混凝土强度。

因超声首波波幅不同而使声时读数值产生差异的现象在混凝土无损检测界已成共识[1,2]，但由此对混凝土强度测值影响程度的评价较少。本研究通过调节超声波检测仪的衰减器，实现对接收波首波在不同的波幅状态下进行声时读数，尝试用定量的方式分析超声波首波波幅变化对混凝土声速及其强度计算值的影响关系。作者在同一个试件上将所得的不同波幅的声时值与声程计算得到的声速值，再按测强公式换算成强度值，从提取的一系列首波波幅与强度对应的关系数据中，得出用超声法检测混凝土时首波波幅对强度测值的影响程度。试验表明，同一试件的首波在调节超声仪不同的衰减器 dB 值的场合，由于首波波幅的差异而造成声时测值延长或缩短的误判，对混凝土强度值的计算将产生很大的误差。

1 仪器

试验采用 CTS—25 型非金属超声波检测仪，换能器频率 50kHz，仪器读数精度为 0.1μs。超声仪产生重复的电脉冲去激励发射换能器，发射换能器发射的超声波经耦合进入混凝土，在混凝土中传播后被接收换能器接收并转换成电信号，电信号被送回至超声仪，经放大后显示在示波屏上。试验时记录超声仪测量超声波声传播的时间、接收波首波振幅、衰减器 dB 值等参数。

2 试件与等压装置

所用的试样全部为 100mm×100mm×100mm 混凝土试块，混凝土强度范围 10～60MPa。从过去的经验得知，在检测过程中要保持稳定的换能器压紧力是保证本试验成功至关重要的必备条件，因此特采用了混凝土试块的等压装置，它恰到好处地固定了换能器并保证了换能器与试件之间的良好耦合，在对同一块混凝土试块的检测过程中，当衰减器未经调节的情况下，能使首波波幅一直处于稳定状态，从而大大降低了声时读数的误差。

3 试验方法

本试验采用超声纵波对测法进行检测，具体的操作方法和步骤如下。

（1）在换能器中心位置处涂抹适量黄油，使换能器和待测混凝土表面良好地耦合。通过等压装置以恒定压力将发射换能器和接收换能器置于试体的相对两面，在测量过程中特制的橡皮条能使换能器跟试块良好地耦合并能一直保持在同一法线上，在等压的状态下得到稳定的接收波信号。

（2）首先固定超声检测仪的发射电压为 200V、衰减器为 30dB；调节增益，将首波的波幅调节到 40mm 的高度时读取声时值。固定此时的增益，以后仅调节衰减器，将首波的波幅分别调节到 30mm、20mm、10mm、5mm 的高度读取对应的声时值。

（3）当首波波幅分别为 30mm、20mm、10mm、5mm 的高度读取的声时值完成后，再继续调节衰减器，分别将衰减值调节至 25dB、20dB、15dB、10dB 状态。衰减器 dB 越小，波幅越大，此时接收波的首波波幅很大，都超过示波器的下边缘范围，无法读出首波波幅的具体数值，仅读取相对应的声时值即可。

（4）根据声时值和声程，计算不同波幅下各自的声速值。并用超声波检测混凝土强度公式 $f=0.0012V^{6.8808}$（公式源于 1985 年度上海市科技进步二等奖获奖项目，式中 f、V 分别表示混凝土强度和超声波声速）计算混凝土的抗压强度。

图 1 是某一块混凝土试块首波波幅分别调节为 40mm、30mm、20mm、10mm 时的波形及声时值。对于同一块试块在压力相等的前提下，当调节衰减器使首波形成不同波幅时，其声时值产生了明显的变化，由图 1 可以清晰地看出被分别调节过的首波波幅与声时

测值的关系：首波波幅越小，声时值读数越大。

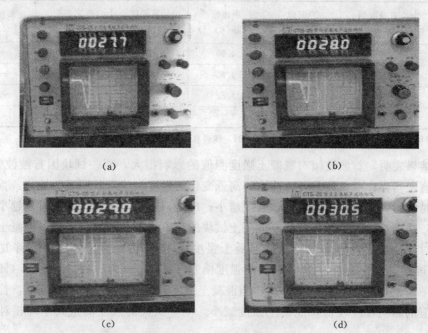

图1　同一试块不同首波波幅时的波形与声时值
（a）首波波幅为40mm；（b）首波波幅为30mm；（c）首波波幅为20mm；（d）首波波幅为10mm

4　结果与讨论

　　本试验对一系列的混凝土试块进行了超声波检测。试验时首先将超声波检测仪的衰减器调至30dB，再调节增益旋钮，使其首波波幅达到40mm，此即为各试块的基准起始状态。以此为基准，逐步增大衰减值，将首波波幅分别调至30mm、20mm、10mm、5mm，记录对应的声时读数。然后将衰减值逐步减小为25dB、20dB、15dB、10dB，此时首波波幅增大超出了示波器荧光屏的显示范围，虽然波幅值无法具体检出，但可记录一下不同衰减值时对应的声时读数。全部试块均遵循该步骤，每块试块能获得9组数据。以其中一块试块为例，参见表1。

表1　　　　　　　　　　　　　　不同首波波幅的试验结果

衰减器 N(dB)	首波波幅 A(mm)	声时值 t(μs)	声速值 V(km·s^{-1})	计算强度 f(MPa)	强度偏差 Δf(MPa)	相对误差 R(%)
10	—	23.2	4.31	27.9	10.4	59.4
15	—	23.6	4.24	24.9	7.4	42.3
20	—	24.0	4.17	22.2	4.7	26.9
25	—	24.2	4.13	20.8	3.3	18.9
30	40	24.8	4.03	17.5	0	*

衰减器 $N(\mathrm{dB})$	首波波幅 $A(\mathrm{mm})$	声时值 $t(\mu s)$	声速值 $V(\mathrm{km \cdot s^{-1}})$	计算强度 $f(\mathrm{MPa})$	强度偏差 $\Delta f(\mathrm{MPa})$	相对误差 $R(\%)$
33	30	25.0	4.00	16.7	−0.8	−4.6
37	20	25.5	3.92	14.5	−3.0	−17.1
43	10	26.2	3.82	12.1	−5.4	−30.9
49	5	26.9	3.72	10.1	−7.4	−42.3

注　＊—当年制定混凝土测强公式 $f = 0.0012V^{6.8808}$ 时，作者取首波波幅为 40mm。

试验结果表明，首波波幅对混凝土强度测值的影响很大，同一试块因首波波幅不同，其强度测值之间存在极大偏差。首波波幅高低变化与强度测值有着明显的规律：首波波幅越小，声时值越大，即声速值越低，强度越小；反之，首波波幅越大，声时值越小，即声速值越高，强度越大。综合分析所有混凝土试块的超声波检测的结果表明，混凝土强度越低，其相对误差越大：当本试验最低混凝土强度为 17.5MPa 时，分别调节首波波幅为 5mm 至超屏显（十分陡峭），同一试块的强度偏差（见表1）为 −42.3%～59.4%，其强度测值的平均相对误差达到了 30.3%；当混凝土强度较高在 30～60MPa 范围，首波波幅对强度测值的影响程度较低，混凝土强度减小，同一试块的强度测值其平均相对误差在 20% 左右。

5　结论

（1）在试验方案的制订中，设计采用了混凝土试块的等压装置，它恰到好处地固定了换能器并保证了换能器与试件之间的良好耦合，且在整个试验过程中能一直处于稳定等压状态，为本试验提供了必不可少的试验关键条件。

（2）模拟型超声仪测到的声时测值随着首波波幅值逐渐变小而不断增大，同时声速值的减小造成由此换算而得的强度值的偏小；反之亦然。

（3）由超声首波波幅的差异引起的混凝土强度换算值的误差与混凝土的强度等级有关。基于本试验当首波波幅为 5mm 超屏显检测方法的统计结果，对小于 20MPa 的低强度混凝土影响程度很大，同一试块的强度平均相对误差超过 30%；对 30～60MPa 的较高混凝土强度测值的影响程度要较小一点，平均相对误差在 20% 左右。

（4）超声首波幅度的取值与强度测值密切相关。对于混凝土超声波对测法来说，模拟型超声仪通常应在首波波幅为 40mm 时读取声时值，这是必须严格遵守的规则。在声时值的测量中随意地设定首波波幅必然导致强度值的换算误差，这是超声试验和工程检测中都应重视的问题。

参　考　文　献

[1] 吴慧敏. 结构混凝土现场检测技术 [M]. 长沙：湖南大学出版社，1988.
[2] 童寿兴，伍根伙. 超声波首波波幅差异与声时测量值的关系研究 [J]. 无损检测，2010，32（5）：367 - 369.

广西地区超声—回弹综合法
测定和评定结构混凝土强度方法

李杰成

（广西建筑科学研究设计院，南宁市北大南路 17 号，530011）

超声—回弹综合法（以下简称"综合法"）是从混凝土表面硬度及内部质量情况来综合性评定混凝土强度的方法，它是一种内外结合、表里统一，局部及整体相联系的系统性的检测评定方法，此种方法是目前非破损检测结构混凝土强度技术的一种有效方法，具有检测精确度高、操作简单、速度高、成本低等优点，受到国内外工程界普遍重视和广泛应用。

近年来，综合法在我国已从实验室研究阶段进入应用阶段，并已开始跨入世界先进行列，成为结构混凝土非破损测强的一种主要方法。为了进一步完善综合法的测试技术，以及提高检测的精度，我所在参加全国综合法曲线建立的工作同时，通过几年的科研实践，根据广西地区各种不同原材料情况、养护条件、碳化龄期及试件厚度等不同因素，做了大量的试验，验证和分析研究工作，制定和建立了广西地区综合法测定混凝土强度的公式及曲线、修正系数。经过多项工程的实际检验应用，效果很好，在建筑工程质量检测和工程质量事故处理的仲裁试验中，发挥了很大的作用，取得较好的经济效果和社会效益。

1.1 选择"测区"原则

综合法的精度较高，同时适合于进行定性和定量的强度评定，工作量比回弹法稍多。当工程的混凝土量比较大，构件数量较多时，不必进行全面普测，以节约时间，减少工作量（特殊要求除外）。可先用回弹法普测，再在回弹"测区"中抽取一定数量（选 30％左右）进行超声测试。用综合法和回弹法评定整个工程混凝土质量。可从回弹法普测中得知整个工程的混凝土质量及分布情况，再用综合法测定的强度作为控制值，与同一测区（或构件）回弹评定强度比较，得知合同强度。这样可充分发挥回弹法简单易行的优点，又充分利用了综合法精度高的优点来提高评定的准确性。

无特殊要求或需要（如强度特别偏低或特别偏高处），一般应按随机抽样的原则进行选点。测定回弹值后，进行抽取，如发现回弹值特别高或特别低之处，应特别进行超声校核。其他部位按随机抽取，以保证准确地评定混凝土的质量情况。

1.2 测区数量和部位的确定

（1）单根构件强度评定，测区数不少于 10 个，以便统计评定；长度小于 3m 的构件一般也不宜少于 5 个（非统计方法评定）。

（2）同批构件强度评定（批评定），随机抽取结构或构件总数 30％，并不少于 3 个构件，每个构件测区数不少于 3 个。

（3）单个构件内，相邻两测区间距不应大于 2m。

（4）测试面宜选在混凝土浇筑的侧面，尽量避免钢筋密集区（特别是纵向粗大钢筋），均匀分布。

（5）测区尺寸为 200mm×200mm 左右。

1.3 测试准备工作和方法

（1）回弹值 N 的测取（按城乡建设部门标准《回弹法评定混凝土抗压强度技术规程》（JGJ 23—1985）"编制说明"进行）。

（2）超声值 V 的测取。超声测取部位应在回弹"测区"内选定，每一"测区"测取 3～5 点声时值。测试步骤如下：

a. 表面磨平，画出探头对应点位置（水平、左右均应对齐），然后涂耦合剂（黄油等）；

b. 开机，用标准棒（须经过统一标定）调正初始值，以扣除仪器 t_0 值；

c. 用平探头在混凝土构件的相对面上（水平、左右对齐）测取超声波穿透该构件所用声时值 t，探头频率选用范围见表 1；

d. 量取超声测试距离 S（构件测试方向上的厚度，精确至 1mm）。

表 1　　　　　　　　　　　探 头 频 率 选 用 范 围

测距（cm）	≤20	20～40	40～100	>100
探头频率（Hz）	200～150	150～100	50～100	20～50

1.4 测试数据的整理和计算

1.4.1 回弹值计算

每个"测区"的 16 点回弹中，剔除最大和最小各 3 个，将余下的 10 个回弹按下式计算"测区"平均回弹值：

$$\overline{N}_0 = \sum_{i=1}^{10} \frac{N_i}{10} \tag{1}$$

式中　$\overline{N}_0$——"测区"平均回弹值，计算至 0.1 度；

　　　N_i——第 i 个测区点的回弹值。

$$\overline{N}_0 = \overline{N}_0 + \Delta N_a + \Delta N_s \tag{2}$$

式中　ΔN_a——不同测试角度的回弹值修正值（见表 2）；

　　　ΔN_s——不同测试面的回弹值修正值（见表 3）。

表 2　　　　　　　　　　　不同测试角度的回弹值修正值

测角 α / $\overline{N}$	+90°	+60°	+45°	+30°	−30°	−45°	−60°	−90°
			（向上）				（向下）	
20	−6.0	−5.0	−4.0	−3.0	+2.5	+3.0	+3.5	+4.0
30	−5.0	−4.0	−3.5	−2.5	+2.0	+2.5	+3.0	+3.5
40	−4.0	−3.5	−3.0	−2.0	+1.5	+2.0	+2.5	+3.0
50	−3.0	−3.0	−2.5	−1.5	+1.0	+1.5	+2.0	+2.5

注　1. $a=0^0$ 时，$\Delta N_a=0$。

　　2. 表中未列的数值，可用"内插法"求得。

表3 ΔN_s

N 测试面	顶 面	底 面
20	+2.5	−3.0
25	+2.0	−2.5
30	+1.5	−2.0
35	+1.0	−1.5
40	+0.5	−1.0
45	0	−0.5
50	0	0

注 a. 测试面为侧面时，$\Delta N_s=0$。

      b. 表中未列的数值，可用"内插法"求得。

1.4.2 声速的计算

（1）计算"测区"平均声时值：

$$\bar{t}_i = \left(\sum_{i=1}^{5} t_i \right)/5 \quad 或 \quad \left(\sum_{i=1}^{3} t_i \right)/3 \tag{3}$$

式中 $\bar{t}_i$——"测区"平均声时值，精确至 0.1μs；

         t_i——各测点声时值。

（2）计算"测区"平均声速值：

$$v_i = (K_1 \cdot L)/\bar{t}_i \tag{4}$$

式中 v_i——"测区"声速值，精确至 0.01km/s；

      L——超声测距，精确至 0.001m，测量误差不大于 1%；

      K_1——测距修正系数，见表4。

表4   不同测距的声速换算系数

测距	CTS—25型 50KC（手动关门测读仪器）				JC—2型 100KC（自动关门测读仪器）			
	C10~C20	C20~C30	C30~C40	C40~C50	C10~C20	C20~C30	C30~C40	C40~C50
150	1.000	1.000	1.000	1.000	1.000	1.000	1.000	1.000
300	1.0025	1.0023	0.0016	1.0010	1.0093	1.0080	1.0063	1.0029
600	1.0074	1.0069	1.0048	1.0029	1.0282	1.0243	1.0191	1.0087
900	1.0124	1.0115	1.0080	1.0048	1.0475	1.0409	1.0320	1.0146
1200	1.0174	1.0161	1.0112	1.0067	1.0671	1.0577	1.0450	1.0205
1500	1.0224	1.0208	1.0144	1.0086	1.0871	1.0748	1.0580	1.0264
1800	1.0274	1.0255	1.0177	1.0105	1.1075	1.0921	1.0717	1.0324
2100	1.0325	1.0302	1.0209	1.0124	1.1283	1.1098	1.0852	1.0384
2400	1.0375	1.0348	1.0242	1.0144	1.1494	1.1277	1.0990	1.0444
2700	1.0427	1.0396	1.0274	1.0163	1.1709	1.1459	1.1129	1.0505
3000	1.0478	1.0444	1.0307	1.0183	1.1929	1.1644	1.1269	1.0567
3300	1.0530	1.0492	1.0340	1.0202				
3600	1.0582	1.0540	1.0373	1.0221				
3900	1.0634	1.0588	1.0406	1.0241				
4200	1.0686	1.0637	1.0439	1.0260				
4500	1.0379	1.0685	1.0472	1.0280				
4800	1.0792	1.0734	1.0506	1.0299				
4950	1.0818	1.0758	1.0522	1.0309				

1.4.3 碳化深度计算

$$\overline{L_i} = \sum_{i=1}^{n} L_i / n \tag{5}$$

式中　$\overline{L_i}$——"测区"平均碳化深度，精确至 0.5mm；

　　　L_i——第 i 次测量的碳化深度值；

　　　n——"测区"碳化深度测量次数。

当 $\overline{L_i} < 0.5$mm 时，不作强度修正，当 $\overline{L_i} > 6$mm 时，则按 $L_i = 6$mm 计算。

1.5　碳化修正系数

根据所计算测区 $\overline{N_i}$、$\overline{V_i}$、$\overline{L_i}$ 值，按地区曲线计算（或查附表）得到"测区"强度后，可按表 5 修正系数进行修正。

表 5　　　　　　　　　　　　　　碳化修正系数

碳化深度（mm）	≤ 1	2	3	4	5	6
碳化剩余影响修正系数	1.000	0.982	0.971	0.965	0.959	0.954

1.6　混凝土强度评定

1.6.1　单个构件强度计算

$$\overline{f_u} = \sum_{i=1}^{n} f_{ui} / n \tag{6}$$

式中　$\overline{f_u}$——单个构件混凝土计算强度平均值，精确至 0.1MPa；

　　　f_{ui}——构件第 i 个"测区"混凝土强度计算值，精确至 0.1MPa；

　　　n——该构件测区数。

1.6.2　第一、第二条件强度值计算

第一条件值：　　　　　　$f_{u1} = 1.18(f_u - KS_n)$ 　　　　　　(7)

第二条件值：　　　　　　$f_{u2} = 1.18 f_{u\min}$ 　　　　　　(8)

$$S_n = \sqrt{\frac{\sum\limits_{i=1}^{n} (f_{ui})^2 - n(\overline{f_u})^2}{n-1}}$$

上二式中　f_{u1}——混凝土强度第一条件值，精确至 0.1MPa；

　　　　　f_{u2}——混凝土强度第二条件值，精确至 0.1MPa；

　　　　　K——合格判定系数（见表6）；

　　　　　S_n——试样混凝土强度标准差；

　　　$f_{u\min}$——对单个构件或结构，取一个试样中最低"测区"强度计算值，对抽样评定的结构或构件，各抽检试样中最小"测区"混凝土强度值；

　　　　　N——"测区"数。

表 6　　　　　　　　　　　　　　　　　**合 格 判 定 系 数 _K_**

测区数 _n_	10～14	15～24	≥25
_K_	1.7	1.65	1.60

1.6.3　构件评定

（1）取第一条件值或第二条件值作为评定强度，对单个构件（或结构）则此值是该构件混凝土强度评定值；对抽样评定结构或构件，则该值相当于相同施工条件下，同一批验收的、龄期相近的结构或构件混凝土强度评定值。

（2）当该结构或构件预留有同条件的立方试块或有混凝土芯样时，可按下式求得正系数 K_2：

$$K_2=\frac{f_{u试}}{f_u}$$

或

$$K_2=\frac{f_{u芯}}{f'_u}\tag{9}$$

式中　K_2——试块（芯样）修正系数；

　　　$f_{u试}$——预留同条件试块抗压强度值；

　　　f_u——预留试块的综合法计算强度值；

　　　$f_{u芯}$——钻取芯样处混凝土抗压强度值；

　　　f'_u——钻取芯样处混凝土的综合法计算强度值（以上强度值均精确至 0.1MPa）。

求得 K_2 后，将第一条件值或第二条件值中较低者乘以 K_2，即得修正后的构件最终强度值。

具体数值详见附表 1～附表 3。

附表 1—①　　　　　　　　　　　　**用"JC—2"建立的公式**

方程条件	方程形式	回 归 方 程	全相关系数 r	相对标准误差 $S_r(\%)$	平均相对误差 $\bar{\delta}(\%)$
普一卵一自	直线方程	$f_u=20.3893N+87.95v-4.258L-837.18$	0.98	14.5	8.9
	幂函数方程	$f_u=0.001308v^{5.548185}N^{1.242185}$	0.97	11.1	8.9
普一卵一标	直线方程	$f_u=15.031N+99.811v-654.389$	0.98	8.9	7.2
	幂函数方程	$f_u=0.002947625v^{3.278752}N^{1.916635}$	0.98	15.3	11.8
普一碎一自	直线方程	$f_u=205.9529v+15.3013N-1090.604$	0.97	12.4	9.66
	幂函数方程	$f_u=0.005251v^{4.587763}N^{1.183372}$	0.98	9.02	7.33
普一碎一标	直线方程	$f_u=46.8023v+16.8799N-410.08$	0.97	12.3	9.86
	幂函数方程	$f_u=0.2039v^{1.438618}N^{1.499822}$	0.98	11.3	8.8
矿一卵一自	直线方程	$f_u=13.1734N+270.27345v+1298.4516$	0.95	14.0	10.4
		$f_u=12.592N+230.7396v-15.275L-1086.185$	0.97	8.98	7.2
矿一卵一标	直线方程	$f_u=14.94N+138.929v-798.671$	0.98	8.84	6.85

注　1. 凡采用自动关门测读的仪器（数显）均可参照使用；

　　　2. 强度单位为 kg/cm²，使用时需化为 MPa。

公式条件	方程形式	回 归 方 程	全相关系数 r	相对标准误差 S_r（%）	平均相对误差 $\bar{\delta}$（%）
普—卵—自	直线方程	$f_u=-1732.403+386.9049v+7.5954N$	0.944	12.0	9.7
	幂函数方程	$f_u=0.0005356v^{6.145137}N^{1.0812109}$	0.944	12.1	10.1
普—卵—标	直线方程	$f_u=-767.4462+96.06325v+18.24308N$	0.974	11.5	8.48
	幂函数方程	$f_u=0.00260v^{3.338985}N^{1.8329052}$	0.971	12.3	10.3
普—碎—自	直线方程	$f_u=-571.001+17.3209v+24.27796N$	0.954	12.4	10.8
	幂函数方程	$f_u=0.015052v^{0.824108}N^{2.453514}$	0.941	12.2	9.02
普—碎—标	直线方程	$f_u=-269.669-21.3607v+21.8254N$	0.986	12.3	9.7
	幂函数方程	$f_u=0.03231v^{1.510085}N^{1.927529}$	0.985	8.8	7.35

注 1. 凡采用手动关闭（带示波器）测读的仪器可参照使用；

2. 强度单位为 kg/cm²，使用时需化为 MPa。

公式条件	方程形式	回 归 方 程	全相关系数 r	相对标准误差 S_r（%）	平均相对误差 $\bar{\delta}$（%）
卵石自养（TCS—25）	直线方程	$f_u=-1732.403+386.9049v+7.5954N$	0.944	12.0	9.7
	幂函数方程	$f_u=0.00053564v^{6.145137}N^{1.0812109}$	0.944	12.15	10.1
卵石自养（JC—2）	直线方程	$f_u=16.52583N+186.46404v-1086014846$	0.96	10.2	8.08
	直线方程	$f_u=16.11408N+170.71431v-7.93857L-992$	0.97	8.95	7.24
	幂函数方程	$f_u=0.001757v^{5.361388}N^{1.22976}$	0.96	11.38	9.06
卵石标养（TCS—25）	直线方程	$f_u=-767.446v+96.06325v+18.24308N$	0.974	11.5	8.48
	幂函数方程	$f_u=0.0026011v^{3.338985}N^{1.8329052}$	0.971	12.29	10.3
卵石标养（JC—2）	直线方程	$f_u=15.0851N+108.51v-682.9151$	0.98	8.44	6.67
碎石自养（TCS—25）	直线方程	$f_u=-571.001+17.3209v+24.27796N$	0.954	12.4	10.8
	幂函数方程	$f_u=0.0151v^{0.824106}N^{2.453514}$	0.941	12.2	9.02
碎石自养（JC—2）	直线方程	$f_u=205.9259+15.3013N^{-1091.604}$	0.97	12.4	9.66
	幂函数方程	$f_u=0.00525v^{4.587763}N^{1.183372}$	0.98	9.02	7.33
碎石标养（TCS—25）	直线方程	$f_u=-269.669-21.36066v+21.825N$	0.986	12.3	7.9
	幂函数方程	$f_u=0.03231v^{1.510085}N^{1.927529}$	0.985	8.8	7.35
碎石标养（JC—2）	直线方程	$f_u=46.8023v+16.8799N-410.08$	0.97	11.1	8.4
	幂函数方程	$f_u=0.2039v^{1.43618}N^{1.499822}$	0.95	12.3	9.86

注 1. 强度单位为 kg/cm²，使用时需化为 MPa；

2. f_u 为混凝土强度，以 150mm×150mm×150mm 立方试块为标准强度。

附表 3—①　　　　　　　　測区混凝土强度换算表（卵石自养、JC—2）

f_{ui} \ v_i / N_0	3.40	3.50	3.60	3.70	3.80	3.90	4.00	4.10	4.20	4.30	4.40	4.50	4.60	4.70	4.80	4.90
23.0										9.8	11.7	13.6	15.5	17.4	19.3	21.2
24.0									9.6	11.5	13.4	15.3	17.2	19.1	21.0	22.9
25.0								9.3	11.2	13.1	15.0	16.9	18.9	20.8	22.7	24.6
26.0							9.1	11.0	12.9	14.8	16.7	18.6	20.5	22.4	24.3	26.2
27.0							10.8	12.7	14.6	16.5	18.4	20.3	22.2	24.1	26.0	27.9
28.0						10.6	12.5	14.4	16.3	18.2	20.1	22.0	23.9	25.8	27.7	29.6
29.0					10.4	12.3	14.2	16.1	18.0	19.9	21.8	23.7	25.6	27.5	29.4	31.3
30.0				10.2	12.1	14.0	15.9	17.8	19.7	21.6	23.5	25.4	27.3	29.2	31.1	33.0
31.0			9.9	11.8	13.7	15.6	17.6	19.5	21.4	23.3	25.2	27.1	29.0	30.9	32.8	34.7
32.0		9.7	11.6	13.5	15.4	17.3	19.2	21.1	23.0	24.9	26.8	28.8	30.7	32.6	34.5	36.4
33.0	9.5	11.4	13.3	15.2	17.1	19.0	20.9	22.8	24.7	26.6	28.5	30.4	32.3	34.2	36.1	38.0
34.0	11.2	13.1	15.0	16.9	18.8	20.7	22.6	24.5	26.4	28.3	30.2	32.1	34.0	35.9	37.8	39.7
35.0	12.9	14.8	16.7	18.6	20.5	22.4	24.3	26.2	28.1	30.0	31.9	33.8	35.7	37.6	39.5	41.4
36.0	14.6	16.5	18.4	20.3	22.2	24.1	26.0	27.9	29.8	31.7	33.6	35.5	37.4	39.3	41.2	43.1
37.0	16.3	18.2	20.1	22.0	23.9	25.8	27.7	29.6	31.5	33.4	35.3	37.2	39.1	41.0	42.9	44.8
38.0	17.9	19.8	21.7	23.6	25.6	27.5	29.4	31.3	33.2	35.1	37.0	38.9	40.8	42.7	44.6	46.5
39.0	19.6	21.5	23.4	25.3	27.2	29.1	31.0	32.9	34.8	36.8	38.7	40.6	42.5	44.4	46.3	48.2
40.0	21.3	23.2	25.1	27.0	28.9	30.8	32.7	34.6	36.5	38.4	40.3	42.2	44.1	46.0	48.0	49.9
41.0	23.0	24.9	26.8	28.7	30.6	32.5	34.4	36.3	38.2	40.1	42.0	43.9	45.8	47.7	49.6	51.5
42.0	24.7	26.6	28.5	30.4	32.3	34.2	36.1	38.0	39.9	41.8	43.7	45.6	47.5	49.4	51.3	53.2
43.0	26.4	28.3	30.2	32.1	34.0	35.9	37.8	39.7	41.6	43.5	45.4	47.3	49.2	51.1	53.0	54.9
44.0	28.1	30.0	31.9	33.8	35.7	37.6	39.5	41.4	43.3	45.2	47.1	49.0	50.9	52.8	54.7	56.6
45.0	29.7	31.6	33.5	35.5	37.4	39.3	41.2	43.1	45.0	46.9	48.8	50.7	52.6	54.5	56.4	58.3
46.0	31.4	33.3	35.2	37.1	39.0	40.9	42.8	44.7	46.7	48.6	50.5	52.4	54.3	56.2	58.1	60.0
47.0	33.1	35.0	36.9	38.8	40.7	42.6	44.5	46.4	48.3	50.2	52.1	54.0	55.9	57.9	59.8	61.7
48.0	34.8	36.7	38.6	40.5	42.4	44.3	46.2	48.1	50.0	51.9	53.8	55.7	57.6	59.5	61.4	
49.0	36.5	38.4	40.3	42.2	44.1	46.0	47.9	49.8	51.7	53.6	55.5	57.4	59.3	61.2		
50.0	38.2	40.1	42.0	43.9	45.8	47.7	49.6	51.5	53.4	55.3	57.2	59.1	61.0			

注　1. $f_u = 16.52583N + 186.46404v - 1086.14846$；
　　2. 表内未列数值可用插入法求得，但不得外延至表外使用。

附表 3—②　　　　　　　　測区混凝土强度换算表（碎石自养，JC—2）

f_{ui} \ v_i / N_0	3.40	3.50	3.60	3.70	3.80	3.90	4.00	4.10	4.20	4.30	4.40	4.50	4.60	4.70	4.80	4.90
23.0							8.6	10.7	12.8	14.9	17.0	19.1	21.2	23.3	25.4	27.5
24.0							10.1	12.2	14.3	16.5	18.6	20.7	22.8	24.9	27.0	29.1
25.0						9.6	11.7	13.8	15.9	18.0	20.1	22.2	24.3	26.4	28.5	30.6

143

f_{ui} \ v_i / N_0	3.40	3.50	3.60	3.70	3.80	3.90	4.00	4.10	4.20	4.30	4.40	4.50	4.60	4.70	4.80	4.90
26.0					9.1	11.2	13.3	15.4	17.5	19.6	21.7	23.8	25.9	28.0	30.1	32.2
27.0				8.5	10.6	12.7	14.8	16.9	19.0	21.1	23.2	25.3	27.4	29.5	31.6	33.7
28.0				10.1	12.2	14.3	16.4	18.5	20.6	22.7	24.8	26.9	29.0	31.1	33.2	35.3
29.0			9.5	11.6	13.8	15.9	18.0	20.1	22.2	24.3	26.4	28.5	30.6	32.7	34.8	36.9
30.0		9.0	11.1	13.2	15.3	17.4	19.5	21.6	23.7	25.8	27.9	30.0	32.1	34.2	36.3	38.4
31.0	8.5	10.6	12.7	14.8	16.9	19.0	21.1	23.2	25.3	27.4	29.5	31.6	33.7	35.8	37.9	40.0
32.0	10.0	12.1	14.2	16.3	18.4	20.5	22.6	24.7	26.8	28.9	31.0	33.1	35.2	37.3	39.5	41.6
33.0	11.6	13.7	15.8	17.9	20.0	22.1	24.2	26.3	28.4	30.5	32.6	34.7	36.8	38.9	41.0	43.1
34.0	13.2	15.3	17.4	19.5	21.6	23.7	25.8	27.9	30.0	32.1	34.2	36.3	38.4	40.5	42.6	44.7
35.0	14.7	16.8	18.9	21.0	23.1	25.2	27.3	29.4	31.5	33.6	35.7	37.8	39.9	42.0	44.1	46.2
36.0	16.3	18.4	20.5	22.6	24.7	26.8	28.9	31.0	33.1	35.2	37.3	39.4	41.5	43.6	45.7	47.8
37.0	17.8	19.9	22.0	24.1	26.2	28.3	30.4	32.5	34.6	36.7	38.9	41.0	43.1	45.2	47.3	49.4
38.0	19.4	21.5	23.6	25.7	27.8	29.9	32.0	34.1	36.2	38.3	40.4	42.5	44.6	46.7	48.8	50.9
39.0	21.0	23.1	25.2	27.3	29.4	31.5	33.6	35.7	37.8	39.9	42.0	44.1	46.2	48.3	50.4	52.5
40.0	22.5	24.6	26.7	28.8	30.9	33.0	35.1	37.2	39.3	41.4	43.5	45.6	47.7	49.8	51.9	54.0
41.0	24.1	26.2	28.3	30.4	32.5	34.6	36.7	38.8	40.9	43.0	45.1	47.2	49.3	51.4	53.5	55.6
42.0	25.6	27.7	29.8	31.9	34.0	36.1	38.3	40.4	42.5	44.6	46.7	48.8	50.9	53.0	55.1	57.2
43.0	27.2	29.3	31.4	33.5	35.6	37.7	39.8	41.9	44.0	46.1	48.2	50.3	52.4	54.5	56.6	58.7
44.0	28.8	30.9	33.0	35.1	37.2	39.3	41.4	43.5	45.6	47.7	49.8	51.9	54.0	56.1	58.2	60.3
45.0	30.3	32.4	34.5	36.6	38.7	40.8	42.9	45.0	47.1	49.2	51.3	53.4	55.5	57.6	59.7	61.8
46.0	31.9	34.0	36.1	38.2	40.3	42.4	44.5	46.6	48.7	50.8	52.9	55.0	57.1	59.2	61.3	
47.0	33.4	35.6	37.7	39.8	41.9	44.0	46.1	48.2	50.3	52.4	54.5	56.6	58.7	60.8		
48.0	35.0	37.1	39.2	41.3	43.4	45.5	47.6	49.7	51.8	53.9	56.0	58.1	60.2			
49.0	36.6	38.7	40.8	42.9	45.0	47.1	49.2	51.3	53.4	55.5	57.6	59.7				
50.0	38.1	40.2	42.3	44.4	46.5	48.6	50.7	52.8	54.9	57.0	59.1	61.2				

注　1. $f_u = 205.9529v + 15.3013n - 1091.604$;

2. 表内未列数值可用插入法求得，但不得外延至表外使用。

附表3—③　　　　　测区强度换算表（卵石自养，CTS—25）

f_{ui} \ v_i / N_0	4.0	4.1	4.2	4.3	4.4	4.5	4.6	4.7	4.8	4.9	5.0	5.1	5.2	5.3	5.4
20.0					12.4	16.4	20.3	24.3	28.2	32.2	36.1	40.1	44.0	48.0	51.9
21.0				9.3	13.2	17.2	21.1	25.1	29.0	33.0	36.9	40.8	44.8	48.7	52.7
22.0				10.0	14.0	17.9	21.8	25.8	29.8	33.7	37.7	41.6	45.6	49.5	53.5
23.0				10.8	14.8	18.7	22.7	26.6	30.6	34.5	38.5	42.4	46.3	50.3	54.2

N_0 \ v_i	4.0	4.1	4.2	4.3	4.4	4.5	4.6	4.7	4.8	4.9	5.0	5.1	5.2	5.3	5.4
24.0				11.6	15.5	19.5	23.4	27.4	31.3	35.3	39.2	43.2	47.1	51.1	55.0
25.0				12.4	16.3	20.3	24.2	28.2	32.1	36.1	40.0	43.9	47.9	51.8	55.8
26.0			9.2	13.1	17.1	21.0	25.0	28.9	32.9	36.8	40.8	44.7	48.7	52.6	56.6
27.0			10.0	13.9	17.9	21.8	25.8	29.7	33.7	37.6	41.6	45.5	49.4	53.4	57.3
28.0			10.7	14.7	18.6	22.6	26.5	30.5	34.4	38.4	42.3	46.3	50.2	54.2	58.1
29.0			11.5	15.5	19.4	23.4	27.3	31.3	35.2	39.2	43.1	47.0	51.0	54.9	58.9
30.0			12.3	16.2	20.2	24.1	28.1	32.0	36.0	39.9	43.9	47.8	51.8	55.7	59.7
31.0			13.1	17.0	21.0	24.9	28.9	32.8	36.8	40.7	44.7	48.6	52.5	56.5	60.4
32.0		9.9	13.8	17.8	21.7	25.7	29.6	33.6	37.5	41.5	45.4	49.4	53.3	57.3	
33.0		10.7	14.6	18.6	22.5	26.5	30.4	34.4	38.3	42.3	46.2	50.1	54.1	58.0	
34.0		11.4	15.4	19.3	23.3	27.2	31.2	35.1	39.1	43.0	47.0	50.9	54.9	58.8	
35.0		12.2	16.2	20.1	24.1	28.0	32.0	35.9	39.9	43.8	47.8	51.7	55.6	59.6	
36.0		13.0	16.9	20.9	24.8	28.8	32.7	36.7	40.6	44.6	48.5	52.5	56.4	60.4	
37.0	9.8	13.8	17.7	21.7	25.6	29.6	33.5	37.5	41.4	45.4	49.3	53.2	57.2	61.1	
38.0	10.6	14.5	18.5	22.4	26.4	30.3	34.3	38.2	42.2	46.1	50.1	54.0	58.0	61.9	
39.0	11.4	15.3	19.3	23.2	27.2	31.1	35.1	39.0	43.0	46.9	50.9	54.8	58.7		
40.0	12.1	16.1	20.0	24.0	27.9	31.9	35.8	39.8	43.7	47.7	51.6	55.6	59.5		
41.0	12.9	16.9	20.8	24.8	28.7	32.7	36.6	40.6	44.5	48.5	52.4	56.3	60.3		
42.0	13.7	17.6	21.6	25.5	29.5	33.4	37.4	41.3	45.3	49.2	53.2	57.1	61.1		
43.0	14.5	18.4	22.4	26.3	30.3	34.2	38.2	42.1	46.1	50.0	54.0	57.9	61.8		
44.0	15.2	19.2	23.1	27.1	31.0	35.0	38.9	42.9	46.8	50.8	54.7	58.7			
45.0	16.0	20.0	23.9	27.9	31.8	35.8	39.7	43.7	47.6	51.6	55.5	59.4			
46.0	16.8	20.7	24.7	28.6	32.6	36.5	40.5	44.4	48.4	52.3	56.3	60.2			
47.0	17.6	21.5	25.5	29.4	33.4	37.3	41.3	45.2	49.2	53.1	57.1	61.0			
48.0	18.3	22.3	26.2	30.2	34.1	38.1	42.0	46.0	49.9	53.9	57.8	61.8			
49.0	19.1	23.1	27.0	31.0	34.9	38.9	42.8	46.8	50.7	54.7	58.6				
50.0	19.9	23.8	27.8	31.7	35.7	39.6	43.6	47.5	51.5	55.4	59.4				
51.0	20.7	24.6	28.6	32.5	36.5	40.4	44.4	48.3	52.3	56.2	60.2				
52.0	21.4	25.4	29.3	33.3	37.2	41.2	45.1	49.1	53.0	57.0	60.9				
53.0	22.2	26.2	30.1	34.1	38.0	42.0	45.9	49.9	53.8	57.8	61.7				
54.0	23.0	26.9	30.9	34.8	38.8	42.7	46.7	50.6	54.6	58.5					
55.0	23.8	27.7	31.7	35.6	39.6	43.5	47.5	51.4	55.4	59.3					

注 1. $f_u = -1732.403 + 386.9049v + 7.5954N$；

2. 表内未列数值可用插入法求得，超越本表范围不作定量评定。

f_{ui} \ v_t \ N_0	4.0	4.1	4.2	4.3	4.4	4.5	4.6	4.7	4.8	4.9	5.0	5.1	5.2	5.3	5.4
20.0					12.4	16.4	20.3	24.3	28.2	32.2	36.1	40.1	44.0	48.0	51.9
21.0				9.3	13.2	17.2	21.1	25.1	29.0	33.0	36.9	40.8	44.8	48.7	52.7
22.0				10.0	14.0	17.9	21.9	25.8	29.8	33.7	37.7	41.6	45.6	49.5	53.5
23.0				10.8	14.8	18.7	22.7	26.6	30.6	34.5	38.5	42.4	46.3	50.3	54.2
24.0				11.6	15.5	19.5	23.4	27.4	31.3	35.3	39.2	43.2	47.1	51.1	55.0
25.0				12.4	16.3	20.3	24.2	28.2	32.1	36.1	40.0	43.9	47.9	51.8	55.8
26.0			9.2	13.1	17.1	21.0	25.0	28.9	32.9	36.8	40.8	44.7	48.7	52.6	56.6
27.0			10.0	13.9	17.9	21.8	25.8	29.7	33.7	37.6	41.6	45.5	49.4	53.4	57.3
28.0			10.7	14.7	18.6	22.6	26.5	30.5	34.4	38.4	42.3	46.3	50.2	54.2	58.1
29.0			11.5	15.5	19.4	23.4	27.3	31.3	35.2	39.2	43.1	47.0	51.0	54.9	58.9
30.0			12.3	16.2	20.2	24.1	28.1	32.0	36.0	39.9	43.9	47.8	51.8	55.7	59.7
31.0			13.1	17.0	21.0	24.9	28.9	32.8	36.8	40.7	44.7	48.6	52.5	56.5	60.4
32.0		9.9	13.8	17.8	21.7	25.7	29.6	33.6	37.5	41.5	45.4	49.4	53.3	57.3	
33.0		10.7	14.6	18.6	22.5	26.5	30.4	34.4	38.3	42.3	46.2	50.1	54.1	58.0	
34.0		11.4	15.4	19.3	23.3	27.2	31.2	35.1	39.1	43.0	47.0	50.9	54.9	58.8	
35.0		12.2	16.2	20.1	24.1	28.0	32.0	35.9	39.9	43.8	47.8	51.7	55.6	59.6	
36.0		13.0	16.9	20.9	24.8	28.8	32.7	36.7	40.6	44.6	48.5	52.5	56.4	60.4	
37.0	9.8	13.8	17.7	21.7	25.6	29.6	33.5	37.5	41.4	45.4	49.3	53.2	57.2	61.1	
38.0	10.6	14.5	18.5	22.4	26.4	30.3	34.3	38.2	42.2	46.1	50.1	54.0	58.0	61.9	
39.0	11.4	15.3	19.3	23.2	27.2	31.1	35.1	39.0	43.0	46.9	50.9	54.8	58.7		
40.0	12.1	16.1	20.0	24.0	27.9	31.9	35.8	39.8	43.7	47.7	51.6	55.6	59.5		
41.0	12.9	16.9	20.8	24.8	28.7	32.7	36.6	40.6	44.5	48.5	52.4	56.3	60.3		
42.0	13.7	17.6	21.6	25.5	29.5	33.4	37.4	41.3	45.3	49.2	53.2	57.1	61.1		
43.0	14.5	18.4	22.4	26.3	30.3	34.2	38.2	42.1	46.1	50.0	54.0	57.9	61.8		
44.0	15.2	19.2	23.1	27.1	31.0	35.0	38.9	42.9	46.8	50.8	54.7	58.7			
45.0	16.0	20.0	23.9	27.9	31.8	35.8	39.7	43.7	47.6	51.6	55.5	59.4			
46.0	16.8	20.7	24.7	28.6	32.6	36.5	40.5	44.4	48.4	52.3	56.3	60.2			
47.0	17.6	21.5	25.5	29.4	33.4	37.3	41.3	45.2	49.2	53.1	57.1	61.0			
48.0	18.3	22.3	26.2	30.2	34.1	38.1	42.0	46.0	49.9	53.9	57.8	61.8			
49.0	19.1	23.1	27.0	31.0	34.9	38.9	42.8	46.8	50.7	54.7	58.6				
50.0	19.9	23.8	27.8	31.7	35.7	39.6	43.6	47.5	51.5	55.4	59.4				
51.0	20.7	24.6	28.6	32.5	36.5	40.4	44.4	48.3	52.3	56.2	60.2				
52.0	21.4	25.4	29.3	33.3	37.2	41.2	45.1	49.1	53.0	57.0	60.9				
53.0	22.2	26.2	30.1	34.1	38.0	42.0	45.9	49.9	53.8	57.8	61.7				
54.0	23.0	26.9	30.9	34.8	38.8	42.7	46.7	50.6	54.6	58.5					
55.0	23.8	27.7	31.7	35.6	39.6	43.5	47.5	51.4	55.4	59.3					

注　1. $f_u = 0.0150519 v^{0.824108} \cdot N^{2.453514}$；

　　2. 表内未列数值，可用插入法求得，超越本表范围不作定量评定。

采用标准棒扣除换能器 t_0 产生误差的成因

童寿兴

（同济大学，上海，200092）

混凝土超声波换能器的 t_0 读数通常采用标准棒的方式测量和扣除。本文揭示了每当操作者按照检测规范要求，取超声首波波幅为"等幅读数"时，由于人们的习惯性思维，机械教条地运用该操作方法产生了 t_0 读数误差的原因。因此，不为人知形成了整个测量过程中超声声时读数的系统误差，这必将造成混凝土声速计算错误的不良结果。本文提出了运用标准棒扣除换能器 t_0 读数时的正确操作方法。

自 CTS—25 型非金属超声波检测仪问世近 30 年以来，其已成为我国建筑工程界使用量最大的混凝土模拟型超声波检测仪。在工程检测前为了事先扣除换能器的 t_0 读数，CTS—25 型超声仪随机配备了一根铝质金属圆柱体的标准棒。但是每当操作者严格按照规范要求[1]，即在标准棒上也采用等幅测量方法扣除换能器的 t_0 读数时，因超声仪示波管中首波在读数标记切点处呈圆弧形而非十分陡峭的首波，此时按照标准棒上标定的声时值扣除 t_0 读数往往造成系统测量误差。

1 换能器及其 t_0 读数

在结构混凝土的检测中，主要采用频率较低的纵波平面换能器，目前低频换能器常用夹心式。夹心式换能器由辐射体、压电陶瓷片、配重块三部分叠合而成。配重块用钢制作，其作用迫使大部分能量向辐射体方向射出。辐射体常用铝合金轻金属制作。

在测试时，仪器所显示的发射脉冲与接收信号之间的时间间隔，实际上是发射电路施加于压电晶片上的电信号的前缘与接收到的声波被压电晶体交换成的电信号的起点之间的时间间隔。由于换能器中的压电体与试件间并不直接接触，从发射电脉冲变成到达试体表面的声脉冲；以及从声脉冲变成输入接收放大器的电信号，中间一般隔着换能器辐射体及耦合层，它们有一定的厚度。所以仪器所反映的声时并非超声波通过试件的真正时间。修正时间差异的影响，需要先测定试件长度为零时的时间读数，简称声时零读数 t_0。将发射和接收换能器直接加耦合剂对接，即可读出 t_0。由于直接对接，信号太强，为避免仪器损坏，有时不允许这样测量。常用的方法是在两换能器间夹一已知声时的标准棒，仪器所显示的声时与标准棒上所标的声时之差即为 t_0 值。

2 标准棒及其声时标定值

为了方便，CTS—25 型超声仪附有标准棒。整个标准棒实体是铝制的，只是两端表面粘上两片铜片，目的是降低声速，因为铝声速比混凝土声速高得多，所以在铜片与铝之间粘一层环氧树脂降低声速。标准棒中铜片与铝之间的环氧树脂还能起降低频率的作用，即使波形近似于混凝土中波形；如果只有金属则传播高频。标准棒上标注的时间如 $26.3\mu s$ 是厂家检出的，应该是使用更高精密的仪器标定而得出的。

3 声时的等幅读数

CTS—25 型超声仪的波形为模拟信号，即时间和幅值均为连续变量。模拟型超声仪声时读数主要采用手动游标测读，图 1 为超声仪的接收波形，接收信号的前沿 b 的声时读数，代表声信号波前到达接收换能器的最短时间，只有 b 点读数才能与最短声程相适应，因而作为计算声速的依据。在实际测试中，要准确读取 b 点的时间读数，并不是很容易的。幅值较小时游标往往后移，随着首波波幅的减小，会造成接收波起始点位置向声时延长的方向偏移，以至声时读数偏大。

如图 2 所示，实际起点位置在 b 点，但因幅值太小，易误读成了 b' 点。而且误读声时值增长的程度随着首波波幅的不断缩小而增大。[2] 因此在实际测读时，必须增高发射电压，或增大增益调节接收信号的幅值到足够大，调节到特定的某一个统一的高度——采用等幅测量的方法再开始声时值读数。[3]

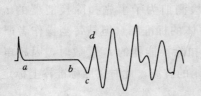

图 1　接收波形

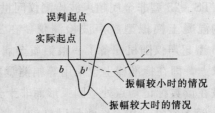

图 2　因接收信号幅值太小而造成的误判

4 试验

取 CTS—25 型超声仪随机配备的铝质金属标准棒为试验对象，其长度为 160mm，标准棒上标注的 t_0 读数为 26.3μs。对标准棒试验的方法有以下 3 种，其检测结果见表 1。

表 1　　　　　　　　　　　　三种检测试验方法的声时读数偏差

检测方法	声时读数（μs）		偏差（μs）
	首波等幅	首波超屏	
1	32.7	30.5	2.2
2	26.3	24.1	2.2
3	28.5	26.3	2.2

检测方法（1）：将两个发、收换能器耦合于标准棒的两个端面。先固定"发射电压"为 200V，然后按下"衰减器"按钮为 30dB 的衰减量后，调节"增益"钮，使超声首波波幅为 4cm，此时测得的超声仪读数为 32.7μs，即换能器的读数 $t_0 = 32.7 - 26.3 = 6.4$（μs）；保持同样的"发射电压"、"增益"状态，释放"衰减器"按钮 30dB，即衰减为 0dB，此时首波直立，波幅超示波屏，测得超声波仪读数为 30.5μs，此时换能器的读数 $t_0 = 30.5 - 26.3 = 4.2$（μs）。显而易见，两种检测结果的系统偏差为：$6.4 - 4.2 = 2.2$（μs）。

检测方法（2）：同检测方法（1），按"衰减器"按钮，先衰减 30dB，调节"增益"

钮使首波波幅为 4cm，调节"读数钮"使首波达读数切点标记处后，用螺丝刀调节"调零"旋钮，使数码管读数为标准棒上标注的声时值 26.3μs，然后释放"衰减器"按钮 30dB，使"衰减器"为 0dB，此时首波直立，幅度超示波屏，此时调节"读数钮"，超声仪读数为 24.1μs。可得二者偏差：26.3－24.1＝2.2（μs）。

检测方法（3）：同检测方法（2）"衰减器"为 0dB，在首波超屏状态下，调节"调零"旋钮至 26.3μs 的标准棒标记声时值后，按下 30dB 衰减值，首波幅度复原为 4cm，调节"读数钮"，超声仪读数为 28.5μs。可得二者偏差：28.5－26.3＝2.2（μs）。

综上所述，首波等幅 4cm 状态下读取的声时值，都比首波波幅超屏状态下（释放 30dB 衰减量后）大 2.2μs。笔者在长短环氧树脂匀质试件上测的换能器的 t_0 为 4.2μs[4]，4.2μs 结果同检测方法（1）：衰减为 0dB 时首波直立，波幅超示波屏，测得换能器 t_0 读数为 4.2（μs）。可见采用标准棒扣除换能器 t_0 读数时，再习惯性采用首波等幅读数的方法是不妥的。

5　用标准棒扣 t_0 读数的方法

试验表明，标准棒的超声声时读数和首波波幅之间存在着随首波波幅取高或低而声时读数递减或递增的规律。标准棒上厂家标注的声时值 26.3μs，其检测方法不详，此声时值的测量是由更高一级测量仪计量的，金属铝棒的声时读数应是在首波波幅足够大的状态下测量而非等幅测量得出的结果。

当标准棒扣除 t_0 读数时，不能采用传统的首波"等幅读数"法。用标准棒扣 t_0 读数时，建议采用的方法如下：预先按下 30dB 衰减值，调节"增益"钮，使首波波幅为 4cm，然后释放 30dB 衰减量，使首波直立陡峭，调节"读数钮"，此时读取的声时值与标准棒上的标注值之差即为换能器的 t_0 读数；此时如再调节"调零"钮，至数码管显示标准棒上标注的声时值即正确扣除了换能器的 t_0 读数。

6　结论

（1）模拟型超声仪的声时读数与超声波首波的幅度取值有关。标准棒上的声时读数随首波波幅的低、高呈变大变小的客观规律，其规律为所测到的声时值随着首波波幅值的减小而增大。如标准棒上扣除换能器的 t_0 读数，仍套用等幅读数的常规检测方法，被扣除的 t_0 读数将产生系统误差。

（2）当用标准棒扣除换能器 t_0 读数时，必须使超声波通过铝质金属圆柱体后的首波十分陡峭，推荐在首波幅度为波幅 4cm 的基础上再增益 30dB 量值后测读。

参　考　文　献

[1]　超声法检测混凝土缺陷技术规程［S］（CECS 21：2000）.
[2]　吴慧敏 . 结构混凝土现场检测技术［M］. 长沙：湖南大学出版社，1988：66－67.
[3]　童寿兴，伍根伏 . 超声波首波波幅差异与声时测量值的关系研究［J］. 无损检测，2010，32（4）.
[4]　童寿兴 . 智能型与模拟型超声仪测量声时的比对试验［J］. 无损检测，2008，30（2）：110－111.

综合法统一曲线在广西地区适用性的研究

李杰成

（广西建筑科学研究设计院，南宁市，530011）

本文通过两种不同骨料品种及两种不同的混凝土的四批标准试块的试验数据，对综合法全国统一曲线在广西地区的适用性进行了验证分析，结果发现，全国统一曲线在广西地区使用的误差较大，大大超出了规程规定的误差限值15%，其中，当混凝土强度小于20MPa时，全国统一曲线的计算值偏大，而当混凝土强度大于20MPa时，全国统一曲线的计算值偏小。所以，全国统一曲线不适用于广西地区，需另外建立计算曲线。

综合法因其精度高、适用性强而备受欢迎，多年来得到广泛应用。全国综合法规程自1988年颁布实施以来已应用了17年之久，近年来，混凝土技术迅猛发展，高强混凝土及泵送混凝土大量应用，使得1988版的规程已经无法满足检测技术的要求。根据中国工程建设标准化委员会（2000）建标协字第15号文的要求，由中国建筑科学研究院主持，陕西省建筑科学研究设计院、广西建筑科学研究设计院、湖南大学、贵州中建建筑科学研究院、浙江建筑科学研究院、山东乐陵回弹仪厂等单位参加修订了 CECS 02：1988）规程，并于2005年年底完成并颁布实施了新版《超声回弹综合法检测混凝土强度技术规程》（CECS 02：2005）。此次修订除保留原规程的原始数据外，还增加了全国各地的长龄期混凝土试件数据和大量泵送混凝土数据，对测试仪器作了统一规定，同时新增加了超声波角测、平测方法及声速计算方法等内容，使规程应用面更广、更方便。

但是，我国幅员辽阔，环境气候、地方材料差异较大，全国统一曲线不一定适用于全国任何地方，各地应作必要验证后方可使用（见规程附录 D）。虽然全国统一曲线中，也包含了广西的试验数据，但毕竟只是一小部分。那么，全国统一曲线是否适用于广西地区呢？还得由试验验证确定。由于广西的地方材料、气候特征等和其他地区的差异较大，那么这些因素对测强计算的影响情况有多大？为了确认这些因素的影响程度，我们选取了强度为 10～60MPa、骨料品种分别为碎石和卵石、混凝土为泵送和非泵送等多种情况的四大类试件（共1296个试件）进行试验分析和验证，以确定全国统一曲线在广西地区使用的误差范围，以确定该曲线（强度计算公式）在广西地区是否适用。

1 验证方案

1.1 混凝土品种及强度范围、龄期、骨料品种

（1）混凝土强度：10～60MPa。

（2）混凝土品种：按常用混凝土配比配制。

a. 现场拌和非泵送混凝土；

b. 泵送混凝土（商品混凝土厂家生产）。

（3）龄期：7d、28d、60d、90d、180d、360d、720d、1000d。

（4）骨料：河卵石 1.0～4cm，碎石（石灰岩）1.0～4cm。

1.2 成型及养护

150mm 立方钢模成型、7d 潮湿养护后再自然养护至试验。

1.3 测试方法

根据 CECS 02：2005 附录 A 的要求进行测试。

1.4 测试数据分布表

测试数据分布表如表 1 所示。

表 1 测 试 数 据 分 布 表

混凝土种类	粗骨料品种	样本数量 n	龄期 d	养护方法	混凝土强度 （MPa）
普通（非泵送）混凝土	河卵石 （1～4cm）	341	7～1000	标养 7d 后自养	10～60
	碎石（石灰岩） （1～4cm）	239	7～1000	标养 7d 后自养	10～60
泵送混凝土	河卵石 （1～4cm）	458	7～1000	标养 7d 后自养	10～60
	碎石（石灰岩） （1～4cm）	258	7～1000	标养 7d 后自养	10～60

2 验证结果

2.1 河卵石混凝土试块验证数据

全国统一曲线公式为

$$f_{cu.i}^c = 0.00562 v_{ai}^{1.439} R_{ai}^{1.769}$$

2.1.1 卵石的非泵送混凝土验证数据统计结果

从表 2 我们可以发现混凝土的强度越高，正误差所占的比例越低，负误差所占的比例就越高。当混凝土强度在 10～20MPa 时，其平均相对误差为正，强度在 20～60MPa 时，均为负误差。而且强度越高，负误差越大。除强度在 10～20MPa 的相对标准为 $e_r =$ 14.85%<15%以外，其余各强度段的相对标准误差均大于 15%。超过规程附录 D 的要求，不分段的总的相对标准差 $e_r = 20.94\% > 15\%$。所以骨料为河卵石的普通混凝土不适宜采用全国统一曲线来计算强度。

表 2 普通混凝土（河卵石）强度分段检验误差

编号	混凝土强度 （MPa）	样本数 n	误差分布		所占比例 （%）	相对误差平均值 （%）		相对标准误差 e_r（%）
A1	10～19.99	88	正误差	57	64.77	24.42	5.22	14.85
			负误差	31	35.23	−12.30		

151

编号	混凝土强度 （MPa）	样本数 n	误差分布		所占比例 （%）	相对误差平均值 （%）		相对标准误差 e_r（%）
B1	20～29.99	48	正误差	10	20.83	13.66	−13.79	29.17
			负误差	38	79.17	−14.08		
C1	30～39.99	91	正误差	3	3.30	2.05	−14.48	20.94
			负误差	88	96.70	−16.49		
D1	40～49.99	78	正误差	1	1.28	3.07	−14.85	20.34
			负误差	77	98.72	−18.69		
E1	50～60	37	正误差	0	0.00	4.64	−16.01	21.73
			负误差	37	100.00	−14.91		
总数	10～60	342	正误差	71	20.76	16.73	−9.56	20.94
			负误差	271	79.24	−15.93		

2.1.2 泵送混凝土验证数据统计结果

同样，从表3我们发现低标号时，全国统一曲线的计算值偏大，高标号时计算值偏小。误差随强度增加而增大，总的相对标准误差 $e_r = 20.12\% > 15\%$，所以全国统一曲线依然不适用。

表3　　　　　　　　　　泵送混凝土（河卵石）强度分段检验误差

编号	混凝土强度 （MPa）	样本数 n	误差分布		所占比例 （%）	相对误差平均值 （%）		相对标准误差 e_r（%）
A2	10～19.99	81	正误差	57	70.37	14.16	6.79	13.84
			负误差	24	29.63	−10.71		
B2	20～29.99	52	正误差	14	26.92	8.42	−8.04	19.56
			负误差	38	73.08	−14.10		
C2	30～39.99	154	正误差	27	17.53	25.33	−6.53	19.59
			负误差	127	82.43	−13.31		
D2	40～49.99	105	正误差	17	16.19	30.43	−7.84	21.52
			负误差	88	83.81	−15.23		
E2	50～60	66	正误差	1	1.52	18.39	−17.19	25.30
			负误差	65	98.48	−17.74		
总数	10～60	458	正误差	116	25.33	18.86	−6.18	20.12
			负误差	342	74.67	−14.54		

2.2 骨料为碎石的混凝土试块验证数据

（1）全国统一测强曲线公式为

$$f_{\mathrm{cu}.i}^{\mathrm{c}} = 0.0162 v_{ai}^{1.656} R_{ai}^{1.410}$$

（2）碎石的非泵送混凝土验证数据统计结果如表4所示。

表 4			普通混凝土（碎石）强度分段检验误差					
编号	混凝土强度 （MPa）	样本数 n	误差分布		所占比例 （%）	相对误差平均值 （%）		相对标准误差 e_r（%）
A3	10～19.99	48	正误差	35	72.90	24.42	14.48	20.53
			负误差	13	27.10	−12.30		
B3	20～29.99	58	正误差	28	48.30	13.66	−0.69	19.88
			负误差	30	51.70	−14.08		
C3	30～39.99	42	正误差	7	16.70	2.05	−13.40	20.95
			负误差	35	83.30	−16.49		
D3	40～49.99	50	正误差	5	10	3.07	−16.51	24.96
			负误差	45	90	−18.69		
E3	50～60	42	正误差	1	2.40	4.64	−14.45	21.89
			负误差	41	97.60	−14.91		
总数	10～60	239	正误差	76	31.80	16.73	−5.59	21.63
			负误差	163	68.20	−15.93		

表 4 的数据告诉我们，碎石混凝土的误差规律同卵石混凝土相似，正误差比例随强度增加而减少，负误差则相反。相对误差平均值中，除强度小于 20MPa 的为正值外，强度大于 20MPa 的各强度分段均为负值。总的相对标准差为 $e_r = 21.63\% > 15\%$。

（3）碎石为骨料的原送混凝土验证数据如表 5 所示。

表 5			泵送混凝土（碎石）强度分段检验误差					
编号	混凝土强度 （MPa）	样本数 n	误差分布		所占比例 （%）	相对误差平均值 （%）		相对标准误差 e_r（%）
A1	10～19.99	48	正误差	35	72.92	24.38	14.44	20.51
			负误差	13	27.08	−12.30		
B1	20～29.99	58	正误差	28	48.28	13.65	−0.70	19.88
			负误差	30	51.72	−14.08		
C1	30～39.99	46	正误差	11	23.91	16.38	−8.628	21.80
			负误差	35	76.09	−16.49		
D1	40～49.99	63	正误差	18	28.57	26.66	−5.73	25.28
			负误差	45	71.43	−18.69		
E1	50～60	43	正误差	2	4.65	15.60	−13.49	21.87
			负误差	41	93.35	−14.91		
总数	10～60	258	正误差	94	34.44	20.50	−2.66	22.08
			负误差	164	65.56%	−15.93		

很显然，表 5 的情况和表 4 非常相似，所以在广西地区泵送混凝土与非泵送混凝土均不适宜采用全国统一曲线。

3 结果分析

以上 4 种不同的混凝土验证数据表明，全国统一曲线在广西地区应用，当强度为 10 ~20MPa 时，其计算值偏大，相对误差为正误差，其相对标准误差 $e_r = 5.22\% \sim 14.48\%$，尚能满足规格的要求。而对于常用的结构混凝土（强度≥20MPa）统一曲线的计算误差就明显增大，其计算值比实际混凝土强度偏小。而且其误差值随混凝土强度增加而增大。强度越高，计算值的误差越大。其相对误差平均值为 $-0.69\% \sim -17.19\%$，相对标准误差 $e_r = 19.56\% \sim 29.17\%$。这就说明，全国统一曲线计算值存在低强偏高、高强偏低的规律，而且误差值大于规范限值。

4 结论和建议

（1）通过以上验证和分析，可以知道，在广西地区，采用综合法检测混凝土强度，当混凝土实际强度小于 20MPa 时可以使用全国统一曲线。而对工程常用的混凝土（强度为 20~60MPa），则不能采用全国统一曲线进行计算。

（2）由此，建议在广西地区需根据本地区的实际情况另行建立测强曲线（公式），而不能按全国统一曲线进行计算和推定构件混凝土强度。

参 考 文 献

[1] 超声回弹综合法检测混凝土强度技术规程（CECS 02：2005）.
[2] 超声回弹综合法检测混凝土强度技术规程（CECS 02：2005）.

修订后的超声回弹综合法与回弹法的主要区别

徐国孝

（浙江省建筑科学设计研究院，杭州市，310012）

本文列举了修订后的超声回弹综合法与回弹法条文部分的主要区别，分析了两者的测强误差以及检测泵送混凝土不同强度区段的测试精度，提醒检测人员如何选择超声回弹综合法或回弹法检测泵送混凝土强度。

《超声回弹综合法检测混凝土强度技术规程》（CECS 02：1988）自 1988 年颁布以来，至今已 17 年了。从 2000 年中国工程建设标准化协会发布第一批推荐性标准制、修订计划的通知以来，经过 5 年的研究，终于修订成《超声回弹综合法检测混凝土强度技术规程》（CECS 02：2005）（以下简称综合法）。修订后的综合法增加了角测、平测等重要内容，与原规程有许多不同点，与《回弹法检测混凝土抗压强度技术规程》（JGJ/T 23—2001）（以下简称回弹法）相比，也有许多特别需要引起注意的内容。

1 条文部分的主要区别

回弹法是在 2000 年年底修订完成的。随着现代科技的高速发展，综合法结合现实科技水平以及大量的试验数据，在原规程的基础上加以改进和提高。与回弹法相比，容易引起混淆的主要不同点见表1。

表1　　　　　　　　　　　　综合法与回弹法的主要区别

序号	不同点内容	综　合　法	回　弹　法
1	回弹仪	示值系统为指针直读式，数字显示与指针直读数字一致的数字式回弹仪	宜采用示值系统为指针直读式的混凝土回弹仪
2	碳化深度测试	不需要测试	需要测试
3	测区数少于10个，但不应少于5个的构件尺寸要求	对某一个方向尺寸<4.5m且另一方向尺寸≤0.3m的构件	对某一个方向尺寸<4.5m且另一方向尺寸≤0.3m的构件
4	建立修正系数所需取芯数量	不少于4个	不少于6个
5	当构件中出现测区强度无法查出（即 $f_{cu}^c>60.0$）情况时	该测区强度换算值取60MPa，再计算构件强度推定值	因无法计算平均值及方差值，只能以最小值作为该构件强度推定值
6	对按批量检测的构件，该批构件应全部按单个构件检测的条件	该批构件混凝土强度平均值在25.0～50.0MPa，则 $S_{fccu}>5.50MPa$；该批构件混凝土强度平均值>50.0MPa，则 $S_{fccu}>6.50MPa$	当该批构件混凝土强度平均值不小于25MPa时，$S_{fccu}>5.5MPa$
7	龄期	7～2000d	14～1000d
8	混凝土强度检测范围	10～70MPa	10～60MPa
9	回归方程平均相对误差	卵石：±13.1%，碎石：±2.5%	碎石或卵石：不超过±15%
10	回归方程相对标准差	卵石：15.7%，碎石：15.3%	碎石或卵石：不大于18%

2　不同强度区段的测试误差分析

对浙江地区190组泵送混凝土试块强度、综合法换算强度、回弹法换算强度的数据进行分析（表2），其总平均相对误差，综合法为12.94%，回弹法为14.56%。说明综合法的平均相对误差要低于回弹法，即测试精度稍高于回弹法。

由表2还可以看出，综合法平均相对误差最小区域在强度45～55MPa区段。该区段的平均相对误差明显小于其他区段，说明该区段是综合法的最佳检测区段。回弹法的平均相对误差最小区域在强度25～35MPa区段，该区段的平均相对误差明显小于其他区段，说明该区段是回弹法的最佳检测区段。

表2　　　　　　　　　190组送混凝土强度的综合法与回弹法测试误差

试块强度（MPa）	数据数量（个）	综　合　法		回　弹　法	
		平均相对误差（%）	相对标准差（%）	平均相对误差（%）	相对标准差（%）
25～35	36	18.86	21.35	11.96	15.93
35～45	30	17.12	18.78	15.65	21.06
45～55	52	9.14	11.38	14.19	17.49
55～70	72	10.98	12.98	15.67	19.63
总误差	190	12.94	15.39	14.56	18.50

当混凝土强度在 45MPa 以上时，综合法的平均相对误差在规程的误差要求范围内；当混凝土强度在 45MPa 以下时，其平均相对误差已偏离规程规定的误差要求了。因此，综合法最适宜的检测区域是在混凝土强度为 45～70MPa 区段。而回弹法测强时混凝土强度在 35MPa 以下，其平均相对误差符合规程误差要求；当混凝土强度在 35MPa 以上时，其平均相对误差增大，说明回弹法最适宜的检测区域在强度为 35MPa 以下的混凝土。

各强度区段综合法和回弹法的平均相对误差比较见图 1。图 1 中 δ_z 为综合法的平均相对误差，δ_h 为回弹法的平均相对误差；相对标准差的比较见图 2。

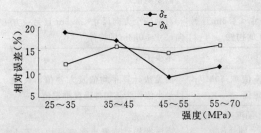
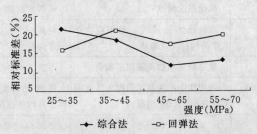

图 1　综合法和回弹法的平均相对误差比较　　　　图 2　综合法和回弹法的相对标准差比较

3　结语

在选择修订后的综合法或回弹法检测混凝土强度时，首先应注意修订后的综合法与原规程的区别，同时应了解与回弹法不同的检测区域；其次，根据被测混凝土强度的设计等级，应充分考虑综合法与回弹法对不同区段混凝土强度的测试精度，从而选择适宜的方法检测。这里需要说明的是，本文综合法和回弹法对泵送混凝土不同强度区段的测试误差分析，是针对浙江地区 190 组数据得出的结论，是否与其他地区的测强误差类同，需要进一步研究。

参　考　文　献

[1]　回弹法检测普通混凝土抗压强度技术规程（JGJ/T 23—2001）.
[2]　超声回弹综合法检测混凝土强度技术规程（CECS 02：2005）.

混凝土超声波测试的尺寸效应研究

李杰成

（广西建筑科学研究设计院，广西南宁，530011）

以往，我们利用超声法和综合法检测和评定结构混凝土强度时，都是利用 15cm×15cm×15cm 的标准试件的超声脉冲速度（与回弹值）与混凝土抗压强度建立的关系曲线来进行的，而没考虑到不同测试距离下，声速有所不同。也就是说，不考虑测试距离的影响，而实际上测距对声速的影响是不可忽视的。因为现场结构物的尺寸不可能都是标准试件的尺寸（15cm），特别是高层建筑的迅速发展大尺寸的构件的测试机会将不断增多。如不考虑测距影响势必使声速的误差增大，影响测试精度。为此，我们按全国综合法标准课题协作组的分工，开展了这方面的试验研究工作。通过试验研究，我们认为，不同标号的混凝土的声速测量，均受到测距的影响，而且混凝土强度不同，其受测距影响的程度也不一致。测距对低标号混凝土的声速的影响要比高标号的影响更为显著。同时不同探头（频率不同）测距对声速的影响也有所不同。

1 试验条件

1.1 原材料

（1）水泥 425♯普通硅酸盐水泥（检验结果见表1）。

（2）骨料：中砂（河砂）；河卵石（1～4cm）。

表 1 425♯普通硅酸盐水泥

水泥品种	细度	标准稠度加水量（%）	凝结时间（h）		安定性	抗折强度（MPa）			抗压强度（MPa）		
			初	终		3d	7d	28d	3d	7d	28d
普通硅酸盐水泥	9.2	22	1.29	2.49	合格	5.0	6.3	7.2	23.3	32.8	48.3

1.2 混凝土配合比

设计了 4 种标号的混凝土（配比及记录见表2）。

表 2 配 合 比

混凝土设计标号	水泥：砂：石：水（重量比）	塌落度（cm）	实测试块强度（MPa）
C10	1：3.56：5.57：0.79	2～3	15.7
C12	1：2.58：4.39：0.61	3～4	26.9
C30	1：1.61：3.26：0.45	4～5	42.6
C40	1：1.08：2.65：0.37	4～5	50.1

1.3 仪器

采用两种超声仪进行对比试验：JC—2 型（北京）100kC 探头；CTS—25 型（汕头）50kC 探头。测试时 CTS—25 型超声仪采用"等幅测量法"，即不同测试距离下，保持振幅一致（4格），发射电压等均予固定，t_0 的扣除方法用统一标定的标准捧扣除。

2 试验结果

关于测距对声速的影响问题，国内外曾有不同看法，但有一点是一致的，即都认为测距对声速测试是有一定影响的，影响程度的大小看法不一。R·琼斯（英）和 I·费格瓦洛认为，测距不同，结果所取得的速度值也不同，这种影响为 2% 左右。前苏联的 E·波里认为，应该在测得的超声波速基础上加上修正值 Δv，当 L_1/L_2 为 0.3、0.2、0.1 时，Δv 相应等于 0.12km/s、0.24km/s、0.4km/s（L_1 表示建立相关关系的试块尺寸，L_2 表

示结构物 v 值测定标距）。也就是说，他认为这种影响可达 12%。前苏联 A.K. 特恰柯夫的资料也认为，以 20cm 试块建立的关系，只运用于 $L<50cm$ 的测定标距的声速 v。当超过这一距离，要乘上 1.02～1.10 的系数。此修正系数取决于混凝土的性能和声波频率，随测距的增大而增大。A.M. 菲拉尼多也认为，这一影响可达 1%～2%。

在国内的研究数据中，浙江所的数据表明在测距为 120cm，探头频率为 24kC、54kC、82kC、150kC、200kC 时对声速的影响分别达 1.007、1.012、1.018、1.024、1.032，即频率较高时影响可达 3.2%（$L=120cm$ 时）。（采用仪器为"PUNDIT"）南京水科院的试验结果（见表 3）认为这种影响较小（仪器是 SYC—2，用手动关门的游标测读方式）。交通部一航局科研所的数据则表明，当距离从 92cm 增大到 175.0cm 时，速度变化（减少）7% 左右。

表 3　　　　　　　　　　　　　　南京水科院的试验结果

测距 （cm）	15	50	100	200	300	400	500
换算系数	1	1.003	1.015	1.023	1.027	1.030	1.031

为此，做了一批试验之后，又做了一批补充试验（JC—2、CTS—25 同时进行）。数据的统计与分析表明，测距对声速的影响是存在的。一般这一影响在 500cm 时，高标号混凝土可达 3%，低标号混凝土则可达 8%，采用 JC—2 等自动关闭计时门方式印仪器时，这种影响还要稍大一些。而且不同的混凝土这一影响程度也不同（见图 1、图 2）。从 3 个方程形式的拟合回归中，可以发现（直线、指数、幂函数）3 种方程中，以指数方程 $v=Ae^{B \cdot L}$ 的效果最佳（回归结果见表 4）。

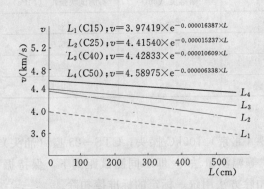

L_1(C15)：$v=3.97419\times e^{-0.000016387\times L}$
L_2(C25)：$v=4.41540\times e^{-0.000015237\times L}$
L_3(C40)：$v=4.42833\times e^{-0.000010609\times L}$
L_4(C50)：$v=4.58975\times e^{-0.000006338\times L}$

图 1　混凝土"测距声速"关系曲线
（仪器：CTS25、50kC 探头）

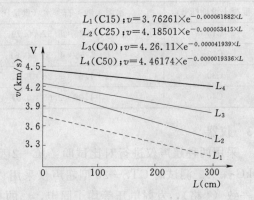

L_1(C15)：$v=3.76261\times e^{-0.000061882\times L}$
L_2(C25)：$v=4.18501\times e^{-0.000053415\times L}$
L_3(C40)：$v=4.26.11\times e^{-0.000041939\times L}$
L_4(C50)：$v=4.46174\times e^{-0.0000019336\times L}$

图 2　混凝土"测距—声速"关系曲线
（仪器：JC2、100kC 探头）

从表 4 我们发现，混凝土标号越高，相关系数越小。特别是超过 C40 以后，相关系数更小。其主要原因是：当水泥用量较多时，混凝土强度随水泥用量增长而较迅速地增长，而超声速度增长却很缓慢，即便我们统计时的超声变化幅度较小，数值单，故使相关系数变小；测距对声速的影响随着混凝土强度的增加而减少。所以高标号混凝土长距离的声速与短距离的声速相差不大，较容易出现误差，这一点误差又引起曲线的相关系数变化较大。而低标号混凝土的声速对测距较高标号混凝土敏感，即测距变化同样的尺寸时，低标号混凝土的声速变化幅度较高标号混凝土的幅度大，所以相关系数较高。

表 4　　　　　　　　　　　　　　　　**L—v 关系曲线**

编号	仪器	统计量	L—v 关系曲线	相关系数 R	剩余标准差 S_Y	相对标准差 $S_R(\%)$	平均相对误差 $R_R(\%)$
L1（C15）		81	$v = 3.9742 e^{-1.6387146 \times 10^{-5} \cdot L}$	0.864	0.039	1.015	0.874
L2（C25）	CTS—25	45	$v = 4.4154 e^{-1.523704148 \times 10^{-5} \cdot L}$	0.935	0.0276	0.663	0.543
L3（C40）	50kC	69	$v = 4.4283 e^{-1.06086714 \times 10^{-5} \cdot L}$	0.936	0.0177	0.415	0.344
L4（C50）		65	$v = 4.5860 e^{-6.111042337 \times 10^{-5} \cdot L}$	0.688	0.035	0.771	0.604
L1（C15）		82	$v = 3.7626 e^{-6.18823749 \times 10^{-5} \cdot L}$	0.879	0.1025	3.015	2.449
L2（C25）	JC—2	61	$v = 4.1850 e^{-5.341476446 \times 10^{-5} \cdot L}$	0.81	0.1236	3.39	2.46
L3（C40）	100kC	65	$v = 4.2601 e^{-4.193945538 \times 10^{-5} \cdot L}$	0.844	0.0892	2.26	1.915
L4（C50）		55	$v = 4.4617 e^{-1.933621584 \times 10^{-5} \cdot L}$	0.743	0.0815	1.95	1.35

从回归方程中，我们还发现，JC—2 型超声仪的试验结果与 CTS—25 型有所不同：JC—2（100kC 探头）测出的声速受测距影响较大，而 CTS—25（50kC 探头）相对要小很多。其原因主要有两个：仪器的测读方式不同；探头发射频率不同。JC—2 是采用自动整形关门的方式来关闭计时门的。而 CTS—25 型使用时则是用手动关门的方式来计数的。这点差异可能会导致它们的影响程度不同。另外，不同频率的探头，测距的影响程度是明显不同的。我们知道，波长、频率、速度的关系是 $\lambda = c/f$。则 100kC 探头在混凝土中传播的波长为 $3.6 \sim 4.6$cm；50kC 的探头波长则为 $7.2 \sim 9.2$cm。在我们成型的混凝土中，粗骨料的粒径为：$1 \sim 4$cm，也就是说骨料粒径与波长基本相同或相差不大。混凝土是一种多相的复合材料。而且有孔隙，各种材料的声速不一，使混凝土内部形成许多介面。这些介面可使声波多次反射、折射和绕射。当介质粒径与波长可比时，声波就可能发生绕射，此时部分声能就损耗在这些声"障碍物"上，但骨料的声速一般均比水泥石的高，声波要寻找最快路径，穿过骨料，此时介面的反射、折射也损耗部分声能。这样测距越大，这种"障碍物"越多，声能散失越大，测得的声速就越小了。

超声脉冲波的衰减，与声波的频率有密切的关系。我们知道，介质对超声波总的吸收系数为

$$a_a = a_1 + a_2 + a_3 = \frac{2}{3} \frac{f^2}{c^3 p} \left[\left(n + \frac{3}{4} n^2 \right) + \frac{3}{4} (r-1) \frac{K}{c_p} \right] \tag{1}$$

其中　f——频率。

从式（1）可以看到，a_a 的大小与频率的大小的平方成正比，因此可以知道：高频率时，声能的吸收将大大地增加，此外声波的散射衰减也与频率有关，超声脉冲波的总的散射衰减系数是

$$a_x = 8a^{-3} \left(A f^4 + B f^2 + \frac{R}{16 a^{-4}} \right) \tag{2}$$

同样可以看出，频率越大时，由散射产生的衰减越大；衰减越大，所接收到的信号频率越低，速度就越小，也就是说：测距对声速的影响，高频要比低频显著。这也是试验中JC—2型（100kC）比CTS—25型（50kC）影响大的原因之一（两种类型仪器的声速换算系数见表5）。

表 5　　　　　　　　　　　　　不同测距的声速换算系数

混凝土强度　仪器 测距（mm）	CTS—25 型 50kC				JC—2 型 100kC			
	C15	C25	C35	C45	C15	C25	C35	C45
150	1.0000	1.0000	1.0000	1.0000	1.0000	1.0000	1.0000	1.0000
300	1.0025	1.0023	1.0016	1.0010	1.0093	1.0080	1.0063	1.0029
600	1.0074	1.0060	1.0048	1.0029	1.0282	1.0243	1.0191	1.0087
900	1.0124	1.0115	1.0080	1.0048	1.0475	1.0409	1.0320	1.0146
1200	1.0174	1.0161	1.0112	1.0067	1.0671	1.0577	1.0450	1.0205
1500	1.0224	1.0202	1.0144	1.0086	1.0871	1.0748	1.0580	1.0264
1800	1.0274	1.0255	1.0177	1.0105	1.1075	1.0921	1.0717	1.0324
2100	1.0325	1.0302	1.0209	1.0124	1.1283	1.1098	1.0852	1.0384
2400	1.0376	1.0348	1.0242	1.0144	1.1494	1.1277	1.0990	1.0444
2700	1.0427	1.0396	1.0274	1.0163	1.1709	1.1459	1.1129	1.0505
3000	1.0478	1.0444	1.0307	1.0183	1.1929	1.1644	1.1269	1.0567
3300	1.0530	1.0492	1.0340	1.0202				
3600	1.0532	1.0540	1.0373	1.0221				
3900	1.0634	1.0588	1.0406	1.0241				
4200	1.0666	1.0637	1.0439	1.0260				
4500	1.0739	1.0685	1.0472	1.0280				
4800	1.0792	1.0734	1.0506	1.0299				
4950	1.0818	1.0758	1.0522	1.0309				

注　本表为非泵送混凝土试验结果

超声波在混凝土中传播时，穿透距离越大，声波遇到的介质变化介面越多，高振源越远，扩散面积越大，单位面积的能量也就越小。测距越大声波的扩散角度越大；扩散衰减越大，声波在介质变化的介面，声能的绕射、散失和反射散失就越大。混凝土的黏滞性对声能的吸收也会造成声能的不断衰减。测距越大，孔隙越多（介面越多），声波的衰减越大，接收到的信号频率就越低，声波速度也随之降低。这种影响不仅仅取决于超声脉冲波的频谱，也取决于混凝土的物理性能（强度及密实性等）。脉冲波高频部分易于衰减，混凝土低标号时也易于衰减。所以探头的频率越高，混凝土的强度越低，则声速受到的影响越大。

3　结语

通过试验研究，我们认为，测试距离里对超声脉冲速度的测量有一定的影响而且随探头频率的增高，其影响也随之增大。这主要原因是高频声波易衰减，长距离后接收到的信号频率低，速度变小。这种影响也随混凝土强度的升高而减少。其原因是高标号混凝土密实性好，结构孔洞（包括微孔隙）小而少、介质介面少。故建议在应用超声脉冲速度这项指标来评定混凝土强度时（如综合法、超声法等），应对不同距离下测得的声速进行修正（按表5进行），然后按修正后的速度来计算和评定混凝土的强度，以减少测强评定误差。

汉口大清银行老建筑加固修缮前后检验鉴定

罗仁安[1,4] 陈文钊[4] 刘 凯[2] 姜洋标[1] 童 凯[3]

（1. 上海大学理学院力学系 & 力学实验中心，上海市，200444；

2. 上海大学土木工程系，上海，20072；3. 湖北省黄石市房

地产管理局，湖北，435000；4. 上海市功大建设工程

检测有限公司，上海，200444）

汉口大清银行是武汉市一幢有近百年历史的文物保护建筑，存在结构老化、资料不全等诸多问题。通过对该建筑物加固修缮前的检测和鉴定，为大楼经加固设计施工提供了必要的数据资料；而建筑结构加固工程完成之后的检测和试验，验证了结构加固的可靠性。本工程除应用非破损检测、静载荷试验和应力应变测量等常规的检测技术与方法外，还采用了结构的动态检测和损伤诊断实时监测和健康分析技术。

近年来，我国对具有历史、文化、科学、艺术、人文价值，反映时代特色和地域特色的历史文物建筑的保护和规范历史文物建筑的管理越来越重视。通过对历史建筑的保护和改造，实现其再生，是对历史遗产保护的最佳途径之一。而这些历史建筑大都达到或远远超出设计基准期的年限，但仍有相当数量的历史建筑需要保留，它们亟待修缮改造。因此，如何对历史文物建筑物结构的可靠性作出评价和加固设计是目前业界普遍关注的问题。修缮和装饰装修历史风貌的建筑应当符合有关技术规范、质量标准和保护原则等要求，做到修旧如旧。然而在历史文物建筑的结构可靠性鉴定和加固处理中还存在若干疑难。本文重点介绍武汉市有近百年历史的汉口大清银行（现汉口中国银行）大楼，对该历史文物建筑进行结构鉴定，以及加固后的有关检测与试验。

1 建筑物概况

1.1 建筑物历史简述

汉口大清银行是武汉市一幢有近百年历史的文物保护建筑，位于汉口江汉路与中山大道路口，始建于20世纪初（1908年始建至1915年落成），至今已有近百年的历史。1905年，清政府在北京设立户部银行，这是我国官方最早设立的国家银行。1908年，大清银行在上海、天津、汉口等地设立了20家分行。中华民国成立后，改称"中国银行"。汉口分行原管辖湖北中行机构，1921年起先后有长沙、重庆等分行划归其管辖。1922年全国被划分为四区，指定一分行为区域行。三区为湖北、湖南、河南、陕西、江西、四川、贵

州，以汉口分行为区域行。

该楼呈四方形，气宇轩昂，古典风格突出，是一种典型的欧洲古典和现代风格相结合的建筑物。原汉口大清银行的立面图如图1所示。

图1　汉口中国银行大楼立面造型

1.2　老大楼的建筑结构体系

汉口大清银行大楼由英国通合有限公司设计，汉和顺营造厂承建。地下室一层（局部两层），地上四层，底层层高6.4m，建筑面积4939.48m²。原设计图纸和相关施工资料目前已不复存在。

该楼主体结构体系传力途径复杂，其主体为砖砌体加局部框架承重的混合结构体系。地下室主要由砖墙砌体承重；一层局部采用混凝土框架，混凝土柱主筋采用螺纹钢和方钢；二～四层砖墙承重。地下室顶板采用混凝土现浇，一、二层楼板为钢梁—木或混凝土梁—木组合结构，三、四层为混凝土板；从而形成整体的混合结构体系。

因中国银行汉口分行需对该建筑进行再次装修改造，改造后一楼为银行营业大厅使用，二～四层为银行办公室使用等。因此需要对该建筑进行结构和主要受力构件的性能检验，判定该大楼是否能满足将来安全使用的要求。

2　本次检测鉴定所应用的技术和方法

2.1　加固前的结构检测与鉴定的内容

本次检测在传统经验法的基础上，引入检测手段和检测技术，分成若干分项，组织系统调查与检测。

（1）外观检测：对基础、梁、板、柱、墙等构件逐一检查变形、裂缝、构造 连接等，并按规范标准评级（A、B、C、D）。

（2）强度检测包括：混凝土强度检测（超声回弹与钻芯取样试压），砖、砂浆强度检测，钢筋取样复验。

（3）动力特性测试：采用脉动法测结构固有频率、振型，分析整体刚度状况，并为抗震验算提供实测数据和分析结果。

2.2 加固之后的结构检测与验证

2.2.1 静态和动态综合检测方法

本建筑物加固改造要求使用寿命延长并且加强抗震加固等功能。虽然静态检测和局部激振检测的信息比较可靠，但由于工程结构体量大、构件多，加上工程应用上的限制，静态检测和局部激振检测往往只能获得结构的局部参数。而环境激振检测系统不论采用频域识别方法还是时域识别方法都是从结构动力响应的一个侧面给出结构的健康诊断结果，能更好地把握结构的整体性能和构件在整体结构中的作用。由于本工程结构的复杂性，因此，采用综合各种检测技术进行检测。其实施过程和步骤简述如下。

（1）首先采用静态检测方法确定有关参数，观察结构构件的变形、裂缝及节点构造等，可缩小局部激振检测的范围。

（2）对结构进行现场环境激振检测试验，获得结构在环境激振下的加速度时程反应数据，采用频域识别法和时域识别法识别得到结构或构件的物理参数。

（3）根据静态检测的结果和环境激振检测的分析结果，确定需要进行局部激振检测的构件。对其实施激励，采集构件的响应，获得构件的物理参数。

2.2.2 现场静荷载试验进行加固验证

本工程采用传统的现场荷载试验等实用鉴定法进行重点验证。每层楼需要抽样数量、测点位置，以及检测方法和所需测试参数等。

首先，在地下室基础墙体上预埋应力应变传感器，已备加固完毕之后检测试验用组织系统调查与检测；在底层混凝土柱、加固用的型钢梁和钢板上预埋应力应变传感器，底层混凝土楼板、在钢梁或钢夹板木楼枕梁内预埋应力应变传感器。

现场荷载试验有三项观测内容：按规范要求逐级施加荷载；当荷载作用稳定后，在楼板（或梁、柱、墙）上、下表面测试竖向挠度；对加固后的复合结构进行应力应变值测量。仪器的选择及数据采集流程如下：

荷载传感器——电阻应变仪——数据采集；

位移传感器——数字位移测量仪——数据采集；

应力应变传感器——电阻平衡箱——电阻应变仪——数据采集。

由试验测试每级加载稳定后板跨中心线上单轴应变值；由试验所测应变值，分析计算加固构件的弯矩分布 $P-M$ 关系曲线，验证其加固的正确性。

3 加固修缮前的健康检测及鉴定

3.1 建筑物健康状况调查

为了对文物进行保护，确保建筑物能够正常使用，因此需对其进行结构健康检测，并根据鉴定结果进行结构工程加固改造。

在历经 20 世纪多个年代的改建扩建，再加上近百年的使用，该建筑物混凝土和砌体已经老化，存在较多隐患；多处混凝土梁、柱、板，以及木梁等都有不同程度的腐蚀和损坏；局部混凝土板、梁和柱的混凝土蜂窝现象严重，轻敲时混凝土即脱落；梁身混凝土夹泥较多，部分位置夹有砖头，且局部混凝土振捣不实、离析。另外，有一些梁板混凝土严重剥落，钢筋外漏且严重锈蚀甚至出现多处贯穿楼板的裂缝，表面裂缝在 1~10mm。

按现行标准检测，一～四层砂浆强度均低于 M7.5，且碳化深度大于 3mm。砌块砖抗压强度平均值小于 MU15，单砖最小抗压强度为 4.7MPa。大楼内墙体均出现了大量裂缝，主要是门、窗过梁上方砌体产生斜裂缝。局部承重墙也受到剪切破坏，出现贯穿的裂缝，如第二层外部承重墙体裂缝分布照片，见图 2。

在抽检的混凝土柱中，几乎所有的混凝土强度都低于现行规范 C20 要求；抽检的混凝土梁中大多数混凝土强度低于现行规范 C20 要求，其中有部分构件混凝土强度低于 C15。梁、柱混凝土表面已经完全碳化，碳化深度为 60～130mm。

由于该大楼使用年限已大大超出设计年限，房屋混凝土和砌体已经老化，存在较多安全隐患，经综合检测，评定改大楼为局部危房，应立即对其进行全面的结构加固修缮，而且应对危险点进行重点加固排危。

图 2　砖墙砌体通长裂缝

3.2　混凝土强度检测

混凝土构件强度检测采用超声回弹综合检测法，对部分超声回弹检测的构件还采取了钻芯取样进行校样检测。超声波测试原理方框图如图 3 所示。根据《超声回弹综合法检测混凝土强度技术规程》（CECS 02：1988）的规定，计算得出相关修正系数 η 后，对混凝土进行强度推定，测区混凝土强度推定值计算公式为

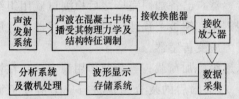

图 3　超声波测试原理

$$f_{cu} = 0.008\eta(v)^{1.72}(R)^{1.57}$$

其中　　v——测区混凝土平均声速值，km/s；
　　　　R——测区混凝土平均回弹值，MPa。

本工程对 25 根混凝土梁和 8 根混凝土柱采用超声回弹综合法进行混凝土强度检测，被检面为混凝土浇捣侧面，回弹为水平方向。该大楼一～四层的混凝土梁、板经过检测，除两处强度低于 10MPa 外，其他构件混凝土强度为 10.6～21.5MPa；顶层梁混凝土强度为 17.3～27.7MPa；底层到四层柱混凝土强度为 14.0～22.1MPa。部分检测成果见表 1。

表 1　　　　　　　　　　　　部分构件混凝土强度检测成果

楼层	构件轴线部位	f_t	f_{cor}	f_{cu}
一层	梁Ⓕ×1/⑥～⑦	17.9	16.8	16.8
二层	梁Ⓙ～Ⓚ×1/②	13.1	13.5	13.1
二层	柱Ⓗ～⑤	19.5	18.3	18.3
三层	柱Ⓗ～④	15.6	16.3	15.6
三层	梁Ⓓ～Ⓔ×④	8.2	8.3	8.2
四层	梁Ⓓ～Ⓔ×1/④	21.3	23.6	21.3
四层	柱Ⓓ×②	18.3	17.0	17.0
四层	柱Ⓔ×④	19.5	17.5	17.5
四层	柱Ⓓ×⑥	20.0	18.4	18.4

注　原混凝土强度设计等级不详；f_t 为采用超声回弹检测值（MPa）；f_{cor} 为采用取芯样抗压检测值（MPa）；f_{cu} 为混凝土强度推定值（MPa）。

3.3 钢筋检测

钢筋检测采用钢筋位置保护层厚度智能探测仪对梁板主筋、箍筋的数量、间距、保护层厚度进行检测。检测结果表明，有一些梁板混凝土严重剥落，出现胀裂、剥落、钢筋外露、严重锈蚀，且箍筋锈断，甚至出现多处贯穿楼板的裂缝。

3.4 砌体砂浆检测

砌体砂浆强度检测采用回弹法进行，现场在一至四楼墙面上共选 60 个测点区进行砂浆回弹检测。经过检测，一至三楼砂浆抗压强度平均值为 3.1MPa，四楼砂浆抗压强度平均值为 2.5MPa。

3.5 混凝土及砌体砂浆碳化检测

现场对该大楼的混凝土构件及砌体砂浆的碳化深度的检测表明，该大楼混凝土和砂浆已经全部完全碳化。砂浆碳化深度大于 3mm；在混凝土梁、柱的 10 个测点中，碳化深度为 60～130mm。

3.6 其他部分和相关项目的检测

原大楼二、三层为木楼面，下层为间距 20mm 的 20mm×8mm 的枕木梁，枕木梁上铺设木地板。经检测发现，有些枕木梁变形过大，部分枕木梁和木地板已经腐烂，楼板防潮防腐剂失效。

3.7 加固前检测鉴定结论

综合以上检测结果，可以看出该大楼混凝土和砌体已经严重老化，其强度太低。混凝土和砌体砂浆完全碳化。加之其使用年限已大大超出设计年限，存在较多安全隐患，检测综合评定为局部危房，应立即对其进行全面的加固维修，才能满足安全使用的要求。

4 结构加固设计方案简介

武汉市民用建筑设计院按照甲方要求，2005 年对本建筑物进行了加固修缮设计，确定将该建筑物原"地下室砖墙承重——一层局部内框架——二～四层砖墙承重——整体混合结构体系"，改造成"地下室砖墙承重（隐含小柱网钢框架）——一层组合式钢框架——二～四层砖墙承重（隐含钢框架）——整体钢框架体系"新的结构体系。因此，本工程除了要按照施工验收规范对该楼的补强加固质量进行常规的检测与检查外，对部分重要的或有代表性的关键构件（梁、板、柱及基础）应进行补强加固的验证试验。

4.1 维修与加固的基本原则

维修和加固是针对已建成和投入使用的建筑物而言的。除了使用要求外，还受建筑物及其环境因素的限制。它存在特有的共同作用问题和应力滞后现象。加固前构件中实际上已存在一定的应力，而新增部分在刚开始时基本是处于无应力状态的。维修、加固本质上是对结构性能的一种改变，设计目的是改善和提高结构的性能，但是维修、加固的效果是多方面的，在改善提高结构某方面的性能时，有可能对结构其他方面的性能造成不利影响。

4.2 柱加固设计

柱是受压构件，同时承受轴向力、弯矩和剪力的作用。就破坏特性而言，它是由于钢筋或混凝土的强度达到极限而破坏，但若柱的轴压比很大，当荷载超过其临界荷载后，构件就会发生失稳破坏。

大楼加固采用"三重连接"加固法。即先用粘接内胀螺栓将钢板（或型钢）紧固于混凝土或者砖砌体构件表面，再将钢板（或型钢）与螺栓焊接，最后将结构胶灌注于钢板与混凝土之间的加固技术，称之为：外包钢"锚固—焊接—粘接"三重连接加固法（简称"三重连接"加固法），见图4。采用"三重连接"加固后，由于钢板箍对混凝土的约束作用，其极限承载力及延性有显著的提高，可大大改善高轴压比柱的抗震性能。能有效地保证外包钢板箍与旧混凝土的共同作用，使新旧结构能够同步受力，消除应变滞后。[3]

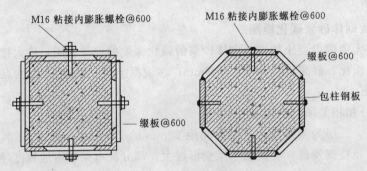

图4　柱三重连接加固

4.3　梁加固设计

梁是一种典型的受弯构件，它在承受弯矩的同时，往往还承受剪力。在主要承受弯矩的阶段，梁将产生垂直裂缝，当荷载增大后，还可能沿垂直裂缝发生正截面受弯破坏；在弯矩和剪力共同作用的区段内，梁常常产生斜裂缝，随着载荷的增大，它还可能发生斜截面破坏。本工程采用粘钢加法，如图5所示。

4.4　加固效果

在现有的结构维修、加固中，首先应保证原有结构的性能得到有效的改善和提高，满足可靠度要求，同时还要考虑到施工条件、施工工期、使用要求、加固成本等因素。加固之后应按照施工验收规范，对该楼的补强加固质量进行常规的检测。并对部分重要的或有代表性的关键构件（梁、板、柱等）进行补强加固的应证试验。图6为该大楼一楼加固之后的照片。

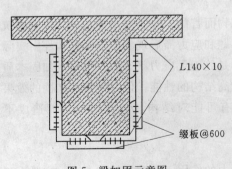

图5　梁加固示意图

图6　加固后一层柱、梁、木楼板及节点图

5 建筑物加固之后的检测试验与验证

对新的结构体系，进行强度检测验证。在标准使用荷载试验下，对测试构件强度承载力进行验证计算。现场荷载试验有三项观测内容：每级加载量；荷载作用稳定后楼板（或梁、柱、墙）上、下表面的竖向挠度；加固后复合结构的应力应变值。以下重点讲述地下室结构体系的检测试验。

5.1 地下室结构加固后检测试验

为检验改造成"地下室砖墙承重（隐含小柱网钢框架）──→一层组合式钢框架──→二～四层砖墙承重（隐含钢框架）──→整体钢框架体系"新结构体系的真实可靠性，对"地下室砖墙承重（隐含小柱网钢框架）──→一层组合式钢框架──→二～四层砖墙承重（隐含钢框架）──→整体钢框架体系"新的结构体系，进行外观检测（见附录图 C）。在标准使用荷载试验下对基础、梁、板、柱、墙等构件逐一检查变形、裂缝、构造连接等，并按规范标准评级（A、B、C、D）。

5.2 现场静载试验的数据资料成果

按照设计要求，对部分构件进行了静荷载试验。地下室荷载取 550kg/m²，一～四层荷载取 350kg/m²。加载分 5 级，卸载分 2 级。静荷载试验结果见表 2、表 3 及图 7、图 8。

表 2 　　　　　　　　　加固后板中挠度理论计算值与实测值对比

验算单元	计算值 （mm）	实测值 （mm）	计算值/实测值	荷　载 （kg/m²）
地下室 2—3/E—F 板	2.34	2.57	0.91	550
地下室 5—6/E—F 板	1.69	2.19	0.77	550
一层 2—3/E—F 板	1.56	1.80	0.87	350
二层 5—6/C—D 板	1.77	2.01	0.88	350
三层 3—4/E—F 板	1.82	1.96	0.93	350
四层 2—3/D—E 板	0.97	1.23	0.79	350

表 3 　　　　　　　　　加固后梁中挠度理论计算值与实测值对比

验算单元	计算值 （mm）	实测值 （mm）	计算值/实测值	荷　载 （kg/m）
地下室 5/C—D 梁	1.56	1.68	0.93	2750
地下室 3—4/H 梁	1.37	1.53	0.90	700
一层 3—4/E 梁	1.19	1.43	0.83	1050

验算单元	计算值 (mm)	实测值 (mm)	计算值/实测值	荷　载 (kg/m)
一层 5/E—F 梁	1.52	1.67	0.91	1750
二层 6—7/G 梁	1.18	1.25	0.94	700
三层 4/C—D 梁	1.26	1.43	0.88	1750

图 7 为选取构件在分级加载时的理论计算和试验实测变化曲线。

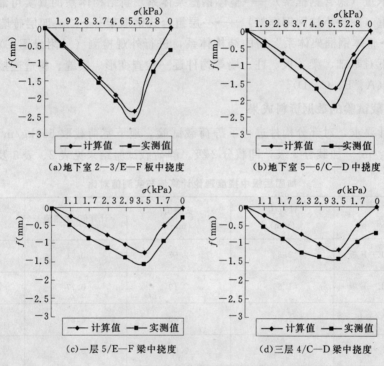

图 7　理论计算值和试验测试曲线

5.3　数据资料成果分析

5.3.1　关于理论值与实测值的差异

从表 2、表 3 和图 7 可以看出无论是从理论计算还是试验实测都表明大楼加固效果非常理想，各构件的承载力均满足要求，且有较大盈余。从图 7 可知，加固后组合结构的承载性能有较大的提高，加固效果明显。因受试验荷载的限制，所测得的应力应变曲线只得到其弹性阶段的一部分，若要得到该组合结构的完整应力应变须作进一步研究。

进一步分析理论计算值和试验实测值可以发现，虽然计算值和实测值基本上算是吻合，但还是存在一些误差。梁板跨中的理论计算值均低于试验实测值。梁板的理论计算是假设加固的型钢和原结构是粘接完好，能完全共同作用的。因此，在实际的载荷试验中，新加部分能不能和原结构完全共同作用是直接影响计算和实测的吻合性的，试验表明新加部分并未完全与原结构共同作用。

5.3.2　有关板的分析

地下室 2—3/E—F 板是本次现场试验重点部位，加固前，该板其中两个角部混凝土严重剥落，钢筋外漏，锈蚀严重，出现了贯穿的裂缝，裂缝延伸有一米多，宽 1～10mm。由图 7（a）可见，理论计算和实测结构相当吻合，只是现场静力试验在卸载后并没有完全回弹。由于加固前混凝土板断裂，致使加固的型钢和混凝土板连接不紧密，而在加上荷载后，加固型钢和混凝土板结构调整，使结构受力更趋合理，从而导致结构回弹不是很好。而图 7（b）所示地下室 5—6/C—D 板加固前损伤较小，它的回弹就比较理想。

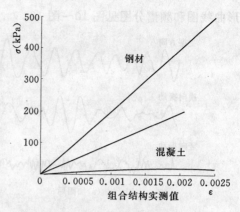

图 8　静荷载试验测得组合结构的应力应变曲线

5.3.3　有关梁的分析

从图 7（c）可以看出一层 5/E—F 梁的理论计算和试验实测结构基本吻合，且回弹比较理想。图 7（d）所示三层 4/C—D 梁的理论计算和试验测试结果较一层 5/E—F 梁的结果吻合得少差一些，但基本还是吻合的。三层 4/E—F 梁在加载过程中就出现梁变形比较慢，所以每次加载后等较长一段时间还是有缓慢的变形，而且如图 7（d）所示，该梁的回弹并不理想。该梁上面有砌体墙，所以在加载时梁的变形较没有砌体墙时慢，回弹时更是如此，当荷载卸下来时，上面砌体的变形并不能马上或是在较短的时间内恢复，而且此时砖墙也形成了砖拱的作用，阻止了下面梁的回弹。

6　建筑物主体结构振动测试成果分析

首先对该建筑物原有的砖混结构旧体系，进行动力特性测试；然后对"整体钢框架体系（隐含小柱网钢框架）"新的结构体系，进行动力特性测试。用脉动法测结构固有频率、振型，分析比较新旧结构体系整体刚度状况进行抗震验算，并为抗震验算提供实测数据。

主体结构的脉动测试的主要目的在于了解结构的动力特性，测量结构主振动方向、横向及竖向振动时卓越周期（或振动频率）及其他振动参数。通过对结构完整的建筑物振动曲线和信号的频谱分析，评定建筑物的完整性。

在实验和数据分析时，一般假定的脉动为一平稳各态历经的有限带宽白噪声，其傅立叶谱或功率谱为一常数。因此，在输入谱频率 $\omega = \omega_i + 0.5\Delta\omega_i$ 处 $\Delta\omega_i$ 较窄的频段中，相应的广义力 $F_i(\omega)$ 为常数，于是结构的动力特性（频率和振型）便可通过其响应频谱加以确定。

为了满足设计要求，在主体结构加固以前和加固后进行了试验检测，在二、三、四层每层布置 4 个测点，每个测点分纵向、横向、竖向测试，测点布置图见图 9。四层纵向、横向、竖向测试波

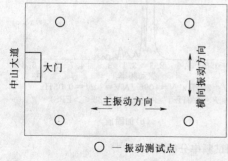

图 9　汉口大清银行大楼振动测试示意

形曲线图和频谱分图见图 10～图 13。

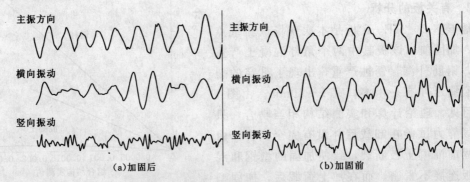

图 10　建筑物四楼结构振动测试波形图

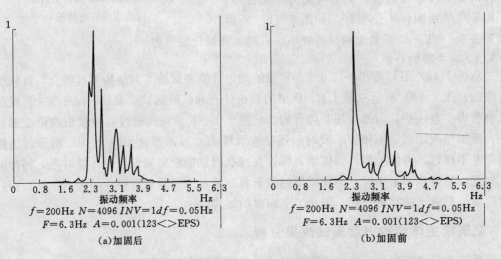

图 11　四楼结构主振方向振动测试频率分析图

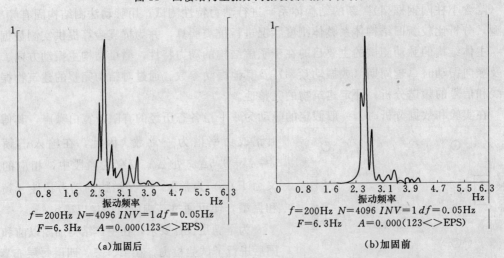

图 12　四楼结构横向振动测试频率分析图

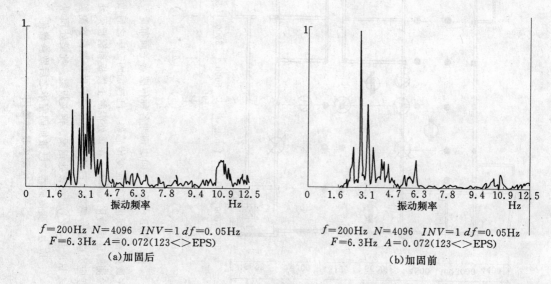

$f=200\text{Hz}$ $N=4096$ $INV=1$ $df=0.05\text{Hz}$
$F=6.3\text{Hz}$ $A=0.072(123<>\text{EPS})$
(a)加固后

$f=200\text{Hz}$ $N=4096$ $INV=1$ $df=0.05\text{Hz}$
$F=6.3\text{Hz}$ $A=0.072(123<>\text{EPS})$
(b)加固前

图13　四楼结构竖向振动测试频率分析图

7　结语

汉口大清银行（现中国银行汉口支行）大楼经加固改造后，既保持了原貌，又达到了确保正常使用的目标。在成功地修复这一历史建筑之时，也积累了加固改造前诊断鉴定与加固后检测试验等经验，通过此次技术总结，有以下几点体会：

（1）保护性建筑物一般有几十到上百年的历史，结构老化明显，问题较多，且往往资料不全，而对其鉴定诊断、加固后检测常常还有特殊的限制，因此必须从建筑改造一开始，就进行整体规划，使整个改造过程有机地联系为一个整体。

（2）检测、加固时应考虑选择技术上可行、实施方便、经济合理、不损坏原结构、不影响外观的方法，达到改造目的和要求。

（3）结构的动态检测和损伤诊断是近年来迅速兴起的一种结构实时监测和健康分析技术，它综合运用系统识别、振动理论、测试技术、信号采集与分析等手段，具有快速、灵活、无损伤、实时性强等特点，被认为是最有前途的结构健康和损伤的整体检测方法之一。

（4）对保护性建筑物的诊断鉴定和检测试验应尽可能地不损坏原有构件，因此应广泛采用新技术，且在方法的选择上要灵活多样。

总之，在实际操作过程中，历史性保护建筑物的诊断鉴定和检测试验由于其本身的特殊性，存在着许多的问题和矛盾，需要进一步地研究和探索，以使其更好地发挥功能、延长寿命。

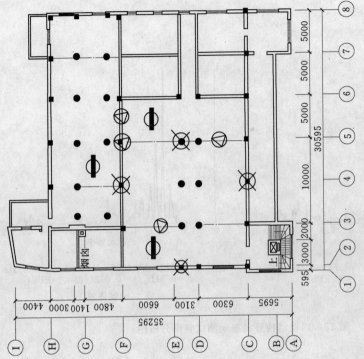

附录图 B　第二~四层预埋各种传感器平面布置

● 在该处墙体预埋应力应变传感器，已被加固完毕之后做静载荷
检测验证试验用；◐ 在该处混凝土楼板和钢板板梁检测处预
埋应力应变传感器，已被加固完毕之后做静载荷检测验证
试验用；⊗ 在该处钢梁、钢夹板梁、枕梁处预埋
应力应变传感器，已被加固完毕之后做静载荷
检测验证试验用

附录图 A　地面一层预埋各种传感器平面布置

● 在该处墙体预埋应力应变传感器，已被加固完毕之后做静载荷检测验证试验用；
◐ 在该处混凝土楼板和钢板板梁处预埋应力应变传感器，已被加固完毕之后
做静载荷检测验证试验用；⊗ 在该处钢梁、钢夹板梁、枕梁处预埋应力
应变传感器，已被加固完毕之后做静载荷检测验证试验用

附录

172

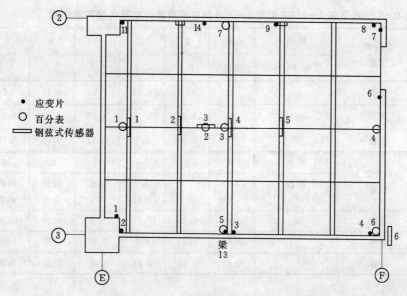

附录图 C　地下室各传感器及百分表的位置布置

附录 D　地下室 2—3/E—F 板均布荷载作用下，地下室 2—3/EF 板沿 2—3 方向中间次梁的中部挠度实测数据和曲线图。

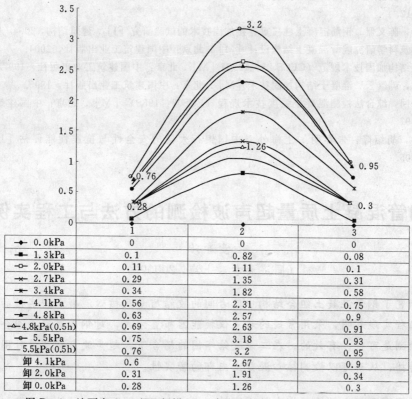

	1	2	3
0.0kPa	0	0	0
1.3kPa	0.1	0.82	0.08
2.0kPa	0.11	1.11	0.1
2.7kPa	0.29	1.35	0.31
3.4kPa	0.34	1.82	0.58
4.1kPa	0.56	2.31	0.75
4.8kPa	0.63	2.57	0.9
4.8kPa(0.5h)	0.69	2.63	0.91
5.5kPa	0.75	3.18	0.93
5.5kPa(0.5h)	0.76	3.2	0.95
卸 4.1kPa	0.6	2.67	0.9
卸 2.0kPa	0.31	1.91	0.34
卸 0.0kPa	0.28	1.26	0.3

图 D-1　地下室 2—3/EF 板沿 2—3 方向中间次梁的中部挠度实测曲线

表 D-1 地下室 2—3/EF 板沿 2—3 方向中间次梁的中部挠度实测数据

测点编号	百分表位置	级别	1	2	3	4	5	6	7
		荷载（kPa）	0.0	1.3	2.0	2.7	3.4	4.1	4.8
1	②轴	—	0	0.1	0.11	0.29	0.34	0.56	0.63
2	跨中		0.82	1.11	1.35	1.82	2.31	2.57
3	③轴	—	0	0.08	0.1	0.31	0.58	0.75	0.9

测点编号	百分表位置	级别	8	9	10	11	12	13	—
		荷载（kPa）	4.8（0.5h）	5.5	5.5（0.5h）	卸载 4.1	卸载 2.0	卸载 0.0	—
1	②轴		0.69	0.75	0.76	0.6	0.31	0.28	—
2	跨中		2.63	3.18	3.2	2.67	1.91	1.26	—
3	③轴		0.91	0.93	0.95	0.9	0.34	0.3	—

参 考 文 献

[1] 杨学山. 工程振动测量仪器和测试技术 [M]. 北京：中国计量出版社，2001.
[2] 赵玲，李爱群，陈丽华. 基于结构测试的损伤诊断方法研究 [J]. 东南大学学报，2003，33 (5)：610 - 612.
[3] 王钦华，陈义侃. 钢筋混凝土柱三重连接加固技术的试验研究 [J]. 建筑结构，2004.
[4] 中国建筑科学研究院. 混凝土结构设计 [M]. 北京：中国建筑工业出版社，2004.
[5] 混凝土结构加固技术规范 (CECS 25：1990) [M]. 北京：中国建筑工业出版社，1997.
[6] 万墨林，韩继云. 混凝土结构加固技术 [M]. 北京：中国建筑工业出版社，1995.
[7] 超声—回弹综合法检测混凝土强度技术规程 (ECS02：1988) [M]. 北京：中国建筑工业出版社，1997.
[8] 蒋利学，胡绍隆，朱春明. 上海外滩中国银行大楼的安全性与抗震性能评估 [J]，建筑结构，2005.

钢管混凝土质量超声波检测的方法与工程实例

童寿兴

（同济大学，上海，200092）

本文研究了钢管混凝土组合结构中二者间的胶结质量及核心混凝土密实性的超声波检测方法。工程实践表明，采用常规的超声仪换能器布置方式，对钢管混凝土组合结构胶结质量进行检测是可行、有效的；在二者胶结牢固的场合下，超声波束能穿过外围钢板并在混凝土中传播，从而可以检测核心混凝土内部的密实性。

本文的钢管混凝土结构是指在外围钢管（板）中浇注混凝土，是外套钢管（板）与核心混凝土共同构筑的组合结构。钢混凝土结构具有强度高、塑性变形大、抗震性能好及施工不需木模、快速方便等优点，正越来越多地应用于工程建设中，钢、混凝土二者间的胶结质量以及核心混凝土的内部密实程度直接关系到建筑物的使用安全，因此工程上急需一种无损检测方法对这一新兴组合结构材料的施工质量进行评估鉴定。通常，钢中的声速比混凝土中的声速快得多，在钢管混凝土的超声波检测工作中，沿钢管（板）传播的超声波信号对检测结果是否会产生影响是检测人员所关心的问题，也是能否用超声脉冲法检测钢管混凝土组合结构质量的关键。笔者在用超声波对某高楼的外套方钢管高强混凝土柱、某拱桥圆钢管混凝土、某拱桥矩形钢管混凝土进行拱肋检测的同时，分析了超声波在不同钢和混凝土组合结构中传播的声时关系，摸索出了一套简易实用的操作方法，并提出了适合于钢管混凝土超声波检测的最佳龄期，所有这些可供同行借鉴。

1 方形钢板混凝土的超声波检测

某商业大厦由主楼、副楼和裙房组成，其中主楼地下 2 层、地上 24 层，是以钢—混凝土组合结构为主要承重结构的建筑物。主楼结构材料为外套方钢板高强混凝土柱（C55，C50，C45，C40），柱截面尺寸有 600mm×600mm 和 500mm×500mm 两种，外套钢管壁厚分别为 25mm、22mm、20mm、18mm（随楼层的不同而改变），采用特制的 11.5m 加长插入式振捣器振捣成型。超声检测时钢管混凝土的龄期为 2～12 个星期。

1.1 检测方法及原理

将超声仪发射换能器 T 和接收换能器 R 对称布置在钢套两侧的中间部位 A、D 两点上（见图 1），设超声波在钢和混凝土中的传播速度分别为 v_{st} 和 v_c。显然，超声波沿 A→B →C→D 传播的路径为直接穿透混凝土传播路径之间的关系为：$T_{st} : T_c = 2V_c : V_{st}$。

现场测得 $v_{st} = 5.4$km/s，$v_c = 4.5$km/s，当核心混凝土内部密实且与钢套壁胶结良好时，$T_{st} : T_c = 1.67 : 1$，即采用图 1 所示的直接对穿法检测时，接收信号的首波是沿 A→ D 直线传播的超声波纵波，测得的声时值接近于 $T_c = L/v_c$，而超声波沿 A→B→C→D 折线传播的时间较长，其初至波叠加于首波之后。在混凝土组成材料、施工工艺、强度等级、内部质量和检测距离一定的条件下，超声波的传播速度、首波幅度和接收频率等声学参量应该基本一致[1]。因此，可以用来判断核心混凝土的密实程度。

当核心混凝土与钢板胶结不良时，存在由钢、空气和混凝土不连续介质构成的固—气界面，由于固体与空气的声阻抗相差悬殊，超声波在固—气界面上产生的反射接近于全反射[2]，从而不可能沿 A→D 直线传播，而是在钢套中沿 A→B→C→D 折线传播，此时测得的声时值接近于 $T_{st} = 2L/v_{st}$。

图 2 中所示的方法可以用于检测其他部位核心混凝土的密实性以及与钢套的胶结质量。当采用直接穿透对测法检测时，为避免超声波信号因沿钢板壁传播而导致的"短路"现象的发生，必须满足：$T_{st} > T_c$，即

$$\frac{L + 2L_1}{v_{st}} > \frac{L}{v_c}$$

计算得 $\qquad\qquad L_1 > 0.1L$

当采用直接穿透斜测法检测时（如检测图中 B 处混凝土质量），同样也必须满足：$T_{st} > T_c$，即

$$\frac{L + L_1}{v_{gt}} > \frac{\sqrt{L^2 + L_1^2}}{v_c}$$

计算得

$$L_1 > 0.23L$$

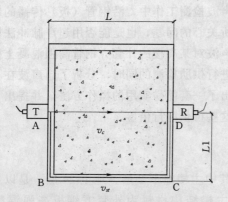 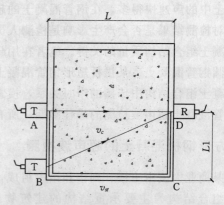

图 1 超声波检测钢—混凝土示意（1）　　图 2 超声波检测钢—混凝土示意（2）

1.2 检测结果分析

方形钢套边长 $L = 600\text{mm}$，钢板厚 20mm。当实测钢板声速为 $v_{gt} = 5.4\text{km/s}$ 时，可计算出超声波在钢套中沿 A→B→C→D 折线传播所需的时间为 $T_{gt} = 220\mu s$；混凝土设计强度等级为 C50，声速值为 $v_c = 4.5\text{km/s}$ 时，可计算出超声波在混凝土中沿直线 A→D 传播所需时间为 $T_c = 132\mu s$。

在检测过程中，发现一批声时在 $T' = 220\mu s$ 左右的显示值，根据超声仪内置检测程序预先设置的检测距离 L 为 600mm，声速计算值 $v'_c = 2.7\text{km/s}$，明显小于混凝土的实测声速 $v_c = 4.5\text{km/s}$，并且 T' 接近于 T_{gt}。因此，可以判断相应检测部位的钢板壁与核心混凝土存在脱粘或胶结质量不良等现象。这些部位不能进行核心混凝土密实性的检测。

1.3 钢管混凝土组合结构检测的合适龄期

钢管混凝土组合结构因设计强度高，水泥用量多，通常超过 500kg/m^3，因此水化热较大。混凝土自身的干缩和水化放热后产生的冷缩是造成核心混凝土和钢板壁产生脱粘的主要原因之一。施工单位在钢管内浇注混凝土后，不定期地用小锤敲击钢管外壁，发现有空壳声响（即存在脱粘现象）的地方与日俱增，这显然不利于用超声波检测核心混凝土的密实性。超声波检测钢管混凝土的适合龄期一般为 2～6 个星期，最佳龄期是 4 个星期左右。而当混凝土龄期超过 2 个月后，该工程钢管柱内脱粘面积过大，此时若采用超声波来判定核心混凝土密实性就相当困难。

2 大桥主拱肋圆形钢管混凝土质量超声波检测

轻纺大桥于 1994 年建造，主桥是下承式系杆拱桥，主拱为双肢钢管混凝土结构，管内混凝土设计强度等级 C30。钢管外径 920mm，上下两肢钢管间由夹板相连。超声检测时钢管混凝土的龄期近 10 年。

2.1 测点布置及检测方法

分别取主拱钢管的拱脚、拱肋 1/4 位及中间 1/2 位作为超声波抽检区域，在每个检测区域，从南往北在钢管上相距 200mm 与焊缝平行划出 4 条环带，并在每条环带上径向布置 5 对超声测点，即每个抽检区域布置超声波测点 20 对。在每个抽检区域，采用 CTS－25 型非金属超声波检测仪，固定仪器的增益挡及发射电压挡，测量超声脉冲纵波在结构混凝土中的传播速度、首波幅度等声学参数。用超声波穿透法检测的声时值计算其超声波传播速度，并对有效信号进行接收频率的计算。

2.2 检测数据的处理

检测数据的处理结果见表 1。

表 1   **检测数据的处理结果**

检测区域	超声波测点数	正常信号点数	平均声速 （km/s）	接收波平均频率 （kHz）
东南拱脚	20	8	4.34	22.6
东北拱脚	20	9	4.41	22.7
西南拱脚	20	8	4.11	24.6
西北拱脚	20	5	4.55	24.6
东南 1/4 位上肢	20	9	4.46	24.8
东中 1/2 位上肢	20	6	4.37	23.2
东北 1/4 位上肢	20	8	4.39	24.9
西南 1/4 位上肢	20	7	4.51	25.0
西中 1/2 位上肢	20	14	4.46	22.7
西北 1/4 位上肢	20	14	4.37	23.4
东南 1/4 位下肢	20	0	—	—
东中 1/2 位下肢	20	4	4.26	23.2
东北 1/4 位下肢	20	0	—	—
西南 1/4 位下肢	20	5	4.20	23.8
西中 1/2 位下肢	20	0	—	—
西北 1/4 位下肢	20	0	—	—

2.3 检测结果分析

共抽测拱肋钢管混凝土 16 个部位，共布置超声测点 320 对，但有效超声测点 97 对，在这些测点中各项声学参数正常，表明钢管与混凝土粘接良好，混凝土内部质量正常。

在检测区域内，大部分测点超声信号均呈现混凝土与钢管脱粘的波形。经在钢管外壁上敲击检验，这些部位均有空壳回声，且下肢钢管较上肢钢管更多；在同一钢管环内，上半部较下半部脱接严重。

3 大桥主拱肋矩形钢管混凝土质量超声波检测

某大桥主拱为矩形钢管混凝土结构，矩形钢管尺寸高 1800mm、宽 1100mm，管内混凝土设计强度等级 C60。为工程验收，采用超声波纵波穿透法非破损检测与评价钢管混凝土施工质量。超声检测时钢管混凝土的龄期约为 5 个星期。

3.1 测点布置及检测方法

分别取主拱钢管混凝土的拱脚、拱肋 1/4 位及拱中间 1/2 位作声波抽检区域，在每个检测区域，从南往北在钢管上相距 300mm 与焊缝平行划出 5 条环带，并在每条环带高度方向布置数排超声测点。

3.2 检测数据的处理

检测数据的处理结果见表 2。

表 2　　　　　　　　　　　　　　检测数据的处理结果

检测区域	超声波测点数	平均声时 （μs）	平均声速 （km/s）	备　　注
东南拱脚	40	231	4.76	超声波信号正常
东北拱脚	40	229	4.80	超声波信号正常
西南拱脚	40	232	4.74	超声波信号正常
西北拱脚	40	234	4.70	超声波信号正常
东南 1/4 位	20	229	4.80	超声波信号正常
东中 1/2 位	30	235	4.68	超声波信号正常
东北 1/4 位	20	236	4.66	超声波信号正常
西南 1/4 位	20	233	4.72	超声波信号正常
西中 1/2 位	30	237	4.64	下面一排超声波波形畸变信号不正常
西北 1/4 位	20	234	4.70	超声波信号正常

3.3 检测结果分析

采用带示波器的超声波检测仪检测钢管混凝土的质量，主要针对混凝土的内在质量及其与钢管胶结紧密程度。一旦混凝土和钢管两种介质结合不良，检测声时值异常偏长，往往呈现首波平缓及后续超声波在钢管壁传播、混响为背景的接收波形。共抽测拱肋钢管混凝土 10 个检测区域部位，布置超声测点 300 点，其中有效超声测点 280 点，在这些测点中各项声学参数正常，表明钢管与混凝土粘接良好，混凝土内部质量正常。在检测区域内，（西中 1/2 位）部分测点超声信号均呈现混凝土与钢管脱粘的波形。经在钢管外壁上敲击检验，这些超声波测点部位的下边均有空壳回声，即钢管与混凝土存在脱粘现象。

4 结论

（1）钢管混凝土组合结构二者间胶结质量的超声波检测基于固体和气体中声阻抗的显著差异所造成的声能的近乎全反射现象。通过声时和首波幅度等声学参量的异常可以判断胶结质量的好坏以及区域的大小。

（2）如果两只换能器的测点位置均为胶结脱空，则超声波不能径向穿过混凝土，以致不能检测混凝土的内在质量状况。当钢管混凝土结构胶结良好时，可以用普通混凝土的超声波检测方法来检测核心混凝土的密实性。

（3）超声波检测钢管混凝土的适合龄期一般为 2～6 个星期，最佳龄期是 4 个星期左右。而当混凝土龄期超过 2 个月后，钢管—混凝土脱粘面积过大，此时若采用超声波来判定核心混凝土密实性就相当困难。

参 考 文 献

[1]　超声波检测混凝土缺陷技术规程［S］（CECS 21：2000）.
[2]　童寿兴.混凝土板底面砂浆黏结质量超声波检测技术［J］.建筑材料学报，1999，2（1）：69－72.

混凝土内部缺陷超声波检测技术

童寿兴

（同济大学，上海，200092）

1　概述

1.1　混凝土缺陷超声波检测技术的规程

　　混凝土和钢筋混凝土结构物，有时因施工管理不善或受使用环境及自然灾害的影响，其内部可能存在不密实或空洞，或外部形成蜂窝麻面、裂缝或损伤层等缺陷。这些缺陷的存在会不同程度地影响结构承载力和耐久性，采用较有效的方法查明混凝土缺陷的性质、范围及尺寸，以便进行技术处理，这是工程建设中一个重要的课题。

　　超声脉冲波的穿透能力较强，尤其是用于检测混凝土，这一特点显得更为突出，而且超声检测设备较简单，操作使用较方便，所以广泛应用于结构混凝土缺陷检测。不少国家已将超声脉冲法检测混凝土缺陷的内容，列入结构混凝土质量检测标准。我国自 20 世纪 60 年代初期便有单位采用超声脉冲波检测混凝土表面裂缝的尝试，到 60 年代中期全国不少单位开展了超声法检测混凝土缺陷的研究和应用。尤其是 1976 年以来，国家建设部组织了全国性协作组，对混凝土超声检测技术进行了较系统、深入的研究，并逐步应用于工程实践中。1982～1983 年，国家水电部、建设部先后组织了对超声脉冲法检测混凝土缺陷的科研成果鉴定，使这项检测技术进入实用阶段。1990 年颁布了《超声法检测混凝土缺陷技术规程》CECS 21—1990，使这项检测技术实现规范化而有利于推广应用。该规程实施以来，在消除工程隐患、确保工程质量、加快工程进度等方面取得显著的社会经济效益。根据该规程的实施现状及我国建设工程质量控制和检验的实际需要，1998～1999 年对该规程进行了修订和补充，并由中国工程建设标准化协会批准为《超声法检测混凝土缺陷技术规程》（CECS 21：2000）。修订后的规程吸收了国内外超声检测设备最新成果和检测技术最新经验，使其适应范围更宽，检测精度更高，可操作性更好，更有利于超声法检测技术的推广应用。

1.2　超声法检测混凝土缺陷的概念

　　混凝土是非均质的弹粘塑性材料，对超声脉冲波的吸收、散射衰减较大，其中高频成分更易衰减，而且混凝土声速在相当大的范围内变化，不可能事先设置一个判断缺陷的指标。因此，用于混凝土检测的超声法，系指采用带波形显示功能的超声波检测仪和频率为 20～250kHz 的声波换能器，测量超声脉冲波在混凝土中传播的速度（简称声速）、首波幅度（简称波幅）、接收信号波形及主频率（简称主频）等声学参数，并根据这些参数及其相对变化，判定混凝土中的缺陷情况。

混凝土缺陷，系指破坏混凝土的连续性和完整性，并在一定程度上降低混凝土的强度和耐久性的不密实区、空洞、裂缝或夹杂泥沙、杂物等。所谓不密实区，系指混凝土因漏振、离析或架空而形成的蜂窝状，或因缺少水泥而形成的松散状，或配合比错误，或受意外损伤而造成的酥松状区域。

1.3 超声法检测混凝土缺陷的原理[1]

利用超声脉冲波检测混凝土缺陷，依据以下原理。

（1）超声脉冲波在混凝土中遇到缺陷时产生绕射，可根据声时及声程的变化，判别和计算缺陷的大小。

（2）超声脉冲波在缺陷界面产生散射和反射，到达接收换能器的声波能量（波幅）显著减小，可根据波幅变化的程度判断缺陷的性质和大小。

（3）超声脉冲波通过缺陷时，部分声波会产生路径和相位变化，不同路径或不同相位的声波叠加后，造成接收信号波形畸变，可参考畸变波形分析判断缺陷。

（4）超声脉冲波中各频率成分在缺陷界面衰减程度不同，接收信号的频率明显降低，可根据接收信号主频或频率谱的变化分析判别缺陷情况。

当混凝土的组成材料、工艺条件、内部质量及测试距离一定时，各测点超声传播速度、首波幅度和接收信号主频率等声学参数一般无明显差异。如果某部分混凝土存在空洞、不密实或裂缝等缺陷，破坏了混凝土的整体性，通过该处的超声波与无缺陷混凝土相比较，声时明显偏长，波幅和频率明显降低。超声法检测混凝土缺陷，正是根据这一基本原理，对同条件下的混凝土进行声速、波幅和主频测量值的相对比较，从而判断混凝土的缺陷情况。

1.4 混凝土缺陷检测的意义

（1）混凝土施工过程中易出现质量问题。对于结构混凝土来说，其质量受到所用材料和配合比以及整个施工过程中混凝土搅拌、运输、浇灌、振捣、养护、支模脱模等诸多因素的影响，很难保证不出一点儿质量问题，从大量工程实际情况来看，以下几种缺陷比较多见。

　　a. 因漏振或石子架空造成的蜂窝空洞；

　　b. 因养护不及时或混凝土内外温差过大造成的早期裂缝；

　　c. 因冬季施工未采取有效防冻措施造成的混凝土早期受冻；

　　d. 因施工接搓处理不当造成的结合不良；

　　e. 因水泥、水灰比、外加剂等原材料的错误造成的大体积混凝土硬化不良。

对于上述施工质量问题，仅从外观检查、分析是无法作出正确结论的，必须通过科学方法检测其内部质量情况，从而作出正确判断。

（2）一旦出现缺陷，需及时查明其范围及严重程度，并提出处理意见，以消除隐患。

（3）对于影响结构安全性和耐久性的缺陷，通过科学方法检测，为结构混凝土质量事故处理提供可靠依据。

（4）对于压力灌浆处理的结构混凝土，可用超声波监控灌浆处理的效果。通过检测、灌浆、复测、补灌反复多次处理，最后达到满意效果。

（5）对于修补加固的混凝土，通过检测可以查明新老混凝土的结合是否良好。

1.5 超声法检测混凝土缺陷的基本方法

1.5.1 对测法检测（采用厚度振动式换能器，两换能器的平面平行）

（1）直接对测法 将一对发射（T）、接收（R）换能器，分别耦合于被测构件相互平行的两个表面，两个换能器的轴线位于同一直线上。该方法适用于具有两对相互平行表面可供检测的构件。

（2）斜对测法 将一对 T、R 换能器，分别耦合于被测构件的两个相互平行表面，但两个换能器的轴线不在同一直线上。

1.5.2 直角斜测法检测（采用厚度振动式换能器，两换能器的平面相互垂直）

将一对 T、R 换能器分别耦合于被测试件相互垂直的两个平面。

1.5.3 平测法检测（采用厚度振动式换能器，两换能器的前端平面在一条直线上）

将一对 T、R 换能器，置于被测构件同一个表面进行检测。该方法适用于被测部位只有一个表面可供测试的结构。

1.5.4 钻孔或预埋管检测（采用径向振动式换能器）

（1）孔中对测。将一对发射（T）、接收（R）换能器，分别置于被测结构的两个对应钻孔（或预埋管）中，处于同一高度进行测试。该方法适用于大体积混凝土结构的普测。

（2）孔中斜测。将一对 T、R 换能器，分别置于被测结构的两个对应钻孔（预埋管）中，但两个换能器不在同一高度而是保持一定高程差进行检测。该方法适用于大体积混凝土结构细测，以进一步查明两个测孔之间的缺陷位置和范围。

（3）孔中平测。将一对 T、R 换能器，或一发一收（一发双收）换能器，置于被测结构的同一个钻孔中，以一定的高程差同步移动进行检测。该方法适用于大体积混凝土结构细测，进一步查明某一钻孔附近的缺陷位置和范围。

1.5.5 混合检测（采用一个厚度振动和一个径向振动式换能器）

将一个径向振动式换能器置于钻孔中，一个厚度振动式换能器耦合于被测结构与钻孔轴线相平行的表面，进行对测和斜测。该方法适用于断面尺寸不太大或不允许多钻孔的混凝土结构。

1.6 超声法检测混凝土缺陷的主要影响因素

超声法检测混凝土缺陷，同超声法检测混凝土强度一样，也受许多因素的影响。在工程检测中如果不采取适当措施，尽量避免或减小其影响，必然给检测结果带来很多误差。大量试验和工程实测表明，影响超声法检测混凝土缺陷的主要因素大致有以下几种。

1.6.1 耦合状态的影响

由于超声波接收信号的波幅值对混凝土缺陷最敏感，所以测得的波幅值（A_i）是否可靠，将直接影响混凝土缺陷检测结果的准确性和可靠性。对于测距一定的混凝土来说，测试面的平整程度和耦合剂的厚薄，是影响波幅测值的主要因素，如果测试面凹凸不平或黏附泥砂，便保证不了换能器整个辐射面与混凝土测试面接触，发射换能器和接收换能器与混凝土测试面之间只能通过局部接触点传递超声波，使得大部分声波能量损耗，造成波幅降低。另外，如果作用在换能器上的压力不均衡，使其耦合层半边厚半边薄，耦合状态不一致，造成波幅不稳定。这些原因都使测试结果不能反映混凝土的真实情况，使波幅测值失去可比性。因此，采用超声法检测混凝土缺陷时，必须使换能器辐射面与混凝土测试表面保持良好的耦合状态。

1.6.2　钢筋的影响

由于超声波在钢中传播比在混凝土中传播的速度快，如果在发射换能器和接收换能器的连线上或其附近存在钢筋，仪器接收到的首波信号，大部分路径是通过钢筋传播过来的，测得的声速值必然偏大，钢筋对混凝土超声传播速度的影响程度，除了超声测试方向与钢筋所处的位置有关外，还与测点附近钢筋的数量和直径有关。不少研究者的试验结果表明，当钢筋轴线垂直于超声测试方向，其影响程度取决于接收信号通过各钢筋直径之和（l_s）与测试距离（l）之比，对于声速 $v \geq 4.00\text{km/s}$ 的混凝土来说，$l_s/l \leq 1/12$ 时，钢筋对混凝土声速影响较小。当钢筋轴线平行于超声测试方向，对混凝土声速测值的影响较大。为了减少或避免其影响，必须使发射和接收换能器的连线离开钢筋一定距离或者使其连线与附近钢筋轴线保持一定夹角。

1.6.3　水分的影响

由于水的声速和特性阻抗比空气的大许多倍，如果混凝土缺陷中的空气被水取代，则超声波的绝大部分在缺陷界面不再反射和绕射，而是通过水耦合层穿过缺陷直接传播至接收换能器，使得有无缺陷的混凝土声速、波幅和主频测值无明显差异，给缺陷测试和判断带来困难。

为此，在进行缺陷检测时，尽量使混凝土处于自然干燥状态，缺陷中不应填充水分。

2　混凝土裂缝深度检测

混凝土出现裂缝十分普遍，不少钢筋混凝土结构的破坏都是从裂缝开始的。因此，必须重视混凝土裂缝检查、分析与处理。混凝土除了荷载作用造成的裂缝外，更多的是混凝土收缩和温度变形导致开裂，还有地基不均匀沉降引起的混凝土裂缝。不管何种原因引起的混凝土裂缝，一般都需要进行观察、描绘、测量和分析，并根据裂缝性质、原因、尺寸及对结构危害情况做适当处理。其中，裂缝分布、走向、长度、宽度等外观特征容易检查和测量，而裂缝深度以及是否在结构或构件截面上贯穿，无法用简单方法检查，只能采用无破损或局部破损的方法进行检测。过去传统方法多用注入渗透性较强的带色液体，再局部凿开观测，也有用跨缝钻取芯样或钻孔压水进行裂缝深度观测。这些传统方法既费事又对混凝土造成局部破坏，而且检测的裂缝深度局限性很大。采用超声脉冲法检测混凝土裂缝深度，既方便省事，又不受裂缝深度限制，而且可以进行重复检测，以便观察裂缝发展情况。

超声法检测混凝土裂缝深度，一般根据被测裂缝所处部位的具体情况，采用单面平测法、双面斜测法或钻孔测法。

2.1　单面平测法

当混凝土结构被测部位只有一个表面可供超声检测时，可采用单面平测法进行裂缝深度检测，如混凝土路面、飞机跑道、隧道、洞窟建筑裂缝检测以及其他大体积混凝土的浅裂缝检测。

2.1.1 单面平测法的适应范围

（1）由于平测时的声传播距离有限，只适合于检测深度为500mm以内的裂缝。

（2）结构的裂缝部位只有一个可测表面。

2.1.2 单面平测法的基本原理

单面平测法的基本原理如图1所示，基本假设有以下几个。

（1）裂缝附近混凝土质量基本一致。

（2）跨缝与不跨缝检测，其声速相同。

（3）跨缝测读的首波信号绕裂缝末端至接收换能器。

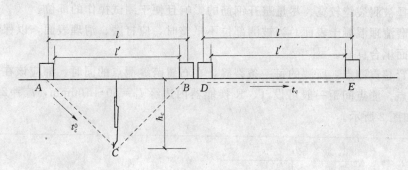

图1　单面平测裂缝示意

根据几何学原理，由图1可知：$h_c^2 = AC^2 - \left(\dfrac{l}{2}\right)^2$。

$$AC = vt_c^0/2，而 \ v = l/t_c$$

$$AC = \left(\frac{l}{t_c}t_c^0\right)/2$$

$$h_c^2 = \left(\frac{l}{t_c}t_c^0\right)^2/4 - l^2/4$$

则
$$h_c = \sqrt{\left[l^2\left(\frac{t_c^0}{t_c}\right)^2 - l^2\right]/4} = \frac{l}{2}\sqrt{\left(\frac{t_c^0}{t_c}\right)^2 - 1} = \frac{l}{2}\sqrt{(t_c^0 v/l)^2 - 1}$$

式中　h_c——裂缝深度；

$\quad\ l$——超声测距；

$\quad\ t_c$——不过缝测量的混凝土声时；

$\quad\ t_c^0$——跨缝测量的混凝土声时；

$\quad\ v$——不过缝测量的混凝土声速。

需要说明的是，修改了的 CECS 21：2000 标准中采用 $h_{ci} = \dfrac{l_i}{2}\sqrt{\left(t_i^0\,\dfrac{v}{l_i}\right)^2 - 1}$ 计算式，

而不是原来传统的计算式 $h_{ci} = \dfrac{l_i}{2}\sqrt{\left(\dfrac{t_i^0}{t_i}\right)^2 - 1}$。其理由如下。

（1）该计算式推导的基本原理是，跨缝与不跨缝测试的混凝土声速一致；跨缝测试的声波绕过裂缝末端形成折线传播；不跨缝测试的声波是直线传播到接收换能器。但实际检测中，不跨缝测出的各测距声速值往往存在一定差异，如按单点声时值计算缝深，会产生

较大误差。因此取不跨缝测试的声速平均值，代入原计算式更为合理。

（2）试验和工程实测证明，如图2所示，有时工程中要满足跨缝、不跨缝等距测点的布置有困难（如表面不平整）。因此，先将不跨缝测试的混凝土声速（v）利用图4时—距图或统计回归计算求出来，再以 $t_i = l_i / v$ 代入原式，可省略与跨缝等距检测的不跨缝测点的检测工作。

（3）由于不需要同时满足跨缝、不跨缝等距测点的布置，应用更为方便，跨缝测点可以随意取点。

2.1.3 检测步骤

（1）选择被测裂缝较宽、尽量避开钢筋的影响且便于测试操作的部位。

（2）打磨清理混凝土表面。当被测部位不平整时，应打磨、清理表面，以保证换能器与混凝土表面耦合良好。

（3）布置超声测点：所测的每一条裂缝，在布置跨缝测点的同时，都应该在其附近布置不跨缝测点。测点间距一般可设 T、R 换能器内边缘 $l'_1 = 50 \sim 100\text{mm}$，$l'_2 = 2l'_1$，$l'_3 = 3l'_1$，…，如图2所示。

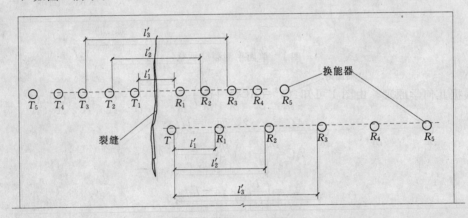

图2 单面测裂缝平面示意

（4）分别以适当不同的间距作跨缝超声测试。跨缝测试过程中注意观察首波相位变化。

（5）记录首波反相时的测试距离 l'。在模拟试验和工程检测中，跨缝测试常出现首波相位翻转现象，如图3所示。

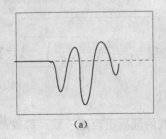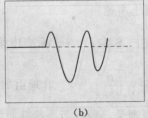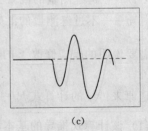

（a）　　　　　　　　（b）　　　　　　　　（c）

图3 首波反向示意

184

实践表明，首波反相时的测距 l' 与裂缝深度 h_c 存在一定关系，其关系式是 $l'/2 \approx h_c$。在实验室模拟带裂缝试件及工程检测中发现，当被测结构断面尺寸较大，且不存在边界面及钢筋影响的情况下，首波反相最为明显。当 $l'/2$ 大于 h_c，首波呈现如同换能器对测时一样的波形，即首波拐点向下为山谷状，如图 3（a）所示；当 $l'/2$ 小于 h_c 的情况下各测点首波都反相，即首波拐点向上为山峰状如图 3（b）所示，此时如果改变换能器平测距离，使 $l'/2$ 大于 h_c，首波相位将恢复正常如图 3（c）所示。

（6）求不过缝各测点的声波实际传播距离 l' 及混凝土声速 v。

a. 用回归分析方法：$l' = a + bt_i$（mm），a、b 为回归系数，混凝土声速 $v = b$（km/s）；

b. 绘制"时—距"坐标图法，如图 4 所示。

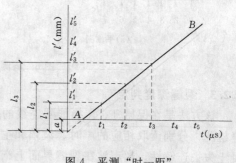

图 4　平测"时—距"

从图 4 看出每一测点超声实际传播距离 $l_i = l_i' + |a|$，考虑"a"是因为声时读取过程中存在一个与对测法不完全相同的声时初读数 t_0 及首波信号的传播距离并非是 T、R 换能器内边缘的距离，也不等于 T、R 换能器中心的距离，所以"a"是一个 t_0 和声传播距离的综合修正值。

2.1.4　裂缝深度计算

（1）各测点裂缝深度计算值按式（1）计算。

$$h_{ci} = l_i/2 \sqrt{(t_i^0 v/l_i)^2 - 1} \tag{1}$$

（2）测试部位裂缝深度的平均值按式（2）计算。

$$m_{hc} = 1/n \sum h_{ci} \tag{2}$$

单面平测法是基于裂缝中完全充满空气，超声波只能绕过裂缝末端传播到接收换能器，当裂缝中填充了水或泥浆，超声波将通过水耦合层穿过裂缝直接到达接收换能器，不能反映裂缝的真实深度。因此，检测时裂缝中不得填充水和泥浆。

当有钢筋穿过裂缝时，如果 T、R 换能器的连线靠近该钢筋，则沿钢筋传播的超声波首先到达接收换能器，检测结果也不能反映裂缝的真实深度。因此，布置测点时应使 T、R 换能器的连线离开穿缝钢筋一定距离，但实际工程中很难离开足够距离，一般采用使 T、R 换能器连线与穿缝钢筋轴线保持一定夹角（40°～50°）的方法加以解决。

2.2　双面斜测法

由于实际裂缝中不可能被空气完全隔开，总是存在局部连通点，单面平测时超声波的一部分绕过裂缝末端传播，另一部分穿过裂缝中的连通点，以不同声程到达接收换能器，在仪器接收信号首波附近形成一些干扰波，严重时会影响首波起始点的辨认，如操作人员经验不足，便产生较大的测试误差。所以，当混凝土结构的裂缝部位，具有一对相互平行的表面时，宜优先选用双面斜测法。

2.2.1　适应范围

只要裂缝部位具有两个相互平行的表面，都可用等距斜测法检测，如常见的梁、柱及其结合部位。这种方法较直观，检测结果较为可靠。

2.2.2 检测方法

如图 5 所示，采用等测距、等斜角的过缝与不过缝的斜测法检测。

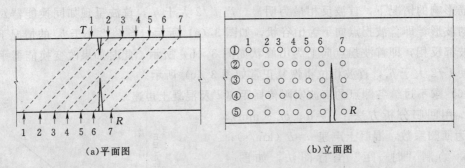

(a)平面图　　　　　　　　(b)立面图

图 5　斜测裂缝测点布置示意

2.2.3 裂缝深度判定

该方法是在保持 T、R 换能器连线的距离相等、倾斜角一致的条件下进行过缝与不过缝检测，分别读取相应的声时、波幅和主频值。当 T、R 换能器连线通过裂缝时，由于混凝土失去连续性，超声波在裂缝界面上产生很大衰减，仪器接收到的首波信号很微弱，其波幅、声时测值与不过缝测点相比较，存在显著差异（一般波幅差异最明显）。据此便可判定裂缝深度以及是否在所处断面内贯通。

2.3 钻孔对测法

对于水坝、桥墩、大型设备基础等大体积混凝土结构，在浇筑混凝土过程中由于水泥的水化热散失较慢，混凝土内部温度比表面高，在结构断面形成较大的温度梯度，内部混凝土的热膨胀量大于表面混凝土，使表面混凝土产生拉应力。当由温差引起的拉应力大于混凝土抗拉强度时，便在混凝土表面产生裂缝。温差越大，形成的拉应力越大，混凝土裂缝越深。因此，大体积混凝土在施工过程中，往往因均温措施不力而造成混凝土裂缝。对于大体积混凝土裂缝检测，一般不宜采用单面平测法，即使被测部位具有一对相互平行的表面，因其测距过大，测试灵敏度满足不了检测仪器的要求，也不能在平行表面进行检测，一般多采用钻孔法检测。

2.3.1 含义及适应范围

（1）含义：所谓钻孔测法，是在裂缝两侧分别钻出直径略大于换能器直径的测试孔，将径向振动式换能器置于测试孔中，用水耦合进行裂缝深度检测的方法。

（2）适应范围：适用于水坝、桥墩、承台等大体积混凝土，预计深度在 500mm 以上的裂缝检测，被测混凝土结构允许在裂缝两侧钻测试孔。

2.3.2 对测试孔的要求

（1）孔径应比所用换能器直径大 5～10mm，以便换能器在孔中移动顺畅。

（2）测孔深度应比所测裂缝深 600～800mm。本测试方法是以超声波通过有缝和无缝混凝土的波幅变化来判定裂缝深度，因此测孔必须深入到无缝混凝土内一定深度，为便于判别，通过无缝混凝土的测点应不少于 3 点。实际检测中一般凭经验先钻出一定深度的孔，通过测试，如果发现测孔深度达不到检测要求，再加深钻孔。

（3）对应的两个测试孔，必须始终位于裂缝两侧，其轴线应保持平行。因声时和波幅测值随着测试距离的改变而变化，如果两个测孔的轴线不平行，各测点的测试距离不一致，读取的声时和波幅值缺乏可比性，将给测试数据的分析和裂缝深度判断带来困难。

（4）两个对应测试孔的间距宜为 2m 左右，同一检测对象各对测孔间距宜保持相同。根据目前一般超声波检测仪器和径向振动式换能器的灵敏度情况及实践经验，测孔间距过大，超声波接收信号很微弱，过缝与不过缝测得的波幅差异不明显，不利于测试数据分析和裂缝深度判定。如果测孔间距过小，测试灵敏度虽然提高了，但是延伸的裂缝有可能位于两个测孔的连线之外，造成漏检和误判。

（5）孔中粉末碎屑应清理干净。如果测孔中存在粉尘碎屑，注水后便形成悬浮液，使超声波在测孔中大量散射而衰减，影响测试数据的分析和判断。

（6）横向测孔的轴线应具有一定倾斜角。当需要在混凝土结构侧面钻横向测试孔时，为保证测孔中能蓄满水，应使孔口高出孔底一定高度。必要时可在孔口做"围堰"，以提高测孔的水位。

（7）如图 6（a）所示，宜在裂缝一侧多钻一个孔距相同但较浅的孔（C），通过 B、C 两孔测量无裂缝混凝土的声学参数。

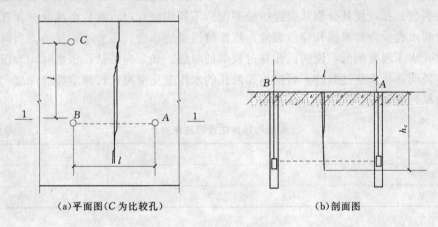

（a）平面图（C 为比较孔）　　　　（b）剖面图

图 6　钻孔测裂缝深度

2.3.3　测试方法

（1）在钻孔中检测时，应采用频率为（20～60）kHz 的径向振动式换能器。为提高测试灵敏度，接收换能器宜带有前置放大器。

（2）向钻孔注满清水并检查是否有漏水现象。如果发现漏水较快，说明该测孔与裂缝相交，应重新钻孔。

（3）先将两个换能器分别置于图 6（a）所示的 B、C 两孔中，测量无缝混凝土的声时、波幅值。检测时，根据混凝土实际情况，将仪器发射电压、采样频率等参数调整至首波信号足够高，且清晰稳定，在固定仪器参数的条件下，将 T、R 换能器保持相同高度，自上而下等间距同步移动，逐点测声时、波幅及换能器所处深度。然后再将两个换能器分别置于 A、B 两孔中，以相同方法逐点测读声时、波幅及换能器所处深度。

2.3.4　裂缝深度判断

混凝土结构产生裂缝，总是表面较宽，越向里深入越窄直至完全闭合，而且裂缝两侧的混凝土不可能被空气完全隔开，个别地方被石子、沙粒等固体介质连通，裂缝越宽连通的地方越少。反之，裂缝越窄连通点越多。当 T、R 换能器连线通过裂缝时，超声波的一部分被空气层反射，另一部分通过连通点穿过裂缝传播到接收换能器，成为仪器的首波信号，随着连通点增多超声波穿过裂缝的部分增加。这就是说，T、R 换能器连线通过裂缝的测点，超声传播距离仍然为两个对应测孔的间距，只是随着裂缝宽度的变化，接收到的声波能量发生明显变化。因此过缝与不过缝的测点，其声时差异不明显，而波幅差异却很大，且随着裂缝宽度减小波幅值增大，直至两个换能器连线超过裂缝末端，波幅达到最大值。所以此种检测方法只用孔深（h_i）—波幅（A_i）坐标图来判定混凝土裂缝深度。如图7所示，随着换能器位置的下移，波幅值逐渐增大，当换能器下移至某一位置后，波幅达到最大值并基本保持稳定，该位置对应的深度，便是所测裂缝的深度值 h_i。

实践证明，钻孔测裂缝深度的方法可靠性相当高，与传统的压水法和渗透法检验相比较，超声法检测结果的准确性最高，并能反映极细微的裂缝，所以比其他方法检验的结果深一些。例如，在某水利枢纽工程混凝土质量检测中，采用超声波钻孔法检测裂缝深度，为了验证检测结果，对所测的个别裂缝再用压水法进行复检。如图8所示，在裂缝一侧钻几个斜向裂缝的孔，使其分别从裂缝所处平面的不同深度穿过，然后由浅孔至深孔，逐个进行压力灌水检验。如果斜孔穿过裂缝，压水时沿裂缝渗泄，压力不能保持。当向某一钻孔压水时，水压缓慢陷低，说明该孔穿过较细的裂缝。如果向某钻孔压水时，水压很快保持稳定，说明该孔未穿过裂缝，根据相邻两孔的水压变化情况，可判定裂缝深度。两种方法检验结果列于表1。

表1　　　　　　　　　　　压水法与超声法检测结果对比　　　　　　　　　单位：m

所测裂缝编号	A	B	C	D	E	F
压水法检验结果	3.3	4.0	3.2	3.5	4.3	7.9
超声法检验结果	3.7	4.3	3.3	5.5	5.7	10.7

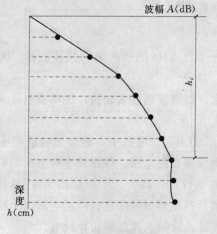

图7　孔深—波幅坐标

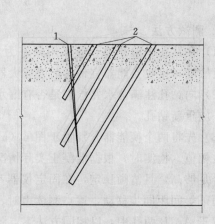

图8　压水检验裂缝深度
1—裂缝；2—压水孔

应用钻孔法检测裂缝深度时，应注意下列事项。

（1）混凝土不均匀性的影响。当放置 T、R 换能器的测孔之间混凝土质量不均匀或者存在不密实和空洞时，将使 $h-A$ 曲线偏离原来趋向，此时应注意识别和判断，以免产生误判。

（2）温度和外力的影响。由于混凝土本身存在较大的体积变形，当温度升高而膨胀时其裂缝变窄甚至完全闭合。当结构混凝土在外力作用下，其受压区的裂缝也会产生类似变化。在这种情况下进行超声检测，难以正确判断裂缝深度。因此，最好在气温较低的季节或结构卸荷状态下进行裂缝检测。

（3）钢筋的影响。当有主钢筋穿过裂缝且靠近一对测孔，T、R 换能器又处于该钢筋的高度时，大部分超声波将沿钢筋传播到接收换能器，波幅测值难以反映裂缝的存在，检测时应注意判别。

（4）水分的影响。当裂缝中充满水时，绝大部分超声波经水穿过裂缝传播到接收换能器，使得有无裂缝的波幅值无明显差异，难以判断裂缝深度。因此，检测时被测裂缝中不应填充水或泥浆。

2.4　检测实例

某工程地下室剪力墙混凝土设计强度等级为 C40，在混凝土竣工验收时发现 10 多条纵向裂缝，缝宽为肉眼可辨 0.4mm，业主要求采用超声波检测这些纵向裂缝的深度。

因地下室剪力墙只有一个可测面，故采用单面平测法检测，在每处检测部位布置不过缝测点 9 个，T、R 换能器内边缘测距 $l'=50\text{mm}$、100mm、150mm、200mm、250mm、300mm、350mm、400mm、450mm；过缝的测点 4～5 对。不过缝测点声时值测完后用回归处理：$l=a+bt_i(\text{mm})$；a、b 为回归系数。其中，a 为换能器声程修正的直线方程的截距，混凝土声速 $v=b(\text{km/s})$ 参见图 2。过缝与不过缝各测点的声时值测完后，再将 T、R 换能器分别耦合于裂缝两侧（$l'=50\text{mm}$），发现首波向上，在保持换能器与混凝土表面耦合良好的状态下，将 T、R 换能器缓慢向外侧滑动，同时观察首波相位变化情况。当换能器滑动到某一位置首波反转向下时，再反复调节 T、R 换能器的距离，至首波刚好明显向下为止。

超声波检测地下室剪力墙混凝土裂缝深度的原始记录及计算见表 2。

表 2　　　　　　　　　　　超声波检测混凝土裂缝深度原始记录及计算

裂缝位置或编号：10-1									
未跨缝	测距 l'_i (mm)	50	100	150	200	250	300	350	400	450
	声时 t_i (μs)	15.5	26.9	38.4	50.0	61.2	72.6	84.0	95.4	106.8
跨缝	声时 t^0_i	33.5	40.8	49.9	58.7	—	—	—	—	—

用不过缝的 l'_i、t_i 求得回归直线方程：

$$l=a_0+vt=-18+4.38t$$

计算公式：

$$h_{ci}=l_i/2\sqrt{(t^0_i v/l_i)^2-1}$$

$h_1=65$　　　　　$h_4=68$
$h_2=67$
$h_3=70$

$$h=\frac{1}{n}\sum_{i=1}^{n}h_i=68\ (\text{mm})$$

	裂缝位置或编号：10-2								
未跨缝	测距 l_i' (mm)	50	100	150	200	250	300	350	400	450
	声时 t_i (μs)	15.9	27.2	38.5	49.9	61.2	72.6	83.9	95.2	106.6
跨缝	声时 t_{i0}	—	—	69.7	77.2	83.1	92.4	102.5	—	—

用不过缝的 l_i'、t_i 求得回归直线方程：　　　　　　　　　计算公式：

$$l = a_0 + vt = -20 + 4.41t \qquad\qquad h_{ci} = l_i/2 \sqrt{(t_i^0 v/l_i)^2 - 1}$$

$h_1 = 128$	$h_4 = 126$
$h_2 = 130$	$h_5 = 130$
$h_3 = 124$	

$$h = \frac{1}{n}\sum_{i=1}^{n} h_i = 128 \ (\text{mm})$$

　　裂缝编号 10-1 在 T、R 换能器的间距 130mm、裂缝编号 10-2 在 T、R 换能器的间距 250mm 附近时都出现首波相位翻转现象。

3　不密实区和空洞检测

3.1　概念及适应范围

　　所谓不密实区，系指因振捣不够、漏浆或石子架空等造成的蜂窝状，或因缺少水泥而形成的松散状以及遭受意外损伤所产生的疏松状混凝土区域。尤其是体积较大的结构或构件，因混凝土浇灌量大，且不允许产生施工缝必须连续浇灌，因此施工管理稍有疏忽，便会产生漏振或混凝土拌和物离析等现象。对于一般工业与民用建筑物的混凝土构件，处于钢筋较密集的部位（如框架结构梁、柱节点和主次梁交接部位），往往产生石子架空现象。对于楼层较高的柱子和剪力墙的混凝土浇灌，如工艺上不采取一定措施，也容易产生漏振和离析。工程检测中有时还发现结构混凝土内部混入杂物（砂石混合物、木块、砖头、土块、纸团等）。从广义上讲，上述缺陷都属于混凝土不密实范畴。对这种隐蔽在结构内部的缺陷，如果不及时查明情况并做适当的技术处理，其后果是很难设想的。实践证明，各种类型混凝土构件和结构，都可用超声波检测其内部质量情况。

3.2　测试方法

　　混凝土内部缺陷范围无法凭直觉判断，一般根据现场施工记录和外观质量情况，或在使用过程中出现质量问题而怀疑混凝土内部可能存在缺陷，其位置只是大致的，因此对这类缺陷进行检测时，测试范围一般都要大于所怀疑的区域，或者先进行大范围粗测，根据粗测的数据情况再着重对可疑区域进行细测。检测时一般根据被测结构实际情况选用适宜的测试方法。

3.2.1　对测法

　　对测法适用于具有两对相互平行表面的构件检测。测点布置如图 9 所示。

　　检测时，先将 T、R 换能器分别置于其中一对相互平行测试面的对应测点上，逐点测读声时、波幅和主频值。当某些测点的数据存在异常时，除了清理表面进行复测外，再将 T、R 换能器分别置于另一对相互平行的测试面上，逐点进行检测，以便判断缺陷的位置和范围。

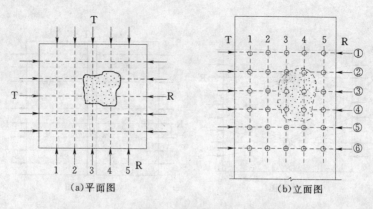

(a)平面图   (b)立面图

图 9　对测法示意

对测法简单省事，两个方向测完即可根据声时、波幅的变化情况判定缺陷的空间位置。

3.2.2　斜测法

斜测法适用于只有一对相互平行表面的构件检测。

测试步骤同对测法，一般是在对测的基础上围绕可疑测点进行斜测（包括水平方向和竖直方向的斜测），以确定缺陷的空间位置。测点布置如图 10 所示。

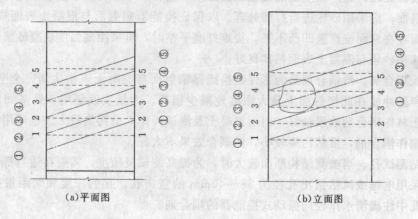

(a)平面图   (b)立面图

图 10　斜测法示意

3.2.3　钻孔测法

对于断面较大的结构，虽然具有一对或两对相互平行的表面，但测距太大，若穿过整个断面测试，接收信号很弱甚至接收不到信号。为了提高测试灵敏度，可在适当位置钻测试孔或预埋声测管，以缩短测距。测点布置如图 11 所示。

检测时，钻孔中放置径向振动式换能器，用清水作耦合剂，在结构侧表面放置厚度振动式换能器，用黄油耦合。一般是将钻孔中的换能器置于某一高度保持不动，在结构侧面相应高度放置平面式换能器，沿水平方向逐点测读声时 t_i 和波幅 A_i，然后将孔中换能器调整一定高度，再沿水平方向逐点测试。必要时也可以沿竖直方向，使孔中换能器与侧面换能器保持一定高度差进行测试，以便进一步判定缺陷位置。

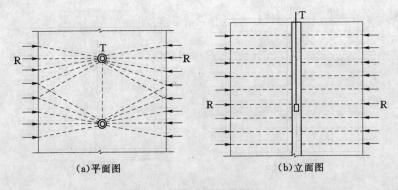

（a）平面图   （b）立面图

图 11 钻孔或预埋管测法

3.2.4 测试步骤

（1）布点画线。在结构或构件被测部位两对（或一对）相互平行的表面，分别画出等间距（间距大小可根据构件被测部位断面大小及混凝土外观质量情况确定，一般为 100～300mm）网格线，并在两个相对表面的网格交叉点编号，定出 T、R 换能器对应测点位置。

（2）表面处理。超声测点处混凝土表面必须平整、干净。对不平整或粘附有泥沙等杂物的测点表面，应采用砂轮进行打磨处理，以保证换能器辐射面与混凝土表面耦合良好；当测试表面存在麻面或严重凹凸不平，很难打磨平整时，可采用高强度快凝砂浆抹平，但必须保证抹平砂浆与混凝土表面粘接良好。

（3）涂耦合剂。涂耦合剂是为了保证换能器辐射面与混凝土表面达到完全平面接触，以确保超声脉冲波在此接触面上最大限度地减少损耗。大量实践证明，钙基润滑脂（黄油）和凡士林作耦合剂效果最好，但对混凝土及测试操作人员污染较大。也可用化学糨糊和面粉糨糊作耦合剂，虽然污染较小，但耦合效果不太好。

（4）钻测试孔。当被测结构断面较大时，为提高测试灵敏度，需要在适当部位钻测试孔。一般采用电锤或风钻钻出孔径为 38～40mm 的竖向孔，孔的深度和间距根据检测需要确定，孔中注满清水作径向振动式换能器的耦合剂。

（5）测量声学参数和采集有参考价值的波形。声时、波幅、频率的测量和波形的采集方法应正确无误进行操作。

（6）测量超声波传播距离。当同一测试部位各点测距不同时，应逐点测量 T、R 换能器之间的距离，一般要求精确至 1%。

（7）描绘所测部位的测点布置示意图。现场描绘测点布置示意图，有助于数据分析判断，也便于出报告时绘制缺陷位置图。

（8）分析处理数据。这是一个极其重要的环节。根据对各声学参数的分析处理，并结合检测人员实践经验，进行综合判断，从而获取被测对象的真实信息，以便对被测混凝土给出正确评价。

（9）出具检测报告。检测报告是整个工程检测的最终成果，必须以科学、认真、求实的态度编写。

3.3 数据处理及判断

3.3.1 混凝土内部缺陷判断的特殊性

混凝土内部缺陷判断，比金属内部缺陷判断复杂得多，金属是均质材料，只要材料型号一定，其声速值基本固定，用标准试件校准好仪器，可以用高频超声反射法，直接在工件上测出缺陷的位置和大小。

混凝土是非均质材料，它是固—液—气三相混合体，而且固相中，粗骨料的品种、级配差异较大，即使是无缺陷的正常混凝土，测得的声速、波幅和主频等参数也在相当大的范围波动。因此，不可能用一个固定的临界指标作为判断缺陷的标准，一般都利用概率统计法进行判断。

3.3.2 利用概率统计法判断混凝土内部缺陷的原理

对于混凝土超声测缺技术来讲，一般认为正常混凝土的质量服从正态分布，在测试条件基本一致，且无其他因素影响的情况下，其声速、波幅、频率观测值也基本属于正态分布。在一系列观测数据中，凡属于混凝土本身不均匀性或测试中的随机误差带来的数值波动，都应服从统计规律，处在所给定的置信范围以内。

在混凝土缺陷超声检测中，凡遇到读数异常的测点，一般都要查明原因（如表面是否平整、耦合层中有否沙粒或测点附近有否预埋件、空壳等），并清除或避开干扰因素进行复测。因此，可以说基本不存在观测失误的问题。出现异常值，必然是混凝土本身性质改变所致。这就是利用统计学方法判定混凝土内部缺陷的基本思想。

3.3.3 测试部位声学参数平均值（m_x）和标准差（S_x）的计算

测试部位声学参数平均值（m_x）和标准差（S_x）应按下列公式计算：

$$m_x = \sum x_i / n \tag{3}$$

$$S_x = \sqrt{(\sum x_i^2 - n m_x^2)/(n-1)} \tag{4}$$

式中　x_i——第 i 点声学参数测量值；

　　　n——参与统计的测点数。

3.3.4 异常测点判断

将同一测试部位各测点的波幅、声速或主频值由大至小按顺序分别排列，即 $x_1 \geqslant x_2 \geqslant x_3 \geqslant \cdots \geqslant x_n \geqslant x_{n+1}$，将排在后面明显小的数据视为可疑，再将这些可疑数据中最大的一个（假定 X_n）连同其前面的数据计算出 m_x 及 S_x 值，并按下式计算异常数据的判断值（X_0）。

$$X_0 = m_x - \lambda_1 S_x \tag{5}$$

式中，λ_1 按表 3 取值。

表 3 　　　　　　　　　统计数据的个数 n 与对应的 λ_1、λ_2、λ_3 值

n	10	12	14	16	18	20	22	24	26	28
λ_1	1.45	1.50	1.54	1.58	1.62	1.65	1.69	1.73	1.77	1.80
λ_2	1.12	1.15	1.18	1.20	1.23	1.25	1.27	1.29	1.31	1.33
λ_3	0.91	0.94	0.98	1.00	1.03	1.05	1.07	1.09	1.11	1.12

n	30	32	34	36	38	40	42	44	46	48
λ_1	1.83	1.86	1.89	1.92	1.94	1.96	1.98	2.00	2.02	2.04
λ_2	1.34	1.36	1.37	1.38	1.39	1.41	1.42	1.43	1.44	1.45
λ_3	1.14	1.16	1.17	1.18	1.19	1.20	1.22	1.23	1.25	1.26
n	50	52	54	56	58	60	62	64	66	68
λ_1	2.05	2.07	2.09	2.10	2.12	2.13	2.14	2.15	2.17	2.18
λ_2	1.46	1.47	1.48	1.49	1.49	1.50	1.51	1.52	1.53	1.53
λ_3	1.27	1.28	1.29	1.30	1.31	1.31	1.32	1.33	1.34	1.35
n	70	72	74	76	78	80	82	84	86	88
λ_1	2.19	2.20	2.21	2.22	2.23	2.24	2.25	2.26	2.27	2.28
λ_2	1.54	1.55	1.56	1.56	1.57	1.58	1.58	1.59	1.60	1.61
λ_3	1.36	1.36	1.37	1.38	1.39	1.39	1.40	1.41	1.42	1.42
n	90	92	94	96	98	100	105	110	115	120
λ_1	2.29	2.30	2.30	2.31	2.31	2.32	2.35	2.36	2.38	2.40
λ_2	1.61	1.62	1.62	1.63	1.63	1.64	1.65	1.66	1.67	1.68
λ_3	1.43	1.44	1.45	1.45	1.45	1.46	1.47	1.48	1.49	1.51
n	125	130	140	150	160	170	180	190	200	210
λ_1	2.41	2.43	2.45	2.48	2.50	2.53	2.56	2.59	2.62	2.65
λ_2	1.69	1.71	1.73	1.75	1.77	1.79	1.80	1.82	1.84	1.85
λ_3	1.53	1.54	1.56	1.58	1.59	1.61	1.63	1.65	1.67	1.70

将判断值（X_0）与可疑数据的最大值（X_n）相比较，当 x_n 小于 X_0 时，则 x_n 及排列于其后的各数据均为异常值，应将 x_n 及其后面测值剔除。此时，判别尚未结束，排列于 x_n 之前的测值中可能还包含有异常数据。因此，再用 $x_1 \sim x_{n-1}$ 进行计算和判别，直至判不出异常值为止。当 x_n 大于 X_0 时，说明 x_n 为正常值，应再将 x_{n+1} 放进去重新进行计算和判别，以此类推。

3.3.5 异常测点相邻点的判断

当一个测试部位中判出异常测点时，在某些异常测点附近，可能存在处于缺陷边缘的测点，为了提高缺陷范围判断的准确性，可对异常数据相邻点进行判别。根据异常测点的分布情况，按下列公式进一步判别其相邻测点是否异常。

$$X_0 = m_x - \lambda_2 S_x \qquad (6)$$

$$X_0 = m_x - \lambda_3 S_x \qquad (7)$$

式中，λ_2、λ_3 按表 3 取值。当测点布置为网格状时（如在构件两个相互平行表面检测）取 λ_2；当单排布置测点时（如在声测孔中检测）取 λ_3。

异常数据判断值 X_0 是参照数理统计学判断异常值方法确定的。但与传统的 $m_x - 2S_x$ 或 $m_x - 3S_x$ 不同，在混凝土缺陷超声检测中，测点数量变化范围很大，采用固定的 2 倍或 3 倍标准差判断，置信概率不统一，容易造成漏判或误判。因此，这里的 λ_1、λ_2、λ_3 是随着测点数 n 的变化而改变。

λ_1 是基于在 n 次测量中，取异常值不可能出现的个数为 1，对于正态分布，异常测点

194

不可能出现的概率为：$P(\lambda_1) = 1/n$。

λ_2、λ_3 是基于在 n 次测量中，相邻两点不可能同时出现的概率是：

$$P(\lambda_2) = \frac{1}{2}\sqrt{\frac{1}{n}} \text{（用平面式换能器穿透测试）}；$$

$$P(\lambda_3) = \sqrt{\frac{1}{2n}} \text{（用径向振动式换能器在钻孔或预埋管中测试）}。$$

表 3 中的 λ_1、λ_2、λ_3 是根据以上三个关系式，按统计数据的个数"n"在正态分布表中查得。

异常值判断流程见图 12。

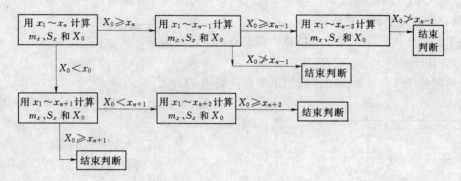

图 12 异常值判断流程示意

利用专门软件可同时进行异常测点及其相邻点的判断。

3.4 检测计算实例

采用一对直径 38mm、$t_0 = 4.0\mu s$、标称 50kHz 的厚度式超声波换能器，对一长方形构件超声法检测其混凝土的缺陷。构件长边的距离 $A = 1.20m$，短边的距离 $B = 1.00m$。长、短边方向各 10 对总计 20 对测点的仪器读数声时值（μs）见表 4。试确定该构件是否存在缺陷？如果有，确定其位置。

表 4　　　　　　　　　　20 对测点的仪器读数声时值（μs）

测点编号	1	2	3	4	5	6	7	8	9	10
A 长边声时（μs）	270	268	267	269	267	269	269	265	266	267
B 短边声时（μs）	221	225	242	243	240	226	222	220	225	224

超声波检测长方形构件混凝土的各测点仪器读数声时扣除零读数后的计算声速见表 5。

表 5　　　　　　　超声波检测长方形构件混凝土的各测点的计算声速值

测点编号	1	2	3	4	5	6	7	8	9	10
A 长边实际声时（μs）	266	264	263	265	263	265	265	261	262	263
A 长边声速（km/s）	4.51	4.55	4.56	4.53	4.56	4.53	4.53	4.60	4.58	4.55
B 短边实际声时（μs）	217	221	238	239	236	222	218	216	221	220
B 短边声速（km/s）	4.61	4.52	4.20	4.18	4.24	4.50	4.59	4.63	4.52	4.55

先把声速从大到小排序：4.63、4.61、4.60、4.59、4.58、4.56、4.56、4.55、4.55、4.55、4.53、4.53、4.53、4.52、4.52、4.51、4.50、4.24、4.20、4.18，将排在后面明显小的数据 B—5、B—3、B—4 三对测点视为可疑，再将这些可疑数据中最大的一个即 B—5＝4.24(km/s) 连同其前面的 17 数据（共 18 个，$\lambda_1 = 1.62$）计算出 m_x 及 S_x 值。经统计计算后得，测试部位声速平均值 $m_x = 4.537$；标准差 $S_x = 0.0823$；异常数据的判断值（X_0）：

$$X_0 = m_x - \lambda_1 S_x = 4.537 - 1.62 \times 0.0823 = 4.40 \ (km/s)$$

因为 $X_0 = 4.40$ 大于可疑数据中最大的一个 B—5＝4.24，小于可疑数据之前最小的第 17 数据 4.51，所以判定 B—3、B—4、B—5 三对测点存在缺陷。

3.5 混凝土内部空洞尺寸估算

关于混凝土内部空洞尺寸的估算，目前有以下两种方法。

3.5.1 方法一

设空洞位于 T、R 换能器连线的正中央，见图 13。

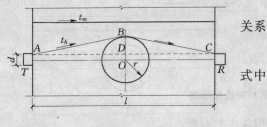

图 13 空洞尺寸估算模型（1）

由图 13 看出，根据几何学原理得出以下关系：

$$BD^2 = AB^2 - AD^2 \qquad (8)$$

式中

$$AB = \frac{1}{2} v t_h$$

$$AD = l/2$$

$$v = l/t_m$$

$$BD = r - \frac{d}{2}$$

将以上各项分别代入式（8），得：

$$(r - d/2)^2 = (l/2 t_h/t_m)^2 - (l/2)^2 \qquad (9)$$

将式（9）整理后得：

$$r = l/2 \left[d + l \sqrt{(t_h/t_m)^2 - 1} \right] \qquad (10)$$

式中　r——空洞半径；

　　　d——换能器直径；

　　　l——测距；

　　　t_h——绕空洞传播的最大声时；

　　　t_m——无缺陷混凝土的平均声时。

实际应用中一般不考虑换能器的直径 d。

则

$$r = l/2 \sqrt{(t_h/t_m)^2 - 1} \qquad (11)$$

3.5.2 方法二

设空洞位于 T、R 换能器连线的任意位置，如图 14 所示。

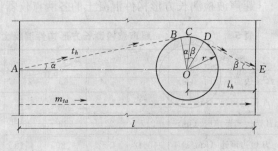

图 14 空洞估算模型（2）

设检测距离为 l，空洞中心（在另一对测试面上声时最长的测点位置）距某一测试面的垂直距离为 l_h，脉冲波在空洞附近无缺陷混凝土中传播时间的平均值为 t_m，绕空洞传播的时间（空洞处的最大声时值）为 t_h，空洞半径为 r。

由图 14 看出：

$$t_h - t_m = \Delta t = [(AB + BC + CD + DE) - l]/v \tag{12}$$

式中
$$AB = \sqrt{(l - l_h)^2 - r^2}$$
$$BC = r\alpha（弧度）= r0.01745\arcsin[r/(l - l_h)]$$
$$CD = r\beta（弧度）= r0.01745\arcsin[r/l_h]$$
$$DE = \sqrt{l_h^2 - r^2}$$

所以
$$\Delta t/t_m = \sqrt{1 - 2l_h/l + (l_h/l)^2 - (r/l)^2} + r/l0.01745[\sin^{-1}(l/r - lh/r)^{-1}$$
$$+ \sin^{-1}(r/l_h)] + \sqrt{(l_h/l)^2 - (r/l)^2} - 1$$

设
$$x = \Delta t/t_m; y = l_h/l; z = r/l; r/l_h = lz/ly = z/y$$

则
$$x = \sqrt{(1 - y)^2 - z^2} + \sqrt{y^2 - z^2} + z0.01745$$
$$\times \{\arcsin[z/(1 - y)] + \arcsin(z/y)\} - 1 \tag{13}$$

已知 x、y 便可求出 z，根据 $z = r/l$，则可求得空洞半径 r。

为便于应用，这里按式（13）事先计算出 x、y、z 之间的函数值，见表 6。

表 6 x、y、z 函数值

y \ x \ z	0.05	0.08	0.10	0.12	0.14	0.16	0.18	0.20	0.22	0.24	0.26	0.28	0.30
0.10 (0.9)	1.42	3.77	6.26	—	—	—	—	—	—	—	—	—	—
0.15 (0.85)	1.00	2.56	4.06	5.96	8.39	—	—	—	—	—	—	—	—
0.20 (0.80)	0.78	2.02	3.17	4.62	6.36	8.41	10.9	13.9	—	—	—	—	—
0.25 (0.75)	0.67	1.72	2.69	3.90	5.34	7.03	8.98	11.2	13.8	16.8	—	—	—
0.30 (0.70)	0.60	1.53	2.40	3.46	4.73	6.21	7.91	9.38	12.0	14.4	17.1	20.1	23.6
0.35 (0.65)	0.55	1.41	2.21	3.19	4.35	5.70	7.25	9.00	10.9	13.1	15.5	18.1	21.0
0.40 (0.60)	0.52	1.34	2.09	3.02	4.12	5.39	6.94	8.48	10.3	12.3	14.5	16.9	19.6
0.45 (0.55)	0.50	1.30	2.03	2.92	3.99	5.22	6.62	8.20	9.95	11.9	14.0	16.3	18.8
0.50 (0.50)	0.50	1.28	2.00	2.89	2.89	5.16	6.55	8.11	9.84	11.8	13.3	16.1	18.6

注 表中 $x = (t_h - t_m)/t_m \times 100\%$；$y = l_h/l$；$z = r/l$。

一般说来，混凝土若存在空洞，不可能刚好分布在正中间，所以第二种方法较符实际情况。对这种估算方法曾做过如下模拟试验。

（1）南京水利科学研究院的试验。制作一个尺寸为 300mm×300mm×600mm 的混凝土试件，在内部预留 φ150mm、φ110mm、φ85mm 和 φ50mm 的圆柱形空洞，同时在另一个 φ85mm 圆柱形空洞中填充了多孔混凝土，经超声检测和估算，结果见表7。

表7   南京水利科学研究院模拟缺陷测试数据

空洞实际尺寸（mm）	φ150	φ110	φ85	φ85 填多孔混凝土	φ50
无洞混凝土声时（μs）	68.0	68.0	69.8	67.5	67.5
过洞中心声时（μs）	77.6	75.1	73.1	71.5	69.2
空洞估算尺寸（mm）	156	132	102	102	68
绝对误差（mm）	+6	+22	+17	+17	+18
相对误差（%）	+4.0	+20.0	+20.0	+20.0	+36.0

（2）陕西省建筑科学研究院的试验。制作几个 200mm×200mm×200mm 混凝土模拟试件，其中分别预留空洞 φ30mm、30mm×50mm、60mm×80mm、φ58mm 和预埋 100mm×100mm×100mm 加气混凝土块，如图 15 所示。检测和估算结果见表8。

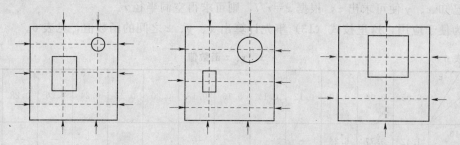

图15　空洞估算模拟试验

表8   陕西省建筑科学研究院模拟试验测试数据

空洞实际尺寸（mm）	φ30	φ68	30×50	100×100 加气混凝土	60×80
无洞混凝土声时（μs）	37.7	36.3	36.3	42.0	37.7
过洞中心声时（μs）	38.2	37.4	38.1	50.0	39.8
空洞估算尺寸（mm）	28	56	28	118	68
绝对误差（mm）	+2	+12	+2	-18	-8
相对误差（%）	+6.0	+17.6	+6.0	-18.0	-13.3

由上述两家试验结果看出，用该方法估算混凝土内部空洞的大致尺寸是可行的。不过这种方法计算过程十分繁杂，应用起来较麻烦，一般情况下，用第一种方法估算也可以。值得注意的是，无论哪种估算方法，在理论推导过程中，为了计算方便，都假设空洞呈圆球形或其轴线垂直于测试方向的圆柱形，而且空洞周围的混凝土都是密实的，上述模拟试验也是按此假设进行的。但是，实际构件或结构物中，因施工失误造成的蜂窝空洞，不可能处于如此理想状态，其形状很不规则，周围总伴随有蜂窝状不密实混凝土。因此，估算

结果肯定存在一定误差，有待进一步研究和验证。

4 混凝土结合面质量检测

4.1 定义及检测前的准备

4.1.1 定义

　　所谓混凝土结合面，系指前后两次浇筑的混凝土之间形成的接触面（主要指在已经终凝了的混凝土上再浇筑新混凝土，两者之间形成的接触面）。对于大体积混凝土和一些重要结构物，为了保证其整体性，应该连续不间断地一次浇筑完混凝土，但有时因施工工艺的需要或因停电、停水、机械故障等意外原因，中途停顿间歇一段时间后再继续浇筑混凝土；对有些早已浇筑好混凝土的构件或结构，因某些原因需要加固补强，进行第二次混凝土浇筑。两次浇筑的混凝土之间，应保持良好结合，使新旧混凝土形成一个整体，共同承担荷载，方能确保结构的安全使用。但是，在做混凝土第二次浇筑时，往往不能完全按规范要求处理已硬化混凝土的表面。因此，人们对两次浇筑的混凝土结合面质量特别关注，希望能有科学的方法进行检验。超声脉冲技术的应用，为混凝土结合面质量检验提供了较好途径。

4.1.2 检测前的准备

　　对施工接槎的检测，应首先了解施工情况，弄清接槎位置，查明结合面的范围及走向，以保证所布置的测点能使脉冲波垂直或斜穿混凝土结合面；其次是制订合适的检测方案，使检测范围不仅覆盖结合面而且一定要大于结合面的范围。

4.2 测试方法

　　超声法检测混凝土结合面质量，一般采用穿过与不穿过结合面的脉冲波声速、波幅和频率等声学参数进行比较的方法。因此，为保证各测点的声学参数具有可比性，每一对测点都应保持倾斜角度一致、测距相等。对于柱子之类构件的施工接槎检测，可用斜测法，换能器布置如图 16（a）所示；对于局部修补混凝土的结合面检测，可用对测法，换能器布置如图 16（b）所示；对于加大断面进行加固的混凝土结合面检测，可采用对测加斜测的方法，在对测的基础上，围绕异常测点进行斜测，以确定结合不良的具体部位，如图 16（c）所示。

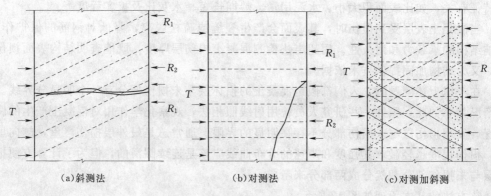

（a）斜测法　　　　　　　　（b）对测法　　　　　　　　（c）对测加斜测

图 16　混凝土结合面质量检测示意

测点间距可根据结构被测部位的尺寸和结合面外观质量情况确定，一般为 100～300mm，间距过大，可能会使缺陷漏检。

一般施工接槎附近的混凝土表面都较粗糙，检测之前一定要处理好表面，以保证换能器与混凝土表面有良好的耦合状态，提高测试数据的可比性。当发现某些测点声学参数异常时，应检查异常测点表面是否平整、干净，并做必要的打磨处理后再进行复测和细测，以便于数据分析和缺陷判断。

4.3 数据处理及判断

检测混凝土结合面的数据处理及判断方法，与本章 6.3 不密实混凝土和空洞检测相同。如果所测混凝土的结合面良好，则超声波穿过有结合面的混凝土时，声速、波幅等声学参数应无明显差异。当结合面局部地方存在疏松、空洞或填进杂物时，该部分混凝土与邻近正常混凝土相比较，其声学参数值出现明显差异。但有时因耦合不良、测距发生变化或对应测点错位等因素的影响，导致检测数据异常。因此，对于数据异常的测点，只有在查明无其他非混凝土自身因素的影响时，方可判定该部位混凝土结合不良。

当测点数较少无法进行统计判断或数据较离散标准差较大时，可直接用穿过与不穿过结合面的声学参数相比较。若 $T—R_2$ 测点的声速、波幅明显低于不穿结合面的 $T—R_1$ 测点，则该点可判为异常测点。

对于构件或结构修补加固所形成的结合面，因两次浇筑混凝土的间隔时间较长，而且加固补强用的混凝土强度比原有混凝土高一个等级，骨料级配和施工工艺条件也与原混凝土不一样。所以，两种混凝土不属于同一个样本，但如果结合面两侧的混凝土厚度之比保持不变，穿过结合面的测点声学参数，反映了这两种混凝土的平均质量。因此，仍然可以按本章所述的统计判断方法进行操作。

5 混凝土损伤层检测

5.1 概念和基本原理

混凝土构件或结构，在施工或使用过程中，其表层有时会在物理或化学因素作用下受到损伤：物理因素如火焰、冰冻等；化学因素如一些酸和盐碱类等。结构物受到这些因素作用时，其表层损伤程度除了与作用时间长短及反复循环次数有关外，还与混凝土本身某些特征有关，如比表面积大小、水泥用量、龄期长短、水灰比及捣实程度等。

当混凝土表层受到损伤时，其表面会产生裂缝或疏松脱离，降低对钢筋的保护作用，影响结构的承载力和耐久性。用超声法检测混凝土损伤层厚度，既能查明结构表面损伤程度，又为结构加固提供技术依据。

在考虑上述问题时，人们都假定混凝土的损坏层与未损伤部分有一个明显分界线。实际情况并非如此，国外一些研究人员曾用射线照相法，观察化学作用对混凝土产生的腐蚀情况，发现损伤层与未损伤部分不存在明显的界限。通常总是最外层损伤严重，越向里深入，损伤程度越轻微，其强度和声速的分布曲线应该是连续圆滑的，但为了计算方便把损伤层与未损伤部分截然分成两部分来考虑。

该方法的基本原理如图 17 所示。

当 T、R 换能器的间距较近时，超声波沿表面损伤层传播的时间最短，首先到达 R

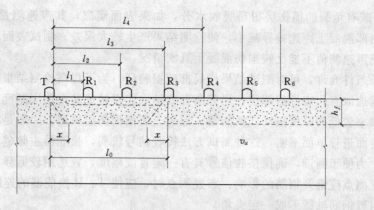

图 17　损伤层与未损伤检测基本原理解释

换能器，此时读取的声时值反映了损伤层混凝土的传播速度。随着 T、R 换能器间距增大，部分声波穿过损伤层，沿未损伤混凝土传播一定间距后，再穿过损伤层到达 R 换能器。当 T、R 换能器间距增大到某一距离（l_0）时，穿过损伤层经未损伤混凝土传播一定距离再穿过损伤层到达 R 换能器的声波，比沿损伤层直接传播的声波早到达或同时到达 R 换能器，即 $t_2 \leqslant t_1$。

由图 17 看出
$$t_1 = l_0/v_f$$
$$t_2 = 2\sqrt{h_f^2 + x^2}/v_f + (l_0 - 2x)/v_a$$

则
$$l_0/v_f = 2/v_f \sqrt{h_f^2 + x^2} + (l_0 - 2x)/v_a \tag{14}$$

因为
$$l_0 = t_1 v_f$$

所以
$$t_1 = 2/v_f \sqrt{h_f^2 + x^2} + (l_0 - 2x)/v_a$$

为使 x 值最小，可取 t_1 对 x 的导数等于 0。

则
$$\mathrm{d}t_1/\mathrm{d}x = (2/v_f)\left[2x/(2\sqrt{h_f^2 + x^2})\right] - 2/v_a = 2x/(v_f\sqrt{h_f^2 + x^2}) - 2/v_a = 0$$
$$x/(\sqrt{h_f^2 + x^2}) = 1/v_a \tag{15}$$

将式（15）整理后得
$$x = h_f v_f / \sqrt{v_a^2 - v_f^2}$$

将 x 代入式（14）得
$$l_0/v_f = 2/v_f \sqrt{h_f^2 + v_f^2 h_f^2(v_a^2 - v_f^2)} + l_0/v_a - 2h_f v_f/(v_a \sqrt{v_a^2 - v_f^2}) \tag{16}$$

将式（16）整理后得
$$h_f = l_0/2 \sqrt{(v_a - v_f)/(v_a + v_f)} \tag{17}$$

式（17）便是当前国内外用于检测混凝土损伤层厚度的通用公式。

5.2　测试方法

5.2.1　基本要求

（1）选取有代表性的部位。选取有代表性的部位进行检测，既可减少测试工作量，又使测试结果更符合混凝土实际情况。

（2）被测表面应处于自然干燥状态，且无接缝和饰面层。由于水的声速比空气声速大

4 倍多，疏松或有龟裂的损伤层很易吸收水分，如果表面潮湿，其声速测量值必然偏高，与未损伤的内部混凝土声速差异减小，使检测结果产生较大误差。测试表面存在裂缝或饰面层，也会使声速测值不能反映损伤混凝土真实情况。

（3）如果条件允许，可对测试结果作局部破损验证。为了提高检测结果的可靠性，可根据测试数据选取有代表性的部位，局部凿开或钻取芯样验证其损伤层厚度。

（4）用频率较低的厚度振动式换能器。混凝土表面损伤层检测，一般是将 T、R 换能器放在同一表面进行单面平测，这种测试方法接收信号较弱，换能器主频越高，接收信号越弱。因此，为便于测读，确保接收信号具有一定首波幅度，宜选用较低频率的换能器。

（5）布置测点应避开钢筋的影响。布置测点时，应使 T、R 换能器的连线离开钢筋一定距离或与附近钢筋轴线形成一定夹角。

5.2.2 检测步骤

如图 17 所示，先将 T 换能器通过耦合剂与被测混凝土表面耦合好，且固定不动，然后将 R 换能器耦合在 T 换能器旁边，并依次以一定间距移动 R 换能器，逐点读取相应的声时值 t_1，t_2，t_3，$\cdots$，并测量每次 T、R 换能器内边缘之间的距离 l_1，l_2，l_3，$\cdots$。为便于检测较薄的损伤层，R 换能器每次移动的距离不宜太大，以 30mm 或 50mm 为好。为便于绘制"时—距"坐标图，每一测试部位的测点数应尽量的多，尤其是当损伤层较厚时，应适当增加测点数。当发现损伤层厚度不均匀时，应适当增加测位的数量，使检测结果更具有真实性。

5.3 数据处理及判断

5.3.1 绘制"时—距"坐标图

以测试距离 l 为纵坐标、声时 t 为横坐标，根据各测点的测距（l_i）和对应的声时值（t_i）绘制"时—距"坐标图，如图 18 所示。其中前三点反映了损伤混凝土声速（v_f），$v_f = (l_3 - l_1)/(t_3 - t_1)$；后三点反映了未损伤混凝土的声速（$v_a$），$v_a = (l_6 - l_4)/(t_6 - t_4)$。

5.3.2 求损伤和未损伤混凝土的回归直线方程

由图 18 看出，在斜线中间形成一拐点，拐点前、后分别表示损伤和未损伤混凝土的 l 与 t 相关直线。用回归分析方法分别求出损伤、未损伤混凝土 l 与 t 的回归直线方程：

损伤混凝土：

$$l_f = a_1 + b_1 t_f \tag{18}$$

未损伤混凝土：

$$l_a = a_2 + b_2 t_a \tag{19}$$

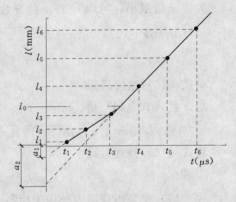

图 18 损伤层检测"时—距"图

式中　　　l_f——拐点前各测点的测距，mm，对应于图 18 中的 l_1、l_2、l_3；

t_f——拐点前各测点的声时，μs，对应于图 18 中的 t_1、t_2、t_3；

l_a——拐点后各测点的测距，mm，对应于图 18 中的 l_4、l_5、l_6；

t_a——拐点后各测点的声时，μs，对应于图 18 中的 t_4、t_5、t_6；

a_1、b_1、a_2、b_2——回归系数，即图18中损伤和未损伤混凝土直线的截距和斜率。

5.3.3 损伤层厚度计算

两条直线的交点对应的测距：

$$l_0 = (a_1 b_2 - a_2 b_1)/(b_2 - b_1) \tag{20}$$

损伤层厚度：

$$h_f = l_0/2 \sqrt{(b_2 - b_1)/(b_2 + b_1)} \tag{21}$$

由图17检测损伤层厚度示意图可知，采用平测法测量损伤层厚度时，测点的布置数量是非常有限的。当采用数学回归处理的场合，拐点前后的测点数量似乎是偏少的，尤其是拐点前的测点，当表面损伤层不深时，拐点前恐怕有时只能是 1～2 个测点。（CECS 21：2000 规程在"测量空气声速进行声时计量校验"中规定：用于回归的测点数应不少于 10 个）仅用各拐点前后的少数几个测点回归直线方程，往往会由于个别测量数据误差产生的"跷跷板"的效应，直线方程斜率差异造成的测量随机误差会特别大。规程中超声法检测表面损伤层厚度的方法已经流行了许多年，但依据少数几个测点回归声速值计算的表面损伤层厚度的检测精度不得而知。这是无损检测界可以开展研究的一个课题。

6 混凝土均质性检测

6.1 概念

所谓匀质性检测，是对整个结构物或同一批构件的混凝土质量均匀性进行检验。混凝土匀质性检验的传统方法，是在浇筑混凝土的同时，现场取样制作混凝土标准试块，以其破坏强度的统计值来评价混凝土的匀质性水平。这种方法存在以下局限性：试块的数量有限；几何尺寸、浇筑养护方法与结构不同；混凝土硬化条件与结构存在差异。可以说标准试块的强度很难全面反映结构混凝土的质量情况。

超声法是直接在结构上进行全面检测，虽然测试精度不太高，但其数据代表性较强，因此用该法检验混凝土的匀质性具有一定实际意义。国际标准及国际材料和结构实验室协会的建议，都确认用超声法检验混凝土的匀质性是一种较有效的方法。

6.2 测试方法

一般采用厚度振动式换能器进行穿透对测法检验结构混凝土的匀质性，要求被测结构应具备一对相互平行的测试表面，并保持平整、干净。先在两个相互平行的表面分别画出等间距网格，并编上对应的测点序号，网格间距大小由结构类型和测试要求确定，一般为 200～500mm，对于断面尺寸较小，质量要求较高的结构，测点间距可小一些；对尺寸较大的大体积混凝土，测点间距可取大一些。

测试时，应使 T、R 换能器在对应的一对测点上保持良好耦合状态，逐点读取声时 t_i。超声测距的测量，可根据构件实际情况确定，若各点测距完全一致，可在被测构件的不同部位测量几次，取其平均数作为该构件的超声测距值 l。当各测点的测距不尽相同时，应分别进行测量。如果条件许可，最好采用专用工具逐点测量 l_i 值。

6.3 计算和分析

为了比较或评价混凝土质量均匀性的优劣，需要应用数理统计学中两个特征值标准差和离差系数。在数理统计中，常用标准差来判断一组观测值的波动情况或比较几组测量过程的准确程度。但标准差只能反映一组观测值的波动情况，要比较几组测量过程的准确程度，则概念不够明确，没有统一的基准，缺乏可比性。例如，有两批混凝土构件，分别测得混凝土强度的平均值为 20MPa 和 45MPa，标准差为 4MPa、5MPa，仅从标准差来看，前者的强度均匀性较好。其实不然，若以标准差除以其平均值，则分别为 0.2 和 0.11，实际上是后者的强度均匀性较好。所以人们除了用标准差以外，还常采用离差系数来反映一组或比较几组观测数据的离散程度。

（1）混凝土的声速值计算：

$$v_i = l_i/t_i \tag{22}$$

式中　v_i——第 i 点混凝土声速值，km/s；

l_i——第 i 点超声测距值，mm；

t_i——扣除初读数 t_0 后的第 i 点测读声时值，μs。

（2）混凝土声速的平均值、标准差及离差系数按下列公式计算：

$$m_v = 1/n \sum v_i \tag{23}$$

$$S_v = \sqrt{\left(\sum_{i=1}^{n} v_i^2 - n m_v^2 \right)/(n-1)} \tag{24}$$

$$C_v = S_v/m_v \tag{25}$$

式中　m_v——混凝土声速平均值，km/s；

S_v——混凝土声速的标准差，km/s；

C_v——混凝土声速的离差系数；

n——测点数。

由于混凝土的强度与其声速之间存在较密切的相关关系，结构混凝土各测点声速值的波动，基本反映了混凝土强度质量的波动情况。因此，可以直接用混凝土声速的标准差（S_v）和离差系数（C_v）来分析比较相同测距的同类结构混凝土质量均匀性的优劣。

但是，由于混凝土声速与强度之间存在的相关关系并非线性，所以直接用声速的标准差和离差系数，与现行验收规范以标准试块 28d 抗压强度的标准差和离差系数，不属于同一量值，因此如果事先建立有混凝土强度与声速的相关曲线，最好将测点声速值换算成混凝土强度值，并进行强度平均值、标准差和离差系数计算，再用混凝土强度的标准差和离差系数来评价同一批混凝土的匀质性等级。

7　钢管混凝土质量检测

7.1　概述

钢管混凝土是指在钢管中浇灌混凝土并振捣密实，使钢管与核心混凝土共同受力的一种新型的复合结构材料，它具有强度高、塑性变形大、抗震性能好、施工快等优点。同钢筋混凝土的承载力相比，钢管混凝土的承载力更高，因而，当承载相同时可以节省 60%～70% 的混凝土用量，缩小了混凝土构件的断面尺寸，降低了构件的自重，在施土中且可节省全部的模板用量。可见，推广钢管混凝土结构具有良好的技术经济效果。

随着钢管混凝土结构材料在工业、桥梁、台基建筑工程中推广应用，关于核心混凝土的施工质量、强度及其与钢管结合整体性等问题，已成为工程质量检查与控制迫切要解决的技术问题。结合钢管混凝土结构设计与施工部标准的编制，同济大学材料系于 1984 年就钢管混凝土质量和强度检测技术，采用超声脉冲方法进行了系统的探测研究，确定了检测方法的有效可行性，钢管混凝土缺陷检测已编入了 CECS 21：2000 超声法检测混凝土缺陷技术规程中。

钢管混凝土质量超声检测方法如图 19 所示。

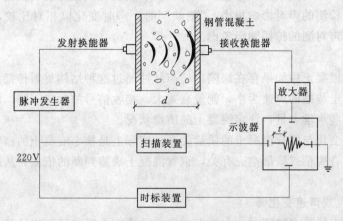

图 19　低频超声波检测系统

根据超声仪接收信号的超声声时或声速、初至波幅度、接收信号的波形和频率的变化情况，作相对比较分析，判定钢管混凝土各类质量问题。

在钢管混凝土超声检测工作中，超声波沿钢管壁传播的信号对检测信号是否有影响及影响程度，是检测人员所关注的问题，也是能否采用超声脉冲法检测钢管混凝土质量的关键问题。根据声波传播的距离及实测的结果可以归纳如下：

以对穿检测法而言，超声波沿钢管混凝土径向传播的时间 $t_{混}$ 与钢管壁半周长的传播时间 $t_{管}$ 的关系为：

$$t_{管} = \frac{\pi R}{v_{管}}$$

$$t_{混} = \frac{2R}{v_{混}}$$

$$t_{管} = \frac{\pi}{2} \frac{v_{混}}{v_{管}} t_{混}$$

式中　R——钢管的半径；

$v_{混}$——超声波在钢管混凝土中传播的速度；

$v_{管}$——超声波在钢管中传播的速度。

某钢管混凝土的核心混凝土的设计强度为 C30，实测结果，其超声声速约为 4400m/s，而钢管的超声声速约为 5300m/s，即

$$t_{管} = 1.3 t_{混}$$

按钢管混凝土径向传播超声声时等于沿钢管壁半周长传播的声时，即 $\frac{2R}{v_{混}} = \frac{\pi R}{5300}$，$v_{混}$ ≈3400m/s，而在整个模拟各种缺陷试验过程所测得的超声波速均大于 3400m/s，证明检

测时超声波为直接穿透钢管混凝土的，而按 $v_混$ 为 4400m/s、4300m/s、4200m/s 计算，则 $t_管$ 分别为 $1.30t_混$、$1.27t_混$ 与 $1.24t_混$。

声通路将主要取决于核心混凝土的探测距离，而超声波收、发换能器接触的两层钢管壁厚相对于钢管混凝土直径的测距是很短的，对"声时"检测的影响不会比钢筋混凝土中垂直声通路排置钢筋的影响大。通过核心混凝土和钢管混凝土穿透对测的比较，钢管壁对钢管混凝土缺陷检测的声时影响很小，"测缺"时，声时变化以相对比较，一般可以采用钢管外径作为超声对测的传播测距考虑。

7.2 缺陷判断

硬化的钢管混凝土中如果存在缺陷，超声脉冲通过这种结构材料传播的声速比相同材质的无缺陷混凝土传播的声速为小，能量衰减大，接收信号的频率下降，波形平缓甚至发生畸变，综合这些声学参量，评定混凝土的质量状况。

超声参量的变化与钢管混凝土的质量关系，实际上是核心混凝土的密实度、均匀性及其与钢管内壁结合脱粘或局部空壳有关，钢管混凝土缺陷判断的依据，从原理上可作如下解释。

7.2.1 "声时"或声速变化

当混凝土或表层存在缺陷时，在超声波发—收通路上形成了不连续的介质，即缺陷的孔、缝或疏松的空间充有较低声阻抗的气体或水 [空气的声阻抗 $\rho c_L = 0.00398 \times 10^4$，水的声阻抗 $\rho c_L = 14.8 \times 10^4$，混凝土的声阻抗 $\rho c_L = 96.6 \times 10^4$（g/cm² · S）]，超声波传播通路上遇有这些缺陷，将绕过缺陷向前传播，在探测的距离内，超声纵波在复合介质中传播的平均"声时"，或绕射到达所需的时间将比超声纵波在密致的混凝土中直接传播所需要的"声时"长，反映了存在缺陷的混凝土的超声波传播的声速为小，对测法的换能器一旦顺着密致→缺陷→密致区域的混凝土扫测，声速则是从大→小→大过渡变化的。

7.2.2 接收信号能量衰减

由于混凝土存在缺陷，不连续介质则构成固—气、固—液的界面，使投射的声波产生不规则的散射，相对于无缺陷密致的混凝土而言，接收到的超声波能量损失较甚，即接收信号的首波幅度下降，反映了声能的衰减。对于所有介质的界面，声波垂直入射时，声压或声强的反射率分别为

$$\gamma = \frac{\rho_2 c_2 - \rho_1 c_1}{\rho_2 c_2 + \rho_1 c_1}$$

或

$$k = \left(\frac{\rho_2 c_2 - \rho_1 c_1}{\rho_2 c_2 + \rho_1 c_1}\right)^2 = \gamma^2$$

式中　$\rho_1 c_1$——第一介质的声阻抗；

　　　$\rho_2 c_2$——第二介质的声阻抗。

可见，当两个介质的声阻抗相等（$\rho_2 c_2 = \rho_1 c_1$）时，则 γ 或 k 均为 0，即所谓全透射，而当 $\frac{\rho_2 c_2}{\rho_1 c_1} \to 0$ 或 ∞ 时，则 γ 或 K 等于 1，即接近全反射。声波在混凝土中传播，垂直射到充气缺陷的界面上，其能量近乎 100% 反射，也就是说超声波绕射到达的信号是极其微弱的。

7.2.3 信号频率变化

混凝土的组织构造的非均质性，加上内存缺陷，使探测脉冲在传播的过程发生反射、折射，高频成分的能量衰减比低频的快（理论上能量衰减与超声频率 f^2、f^4 成正比，即 $\alpha = af + bf^2 + cf^4$），也就是说，在探测的过程高频部分消失比较快，因此，混凝土超声检测接收信号的频率总是比发射的探测频率或通过相同测距的无缺陷混凝土收到的频率低，故测定接收信号频率的变化或作频谱分析，借以判断混凝土质量情况是否是一个有效的参量。

7.2.4 信号波形变化

由于超声波在缺陷的界面上复杂的反射、折射，使声波传播的相位产生差异，叠加的结果导致接收信号的波形发生畸变，同质量正常的钢管混凝土的探测波形的比较，信号波形变化具有很强的可比性。所以，探测波形的重现性，可以作为判断钢管混凝土质量的依据之一。

综上所述，采用诸超声参量综合评定钢管混凝土的缺陷性质和范围，无疑比任一单指标的分析更为合理和有效。

以上诸参量，除超声声速或声时，接收信号频率变化（采用游标测读计算或作频谱分析）可以作量化的检测判断，而声能衰减和波形变化，由于受人为、耦合状况以及检测面平整度等随机性的影响，在目前的技术条件下，尚只能作定性和经验性的判别，但其有效性是毋庸置疑的。

钢管混凝土的质量主要是针对混凝土的质量及其与钢管胶结紧密程度，尤其是后者。一旦两种介质结合不良，而超声诸参量均较敏感，往往有超声波在钢管壁传播的混响为背景的接收波形发生严重畸变的图像。

7.3 适用方法

依据低频超声波在钢管混凝土复合材料中传播的基本原理，以及判断缺陷的方法，超声脉冲可适用于圆钢管混凝土、方钢管混凝土和混凝土构件粘钢补强的结合质量等检测。根据材料结构强度形成和施工条件可能造成的质量问题，以及工程设计的要求，模拟可能产生的各种缺陷，以及检测结果分述如下：

模拟试件采用 525 号普通硅酸盐水泥配制 C30 混凝土，粗骨料的粒径为 5～30mm，钢管的内径为 φ38cm、φ25cm 两种，管壁厚有 6mm 和 10mm 两种，采用 CTS-25 型非金属超声波检测仪，换能器的频率 50kHz，钢管混凝土的测试龄期有 7d、14d、36d、60d。

7.3.1 混凝土内部空洞的探测

在混凝土施工过程中，由于混凝土的流动性降低，或在钢板插件附近漏振架空可能形成空洞缺陷。钢管混凝土模拟试件的检测位置、各龄期检测的声速和相应的波形如图 20 和表 9 所示。

表 9 不同部位不同龄期超声声速的变化情况（1）

声速 (m/s) 龄期 (d) 检测部位	7	14	36	60
密实区	4236	4491	4556	4703
空洞区	4121	4130	4158	4236

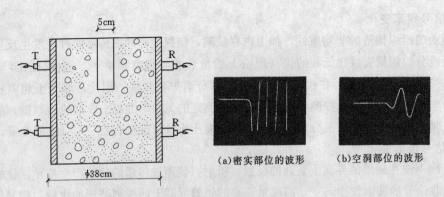

(a)密实部位的波形　　(b)空洞部位的波形

图20　空洞缺陷和检测波形

综上可见：

（1）钢管混凝土随着养护龄期的增长，超声声速逐渐提高，它反映了混凝土强度与声速呈一致性关系，证明了混凝土与钢管结合良好，接收信号初至波是沿着钢管混凝土径向传播的超声波信号。

（2）随着钢管混凝土养护龄期的增长，绕过空洞缺陷的声速变化比对穿密实混凝土的声波速度小得多，14d龄期之后探测缺陷比7d龄期检测的辨别率要高。

（3）首波幅值和频率变化：

	7d（分贝值/幅度）	60d（分贝值/幅度）
密度部位	0dB/1.5cm	5dB/4cm
空洞部位	0dB/0.8cm	0dB/1cm
频率变化	密实部位的接收信号的频率为32.9kHz	
	空洞部位的接收信号的频率为21.6kHz	

相对于密实区，空洞区的接收信号的频率下降约34％。

7.3.2　混凝土局部不密实区的探测

因施工过程混凝土假凝或水泥浆稀少砂石偏多，形成混凝土组织构造局部松散缺陷。模拟试件检测位置、不同龄期、不同部位检测的超声声速及波形如图21和表10所示。

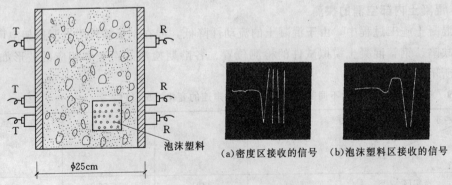

泡沫塑料

(a)密度区接收的信号　　(b)泡沫塑料区接收的信号

图21　不密实区缺陷与检测波形

声速 (m/s) 龄期（d） 检测部位	7	14	36	60
密实	4247	4364	4540	4695
疏松区	3987	3942	4033	4053

表 10　　　　　　　不同部位不同龄期超声声速变化情况（2）

（1）以 60d 龄期扫测结果为例：

密实区 ⟶　密实疏松交界区 ⟶　松散区，超声声速变化为

4695m/s　　4205m/s　　　　4053m/s

结合对应的接收信号波形，可以大体区分出混凝土内部组织构造的变化范围。

（2）在松散区上超声能量衰减和频率下降比密实区的要大，以接收信号等幅度测读，声能变化为：

密实区　　　⟶　　交界区　　⟶　　松散区

27dB/4cm　　　　15dB/4cm　　　　8dB/4cm

而不密实区的超声接收信号的频率比密实区收到的信号频率下降约 15.5%。

7.3.3　核心混凝土与钢管壁胶结不良的探测

模拟试件的不同检测位置，不同养护龄期测得的超声声速，波形如图 22 和表 11 所示。

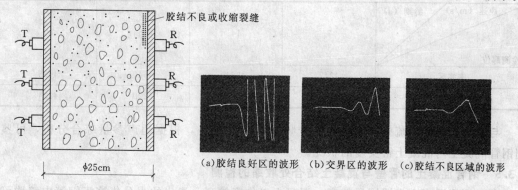

(a)胶结良好区的波形　(b)交界区的波形　(c)胶结不良区域的波形

图 22　胶结不良缺陷与检测的波形

表 11　　　　　　　不同部位不同龄期超声声速变化情况（3）

声速（m/s） 龄期（d） 检测部位	7	14	36	60
胶结良好区	4247	4364	4540	4695
交界区	4212	未测	未测	4456

（1）钢管与混凝土结合不良处，超声声速下降相当大，因首波畸变，首波起点较难读准，但波形变化明显，用以定性鉴别两种材料结合质量是比较有效的。

（2）从胶结良好区 ⟶ 交界区 ⟶ 胶结不良位置测试比较，接收信号首波衰减量为：

22dB/3cm —→ 17dB/3cm —→ 0dB/1cm 的变化。缺陷区的接收信号频率比质量正常的下降约 21%。

7.3.4 漏振疏松缺陷的检测

施工中因振捣不充分或漏振，造成混凝土内部疏松或表层的蜂窝麻面等缺陷，均削弱了钢管混凝土的承载力和耐久性。

模拟试件测试部位，不同龄期测得的超声声速及接收信号波形如图 23 和表 12 所示。

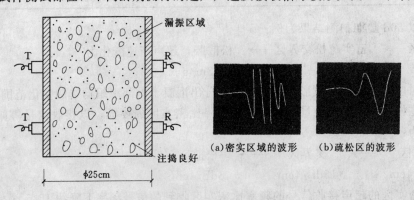

图 23　漏振疏松缺陷与检测波形

表 12　　　　　　　　不同部位不同龄期超声声速变化情况（4）

声速（m/s）　　龄期（d） 检测部位	7	14	36	60
密实区	4247	4364	4540	4695
漏振疏松区	3910	4141	4200	4234

与密实层比较，疏松层的接收信号频率下降了 24%，根据超声参量综合分析，可鉴别钢管混凝土内混凝土密实度的状况。

7.3.5 钢管混凝土的管壁与混凝土结合处收缩的检测

由于钢管混凝土水泥用量较高，混凝土工作度较高，渗出的水分集聚于钢管内壁均可造成钢管内壁与混凝土脱粘裂缝。

模拟收缩裂缝试件，不同龄期检测的超声声速、波形变化如图 24 和表 13 所示。

表 13　　　　　　　　不同部位不同龄期超声声速变化情况（5）

声速（m/s）　　龄期（d） 检测部位	7	14	36	60
密实区	4333	4492	4556	4703
沿裂缝交界区	4236	4280	4308	4393
垂直于裂缝	3751	3711	3770	3946

在实际检测时，正对于收缩缝和部分跨缝方向检测的声速、波形状况均有差异，不同

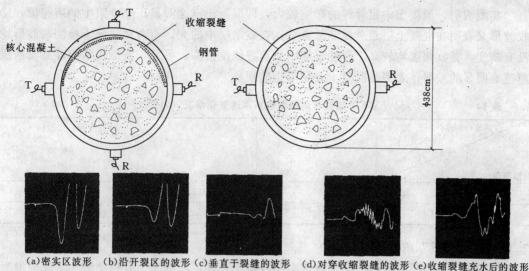

（a）密实区波形　（b）沿开裂区的波形　（c）垂直于裂缝的波形　（d）对穿收缩裂缝的波形　（e）收缩裂缝充水后的波形

图 24　收缩裂缝不同位置超声检测及波形

龄期的信号衰减值为：

	7d	60d
跨缝	4dB/3cm	10dB/3cm
正对缝	0dB/波形畸变	0dB/2cm

　　由此表明，声波传播轴线方向与裂缝垂直时，裂缝阻隔声通路所造成声能衰减比较严重，对于钢管内壁与核心混凝土基本脱开，即使裂缝极为纤细，检测仪示波屏上显示的接收信号，总是出现混响的背景，或示波扫描不稳定，波形畸变，可以推断超声投射波大量反射、散射，造成声能的严重衰减，以及声波沿钢管壁传播的混响的干扰，以致扫描线扭曲畸变现象。

7.3.6　混凝土分层离析均匀性的检测

　　由于钢管混凝土的流动性较大，或水灰比失控，施工中混凝土可能出现分层离析，形成组织构造的不均匀性。

　　模拟试件不同龄期的超声声速、波形状况如图 25 和表 14 所示。

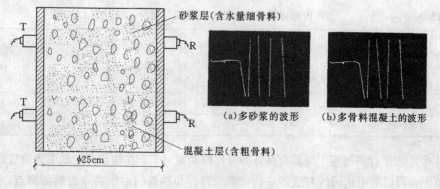

（a）多砂浆的波形　　（b）多骨料混凝土的波形

图 25　分层离析与检测波形

实测表明，混凝土中粗骨料的影响较大，即混凝土声速明显高于砂浆中的声速值，接收波形又表明在混凝土层超声波能量衰减比在砂浆层中的大，而两种状况下检测的波形均没有畸变，首波幅度均较高。而砂浆层中的首波幅度更高。可见，波形正常幅度高而两层声速有明显的差异，大多是混凝土分层离析的现象。

表 14	不同部位不同龄期超声声速变化情况（6）		
声速(m/s)　　龄期（d） 检测部位	7	14	36
多砂浆层	3970	4121	4141
多骨料混凝土层	4380	4505	4581

7.3.7　"施工缝"的检测

模拟施工过程超时限的二次浇捣成型的混凝土，即后浇混凝土有可能破坏了先浇混凝土层的凝结硬化的强度，使交界层强度下降，形成"施工缝"，另一种是新旧混凝土结合不良也会产生整体性差的"施工缝"。

模拟试件，不同龄期测得的超声声速、波形变化状况如图 26 和表 15 所示。

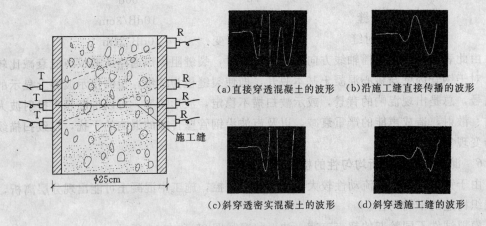

（a）直接穿透混凝土的波形　（b）沿施工缝直接传播的波形

（c）斜穿透密实混凝土的波形　（d）斜穿透施工缝的波形

图 26　施工缝与检测波形

表 15	不同部位不同龄期超声声速变化情况（7）				
声速(m/s)　　龄期（d） 检测部位	7	14	36	60	接收 频率
斜测	4269	4333	4426	4429	$f=30.9kC$
跨缝斜测	3951	3910	4180	4228	$f=21.1kC$

采用等距离平行斜测施工缝具有良好的可比性和鉴别率。在初步确定施工缝位置后对施工缝长短范围，可以采用相同的方法，并估计声通路能穿越缝的左中右布置斜测测点，以声速、首波幅度和波形诸参量与密实层中的相同测距斜测的各参量比较，估计施工缝贯穿的程度。

7.3.8 钢管混凝土中钢板插件对超声检测的影响

由于结构的需要，钢管混凝土内部可能焊置钢板插件，成型后它的方向对超声不同方向检测的影响程度，有必要加以模拟并作超声探测。

在钢管混凝土成型时，埋入尺寸为 31cm×6.4cm×1.5cm 的钢块，验证超声传播平行和垂直于钢块长度方向，超声检测参量受到的影响。

模拟试件，不同龄期测得超声声速、波形变化状况如图 27 和表 16 所示。

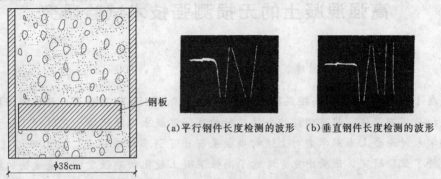

(a)平行钢件长度检测的波形　(b)垂直钢件长度检测的波形

图 27　超声垂直和平行预埋件方向的检测波形

表 16　　　　　　　　　不同方位的各龄期测得的超声声速变化情况

声速(m/s)　　　龄期　(d)　　检测部位	7	14	36	60
纵向（正对并沿钢块长度）	5087	5135	4974	5013
横向（垂直钢块长度）	4299	4373	4408	4513

检测结果表明，超声脉冲沿钢块长度方向探测的声速约 5000m/s，且各龄期的变化不大，说明这时超声声速主要决定钢块的声速；而超声检测垂直于钢块长度方向的声速则主要反映了密实混凝土强度增长一致性的变化。可见，超声检测沿钢板插件长度方向传播的声速受影响较大，而声波传播垂直于钢板长度方向的检测，受到的影响则较小。

参 考 文 献

[1] 吴新璇．混凝土无损检测技术手册．北京．人民交通出版社，2003．

第六部分　高强混凝土测强技术

高强混凝土的无损测强技术试验研究

张荣成

（中国建筑科学研究院，北京市，100013）

早在 1996 年就开展了高强混凝土（强度大于 50.0MPa 的混凝土）无损测强技术的研究，最初采用回弹法、超声回弹综合法进行的高强混凝土测强试验研究取得了初步成果。

在学术讨论会上专家学者对上述初步成果提出了许多宝贵意见。我们根据这些意见，重新进行了试验研究，试验中充分考虑了高强混凝土硬化初期强度增长速度快的特点，试件中加入了少量普通混凝土试件，使试验中得到的不同龄期试件抗压强度范围加大，从而使测强曲线的相关系数得以提高。尔后，又相继研究开发出了后装拔出法及针贯入法检测高强混凝土强度的测试技术，这些技术均通过专家评议审定。

目前，高强混凝土在我国已经实用化。有一些利用高强混凝土的工程已经竣工。在各省市也有不少在建工程，国家建设部已经将高强混凝土作为新技术项目在全国推广。高强混凝土的基本特点是：强度高、施工阶段强度增长速度快、抗腐蚀能力强、节约材料等。随着经济建设的迅速发展，高强混凝土的应用将在今后若干年内得到普及。国外一些发达国家应用高强混凝土较我国早一些，而且应用范围也不限于建筑领域，在其他构筑物上也有应用。

自从混凝土大量应用以来，为了进行施工质量控制，人们开发出许多种无损检测技术，我国的科学技术人员经过几十年的努力，也使一些检测技术得到了不断完善和发展，并编制了相应的检测标准。目前，我国检测混凝土强度方面的标准有：《回弹法检测混凝土抗压强度技术规程》（JGJ/T 23—2011）、《超声回弹综合法检测混凝土强度技术规程》（CECS 02：1988）等。但是，当前施工现场确认结构混凝土强度质量的无损检测技术只能适用于 50.0MPa 以下强度的混凝土，而对于 50.0MPa 及 50.0MPa 以上强度混凝土的强度检测方面则无能为力。经过国外技术文献检索发现，高强混凝土的无损检测技术在世界上也是一个尚未完成的课题。因此，我们针对高强混凝土进行了各种方法检测强度的试验研究。

1　回弹法测强技术试验研究

1.1　试验概况

1.1.1　试验装置

在回弹试验之初曾采用标准回弹仪（2.207J）进行了回弹试验，结果发现回弹值与混凝土强度之间离散性很大，针对这种情况我们专门研制开发了新型回弹仪。开发的宗旨是仪器要适用于高强混凝土检测，又不要像重型回弹仪那样耗费体力。经过多次反复试制决定采用 GHT450 型回弹仪（现已成为专利产品）进行高强混凝土测试强度试验。回弹仪器的构造如图 1 所示。

1.1.2 试件

试件混凝土强度等级为 C30、C40、C50、C60、C70、C80。试件为边长 150mm 的立方体。为模拟现场施工情况采用自然养护。

1.2 回弹法的基本原理及试验结果分析

回弹法是用一弹簧驱动的重锤，通过弹击杆弹击混凝土表面，测出重锤被反弹回来的距离，并以回弹值作为与强度相关的指标，来推定混凝土强度的一种方法。这种方法应用了 40 多年而不被其他方法取代，其主要原因是：仪器构造简单、方法易于掌握、检测效率高、成本低、影响因素少。

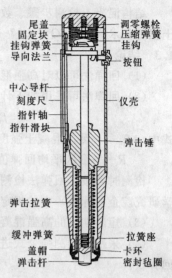

图 1　GHT450 型回弹仪的构造

回弹法测定混凝土强度的基本依据，是回弹值与混凝土抗压强度之间的相关性。其相关关系一般以经验公式或基准曲线的形式来确定。本次试验步骤如下：在试件成型侧面各回弹 16 次→记录每一次回弹值→回弹试验结束后立即进行抗压试验并记录抗压试验结果→测量碳化深度。数据处理时，考虑到回弹测点刚好处于石子或气孔上的情况，将最大和最小的两个值剔除后，把余下的 10 个数据进行平均，作为该试件的回弹值。通过对 384 组（每 1 组为 1 个试件，每 1 组数据包括 16 个回弹值、1 个抗压试验强度值、1 个碳化深度值）共 6912 个数据，进行回归分析，得到如下曲线公式：

$$f_{cu}^c = -4.6 + 0.1948R + 0.0156R^2$$

式中　f_{cu}^c——测区混凝土强度换算值，MPa，精确至 0.1MPa；

　　　R——测区平均回弹值，精确至 0.1。

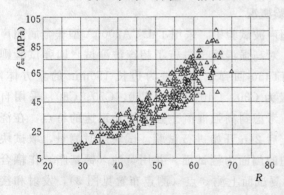

图 2　回弹值与混凝土抗压强度之间的关系

曲线公式的相关系数 $r = 0.9$，相对标准差 $e_r = 14.7\%$，平均相对误差 $\delta = 12.1\%$。测试数据分布情况与测强曲线如图 2 所示。试验时试件强度在 11.0～96.0MPa。

试验中发现，高强混凝土在成型后，强度增长速度很快。在常温下（20～25℃），24h 强度可达到 30～40MPa。10d 左右即可达到强度设计值。为了了解在较大强度变化范围内的回弹值与强度之间的关系，在试件成型后 24 h 即开始（即脱模时）进行试验，试件中加入少量的 C30、C40 强度等级试块，也是考虑到尽量在试验中捕捉到较大强度范围的试验数据问题而采取的措施。试验中也发现高强混凝土抗碳化能力很强，保留 1 年的试件仍未被碳化。

结构混凝土检测步骤、数据处理办法及混凝土强度推定，可按《回弹法检测高强混凝土强度技术规程》（Q/JY 17—2000）（中国建筑科学研究院企业标准）的要求进行。

1.3 结论

（1）回弹法可以对高强混凝土进行检测，检测精度满足现场质量控制要求。

（2）回弹法可采用如下计算公式进行混凝土强度换算：

$$f_{cu}^{c} = -4.6 + 0.1948R + 0.0156R^2$$

式中 f_{cu}^{c}——测区混凝土强度换算值，MPa，精确至 0.1MPa；

　　　　R——测区平均回弹值，精确至 0.1。

检测时可按《回弹法检测高强混凝土强度技术规程》（Q/JY 17—2000）（中国建筑科学研究院企业标准）中的规定，进行回弹值测量、强度计算和结构混凝土强度推定。

（3）短龄期内的高强混凝土（龄期小于 1 年）不考虑碳化对回弹值的影响。

（4）采用上述测强公式进行回弹检测时，应采用本文所述的高强混凝土 GHT 450 型回弹仪。

2 超声回弹综合法测强技术试验研究

对于混凝土强度这种多要素的综合指标来说，它与许多因素有关，如材料本身的弹塑性、非均质性、混凝土内气孔含量和试验条件，等等。所以用单一的检测方法全部反映这些要素是比较困难的。人们从很早以前就采用多种检测手段结合的办法来综合判断混凝土强度，目的是减少单一指标判断混凝土强度的局限性。国内外对于综合法检测混凝土强度虽然有过许多提案，但是经过多年工程实践证明，当数超声—回弹综合法的应用最为成功。根据这种情况，并为了弥补我国《超声回弹综合法检测混凝土强度技术规程》（CECS 02—1988）不适用于高强混凝土（大于 50.0MPa 以上的混凝土）测强的欠缺，也采用超声和回弹相结合的办法，对高强混凝土测强进行了试验研究。

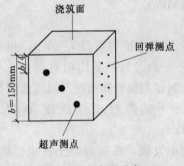

图 3   测点布置示意

2.1 试验概况

在超声波试验中，采用了 UTA2000A 型非金属超声探测仪，对高强混凝土进行了超声波测试。回弹试验则采用 GHT450 回弹仪。试件为边长 150mm 的立方体，强度等级为 C30、C40、C50、C60、C70、C80，采用自然养护。考虑到高强混凝土强度增长迅速的特点，在浇注混凝土后 24h 开始进行试验。试块声时测量，取试块浇注方向的侧面为测试面，并用黄油（钙基脂）作耦合剂。声时测量时采用对测法，在一个相对测试面上测 3 点（测点布置见图 3），发射和接收探头轴线在一直线上，试块声时值 t_m 为 3 点的平均值，保留小数点后一位数字。试块边长测量精确至 1mm，试块的声速值按下式计算：

$$v = l/t_m$$

式中 v——试块声速值，km/s，精确至 0.01km/s；

　　　　l——超声测距，mm；

t_m——3 点声时平均值，μs。

回弹值测量选用不同于声时测量的另一相对侧面。将试块油污擦净放置在压力机上下承压板之间加压至 30～50kN，在此压力下，在试块相对测试面上各测 8 点回弹值。在数据处理时，剔除 3 个最大值和 3 个最小值，将余下的 10 个回弹值的平均值作为该试块的平均回弹值 R，计算精度至 0.1。

2.2 试验数据分析

回弹值测试完毕后卸荷，将回弹面放置在压力承压板间，以每秒 6kN±4kN 的速度连续均匀加荷至破坏。抗压强度值 f_{cu} 精确至 0.1MPa。经过对所取得的 7680 个数据回归分析得到如下曲线公式：

$$f_{cu}^c = 0.0112R^{1.90}v^{0.57}$$

式中 f_{cu}^c——测区混凝土强度换算值，MPa，精确至 0.1MPa；

R——测区平均回弹值，精确至 0.1；

v——测区修正后的声速值，km/s，精确至 0.01km/s。

作为实际应用的计算公式，不同强度等级的混凝土 f_{cu}^c－R－v 的关系如图 4 所示。

曲线公式的相关系数 $r=0.9$，相对标准差 $e_r=14.6\%$，平均相对误差 $\delta=11.9\%$。

2.3 计算公式精度验证

在结束上述试验研究后，又委托施工单位对回弹法、超声回弹综合法计算公式做了施工现场验证工作。验证测试结果表明，超声回弹综合法的相对标准差为 12.6%，回弹法相对标准差为 14.0%，回弹法、超声回弹综合法的相对标准差均满足《回弹法检测混凝土抗压强度技术规程》（JGJ/T 23—1992）、《超声回弹综合法检测混凝土强度技术规程》（CECS 02—1988）对测强曲线的精度要求。

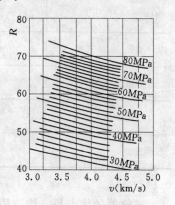

图 4　f_{cu}^c－R－v 的关系

2.4 结论

（1）超声回弹综合法可以对高强混凝土进行检测，检测精度满足现场质量控制要求。

（2）超声回弹综合法可采用如下计算公式进行混凝土强度换算：

$$f_{cu}^c = 0.0112R^{1.90}v^{0.57}$$

式中 f_{cu}^c——测区混凝土强度换算值，MPa，精确至 0.1MPa；

R——测区平均回弹值，精确至 0.1；

v——测区修正后的声速值，km/s，精确至 0.01km/s。

检测时可参照《超声回弹综合法检测混凝土强度技术规程》（CECS 02—1988）中的规定，进行超声声时值测量、回弹值测量和结构混凝土强度推定。

3　针贯入法测强技术试验研究

3.1　试验概况

20 世纪 70 年代美国和日本先后根据贯入阻力的原理，研制出一种新型混凝土测强仪器。该仪器与回弹法依据混凝土表面硬度来推定其强度有所不同。它是通过测针贯入混凝土内部来检测强度。因此，更能真实地反映混凝土强度。

继针贯入法检测普通混凝土强度技术开发成功以来，对针贯入仪作了进一步的改造，加大了仪器贯入能量，使其适用于高强混凝土。

3.1.1 试验仪器

仪器的工作原理是依据美国 ASTMC 803-1982 标准的贯入阻力原理，采用压缩弹簧加载，将一钢制测针贯入混凝土中，根据测针的贯入深度来推定混凝土的强度。仪器的主要技术性能指标如表 1 所示。

表 1　仪器的主要技术性能指标

仪器贯入力	1500N
仪器的工作冲程	20mm
测针	
直径	$\phi 3.5mm$
长度	30.5mm
针尖锥角	45°
仪器重量	3.75kg

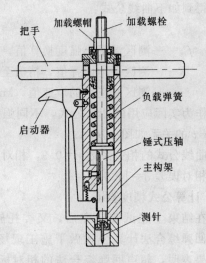

图 5　针贯入仪构造

该仪器的优点是：构造简单，一个人即可操作；测试方法简便；安全可靠；可在任意角度的测试面上进行检测，无须进行修正；不破坏构件；便于携带，适用于野外和施工现场使用。

仪器构造如图 5 所示。

3.1.2 试件

试验中所用的试件均为 150mm×150mm×150mm 标准立方体试块，强度等级分别为C30、C40、C50、C60、C70、C80。

3.1.3 试验方法

考虑到高强混凝土硬化初期强度增长速度快的特点，高强混凝土试件成型 24h 便开始进行试验。每个试件试验过程为：在仪器冲击端装入测针→预压缩仪器负载弹簧扣上启动器→将仪器发射端压紧测试面并发射测针→清除贯入孔中的残存物→测量贯入深度。

每个测区贯入 7 点（标准试块的侧面即为一个测区），测点均匀分布，每一测点的贯入值只测量一次。针贯入法试验结束后立即对该试块进行抗压试验。

3.2　试验结果分析

考虑到试验中部分测点可能会打在表面较坚硬的石子上和靠近表面气孔的情况，在数据处理时，将每个试块 7 个测值中的最大值和最小值剔除，将剩下的 5 个深度值平均。以该平均值作为被测混凝土的贯入深度进行分析。通过对 C30、C40、C50、C60、C70、C80 6 个强度等级的 281 组 2248 个试验数据分析表明，混凝土的抗压强度与贯入深度值之间确实存在较好的相关关系。根据贯入深度值随其抗压强度发展的趋势，采用各种拟合曲线方程对试验结果进行了分析。通过回归计算，发现直线回归方程精度较高。分析结果如下：

$$f_{cu}^c = 105.7 - 12.42H$$

式中　f_{cu}^c——一个测区的混凝土强度换算值，MPa，精确至 0.1MPa；

　　　H——测针在混凝土表面的贯入深度，mm，精确至 0.01mm。

回归方程的相关系数 r 为 -0.91，相对标准差 e_r 为 11.8%。f_{cu}^c—H 关系如图 6 所示。

在进行上述回归分析时，强度数据值为 $26.0 \sim 82.0$MPa，所以，在应用本强度计算公式时，应限定其强度范围为 $26.0 \sim 82.0$MPa，不宜外推。

3.3　试点工程

在上述计算公式确定后，我们委托首都机场扩建工程施工单位现场做了验证试验。验证结果表明，公式计算值与实际抗压强度值之间相对标准差为 10.7%，能够满足现场施工质量控制精度的要求。

通过大量数据分析发现，一个测区取 7 个贯入数据与取 5 个贯入数据，其贯入平均值之间的差别仅为 1.6%，所引起的强度

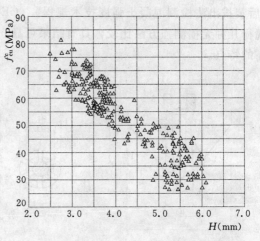

图 6　f_{cu}^c—H 关系示意

推定值之差绝大多数都低于 2%。所以，为方便现场检测，在一个测区内取 5 个贯入值较为合适。

3.4　结论

（1）用针贯入法检测高强混凝土强度是可行的，检测精度满足工程混凝土质量控制要求。

（2）高强混凝土可以采用如下公式进行强度推定：

$$f_{cu}^c = 105.7 - 12.42H$$

式中　f_{cu}^c——混凝土抗压强度换算值，MPa，精确至 0.1MPa；

　　　H——测针贯入深度，mm，精确至 0.01mm。

（3）采用本文所述的针贯入仪和本研究成果检测高强混凝土强度时，被测混凝土强度等级不宜低于 C30。公式的应用范围为 $26.0 \sim 82.0$MPa，不宜外推。

（4）对于各地区不同材质的混凝土进行强度检测时，建议按照《超声回弹综合法检测混凝土强度技术规程》（CECS 02：1988）中所给的方法，对公式计算值进行修正，或重新建立测强曲线。

（5）每一测区为 150mm×150mm 的正方形。测点在其内均匀分布，测试 5 点，将 5 个测值中最高值和最低值剔除后，取余下的 3 个贯入深度的平均值代入公式计算。所得之

值为该测区的强度换算值。

（6）一个构件测试 5 个测区，测区间距不宜大于 2m。5 个测区中的最小值作为该构件的强度推定值。

（7）贯入仪操作简便，安全可靠，可用于施工现场高强混凝土质量确认检测工作。

4 后装拔出法测强技术研究

4.1 试验概况

后装拔出法是直接在混凝土结构上进行局部力学试验的检测方法。早在 20 年前美、苏、北欧等国家和地区就有了实际应用，并将该方法纳入标准。我国在 1994 年也颁布了《后装拔出法检测混凝土强度技术规程》（CECS 69：94）。后装拔出法检测混凝土强度与现行几种无损测强方法比较，具有结果可靠、破损很小、不影响结构承载力、测试精度较高的特点。

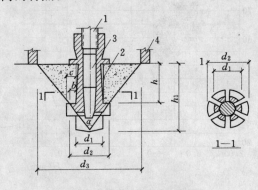

图 7 三点式拔出试验装置
1—拉杆；2—胀簧；3—胀杆；
4—反力支承；α—拔出角

拔出仪从反力支撑形式上划分，有圆环支撑和三点支撑两种。两者相比，三点支撑稳定，边界约束小而清楚，拔出力及其离散性比圆环支撑相对较小[1]。对混凝土测试面的平整度要求不高，一般情况下测试表面不用磨平加工处理，便于使用，在混凝土粗骨料粒径较大的情况下，仍可保证测试精度。考虑到我国实际建筑施工现状，本次试验研究就是采用三点式拔出仪进行的。

4.1.1 试验装置

试验装置采用 PL—1J 三点支撑式拔出仪。仪器示意图如图 7 所示。其中，反力支承内径 $d_3=120mm$，锚固件的锚固深度 $h=35mm$，钻孔直径 $d_1=16mm$。

4.1.2 试件

试件混凝土强度等级为 C30、C40、C50、C60、C70、C80。对应于每种强度等级制作一块（或两块）试件，尺寸为 1500mm×1000mm×300mm。同时采用相同混凝土制作 150mm×150mm×150mm 试块，与相应块体试件同条件养护。

4.2 拔出法的理论根据及试验结果分析

作为拔出法测强的基本原理，主要是依据混凝土抗拉强度与混凝土抗压强度之间的相关关系。在拔出试验中，混凝土的破坏形式与拔出装置的拔出角 α 有关。拔出角较大时混凝土接近于拉坏。拉拔力与混凝土的抗拉强度有很好的相关关系。与此相反，当拔出角较小时，则混凝土接近于剪切破坏。当拔出角很小时，混凝土呈局部承压破坏。但是，区别这些破坏的临界角并不明确。

经过对拔出角 $α=70°$、$α=54°$ 的拔出试件力学分析表明（见图 8），拔出角较大的 70° 的试件，破坏面和主拉应变方向的夹角大体呈直角，而拔出角为 54° 的试件破坏面与主拉应变方向夹角并不成直角。说明拔出角越大，拔出破坏形式越接近拉坏。

归纳起来，拔出角对试验结果有如下影响：拔出角很小时，拉拔力会增加，这样就需要试验装置有较高的拉拔力，而且这时的拉拔力结果的离散性会加大，这是我们所不希望的。这次试验采用的试验装置拔出角为 108°。

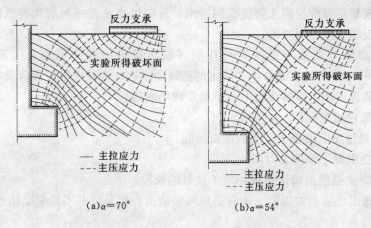

图 8　混凝土主应力方向和破坏面的关系[2]

　　本次试验取得了 95 组 380 个数据。按照《后装拔出法检测混凝土强度技术规程》（CECS 69：94）数据处理原则，对数据进行了分析处理。根据拔出力值随试件试验时抗压强度的变化关系，首选 $Y=A+BX$ 形式进行了回归分析。其结果如下：

$$f_{cu}^c = 3.3+1.9P$$

式中　f_{cu}^c——混凝土强度换算值，MPa，精确至 0.1 MPa；

　　　P——拔出力，kN，精确至 0.1 kN。

　　公式的相关系数 $r=0.96$，相对标准差 $e_r=7.8\%$。拔出力与抗压强度之间的关系如图 9 所示。

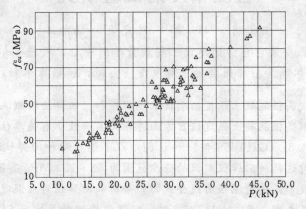

图 9　拔出力与抗压强度之间的关系

　　从图 9 中可以看出，拔出力与混凝土抗压强度之间有较好的线性关系。图中每一点的横坐标为根据 CECS 69：94 数据处理办法的一组拔出测试数据的平均值，纵坐标为同条件的混凝土强度。本次试验研究主要对象为高强度混凝土。所以 C50～C80 强度等级的混凝土共进行了 80 组拔出试验，考虑到高强度混凝土较普通混凝土强度增长速度快得多的特点，高强度混凝土的试验从 1d 龄期开始进行。为确保能够取得低强度的试验数据，试验中加入了 C30、C40 两个强度等级的试验。

4.3 结论

（1）作为现场高强度混凝土强度检测技术，后装拔出法是一种行之有效的检测方法。测试精度满足现场质量控制要求。

（2）检测高强度混凝土强度时可按照《后装拔出法检测混凝土强度技术规程》（CECS 69：1994）给出的方法及本文给出的测强公式进行混凝土强度换算及推定。

（3）用后装拔出法可以解决以下几个施工现场问题：

a. 决定拆除模板时间；

b. 决定低温情况下混凝土养生的结束时间；

c. 决定建立混凝土预应力时间；

d. 结构混凝土强度的确认—现场施工质量的管理。

（4）后装拔出法虽然对混凝土构件造成局部破损，但是，并不影响结构的承载能力。

参 考 文 献

[1] 金英俊，原长庆.《后装拔出法检测混凝土强度技术规程》（CECS 69：94）简介. 第五届全国建筑工程无损检测技术学术会议论文集.

[2] Stone. W. C. and Carino, N. J.. Comparison of Analytical with Experimental Internal Strain Distribution for the Pullout Test. ACI Journal, Proceedings Vol. 81, No. 1, pp. 3 – 12, Jan. – Feb. 1984.

[3] 国家建筑工程质量监督检验中心混凝土无损检测技术. 北京：中国建材工业出版社，1996.

关于标称动能为 4.5J 和 5.5J 两种高强混凝土回弹仪检测精度的试验研究

王文明[1]　邓　军[1]　陈光荣[1]　汤旭江[2]

（1. 新疆巴音郭楞蒙古自治州建设工程质量检测中心，新疆库尔勒，841000；

2. 新疆库尔勒天山神州混凝土有限责任公司，新疆库尔勒，841000）

针对行业标准《高强混凝土强度检测技术规程》和《回弹法检测混凝土抗压强度技术规程》送审稿中检测高强混凝土强度仪器方面存在的不一致，有关单位组成技术联合攻关组，对标称动能为 4.5J（GHT450 型）和 5.5J（ZC1 型）两种回弹仪测试精度进行了相关试验研究。通过对这两种回弹仪测试的强度范围为 60～100 MPa 高强混凝土试验数据，分别采用不同的函数形式进行测强曲线公式回归分析和回弹值对应混凝土试件抗压强度变化范围的比较，结果表明 4.5J（GHT450 型）回弹仪检测精度比 5.5J（ZC1 型）回弹仪高。该试验研究成果可为国家标准编制和审核部门决策时提供参考。

1 试验研究背景

根据原建设部建标［2003］104 号文和建标［2008］102 号文的要求，行业标准

《高强混凝土强度检测技术规程》和《回弹法检测混凝土抗压强度技术规程》（JGJ/T 23—2011）分别列入了2003年和2008年的制、修订计划。现两标准均已完成送审稿，但其内容在采用回弹仪检测高强混凝土强度方面存在不一致，《高强混凝土强度检测技术规程》采用的是标称动能为4.5J高强混凝土回弹仪，而《回弹法检测混凝土抗压强度技术规程》（JGJ/T 23—2011）采用的是标称动能为5.5J高强混凝土回弹仪。为验证行业标准《高强混凝土强度检测技术规程》和《回弹法检测混凝土抗压强度技术规程》关于高强混凝土检测的科学性，有关单位组成技术联合攻关组，结合新疆地区的实际特点，对标称动能为4.5J和5.5J两种高强混凝土回弹仪的测试精度进行了可行性试验研究。

2　试验研究方案

（1）仪器设备：4.5J和5.5J两种高强回弹仪。

（2）制作规格为150mm×150mm×150mm的混凝土立方体试件，强度范围为60～100MPa。

（3）根据数据统计分析结果，对比4.5J和5.5J两种高强混凝土回弹仪的测试精度，从中择优确定一种回弹仪，以供工程技术标准应用。

（4）本试验研究成果将直接对国家标准编制和审核部门负责。

（5）本试验研究实施日期为2009年10月20日～2010年2月20日，暂定在4个月内完成。

3　具体试验研究要点

（1）对每一试件，通过目测选择气孔相对较少或较小的侧面作为回弹测试部位。

（2）考虑高强混凝土强度相对较高，在回弹前宜将试件固定在压力机上，其预加压荷载控制在100～120kN。

（3）对试件侧面回弹的操作，采用4.5J和5.5J两种回弹仪，在试件不同侧面分别测试16点。

（4）回弹测试完成后，将固定的试件卸载，再重新将试件的回弹测试面置于压力机上、下承压板间进行抗压强度试验，记录其极限荷载。

（5）根据回弹测试数据和混凝土立方体试件的极限破坏荷载进行统计分析，并最终得出试验研究成果结论。

4　具体试验研究过程及试验结果

（1）2009年10月20～22日，联合试验研究组完成了混凝土立方体试件的制作任务。

（2）2010年1月6～8日，联合试验研究组对高强混凝土试件进行了具体试验。

试验前，分别对4.5J（GHT450型）和5.5J（ZC1型）两种回弹仪进行了率定，其率定结果分别为88和83，满足相应技术规程要求。

为确保回弹结果与抗压强度之间的相关性和可比性，回弹部位必须与抗压试验的部位

图 1 回弹面分别进行了大致画线后再回弹

相同。因此，选取试件成型的两个相对侧面作为回弹测试面，在两个回弹测试面分别画线规定回弹测点大致位置（图 1）。试验时，用 4.5J（GHT450 型）和 5.5J（ZC1 型）回弹仪分别在两个回弹面进行回弹，回弹前宜将试件固定在压力机上，其预加压荷载控制在 100～120kN。回弹完毕后将压力机卸载，再将两个回弹面分别置于压力机的上、下承压板间进行抗压试验。计算回弹平均值时，按规程要求剔除试验数据中的 3 个最大值和 3 个最小值，因此，回弹次序对结果没有影响。试验结果如表 1 所示。

表 1 高强混凝土试件具体试验结果

试件编号	仪器编号	试件回弹值的代表值	抗压强度（MPa）
1	1 号	62.5	66.0
	2 号	45.5	
2	1 号	66.4	71.3
	2 号	48.9	
3	1 号	68.0	63.6
	2 号	48.7	
4	1 号	63.5	69.2
	2 号	45.7	
5	1 号	65.5	73.0
	2 号	49.7	
6	1 号	64.0	64.1
	2 号	47.0	
7	1 号	67.0	71.2
	2 号	47.1	
8	1 号	62.1	65.6
	2 号	44.8	
9	1 号	67.4	87.0
	2 号	47.6	
10	1 号	70.8	100.4
	2 号	51.3	
11	1 号	69.4	96.8
	2 号	48.9	
12	1 号	68.5	88.3
	2 号	47.8	

试件编号	仪器编号	试件回弹值的代表值	抗压强度 （MPa）
13	1 号	67.9	92.1
	2 号	48.2	
14	1 号	68.6	94.5
	2 号	50.5	
15	1 号	67.2	87.0
	2 号	49.1	
16	1 号	65.4	80.7
	2 号	47.2	
17	1 号	63.1	78.2
	2 号	48.1	
18	1 号	63.9	80.8
	2 号	49.7	
19	1 号	66.2	81.0
	2 号	46.4	
20	1 号	68.6	94.4
	2 号	48.0	
21	1 号	67.2	87.9
	2 号	47.6	
22	1 号	68.2	82.6
	2 号	45.8	
23	1 号	69.9	82.0
	2 号	42.9	
24	1 号	67.8	85.0
	2 号	43.9	
25	1 号	65.4	74.8
	2 号	42.6	
26	1 号	64.5	78.4
	2 号	45.3	
27	1 号	62.4	80.2
	2 号	45.2	
28	1 号	63.3	67.7
	2 号	41.8	
29	1 号	68.3	95.6
	2 号	49.0	

试件编号	仪器编号	试件回弹值的代表值	抗压强度（MPa）
30	1 号	63.3	87.6
	2 号	44.9	
31	1 号	62.5	70.7
	2 号	41.3	
32	1 号	63.7	73.5
	2 号	43.8	
33	1 号	64.2	76.6
	2 号	44.0	
34	1 号	61.5	68.8
	2 号	46.7	
35	1 号	64.3	71.3
	2 号	48.3	
36	1 号	63.6	89.3
	2 号	48.2	
37	1 号	67.8	91.6
	2 号	50.4	
38	1 号	67.5	89.2
	2 号	49.2	
39	1 号	55.5	74.9
	2 号	41.3	
40	1 号	72.4	99.9
	2 号	50.0	
41	1 号	67.4	95.9
	2 号	45.6	
42	1 号	72.8	101.7
	2 号	51.6	

注 1. 表中 1 号回弹仪指 GHT450 型回弹仪，标称动能为 4.5J，实际率定值为 88，满足技术规程规定 88±2 的要求；2 号回弹仪指 ZC1 型回弹仪，标称动能为 5.5J，实际率定值为 83，满足技术规程规定 83±2 的要求。

2. 表中试件编号 1～9 号为 2010 年 1 月 6 日试验；10～38 号为 2010 年 1 月 7 日试验，39～42 号为 2010 年 1 月 8 日试验。

5 数据分析

对 4.5J（GHT450 型）和 5.5J（ZC1 型）两种回弹仪测试的高强混凝土试验数据，分别采用不同的函数形式进行测强曲线公式回归分析，结果如表 2 所示。回弹值随混凝土强度变化情况如表 3 所示。

表 2   试 验 数 据 分 析 结 果

函数形式	4.5J（GHT450 型回弹仪）						5.5J（ZC1 型回弹仪）					
	a	b	c	δ（%）	S（%）	γ	a	b	c	δ（%）	S（%）	γ
$f_{cu}^c = a + bR$	−80.06	2.47	—	±5.84	7.99	0.81	−27.13	2.35	—	±6.96	8.94	0.66
$f_{cu}^c = aR^b$	0.0286	1.90	—	±5.83	7.60	0.79	0.5795	1.29	—	±7.09	8.97	0.65
$f_{cu}^c = a + b \cdot R + c \cdot R^2$	532.29	−16.35	0.144	±5.32	6.47	0.85	396.61	−15.96	0.197	±6.82	8.82	0.69
$f_{cu}^c = a\exp(bR)$	11.61	0.0297	—	±5.65	7.38	0.80	22.13	0.0281	—	±7.02	8.93	0.65

注 f_{cu}^c 为混凝土强度推定值；a、b、c 为回归系数；δ 为平均相对误差；S 为相对标准差。

表 3   回弹值随混凝土强度变化情况

仪器编（型）号	试件数量	试件强度范围及范围值 Δf_{cu}^c（MPa）	回弹值范围及范围值 ΔR	$\Delta f_{cu}^c / \Delta R$（MPa）	试件和试验情况
1 号（GHT450）	42	63.6～101.7 $\Delta f_{cu}^c = 38.1$	55.5～72.8 $\Delta R = 17.3$	2.20	试件为边长 150mm 的立方体。两种回弹仪在同一试件上成型侧面各回弹 16 次，再对侧面立即做抗压强度试验
2 号（ZC1）			41.3～51.6 $\Delta R = 10.3$	3.70	

6 试验研究结论

试验数据分析结果表明，4.5J（GHT450 型）回弹仪对高强混凝土测试的各种回归函数公式的相关系数、相对标准差及平均相对误差均优于 5.5J（ZC1 型）回弹仪，说明 4.5J（GHT450 型）回弹仪检测精度比 5.5J（ZC1 型）回弹仪高。

此外，表 3 中的 $\Delta f_{cu}^c / \Delta R$ 也是评价回弹仪检测精度的一个重要参数，该参数说明了单位回弹值的变化与相应的混凝土抗压强度的变化情况。该比值越小，回归出的测强曲线走向越平缓，检测精度越高。在试验中，4.5J（GHT450 型）回弹仪的 $\Delta f_{cu}^c / \Delta R$ 值为 2.20，而 5.5J（ZC1 型）回弹仪 $\Delta f_{cu}^c / \Delta R$ 值高达 3.70。

通过以上不同测强曲线公式回归分析及其回弹值对应混凝土试件抗压强度变化范围的比较，证明 5.5J（ZC1 型）回弹仪比 4.5J（GHT450 型）回弹仪检测精度低得多。

参 考 文 献

[1] 王文明，邓军，陈光荣，等．高强混凝土回弹仪检测精度的试验研究．工程质量，2010（7）．
[2] 王文明．建设工程质量检测鉴定实例及应用指南．北京：中国建筑工业出版社，2008.
[3] 孔旭文，崔士起，等．回弹法检测高强混凝土强度试验研究 [C] //第十届全国建设工程无损检测技术学术会议论文集．2008：32.

回弹法和超声回弹综合法检测高强混凝土强度在广东中山地区的试验研究与应用

朱艾路　王先芬

（中山市建设工程质量检测中心，广东中山，528403）

本文介绍了广东中山地区采用回弹法和超声回弹综合法检测高强混凝土强度的试验研究，并通过实际工程的具体应用，表明研究中所建立的回弹法测强曲线和超声回弹综合法测强曲线具有良好实用性。

中山市地处经济发达的广东珠三角地区，近年来高层建筑逐步增加，高强混凝土也随之应用于其中。由于高强混凝土构件一般都处在建筑工程重要部位，其质量好坏直接影响到整个建筑物或建筑工程的安全，因此对其在施工时或建成后的质量监控尤为重要。

目前，我国对工程结构混凝土强度检测一般采用无损或半破损检测方法，但现行无损检测标准如《回弹法检测混凝土抗压强度技术规程》（JGJ/T 23—2011）规定只限于检测60MPa 及 60MPa 以下强度，《超声回弹综合法检测混凝土强度技术规程》（CECS 02：2005）规定只限于检测70MPa 及 70MPa 以下强度的混凝土。而且大量工程应用表明，现行标准要求所采用的 2.207J 标准能量回弹仪在检测 50.0MPa 及 50.0MPa 以上强度的混凝土时，回弹值往往偏低，导致混凝土推定值误差很大。为此，我们开展了回弹法和超声回弹综合法检测高强混凝土强度的试验研究。

1　试验概况

1.1　试件制作

模拟中山地区高强混凝土建筑工程的实际生产、施工和养护方法，选择本地两家混凝土搅拌站制作用以试验的高强混凝土试块或试件。

1.1.1　混凝土原材料及配合比

（1）混凝土原材料：硅酸盐水泥（PⅡ、PO）；中沙；粒径 5～31.5mm 花岗岩碎石；粉煤灰、矿渣粉、硅粉；混凝土外加剂。

（2）混凝土配合比：由搅拌站自定各强度等级的配合比；混凝土坍落度在 160～200mm，具有良好的泵送和施工性能。

1.1.2　混凝土强度等级

C20、C30、C40、C50、C60、C70、C80 7 个强度等级。

1.1.3　试件数量

每个强度等级成型制作了不少于 15 组 150mm×150mm×150mm 立方体混凝土标准

试块及一块规格为 1500mm×1000mm×300mm 的钢筋混凝土墙体构件。

1.1.4　试件养护

各强度级别的混凝土试件和构件在成型 24 小时后脱模，早期覆盖麻袋淋水养护，7d 以后进行自然养护。试块与构件同条件养护。

1.2　检测仪器

GHT450 型回弹仪（标准能量 4.5J）；

碳化深度测量仪；

ZBL—U510 非金属超声波检测仪；

YA—2000 和 YA—3000 液压试验机（精度Ⅰ级）。

1.3　测试方法

1.3.1　试块

参考《回弹法检测混凝土抗压强度技术规程》（JGJ/T 23—2003）附录 B 和《超声回弹综合法检测混凝土强度技术规程》（CECS 02：2005）附录一的测试方法对养护龄期达到 7d、14d、28d、60d、90d、180d、360d、540d、730d 的试块（C60 以上强度等级增加 1d、3d 龄期），进行回弹、超声、碳化深度和抗压强度试验。

对规定龄期的每个试块，先在试块浇注方向相垂直的两对侧面相应对测点进行超声法检测，测出 3 个对测点的声时，并计算出相应测点声速值，取 3 个测点声速值平均值作为试块声速值的代表值 v_i（计算精确至 0.01km/s）；然后将试件测试面擦拭干净，置于试验机上，以 60～80kN 力预压后，在试块另一对侧面用回弹仪各弹击 8 个回弹值，对每个试块所测得的 16 个回弹值，剔除 3 个较大和 3 个较小值后，将余下的 10 个回弹值的平均值作为试块回弹值的代表值 R_i（计算精确至 0.1）；对完成回弹测试的试块按 GB/T 50081 规定进行抗压强度 $f^c_{cu,i}$（计算精确至 0.1MPa）测试；同时测量出试块的碳化深度（见图 1）。

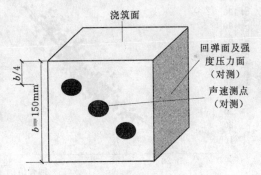

图 1　试块超声回弹综合法测点布置

1.3.2　构件

对规定强度龄期的每个构件，在同面划分 3 个测区，对每个测区所测得的 16 个回弹值，剔除 3 个较大和 3 个较小值后，将余下的 10 个回弹值的平均值作为该测区回弹值的代表值，然后将 3 个测区的回弹代表值平均作为构件的回弹代表值；并在相应测区测量碳化深度；在构件上设一相应测区，在其对应面上进行超声声时对测，并计算出相应测点声速值，取 3 个测点声速值平均值作为构件声速值的代表值（见图 2）。

试验中发现，经过 730d 养护的 C60 及 C60 以上强度等级高强混凝土试块碳化深度测量值都不超过 2.5mm，这表明，C60 以上高强混凝土抗碳化能力较强，因此，在用回弹法检测高强混凝土强度时可以忽略碳化深度对回弹值的影响。

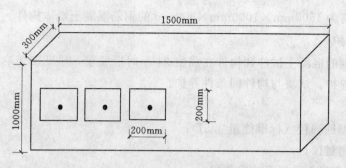

图 2　试验构件测点示意

2　地区测强曲线建立

2.1　试验数据分析与处理

通过试验获得了 144 组（432 个）试块的回弹法试验数据，117 组（352 个）试块的超声回弹综合法试验数据。

本研究中各强度龄期试块抗压强度与回弹测试数据分布及测强曲线见图 3；抗压强度与声速测试数据分布见图 4。

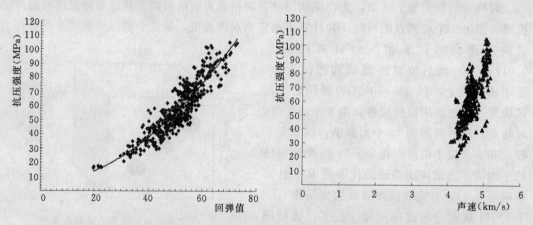

图 3　回弹值与混凝土抗压强度之间的关系　　图 4　声速值与混凝土抗压强度之间的关系

将两种方法测试所得的数据进行线性指数和幂函数方程的回归分析，通过计算代表各回归方程中变量之间回归关系密切程度的相关系数 γ 和揭示回归方程回归值对应于标准实测值的误差大小的平均相对误差 δ、相对标准差 e_r 来衡量回归方程的有效性，确定回弹法、超声回弹综合法的测强曲线。

经过分析比较，确定中山地区回弹法、超声回弹综合法检测高强混凝土强度测强曲线方程如表 1 所示。

2.2　测强曲线的初步验证

通过对混凝土墙体构件检测，分别获得 57 组回弹法及 53 组超声回弹综合法检测混凝土强度大于 60MPa 构件的试验测试值。依据所建立的回弹法和超声回弹综合法测强曲线，推算出构件混凝土相应龄期混凝土强度，将其与其同龄期同条件养护的混凝土标准试件强度代表值相比较，进行测强曲线的初步验证，结果见表2。

表 1　　　　　　　　　　　　　高强混凝土测强曲线方程及相关技术参数

检测方法	测 强 曲 线 方 程	试件数量 n	相关系数 γ	平均相对误差 δ（%）	相对标准差 e_r（%）
回弹法	$f^c_{cu}=0.0179R_i^2+0.1316R_i+3.9234$	432	0.91	11	14
超声回弹综合法	$f_{cu}=0.0135v_i^{1.5588}R_i^{1.5132}$	352	0.91	10	13

表 2　　　　　　　　　　　　　高强混凝土测强曲线试验构件验证结果

检测方法	测 强 曲 线 方 程	验证数量 n	平均相对误差 δ（%）	相对标准差 e_r（%）
回弹法	$f^c_{cu}=0.0179R_i^2+0.1316R_i+3.9234$	57	7	9
超声回弹综合法	$f^c_{cu}=0.0135U_i^{1.5588}R_i^{1.5132}$	53	8	10

验证结果表明，依据所建立的中山地区高强混凝土回弹法和超声回弹综合法测强曲线，来推定所测高强混凝土墙板构件的强度值，其强度推定值与构件同龄期同条件养护的混凝土标准试件强度代表值相比较，误差较小，其准确性满足建筑工程质量控制精度要求。

3　工程应用

近 3 年来，将试验研究所建立的回弹法和超声回弹综合法检测高强混凝土强度测强曲线，应用于中山市多个建筑工程，对其高强混凝土构件进行实体混凝土强度检测，并通过钻芯法进行验证，工程应用结果见表3～表5。

表 3　　　　　　　　高强混凝土测强曲线检测工程验证结果（1）

序号	工程名称	龄期（d）	构件名称		回弹值	声速（km/s）	芯样强度（MPa）	推定强度（MPa）	
								回弹法	综合法
1				C×6（5）	58.5	4.62	78.2	72.7	69.3
2				E×5（5）	64.7	4.90	96.1	87.3	88.4
3		175	柱	1/E×5（5）	64.7	4.90	102.0	87.3	88.4
4	中山坦洲镇碧涛花园第六期半地下车库			E×4（5）	65.0	4.97	95.9	88.1	91.0
5				C×7（5）	58.2	4.59	78.6	72.2	68.0
6				E×2/10（5）	59.1	4.61	77.4	74.2	70.1
7			梁	2－3×B（5）	58.3	4.49	61.7	72.4	65.9
				4－5×B（7）	56.2	4.44	59.0	67.8	61.3
8		163		1－2×B（7）	57.4	4.38	68.8	70.4	61.9
9				13－12×D（5）	57.2	4.49	69.4	70.0	64.0
10				11－12×C（5）	55.5	4.63	64.6	65.5	64.2

序号	工程名称	龄期(d)	构件名称	回弹值	声速(km/s)	芯样强度(MPa)	推定强度（MPa）	
							回弹法	综合法
11	中山城区东裕商业大厦首层	80	1/1×C—D（5）	55.0	4.53	61.7	65.3	61.2
12			1/C×5—6（1）	55.1	4.42	64.6	65.5	59.0
13			6×C—D（1）	58.0	4.46	68.2	71.6	64.7
14			1/ B×7—8	58.2	4.36	60.2	72.2	62.8
15			B—C×斜边（3）	55.9	4.42	58.3	67.2	60.3
			平均相对误差δ（%）				8.22	7.61
			相对标准差 e_r（%）				10.07	9.14

表4　　　　　　　　　　　高强混凝土测强曲线检测工程验证结果（2）

序号	工程名称	龄期(d)	构件名称及部位	回弹值	声速(km/s)	芯样强度(MPa)	推定强度（MPa）	
							回弹法	综合法
1	市起湾混凝土制品有限公司墙板	57	QC50—1	53.5	4.58	71.7	62.2	59.7
2			QC50—2	57.0	4.59	76.1	69.6	65.9
3			QC50—3	57.6	4.57	77.6	70.9	66.5
4		57	QC60—1	55.2	4.59	72.1	65.7	62.8
5			QC60—2	57.5	4.60	75.4	70.7	67.0
6			QC60—3	55.5	4.59	69.9	66.4	63.3
7		57	QC70—1	61.2	4.54	79.8	79.0	72.2
8			QC70—2	60.9	4.55	75.4	78.3	71.9
9			QC70—3	62.2	4.54	76.0	81.4	73.9
10		57	QC80—1	60.3	4.57	82.2	76.9	71.3
11			QC80—2	60.6	4.57	72.7	77.6	71.8
12			QC80—3	58.9	4.61	84.0	73.8	69.7
13		25	ZXC70—1	65.3	4.70	95.8	88.8	84.0
14			ZXC70—2	66.7	4.68	91.4	92.3	86.2
15			ZXC70—3	65.0	4.70	91.7	88.1	83.4
16		25	ZXC80—1	68.9	4.66	102.7	98.0	89.9
17			ZXC80—2	67.3	4.66	94.8	93.9	86.8
18			ZXC80—3	67.3	4.68	92.4	93.9	87.4
			平均相对误差δ（%）				6.33	11.33
			相对标准差 e_r（%）				7.75	12.94

表 5 　　　　　　　　　　　高强混凝土测强曲线检测工程验证结果（3）

序号	工程名称	龄期(d)	构件名称及部位	回弹值	声速(km/s)	芯样强度(MPa)	推定强度（MPa）	
							回弹法	综合法
1			L×13	63.8	4.57	84.6	85.2	77.6
2			H×12	66.9	4.62	96.5	92.8	84.8
3			M×12	64.8	4.60	89.9	87.6	80.3
4		305	二层墙柱	66.6	4.61	97.2	92.1	83.9
5			Q×11	62.5	4.64	83.1	82.1	77.1
6			M×11	60.2	4.64	92.8	76.7	72.8
7	龙岛酒店有限公司商住综合楼		H×11	59.2	4.59	73.1	74.4	69.8
8			B×4	60.5	4.58	75.0	77.4	71.9
9			1/AO×4	61.5	4.39	73.3	79.7	68.9
10			1/AO×7	61.9	4.62	92.8	80.7	75.4
11		355	地下负一层竖向柱	65.5	4.67	93.7	89.3	83.6
12			A×9	68.0	4.63	91.3	95.6	87.3
13			A×7	66.8	4.61	88.9	92.6	84.4
14			A×4	65.4	4.63	81.1	89.1	82.3
15		338	地下负一层墙 1~4/K	57.5	4.53	72.2	70.7	65.4
平均相对误差δ（%）							5.84	10.53
相对标准差 e_r（%）							8.21	13.07

构件名称列中第4行为 Q×12，第5行为 Q×11。

工程应用结果表明，依据试验研究建立的回弹法和超声回弹综合法测强曲线，所推定出的混凝土强度与钻芯法检测出的混凝土强度误差在相关标准范围内，其相对标准差 $e_r \leqslant 14\%$，满足建筑工程实体混凝土强度检测要求。

4 结束语

（1）选用中等能量的回弹仪用回弹法和超声回弹综合法检测高强混凝土构件强度，其检测精度能满足建筑工程检测要求。

（2）本研究的测强曲线适用于检测混凝土强度在 $50\sim100MPa$ 的构件。

（3）试验发现高强混凝土抗碳化性能较强，碳化深度对回弹检测结果影响微小。

（4）用超声仪检测高强混凝土时，其声速值对强度的敏感性受环境、材料等因素的影响较大。

参 考 文 献

[1] 邱平，等．新编混凝土无损检测技术．北京：中国环境科学出版社，2002.
[2] 中华人民共和国行业标准．回弹法检测混凝土抗压强度技术规程（JGJ/T 23—2001）．北京：中国建筑工业出版社，2001.
[3] 中国工程建设标准化协会标准．超声回弹综合法检测混凝土强度技术规程（CECS 02：2005）．北

京：中国计划出版社，2005.

[4] 中国工程建设标准化协会标准．钻芯法检测混凝土强度技术规程（CECS03：2007）．北京：中国
建筑工业出版社，2007.

高强混凝土强度无损检测方法精度对比

付素娟[1]　边智慧[1]　赵灿强[2]

（1. 河北省建筑科学研究院，石家庄　050021；

2. 河北建研工程技术有限公司，石家庄　050021）

在高强混凝土强度无损检测方法试验研究的基础上，对回弹法、超声回弹综合法测强曲线的检测误差进行了对比分析，以便结合检测结构的重要程度和其他附属要求，选择经济方便的方法。

1　引言

随着混凝土技术的进步和发展，高强混凝土的应用越来越广。《高强混凝土结构技术规程》（CECS 104：99）于 1999 年颁布实施，已进一步推动高强混凝土的设计和应用。由于高强混凝土的强度和质量要求的提高以及大量掺和料的使用，与普通混凝土相比，无论是试件强度检验、构件强度检验，尤其是质量检验验收标准等，均提出了许多新的问题和更高的要求。我们在相关试验研究和实际工作中也遇到了许多此类问题。目前，国内常见的普通混凝土（C10～C50）检测方法有钻芯法、回弹法、超声回弹综合法、拔出法等，对于高强混凝土（C50 以上），这些测试方法均存在明显的不同。本文就高强混凝土的无损检测方法进行了试验研究，分别对回弹法、超声回弹综合法的测强曲线的检测误差进行了对比分析，以便结合检测结构的重要程度和其他附属要求，选择既达到检测目的又经济、方便的方法。

2　试验概况

2.1　试验设备的选定

本次试验采用非金属超声检测分析仪，对混凝土试块进行了超声波测试，其基本性能见表 1；同时采用 GHT450 型高强混凝土回弹仪进行回弹测试，律定钢砧型号为 GZ20 型回弹仪钢砧，律定标准值为 88。

表 1　　　　　　　　　　　　　　　超声仪主要技术指标

声时测读精度	0.1μs	显示方式	液晶示波、数码显示
声时测读范围	0.1～420000μs	信号采样频率	2.4～20Hz 可选
幅度测读范围	0～176dB	触发方式	信号触发、外触发
幅度分辨率	3.9%	信号采集方式	连续信号、瞬态信号
放大器带宽	5～500Hz	混凝土穿透距离	≥10m
接收灵敏度	≤30μV	整机重量	10kg

2.2 试件制作

共制作 C40、C50、C60、C70、C80 5 个强度等级的试块，试块为边长 150mm 的立方体抗压标准试块，混凝土采用机械搅拌和在振动台上振捣成型，试块采用自然养护。试件的测试龄期分为 7d、14d、30d、60d、90d、180d、360d、540d 和 780d，对同一强度等级的混凝土，在每个测试龄期测试 3 个试件。

2.3 测试方法

先在试块表面布置超声测点，进行超声测试；然后将测试过的试块放在液压机上，施加 30～50kN 压力，并保持不变，再进行回弹测试；最后在压力机上进行抗压试验，将试块压碎，测试方法如下。

（1）声速测量。试块声速测量时，取试块浇注方向的侧面为测试面，并用黄油（钙基脂）做耦合剂。声速测量时采用对测法，在一个相对测试面上测 3 点，发射和接收探头轴线在一直线上，试块声值 t_m 为 3 点的平均值，保留小数点后一位小数，试块边长测量精确至 1mm。

（2）回弹测试。回弹值测量选用不同于声时测量的另一相对侧面，声速测量完毕，擦掉超声测试面的耦合剂，在压力试验机上，预加 30～60kN 的压力在超声测试面上将试块油污擦净放置在压力机上下承压板之间，在此压力下，在试块相对测试面上各测 8 个回弹数值。得到该试块的回弹值。

（3）试块抗压试验。回弹数值测试完毕后卸荷，将回弹面放置在压力承板间，以（6±4)kN/s 的速度连续加荷至破坏，抗压强度值精确到 0.1MPa，同时记录抗压试验结果。

（4）碳化深度的测定。试块的碳化深度采用抗压强度试验过后的断面测定，用 1% 的酚酞酒精溶液立即滴于刚裂开的断面上，未变色（变为红色）的深度即为碳化深度。测试中发现早期高强混凝土抗碳化能力很强，试块几乎未被碳化。

3 测强曲线及误差对比

对高强混凝土（C50～C80）强度无损检测进行了系统的试验研究，通过对 135 组（每组为 1 个试件，每一组数据包括 16 个回弹值，1 个抗压试验强度值，3 个声速值）共 2700 个数据分析，通过数据统计、分析、处理，得到了回弹法、超声回弹综合法测强曲线，由试验得出的相应检测方法的测强曲线如下：

回弹法：
$$f_{cu}^c = 0.2449R^{1.3668}$$

超声回弹综合法：
$$f_{cu}^c = 0.0372R^{1.1385}v^{1.7375}$$

这两种检测方法，测强曲线的对比结果见表 2。

表 2   两种无损检测方法的比较

测 试 方 法	回 归 公 式	相关系数 r	相对标准差（%）	平均相对误差（%）
回弹法	$f_{cu}^c = 0.2449R^{1.3668}$	0.926	12.5	10.5
超声回弹综合法	$f_{cu}^c = 0.0372R^{1.1385}v^{1.7375}$	0.940	12.0	10.2

从表 2 中误差分析数据可以看到，回弹法与超声回弹综合法相比较，相对标准差分别是 12.5％，12.0％，平均相对误差分别为 10.5％和 10.2％；超声回弹综合法检测精度较回弹法高，且离散程度较回弹法小。

4 结论

本文应用两种混凝土强度无损检测方法，得到了回弹法、超声回弹综合法测强曲线，经过对这两种检测方法的对比，得出如下结论。

（1）回弹法、超声回弹综合法检测精度满足有关规范的要求，各测强曲线公式能够满足高强混凝土现场工程检测的需要，较好地解决了高强混凝土强度无损检测技术难题。

（2）回弹法与超声回弹综合法相比较，超声回弹综合法检测精度较回弹法高。所以在一些精度要求较高的建筑可采用，同样也结合检测人员的技术水平，选择合适的检测方法。

（3）由于回弹法是表面硬度法，是间接检测，易受到其他因素的影响，检测精度要差一些，如混凝土表面状况、碳化深度、检测人员技术水平等，对检测精度造成不良影响。但回弹法仪器构造简单、轻巧、易于保养、便于个人携带，测试方法简单、易于掌握，检测效率高、费用低廉，因而特别适应于工程施工现场对结构混凝土随机的、大量的检验。

（4）采用超声回弹综合法测定混凝土强度，既能反映混凝土的弹性、又能反映混凝土的塑性；既能反映表层状态，又能反映内部构造，所以能内外结合、较全面地反映混凝土的质量，还能弥补单一法在较低或较高强度区间的不足，抵消或减少某些因素对混凝土强度的影响，从而提高测强曲线的可信度，降低了测试误差，提高了测试精度，使不同条件的修正大为简化。

（5）现场检测人员在选择检测方法时，应综合考虑工程特点、检测精度要求和检测成本，选择既达到检测目的又经济、方便的方法。

参 考 文 献

[1] 国家建筑工程质量监督检验中心．混凝土无损检测技术［M］．北京：中国建材工业出版社，1996.
[2] 超声回弹综合法检测混凝土强度技术规程（CECS 02：88）．

新疆高强混凝土回弹法检测强度的试验研究

王文明

（新疆巴音郭楞蒙古自治州建设工程质量检测中心，新疆库尔勒，841000）

通过对高强混凝土强度回弹法检测强度试验研究的必要性、试验研究方法及过程的阐述，结合新疆地区的实际，建立了当地高强混凝土强度回弹曲线。通过对其回弹曲线试验研究成果的论证，为各地区研究开发高强混凝土地区曲线提供了重要借鉴和参考。

1 高强混凝土强度回弹法检测试验研究的必要性

在正常情况下，混凝土质量的检测，应按《混凝土结构工程施工及验收规范》及《混凝土强度检验评定标准》进行。但由于施工管理不善，施工质量不良，成型养护不到位，试块与结构实体质量不一致，或是对试块检验结果有怀疑，抑或其他各种原因，须对混凝土质量进行相应检测鉴定，为尽量避免对建（构）筑物产生破坏，较多地采用无损检测方法来进行。而在无损检测中，用得较多的是回弹法。主要是由于其操作简便易行，又解决了以往误差较大的缺陷。

随着建筑技术的发展以及土地资源节约意识的不断提高，高层建筑的应用越来越多，混凝土逐步由低强普通混凝土发展到高强高性能混凝土。但现行《回弹法检测混凝土抗压强度技术规程》（JGJ/T 23—2001）虽然历经了几次修订，测试范围也有所拓展，但依然无法解决对高强高性能混凝土测试的难点。其主要原因有二：一是高层建筑设计的混凝土一般在 C40 以上，而且大多在 C60 左右，这些混凝土龄期稍长，强度一般都超出《回弹法检测混凝土抗压强度技术规程》（JGJ/T 23—2001）曲线范围；二是高强高性能混凝土都掺加了外加剂，而且大多有抗冻性能的混凝土还掺加了引气型的外加剂，特别在水利水电工程中应用较多。而在《回弹法检测混凝土抗压强度技术规程》（JGJ/T 23—2001）中测试对象一般特指普通混凝土，对掺加外加剂的混凝土检测仅适用于掺加了非引气型外加剂的混凝土。为了解决高强高性能混凝土质量检测鉴定的问题，促进高强高性能混凝土新产品新技术的推广应用，就得着力解决现有《回弹法检测混凝土抗压强度技术规程》（JGJ/T 23—2001）中无法对高强高性能混凝土测试的难点。

2 高强混凝土强度回弹法检测试验研究

2.1 最早出现的高强混凝土强度回弹建筑行业企业标准

早在 2000 年 7 月，中国建筑科学研究院建筑结构研究所邱平、张荣成两位专家起草的中国建筑科学研究院企业标准——《回弹法检测高强混凝土强度技术规程》（Q/JY 17—2000）就已经发布，并于当年 8 月 1 日开始实施。我有幸得以拜读中国建筑科学研究院企业标准——《回弹法检测高强混凝土强度技术规程》（Q/JY 17—2000），并从中得到启发。

2.2 建筑行业与交通系统高强混凝土回弹仪的比较

（1）中国建筑科学研究院开发的 GHT450 型高强混凝土回弹仪及其企业标准——《回弹法检测高强混凝土强度技术规程》（Q/JY 17—2000），是目前在高强混凝土回弹仪和国家标准尚未出台时较为广泛使用的，其规定的仪器率定平均值在 88±2 之间。

（2）水利、港口、公路上使用的高强混凝土回弹仪通常是 HT1000 型回弹仪，应用的是交通行业标准。这种回弹仪的率定平均值在 83±2 之间，比建筑行业的要低。

（3）仪器型号和率定值不同，但其操作原理实质上是一样的。因为两种回弹仪的标准动能有所差异。中国建筑科学研究院开发的 GHT450 型高强混凝土回弹仪的标准动能为 4.5J，而水利、港口、公路上使用的通常是 HT1000 型回弹仪，其标准动能为 10.0J。

2.3　新疆高强混凝土强度回弹曲线的建立

通过借鉴该规程中的回弹曲线 $f_{cu}^c = -8.684 + 0.820 \times R_{m,i} + 0.00629 \times R_{m,i}^2$ 作比对，采用中国建筑科学研究院开发的 GHT450 型高强混凝土回弹仪，率定平均值在 88 ± 2 之间，符合高强混凝土回弹仪的标准状态。在日常试验过程中，对新疆高强混凝土强度回弹—抗压数据积累统计以便进行相关试验研究。为了增强试验的相关性和可比性，我们选取了施工单位委托的 C60 混凝土试块作为研究对象。在每次试验前，按着中国建筑科学研究院企业标准——《回弹法检测高强混凝土强度技术规程》（Q/JY 17—2000）中有关规定进行回弹测试，然后再进行抗压试验。将回弹数据和抗压试验结果分别进行记录（见表1）。

表 1　　　　　　　高强混凝土回弹与抗压结果检测数据统计

编号	试块抗压荷载（kN）	试块抗压强度 Y（MPa）	试块平均回弹值 X	试块回弹强度推定值 $Y_{推}$（MPa）	X^2	$X \cdot Y$
1	1140	50.7	59.2	61.1	3504.64	2999.47
2	1530	68.0	59.1	61.0	3492.81	4018.80
3	1475	65.6	59.5	61.3	3540.25	3900.56
4	1560	69.3	62.9	63.9	3956.41	4361.07
5	1540	68.4	56.7	59.2	3214.89	3880.80
6	1380	61.3	61.2	62.6	3745.44	3753.60
7	1230	54.7	49.3	53.5	2430.49	2695.07
8	1040	46.2	44.4	49.7	1971.36	2052.27
9	1180	52.4	44.4	49.7	1971.36	2328.53
10	1210	53.8	59.9	61.6	3588.01	3221.29
11	1220	54.2	61.6	62.9	3794.56	3340.09
12	1310	58.2	60.0	61.7	3600.00	3493.33
13	1295	57.6	55.0	57.8	3025.00	3165.56
14	1475	65.6	57.7	59.9	3329.29	3782.56
15	1800	80.0	59.9	61.6	3588.01	4792.00
16	1450	64.4	55.6	58.3	3091.36	3583.11
17	1370	60.9	57.1	59.5	3260.41	3476.76
18	1360	60.4	58.2	60.3	3387.24	3517.87
19	1310	58.2	59.6	61.4	3552.16	3470.04

编号	试块抗压荷载（kN）	试块抗压强度 Y（MPa）	试块平均回弹值 X	试块回弹强度推定值 $Y_{推}$（MPa）	X^2	$X \cdot Y$
20	1260	56.0	58.4	60.5	3410.56	3270.40
21	1335	59.3	58.0	60.1	3364.00	3441.33
22	1330	59.1	58.2	60.3	3387.24	3440.27
23	1480	65.8	58.4	60.5	3410.56	3841.42
24	1315	58.4	53.2	56.5	2830.24	3109.24
25	1370	60.9	50.1	54.1	2510.01	3050.53
26	1290	57.3	52.6	56.0	2766.76	3015.73
27	1590	70.7	60.3	61.9	3636.09	4216.20
28	1420	63.1	59.6	61.4	3552.16	3761.42
29	1205	53.6	58.0	60.1	3364.00	3106.22
30	1370	60.9	57.9	60.1	3352.16	3525.47
31	1105	49.1	57.4	59.7	3294.76	2818.98
32	1140	50.7	56.7	59.2	3214.89	2872.80
33	1270	56.4	56.2	58..8	3158.44	3172.18
34	1190	52.9	55.2	58.0	3047.04	2919.47
35	1060	47.1	54.3	57.3	2948.49	2558.13
$n=35$	—	$\sum Y=2071.3$	$\sum X=1985.8$	—	$\sum X^2=113291.34$	$\sum XY=117997.56$

$$b=\frac{n\sum XY-\sum X\sum Y}{n\sum X^2-(\sum X)^2}=0.767$$

$$a=\frac{\sum Y-b\sum X}{n}=15.663$$

$$Y=a+bX=15.663+0.767X$$

说明：1）因受条件限制，为了加强统计数据的可比性和相关性，筛选出的试验样品均为边长 150mm 的立方体试件，测试龄期为 3～30d，碳化深度为 0mm。若有碳化深度时，须采用取芯来修正；

2）表中（$Y_{推}$）系采用 $Y=a+bX=15.663+0.767X$ 计算所得；

3）此统计建议采用计算机 Excel 程序进行

3　高强混凝土强度回弹曲线试验研究成果的论证及意义

通过借鉴中国建筑科学研究院企业标准——《回弹法检测高强混凝土强度技术规程》（Q/JY 17—2000）中的回弹曲线 $f_{cu}^c=-8.684+0.820\times R_{m,i}+0.00629\times R_{m,i}^2$ 作比对，对新疆日常试验中高强混凝土强度回弹—抗压数据进行数理统计分析，最终建立的高强混凝土强度回弹曲线的试验研究成果为 $Y=a+bX=15.663+0.767X$。通过多次工程检测实例和商品混凝土的日常检测论证其相关性较好，可以在本地区用于高强高性能混凝土强度的检测鉴定。由于该曲线是建立在中国建筑科学研究院开发的 GHT450 型高强混凝土回弹仪之上的，因此该曲线仅适合于采用 GHT450 型高强混凝土回弹仪时使用，不适合于采用 HT1000 型回弹仪时使用。该曲线的建立可为其他地区研究开发高强混凝土地区曲线提供重要借鉴和参考。

回弹法检测高强混凝土强度回归方程的比较

付素娟[1]　戴占彪[2]　赵士永[1]

(1. 河北省建筑科学研究院，石家庄，050021；

2. 河北建研科技有限公司，石家庄，050021)

本文介绍了回弹法检测河北省 C50 以上高强混凝土强度的试验研究过程，总结认为回弹法检测高强混凝土强度是可行的，并通过多个回归方程式进行试算比较，取精度高者作为绘制测强曲线的依据。

回弹法是用一个弹簧驱动的重锤，通过弹击杆（传力杆），弹击混凝土表面，并测出重锤被反弹回来的距离，以回弹值（反弹距离与弹簧初始长度之比）作为与强度相关的指标，来推定混凝土强度的一种方法。由于测量是在混凝土表面，所以属于表面硬度法的一种。这种方法应用了 40 多年而不被其他方法取代，其主要原因是：仪器构造简单、方法易于掌握，检测效率高、成本低。但是原有回弹法只能评定 C50 以下的构件混凝土强度。若要采用这一简单的方法评定高强混凝土的强度，就必须建立新的测强曲线或研制新型的回弹仪，这是一件很迫切的工作。本文以石家庄的高强混凝土强度为主要研究对象，提出适用于石家庄的回弹法检测高强混凝土的测强曲线。

1　试验概况

1.1　试验设备的选定

回弹仪器：在回弹试验中发现采用原标准回弹仪（2.207J）对高强混凝土进行回弹试验，回弹值与混凝土强度之间离散性很大，针对这种情况我们采用中国建筑科学研究院专门研制开发的新型回弹仪，以用于高强混凝土的检测，检测时所用回弹仪型号为 GHT450 型高强混凝土回弹仪，律定钢砧型号为 GZ20 型回弹仪钢砧，律定标准值为 88。

1.2　试件

本次试件采用石家庄常用材料，具有很强的地方代表性，混凝土的主要原材料见表 1。

本次试验重点是 C50 以上混凝土强度的检测，同时考虑实际工程中混凝土强度的离散性，混凝土强度数据可能分散分布，因此在制作试块时，也制作了部分 C40 混凝土试块，共制作了 C40、C50、C60、C70、C80 等 5 个强度等级的试块，试块为边长 150mm 的立方体。试件的测试龄期分为 1d、3d、7d、14d、30d、60d、90d、180d、360d、540d 和 780d，对同一强度等级的混凝土，在每个测试龄期测试 3 个试件。

材料成分	品牌、产地和要求
水泥	采用鼎新 42.5 普通硅酸盐水泥，要求水泥 28d 抗压强度≥58MPa，抗折强度≥8MPa，C_3A 含量最低的水泥
沙	选用干净的新乐市河沙，含泥量<1.5%，细度系数为 2.6～3.1 的中粗沙，>C60 的混凝土配制可对河沙进行一次冲洗，以减少含泥量
石子	选用鹿泉市山碎石，要求表面粗糙，外形有棱角，针片状含量低，级配良好，公称直径为 10～20mm 山碎石，含泥量<1%，针片状含量<6%，压碎指标 6.3%
掺和料	Ⅰ、Ⅱ级粉煤灰，邯郸产磨细矿渣
外加剂	要求外加剂减水率≥25%，C40～C60 选用苯系高效减水剂＋氨基磺酸盐系列高效减水剂，C70、C80 采用聚羟酸系列高效减水剂

1.3 试验测试

回弹法测定混凝土强度的基本依据，是回弹值与混凝土抗压强度之间的相关性。其相关性一般以经验公式或基准曲线的形式来确定，本次测试试验步骤如下。

（1）测点布置。在试块两个相对浇筑侧面上各布置 8 个测点，共 16 个测点（见图 1）。

（2）回弹测试。测试时，试块表面清理干净，按要求，以无测点布置的两个相对浇筑侧面置于压力机的上、下承压板之间，加压 30～50kN（低强度取低值，高强度取高值），然后，持回弹仪垂直于有测点布置的两个相对侧面，对其上的布置测点进行回弹测试，读取回弹值。

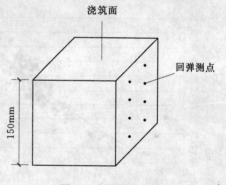

图 1   试块测点布置

（3）试块抗压试验。回弹值测试完毕后卸荷，将回弹面放置在压力承板间，以 (6 ± 4)kN/s 的速度连续加荷至破坏，抗压强度值精确到 0.1MPa，同时记录抗压试验结果。

（4）碳化深度的测定。试块的碳化深度测定采用抗压强度试验过后的断面，用 1% 的酚酞酒精溶液立即滴于刚裂开的断面上，未变色（变为红色）的深度即为碳化深度。测试中发现早期高强混凝土抗碳化能力很强，试块几乎未被碳化。

2 试验结果数据分析

考虑到试验中部分检测误差，在数据处理时，将每个试块的 16 个回弹值中，剔除 3 个最大值和最小值，然后将余下 10 个数据进行平均作为该试块的回弹值再进行回归分析。按式（1）计算：

$$R_m = \sum_{i=1}^{10} R_i / 10 \tag{1}$$

式中 R_m——试块平均回弹值，计算精确至 0.1；

      R_i——第 i 个测点的回弹值。

通过对 156 组（每组为 1 个试件，每一组数据包括 16 个回弹值，1 个抗压试验强度值，1 个碳化深度值）共 2808 个数据进行回归分析后利用计算机进行数据处理，经分析，高强混凝土碳化深度较小，分别进行一元线性、一元幂函数、一元指数和多项式等曲线形式的回归分析。几种回归公式及相关系数等指标见表 2。

表 2　　　　　　　　　　　　　回弹法测强回归公式及相关系数对比

序号	回归函数	回归方程式	相关系数 r	相对标准差 （%）	平均相对误差 （%）
1	乘幂函数	$f_{cu}^c = 0.2449R^{1.3668}$	0.926	12.5	10.5
2	二次函数	$f_{cu}^c = 0.0141R^2 + 0.2177R + 4.2991$	0.885	13.0	10.7
3	指数函数	$f_{cu}^c = 8.1751e^{0.0355R}$	0.920	13.6	10.9
4	线性函数	$f_{cu}^c = 1.4953R - 22.515$	0.872	13.7	11.2

注　f_{cu}^c——测区混凝土强度换算值（MPa），精确到 0.1MPa；
　　R——测区平均回弹值，精确到 0.1。

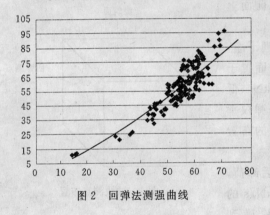

图 2　回弹法测强曲线

从几种回归分析对比来看：线性曲线相关性最差，其相对标准差、平均相对误差虽然满足测强曲线要求，但其误差比其他曲线要大，指数函数和乘幂函数的曲线相关性比较好，且二者接近，可是指数函数的相对标准差、平均相对误差比乘幂函数大，因此综合分析测强公式乘幂函数的相关度最好，相对标准差和平均相对误差均最小，故选用乘幂函数形式作为回归公式，如式（2）：

$$f_{cu}^c = 0.2449R^{1.3668} \qquad (2)$$

式中　f_{cu}^c——测区混凝土强度换算值，MPa，精确到 0.1MPa；
　　　R——测区平均回弹值，精确到 0.1。

该公式测强曲线图形如图 2 所示，其相关系数为 0.926，相对标准差为 12.5%，平均相对误差为 10.5%。

3　结论

（1）采用新型高强混凝土 GHT450 型回弹仪可以对高强混凝土进行检测，检测精度满足现场质量控制要求。

（2）各种测强曲线均比较理想，说明用新型回弹仪检测数据可靠。

（3）制作回弹法测强曲线的回归方程式应通过多个回归方程式进行试算比较，取精度高者为绘制地区测强曲线的依据。

（4）综合考虑，回弹法采用公式（2）进行混凝土强度换算。

（5）结构混凝土检测步骤、数据处理办法及混凝土强度的推定，可参照《回弹法检测混凝土抗压强度技术规程》（JGJ/T 23—2001）的要求进行。

（6）回弹仪操作简便，安全可靠，可用于施工现场高强混凝土的强度检测。

参 考 文 献

[1] 回弹法检测混凝土抗压强度技术规程（JGJ/T 23—2001）. 北京：中国建筑工业出版社，2001.

针贯入法检测高强混凝土强度试验研究

陈朝阳　付素娟　边知慧　赵占山

（河北省建筑科学研究院，河北石家庄，050021）

依据针贯入法的检测原理，对针贯入法检测 C50 以上高强混凝土强度进行了实验研究。在试验研究的基础上，得出了贯入阻力与高强混凝土强度的相关关系式，将实验数据采用不同类型的曲线进行了拟合，并对各个曲线的检测误差进行了对比分析，发现贯入阻力与高强混凝土强度为非线性关系。并通过工程实例对非线性测强曲线进行了验证，得出针贯入法检测高强混凝土强度的非线性测强曲线的精度满足工程实际的质量控制要求。

1　引言

大量试验表明，混凝土强度与贯入仪贯入混凝土中的钢钉的深度之间存在着较强的相关关系。针贯入法是通过精确控制的动力将一只钢测针贯入混凝土中，量测其贯入阻力，以此评定混凝土质量的方法。贯入阻力是依据贯入混凝土钢测针的贯入深度来确定的。这种方法的基本原理，是将仪器发射端压紧测试面，同时利用预压缩仪器负载弹簧发射测针，负载弹簧释放出来的能量推动钢针贯入混凝土中。当钢测针的直径、长度、负载弹簧能量为固定值时，钢测针贯入混凝土中的深度取决于混凝土力学性质，因此测量钢测针贯入深度即可确定混凝土的贯入阻力。在以前的贯入法检测混凝土强度中，主要检测普通混凝土的强度或早期混凝土强度，混凝土强度较低，本文将贯入法应用于检测高强混凝土强度中，通过试验建立贯入阻力与高强混凝土强度的相关关系式，依据此对高强混凝土强度作出推定，建立测强曲线。

2　试验概况

2.1　针贯入法试验设备的选定

针贯入仪工作原理是依据美国 ASTMC 803—82 标准的贯入阻力原理[1]，通过测试测针的贯入深度来推定混凝土的强度。

实验仪器采用遵化市东陵盛业设备仪器厂的 GRY 1500 型高强混凝土针贯入仪（见图1），主要技术性能指标见表1。

表 1 　　　　　　　　　　　　　　针贯入仪主要技术性能指标

项　目	指　标	项　目	指　标
仪器贯入力	1500N	工作冲程	20mm
测针直径	3.5mm	长度	30.5mm
针尖锥度	45°	仪器重量	3.75kg

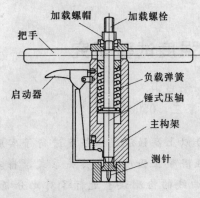

图 1　实验针贯入仪

2.2　试块制作

本次试验试件共设计 C40、C50、C60、C70、C80 5 个强度等级，测试龄期分为 1d、3d、7d、14d、30d、60d、90d、180d、360d、540d 和 780d，同一强度等级的混凝土，在每个测试龄期测试 3 个试件，试块采用标准抗压试块，边长为 150mm。混凝土采用机械搅拌和在振动台上振捣成型，试块采用自然养护。试块材料采用石家庄常用材料。

2.3　针贯入法试验测试

（1）贯入值测试。在每个测区贯入 5 点（标准试块的侧面即为一个测区），测点均匀布置，每 1 贯入点的贯入值测量一次，即得贯入数值。

（2）贯入值的计算。将 5 个贯入值数据进行平均作为该试块的贯入值，按下式计算

$$H_m = \sum_{i=1}^{5} H_i / 5 \tag{1}$$

式中　H_m——试块平均贯入深度，mm，精确到 0.01mm；

　　　　H_i——第 i 个测点的贯入深度，mm，精确到 0.01mm。

（3）试块抗压试验。针贯入法试验结束后立即对该试块进行抗压试验，以（6±4）kN/s 的速度连续均匀加荷至破坏，然后计算其抗压强度值 f_{cu}^c，精确到 0.1MPa。

3　数据分析

通过对 165 组（每组为 1 个试件，每一组数据包括 5 个贯入值，1 个抗压试验强度值）共 990 个数据，实验数据见表 2。

表 2　　　　　混凝土试块的平均贯入深度 H_m 抗压强度值 f_{cu}^c 试验数据汇总

时间	强度	C40			C50			C60			C70			C80		
7d	H_m(mm)	4.10	4.20	4.50	3.55	3.82	3.65	3.95	3.96	3.59	3.38	3.52	3.68	3.90	3.98	3.49
	f_{cu}^c(MPa)	38.0	32.4	34.4	47.1	44.2	46.0	42.7	38.7	46.2	54.2	57.1	43.1	52.9	48.4	59.1
14d	H_m(mm)	3.52	3.60	3.64	3.59	3.50	3.70	4.10	3.84	3.45	3.37	3.44	3.41	3.44	3.18	3.25
	f_{cu}^c(MPa)	45.8	48.0	48.7	44.2	50.0	53.1	39.8	38.6	48.9	62.2	60.7	55.1	59.1	54.7	50.7
30d	H_m(mm)	3.24	3.27	3.33	3.21	3.12	3.35	3.32	2.93	4.15	2.46	2.66	2.61	2.74	3.14	3.21
	f_{cu}^c(MPa)	51.6	53.8	47.6	55.1	58.7	50.2	61.8	56.7	37.8	72.0	75.1	78.2	63.5	51.7	52.7

时间	强度	C40			C50			C60			C70			C80		
60d	H_m(mm)	3.53	3.50	3.20	2.96	3.08	3.34	3.15	3.25	3.58	2.90	3.00	2.81	3.32	3.48	3.04
	f_{cu}^c(MPa)	49.8	56.9	51.6	63.6	61.3	60.0	56.4	50.2	40.0	80.4	80.9	79.9	52.7	42.7	57.8
90d	H_m(mm)	3.29	3.44	3.30	2.87	3.29	3.37	3.08	3.00	3.26	3.16	3.15	3.22	3.12	3.45	3.32
	f_{cu}^c(MPa)	58.9	52.2	63.3	63.8	57.1	45.1	52.4	56.0	57.3	68.9	71.1	58.7	69.6	62.7	60.0
180d	H_m(mm)	2.71	2.72	2.95	2.74	2.88	2.68	2.77	3.17	2.96	2.35	2.95	2.65	2.85	3.10	3.08
	f_{cu}^c(MPa)	59.9	65.6	55.6	59.4	64.6	70.4	60.9	76.4	65.1	63.24	82.67	65.91	70.9	76.4	74.1
360d	H_m(mm)	3.28	3.45	3.70	3.15	3.52	3.95	3.76	3.46	3.15	3.35	3.18	3.41	3.34	3.45	3.25
	f_{cu}^c(MPa)	60.4	66.5	59.4	73.3	64.0	51.1	51.2	64.4	72.0	65.9	72.1	60.9	68.8	65.3	64.9
540d	H_m(mm)	3.52	3.10	3.34	3.28	3.45	3.07	3.12	3.56	3.18	2.65	2.46	3.35	3.14	3.04	3.05
	f_{cu}^c(MPa)	62.3	62.8	65.9	70.4	64.4	75.6	72.0	58.2	72.4	56.7	79.3	67.1	78.5	75.9	75.2
730d	H_m(mm)	3.13	3.43	3.20	3.39	3.05	3.29	3.02	3.27	2.65	2.98	2.85	2.95	3.05	2.43	2.98
	f_{cu}^c(MPa)	66.9	61.3	75.6	56.7	79.3	67.1	70.1	70.4	71.1	78.7	85.8	79.8	72.9	76.7	90.2

　　对实验数据利用计算机进行数据处理，分别进行线性函数、乘幂函数、指数函数和二次函数等曲线形式的回归分析，回归公式及相关系数等指标见表3。

表3　　　　　　　　　　　　　　**针贯入法回归公式及相关系数对比**

序号	回归函数	回归方程式	相关系数 r	相对标准差 （%）	平均相对误差 （%）
1	乘幂函数	$f_{cu}^c = 551.32H^{-1.8943}$	0.904	14.7	13.5
2	二次函数	$f_{cu}^c = 4.0948H^2 - 54.732H + 195.72$	0.864	13.5	12.0
3	指数函数	$f_{cu}^c = 302.112e^{-0.4965H}$	0.924	13.3	12.0
4	线性函数	$f_{cu}^c = -20.702H + 129.08$	0.837	16.4	13.5

注　f_{cu}^c—测区混凝土强度换算值（MPa），精确到 0.1MPa；

　　　H—测针在混凝土表面的贯入深度（mm），精确到 0.01mm。

　　从几种回归分析对比来看，线性函数曲线、二次函数相关性较差，且线性曲线相对标准差、平均相对误差较大；乘幂函数曲线相关性虽然较好，但其相对标准差、平均相对误差均比较大，指数函数的曲线相关性最好，且指数函数的相对标准差、平均相对误差均最小，因此综合分析针贯入法测强公式选用下式：

$$f_{cu}^c = 302.112e^{-0.4965H} \qquad (2)$$

　　公式（2）测强曲线图形如图 2 所示，其相关系数为 0.924，相对标准差为 13.3%，平均相对误差

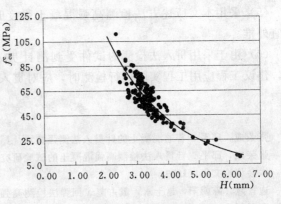

图 2　针贯入法测强曲线

为 12.0%。

4 误差对比分析

本课题在试验过程中，对同一试件除采用针贯入法进行检测外，还采用回弹法、超声回弹综合法和拔出法进行了检测，对本试验回归得出针贯入法测强曲线与其他三种检测方法的测强曲线的测试精度进行了对比，对比结果见表 4。

表 4 4 种检测方法测试误差的比较

测试方法	回归公式	相关系数 r	相对标准差 （%）	平均相对误差 （%）
针贯入法	$f_{cu}^c = 302.112e^{-0.4965H}$	0.924	13.3	12.0
回弹法	$f_{cu}^c = 0.2449R^{1.3668}$	0.926	12.5	10.5
超声回弹综合法	$f_{cu}^c = 0.0372R^{1.1385}v^{1.7375}$	0.94	12.0	10.2
后装拔出法（三点支撑）	$f_{cu}^c = 2.6834F^{0.9313}$	0.913	8.8	7.5

从表 4 中误差分析数据可以看到，在这 4 种方法中，后装拔出法推定强度最接近构件实际强度，推定精度较高，针贯入法由于数据离散性较其他检测方法大，测量误差较其他检测方法大，但误差与回弹法和超声回弹综合法相差较小，能够满足工程现场的检测精度要求。

5 结论

（1）研究表明采用针贯入法可以对高强混凝土进行检测，能够满足现场检测精度要求。

（2）普通混凝土的贯入法测强曲线为直线式，通过试验发现高强混凝土的贯入法测强曲线为非线性曲线式。

（3）针贯入法检测高强混凝土强度应采用非线性计算公式——式（2）进行混凝土强度换算。

（4）针贯入法每一测区尺寸为 150mm×150mm，测点在测区均匀分布，研究结果表明每一测区测试 5 个点能够满足检测精度要求。

（5）采用本文所述方法检测高强混凝土强度时，建议公式的应用范围为 C50～C80，不宜外推。

（6）由于采用贯入法检测的试件受到测针贯入，5 个贯入孔对试件造成了一定的损伤，建议工程应用工程实际进行检测时，应对贯入孔进行修复。

参 考 文 献

[1] 张荣成，邱平．普通混凝土的针贯入法测强技术 [J]．建筑科学，2003，19（3）．
[2] 张荣成，邱平．针贯入法检测高强混凝土的试验研究 [J]//第六届全国建筑工程无损检测技术学术会议论文集，1999．
[3] 边智慧，陈朝阳，赵士永，戴占彪．回弹法检测高强混凝土强度回归方程的比较 [J]．粉煤灰综合利用，2010，6．

高强度混凝土回弹仪和强度曲线的研究与应用

王　鹏[1]　龚景齐[2]

（1. 天津津维电子仪表有限公司，天津，300190；

2. 天津港湾工程研究所，天津，300000）

本文介绍了高强度混凝土回弹仪的原理及应用，并结合超声波综合法测定高强混凝土强度的方法，提出了如何建立高强度混凝土强度曲线的研究方法。

近年来，随着施工技术水平的提高，浇筑混凝土强度从普通混凝土（Normal Concrete，N.C）向高强度混凝土（High Strength Concrete，H.S.C）方向发展，因此，检测现场高强度混凝土方法已成为国内外研究的重要课题。

在国外，1973 年美国混凝土协会成立 ACI1363 委员会，专门从事研究和报道高强度混凝土的发展和检测技术方面的信息。1988 年，这个委员会编制了《高强度混凝土检测指南》，对检测高强度混凝土的测试方法，规定了荷载法和取芯法。经工程实践证实，用荷载法检测高强度混凝土构件是不太现实的；用取芯法检测高强度混凝土构件，设计者总认为采用此种方法可能会削弱混凝土构件的抗力性能，一般不推荐这种检测方法。由此可见，高强度混凝土检测技术，仍处于研究阶段。

在国内，研究"拉拔"法的过程中，提出用"拉拔"法这种微破损方法检测高强度混凝土，虽解决了不会影响混凝土构件的抗力性能，但对构件的表面还是有损伤的，不宜作为大面积的普测方法。

1993 年，检测天津华信商厦高强度（C60 强度等级）混凝土构件，采用"超声—回弹"综合法，测得的数据离散，误差大，分析其原因，主要测得的回弹值不甚规律，可能采用了中型回弹仪所致。因此，提高回弹仪的冲击动能来检测高强度混凝土作为非破损检测的普测工具实属必要，所以我们研制了高动能的高强度混凝土回弹仪 HT—1000（H980），现已研究完毕，并总结如下。

1　回弹仪的研制

1.1　理论依据

1.1.1　回弹仪测定混凝土强度

回弹仪是由瑞士工程师 E. Schmidt 在测定金属表面硬度原理基础上研制的，它借助弹击拉簧的驱动力，使重锤反弹，测定其反弹高度，这个反弹高度就是混凝土的特性指标——表面硬度。它与混凝土力学强度间缺乏逻辑关系和数学关系，却存在着实验关系。

英国人 J. 高莱克用他的实验结果，按布氏和洛氏的硬度 E_p 与冲击动能 E_D（简称 E_D）间关系，推导而得混凝土表面硬度 H_B（简称 H_B）的关系式（推导略）：

$$H_B = \frac{8DkL^2}{\mu\pi d^4} \tag{1}$$

式中 D——弹击杆前端的曲率半径；

k——弹击拉簧的刚性系数；

L——弹击拉簧的拉伸长度；

d——印痕深度；

μ——系数；

π——圆周率（$\pi=3.14$）；

"8"——常数。

剖析式——1：

（1）分子中 $D \cdot k \cdot L^2$ 是组成仪器冲击力的技术参数，可视为常数，设为 C_1。kL^2 是组成仪器的冲击动能 E_D：

$$E_D = 1/2kL^2 \tag{2}$$

（2）分母中的 μ、π 及分子中的"8"，均可视为常数，设为 C_2。

（3）d 是混凝土塑性变形留下的印痕深度，是变量。

鉴于 C_1 和 C_2 是常数，可统称 C。式（1）可化为：

$$H_B = Cd^{-4} \tag{3}$$

由式（3）可知，混凝土表面硬度 H_B，就是回弹值 R_N，在一定的冲击力条件下，它与混凝土塑性变形成反比。

1.1.2 В.Г 斯克拉姆达耶夫分析

（1）用回弹仪测定混凝土强度时的动能耗损，可用下式表示：

$$\Delta E_D = A_1 + A_2 + A_3 + A_4 + A_5 + A_6 \tag{4}$$

式中 ΔE_D——动能耗损；

A_1——试体产生塑性变形；

A_2——材料弹性压缩功；

A_3——重锤下落冲击时摩擦耗损的功；

A_4——分散功；

A_5——克服空气阻力耗损功；

A_6——试体和支座振动的功。

由式（4）可知，耗损在 A_3、A_4、A_5 和 A_6 上的功很小，尚可控制。因此，回弹值 R_N 基本上由 A_1 和 A_2 间的比值来确定。

（2）冲击时能量耗损 ΔE_D，可从下列关系式推导：

$$\Delta E_D = \frac{mv_1^2}{2} - \frac{mv_2^2}{2} \tag{5}$$

式中 $\dfrac{mv_1^2}{2}$——冲击时的动能；

$\dfrac{mv_2^2}{2}$——回弹时的动能。

重锤在冲击时的速度 v_1 和回弹时的速度 v_2，可按下列两式计算：

$$v_1 = 2gh_1 \tag{6}$$

$$v_2 = 2gh_2 \tag{7}$$

将 v_1 和 v_2 代入式（4），整理后可得：

$$\Delta E_D = \frac{mv_1^2}{2}\left(1 - \frac{v_1^2}{v_2^2}\right) = \frac{mv_1^2}{2}\left(1 - \frac{h_2}{h_1}\right) \tag{8}$$

或

$$\Delta E_D = \frac{mv_1^2}{2}(1 - e^2) \tag{9}$$

式中 $e = h_2/h_1$，为恢复系数。

据上述理论进行高强度混凝土回弹仪的研究。

1.2 研究的方法

剖析 HT—3000 型回弹仪和 HT—225 型回弹仪的结构构造，在这基础上试制了一台标称动能为 9.8J 的高强度混凝土回弹仪，即 HT—1000（H980）型回弹仪。

结合金皇大厦高强度混凝土构件的测试过程中，达到完善和改进仪器的测试性能。

技术关键：

（1）HT—1000（H980）型混凝土回弹仪的结构构造如图 1 所示。从回弹仪测定混凝土强度的理论结合图中所示的回弹仪结构构造综合分析，可以认为，弹击拉簧的质量是直接影响回弹仪测试精度的。

因为：

a. 回弹仪的冲击力是由弹击拉簧刚性系数 k 和拉伸长度 L 以及重锤重量组成的，因此在选择制作弹击拉簧母材钢丝时，必须作物理检验和化学分析，质量合格的才能制作弹击拉簧；

b. 严格控制弹击拉簧的工作长度 L_0 和拉伸长度 L，因为弹击拉簧的拉伸长度 L 是弹击锤的端面与弹击杆平面之间的间距，这段间距就能产生回弹仪的冲击动能，如图 2 所示；

c. 弹击拉簧的拉伸长度 L 是划分标尺上刻度读数 R_N 值，其计算公式如下：

$$R_N = L/100 \tag{10}$$

因此，控制弹击拉簧拉伸长度的目的为：控制冲击动能 E_D；保证标尺上读数 R_N 的精度。

（2）仪器标准状态：

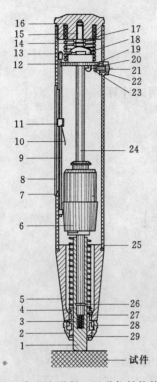

图1 高强度混凝土回弹仪结构构造

1—弹击杆；2—盖帽；3—缓冲弹簧；4—弹击拉簧；5—体乙；6—弹击锤；7—读尺螺钉；8—读尺；9—指针轴；10—弹簧片；11—指针滑块；12—导向法兰；13—挂钩弹簧；14—压缩弹簧；15—调整螺栓；16—尾盖；17—锁紧螺母；18—挂钩；19—锁母；20—按钮弹簧；21—按钮螺帽；22—按钮座；23—定位钩销；24—中心导杆；25—体甲；26—弹簧挡圈；27—弹簧座；28—半圆卡环；29—防尘毡圈

a. 回弹仪弹击锤脱钩位置，弹击拉簧的工作长度 L_0、拉伸长度 L 和弹击锤起跳位置应在回弹仪专业检定器上检定（见图3）；

b. 从回弹仪专业检定器上检定完毕的回弹仪，还应在特制刚砧上做垂直向下率定值试验，每次的率定值均应符合 82 ± 1（见图4）。

2 混凝土强度曲线

回弹仪测定混凝土强度，或与超声波法综合（称为超声回弹综合法）测定混凝土强度的方法，均应在室内建立混凝土强度曲线。其目的就是将混凝土构件上测定的回弹值 R_N，或在构件上测定的混凝土声速值 v，综合起来，通过在建立的混凝土强度曲线上转化成结构中的混凝土强度。

研究建立高强度混凝土强度曲线应从下列方面进行。

2.1 混凝土试件强度

2.1.1 确定混凝土试件尺寸

鉴于 HT—1000（H980）型回弹仪具有下列特点。

（1）冲击能量大。

（2）弹击杆端面曲率半径 R 为 40mm，采用边长 15cm 立方体试件的侧面面积 225cm^2 不易均匀地分步在这"8"个回弹值测点。因此，进行了混凝土试件尺寸的试验：

a. 用同强度等级的混凝土拌和物，浇筑 25cm 立方体试件和 20cm 立方体试件各 10 个，放入水中养护 28d，取出，用棉纱擦干，放入压力机中固定，固定压力为混凝土强度标准值的 10%，回弹值测试是在混凝土试件的两个侧面进行，每个侧面的测点为"8"个；

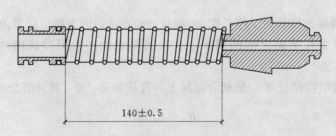

140±0.5

图2 弹击拉簧拉伸长度示意

图 3 回弹仪专业检定器

b. 两种不同尺寸试件的试验结果列于表 1。

将表 1 中所示的 R_N 值，按数理统计方法计算了各自的平均值 m_{RN}、标准差 S_{RN} 和变异系数 δ_{RN}，计算结果列于表 2。

（3）综合上述试验结果，选用了边长 20cm 的立方体试件作为建立高强度混凝土曲线的混凝土试件。

2.1.2 确定混凝土配合比例

（1）由于世界各国混凝土已向高强度、大流动性发展，所以在研究高强度混凝土回弹仪的技术指标：

a. 适合于泵送混凝土；

b. 测定混凝土强度范围是 50~80MPa。

（2）为达到上列技术指标，采用了下列技术措施：

a. 原材料品质列于表 3；

b. 矿物掺含料品值列于表 4

c. 外加剂，采用天津港湾研究所生产的 TH 高效减水剂，一航三公司生产的松香热聚合物加气剂。

（3）混凝土配合比例列于表 5

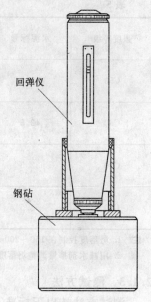

图 4 特制刚砧

表 1　　　　　　　　　　　　　　R_N 值

试件 (cm)	数量 (个)	试 件 编 号									
		1	2	3	4	5	6	7	8	9	10
20×20×20	10	41.0	42.0	42.5	40.0	43.0	40.0	40.5	41.0	30.0	41.0
25×25×25	10	32.0	41.5	43.0	41.0	42.0	41.5	42.0	41.0	41.0	40.0

表 2　　　　　　　　　　　　统 计 特 征 值

试件（cm）	数 量 (个)	回 弹 值 R_N					δ_{RN} (%)
		m_{RN}	S_{RN}	$R_{N\max}$	$R_{N\min}$	ΔR_N	
20×20×20	10	41.0	1.2	43.0	39.0	4.0	3.0
25×25×25	10	41.5	0.81	40.0	40.0	3.0	2.0

表3		原 材 料 品 质	
硅酸盐水泥		龙 口 砂	碎 石
42.5	52.5	中砂、细度模量2.5，Ⅱ区砂	最大颗粒：30mm，二级配 10～30mm 占 60%，5～10mm 占 40%
翼东	大宇		

表4	矿 物 掺 含 料 品 质		
名　称	粉 煤 灰	矿 渣 粉	硅 灰
等级	一级	>5000cm²/g	≤18000cm²/g
产地	唐山徒河	北京琉璃河厂	挪威

表5　混凝土配合比例

强度等级	水泥标号	水泥用量 (kg/m²)	掺和料用量 (kg/m³)			用水量 (kg/m³)
			粉煤灰	矿渣粉	硅灰	
C50	42.5	430	50	—	—	170
		450	50	—	—	170
C60	42.5	450	—	—	70	170
		500	—	—	50	170
C70	52.5	475	—	30	70	170
		480	50	50	—	170
C80	52.5	500	—	—	—	170
		520	—	—	70	170

注　1. 坍落度控制在 150～200mm；
　　2. 用减水剂掺量调整坍落度。

2.1.3　测试方法

测试方法按以下标准：

（1）行业标准：《港口工程非破损检测技术规程》（JTJ/T 272—1999）。

（2）行业标准：《水运工程混凝土试验规程》（JTJ 270—1998）。

测试步骤如下。

（1）根据试验龄期从标准养护室内取出试验试件，在试件的两个侧面布置 5 个超声波测点，如图 5 所示。

测试点的声速值 ν 按下式计算：

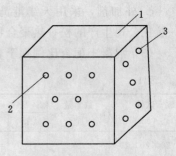

图 5　测点布置示意图
1—浇筑面；2—回弹测点；
3—超声测点

$$\nu = \frac{t}{s} \tag{11}$$

式中　s——试件厚度，cm；

　　　t——声时值，s。

试件声速平均值 m_v 按下式计算：

252

$$m_v = \frac{1}{5}\sum_{i=1}^{5} v_i \tag{12}$$

式中 v_i——在试件 i 点上的声速值（$i=1$，2，3，…，5）。

（2）将超声波法测定完毕的混凝土试件，擦去耦合剂，放入压力机中固定，固定压力为设计混凝土强度标准值的 10%。在试件的两个侧面作回弹仪测试面，每个侧面有"8"个回弹测点，共计"16"个回弹测点（见图5）。

从测定的 16 个回弹测试点中，舍弃 3 个最大值和 3 个最小值，将 10 个剩余回弹测试值，按下式求其算数平均值 m_{RN}，即为试件回弹值 R_N：

$$R_N = \frac{1}{10}\sum_{i=1}^{10} N_i \tag{13}$$

式中 N_i——在 i 点的回弹测试值（$i=1$，2，3，…，10）。

（3）混凝土芯样试件是按《港口工程混凝土非破损技术规程》中规定的取芯法进行抗压强度试验，其理由如下。

a. 采用的混凝土试件是边长 20cm 立方体试件，但使用的压力机是 200kN，不能直接测定 C50 以上混凝土强度等级的混凝土试件；

b. 根据国际标准和国内有关标准，均已确认混凝土芯样直径 100cm×高度 100mm 的试件强度，等于边长 150mm 的立方体试件混凝土强度。

基于上述理由，将测定声速值和回弹值完毕的混凝土试件，钻取直径 ϕ100mm（简称 ϕ）、长度为 200mm 混凝土芯样试件，制取 ϕ100mm×100mm 芯样抗压强度试件。在这试件上取得的抗压强度值，为标准时间强度 f_{cu}^c。

2.2 混凝土强度曲线的计算方法

根据试验要求，用以下回归分析方法计算。

（1）回弹仪法测定高强度混凝土曲线。

（2）超声波法测定高强度混凝土曲线。

（3）超声回弹综合法测定高强度混凝土强度曲线。

计算步骤如下。

（1）将每个试件上取的回弹值 R_N、超声波速度 m_v 和抗压强度 f_{cu}^c，记录于回归分析计算表 6 内，进行回归计算。

表 6   回归方程计算表格

序 号	回弹值 R_N	声 速 值 (m_v)	f_{cu}^c (MPa)	备 注
1	R_{N1}	m_{v1}	f_{cu1}^c	
2	R_{N2}	m_{v2}	f_{cu2}^c	
·	·	·	·	
·	·	·	·	
·	·	·	·	
n	R_{Nn}	m_{vn}	f_{cuN}^c	

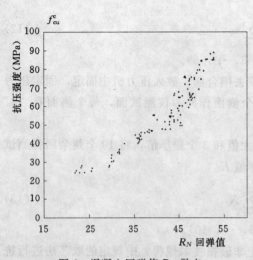

图 6 混凝土回弹值 R_N 散点

（2）混凝土强度曲线是利用 120 组试件的试验数据，用计算机运算求得的。

（3）计算结果。

回弹仪法测定混凝土强度曲线。

a. 测试数据描绘于图 6；

b. 依据图 6 所示的回弹值 R_N 散点图，用一元线性或非线性回归分析拟建混凝土强度相关关系，也就是混凝土强度曲线。

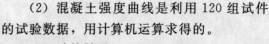

$$f_{cu}^c = f(R_{Ni}) \tag{14}$$

式中　f_{cu}^c——混凝土抗压强度，MPa；

　　　R_{Ni}——在 i 点的回弹值。

建立的混凝土强度曲线描绘于图 7。

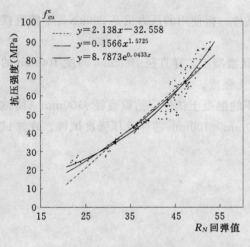

$y = 2.138x - 32.558$
$y = 0.1566x^{1.5725}$
$y = 8.7873e^{0.0433x}$

图 7　回弹仪法混凝土强度曲线

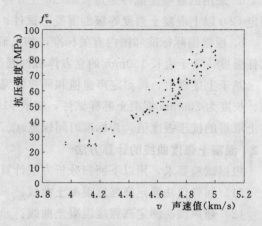

图 8　混凝土声速测点 v 散点

其次，超声波法测定混凝土强度曲线。

a. 测试数据描绘于图 8；

b. 依据图 8 所示的混凝土声速 v 散点图，用一元线性和非线性方程拟建混凝土强度曲线，建立的强度曲线描绘于图 9；

c. 超声回弹综合法测定混凝土强度曲线：测试数据描绘于图 10；依据图 10 所示的散点图，按二元线性和非线性回归方程方法，拟建混凝土强度相关关系。

$$f_{cu}^c = f(R_{Ni}, v_i) \tag{15}$$

式中　v_i——在 i 点上混凝土声速值，m/s。

建立的超声回弹综合法混凝土强度曲线描绘于图 11（a，b，c）。

（4）混凝土强度曲线的测试精度。

检验用一元回归方程建立混凝土强度曲线的测试精度的方法：

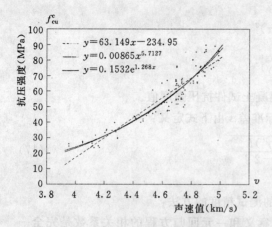

图 9　超声波法混凝土强度曲线

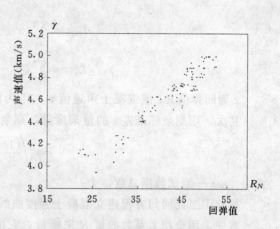

图 10　超声回弹综合法测点散点

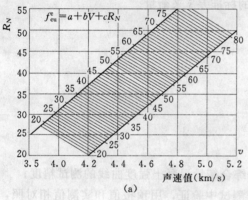

(a)

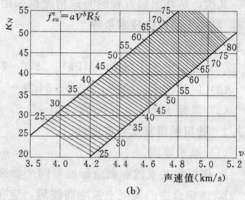

(b)

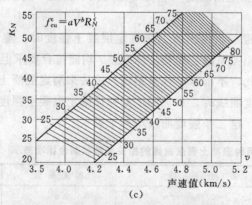

(c)

图 11　超声回弹综合法强度曲线

用相关系数 γ 的量来度量，相关系数 γ 由下列定义：

$$\gamma = \frac{L_{xy}}{\sqrt{L_{xx}L_{yy}}} \tag{16}$$

式中　　　　　　　　$L_{xy} = \sum_{1}^{n}(x_i - \overline{x})(y_i - \overline{y})$

$$L_{xx} = \sum_1^n (x_i - x)^2$$

$$L_{yy} = \sum_1^n (y_i - \overline{y})^2$$

x 为回弹值 R_N 或混凝土声速值 v，f_{cu}^c 为混凝土试件抗压强度值。

其次，用剩余标准差 s 的量来度量，剩余标准差 s 由下式定义：

$$s = \sqrt{\frac{(1-\gamma^2)L_{yy}}{n-2}} \tag{17}$$

式中　n——测试数据总数，个。

检验用二元回归方程建立混凝土强度曲线的测试精度的方法：

首先，用全相关系数的量 R 来衡量，它的意义和一元回归方程的相关系数是完全一样的，只不过 R 不取负值。

其次，估计回归方程的测试精度也采用剩余的标准差 s 来衡量。

2.3　混凝土曲线的技术条件

2.3.1　适用范围

（1）混凝土抗压强度（MPa）：28.0～80.0。

（2）回弹值 R_N（R_C）：22.0～54.0。

（3）混凝土声速（km/s）：4.0～5.2。

2.3.2　选用的混凝土强度曲线

（1）基本原则：

a. 根据相关系数和剩余标准差两个物理参数综合衡量混凝土强度曲线的测试精度；

b. 选定合适的混凝土强度曲线后，应在工程测试中验证，用预报值和实测值相对照，修正混凝土强度曲线；

c. 在选用超声波法中混凝土声速值 v 来推定混凝土强度时，鉴于采用幂函数数学模型拟合的虽然强度曲线的相关系数 γ 和剩余标准差 s 均能符合要求但指数 b 为 5.71，似嫌偏高会影响测试精度，因此，不推荐单独采用超声波法来测定混凝土强度。

（2）在选用混凝土强度曲线时，只选用了回弹仪推定混凝土强度曲线和超声回弹综合法推定的混凝土强度曲线，这二条强度曲线均列于表 7。

表 7　　　　　　两种混凝土强度曲线的相关系数和剩余标准差

项　目	强　度　曲　线	相关系数	剩余标准差
回弹仪法	$f_{cu,e}^c = 0.79 e^{0.043 R_N}$	0.95	1.0（MPa）
超声回弹法	$f_{cu,e}^c = 0.033 v^{2.70} R_N^{0.88}$	0.97[①]	0.083（MPa）

① 复相关系数。

3　工程应用

3.1　金皇大厦超高层建筑

金皇大厦的建筑面积约 5.0 万 ㎡，主楼高达 188m，现浇钢筋混凝土筒中筒结构，

C50 和 C60 强度等级的混凝土约占总楼层（按 50 层计算）的 68％。

在检查这些楼层混凝土构件中，采用了下列两种测试方法。

（1）用 HT—1000（H980）型回弹仪检测混凝土强度，检测结果列于表 8。

表 8　　　　　　　　　实测值与估算值间的误差（1）

| 强度等级 | 位　置 | | 测区（个） | 推定强度（MPa） | | $\delta f_{cu}^{c}(R_N)$（％） | 芯样强度 | | 误差率（％） |
	楼层	构件		$f_{cu}^{c}(R_N)$	$sf_{cu}^{c}(R_N)$		数量	平均值	
C50	16	梁	10	54.0	4.05	7.5	3	52.1	3.6
	17			65.0	2.84	4.4		55.0	15.4
	18			53.4	2.60	4.9		54.8	−2.6
	19			63.6	2.0	3.1		55.0	13.5
C60	10	梁	10	66.2	5.3	8.0	3	64.2	3.0
	11			76.8	3.0	3.9		66.8	13.0
	12			67.0	4.0	6.0		61.0	9.0
	13			70.7	3.0	4.2		68.0	3.8

（2）HT—100 型超声回弹综合法的检测结果列于表 9。

表 9　　　　　　　　　实测值与估算值间的误差（2）

| 强度等级 | 位　置 | | 测区（个） | 推定强度（MPa） | | $\delta f_{cu}^{c}(R_N)$（％） | 芯样强度 | | 误差率（％） |
	楼层	构件		$f_{cu}^{c}(R_N)$	$sf_{cu}^{c}(R_N)$		数量（个）	平均值	
C50	16	梁	10	53.1	4.0	7.5	3	52.1	1.9
	17			58.0	3.2	4.4		55.0	5.2
	18			56.0	2.9	4.9		54.8	−2.1
	19			53.0	3.0	3.1		55.0	−3.7
C60	10	梁	10	65.5	5.0	8.0	3	64.2	2.0
	11			65.0	3.0	3.9		66.8	−2.8
	12			58.0	4.0	6.0		61.0	−5.2
	13			64.2	2.8	4.4		68.0	−5.9

3.2　浙江省乍浦港二期混凝土工程

乍浦港二期工程中的栈桥面板混凝土，采用 20m 后张法预应力钢绞线箱式梁结构型式（见图 12）拼接而成。

混凝土的浇筑质量简述如下。

3.2.1　混凝土质量

（1）混凝土的强度等级 C50。

（2）环境浇筑日期：自 1999 年 10 月 26 日至 12 月 19 日止；浇筑时的环境温度为 15～5℃。

（3）混凝土配合比列于表 10。

图 12 箱式梁结构型式

表 10   混凝土抗压强度

强度等级	水泥用量	用水量	坍落度	配合比例
C50	472	178	3.0~5.0	1 : 1.18 : 2.5 : 0.38

（4）标准混凝土试件强度列于表11。

表 11   混凝土抗压强度

强度等级	数量（组）	抗压强度（MPa）					$\delta f^c_{cu}(R_N)$ （%）
		mf^c_{cu}	sf^c_{cu}	f^c_{cumax}	f^c_{cumin}	Δf^c_{cu}	
C50	52①	53.6	3.1	58.2	45.6	12.9	5.8

① 52组标准试件强度中，出现2组试件抗压强度无强度代表值。

3.2.2 结构中的混凝土强度

基于表11所示的混凝土抗压强度结果中，出现17和18两片梁的混凝土试件强度离散，无强度代表值，按《水运工程混凝土施工规范》（JTJ 268—1996）的规定，可判断该验收批混凝土强度为不合格。

为掌握梁中混凝土强度，采用"超声回弹"综合法和"钻取芯样试件"法相结合的测试方法，测定结构中混凝土强度，作为处理混凝土强度的依据。

（1）鉴于混凝土强度等级C50，不宜采用中型回弹仪（冲击动能为2.2J）测定混凝土强度，选用HT—1000（H980）型高强度混凝土回弹仪（冲击动能为908J）测定混凝土强度等级C50浇筑的箱式梁，根据检测结果推定混凝土强度。

（2）在测定梁中混凝土强度时，应对高强度混凝土强度的测试精度进行衡量，其方法如下：

a. 在同一混凝土构件上，用回弹法、超声回弹综合法和取芯法等检测混凝土强度；

b. 以芯样强度为基准，用回弹法和超声回弹综合法推定混凝土强度差异值，这个差

异值就是精度值 ε。

$$\varepsilon = \frac{f_{cuR}^c - f_{cur}^c}{f_{cur}^c} \qquad (18)$$

或

$$\varepsilon = \frac{f_{cuR}^c - f_{cur}^c}{f_{cur}^c} \qquad (19)$$

式中 f_{cuR}^c——回弹仪推定的混凝土强度，MPa；

　　　　f_{cur}——取芯法推定的混凝土强度，MPa；

　　　　f_{cuR}^c——超声回弹综合法推定的混凝土强度，MPa。

c. 高强度混凝土回弹仪的测试精度 ε：

（3）检测结果列于表 12。

将表 12 所示的信仰强度值、回弹仪法推定的混凝土强度值和超声回弹法推定的混凝土强度值，按式（18）和式（19）所示的计算方法计算测试精度，计算结果列于表 13。

表 12　　　　　　　　　　　混 凝 土 强 度

梁号	芯样	抗 压 强 度（MPa）											
		标 准 试 件				回 弹 仪 法				超 声 回 弹 法			
		1	2	3	代表值	1	2	3	代表值	1	2	3	代表值
1	54.0	52.4	43.1	45.6	45.6	61.9	66.0	60.6	62.8	58.6	51.3	52.1	54.0
3	61.6	46.0	52.4	45.1	47.8	55.1	53.7	55.4	54.7	56.5	59.2	69.3	59.2
4	53.0	54.4	41.3	46.7	46.7	54.2	53.7	53.4	53.8	68.3	62.6	68.2	66.4
6	60.1	34.0	54.4	49.3	49.3	59.6	62.7	62.2	61.5	59.6	62.7	62.2	61.5
8	65.2	46.2	53.1	44.4	47.9	54.9	54.6	57.3	55.6	54.9	54.6	57.3	55.6
9	58.0	34.0	54.4	49.3	49.3	56.1	54.4	59.3	56.6	56.1	54.4	59.3	56.6
10	61.5	50.0	50.7	33.8	50.0	56.2	54.4	57.8	56.3	56.2	54.9	57.8	56.3
17	55.0	32.4	58.2	42.7	42.7	58.8	55.4	56.8	57.0	58.8	55.4	56.8	57.0
18	55.0	35.6	50.0	40.0	40.0	56.5	55.3	55.1	55.0	56.5	53.3	55.1	55.0
20	62.0	45.8	55.1	53.8	51.6	56.8	53.7	54.4	55.0	61.8	57.2	56.2	58.4

注　标准试件强度是指在标准养护室内养护，龄期 28d 的混凝土试件强度。

表 13　　　　　　　　　　　　　　　ε 值

梁　号	1	3	4	6	8	9	10	17	18	20
回弹仪法（%）	−16.0	0.5	−13.8	−1.0	4.9	5.8	−11.3	−2.0	−10.0	4.9
超声回弹法（%）	0.0	−7.6	7.1	−11.0	−0.2	11.8	−7.4	3.1	6.2	−0.2

3.3　信达广场

信达广场中的塔楼高达 208m，框筒结构型式。首层至 8 层的混凝土强度等级 C60，为检验构件中混凝土强度，采用高强度混凝土回弹仪进行检测。在检测中出现下列问题：

（1）配筋率高，不易在原体上钻取芯样。

（2）高强度混凝土回弹仪虽建立混凝土强度曲线，但未经鉴定，需要钻取芯样试件来修正检测结果。

基于上述问题，在检测时采用了下列方法。

（1）在浇筑钢筋混凝土柱的同时，用同一批混凝土拌和物，浇筑两块 45cm×45cm×100cm 的混凝土试件，养护方法与构件混凝土相同，称为模拟试件。

（2）当模拟试件达到龄期 28d 时，测定：混凝土声速 v；回弹值 R_N；钻取芯样直接取得混凝土强度 f'_{cur}。

（3）当混凝土构件达到 28d 龄期时，在混凝土构件上测定混凝土声速值 v 和回弹值 R_N，分别用回弹法推定的混凝土强度值、超声回弹法推定的强度值以及取芯法推定的强度值，与模拟构件上用回弹仪法推定的混凝土强度值和超声回弹综合法推定的混凝土强度值，求其测试精度 ε 值。

（4）检测结果分析如下：

a. 模拟试件的检测结果列于表 14。

表 14　　　　　　　　　　　　　　　模　拟　试　件　强　度

模拟块	抗 压 强 度（MPa）											
	取 芯 法				回 弹 法				超声回弹综合法			
	1	2	3	代表值	1	2	3	代表值	1	2	3	代表值
1	61.7	62.1	68.8	64.2	56.0	56.8	58.8	57.2	63.5	68.8	59.3	63.9
2	62.9	63.4	63.2	63.2	64.0	66.9	67.1	66.0	63.5	64.7	64.7	64.3

由表 14 所示的三种方法取得的混凝土强度，计算了高强度混凝土回弹仪和超声回弹综合法的测试精度，计算结果列于表 15。

表 15　　　　　　　　　　　　　　　　　　ε 值

检测项目	1			2		
	1	2	3	1	2	3
回弹法（%）	−9.20	−8.5	−14.5	1.74	5.5	6.1
超声回弹综合法（%）	2.9	11.0	−5.2	0.90	2.4	2.4

b. 柱中混凝土强度检测结果列于表 16。

表 16　　　　　　　　　　　　　　　柱 中 混 凝 土 强 度

柱号	抗 压 强 度（MPa）							
	回弹仪法				超声回弹综合法			
	1	2	3	代表值	1	2	3	代表值
1	63.3	59.8	64.1	62.4	73.1	71.5	74.6	73.1
2	56.3	63.5	61.1	60.3	68.9	70.9	71.8	70.5

柱号	抗 压 强 度 (MPa)							
	回弹仪法				超声回弹综合法			
	1	2	3	代表值	1	2	3	代表值
3	62.5	63.8	62.7	63.0	73.6	75.6	71.0	73.4
4	64.9	61.1	67.2	64.4	72.2	74.4	76.3	74.3
5	58.6	62.4	64.9	62.0	74.9	70.8	72.7	72.8
6	62.2	64.4	61.6	62.7	75.0	74.7	74.7	74.8
7	65.8	59.8	63.3	63.0	72.2	74.4	76.3	74.3
8	61.7	65.2	64.9	63.9	74.9	70.8	72.7	72.8
9	65.7	65.2	65.5	65.5	75.0	74.7	74.7	74.8
10	63.8	61.9	67.8	64.5	76.9	73.0	79.0	76.3
11	65.5	66.6	68.1	66.7	76.6	73.5	75.4	75.2
12	64.6	61.7	—	63.2	73.8	71.4	—	72.6

c. 将模拟试件上的芯样强度，与柱上用回弹法推定的测区强度值和超声回弹综合法推定的测区强度值，用数理统计方法分别计算了它们各自的统计特征值，计算结果列于表 17。

表 17 混凝土强度统计特征值

项目	数量 (个)	抗压强度 (MPa)					$\delta f_{cu}^c(R_N)$ (%)
		$m f_{cu}^c$	$s f_{cu}^c$	f_{cumax}^c	f_{cumin}^c	Δf_{cu}^c	
标准试件	15 组	73.0	4.4	86.0	68.4	17.6	6.0
芯样	6	63.2	1.4	65.7	61.7	4.0	2.2
回弹测区	35	63.5	2.6	68.1	56.3	11.8	4.1
超声回弹测区	352	73.8	2.1	79.0	68.9	10.1	2.89

由表 17 所示的混凝土强度平均值，回弹仪法和超声回弹仪法所测的混凝土强度平均值，其相对误差为 16%；超声回弹法与芯样强度的相对误差约为 16.8%；回弹仪法与芯样强度的相对误差约为 0.47%；超声回弹法与标准试件强度的相对误差约 2.0%；回弹仪法与标准试件强度相对误差约 13%。

4 研究结果的讨论

研制高强度混凝土回弹仪从 1993—2001 年约 8 年，在研制过程中出现了较多的技术问题，现逐一讨论，对今后改进和完善仪器的技术性能是有益的。

4.1 高强度混凝土回弹仪的研制

4.1.1 确定冲击动能的原则

(1) 在研制高强度混凝土回弹仪时，剖析了冲击动能 2.207J 的中型回弹仪和 29.4J

的重型回弹仪，在这两种结构型式的基础上，将冲击动能定为 9.8J，并改变弹击拉簧的工作长度 L_0 和拉伸长度 L，以及弹击拉簧的刚性系数 k 使之符合下式冲击动能 E_D：

$$E_D = \frac{1}{2}kL^2 = 9.8J \tag{20}$$

（2）冲击动能 29.4J 的重型回弹仪是适用于大骨料混凝土和厚度大于 60cm 混凝土的，试验结果证实，重型回弹仪测定混凝土的有效深度约 10cm。这种回弹仪的最大缺点，操作笨重，费力，因此影响了它在现场的应用。所以在研制高强度混凝土回弹仪时，仪器操作必须轻巧，适用于现场，因此将它的适用范围限于：泵送混凝土；粗骨料的最大粒径 25mm；混凝土强度 50～80MPa。

（3）在工程验证回弹仪的过程中，将回弹值控制在 50～55，当回弹值 $R_N > 55$ 时，就调整弹击拉簧的刚性系数 K 和拉伸长度 L。

上述三点就是确定高强度混凝土回弹仪冲击动能 E_D 的原则。

为了保证高强度混凝土回弹仪的测试精度，根据中型回弹仪和重型回弹仪生产过程中所积累的经验，可归纳为：

（1）严格控制弹击拉簧的质量，因为弹击拉簧是组成仪器冲击动能的关键部件，是仪器的心脏，它的刚性系数 k 和拉伸长度 L 的乘积，就是仪器的冲击动能 E_D。

（2）注意仪器的装配尺寸，中心导杆、达到重锤与弹击杆的同心度，保证仪器的正常工作。

（3）经常检查仪器的标准状态，即脱钩点和率定值 R_N。

4.1.2 建立高强度混凝土强度曲线

（1）回弹仪的回弹值 R_N 与混凝土抗压强度 f 间的关系。

（2）回弹仪的回弹值和混凝土声速值 v 两个参数值与抗压强度 f 间的关系。

在建立这两个高强度混凝土强度曲线时，采用了下列方法。

（1）分散测试数据。

1）采用不同龄期混凝土试件强度来配制混凝土强度，可以分散测试数据。

2）配制由 C30、C40、C50、C60、C70 等不同混凝土强度等级的混凝土，不像不同龄期所得到的数据那样分散。

实践证实，采用这两种方法均能分散测试数据，利于建立回归方程。

（2）用钻取芯样试件的方法。

1）混凝土试件尺寸的确定。

a. 通过试验确定了边长 20cm 立方体试件，克服了回弹仪测点的布置和试件及支座振动的功；

b. 目前应用的压力机吨位 200kN，在边长 20cm 立方体的高强度混凝土试件上测定混凝土声速值 v 和回弹值 R 后，还应钻取 100mm 的芯样试件进行混凝土抗压强度试验。

2）混凝土芯样试件。

a. 根据英国和美国及前苏联的标准中，均已认定，100mm×100mm 的芯样试件强度相当于边长 150mm 立方体的抗压强度，并经建研院、冶金建研院及天津港湾研究所等研究单位验证，此标准是可信的，将此值定为换算边长 15cm 的混凝土试件强度；

b. 钻取的混凝土芯样试件制备芯样抗压强度试件时，应保证两个承压面的平整，否则取得的数据离散。

3）试验数据的确定方法。每个龄期的浇筑 5 个混凝土试件制备 5 个混凝土芯样抗压强度试件，按下列方法剔出试验数据的异常值。

a. 剔除芯样试件试验数据最小值或最大值，按下列计算剩余芯样试验数据的平均值：

$$m_{\text{Test}} = \frac{1}{4} \sum_{i=1}^{4} \text{Test}_i \, (i = 1, 2, 3, 4) \tag{21}$$

式中 m_{Test}——试验数据平均值。

b. 计算鉴别值 t：

$$t = \frac{m_{\text{Test}} - \text{Test}_{\min}}{\dfrac{m_{\text{test}} \times 6}{100} \sqrt{1 + \dfrac{1}{n_0 - 1}}} \tag{22}$$

式中 $\text{Test}_{\min}$——试验数据最小值；

n_0——剩余试验数据。

c. 有效试验数据的鉴别：当 $t \leqslant 2.4$ 时，则 5 个试验数据有效，参与回归方程计算；当 $t > 2.4$ 时，对剩余的 4 个试验数据再按上述方法进行试验，当检验结果 $t \leqslant 2.9$ 时，则 4 个试验数据有效，参与回归方程计算；当 $t > 2.9$ 时，则 5 个试验数据无效，不宜参与回归方程计算。

d. 当判定 5 个试验数据为无效试验的龄期混凝土，应重新浇筑混凝土试件再做试验。

实验证实，用 200kN 吨位的压力机建立高强度混凝土强度曲线可采用芯样试件，但必须严格控制芯样试件的平整度及其试验数据的离散，保证试验数据的质量。

4.2　工程检验

通过金皇大厦、浙江乍浦港二期工程及天津信达广场等混凝土工程中检验，所检验的混凝土强度等级是 C50 和 C60，混凝土芯样抗压强度最大值为 68.8MPa；推定的混凝土最高强度值为 79.0MPa，从三个工程的检验结果中可得：

（1）建立的混凝土强度其误差值均小于 14.0%；回弹值 R_N 均小于 50。以此认为可应用于高强度混凝土工程。

（2）在测定混凝土强度时，应注意混凝土构件的技术条件和所处的环境条件，以及测试可能出现的误差，在综合分析的基础上推定混凝土强度。

（3）配筋率高的高强度混凝土，还应注意钢筋对混凝土声速影响，必要时，应对钢筋的声速进行修正。

（4）高强度混凝土回弹仪与重型回弹仪相比较，在体力损耗要小，但它的冲击能量还是较大的，因此在使用过程中仍应保持平缓，不宜突然冲击，否则会影响测试数据。

（5）高强度混凝土表面硬度高，混凝土声速高，高强度回弹仪作为混凝土非破损检测技术的普测工具有其独特优点，但对其检测结果须用取芯法验证。

5　结束语

从 1993 年到 2001 年止，对高强度混凝土回弹仪的研制，并在室内试验和现场检验等试验结果和检测结果中证实：

（1）提高回弹仪的冲击动能来测定高强度混凝土强度，作为高强度混凝土非破损检测技术的普测仪器，现已兑现。

（2）研制冲击能量 9.8J 的高强度混凝土回弹仪，其适用范围：

a. 最大回弹值 R_N 不宜大于 60；

b. 测定混凝土强度 50～80MPa。

（3）混凝土强度曲线在无专用曲线时，可采用表 18 中所列的混凝土强度曲线。

表 18   **混凝土强度曲线**

检 测 方 法	回 弹 仪 法	超 声 回 弹 综 合 法
曲线型式	$f^c_{cu(R)} = 8.79 e^{0.043 R_N}$	$f^c_{cu(v,R)} = 0.033 v^{2.70} R_N^{0.88}$

（4）应用超声回弹法测定配筋率高的钢筋混凝土构件时，应考虑钢筋的影响因素，必要时应进行钢筋影响系数的修正。

高强度混凝土回弹仪研制工作经历了 8 年，仍有较多的研究工作需要进行，完善检测技术。

第七部分 测强曲线制定与应用

回弹—钻芯法在混凝土质量鉴定中的
应用与研究

王文明 罗 敏

（新疆巴州建设工程质量检测中心，新疆库尔勒，841000）

本文通过大量混凝土质量鉴定的现场回弹与钻芯检测数据，经对比回弹强度与同测区钻芯强度，得出在 15～40MPa 范围内，钻芯芯样换算强度值仅为回弹推定强度值的 75%左右，依据中国工程建设标准化委员会标准 CECS 03：88 中第 6.0.1 条将芯样试件换算强度按标准值的 80%对比修正后作为结构构件混凝土强度推定值与回弹推定强度值进行回归分析得到：$Y_推 = 2.980 + 0.812X$（其中，$Y_推$ 指结构混凝土强度推定值，X 指回弹强度值），为混凝土质量鉴定仅通过中华人民共和国回弹，行业标准测得的推定值来推定结构构件混凝土强度值提供了重要依据。

1 概述

　　笔者在近几年的工作中，主持和参与了大量工程质量鉴定工作，其中混凝土强度质量鉴定工作占了 80%以上，涉及建筑、路桥、水利、油田工程等各个行业。由于混凝土的强度直接关系到结构物的安全，因此要特别慎重。为了尽可能地不使已成型结构物遭受破坏，我们一般选择回弹法或拔出法作为常用的检测手段，射钉法仅作为一个对比检测手段而已。因目前尚处于研究阶段还没有正式国家检测标准出台，拔出法有专用测强曲线结果相对可靠精确，由于新疆地区地域广阔，混凝土原材料资源丰富且差异较大，原有的由新疆建科院编制的回弹法地区曲线不够系统全面，在实际应用中误差较大，现已废除。因此，我们常依据中华人民共和国行业标准—《回弹法检测混凝土抗压强度技术规范》（CECS 03：88）进行检测，但回弹法在公路工程检测规程 JTJ 059—1995 中仅作为参考依据，而不能作为处理混凝土质量的依据，而在建筑行业标准 JGJ/T 23—2001 第 1.0.2条中明确规定回弹法检测结果可作为处理混凝土质量问题的一个依据。因此，回弹法在建筑、水利、油田工程等行业工程质量中得到普遍认可和广泛推行，而在公路检测中的应用则严重受阻。其实公路回弹测强曲线是基于建筑行业标准全国统一测强曲线的基础之上，二者可以说是一脉相承，其测强曲线是完全一致的。在建筑行业回弹规程的两个改版（1992 年版、2001 年版）过程中，每次改版都仅针对前一个规程的细微排编结构进行调整，略微改变了混凝土强度的推定公式，适当扩宽了率定室温的范围，扩大了统一测强曲线的使用范围，并未对 1985 年版统一测强基准曲线进行脱胎换骨的重新制定。仅仅是相应验证了一批较长龄期的混凝土试块后延长了曲线适用龄期至三年，验证了 164 个高强度混凝土试块后扩展了混凝土强度适用的范围至 60MPa 而已。因此，基于以上原因我们完全有理由相信，只要通过相关验证找出回弹法与混凝土结构件强度的相关性，回弹法也可在公路工程中作为混凝土检测和处理的依据，得到越来越广泛的应用。

2 真正把握规程的内涵，正确处理芯样的强度推定

在目前的公路规程中回弹法还未成为明文规定的混凝土质量处理法定依据，建议公路行业系统组织专人对回弹法进行攻关，控制回弹仪的标准状态标定、人员操作经验、技能和水平差异的影响。对回弹法推定混凝土强度的准确性进行定论，使回弹法在其应用领域不仅仅局限于参考地位，以改变在公路工程混凝土强度产生争议时行业人士只认可取芯的局面。其实，在公路行业也无专门取芯规程，而在其行业相关规程出现的一些取芯条文也是出自中国建筑科学研究院会同有关单位进行编写的中国工程建设标准化委员会标准——《钻芯法检测混凝土强度技术规范》（CECS 03：88），该方法相对而言要直观准确，但是要真正把握该规程的内涵正确处理芯样的强度推定也要仔细慎重理解条文内容才行。笔者认为主要应把握以下 4 点。

（1）为了使芯样强度与回弹强度相对应，以便建立相应的修正系数，取芯位置应选择在相应回弹测区内。有些试验人员把回弹、钻芯综合法误以为回弹、钻芯分别取样试验，哪个推定值高就取哪个，这是完全错误的。因为不在同一测区内的芯样强度与回弹强度不具有可比性，更谈不上建立相关的修正系数。因此，无法确切地鉴定混凝土的实际强度值。

（2）由于取芯机进钻方向与混凝土成型方向垂直时，比与成型方向平行时取出芯样强度要低，加之 CECS 03：88 规程的数据均是进钻方向与混凝土成型方向垂直时建立的，为了避免这一影响因素，因此在取芯时如果有可能应尽量使钻头进钻方向与混凝土成型方向相垂直。而在公路桥涵涵身混凝土或八字墙等部位取芯时通常是垂直于混凝土成型方向，故芯样强度偏低。而在基础、盖板、台帽部位则一般是与混凝土成型方向水平进钻。

（3）芯样试件的含水量对抗压强度影响较大，含水越多则强度越低，据国内一些单位试验，饱水之后的芯样比自然干燥芯样下降 7%～22.1%，平均下降 14% 左右，见表 1。

表 1　　　　　　　　　　含水量对芯样抗压强度影响

单　位	$\dfrac{f_{cor(干)}-f_{cor(湿)}}{f_{cor(干)}}\times 100\%$
中国建筑科学研究院	19.6
广西区建筑科学研究院	22.1
中建四局科学研究院	13.0
北京市建筑工程研究院	12.5
冶金部建筑研究总院	7.0
山西省建筑科学研究院	8.0～12.0

因此，芯样试件的抗压状态应根据构件实际工作条件含水程度而决定。鉴于国内外实

际经验，我们可以置芯样于恒温、恒湿试验室养护 3d 再取出进行室内自然干燥适宜后进行抗压试验较为合理。

标养可以避免室内自然干燥时的一些缺陷，使抹面层砂浆不致开裂或脱壳，标养 3d 后再取出进行室内自然干燥是由于标养室湿度过大（95％以上）导致芯样含水量过高从而会降低芯样强度值，为避免这一影响因素而采取的办法。为了工期的需要，有条件的话，我们可以在抹面找平 1d 后进行蒸养 4～6h 效果更佳。

抹面宜采用较高等级水泥以便使水泥砂浆的强度在较短龄期内高于芯样强度不至于因砂浆抹面层的提前破坏影响芯样抗压强度值，为减少抹面层的影响，规范规定水泥砂浆不宜大于 5.0mm 厚，硫磺不宜大于 1.5mm 厚，由于水泥来源广因此水泥砂浆被用作常用补平材料，但笔者认为抹面层厚度越薄越好以能使芯样补平为原则，建议水泥砂浆补平厚度在 2.0mm 左右就可以了。

（4）按照规程第 6.0.2 条进行芯样试件的混凝土强度换算值计算。为准确起见，高径比宜精确到小数点后两位通过内差法查表计算，但必须明确，本规程所指的强度换算值，不等于在施工现场取样、成型、与构件同条件养护试块的抗压强度，也不等于标准养护 28d 试块抗压强度值。据国内外一些试验结果，由于受到施工、养护等条件的影响，结构混凝土强度，一般仅为标准强度的 75％～80％左右，国际标准草案为 75％～85％。据中国建筑科学研究院结构所对试验用墙板的取芯试验证明，龄期 28d 的芯样试件强度换算值也仅为标准强度的 86％，为同条件养护试块的 88％，而相应规范规定 95％保证率基础上的 28d 混凝土标养试块强度应达到标准强度的 115％，可见芯样试件强度较实际值明显偏低许多。因此，在混凝土质量鉴定时应综合考虑修正系数，以确保检测鉴定数据的科学可靠。

3 通过钻芯—回弹比对研究准确推定结构物混凝土强度

为了尽可能减少钻芯取样的麻烦和混凝土结构物的破损，我们必须对回弹法的准确性作一可靠定论，以便在日后的质量检测和质量鉴定中只通过回弹强度值就可以准确推定结构物混凝土强度实际值找到依据。现将近年来参与鉴定检测的全疆范围内几起重要的混凝土质量鉴定有效数据，即回弹法与钻芯法数据作一对比分析。数据主要来源有以下几个地区。

（1）南疆地区：①中国—巴基斯坦公路回弹—取芯 10 个共计 4 组，第一次每台身取 2 个芯样计 2 组，第二次每台身取 3 个芯样计 2 组，其中有效统计数据 2 组；②和田地区乡村公路改建工程取芯 8 个共计 4 组；③克拉 2 气田取芯 8 组计 24 个；④博湖东泵站水利枢纽工程取芯 6 个计 2 组；⑤南疆某县教苑小区 C15 挡土墙取芯 2 组计 6 个；⑥K883 次乌—库巴轮台上新光列车脱轨事发地轨枕混凝土取芯 8 个。

（2）北疆地区：赛里木湖环湖公路桥涵混凝土取芯共 23 组计 69 个。其中一标 15 个计 5 组，二标 9 个计 3 组，三标 6 个计 2 组，四标 39 个计 13 组。

根据以上数据来源，从中筛选出符合规程高径比要求及破坏状态正常的具有明显代表性的 30 组回弹—钻芯数据，通过最小二乘法原理进行回归分析，最终得到相关曲线为 $Y_{推}$ ＝2.980＋0.812X（其中，$Y_{推}$ 指强度推定值，X 指回弹强度值）。具体检测数据统计分析见表 2。

| | 表 2 | | 回弹—钻芯检测数据统计表 | | | | |

编号	芯样强度换算值 Y（MPa）	回弹强度值 X（MPa）	结构混凝土强度推定值 Y（MPa）	X^2	$X \cdot Y$	备 注
1	33.9	38.7	27.5	1497.69	1311.93	
2	16.3	28.3	20.8	800.89	461.29	
3	15.1	19.7	14.6	388.09	297.47	
4	16.8	22.0	16.7	484.00	369.60	
5	15.1	17.7	13.9	313.29	267.27	
6	12.4	20.1	15.4	404.01	249.24	
7	25.8	30.5	22.2	930.25	786.90	
8	33.6	36.3	26.0	1317.69	1219.68	
9	26.1	34.7	24.9	1204.09	905.67	
10	25.3	33.0	23.8	1089.00	834.90	
11	26.8	38.7	27.5	1497.69	1037.16	
12	24.3	33.3	24.0	1108.89	809.19	
13	13.4	20.9	15.9	436.81	280.06	芯样强度换算值 Y 指每组 2～3 个芯样
14	23.1	34.0	24.5	1156.00	785.40	的最小值，亦即按 CECS 03：1988 中规
15	25.7	38.7	27.5	1497.69	994.59	定的强度换算值，结
16	25.2	38.8	27.6	1505.44	977.76	构混凝土强度推定值
17	23.4	41.0	29.0	1681.00	959.40	$Y_{推}$ 是指将回弹强度
18	24.2	35.1	25.2	1232.01	849.42	值 X 代入 $Y = 2.341$
19	25.6	35.4	25.4	1253.16	906.24	$+ 0.651X$ 中得出
20	25.7	30.8	22.4	948.64	791.56	的值
21	25.8	34.7	24.9	1204.09	895.26	
22	23.5	28.7	21.0	823.69	674.45	
23	25.3	34.6	24.9	1197.16	875.38	
24	24.0	34.9	25.1	1218.01	837.60	
25	25.5	31.4	22.8	985.96	800.70	
26	24.5	33.0	23.8	1089.00	808.50	
27	24.3	37.3	26.6	1391.29	906.39	
28	23.0	35.6	25.5	1267.36	818.80	
29	25.2	38.8	27.6	1505.44	977.76	
30	20.9	30.4	22.1	924.16	635.36	
$n = 30$	$\sum Y = 699.8$	$\sum X = 967.1$	$\sum Y_{推} = 699.1$	$\sum X^2 = 32352.49$	$\sum XY = 23324.93$	

$$b = \frac{n\sum XY - \sum X \sum Y}{n\sum X^2 - (\sum X)^2} = 0.651$$

$$a = \frac{\sum Y - b\sum X}{n} = 2.341$$

$$Y = a + bX = 2.341 + 0.651X$$

注 1. 因受钢筋分布影响和尽可能减小结构物的损伤，我们通常取 100mm 直径的芯样，这样又满足了 CECS 03：1988 规程中有关芯样最小直径的要求。为了加强统计数据的可比性和相关性，我们筛选出的数据芯样均为 $d = 100$mm 的芯样，测试龄期为 28～1000d，碳化深度 0～6mm 不等。

2. 此统计建议可以采用计算机 Excel 程序进行。

    根据以上检测数据可以看出，在 $15\sim40$ MPa 范围内，芯样强度换算值较结构混凝土强度明显偏低，而回弹强度推定值又较结构混凝土强度有所偏高。

    我们认为主要原因在于：芯样强度换算值本身是取每组中的最小值，加之受到进钻方向、加工工艺、含水量、养护条件等多种因素影响，因此芯样强度换算值比结构混凝土强度偏低。而从国内外的一些试验结果来看，由于受到施工、养护等条件的影响，结构混凝土强度一般仅为标准强度的 $75\%\sim88\%$。而回弹强度推定值偏高主要是因为新版回弹法规程是建立在 1985 年版基准曲线上的。而近年来的混凝土自身材料已发生了较大变化，特别是水泥强度实行 ISO 标准以后，强度本身已较以前提高了许多。因此，回弹值偏高也是较为正常的现象。根据新疆地区的试验情况来看，当混凝土内外质量一致，若按现行全国行业标准 JGJ/T 23—2001 测强不够时，再通过取芯测强想达到相关要求，几乎是不可能的。考虑到影响芯样强度偏低的诸多原因，为了相对准确地把握混凝土强度推定值，我们建议将芯样换算值依据 CECS 03：1988 中第 6.0.1 条按 0.8 的系数加以修正，即混凝土强度推定值 $=\dfrac{\text{芯样强度换算值}}{0.8}$ 以缩小各种因素差异对芯样试件换算强度值的偏低影响。以下就回弹强度—芯样换算强度修正值作一对比统计，见表 3。

表 3		回弹强度值—芯样换算强度修正值数据统计				
编号	芯样强度修正值 Y(MPa)	回弹强度值 X(MPa)	结构混凝土强度推定值 $Y_{推}$(MPa)	X^2	$X \cdot Y$	备　注
1	42.4	38.7	34.4	1497.69	1640.88	
2	20.4	28.3	26.0	800.89	577.32	
3	18.9	19.7	19.0	388.09	372.33	
4	21.0	22.0	20.8	484.00	462.00	
5	18.9	17.7	17.4	313.29	334.53	
6	15.5	20.1	19.3	404.01	311.55	
7	32.2	30.5	27.7	930.25	982.10	芯样强度修正值 Y 指芯样强度换算值除以 0.8 后所得值。结构混凝土强度推定值 $Y_{推}$ 指将回弹强度值 X 代入 $Y=2.980+0.812X$ 中计算所得值
8	42.0	36.3	32.5	1317.69	1524.60	
9	32.6	34.7	31.2	1204.09	1131.22	
10	31.6	33.0	29.8	1089.00	1042.80	
11	33.5	38.7	34.4	1497.69	1296.45	
12	30.4	33.3	30.0	1108.89	1012.32	
13	16.8	20.9	20.0	436.81	351.12	
14	28.9	34.0	30.6	1156.00	982.60	
15	32.1	38.7	34.4	1497.69	1242.27	
16	31.5	38.8	34.5	1505.44	1222.20	
17	29.2	41.0	36.3	1681.00	1197.20	
18	30.2	35.1	31.5	1232.01	1060.02	
19	32.0	35.4	31.7	1253.16	1132.80	

编号	芯样强度修正值 Y(MPa)	回弹强度值 X(MPa)	结构混凝土强度推定值 $Y_推$(MPa)	X^2	$X \cdot Y$	备 注
20	32.1	30.8	28.0	948.64	988.68	
21	32.2	34.7	31.2	1204.09	1117.34	
22	29.4	28.7	26.3	823.69	843.78	
23	31.6	34.6	31.1	1197.16	1093.36	
24	30.0	34.9	31.3	1218.01	1047.00	芯样强度修正值 Y 指芯样强度换算值除以 0.8 后所得值。结构混凝土强度推定值 $Y_推$ 指将回弹强度值 X 代入 $Y=2.980+0.812X$ 中计算所得值
25	31.9	31.4	28.5	985.96	1001.66	
26	30.6	33.0	29.8	1089	1009.80	
27	30.4	37.3	33.3	1391.29	1133.92	
28	28.8	35.6	31.9	1267.36	1025.28	
29	31.5	38.8	34.5	1505.44	1222.20	
30	26.1	30.4	27.7	924.16	793.44	
$n=30$	$\sum Y=874.7$	$\sum X=967.1$	$\sum Y_推=$	$\sum X^2=$ 32352.49	$\sum XY=$ 29152.77	

$$b=\frac{n\sum XY-\sum X\sum Y}{n\sum X^2-(\sum X)^2}=0.812$$

$$a=\frac{\sum Y-b\sum X}{n}=2.980$$

$$Y=a+bX=2.980+0.812X$$

注 1. 因受钢筋分布影响和尽可能减小结构物的损伤，我们通常取 100mm 直径的芯样，这样又满足了 CECS 03：1988 规程中有关芯样最小直径的要求。为了加强统计数据的可比性和相关性，我们筛选出的数据芯样均为 $d=100$mm 的芯样，测试龄期为 28～1000d，碳化深度 0～6mm 不等。

2. 此统计建议可以采用计算机 Excel 程序进行。

浙江地区回弹法检测泵送混凝土抗压强度测强曲线研究

徐国孝　丁伟军　唐　蕾　翟延波　程　波　付兴权

（浙江省建筑科学设计研究院，杭州市，310012）

本文针对浙江地区泵送混凝土特点，研究了回弹测强的各种影响因素，研制了回弹法检测泵送混凝土的测强曲线，曲线相关系数达到 0.941，误差明显低于规程（JGJ/T 23—2001）的要求。

规程《回弹法检测普通混凝土抗压强度技术规程》（JGJ/T 23—2001）自 2001 年实

施至今已 5 年多，但在浙江地区使用发现了一些问题。如碳化深度超过 2mm 后没有了修正值，测强误差增大；粉煤灰单掺量较大时，检测误差也偏大；碎石泵送混凝土按该规程检测强度总体偏低；建设部规程碳化深度最大 6mm 的规定是否适合当前泵送混凝土回弹测强等。因此，在 2002 年，浙江省建筑科学设计研究院会同浙江省内有关商品混凝土公司、检测单位、质监站组成课题组，研制浙江地区回弹法检测泵送混凝土抗压强度曲线，并制定浙江省地方规程。

1 原材料及试验要求

1.1 原材料

按《普通混凝土配合比设计规程》（JGJ 55—2000）中泵送混凝土配合比设计要求，选取水泥、粉煤灰、矿粉、外加剂、碎石、黄砂等原材料。

1.2 试块制作数量、日期安排

分别在龄期 7d、14d、28d、60d、90d、180d、365d、720d、1000d 时，制作泵送混凝土强度设计等级 C20、C30、C40、C50、C60 各 5 组（15 块）。

1.3 试件成型

15cm×15cm×15cm 合格钢模、机械振动成型。

1.4 养护方法

成型后标明日期和编号，带模放在成型间 1d，拆模后 6d 在标准养护室养护，后移至室内养护（室外养护不应受雨淋或直接遭受日晒）；对 7d 龄期的试块提前一天从标准养护室中取出。试块一律呈品字型堆放，试块 4 个侧面均暴露在空气中。

1.5 试块测试

回弹仪、碳化深度测量仪统一标定。测试前后均应记录回弹仪钢钻率定值。

已到龄期试块表面擦抹干净，以两个侧面置于压力机两承压板间，加压 30kN。注意压力机检定情况。用回弹仪在试块的另两个相对侧面各弹 8 点，后按有关标准方法将试块压至破坏。

在压破的试块断面上（或用锒头击开），用 1‰酚酞酒精试剂溶液滴在断裂面上，用碳化深度测定仪测试，不少于 4 处，取其平均值。

2 碎石和卵石泵送混凝土回弹测强数据混合回归曲线分析

碎石泵送混凝土试块 2590 组、卵石泵送混凝土试块 920 组，共计 3510 组有效混凝土强度、试块回弹值和碳化深度值数据，用 SPSS 软件（最小二乘法）按幂函数方程，在碳化深度 0～37.2（mm）和碳化深度 6mm 以上取 6mm 两种情况进行回归计算，计算结果见表 1。由表 1 可知，碳化深度 6mm 以上取 6mm 情况时，正误差个数增多，负误差个数减少。因此采用碳化深度在 0～37.2（mm）情况时的回归方程，分别计算碎石泵送混凝土和卵石泵送混凝土回弹法测强误差及正负误差个数，发现碎石泵送混凝土的正误差个数明显多于负误差，而卵石泵送混凝土正误差个数明显少于负误差，并且卵石泵送混凝土的误差偏大，见表 2。由此可见，碎石泵送混凝土和卵石泵送混凝土混合在一起的回归方程，虽然相关系数尚可，但测试误差反而增大，尤其是正负误差个数差异增大，因此应分别回归碎石、卵石泵送混凝土回弹测强曲线。

表 1　　　　碎石和卵石泵送混凝土回弹测强数据混合回归曲线分析

碳 化 深 度	碳化深度在 0～37.2（mm）	碳化深度 6mm 以上取 6mm
曲线方程	$f_{cu.p.i}^{c}=0.126765R_m^{1.586}\times10^{-0.007d_m}$	$f_{cu.p.i}^{c}=0.111943R_m^{1.623}\times10^{-0.014d_m}$
$f_{cu.z}^{c}$ 与 R_m、d_m 相关系数	0.917	0.918
平均相对误差（%）	±11.65	±11.69
相对标准差（%）	13.77	13.91
负误差（个）	1534	1511
正误差（个）	1973	1997

表 2　　　　按混合曲线方程分别统计碎石或卵石泵送混凝土回弹测强误差

不同粗骨料泵送混凝土	碎石泵送混凝土回弹测强	卵石泵送混凝土回弹测强
曲线方程	$f_{cu.p.i}^{c}=0.126765R_m^{1.586}\times10^{-0.007d_m}$	
平均相对误差（%）	±10.96	±13.67
相对标准差（%）	12.99	15.87
负误差（个）	843	691
正误差（个）	1750	231

3　碎石泵送混凝土回弹测强曲线

3.1　碎石泵送混凝土回弹测强曲线回归

　　碎石泵送混凝土试块强度、回弹值和碳化深度有效数据共计 2629 组，用 SPSS 软件（最小二乘法）按幂函数方程，在碳化深度 0～37.2mm、碳化深度 6mm 以上取 6mm、碳化深度 8mm 以上取 8mm 和取消碳化深度影响 4 种情况分别进行回归计算，计算结果见表 3。由表 3 可知，上述 4 种情况误差由低到高，而相关系数则逐步减低。泵送混凝土的一个特点是易碳化，研究数据中最深的碳化深度为 37.5mm，而建设部规程《回弹法检测混凝土抗压强度技术规程》（JGJ/T 23—2001）中碳化深度计算最大为 6mm。由表 3 可知，碳化深度 8mm 以上取 8mm 回归的测强曲线比较符合当今泵送混凝土的情况，其测强公式是：

$$f_{cu.p.i}^{c}=0.134896R_m^{1.578}\times10^{-0.007d_m} \tag{1}$$

测强曲线的相关系数为 0.941，相对误差为 ±9.94%，相对标准差为 12.23%，正误差个数 1559 个，负误差个数 1070 个。

表 3　　　　按不同碳化深度回归的碎石泵送混凝土回弹测强曲线

碳化深度	碳化深度在 0～37.2（mm）	碳化深度 8mm 以上取 8mm	碳化深度 6mm 以上取 6mm	取消碳化深度影响
曲线方程	$f_{cu.p.i}^{c}=0.14093R_m^{1.565}$ $\times10^{-0.005d_m}$	$f_{cu.p.i}^{c}=0.134896R_m^{1.578}$ $\times10^{-0.007d_m}$	$f_{cu.p.i}^{c}=0.13583R_m^{1.576}$ $\times10^{-0.007d_m}$	$f_{cu.p.i}^{c}=0.15849R_m^{1.528}$
$f_{cu.z}^{c}$ 与 R_m、d_m 相关系数	0.941	0.941	0.940	—

碳化深度	碳化深度在 0～37.2 (mm)	碳化深度 8mm 以上取 8mm	碳化深度 6mm 以上取 6mm	取消碳化深度影响
平均相对误差（%）	±9.88	±9.94	±10.00	10.32
相对标准差（%）	12.15	12.23	12.30	12.57
负误差（个）	1068	1070	1075	1074
正误差（个）	1561	1559	1554	1555

按泵送混凝土测强曲线公式（1）计算的不同强度段的误差分析及正负误差个数。发现在 13～30MPa 强度段时的相对标准差偏大，40.1～50MPa 强度段的误差最小；13～50MPa 强度时，正负误差个数相当；50MPa 以上时误差逐步增大，尤其是正误差个数超过负误差个数的一倍以上，说明按其推定的强度值一般来说要低于实际强度。考虑到目前 50～60MPa 的泵送混凝土使用较普遍，建设部规程《回弹法检测混凝土抗压强度技术规程（JGJ/T 23—2001）》已将此列入，因此，浙江地区回弹法检测泵送混凝土抗压强度限制在 13～60MPa，见表 4。在 13～60MPa 的相对误差为 ±9.59%，相对标准差为 11.84%，正负误差个数相当，符合《回弹法检测混凝土抗压强度技术规程（JGJ/T 23—2001)》中地区测强曲线的误差要求，并且已经达到专用测强曲线的误差要求。

表 4　　　　　　　碎石泵送混凝土测强曲线强度在 13～60MPa 时的误差分析

强度在 13～60MPa	
曲线方程	$f^c_{cu.p.i} = 0.134896 R_m^{1.578} \times 10^{-0.007 d_m}$
平均相对误差（%）	±9.59
相对标准差（%）	11.84
负误差（个）	910
正误差（个）	1078

3.2　碎石泵送混凝土测强曲线影响因素分析

3.2.1　粉煤灰掺量对回弹测强误差影响

其他掺量基本不变，粉煤灰单掺达 35%～50% 时，制作混凝土立方体试块（粗骨料为碎石）24 组，用回弹仪测试、试压、碳化深度测试后，按泵送混凝土测强曲线计算，发现其平均相对误差和相对标准差都很大。而粉煤灰掺量在 10%～15%（共计 155 组数据）以及单掺 25%（共计 27 组数据）时，其平均相对误差和相对标准差在地区测强曲线误差要求范围内，见表 5。因此粉煤灰单掺超过 30% 时，泵送混凝土测强曲线已不适用。

表 5　　　　　　　　　　不同粉煤灰掺量对回弹测强误差影响

粉煤灰掺量	粉煤灰掺量 35%～50%（强度在 13～60MPa）	粉煤灰单掺量 25%	粉煤灰掺量 10%～15%（强度在 13～60MPa）
曲线方程	$f^c_{cu.p.i} = 0.134896 R_m^{1.578} \times 10^{-0.007 d_m}$（碳化深度在 0～8mm）		
平均相对误差（%）	±14.28	±10.17	±10.82
相对标准差（%）	17.01	13.08	13.22
负误差（个）	59	19	229
正误差（个）	13	8	153

3.2.2 掺与不掺膨胀剂回弹测强误差分析

对浙江地区泵送混凝土测强曲线回归中掺膨胀剂和不掺膨胀剂数据，分别计算，发现掺膨胀剂混凝土回弹测强误差稍大，不掺膨胀剂的测强误差稍小，见表6。

表6　　　　　　　　是否掺膨胀剂对回弹测强误差（强度在 13～60MPa）

是否掺膨胀剂	掺 膨 胀 剂	不 掺 膨 胀 剂
曲线方程	$f^c_{cu.p.i}=0.134896R_m^{1.578}\times10^{-0.007d_m}$ （碳化深度在 0～8mm）	
平均相对误差（%）	±12.21	±10.22
相对标准差（%）	14.68	12.75
负误差（个）	71	270
正误差（个）	21	353

3.2.3 振捣方式对回弹测强误差影响

机械振捣混凝土立方体试块（粗骨料为碎石）共制作 44 组、手工振捣 110 组试块（粗骨料为碎石），分别进行回弹、试压、碳化深度测试，再按浙江地区泵送混凝土测强曲线计算，发现其误差均在地区测强误差要求范围内，正负误差个数相当，见表7。因此认为振捣方式对回弹测强误差影响不大。

表7　　　　　　　　振捣方式对回弹测强误差影响（强度在 13～60MPa）

振 捣 方 式	机 械 振 捣	手 工 振 捣
曲线方程	$f^c_{cu.p.i}=0.134896R_m^{1.578}\times10^{-0.007d_m}$ （碳化深度在 0～8mm）	
平均相对误差（%）	±11.35	±10.08
相对标准差（%）	13.56	12.49
负误差（个）	61	221
正误差（个）	12	63

3.2.4 机制砂对回弹测强误差影响

掺 100% 机制砂共制作泵送混凝土试块 53 组，50% 机制砂和 50% 河砂混合制作 11 组，河砂制作 11 组，其粗骨料均为碎石，分别进行回弹、试压、碳化深度测试，再按浙江地区泵送混凝土测强曲线计算，发现其误差较小，且均在地区测强误差要求范围内，但正误差个数明显多于负误差，见表8。因此认为机制砂对回弹测强误差影响不大。

表8　　　　　　　机制砂及其不同掺量、河砂泵送混凝土回弹测强误差分析

砂类型或比例	100% 机制砂	50% 机制砂	河 砂
曲线方程	$f^c_{cu.p.i}=0.134896R_m^{1.578}\times10^{-0.007d_m}$ （碳化深度在 0～8mm）		
平均相对误差（%）	±8.56	±6.48	±6.30
相对标准差（%）	10.55	6.95	7.09
负误差（个）	14	3	2
正误差（个）	145	24	27

3.2.5 不同外加剂种类对回弹测强误差影响

共用 HR1-1、HR1-2、ZWL-A-3、TA-202、JC-4、聚羧酸 6 种外加剂，分别制作 28 组试块（粗骨料均为碎石），进行回弹、试压、碳化深度测试，再按浙江地区泵送混凝土测强曲线计算。发现其误差均较小，且均在地区测强误差要求范围内，但正误差个数明显多于负误差，见表 9。因此认为外加剂种类对回弹测强误差影响不大。

表 9 不同外加剂种类回弹测强误差分析

强度（MPa）	HR1-1	HR1-2	ZWL-A-3	TA-202	JC-4	聚羧酸
曲线方程	$f_{cu.p.i}^c = 0.134896 R_m^{1.578} \times 10^{-0.007 d_m}$ （碳化深度在 0～8mm）					
平均相对误差（%）	±6.44	±7.02	±6.46	±6.75	±6.59	±6.02
相对标准差（%）	7.19	7.77	7.12	7.55	7.67	6.79
负误差（个）	3	1	2	2	2	1
正误差（个）	82	86	86	85	86	86

3.3 碎石泵送混凝土芯样验证浙江地区泵送混凝土测强曲线情况

在工程实体中共检测 40 组（表格省略）碎石泵送混凝土回弹取芯数据，分别按浙江地区碎石泵送混凝土测强曲线及建设部规程《回弹法检测混凝土抗压强度技术规程》（JGJ/T 23—2001）计算修正系数平均值，结果发现按浙江地区泵送混凝土测强曲线计算的修正系数平均值为 1.01，而按 JGJ/T 23—2001 计算的修正系数平均值为 1.18。说明按部规程计算碎石泵送混凝土的强度换算值低于混凝土芯样强度值。当碳化深度在 2mm 以下时，按部规程计算的修正系数稍大于按省地方曲线计算的修正系数；当碳化深度在 2mm 以上时，按部规程计算的修正系数明显大于按省地方曲线计算的修正系数。说明当碳化深度在 2mm 以上时，按部规程计算混凝土强度偏低。

4 卵石泵送混凝土回弹测强曲线研究

4.1 卵石泵送混凝土回弹取芯数据分别验证浙江地区碎石泵送混凝土测强曲线和部规程（JGJ/T 23—2001）误差

金华建筑材料试验所有限公司、温州市建设工程质量检测中心、衢州市建设工程质量检测中心及我院对卵石泵送混凝土芯样进行的验证试验试验共计 54 组数据（表格省略）。按浙江地区地方曲线计算的修正系数平均值为 0.83，按部规程计算的修正系数平均值为 1.02。说明按浙江地区地方曲线计算的换算强度偏高，误差较大，按部规程计算误差适当，即卵石泵送混凝土按部规程检测，误差较小。

4.2 卵石泵送混凝土试块抗压强度值、回弹值、碳化深度数据按部规程（JGJ/T 23—2001）计算误差分析

表 10 是卵石泵送混凝土试块共计 839 组数据（强度在 13～60MPa）按部规程计算的回弹测强误差，其误差均在部规程要求的地区测强误差范围内，但负误差多于正误差，说明其总体测强偏高，偏不安全。

表 10　　　　　卵石泵送混凝土试块（强度在 13～60MPa）回弹测强按部规程验证

平均相对误差（%）	±12.58	负误差（个）	456
相对标准差（%）	15.41	正误差（个）	383

4.3　卵石泵送混凝土按部规程在不用强度修正值 K 情况下计算的回弹测强误差分析

上述 839 组数据不用修正值 K 和用修正值 K 计算的误差见表 11。由表 11 可知，不用修正值 K 计算的强度误差明显要小于用修正值计算的强度误差。

表 11　　　　　　　卵石泵送混凝土按部规程计算的回弹测强误差

误差及正负个数	不用修正值 K	用修正值 K	误差及正负个数	不用修正值 K	用修正值 K
平均相对误差（%）	±10.87	±12.58	负误差（个）	349	456
相对标准差（%）	13.56	15.41	正误差（个）	490	383

5　浙江地区碎石泵送混凝土回弹测强曲线和部规程曲线测强误差比较

表 12 是浙江地区碎石泵送混凝土测强曲线和部规程曲线测强误差比较表。发现混凝土强度 40MPa 以上时，按部规程曲线测强误差明显增大。

表 12　　　　　浙江地区碎石泵送混凝土回弹测强曲线和部规程曲线测强误差比较

强度（MPa）		13～60	13～20	20.1～30	30.1～40	40.1～50	50.1～60
省地方曲线	平均相对误差（%）	±9.59	±9.82	±10.32	±9.38	±8.80	±10.37
	相对标准差（%）	11.84	12.52	12.71	11.87	10.73	12.49
部规程曲线	平均相对误差（%）	17.87	±11.05	±11.59	±12.75	±21.16	±25.49
	相对标准差（%）	25.35	12.48	14.22	17.84	29.16	34.24

6　结论

（1）浙江地区碎石泵送混凝土测强曲线误差符合部规程要求的地区测强曲线误差要求，基本达到了专用测强曲线的误差要求，且其相关关系较好，相关系数达到 0.941；若按部规程计算，其误差已经超过部规程规定的平均相对误差（δ）不应大于 ±15.0%、相对标准差（e_r）不应大于 18.0% 的规定。

（2）浙江地区泵送混凝土测强曲线适用于浙江地区的碎石泵送混凝土回弹测强，不适用于卵石泵送混凝土的回弹测强。

（3）卵石泵送混凝土按部规程测强曲线检测，不用修正值 K 计算的强度误差明显要小于用修正值 K 计算的强度误差。因此可以把部规程测强曲线作为浙江地区卵石泵送混凝土测强曲线，但不再使用修正值 K。

参 考 文 献

[1] 《回弹法检测普通混凝土抗压强度技术规程》(JGJ/T 23—2001).
[2] 刘顺忠. 数理统计理论、方法、应用和软件计算. 武汉：华中科技大学出版社，2005.
[3] 本文技术数据由下列单位提供：金华市建筑材料试验所有限公司，舟山市大昌预拌混凝土公司，宁波市建设工程质量监督站，杭州隆欣建材有限公司，温州市建设工程质量监督站，杭州交工混凝土有限公司，浙江省建筑科学设计研究院有限公司.

建立中山地区回弹法检测混凝土抗压强度测强曲线的试验研究

王先芬[1] 朱艾路[2]

(1. 广东省中山市散装水泥管理站，中山市中山四路45号，528403；

2. 广东省中山市建工质检中心，中山市博爱5路60号，528403)

本文介绍了中山地区回弹法检测混凝土抗压强度测强曲线的试验及其回归方程建立情况，并通过回弹法地区测强曲线与国家测强曲线在工程验证中的应用比较，说明所建立的中山地区回弹法测强曲线的实用价值。

回弹法是通过回弹仪检测混凝土表面硬度从而推算出混凝土强度的一种非破损检测方法。由于回弹法具有仪器构造简单、方法简便、测试值在一定条件下与混凝土抗压强度有较好的相关性、测试费用低廉等特点，被国际学术界公认为混凝土无损检测的基本方法之一。用回弹法检测混凝土抗压强度技术，既不影响建筑结构或构件受力性能或其他功能，又具有直接、快速、灵活、重复、经济等优点，因此，回弹法被广泛应用于建筑工程施工时的混凝土质量监控，竣工时的混凝土质量验收和使用中的混凝土质量检定，成为目前建筑工程中用于混凝土结构或构件实体强度检测的重要检测技术。

中国工程标准化委员会已颁布了《回弹法检测混凝土抗压强度技术规程》(JGJ/T 23—2001)，制定了全国统一测强曲线。由于在回弹法应用中，因测试条件、测试对象以及测试结果的某些局限性，会显著地影响其测试结果。近年来，我国混凝土生产和施工中新材料、新技术、新工艺的快速发展，使得我国许多地区在实际应用全国统一测强曲线时，都发现有较大的差异，中山地区建筑工程已普遍使用了商品混凝土，在应用回弹法检测混凝土抗压强度全国统一测强曲线时，通过钻芯法钻取芯样对比，发现回弹法检测混凝土结构用统一测强曲线推定抗压强度值，其推定值普遍低于所对应芯样强度值，因此有必要针对中山地区混凝土常用原材料和成型、养护工艺，建立更为精确的中山地区回弹测强曲线，以满足中山市建筑工程混凝土质量监控和检定的需要。因此，从2004年起，开展了用回弹法检测混凝土抗压强度中山地区测强曲线的试验研究工作，目前，已取得了初步成效。

1 试验

1.1 试件制作

用于本研究试验的试件由中山市两家生产成熟的混凝土搅拌公司提供制作。混凝土所用原材料为中山建筑工程常用材料，水泥为 PO 或 PⅡ型硅酸盐水泥；细骨料为中粗河砂；粗骨料为 5～25mm 和 16～31.5mm 花岗岩碎石；掺和料主要为磨细矿粉和粉煤灰；外加剂为高效减水剂和泵送剂。各强度等级配合比为搅拌公司各自最佳现行使用的商品混凝土配合比；所配制的混凝土满足现行建筑施工要求，强度等级为 C10～C80，坍落度为 (180±30) mm，拌和性能良好。

本试验采取模拟目前中山地区建筑工程实际生产、施工和养护方法，成型制作了 C10、C20、C30、C40、C50、C60、C70、C80 8 个级别用于试验的试件。每种强度等级的混凝土同时浇注成型一块规格为 1500mm×1000mm×30mm 的混凝土墙体构件，并成型不少于 15 组 150mm×150mm×150mm 立方体混凝土标准试块。试件成型 24h 后脱模，早期覆盖麻袋淋水养护，7d 以后进行自然养护。

1.2 试验仪器

试验采用山东某回弹仪厂生产的 ZC3—A 型回弹仪和碳化深度测量器；上海申克试验机有限公司生产的 YA—2000 型和 YA—3000 型（Ⅰ级精度）电液式压力试验机。所用仪器均经法定检验单位检定合格，并符合现行国家相关规程要求。

1.3 试件测试

试件在规定的 9 个龄期即 7d、14d、28d、60d、90d、180d、360d、540d、730d，每个规定龄期的试块，按《回弹法检测混凝土抗压强度技术规程》（JGJ/T 23—2003）附录 B 规定的测试方法进行回弹和抗压强度试验，同时在相应强度龄期的构件同面上设 3 个测区进行回弹；并对试块和构件的相应部位测试碳化深度。

2 地区测强曲线建立

2.1 试验数据及处理

对规定龄期的每个试块，将其放在试验机上用 60～80kN 力预压后，在试块对应的两成型侧面各弹击 8 个回弹值，对每个试块所测得的 16 个回弹值，剔除 3 个较大和 3 个较小值后，将余下的 10 个回弹值的平均值作为试块回弹值的代表值；对完成回弹测试的试块按 GB/T 50081 规定进行抗压强度测试；对规定强度龄期的每个构件，在同面划分 3 个测区，对每个测区所测得的 16 个回弹值，剔除 3 个较大和 3 个较小值后，将余下的 10 个回弹值的平均值作为该测区回弹值的代表值，然后将 3 个测区的回弹代表值平均作为构件的回弹代表值；对每个试块和构件的相应回弹区域测试碳化深度，取 3 个碳化深度测试值的平均值为碳化深度代表值，精度为 0.5mm。

2.2 试验数据回归分析

对试验所产生的 164 组（492 个）试块的回弹值、碳化深度值和抗压强度值进行有效性分析，并对变异数据进行原因分析，最后确定 161 组（483 个）试块的试验数据为有效试验数据。

利用 Excel 法对 483 个试块的有效试验数据进行数据回归分析，回归分析采用幂函数方程和线性方程，并通过计算代表回归方程中变量之间回归关系密切程度的相关系数 R 和揭示回归方程回归值对应于标准实测值的误差大小的平均相对误差 δ、相对标准差 e_r 来衡量回归方程的有效性，结果如表 1 所示。

表 1 测强曲线回归方程比较

序号	拟 合 方 程	相关系数 R	平均相对误差 δ (%)	相对标准差 e_r (%)
1	$f^c_{cu,i}=0.006459R_{m,i}^{2.441284}\times10^{-0.016070d_i}$	0.95	11.0	13.9
2	$f^c_{cu}=0.005390R_{m,i}^{2.477483}$	0.94	11.9	14.9
3	$f^c_{cu}=-63.877292+2.927392R_{m,i}$	0.93	13.2	23.7

2.3 地区测强曲线回归方程建立

《回弹法检测混凝土抗压强度技术规程》中对建立地区测强曲线规定：平均相对误差 $\delta\leqslant\pm14\%$，相对标准差 $e_r\leqslant17\%$，从表 1 来看，3 个拟合方程相关系数都大于 0.9，证明其拟合是可信的；但线性方程相对标准差 e_r 为 23.7%，超过规程规定的 17%，因此拟合无效。而两个幂函数方程平均相对误差 δ 和相对标准差 e_r 都小于规程规定误差值，其拟合有效，可以采用。

又对表 1 中的两个幂函数方程用本试验制作的构件相应测试值进行公式对比，即采用相应强度龄期构件试验所产生的 128 组回弹值、碳化深度值分别用表 1 中的两个幂函数方程进行强度推定，然后将强度推定值与其相对应强度龄期组试块强度代表值进行比较，并计算其平均相对误差 δ 和相对标准差 e_r，结果如表 2 所示。

表 2 测强曲线回归方程在试验构件中验证结果

序 号	应 用 方 程	平均相对误差 δ (%)	相对标准差 e_r (%)
1	$f^c_{cu}=0.006459R_{m,i}^{2.441284}$ $\times10^{-0.016070d_i}$	13.0	16.3
2	$f^c_{cu}=0.005390R_{m,i}^{2.477483}$	14.2	17.6

从表 2 可以看出 $f^c_{cu}=0.006459R_{m,i}^{2.441284}\times10^{-0.016070d_i}$ 回归方程能更好地符合实际，也与国家回弹法测强曲线形式一致，因此确定该回归方程为中山地区回弹法测强曲线方程式。

3 工程验证

将中山地区回弹法测强曲线应用在中山城区和镇区两个住宅小区的建筑结构混凝土强度实际检测，并将这两个工程验证的地区测强曲线检测结果与国家统一测强曲线检测结果作如表 3 的分析比较，可以看到，应用地区测强曲线检测要比国家统一测强曲线测量精度高。

表 3 地区测强曲线和国家统一测强曲线在工程应用中的分析比较

工程名称	部位	龄期 (d)	强度等级	测区回弹值 (kN)	测区碳化深度 (mm)	测区钻取芯样强度值 (MPa)	测区强度换算值 (MPa)		误差 (%)	
							统一曲线	中山曲线	统一曲线	中山曲线
中山城区某住宅区	三层柱	123	C35 商品混凝土	40.3	3.0	41.1	32.2	47.9	−21.7	16.5
				41.4	2.0	59.5	36.6	53.2	−38.5	−10.6
				41.8	2.0	51.3	37.2	54.4	−27.5	6.0
				44.8	1.5	64.4	45.4	65.7	−29.5	2.0
				40.4	1.5	55.0	36.9	51.0	−32.9	−7.3
				44.9	2.0	59.5	45.6	64.8	−23.4	8.9
		平均误差							−28.9	2.6
中山镇区某住宅区	二层梁板	48	C25 商混凝土泵送	33.3	1.5	35.7	28.9	31.8	−19.0	−10.9
				35.1	2.5	33.8	25.9	34.9	−23.4	3.2
				34.4	1.5	32.3	30.2	34.5	−6.5	6.8
				33.9	1.5	32.0	29.7	33.2	−7.2	3.8
				33.6	2.0	36.1	28.9	31.9	−21.9	−11.6
				34.2	2.0	34.3	28.8	33.3	−16.0	−2.9
		平均误差							−15.7	−1.9

4 结束语

本试验研究结果表明，采用中山地区常用材料和制作成型养护方法，制作混凝土强度等级为 C10～C80，养护龄期为 7～730d，对此范围所制作的 160 多组混凝土试块，用回弹法进行抗压强度检测，试验检测数据通过回归分析方法，拟合出回归方程

$$f_{cu}^c = 0.006459 R_{m,i}^{2.441284} \times 10^{-0.016070 d_i}$$

作为中山地区回弹法检测混凝土抗压强度测强曲线，具有较好的实用价值，初步达到了预期效果。

参 考 文 献

[1] 《回弹法检测混凝土抗压强度技术规程》（JGJ/T 23—2001）．
[2] 邱平．建筑工程结构检测数据的处理．北京：中国环境科学出版社，2004．

超声回弹综合法检测岳阳地区混凝土
抗压强度曲线的建立

胡卫东　祝新念　肖四喜　陈积光

（湖南省岳阳市湖南理工学院南院土建系办公室，湖南岳阳，414000）

基于岳阳地区混凝土抗压强度和回弹值、声速值之间相关关系的试验研究，进行函数模型的拟合回归，建立了当地幂函数超声回弹综合法地方测强曲线，并验证它的优越性。同时论述混凝土强度和回弹值、声速值在几种因素影响下的相关关系。

在混凝土无损检测中，采用单一指标与混凝土强度之间建立相关关系，具有一定局限性，而在综合法中，采用两种或两种以上的非破损检测手段，获取多种物理指标，所选各项参数在一定程度上能相互抵消或离析采用单一指标测量强度时的某些影响因素。超声和回弹都是以材料的应力应变行为与强度的关系为依据，两者综合既能反映混凝土的弹性，又能反映混凝土的塑性；既能反映表层的状态，又能反映内部的构造，因此能较准确地反映混凝土的强度。实践证明，声速值和回弹值合理综合后，水泥品种的影响，试件含水量的影响及碳化影响都不像采用单一指标造成的影响显著。

通过试验，可以建立混凝土抗压强度与回弹值、声速值之间的关系——数学模型或相关基准曲线。由《超声回弹综合法检测混凝土强度技术规程》（CECS 02：1988）（以后简称《规程》），混凝土抗压强度与回弹值、声速值之间的相关关系因为受到当地混凝土组成材料的影响，包括沙、卵石的种类和粒径，水泥的情况以及当地养护条件等方面，具有较强的地域性。按照国家《规程》要求，地方上应优先制定和采用地区测强曲线。由此，根据岳阳当地情况进行了大量混凝土试块试验，建立了地区测强曲线，精度值更高，在工程检测使用中更具代表性，也填补了当地建设系统没有超声回弹综合检测测强曲线成果的空白。

1 试验

1.1 试验原材料

以本地区建筑工程常用的建材为试验原材（试验过程不加任何外加剂）。

水泥：采用当地的 32.5 和 42.5 强度等级的普通硅酸盐水泥。

粗骨料：采用当地粗卵石，一般都是湖石和河石，粒径在 15～40mm。

细骨料：采用当地河沙，基本上为中沙。

水：自来水。

1.2 试验仪器

回弹仪：中型 HT225A，指针直读式，2.207J。

超声仪：低频 UTA2000A 型超声无损检测分析仪。

压力机：YES－2000A 液压压力试验机。

1.3　试验制作和养护

按当地常用的也是经过实践应用情况较好的配合比设计了 7 个强度等级：C10，C15，C20，C25，C30，C35，C40。每一强度等级制作了 7d，14d，28d，60d，90d，180d，365d 共 7 个龄期的试件，每一个龄期又至少制作了 3 个以上的 150mm×150mm×150mm 的标准试件。同一龄期的试件在同一天制作完成。

试件在模拟工地的自然条件下养护，养护温度接近 20℃，成"品"字型堆放，盖上草袋浇水养护，底面朝下，顶面朝上，侧面能充分接触空气。

1.4　试件测试

试件达到龄期后，先进行声时测量，取试块浇灌方向的侧面为测试面，探头抹以耦合剂。声时测量采用对测法，相对测试面上测 3 个点，保证探头在一条直线上。在测量声时，是以探头间的直线距离（即最短距离）作为声速计算依据的，所以也应以最先到达接收探头的波前作为测读声时的依据。由于首波起点位置受接收信号幅值大小和波形的影响，所以在判读时以首波幅值 30～40mm 的正弦波的起点为准。

回弹时将贴试模的两个相对侧面置于压力机承板之间，加压 30～80kN，用回弹仪测试标准试件两相对侧面的回弹值，每个侧面选择均匀分布的 8 个测点。每一试件 16 个回弹值扣除 3 个最大值和 3 个最小值，剩下 10 个取平均值，即得该试件的平均回弹值 R_a。随后测得试件在压力机上的破坏极限荷载为混凝土的立方抗压强度。

2　地区测强曲线的建立

2.1　《规程》推荐的回归方程式

《规程》中推荐采用如下回归方程式：

$$f_{cu}^c = A(v_a)^B(R_a)^C \tag{1}$$

回归方程式的强度平均相对误差和强度相对标准差均应符合《规程》要求。同时也按二元线性函数模型进行拟合：

$$f_{cu}^c = A + Bv_a + CR_a \tag{2}$$

式中　R_a——试件平均回弹值；

　　　v_a——试件平均声速值；

　　　f_{cu}^c——由回归方程式所得混凝土强度换算值，MPa；

A、B、C——回归系数。

回归分析，按每一试件所测的 R_a、v_a 和 f_{cu}^c 数据，采用最小二乘法原理回归计算。

2.2　数据统计分析

在回归分析中采用 Matlab 数学软件编制程序（从略）进行统计计算，拟合相关公式和相应回归函数曲线。

对于式（1），可化为下式：

$$\ln(f_{cu}^c) = \ln A + B\ln v_a + C\ln R_a$$

$$f' = A' + Bv'_a + CR'_a$$

最后得：
$$f^c_{cu} = 0.0037v_a^{1.8960}R_a^{1.7568}$$

对于式（2），最后拟合可得：
$$f^c_{cu} = -65.9132 + 11.2217v_a + 1.3990R_a$$

2.3 回归方程效果检验与比较

经检验比较发现，规程推荐的幂函数回归方程式的性能较好，见表 1，其检验指标相关系数 r 和标准误差 S、相对标准误差 e_r 均优于国家统一曲线和其他函数检验指标。且强度相对标准差符合规程规定值（$e_r \leqslant 14\%$）。因此可用来作为本地区超声回弹综合法检测普通混凝土强度的曲线。图 1 为拟合曲面与国家测强曲面的对比。

表 1 地方几种测强曲线及国家统一曲线的比较

回归模型	函数表达式	强度相对标准差 e_r（%）	相关系数 r	标准误差 S（%）	《规程》规定（%）
幂函数曲线	$f^c_{cu} = 0.0037v^{1.8960}R^{1.7568}$	13.36	0.9517	4.9716	$\leqslant \pm 14$
二元线性函数	$f^c_{cu} = -65.9132 + 11.2217v_a + 1.3990R_a$	100.62	0.9260	4.4789	$\leqslant \pm 14$
国家统一曲线	$f^c_{cu} = 0.0038v^{1.23}R^{1.95}$	15.6	0.9118	—	$\leqslant \pm 14$

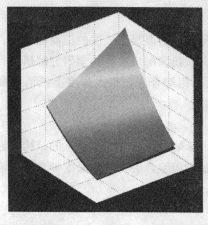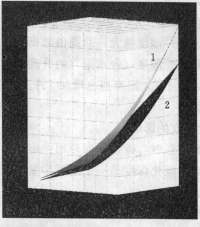

图 1　拟合曲面与国家测强曲面的对比

1—地区测强曲线；2—国家测强曲线

3　验证和应用

选用同条件试件，测得试件平均回弹值和平均声速值后代入地区测强曲线 $f^c_{cu} = 0.0037v^{1.8960}R^{1.756}$ 和国家统一测强曲线 $f^c_{cu} = 0.0038v^{1.23}R^{1.95}$ 计算强度值，然后与压力机实测抗压强度值进行比较分析。

从表 2 的比较验证可看出，采用地区测强曲线得出的换算值更加接近实测值，与按照国家统一测强曲线得出的换算值相比，相对误差更小。

表 2	28d 强 度 测 试 比 较							
回弹值	42.3	37.8	38.8	41.2	39.9	39.1	37.8	38.2
声速值	3.377	3.363	3.416	3.348	3.311	3.378	3.311	3.296
压力机测值（MPa）	28.8	24.1	26.8	26.2	23.3	24.7	21.1	23.8
地区换算值（MPa）	26.8	21.8	23.5	25.1	23.3	23.3	21.2	21.4
国家换算值（MPa）	25.2	20.1	21.6	23.7	21.9	21.6	19.7	20.0
地区相对误差（%）	−6.9	−9.5	−12.3	−4.2	0	−5.7	0.5	−10.1

在对一些工地的工程检测实践中我们发现，应用地方的回弹测强曲线和超声回弹测强曲线，推算出的强度值两者较接近，也符合钻芯取样校正时的误差要求。而应用国家的统一回弹测强曲线和统一超声回弹测强曲线，推算出的强度值差别较大。同时，我们在对一些房屋的工程鉴定时发现，对于使用时间较长或需要进行工程事故分析处理的混凝土结构，采用地方测强曲线的超声回弹综合法的效果更好，推算的强度值可靠性、准确性更高。这是由于对于使用时间较长或需要进行工程事故分析处理的混凝土结构，表层与内部质量已有明显差异或使用过程中造成内部存在裂缝等缺陷，此时回弹法检测，采用单一指标已不再适用。

4 超声回弹检测的探讨

4.1 湿度的影响

一般说来，湿度越大，回弹值越低，这种影响随混凝土强度的提高而变小。同时混凝土的声速是随着湿度（含水量）的升高而增大，我国南京水利科学研究院研究得到：混凝土含水量增加 1%，则声速也增加 1%。那么采用综合法，很大程度上抵消混凝土含水量对强度的影响。

4.2 碳化深度的影响

在回弹测强时，碳化深度对回弹值有较大影响，因而对已建较久的结构物进行回弹法无损检测时，碳化深度是一个重要参量。但是采用综合法，碳化深度带来的影响下降，可不予考虑。

4.3 粗骨料种类的影响

超声速度和回弹值对混凝土内部的界面粘接状态并不敏感。而在配合比相同时，碎石因表面粗糙棱角突出与砂浆的粘接力更强，因而混凝土的强度较卵石高。所以，当石子品种不同时，应分别建立测强曲线。

4.4 强度等级的影响

强度等级不同时，混凝土的配合比不同，其中含石量随之变化。实验证明，在强度相同的条件下，低强度混凝土的回弹值比高强度混凝土的回弹值要高，低强度混凝土的声速值比高强度混凝土的声速值要高，或者说用同样的回弹值来推算，设计的高强度等级混凝土实际强度是要高于低强度等级混凝土的，用同样的声速值来推算，设计的高强度等级混凝土实际强度是要高于低强度等级混凝土的。这其中主要是因为含石量增大，回弹值增大，同时声速值也随之增大。

5 结束语

（1）通过实验和数据统计分析建立了岳阳地区超声回弹综合法检测混凝土抗压强度的地方专用曲线，得出了超声回弹测强回归公式：$f_{cu}^c = 0.0037v^{1.8960}R^{1.7568}$。该曲线精度较高，更具可靠性。研究成果填补了当地建设系统没有超声回弹检测测强曲线成果的空白。

（2）通过工程检测实践，发现在符合本条件的情况下应用地区的超声回弹综合法测强曲线推定工程结构混凝土的抗压强度准确性更好，也更趋合理，能够为我地区结构检测和混凝土质量检验起到应有的作用，对于提高检验水平具有重要意义。

参 考 文 献

[1] 吴慧敏. 结构混凝土现场检测新技术：混凝土非破损检测（第 2 版）. 长沙：湖南大学出版社，1998.
[2] 超声回弹综合法检测混凝土强度技术规程（CECS 02：1988）.
[3] 马中军，王振飞，贾大多. 南阳地区回弹测强曲线的建立. 混凝土，2002（6）.
[4] 何朱金. 超声回弹综合法测强曲线的建立及其在工程检测中应用的若干问题. 混凝土与水泥制品，2003（4）.

建立中山地区超声回弹综合法检测 C10～C80 混凝土强度测强曲线试验研究

王先芬[1] 朱艾路[2] 李浩军[2]

（1. 广东省中山市散装水泥管理站，中山市中山四路 45 号，528403；
2. 广东省中山市建工质检中心，中山市博爱 5 路 60 号，528403）

本文介绍了建立中山地区超声回弹综合法检测 C10～C80 混凝土强度测强曲线试验和回归方程建立情况，并通过试验数据的分析及超声回弹综合法地区测强曲线与国家测强曲线在试验构件和结构工程混凝土强度检测中的应用比较，说明所建立的地区超声回弹综合法测强曲线的必要性和实用性。

超声回弹综合法是在混凝土构件同一测区，通过超声仪检测混凝土内部物理指标——声速值 v，回弹仪检测混凝土表面硬度——回弹值 R，然后利用声速值和回弹值建立测强公式，从而推算出混凝土强度的一种非破损检测方法。超声回弹综合法具有测试精度高，操作方法简便等特点，是国内外广泛推广的一种混凝土无损检测方法。用超声回弹综合法检测混凝土抗压强度技术，既不影响建筑结构或构件受力性能或其他功能，又具有直接、快速、灵活、重复、经济等优点，因此，被广泛应用于建筑工程施工时的混凝土质量监控，竣工时的混凝土质量验收和使用中的混凝土质量检定，成为目前建筑工程中用于混凝土结构或构件实体强度检测的重要检测技术。

中国工程标准化委员会已颁布了《超声回弹综合法检测混凝土强度技术规程》

（CECS 02：2005），制定了全国统一测强曲线。由于在超声回弹综合法应用中，因测试条件、测试对象以及测试结果的某些局限性，会显著地影响其测试结果。近年来，我国混凝土生产和施工中新材料、新技术、新工艺的快速发展，使得我国许多地区在实际应用全国统一测强曲线时，都发现有较大的差异，中山地区建筑工程已普遍使用了商品混凝土，在应用超声回弹综合法检测混凝土强度全国统一测强曲线时，通过钻芯法钻取芯样对比，发现超声回弹综合法检测混凝土结构用统一测强曲线推定强度值，其推定值与所对应芯样强度值偏差较大，特别是对 C70 以上的高强混凝土，其适用性较差。因此有必要针对中山地区混凝土常用原材料和成型、养护工艺，建立更为精确的中山地区超声回弹综合法测强曲线，以满足中山市建筑工程混凝土质量监控和检定的需要。因此，从 2004 年起，开展了用超声回弹综合法检测混凝土强度中山地区测强曲线的试验研究工作，目前已取得了初步成效。

1 试验

1.1 试件制作

用于本试验的试件由中山市两家生产成熟的混凝土搅拌公司提供制作。混凝土所用原材料为中山建筑工程常用材料，水泥为 PO 或 PⅡ型硅酸盐水泥；细骨料为中粗河沙；粗骨料为 5～25mm 和 16～31.5mm 花岗岩碎石；掺和料主要为磨细矿粉和粉煤灰；外加剂为高效减水剂、泵送剂等。各强度等级配合比为搅拌公司各自最佳现行使用的商品混凝土配合比；所配制的混凝土满足现行建筑施工要求，强度等级为 C10～C80，坍落度为（180±30）mm，拌和性能良好。

本试验采取模拟目前中山地区建筑工程实际生产、施工和养护方法，成型制作了 C10、C20、C30、C40、C50、C60、C70、C80 8 个级别用于试验的试件。每种强度等级的混凝土同时浇注成型一块规格为 1500mm×1000mm×300mm 的混凝土墙体构件，并成型不少于 15 组 150mm×150mm×150mm 立方体混凝土标准试块。试件成型 24h 后脱模，早期覆盖麻袋淋水养护，7d 以后进行自然养护。

1.2 试验仪器

试验采用 ZC3－A 型回弹仪和 ZBL－U510 型非金属超声检测仪；YA—2000 型和 YA—3000 型（Ⅰ级精度）电液式压力试验机。所用仪器均经法定检验单位检定合格，并符合现行国家相关性规程要求。

1.3 试件测试

试件在规定的 9 个龄期即 7d、14d、28d、60d、90d、180d、360d、540d、730d，每个规定龄期的试块，按《超声回弹综合法检测混凝土强度技术规程》（CECS 02：88）附录一规定的测试方法进行超声、回弹和抗压强度试验，同时在相应强度龄期的构件同面上设 3 个测区进行回弹；设一个测区在其相对应面上进行超声声时对测。

2 地区测强曲线建立

2.1 试验数据及处理

对规定龄期的每个试块，先在试块浇注方向两对侧面相应对测点进行超声法检测，测出 3 个对测点的声时，并计算出相应测点声速值，取 3 个测点声速值平均值作为试块声速值的代表值 v（计算精确至 0.01km/s）；然后将试件测试面擦拭干净，置于试验机上用 60～80kN 力预压后，在试块另一对侧面用回弹仪各弹击 8 个回弹值，对每个试块所测得的 16 个回弹值，剔除 3 个较大和 3 个较小值后，将余下的 10 个回弹值的平均值作为试块回弹值的代表值 R（计算精确至 0.1）；对完成回弹测试的试块按 GB/T 50081 规定进行抗压强度 $f_{cu,i}$（计算精确至 0.1MPa）测试。对规定强度龄期的每个构件，在同面划分 3 个测区，对每个测区所测得的 16 个回弹值，剔除 3 个较大和 3 个较小值后，将余下的 10 个回弹值的平均值作为该测区回弹值的代表值，然后将 3 个测区的回弹代表值平均作为构件的回弹代表值；在构件设一相应测区，在其对应面上进行超声声时对测，并计算出相应测点声速值，取 3 个测点声速值平均值作为构件声速值的代表值。

2.2 试验数据回归分析

对试验所产生的 127 组（381 个）试块的回弹值、声速值和抗压强度值进行有效性分析，并对变异数据进行原因分析，最后确定 125 组（376 个）试块的试验数据为有效试验数据。

利用 Excel 法对 376 个试块的有效试验数据进行数据回归分析，回归分析采用幂函数方程，并通过计算代表回归方程中变量之间回归关系密切程度的相关系数 r 和揭示回归方程回归值对应于标准实测值的误差大小的平均相对误差 δ、相对标准差 e_r 来衡量回归方程的有效性，结果如表 1 所示。

表 1   测强曲线回归方程结果

拟 合 方 程	相关系数 r	平均相对误差 δ（%）	相对标准差 e_r（%）
$f^c_{cu,i} = 0.00384 v_{ai}^{2.261} R_{ai}^{1.645}$	0.96	10.7	13.4

2.3 地区测强曲线回归方程初步建立

《超声回弹综合法检测混凝土强度技术规程》中对建立地区测强曲线规定：相对标准差 $e_r \leqslant 14\%$，从表 1 来看，所拟合方程相关系数大于 0.9，证明其拟合是可信的；而幂函数方程相对标准差 e_r 小于规程规定误差值，其拟合有效，可以采用。

从表 1 可以看出 $f^c_{cu,i} = 0.00384 v_{ai}^{2.261} R_{ai}^{1.645}$ 回归方程与国家回弹法测强曲线 $f^c_{cu,i} = 0.0162 v_{ai}^{1.656} R_{ai}^{1.410}$ 形式一致，因此初步确定该回归方程为中山地区回弹法测强曲线方程式。

将参与回归分析的数据进行如表 2 所示的强度误差分段统计。

表 2   中山地区超声回弹综合法测强曲线强度分段误差统计

序 号	强度分段（MPa）	数量（个）	占总量（%）	正误差			负误差		
				数量（个）	占总量（%）	误差值（MPa）	数量（个）	占总量（%）	误差值（MPa）
1	0.0～9.9	2	0.53	0	0	—	2	0.53	−20.9
2	10.0～19.9	17	4.53	16	4.26	19.8	1	0.27	−1.4
3	20.0～29.9	21	5.57	18	4.78	17.3	3	0.79	−3.1

序号	强度分段（MPa）	数量（个）	占总量（%）	正误差			负误差		
				数量（个）	占总量（%）	误差值（MPa）	数量（个）	占总量（%）	误差值（MPa）
4	30.0～39.9	23	6.11	20	5.32	9.8	3	0.79	−3.2
5	40.0～49.9	59	15.79	23	6.12	9.3	36	9.57	−9.9
6	50.0～59.9	67	17.81	26	6.91	8.8	41	10.90	−9.3
7	60.0～69.9	65	17.28	26	6.91	11.1	39	10.37	−9.7
8	70.0～79.9	64	17.02	24	6.38	14.5	40	10.64	−10.6
9	80.0～89.9	38	10.11	23	6.12	7.9	15	3.99	−10.4
10	90.0～99.9	14	3.72	8	2.13	6.1	6	1.59	7.2
11	100.0～115	6	1.59	0	0	—	6	1.59	8.6

又用本试验制作的构件相应测试值进行公式对比，即用相应强度龄期构件试验所产生的 101 组超声值和回弹值，分别用初步建立的中山地区测强曲线方程和全国统一测强曲线方程进行强度推定，然后将强度推定值与其相对应强度龄期组试块强度代表值进行比较，并计算其平均误差，结果如表 3 所示。

表 3 　　　　　中山地区和全国统一测强曲线回归方程在试验构件中对比结果

测强曲线方程	应用方程	平均误差（%）
中山地区	$f_{\text{cu},i}^{\text{c}} = 0.00384 v_{ai}^{2.261} R_{ai}^{1.645}$	−9.29
国家统一	$f_{\text{cu},i}^{\text{c}} = 0.0162 v_{ai}^{1.656} R_{ai}^{1.410}$	−34.89

3　工程验证

2006 年 9 月将中山地区回弹法测强曲线应用在中山镇区某高层住宅小区的建筑结构混凝土强度实际检测中，同时按《钻芯法检测混凝土强度技术规程》（ECES 03：88）中的有关规定，对所检测的构件相应测区随机抽取直径为 100mm 的混凝土芯样进行比较。本次工程验证中山地区测强曲线和国家统一测强曲线强度检测结果混凝土芯样强度结果值对比分析如表 4 所示，从表中可以清楚看到，应用地区测强曲线检测要比国家统一测强曲线测量精度高。

4　结束语

本试验研究表明，采用中山地区常用材料和制作成型养护方法，制作混凝土强度等级为 C10～C80，养护龄期为 7～730d，对此范围所制作的 120 多组混凝土试块，采用超声回弹综合法进行强度检测，所测得的试验检测数据通过回归分析方法，拟合出测强回归方程 $f_{\text{cu},i}^{\text{c}} = 0.00384 v_{ai}^{2.261} R_{ai}^{1.645}$，并将其应用在试验构件和结构工程混凝土强度检测上，所建立中山地区超声回弹综合法检测 C10～C80 混凝土强度测强曲线，具有较好的实用价值。

表 4　　地区测强曲线和国家统一测强曲线在工程应用中的对比分析

工程名称	部位	龄期 (d)	强度等级	测区回弹值	测区声速 (km/s)	测区钻取芯样强度值 (MPa)	测区强度换算值 (MPa)		相对芯样强度误差 (%)	
							统一曲线	中山曲线	统一曲线	中山曲线
中山镇区某高层住宅楼	首层柱	183	C40 商品混凝土	43.9	4.62	78.2	49.8	74.4	−36.3	−4.9
				52.7	4.90	96.1	60.3	93.7	−38.5	−2.5
				53.1	4.90	102.0	60.9	96.1	−37.3	−5.8
				53.0	4.97	95.9	62.2	98.9	−35.1	3.1
				49.9	4.59	78.6	50.1	74.8	−36.3	−4.8
				49.7	4.61	77.4	50.2	75.1	−35.1	−2.9
			平均误差						−36.4	−2.9
	首层梁板	164	C35 泵送商品混凝土	42.0	4.44	59.0	37.2	52.3	−36.9	−11.4
				46.4	4.49	61.7	43.6	63.2	−29.3	2.4
				46.6	4.38	68.8	42.1	60.0	−38.8	−12.8
				42.4	4.16	46.6	33.8	45.8	−27.5	−1.7
				48.0	4.49	69.4	45.7	66.8	−34.1	−3.7
				45.4	4.63	64.6	44.5	65.3	−31.1	1.1
			平均误差						−32.9	−4.4

参 考 文 献

[1] 超声回弹综合法检测混凝土抗压强度技术规程(CECS 02：88).
[2] 超声回弹综合法检测混凝土抗压强度技术规程（CECS 02：2005）.
[3] 钻芯法检测混凝土强度技术规程（ECES 03：1988）.
[4] 邱平. 建筑工程结构检测数据的处理. 北京：中国环境科学出版社，2004.

回弹法检测混凝土抗压强度地区曲线建立

梁 润

（广东湛江市建筑工程质量监督检测站，广东湛江，524036）

通过对以本地常用材料及配合比配制的混凝土抗压强度与回弹值、碳化深度之间相关关系的试验研究，分析水泥品种标号、混凝土配合比、养护龄期对回弹法检测的影响，进行不同函数模型的拟合回归分析，建立了本地区回弹法检测混凝土抗压强度的地区曲线，并验证该曲线符合相关技术规程对地区曲线的要求，建议在本地区使用回弹法检测混凝土抗压强度时宜优先采用。

随着混凝土科学的发展，混凝土的测试技术也跟着发展。首先被采用的是"试件试验"，这种试验方法以试件破坏时的实测值作为判断混凝土性能的依据，虽然比较直观，但由于试件中的混凝土与结构物中的混凝土在质量、受力状态等条件都不可能完全一致，甚至差别很大，所以实测值只能被认为是混凝土在特定条件下的性能反映，只能用于各种混凝土在相同条件下性能的相对比较，而不能完全确切地代表结构混凝土的质量状况，而且当缺乏试件或试件缺乏代表性时，这时要了解结构混凝土的质量状况，"试件试验"法就不能解决了，为解决这个问题，自 20 世纪 30 年代开始至今，国内外开展混凝土现场检测技术的研究，并在很多方面取得成功。近年来，在混凝土结构现场检测中，回弹法、回弹超声综合法和钻芯法均被采用，其中回弹法因其具有仪器构造简单、方法易于掌握、检测效率高、费用低廉等优点而得到广泛应用[1]。我国于 1985 年制定了《回弹法评定混凝土强度技术规程》（JGJ 23—85），并先后修订为 JGJ23/T—1992 、JGJ23/T—2001，该规程为尽可能适用范围广，广泛地收集了全国大部分省市等地方的试验资料进行回归得到的统一曲线，虽然覆盖面广，但测试精度较差，甚至不能满足规程对测试精度的要求。

有些规程中明确规定优先采用专用或地区测强曲线，当无专用或地区曲线时，经验证后可使用全国统一曲线。为验证统一曲线在本地的适用性，我们曾经进行了比对试验，试验结果为：平均相对误差 $\delta=15.1\%$，相对标准误差 $e_r=17\%$；不能满足回弹规程曲线第 6.2.2 条的要求，因此使用这些检测方法时，应另建立专用或地区测强曲线[2]；同时对上述验证试验数据进行回归分析，所得的回弹法曲线的相对误差仅 7.53%，由此可见建立地方或专用测强曲线的必要性、可能性和优越性。

1 试验

1.1 试验原材料

以本地区建筑工程常用的建材为试验原材料。

水泥：采用湛江水泥厂生产的运河牌 PO425R 水泥、广西黎塘水泥厂生产的红水河牌 PO525R 水泥为主，采用少部分湛江黄略水泥厂生产的龙峰牌 PS425。经检验均符合相关标准的技术要求。

粗、细骨料：采用中（或中粗）河砂；20～40mm 黑色玄武岩碎石。

水：自来水。

1.2 试样制作和养护

混凝土配合比：采用 6 种配合比（见表 1），配合比要求基本满足强度等级在 C10～C50、混凝土坍落度 30～50mm。当用 PO525R 水泥时，采用编号为 1～5 的配合比；当用 PO425 水泥时，采用编号为 2～6 的配合比；当用 PS425R 水泥时，采用编号为 2～4 的配合比。

试样制作：为找出回弹值与混凝土抗压强度之间的相关关系，本试验参照《回弹法检测混凝土抗压强度技术规程》（JGJT 23—2011）附录 E 的要求制作和养护试件。

每种普通硅酸盐水泥，同一配合比，重复搅拌两槽混凝土，每槽成型 150mm 立方体试件 21 块，共 42 块。养护时间分为 7d、14d、28d、60d、90d、180d 和 365d，每一龄期 6 块试件。5 种配合比、两种普通硅酸盐水泥共制作试件：42×5×2＝420 块，另外，虽然本地区较少用矿渣硅酸盐水泥，但为比较不同品种水泥对回弹检测的影响，也用 PS425R 水泥，按上述配合比制作 27 块立方体试件，分为 28d、60d 和 90d 3 个龄期。

混凝土拌和物搅拌、成型：采用自落式搅拌机，一次投料，搅拌时间 4min。混凝土从搅拌机倒出后，用人工再拌均匀，做坍落度试验和容重试验。采用 1m² 振动台，振动时间为 1min，注意振动必须试料表面出浆。

混凝土试件养护：在成型后的第二天，拆模后将试块移至不直接受日晒雨淋处，按品字型堆放并盖上草袋浇水养护至 14d 后自然养护（7d、14d 龄期的测试前试件表面应干燥）。

1.3 试件测试

试验仪器：NYL2000、WE—1000A 压力和万能试验机，中型回弹仪（HT—225A），卡尺、酚酞酒精溶液。

测试方法：据《普通混凝土力学试验方法》GBJ—81—85，《回弹法检测混凝土抗压强度技术规程》（JGJ23/T—2001）有关规程进行测试。

表 1   混凝土配合比一览表

配合比编号	比 例				砂率（%）	材料用量（kg/m³）			
	水泥（C）	砂（S）	碎石（G）	水（W）		水泥（C）	砂（S）	碎石（G）	水（W）
1	1	2.960	5.140	0.740	36.5	250	740	1285	185
2	1	2.367	4.217	0.617	35.9	300	710	1265	185
3	1	1.943	3.557	0.529	35.3	350	680	1245	185
4	1	1.650	3.038	0.463	35.2	400	660	1215	185
5	1	1.400	2.656	0.411	34.5	450	630	1195	185
6	1	1.200	2.350	0.370	33.8	500	600	1175	185

2 回弹法检测影响因素分析

2.1 水泥品种标号的影响

试验采用 PO525R、PO425R 和 PS425 三种水泥，试验结果按如下两种方法处理：图 1 是不考虑碳化深度影响的回弹法测强曲线，由 $f_{cu,e}^c$—R_m 关系曲线差别比较明显可知：水泥品种与标号对回弹法测强有一定影响；图 2 是考虑碳化深度影响的回弹法测强曲线，可见几条 $f_{cu,e}^c$—R_m 关系曲线比较接近。由此可见，水泥品种与标号对回弹法测强的影响实质体现在碳化深度的影响上，而其本身对回弹法测强的影响不明显。因此，在制订测强曲线时，可以不考虑水泥品种与标号的影响。

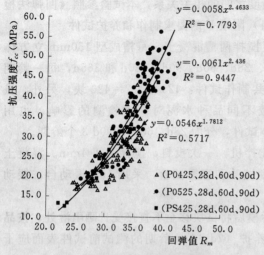

图1 抗压强度与回弹值的关系

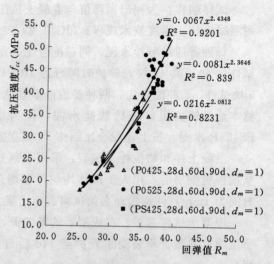

图2 抗压强度与回弹值的关系

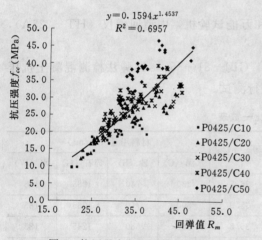

图3 抗压强度与回弹值的关系

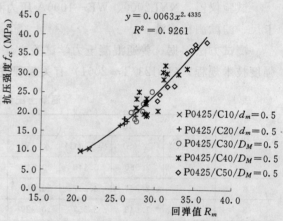

图4 抗压强度与回弹值的关系

2.2 混凝土配合比的影响

研究试验时采用 C10、C20、C30、C40 和 C50 5 个强度等级的配合比。试验结果如图3 和图4 所示。由图3 可见，当不考虑碳化深度影响时，不同配合比的混凝土抗压强度与回弹值的相关性较差，数据分散于趋势线两侧，且距离趋势线较远。由图4 可知，当考虑碳化深度的影响时，不同配合比的混凝土抗压强度与回弹值的相关性明显提高，数据向趋势线两侧靠拢。由此可知：在相同碳化深度的条件下，尽管不同配合比的混凝土因其水泥用量、集灰比和水灰比等不相同，所得回弹值和抗压强度也不相同，但抗压强度与回弹值之间的相关关系基本相同，可用一条曲线来描述。不同配合比对回弹法测强的影响实质体现在碳化深度的影响上，因此，在制定回弹法检测混凝土强度曲线时，可以不考虑混凝土配合比的影响。

2.3 养护龄期的影响

本研究所制作的混凝土立方体试块，在自然养护条件下分别养护 7d、14d、28d、

60d、90d、180d 和 365d，并分别建立相应龄期的回弹法测强曲线，试验结果如图 5 所示。由该图可明显看出，不考虑碳化深度时的混凝土养护龄期对回弹法测强是有影响的；从 f_{cu}—R 曲线的位置也可看出，长龄期曲线位于短龄期曲线的下方，说明在相同强度的情况下，早龄期的混凝土回弹值要比长龄期的混凝土回弹值低。通过对试验数据进一步分析可知：当考虑碳化深度的影响时，不同龄期的 f_{cu} 与 R 的关系均可用一条曲线来描述，亦即考虑碳化深度影响以后，混凝土回弹法测强与龄期无关，分析结果见图 6。由此可知：龄期对回弹法测强的影响实质上是碳化作用对它的影响。

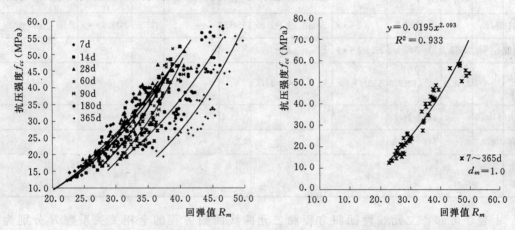

图 5　抗压强度与回弹值的关系　　　　图 6　抗压强度与回弹值的关系

　　上述影响因素分析表明：水泥品种标号、混凝土配合比和养护龄期对混凝土回弹法测强的影响实质上是碳化作用的影响，因此，回弹法检测混凝土抗压强度时，可用碳化深度作为反映综合影响因素的测试参数[3]。

3　地区测强曲线的建立

　　本研究先对全部试验数据进行回归分析，删除部分误差大的异常数据，再对其中 350 组数进行回归分析，建立本地区回弹法检测混凝土抗压强度的测强曲线。

3.1　回归方程函数模型

　　参照《回弹法检测混凝土抗压强度技术规程》的函数模型，本研究采用的二元曲线回归方程式如下：

$$f_{cu}^{c} = aR_m^b \times 10^{cd_m} \tag{1}$$

　　同时也按二元线性函数模型进行拟合，二元线性回归方程式如下：

$$f_{cu}^{c} = a + bR_m + cd_m \tag{2}$$

式中　R_m——试件平均回弹值；

　　　　d_m——试件平均碳化深度值；

　　　　f_{cu}^{c}——回归方程式所得的混凝土抗压强度换算值，MPa；

　a、b、c——回归系数。

3.2　试验数据回归分析

　　本研究运用数理统计和矩阵函数知识，采用最小二乘法原理，应用 Microsoft Office

Excel 的函数功能，编写回归分析软件（电子表格）进行回归分析[4][5]。回归方程及其因素的方差分析如表 2。

表 2　　　　　　　　　　回归方程及其因素的方差分析

回归方程	$f_{cu}^c = 1.725R_m - 2.813d_m - 23.671$						$f_{cu}^c = 0.0282R_m^{2.0115} \times 10^{(-0.0379d_m)}$					
方差来源	平方和	偏回归平方和	自由度	均方差	F	F 临界值	平方和	偏回归平方和	自由度	均方差	F	F 临界值
回归	35420.5	—	2	17710.3	1193.3***	$F_{0.01(2,347)}=2.35$	35516.2	—	2	17758	2438.3***	$F_{0.01(2,347)}=2.35$
回弹值	—	34675.1	1	34675.1	2336.3***	$F_{0.01(1,347)}=2.75$	—	—	—	—	—	—
碳化深度	—	8319.9	1	8319.9	560.6***	$F_{0.01(1,347)}=2.75$	—	—	—	—	—	—
剩余	5150.0	—	347	14.8	—	—	5054.4	—	347	14.6	—	—
总和	40570.5	—	349	116.2	—	—	40570.5	—	349	116.2	—	—
相关系数	0.934						0.936					

由表 2 可知：二元线性回归方程和二元曲线回归方程的全相关关系数 R 分别为 0.934 和 0.936，均属高度相关。回归方程显著性的 F 检验表明均为高度显著。二元线性回归方程回归系数（因素）显著性的 F 检验也表明：回弹值 R 和碳化深度 d 两个因素对混凝土抗压强度的影响均属高度显著，其中回弹值 R 对强度的影响比碳化深度 d 更加显著。

3.3　回归方程与规程曲线比较

由表 3 可知：二元线性回归方程和二元曲线回归方程的平均相对误差 δ、相对标准差 e_r 均满足《回弹法检测混凝土抗压强度技术规程》第 6.3.1 条的要求，且均优于规程统一曲线的平均相对误差和相对标准差，其中以曲线回归方程最佳[6]。因此本地区回弹法检测普通混凝土抗压强度的回归方程选定如下：

$$f_{cu}^c = 0.0282R_m^{2.0115} \times 10^{(-0.0379d_m)} \tag{3}$$

以上所选地区测强曲线的误差分布见图 7，由图可知，误差基本成正态分布。

表 3　　　　　　　　　　地区测强曲线与规程统一曲线回归方程比较

回归曲线	函数表达式	相对误差		平均相对误差 $\delta(\%)$	相对标准差 $e_r(\%)$	规程要求	
		δ_{max}^+ (%)	δ_{min}^- (%)			δ (%)	e_r (%)
地区曲线（线性）	$f_{cu}^c = 1.725R_m - 2.813d_m - 23.671$	94.5	−26.4	±10.6	13.7	±14.0	17.0
地区曲线（曲性）	$f_{cu}^c = 0.02820R_m^{2.0115} \times 10^{(-0.0379d_m)}$	30.0	−23.7	±9.3	11.4		
规程统一曲线（JGJ 23—85）	$f_{cu}^c = 0.02497R_m^{2.0108} \times 10^{(-0.0358d_m)}$	—	—	±14.0	18.0	±15.0	18.0

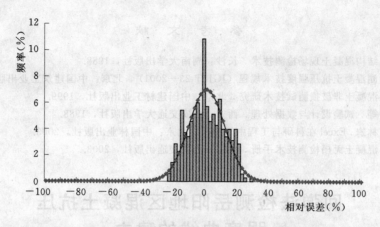

图7 地区曲线检测相对误差频率分布图

4 测强曲线的验证

为验证建立的地区测强曲线是否满足规程的要求，同时验证规程统一曲线并比较两者检测精度，本研究对45组试件（其中试验室内成型，自然养护24组；工地现场抽样制作，同条件养护21组）进行回弹测试，取得45组试件的平均回弹值，平均碳化深度和立方体抗压强度试验数据，试验结果见表4。

表4 地区测强曲线与规程统一曲线验证比较

测强曲线	函数表达式	相对误差		平均相对误差 δ(%)	相对标准差 e_r(%)	养护条件
		δ_{max}^+ (%)	δ_{min}^- (%)			
地区曲线	$f_{cu}^c = 0.02820 R_m^{2.0115} \times 10^{(-0.0379d_m)}$	21.7	-20.1	±8.2	10.2	室内成型、自然养护
		16.2	-19.3	±7.0	9.1	现场成型、同条件养护
规程统一曲线	JGJ/T 23—2001 附录A	27.0	-9.5	±15.1	17.0	室内成型、自然养护
		31.6	-8.7	±11.5	14.1	现场成型、同条件养护

从表4的验证结果可知：采用地区测强曲线的平均相对误差和相对标准差均小于规程统一曲线的，且规程统一曲线的正相对误差偏大，由此证明地区测强曲线不仅满足规程的相关要求，而且在本地区回弹检混凝土抗压强度时，采用地区测强曲线可提高检测精度。

5 结论

本研究表明：水泥品种标号、混凝土配合比和养护龄期对混凝土回弹法测强的影响实质上是碳化作用的影响，故可用碳化深度作为一个反映综合影响因素的测试参数。

通过研究试验以及对试验数据进行统计回归分析，建立的本地区回弹法检测混凝土抗压强度的回归公式：$f_{cu}^c = 0.0282 R_m^{2.0115} \times 10^{(-0.0379d_m)}$，相关性好，检测精高，满足规程的相关要求；同时比对验证表明：该地区测强曲线比规程曲线检测更精度高，更接近实际值，故在本地使用回弹法检混凝土抗压强度时，宜优先采用该地区曲线。

参 考 文 献

[1] 吴慧敏．结构混凝土现场检测技术．长沙：湖南大学出版社，1988．
[2] 回弹法检测混凝土抗压强度技术规程（JGJ/T 23—2001）．北京：中国建筑工业出版社，2001．
[3] 余红发．混凝土非破损测试技术研究．北京：中国建材工业出版社，1999．
[4] 牛长山，等．试验设计与数据处理．西安：西安交通大学出版社，1988．
[5] 伯纳德．林姆．Excel 在科研与工程中的应用．北京：中国林业出版社，2003．
[6] 吴新璇．混凝土无损检测技术手册．北京：人民交通出版社，2003．

回弹法检测岳阳地区混凝土抗压
强度曲线的建立

胡卫东　祝新念　肖四喜　陈积光

（湖南省岳阳市湖南理工学院南院土建系办公室，岳阳，414000）

基于岳阳地区混凝土抗压强度和回弹值相关关系的试验研究，进行了多种数学函数模型的拟合回归和精度、误差等回归方程效果检验及比较，建立了当地幂函数回弹法地方测强曲线，并证明它的优越性。同时论述混凝土强度和回弹值在几种因素影响下的相关关系。

混凝土是一种多项复合体系组成的内部复杂的结构，混凝土宏观力学性能及其宏观性能测试技术包含了大量传统的实验项目，混凝土的回弹检测技术就是这类非破损试验中很常规、很简便的一种检测混凝土强度方法。自 1948 年瑞士斯密特发明回弹仪，开始使用回弹法至今，回弹法因仪器构造简单，方法易于掌握，检测效率高，费用低廉，得到广泛应用，不失现场应用的优越性。

根据混凝土抗压强度与表面硬度之间存在的关系，用具有一定动能的钢锤冲击混凝土表面，其回跳值与表面硬度之间存在相关关系，通过试验，可以建立混凝土抗压强度与回弹值间的关系——数学模型或相关基准曲线。以材料的应力应变水平与强度的关系作为依据，混凝土回弹法检测就能以测试混凝土表面硬度情况得出回弹值 R 来换算材料强度 f。

由《回弹法检测混凝土抗压强度技术规程》（JGJ/T 23—2001）（以下简称《规程》），混凝土抗压强度与回弹值的相关关系因为受到当地混凝土组成材料的影响，包括沙、卵石的种类和粒径，水泥的情况以及当地养护条件等方面，具有较强的地域性。由此我们按照国家规程要求，根据岳阳当地情况进行了大量混凝土试块试验，建立了地区测强曲线，精度值更高，在工程检测使用中更具代表性，也填补了当地建设系统没有回弹检测测强曲线成果的空白。

1 试验

1.1 试验原材料

以本地区建筑工程常用的建材为试验原材（试验过程不加任何外加剂）：

水泥：采用当地的 32.5 和 42.5 强度等级的普通硅酸盐水泥。

粗骨料：采用当地粗卵石，一般都是湖石和河石，粒径在 15～40mm。

细骨料：采用当地河砂，基本上为中砂。

水：自来水。

1.2 试验仪器

回弹仪：中型 HT225A，指针直读式，2.207J

压力机：YES－2000A 液压压力试验机

1.3 试件制作和养护

按当地常用的也是经过实践应用情况较好的配合比设计了 7 个强度等级：C10，C15，C20，C25，C30，C35，C40。每一强度等级制作了 7d，14d，28d，60d，90d，180d，365d 共 7 个龄期的试件，每一个龄期又至少制作了 3 个以上的 150mm×150mm×150mm 的标准试件。同一龄期的试件在同一天制作完成。

试件在模拟工地的自然条件下养护，养护温度接近 20℃，成"品"字型堆放，底面朝下，顶面朝上，侧面能充分接触空气。

1.4 试件测试

试件达到龄期后，将成型侧面置于压力机承板之间，加压 30～80kN，用回弹仪测试标准试件两相对侧面的回弹值，每个侧面选择均匀分布的 8 个测点。每一试件 16 个回弹值扣除 3 个最大值和 3 个最小值，剩下 10 个取平均值，即得该试件的平均回弹值 R_m。随后测得试件在压力机上的破坏极限荷载为混凝土的立方抗压强度。

2 地区测强曲线的建立

2.1 碳化深度的考虑

对于消除碳化影响的方法，国内外各不相同。国外通常采用磨去碳化层或不允许对龄期较长的混凝土进行测试。由于工程中试验龄期较短，通过对混凝土试件碳化深度的测定，发现试件碳化深度一般都小于 1mm，随之带来的影响较小，最后对于经过拟合的测强曲线影响较小。同时工程中出现试块抗压强度不合格或者对工程混凝土强度进行跟踪检测一般要求立即用回弹法检测，因此建立回归方程式不考虑碳化深度的影响，根据需要也可以对长龄期的混凝土检测进行碳化深度的修正。

2.2 《规程》推荐的回归方程式

《规程》中推荐采用如下回归方程式：

$$f_{cu}^c = AR_m^B$$

回归方程式的强度平均相对误差和强度相对标准差均应符合规程要求。同时我们还可以用一元线性函数或指数函数来进行拟合：

$$f_{cu}^c = A + BR_m$$

$$f_{cu}^c = AB^{R_m}$$

回归分析，按每一试件所测的 R_m 和 f_{cu} 数据，采用最小二乘法原理回归计算。

2.3 数据统计分析

在回归分析中采用 Matlab 数学软件进行统计计算，拟合相关公式和相应回归函数曲线：

$$f_{cu}^c = 0.0145R_m^{2.1025}$$

平均相对误差 $\delta = 13.27\%$，强度相对标准差 $e_r = 15.59\%$：

$$f_{cu}^c = 1.6409R - 30.3192$$

平均相对误差 $\delta = 17.72\%$，强度相对标准差 $e_r = 28.01\%$：

$$f_{cu}^c = 2.9966 \times 1.0620^{R_m}$$

平均相对误差 $\delta = 13.89\%$，强度相对标准差 $e_r = 16.43\%$。

以上式中　　R_m——试件平均回弹值；

　　　　　　f_{cu}^c——由回归方程式所得混凝土强度换算值，MPa；

　　　　　　A、B——回归系数。

2.4　回归方程效果检验与比较

经检验比较发现幂函数的性能较好，见表1，其检验指标均优于《规程》测强曲线和其他函数检验指标。且强度平均相对误差和强度相对标准差均符合规程规定值（$\delta \leqslant \pm 14\%$；$e_r \leqslant 17\%$），见表2，因此可用来作为本地区回弹法检测普通混凝土抗压强度的曲线。图1为该实验的散点分布图及拟合曲线。

表1　　　　　　　　　　　岳阳地区几种测强曲线及《规程》曲线的比较

回归模型	函数表达式	平均相对误差 δ（%）	强度相对标准差 e_r（%）	相关系数 r	剩余标准差 s（MPa）
幂函数曲线	$f_{cu}^c = 0.0145R^{2.1025}$	13.27	15.59	0.9321	4.9716
指数函数曲线	$f_{cu}^c = 2.9966 \times 1.0620^R$	13.89	16.43	0.9274	5.4644
一元线性函数曲线	$f_{cu}^c = 1.6409R - 30.3192$	17.72	28.01	0.9095	5.0826
《规程》测强曲线	$f_{cu}^c = 0.025R^{2.0108}$	18.12	21.98	0.87	8.4593

表2　　　　　　　　　岳阳地区曲线与《规程》统一测强曲线的比较

回归模型	函数表达式	强度相对标准差 e_r（%）	平均相对误差 δ（%）
《规程》统一曲线	$f_{cu}^c = 0.025R^{2.0108}$	≤18	≤±15
岳阳地区曲线	$f_{cu}^c = 0.0145R^{2.1025}$	15.59	13.27
《规程》规定	$f_{cu}^c = AR^B$	≤17	≤±14

3　验证和应用

选用同条件试件，测得试件平均回弹值后代入岳阳地区测强曲线 $f_{cu}^c = 0.0145R^{2.1025}$ 和《规程》统一测强曲线 $f_{cu}^c = 0.025R^{2.0108}$ 计算强度值，然后与压力机实测抗压强度值进行比较分析。

从表3和表4的比较验证可看出，采用岳阳地区测强曲线得出的换算值更加接近实测值，与按照《规程》测强曲线得出的换算值相比，相对误差更小。

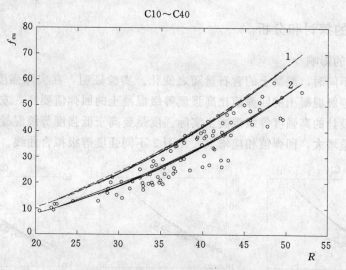

图 1 实验分布图形及拟合曲线
1—国家测强曲线；2—地区测强曲线

表 3				7d	强	度	测	试	比	较			
回弹值	31.2	29.5	34.4	32.2	34.8	32.5	33.2	29.0	31.2	34.1	30.2	33.1	34.0
压力机测值（MPa）	18.83	18.39	24.0	18.3	22.4	20.1	19.84	17.5	18.98	24.46	17.74	21.46	22.05
岳阳地区换算值（MPa）	20.08	17.85	24.66	21.46	25.27	21.88	22.89	17.22	20.08	24.21	18.75	22.74	24.0
《规程》曲线换算值（MPa）	25.26	22.57	30.74	27.08	31.46	27.42	28.62	21.80	25.26	30.20	23.66	28.45	30.02
地区相对误差（%）	6.6	−2.9	2.7	17.2	5.0	8.8	15.3	−1.6	5.8	−1.0	5.9	5.9	8.8

表 4		28d	强	度	测	试	比	较	
回弹值	37.2	33.1	38.2	38.8	37.5	34.4	39.9	38.2
压力机测值（MPa）	29.0	23.5	27.8	30.8	29.0	25.8	34.5	33.8
岳阳地区换算值（MPa）	29.1	22.7	30.7	31.8	29.6	24.7	33.7	30.7
《规程》曲线换算值（MPa）	36.0	28.4	37.9	39.2	36.6	30.7	41.4	37.9
地区相对误差（%）	0.3	−3.4	10.4	3.2	2.1	−4.3	−2.3	−9.2

对本地区适应强度曲线条件下的一些工程建筑物进行回弹检测，包括某防疫站办公大楼、某住宅小区等（见表 5），发现使用情况很好，精度符合《规程》对地区测强曲线的要求，推算出的强度值较规程测强曲线推算值更加精确，也符合钻芯取样校正时的误差要求。同时能有效发现消除隐患和及时进行处理，保证了工程质量。

表 5			岳阳某办公楼钻芯比较 C25				
回 弹 值	35.5	41.9	43.2	36.5	40.1	38.5	平均相对误差（%）
钻芯强度换算值（MPa）	27.6	36.9	41.2	29.5	36.5	33.5	—
岳阳地区强度换算值（MPa）	26.3	37.3	39.3	27.9	34.0	31.2	5.32
《规程》曲线强度换算值（MPa）	32.7	45.7	48.6	34.6	41.8	38.5	17.83

4 回弹检测的探讨和分析

4.1 强度等级的影响

强度等级不同时，混凝土的含石量随之变化。实验证明，在实际强度相同的条件下，原设计低强度等级混凝土的回弹值比高强度等级混凝土的回弹值要高，或者说用同样的回弹值来推算，设计的高强度等级混凝土实际强度是要高于低强度等级混凝土的。这主要是因为随着含石量增大，回弹值相应增大。见图2不同强度等级拟合曲线。

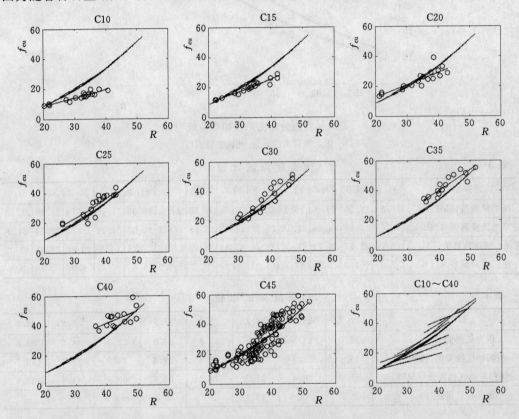

图2 不同强度等级拟合曲线

4.2 龄期的影响

实验证明，当混凝土强度相同时，龄期越长，回弹值越大。产生这种影响的原因，主要是混凝土表面在空气中的二氧化碳和水分的作用下，表层的氢氧化钙转化成碳酸钙硬壳，即所谓"碳化"。碳化层的厚度随龄期的增长而增大，增大的速率与环境中的二氧化碳浓度、潮湿程度、水泥品种、水灰比等因素有关。见图3不同龄期拟合曲线。

4.3 石子粒径的影响

石子粒径对回弹值影响不大，可以忽略。但是据有关资料显示石子粒径对混凝土试件强度影响较大，尤其是低强度混凝土。

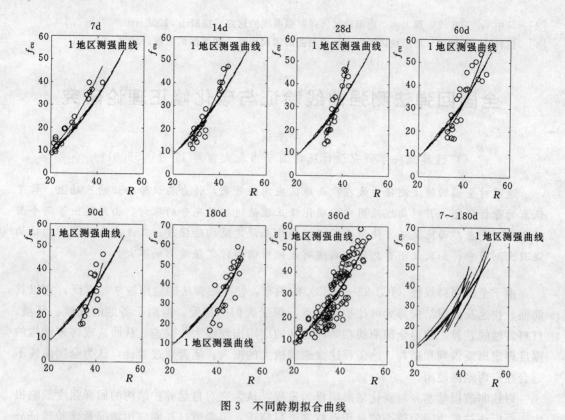

图 3　不同龄期拟合曲线

4.4　湿度的影响

在这次实验中，通过直接观察试件表面湿度和在破坏后内部的湿度，同时比较回弹值可以证明，混凝土表面湿度对回弹值有一定影响。一般说来湿度越大，回弹值越低。这种影响随混凝土强度的提高而变小。所以现场检测回弹值中应尽可能在干燥状态下进行。

5　结束语

（1）通过实验和数据统计分析建立了岳阳地区回弹法检测混凝土抗压强度的地方专用曲线，得出了回弹测强回归公式：$f_{cu}^c = 0.0145R^{2.1025}$。该成果填补了当地建设系统没有回弹测强曲线的空白，能够为当地结构检测和混凝土质量检验起到应有的作用，对于提高检测水平具有重要意义。

（2）在符合本条件的情况下可以用测强公式推定工程结构混凝土的抗压强度。曲线方程建立时，未考虑碳化深度的影响，因此对于长龄期的混凝土，应相应考虑碳化深度的影响，或进行修正。

参　考　文　献

[1]　吴慧敏．结构混凝土现场检测新技术：混凝土非破损检测（第 2 版）．长沙湖南大学出版社，1998.

[2]　回弹法检测混凝土抗压强度技术规程（JGJ/T 23—2001）.

[3] 马中军，王振飞，贾大多．南阳地区回弹测强曲线的建立．混凝土．2002（6）.

[4] 侯林峰，刘灿辉．洛阳地区混凝土回弹测强的实验研究．西部探矿工程，2004（9）.

全国回弹法测强曲线验证与碳化修正理论研究

李杰成

（广西建筑科学研究设计院，南宁市北大南路 17 号　530011）

通过对全国回弹法测强曲线在广西地区应用的效果，作者在试验验证的基础上，作了认真的分析研究，并对曲线应用中的碳化修正理论进行了充分的探讨，由此提出了两个新观点：一是在广西地区不宜使用全国回弹曲线来评定结构砼强度；二是在自然养护的结构混凝土测强中，如果使用自然养护曲线则碳化对回弹评定强度影响不大。

由于全国回弹规程（JGJ 23—1985）的颁布，使得回弹法的应用越来越广泛，它以其简便、快速及无损结构等无可比拟的优点，深受人们的喜爱。但由于各地的气候、环境、材料特性的差异，使得全国曲线在某些地区的应用出现很大的误差，从而造成许多结构的强度评定出现误判和错判，给工程建设造成极大的损失。笔者通过验证，认为全国曲线不适合在广西地区使用。

以往非破损学术界对碳化的影响极为重视，认为它对自然养护结构的回弹强度影响很大，所以往往使用一个较小的修正系数来进行修正，笔者通过长期应用情况及试验验证分析，提出了与此相反的观点：认为自然养护的专用曲线用来评定自然养护的结构混凝土强度时，碳化的影响程度极小，在一定条件下，还可以忽略不计。

1　全国回弹曲线在广西地区使用的验证

由于全国各地材料，气候等条件不同，导致各地应用差异较大，笔者对全国回弹曲线在广西地区的使用情况进行了一次试验验证，用广西的地方材料成型了 108 块标准试件（C10～C40），自然养护，然后分别做回弹试验和抗压试验，把得出的回弹值代入全国曲线计算得到理论强度，与实际抗压强度进行比较统计分析。从统计结果（表1），我们发现全国曲线在广西地区应用时，误差之大，是不能容忍的。理论强度中有 58.3% 左右的"测区"的误差大于全国规程规定的误差允许值（+15%）。所以全国曲线在广西地区是不能直接应用的，应使用广西地区的曲线，以及广西地区的碳化修正系数。

表1　误差验证表

普卵自	子样数	混凝土强度等级	龄期（d）	平均相对误差 R_r(%)	相对标准差 S_r(%)	误差大于国标规定+15%的出现频率（%）
全国回弹曲线	108	C10～C40	28～360	±26.2	35.7	58.3
本文提出的代用曲线				±8.9	12	14.8

2 碳化影响程度的新探

多年来，非破损学术界对这一问题没有给予足够的重视，而把国内某些不太成熟的研究成果作为定性定量的结论给予应用。使得我们在工程应用上经常因遇到这类问题而一筹莫展。

笔者通过多年的试验研究，发现国内学术界对此问题的论断似乎不当（全国规程中的修正系数也不可生搬硬套）。本文就此提出了一些新的看法和见解，认为结构混凝土非破损测强中（包括回弹法、超声法和超声回弹综合法）碳化影响并不像以往的论断所论述的那么严重。特别是在建立自然养护公式的强度评定中影响不大，如果建立公式的数据是自然养护的，而且全面可靠（分别照顾到各种龄期、各种碳化层深）时，碳化对评定强度的影响甚至可以忽略不计或用一个接近于1的系数，即可修正。而历年来我们通常使用的碳化修正系数（表3、表4），不但没有提高测试评定的精度，反而增大了误差，应该引起足够的重视。

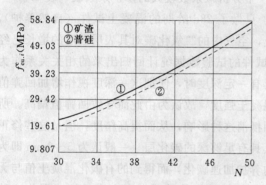

图 1 自然养护下两种水泥混凝土曲线关系　　图 2 标准封养下两种水泥曲线关系

从图1、图2我们可以发现，同样的 f 值下矿渣水泥混凝土的 N 值比普通水泥混凝土的 N 值小，而同一 N 值下，矿渣水泥混凝土的强度却要比普通水泥的强度高1.973MPa左右。同时我们还发现，同龄期下自然的矿渣水泥混凝土的碳化深度要比普通水泥混凝土的大（见表2）。

表 2　　　　　　　　　　　　　两种水泥碳化深度比较

混凝土设计强度等级（数量）	水泥品种	各龄期下自然养护平均碳化深度(mm)		
		14d	28d	60d
C15 （n＝144）	525♯普硅	0.37	1.50	4.67
	525♯矿渣	0.17	2.83	5.50
C25 （n＝144）	525♯普硅	0.00	0.30	1.67
	525♯矿渣	1.00	1.50	2.75
C35 （n＝144）	525♯普硅	0.00	0.30	1.17
	525♯矿渣	0.80	1.00	1.75
C45 （n＝144）	525♯普硅	0.80	0.00	0.30
	525♯矿渣	0.50	0.60	0.35

我们通常这么认为，碳化层越厚其回弹值越高，从而按一定关系曲线计算得到的强度也就越高。而从表2我们看到，同条件的混凝土，矿渣水泥混凝土的碳化深度要比普通水泥的大。按理说，一般应该是同条件同强度下的矿渣水泥混凝土的 N 值比普通水泥混凝土的 N 值高，可是图1、图2给们显示的结果却恰恰相反，那么我们通常所认为的碳化影响较大的概念就出现了问题，问题出现在哪里呢？以上的分析结论告诉我们：差异的主要原因来源于水泥品种本身，而不是碳化深度。当然不是说碳化对 N 没有影响，而是说，这种影响远没有我们通常认为的那么严重，也就是说，以往认为碳化值对测强本身有较大影响，实际上是一种错觉，影响 $N—f$ 关系的主要原因不在碳化本身，而在其他因素，因为碳化层的影响，我们在建立自然养护的方程时试验的试块中已存在碳化。故方程中相关关系里的 N 实际上已包含碳化作用在内的"假"的回弹值，而不是无碳化的"真"实回弹值。故使用这种方程时，即使结构混凝土有碳化，也不致对强度评定有很大的影响。

近年来，广西地区的结构混凝土的回弹测试及评定一直使用广西建研院建立的"南宁地区回弹法曲线"。与此同时，碳化修正使用了一个分折减系数较大的修正系数表（表4）。

在建立南宁地区曲线时，由于条件所限，只做了28d龄期的混凝土试件（自然养护），因龄期短，测试时尚未出现碳化层（但实际上，空气中的二氧化碳对其表层强度的增长已经起了一定的作用），南宁地区曲线便是由这种试件的试验数据统计回归出来的相关关系作为经验公式。在实际工作应用中，如测得碳化具有一定深度时，便把这一深度视作增加回弹值的一个因素，因为此层碳化壳强度高于核心混凝土强度，故认为由此而导致回弹值偏高。所以人们又另外建立了碳化的修正系数，以试图抵消这种影响，从而提高精度，但是这些修正系数是通过长龄期混凝土试块的自然养护使其具有足够深的碳化层（一般认为5～6mm即为影响极限）或者是通过短期的高浓度碳化箱内养护加速碳化，而得到的有碳化混凝土值与无碳化混凝土（短龄或标养试件）的 N 值的比较而得的相关关系。事实上，加速碳化这种方式也不合理。因为这种碳化方式和长龄期自养混凝土对碳化的影响机理、影响程度有着一定的差别，即这种特定环境中的碳化发展速度与强度发展速度的关系，同结构上自然养护混凝土的碳化层、表层硬度、核心强度的增长都是不同步的，取出某时刻（试验时，碳化已增长足值，但强度发展未同步）得到的关系而加之于自然养护的碳化与强度同步增长（当然随环境不同而不同）的结构混凝土测强中去，自然会存在一定的差异，如果把自然养护做出的碳化修正系数套用到标准养护无碳化的相关关系公式里，则更为不合理。

表3	全国规程中碳化修正系数	
	碳化修正系数	
碳化深度 L（mm）		$K = 10^{-0.0358L}$
0.5		0.960
1		0.921
2		0.848
3		0.781
4		0.719
5		0.622

表 4 广西南宁地区曲线套用的修正系数

强度等级 \ 碳化深度（mm）	0.5	1.0	2.0	3.0	4.0	5.0
C10～C20	1.00	0.96	0.85	0.75	0.67	0.63
C20～C30	1.00	0.96	0.84	0.74	0.66	0.62
C30～C40	1.00	0.95	0.82	0.72	0.64	0.60
C40～C50	1.00	0.94	0.80	0.70	0.62	0.58

　　为此，笔者做了一个试验验证：按标准试验方法成型试验了 108 块标准试件（C10～C40）自然养护，龄期分别从 28d 到 360d，测试其回弹值及碳化值和抗压强度，然后分别把实测抗压强度（f）同用回弹法测得的 N 值套"南宁地区曲线"得到的值（理论值 f_m、f_z），以及按碳化深度值用表 4 进行碳化修正后的强度值（f_{ms}、f_{zs}）三者进行了充分的比较分析。发现，修正后误差远大于修正前的误差，这就说明这种修正不但是没有意义的，而且还是有害的。其验证结果见表 5～表 7。在全部 108 块试块中，按南宁地区曲线计算的理论值比实际抗压强度低的试块占 25%（直线方程）到 39.81%（幂函数方程）。而作碳化修正后的最终强度值与实际强度的相对误差较修正前的还要高。

表 5 修正前后总体相对误差比较 （$n=108$）

方程类型 \ 平均相对误差	碳化修正前相对误差（%）	碳化修正后相对误差（%）
南地幂函数方程	9.22	10.72
南地直线方程	10.30	17.60

表 6 不同碳化深度下修正前后误差对照表

碳化深度（mm）	子样数	碳化修正前强度平均相对误差（%）	碳化修正后强度平均相对误差（%）
1～1.5	18	8.70	10.86
1.6～2.5	18	8.47	23.56
2.6～3.5	18	13.52	33.56
3.6～4.5	18	6.72	40.39
4.6～5.0	18	8.30	26.56
1～5.0	合计 90	8.95	25.9

　　表 5、表 6 均表明碳化修正后误差大于修正前，从修正前后各级误差出现频率对比情况也证明这点（见表 7），也就是说，修正后误差值超过国家规程规定的（小于 15%）误差出现频率，大于修正前的。修正前为 22.4%，而修正后增加到 79.5%，也就是说按这种系数进行碳化修正不但没有消除碳化造成的误差反而大大增加了误差值，这就说明以下

两个问题。

表7 修正前后各种误差等级出现频率对照表 %

误差出现频率 误差等级	南宁地区曲线理论计算值	
	碳化修正前的强度	碳化修正后的强度
5	71.4	91.84
10	48.9	85.71
15	22.4	79.59
20	8.10	75.50
30	2.04	38.78

(1) 按南宁地区曲线中的自然养护公式计算的理论强度比实际强度低。原因主要有以下两个。

a. 原建立公式时的规范是以 200mm×200mm×200mm 立方体试块为标准试块，故试验时用 150mm×150mm×150mm 试块得出的抗压强度需折减成 200mm×200mm×200mm 标准试块的强度，然后进行回归，建立经验公式，而现在新规范中强度概念是指 150mm×150mm×150mm 的标准立方体试块的抗压强度，故现在使用南地曲线时，其强度与回弹值的相关关系中的强度值稍微偏低。

b. 原公式建立时，只有短龄期无碳化混凝土试块，而实际应用中常常是有碳化层长龄期的混凝土，故使用公式时导致公式使用范围的外延，这也是导致评定强度误差的原因之一。

(2) 使用目前的碳化修正理论不太合理，因为这种碳化修正方式所带来的后果，并不像我们想象中的那样，可以减少或消除碳化对回弹值的影响而带来的误差。相反按此法修正后强度误差更大。特别是如果用的公式是建立在长龄期有碳化试块之上的公式，显然再作修正就更不合理了。

事实上，我们知道，第一，在建立地区曲线自然养护类公式时混凝土试块是进行自然养护的，而在这种养护下，混凝土表面一直接触空气中的二氧化碳，也就是说从混凝土注入那一刻起碳化对混凝土表面强度的作用已经开始（这就同实际工程结构上混凝土的状态相同）。到 28d 龄期进行测试时，这种作用已在一定程度上对混凝土表层的分子结构和强度等产生了一定的影响，尽管在用试液检验时常常只发现极浅的一层（一般为 1.0mm）甚至没有发现碳化层，但是混凝土的回弹指标（N 值）中已包含了这种影响（虽然因龄期短，影响极小，但毕竟存在着，如果龄期长影响自然会跟着增大）。也就是说相关关系中（自然养护类公式）的强度值实际上也已经包含了碳化的影响，如果建立公式的试块中是长龄期碳化层的试件的话，那么这些碳化壳对回弹值的影响已充分地包含在相关关系中，这同现场结构物混凝土的状态完全一样。所以在实际工程中，如检测的是自然养护混凝土，在套用这种自然养护经验公式时，便不必再作其他修正了，因为相关关系公式里的 N 值已包含了碳化作用（碳化壳已使 N 值增高）。

特别值得注意的是，目前常用的碳化修正系数（包括全国规程中的关系公式碳化修正数）是不能用在广西地区的回弹测试中的，因为按此种修正法会使误差增大到不可容忍的程度，即已大大超出全国规程规定的最大允许误差值（15%），会给工程评估产生极大的错误和造成不必要的工程补强和漏补等事故，从而造成不可估量的损失。我们根据广西地区的情况建立了一个作为过渡使用的修正系数（见表8），该表由于统计的数据尚不够全面（如缺一年以上龄期的混凝土数据），只能在尚未建立新的地区曲线和新的修正系数以前参考用。而且目前亦可参考表9的公式进行现场回弹强度评定，该式经验证和实际强度比较接近，误差较小，均在国家规程允许的误差范围以内。

表8 修 正 系 数

碳化深度 （mm）	0.5	1.0	2.0	3.0	4.0	5.0	6.0
修正系数	1.000	0.98	0.952	0.923	0.893	0.862	0.837

表9 建 议 采 用 的 新 公 式

分类	计 算 公 式	公式类型	相关系数 r	剩余标准差 S	相对标准差 S_r(%)	平均相对误差 R_r(%)
普卵自	$f_u = [23.592 \cdot N - 611.465] \times 0.0981$	直线函数	0.968	32.32	9.61	8.12
普卵自	$f_u = [0.0045 \cdot N^{3.028614}] \times 0.0981$	幂函数	0.937	42.0	14.4	10.97
矿卵自	$f_u = [22.910 \cdot N - 568.359] \times 0.0981$	直线函数	0.925	42.79	14.58	11.76
矿卵自	$f_u = [0.0066 \cdot N^{2.93548}] \times 0.0981$	幂函数	0.920	44.46	15.39	12.30
不分水泥石子品种	$f_u = [22.751N - 567.720] \times 0.0981$	直线函数	0.952	37.0	12.64	9.26
	$f_u = [0.0049 \cdot N^{3.00}] \times 0.0981$	幂函数	0.945	36.6	13.66	10.10

注 该公式回归统计时为旧规范单位，计算后应进行单位换算。

综上所述，通过众多的实际检验，我们认为有必要重新按照目前分析的情况建立一个数据全面，考虑周全的新一代地区回弹曲线，而且新的回弹曲线中要包括长龄期有碳化层的混凝土试块的数值，使用新公式时可以忽略碳化对回弹值的影响，从而使回弹法更简便更精确。如果目前还没有条件立即重新建立公式，那么可以使用目前笔者提供的过渡公式碳化修正表。有条件时，再建立一个精确度高的曲线，以推动回弹测强技术进一步向前发展。

回弹法统一测强曲线在山西部分地区的应用

郭 庆 王宇新

（山西省建筑科学研究院，山西太原，030001）

结合回弹法检测混凝土抗压强度技术规程，对山西省6个地区的混凝土抗压强度的试验结果作了总结分析，验证了回弹法统一测强曲线在山西省的适用性及误差范围。

回弹法是现阶段采用最为普遍的现场检测混凝土抗压强度的技术方法。自1985年颁布《回弹法评定混凝土抗压强度技术规程》（JGJ 23—1985）以来，经过了1989年及2000年两次修订，该方法已日趋成熟。同时由于其使用仪器构造简单、方法方便、测试值在一定条件下与混凝土强度有较好的相关性、测试费用低廉等特点，使得该方法为工程检测、监督及各施工组织单位在现场工程中广泛采用。

现行《回弹法检测混凝土抗压强度技术规程》（JGJ/T 23—2001）中统一测强曲线是在统一了中型回弹仪的标准状态、测试方法和数据处理的基础上制定的。它满足平均相对误差不大于±15%的要求，共采用了全国12个省、市、区共2000余组基本数据。基本满足了一般工程对推定混凝土抗压强度的检测要求。但是，使用回弹仪对混凝土强度进行检测是有许多影响因素的。其中，原材料、成型方法、养护方法及温度、模板等因素是受地域条件、工程现场条件和施工单位工艺水平影响而各有不同的。所以规程中专门提出：对有条件的地区和部门，应制定地区测强曲线或专用测强曲线，且按照专用测强曲线、地区测强曲线、统一测强曲线的次序选用测强曲线。

自回弹法检测规程建立以来，已有近20年的时间。在此期间，我省一直沿用统一测强曲线进行强度换算的计算，而未建立针对我省自己的地区测强曲线。同时，在此20年间，混凝土工程中不论从材料、拌和、外加剂还是成型工艺、模板及养护等各个方面都有了新的发展变化。在这些前提下，为了解统一测强曲线在我省的适用程度及大致的测试精度，自2001年起，我们在我省的太原、忻州、阳泉、长治、吕梁、临汾等6地市进行了C10、C20、C30、C40、C50、C60等6个级别的回弹法对比试验。试验分为3个龄期进行，分别是20d、90d、360d。各地都采用当地最为常用的配合比材料，尽量接近实际使用中的情况。由于本次试验覆盖的地区有限，试验龄期、养护方法等条件均距建立地区测强曲线的要求尚远，所以只作为对统一测强曲线的验证。而且缺乏工程现场的对比验证，代表性不强，在此仅供大家参考。

本次试验中除混凝土强度换算值＜10MPa和＞60MPa的数值外，共采集有效数据1664组。其中，长治地区为C20、C40两个级别，76组有效数据；吕梁地区全部6个级别，364组有效数据；太原地区全部6个级别，299组有效数据；忻州地区全部6个级别，348组有效数据；阳泉地区为C10、C20、C30、C40 4个级别，225组有效数据；临汾地区全部6个级别，352组有效数据。对全部1664组数据按照《回弹法检测混凝土抗压强度技术规程》（JGJ/T 23—2001）附录E中E.0.4第3条强度平均相对误差δ及强度相对标准差e_r公式进行计算，得到结果如下：

$$\delta = \pm \frac{1}{n} \sum_{i=1}^{n} \left| \frac{f_{cu,i}}{f_{cu,i}^c} - 1 \right| \times 100 = 19.7\%$$

$$e_r = \sqrt{\frac{1}{n-1} \sum_{i=1}^{n} \left(\frac{f_{cu,i}}{f_{cu,i}^c} - 1 \right)^2} \times 100 = 28.1\%$$

各地区数据的总结情况见表1～表7。

表1 各地区混凝土抗压强度汇总

地 区	强度平均相对 误差 δ(%)	强度相对标准差 e_r(%)	有效数据量	备 注
长治	21.556	28.925	76	
吕梁	16.505	24.775	364	
太原	32.568	43.606	299	泵送混凝土
忻州	20.792	27.326	348	
阳泉	16.779	21.336	225	
临汾	12.478	16.606	352	

表2 长治地区混凝土抗压强度试验表

龄 期 (d)	强度平均相对 误差 δ(%)	强度相对标准差 e_r(%)	有效数据量	备 注
28	16.691	21.705	34	
90	16.784	21.305	21	
360	34.207	43.661	21	

表3 吕梁地区混凝土抗压强度试验表

龄 期 (d)	强度平均相对 误差 δ(%)	强度相对标准差 e_r(%)	有效数据量	备 注
28	6.155	8.107	124	
90	14.266	18.055	124	
360	30.357	39.292	114	

表4 太原地区混凝土抗压强度试验表

龄 期 (d)	强度平均相对 误差 δ(%)	强度相对标准差 e_r(%)	有效数据量	备 注
28	13.664	18.163	113	
90	41.563	53.793	109	泵送混凝土
360	47.576	53.455	77	

表5 忻州地区混凝土抗压强度试验表

龄 期 (d)	强度平均相对 误差 δ(%)	强度相对标准差 e_r(%)	有效数据量	备 注
28	22.198	28.191	101	
90	22.105	29.056	123	
360	18.343	24.959	124	

表 6

龄　期 (d)	强度平均相对 误差 δ（%）	强度相对标准差 e_r（%）	有效数据量	备　注
28	10.784	14.017	76	
90	21.568	26.271	80	
360	17.830	21.934	69	

表 6　　　　阳泉地区混凝土抗压强度试验表

表 7　　　　临汾地区混凝土抗压强度试验表

龄　期 (d)	强度平均相对 误差 δ（%）	强度相对标准差 e_r（%）	有效数据量	备　注
28	10.667	14.256	120	
90	15.835	20.776	106	
360	11.377	14.773	126	

由以上统计结果不难看出，在 28d 龄期时的结果与统一测强曲线较为接近，随着龄期的增长，大多数地区的试验结果渐渐偏离统一测强曲线，泵送混凝土的试验结果则偏离更远。回弹值的提高与试块抗压强度增长的速度不能同步，普遍反映为试块抗压强度增长较快，而由回弹值推定的强度增长很不明显。这是否说明在我省一般的养护条件下，混凝土表面的强度对反映内部整体强度并不敏感？由于本次试验中对养护方面数据记录得不足，在这里我们还无法给出一个较为系统的解释，希望省内对此有研究的同行们能给以帮助。

通过这次试验的结果，了解到了在我省直接套用回弹法统一测强曲线换算现龄期混凝土抗压强度值的局限性，更提醒我们制定山西省乃至各地区的地区或专用测强曲线是非常有必要的。而在这些地区或专用测强曲线制定完成之前，我们提醒大家，在采用回弹法检测时，取芯或同条件试件修正必不可少。

高强混凝土超声回弹综合法测强曲线的建立

赵士永[1,2]　王铁成[1]　付素娟[2]　边智慧[2]

（1. 河北建研科技有限公司，石家庄，0500211；

2. 河北省建筑科学研究院，石家庄，050021）

1　前言

随着高层建筑的日益增多，高强混凝土的使用也日益广泛，国家钢筋混凝土设计规范已修订到强度 80MPa 的混凝土。对于强度 50MPa 以上的高强混凝土，其各种宏观力学性能已与原常用的低强度混凝土产生很大差别，而我国对高强混凝土的无损检测技术还不成熟。目前，混凝土强度无损检测测试范围仅到了 C60，随着经济建设的迅速发展，高强混凝土的应用必将在今后若干年内得到普及，为了弥补我国现有技术规程不适用于高强混凝土（大于 C60 以上的混凝土）测强的不足，发展、完善高强混凝土强度无损检测技术和方法，促使高强混凝土的无损检测水平得到有效提高，建立超声回弹综合法检测高强混凝土的地方测强曲线，我们采用高强混凝土专用回弹仪和超声测试相结合的办法对高强混凝土强度检测进行了试验研究。

2 试验概况

2.1 试验设备的选定

本次试验主要设备为混凝土超声检测仪和 GHT450 型高强混凝土专用回弹仪。混凝土超声检测仪的基本任务是向待测的结构混凝土发射超声脉冲，使其穿过混凝土，然后接受穿过混凝土后的脉冲信号，仪器显示超声脉冲穿过混凝土所需的时间、接收信号的波形、振幅，等等。它通常由同步系统、发射系统、接收系统、计时系统、显示系统和电源系统 6 个基本部分组成。本次试验采用北京市康科瑞工程检测技术有限责任公司生产的 NM—3B 型非金属超声检测分析仪，对混凝土试块进行了超声波测试，其基本性能见表 1；同时采用 GHT450 型高强混凝土专用回弹仪进行回弹值的测试，GHT450 型高强混凝土回弹仪与 HT225 型普通回弹仪基本参数对比见表 2。

表 1 超声仪主要技术指标

声时测读精度	0.1μs	显示方式	液晶示波、数码显示
声时测读范围	0.1～420000μs	信号采样频率	2.4～20Hz 可选
幅度测读范围	0～176dB	触发方式	信号触发、外触发
幅度分辨率	3.9%	信号采集方式	连续信号、瞬态信号
放大器带宽	5～500Hz	混凝土穿透距离	≥10m
接收灵敏度	≤30μs	整机重量	10kg

表 2 高强混凝土回弹仪与普通回弹仪基本参数对比

技 术 参 数	GHT450 型高强混凝土回弹仪	HT225 型普通混凝土回弹仪
测强范围（MPa）	50～80	10～60
标准动能（J）	4.50	2.207
弹击拉簧刚度（N/m）	900	785
弹击锤冲程（mm）	100	75
指针最大静摩擦力（N）	0.5～0.8	0.5～0.8
标准钢砧上率定回弹值	88±2	80±2
外形尺寸（mm×mm）	φ70×430	φ54×278
重量（kg）	3.0	约1.0

2.2 试件制作

本次试件采用石家庄工程中的常用材料，具有很强的地方代表性。本次试验重点是 C50 以上混凝土强度的检测，同时考虑实际工程中混凝土强度的离散性，混凝土强度数据可能分散分布，因此在制作试块时，也制作了部分 C40 混凝土试块，共制作 C40、C50、

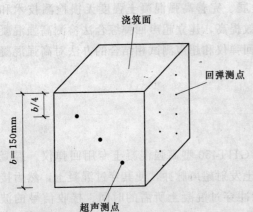

图1 超声回弹测点布置示意图

C60、C70、C80 等 5 个强度等级的试块，试块边长为 150mm 的立方体抗压标准试块，混凝土采用机械搅拌和在振动台上振捣成型，试块采用自然养护。试件的测试龄期分为 7d、14d、30d、60d、90d、180d、360d、540d 和 730d，对同一强度等级的混凝土，在每个测试龄期测试 3 个试件。

2.3 测试方法

2.3.1 声速测量

试块声速测量时，取试块浇注方向的侧面为测试面，并用黄油（钙基脂）做耦合剂。声速测量时采用对测法，在一个相对测试面上测 3 点（见图1），发射和接收探头轴线在一直线上，试块声值 T_m 为 3 点的平均值，保留小数点后一位小数，试块边长测量精确至 1mm。试块的声速值按式（1）计算：

$$v = L/T_m \tag{1}$$

式中　v——试块声速值，km/s，精确至 0.01km/s；

　　　L——超声测距，mm；

　　　T_m——3 点声时平均值，μs。

2.3.2 回弹测试

回弹值测量选用不同于声时测量的另一相对侧面，声速测量完毕，擦掉超声测试面的耦合剂，在压力试验机上，预加 30～60kN 的压力在超声测试面上将试块油污擦净放置在压力机上下承压板之间，在此压力下，在试块相对测试面上各测 8 个回弹数值，得到该试块的 16 个回弹值。

2.3.3 回弹值的计算

16 个回弹值中，剔除 3 个最大值和 3 个最小值，然后将余下的 10 个数据平均作为该试块的回弹值，按式（2）计算：

$$R_m = \sum_{i=1}^{10} R_i / 10 \tag{2}$$

式中　R_m——试块平均回弹值，计算精确至 0.1；

　　　R_i——第 i 个测点的回弹值。

2.3.4 试块抗压试验

回弹数值测试完毕后卸荷，将回弹面放置在压力承板间，以（6＋4）kN/s 的速度连续加荷至破坏，抗压强度值精确到 0.1MPa，同时记录抗压试验结果。

3 试验结果数据分析和工程验证

3.1 试验结果数据分析

建立测强曲线试验共采集 156 组共 3120 个数据（每组为 1 个试件，每一组数据包括 16 个回弹值，1 个抗压试验强度值，3 个声速值），通过分析剔除异常数据 6 组，对剩余

150 组共 3000 个数据分析，并经计算整理，得出各混凝土试块的平均声速值 v、回弹值 R 和抗压强度值 f_{cu}^c。对计算整理过的数据利用计算机 Exceel 软件进行数据分析处理，采用不同的函数分别进行线性函数、幂函数和指数函数等曲线形式的拟合回归分析，各种函数回归公式及相关系数等指标见表 3。

表 3 超声回弹综合法回归公式及相关度对比

序号	回归函数	回归方程式	相关系数 r	相对标准差（%）	平均相对误差（%）
1	乘幂函数	$f_{cu}^c = 0.0372 R^{1.1385} v^{1.7375}$	0.892	12.0	10.2
2	线性函数	$f_{cu}^c = 1.223 R + 15.776 v - 86.434$	0.865	12.5	12.3
3	指数函数	$f_{cu}^c = 2.8995 \times 1.2906 v \times 1.0316^R$	0.889	12.4	10.4

从表 3 中几种回归分析结果对比来看，乘幂函数的相关系数最大，其相对标准差和平均相对误差也是最小，故经综合考虑高强混凝土超声回弹综合法测强计算公式采用如下公式：

$$f_{cu}^c = 0.0372 R^{1.1385} v^{1.7375} \tag{3}$$

式中 f_{cu}^c——测区混凝土强度换算值（MPa），精确到 0.1MPa；

$\quad\quad R$——测区平均回弹值，精确到 0.1；

$\quad\quad v$——测区声速值（km/s），精确至 0.01km/s。

该测强曲线公式的相关系数 $r = 0.892$，相对标准差为 12.0%，平均相对误差为 10.2%。符合国家现行技术规程——《超声回弹综合法检测混凝土强度技术规程》（CECS 02：2005）第 6.0.4 条规定的地区测强曲线相对标准误差 $\leqslant \pm 14\%$ 的要求。

为方便技术人员日常使用，分别画出 C25～C90 不同强度等级的混凝土强度—回弹值—声速的关系曲线图，如图 2 所示。

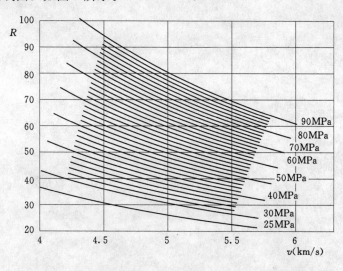

图 2 f_{cu}^c—R—v 的关系曲线

3.2 测强曲线的验证

利用试验得出的测强曲线，在河北省石家庄地区实际工程中进行了验证测试，在现场验证测试中测得验证数据 80 组，对验证数据计算分析，测试相对误差最大值为 12.0%，最小值仅为 0.1%，现场验证测试结果表明，用该种方法检测高强度混凝土的测试精度能够满足实际工程的检测需要。

4 结论

本文通过对高强混凝土试验测试数据和工程现场验证测试数据分析后认为：

（1）采用 GHT450 型高强混凝土专用回弹仪的超声回弹综合法可以对大于 C50 的高强混凝土强度进行无损检测；其检测精度满足现场质量控制要求。

（2）超声回弹综合法检测高强混凝土可采用式（3）进行混凝土强度换算。

（3）经现场测试验证，本文得到的测强曲线可适用于石家庄地区 25～90MPa 的混凝土强度检测。

高强混凝土强度无损检测是一新型技术，是原有普通混凝土强度无损检测技术的延伸和进一步深化，本文论述了采用高强混凝土专用回弹仪的超声回弹综合法检测高强混凝土技术方法，从测试操作、数据处理到测强公式的确立等，都比较系统地进行了论述，取得了一定的技术结论。但高强混凝土强度无损检测在国内外才刚刚起步，我们虽然做了一些工作，所做的工作还是初步的，有些方面还有待深入研究，望同行共同努力，共同研究，使高强混凝土强度无损检测技术不断完善和发展。

第八部分 钢网架、桩基及其他检测技术

既有钢网架结构工程质量检验项目及方法

王安坤

（国家建筑工程质量监督检验中心，北京北三环东路 30 号，100013）

本文总结了既有钢网架的检验项目及检验方法，为了便于参考，以条文形式介绍。

1 总则

（1）既有钢网架结构存在下列情况时，应重新进行检验与评定。

a. 年久失修或使用年限已超过设计基准期时；b. 长期使用或使用环境变化后对原结构产生怀疑时；c. 因更新改造需增加网架上的荷载时；d. 各类事故及灾害导致结构损伤，需对其安全性重新评估时；e. 对既有钢网架结构工程质量有怀疑或有争议时；f. 其他需对钢网架结构进行安全性评定的情况。

（2）网架设计和施工档案资料齐全且节点、杆件、支座无明显损伤，各项检查仅起校核作用时，只可抽取部分杆件、节点或仅对受力状态不利的杆件、节点进行检查。

（3）无设计和施工档案资料，资料残缺不全或杆件损伤明显，涂层大面积脱落和锈蚀，则零部件宜全部检验，并应绘出评估计算所需要的有关图纸。

（4）本方法中的各种检验项目若是抽样检验时，每种规格支座、节点、杆件的抽验量宜为 5％，且不应少于 5 件。

（5）当设计和施工资料不全难以确定钢材牌号时，可在受力较小的部件和部位钻取金属粉末进行化学分析，检查 C、Mn、Si、S、P 的含量。取样前，应清除金属表面的油垢、铁锈、油漆等污物，也可采用表面硬度的方法检测钢材的强度。

（6）既有钢网架的检验为高空作业，应采取措施，确保检验工作人员的安全。

2 螺栓球节点

（1）螺栓球节点由高强度螺栓、钢球、六角套筒、销子（螺钉）、锥头或封板以及钢管杆件等组成。螺栓球节点适用于连接钢管杆件，见图 1。

（2）清除钢球饰面层，用放大镜或磁粉、渗透等无损检验方法，检验螺栓球表面，不得有裂纹、过烧等缺陷。

（3）销子不应缺失或折断，六角套筒不应在高强度螺栓上任意转动。

（4）六角套筒与钢球、锥头或封板间不应存在间隙，如果有间隙时用钢板尺测量其大小。

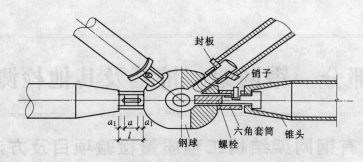

图 1　螺栓球节点

（5）六角套筒与钢球或锥头之间的间隙严禁用焊缝封堵，避免损伤高强度螺栓。

（6）检验螺栓球节点的各接缝处及多余螺栓孔是否用油腻子填嵌严密，防止锈蚀。

（7）螺栓球节点的承载力检验，可以在网架中截取节点（含杆件、螺栓球、高强度螺栓），进行极限承载力检验。截取螺栓球节点时，应采取措施确保网架结构安全。

（8）用卡尺或外卡钳检验螺栓球的直径和圆度。螺栓球的直径和圆度的检验方法及允许偏差见表1。

表1　　　　　　　　　　　　　螺栓球尺寸的允许偏差

序　号	项　目	直径 (mm)	允许偏差 (mm)	检验方法
1	球的直径	$D \leqslant 120$	+2.0，−1.0	测一对数据取平均值
		$D > 120$	+3.0，−1.5	
2	球的圆度	$D \leqslant 120$	1.5	取以上1对数据的差值
		$D > 120$	2.5	

（9）在既有钢网架中，高强度螺栓不外露，不能进行外观缺陷、尺寸及力学性能的检验，如需检验可在截取的节点中进行再取样检验。

3　焊接空心球节点

（1）焊接空心球节点，是由钢板经热冲压加工而成的两个半圆球焊接而成。可分为球内加肋和不加肋两种，适用于连接钢管杆件，见图2。

（2）不宜从钢网架中截取焊接空心球节点进行极限承载力检验。

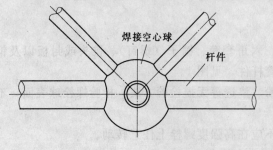

图 2　焊接空心球节点

（3）清除焊接球饰面层后，检验焊接球的表面无明显波纹和损伤，局部凹凸不平不大于1.5mm。

（4）用超声测厚仪检测焊接空心球壁厚的减薄量。相对减薄量应≤13%，且不超过1.5mm。减薄量的测点位置应布置在半球高度h的3/4纬线处。检验时应沿纬线周长等分为4～8个测点，见

图 3。取其测点值的平均值作为拉薄区的壁厚。

相对减薄量按下式计算：

$$\Delta = \frac{\delta_o - \delta_m}{\delta_o} \times 100\%$$

式中　δ_o——公称壁厚，mm；

　　　δ_m——拉薄区实测壁厚，mm。

（5）检验焊接空心球直径、圆度、环焊缝高度及两个半圆球对口错边量，其检验方法及允许偏差见表 2。

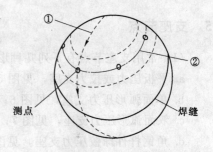

图 3　拉薄区测厚点位置示意

表 2　　　　　　　　　　焊接球的检验项目及允许偏差　　　　　　　　　　单位：mm

序号	检验项目		允许偏差	检验方法
1	球直径	$D \leq 300$	±1.5	用卡钳或卡尺检查，测 1 对数据，取平均值
		$D > 300$	±2.0	
2	球圆度	$D \leq 300$	≤1.5	取以上 1 对数据的差值
		$D > 300$	≤2.5	
3	环焊缝高度		±0.5	用焊缝量规，测等分 4 点，取平均值
4	两个半圆球对口错边量		≤1.0	用卡尺或焊缝量规测量，测等分 4 点，取最大值

4　焊接钢板节点

（1）焊接钢板节点，可由十字节点板和盖板组成，适用于连接型钢杆件，见图 4。

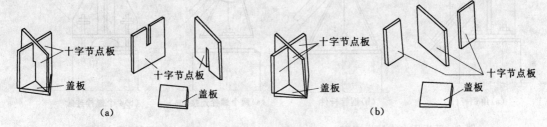

图 4　焊接钢板节点

（2）检验型钢杆件与节点板之间焊缝尺寸及外观质量应符合设计质量要求。

（3）钢板节点尺寸允许偏差及检验方法，见表 3。

表 3　　　　　　　　　　钢板节点的尺寸允许偏差

序　号	项　目	允许偏差（mm）	检验方法
1	节点板长度及宽度	±2.0	用钢板尺，测 2 点取平均值
2	节点板厚度	+0.5 −0.8	用超声测厚仪或卡尺，测 3 点取平均值

（4）检验节点的涂层脱落和锈蚀情况。

5 支座节点

(1) 常用支座节点有下列几种形式：

a. 平板压力或拉力支座，见图5；

b. 单面弧形压力支座，见图6；

c. 双面弧形压力支座，见图7；

d. 角钢杆件球铰压力支座，见图8；

e. 板式橡胶支座，见图9。

(2) 支座节点应重点检验以下项目：

a. 螺栓的紧固状态缺陷或螺帽缺失；

b. 螺栓未穿入支座底板孔中或底板孔径过大；

c. 焊缝外观质量缺陷或漏焊；

d. 加压弹簧偏移、损伤或断裂；

e. 支座的偏心；

f. 支座涂层脱落和锈蚀；

g. 支座板的尺寸及厚度；

h. 板式橡胶的老化等。

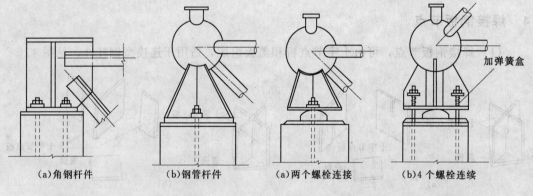

(a)角钢杆件　　　　　(b)钢管杆件　　　　　(a)两个螺栓连接　　　　(b)4个螺栓连续

图5　平板压力或拉力支座　　　　　　图6　单面弧形压力支座

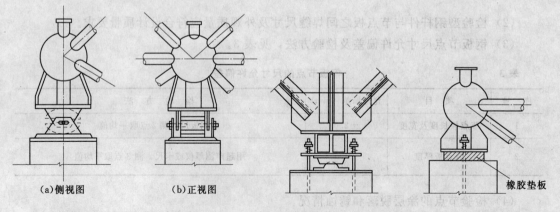

(a)侧视图　　　　　(b)正视图

图7　双面弧形压力支座　　　图8　角钢杆件球铰压力支座　　　图9　板式橡胶支座

318

6 杆件

（1）螺栓球节点钢网架或焊接空心球钢网架，其杆件一般由无缝钢管或焊接管制作而成。焊接钢板节点，其杆件由普通型钢制成。杆件最小截面尺寸为：钢管不宜小于 $\phi 48 \times 2$，型钢不宜小于 $L50 \times 3$。

（2）既有钢网架杆件应检验下列项目：

a. 钢管杆件的外径、壁厚和型钢杆件的截面尺寸，焊接管杆件检测外径和壁厚时应避开纵向焊缝两边各 5mm 的距离；

b. 杆件的局部凹凸和损伤，并测量凹凸值和损伤面积；

c. 受压焊接管杆件沿纵向焊缝的开焊，并测量开焊的长度；

d. 钢管与封板（或锥头）间的焊缝质量（焊缝外观、尺寸及内部质量）；

e. 型钢与节点板间焊缝外观及尺寸；

f. 杆件轴线的不平直度；

g. 杆件涂层脱落和锈蚀。

（3）杆件尺寸的允许偏差及检验方法，见表 4。

表 4   **杆件尺寸允许偏差及检验方法**

序号	项 目	允 许 偏 差 (mm)	检 验 方 法
1	角钢杆件制作长度	±2	用钢尺检查
2	螺栓球网架钢管杆件成品长度	±1	用钢尺检查
3	杆件轴线不平直度	$L/1000$ 且 $\leqslant 5$	用拉线和钢尺检查
4	钢管杆件外径	按相应钢管标准执行	用卡尺或卡钳、测各成90°一对数据，取平均值
5	钢管杆件壁厚		用超声测厚仪，测3点取平均值

注 L 为杆件长度。

7 焊缝

（1）螺栓球节点，焊接空心球节点和焊接钢板节点钢网架，应检验下列焊缝质量：

a. 封板或锥头与钢管杆件间的对接熔透焊缝，见图10；

b. 钢管杆件与空心球加套管的熔透环形焊缝，见图11；

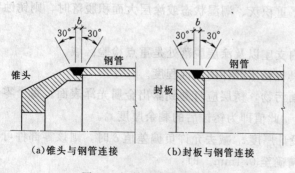

图 10   杆件端部连接焊缝

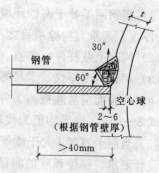

图 11   加套管连接焊缝

c. 焊接空心球的熔透环形焊缝，见图 12；

d. 焊接钢板节点和各种支座上的角焊缝；

e. 杆件焊接管的纵向焊缝。

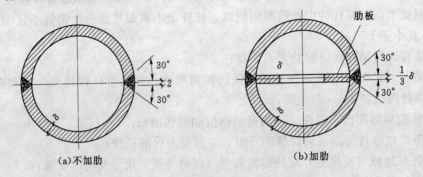

(a)不加肋　　　　　　　　(b)加肋

图 12　焊接空心球环形焊缝

（2）钢管杆件上的对接熔透焊缝和焊接空心球环形焊缝应检测焊缝外观质量、余高及内部质量（无损探伤）；焊接钢板节点及支座焊缝应检查外观质量、尺寸及缺焊；杆件焊管主要观察检验在受压杆件中有无开焊的情况，并测量开焊的长度。

（3）焊缝的质量应符合设计要求，设计无规定时应按二级焊缝质量进行检验和评定。

（4）焊缝质量的检验方法和检验条数应遵守有关规范、标准的规定。

8　挠度

（1）用作屋盖的钢网架可分为大跨度 $L > 60m$，中跨度 $L = 30 \sim 60m$ 和小跨度 $L < 30m$ 三种跨度。各种跨度的网架均应符合设计挠度值的要求。

（2）用水准仪与激光测距仪配合或用拉线配合钢板尺进行挠度检验。每半跨范围内测点数不宜少于 3 点，且跨中应有 1 个测点，端部测点距端支座不应大于 1m。

（3）在计算实测挠度值时应考虑各段不同规格球径和管径对测试结果的影响。

（4）钢网架的实测挠度应符合设计要求，当缺乏设计资料时，用作屋盖结构的网架其允许挠度不得超过短向跨度的 1/250；用作楼层时，则取短向跨度的 1/300。

（5）钢网架实测的挠度值，不应超过相应设计值的 15%。

9　锈蚀

（1）当钢网架处于腐蚀环境、严重积灰、潮湿状态或涂层大面积脱落时，则锈蚀程度（剩余厚度）是重点检验项目之一。

（2）网架上弦杆件、节点、墙内支座以及涂层脱落处是重点检验区域。

（3）用超声测厚仪、卡尺等工具检验零部件的锈蚀程度。

（4）检验前应清除被测工件表面污物，锈层应打磨到露出金属光泽表面。每个零部件各测试 3 ~ 5 点，取平均值为代表值。此值即为锈蚀后的剩余厚度 t_0。

（5）当剩余厚度 t 大于或等于设计厚度 t_0 减去允许负偏差值 δ 时，则该零部件可评为符合设计要求。锈蚀程度的测量应精确至 0.1mm。即：

$$t \geqslant t_0 - \delta$$

式中 t——剩余厚度，mm；

t_0——设计厚度，mm；

δ——最大允许负偏差。

（6）存在腐蚀性介质时宜测定介质的成分及性能，以便为防锈处理提供依据。

10　网架结构尺寸

（1）网架结构安装尺寸允许偏差及检验方法见表 5。

表 5　　　　　　　　　网架结构安装尺寸允许偏差及检验方法

序　号	项　　　目		允许偏差（mm）	检　验　方　法
1	纵、横向长度 L		$\pm L/2000$ 且$\leqslant 30$	用钢尺或激光测距仪
2	支座中心偏移		$\pm L/3000$ 且$\leqslant 30$	用经纬仪
3	周边支撑网架	相邻支座（距离 L_1）高差	$L_1/400$ 且$\leqslant 15$	用水准仪
		最高与最低支座高差	30	
4	多点支撑网架相邻支座（距离 L_1）高差		$L_1/800$ 且$\leqslant 30$	
5	分条分块网架单元长度	$\leqslant 20$m	± 10	用钢尺或激光测距仪
		> 20m	± 20	

（2）观察网架整体布置及零部件的损伤、变形或失效。

11　涂装工程

（1）防锈涂层不应有误涂、漏涂，并不得有局部或大面积脱落缺陷。要全数观察检验。

（2）防锈涂层厚度应符合设计要求，当设计无要求时，涂层干漆膜总厚度：室外结构应为 $150\mu m$，室内结构应为 $125\mu m$，允许偏差为 $-25\mu m$。

（3）防火涂料不应有误涂、漏涂。涂层应闭合无脱层、空鼓、明显凹陷，粉化松散和浮浆等外观缺陷。要全数观察检验。

（4）用涂层测厚仪检测干漆膜总厚度；用涂层测厚仪、测针或钢尺检测防火涂料涂层厚度。

（5）防锈涂层厚度或防火涂层厚度检验时，每个杆件或钢球上各测试 3～5 点，取其平均值作为涂层实测厚度，该值应符合设计要求。

厚涂层型防火涂料平均涂层厚度除应满足设计要求外，其测点中的最小值不应低于设计厚度的 85％。

12　荷载

（1）既有钢网架进行安全性评定时需要对荷载情况进行检验。

（2）荷载的检测一般可包括以下内容：

a. 测定自重荷载，一般可按网架构件的设计和实测尺寸以及现行《建筑结构荷载规范》（GB 50009—2001）规定的自重表确定，屋面宜切开结构层，检查各构造层的材料种类，并测量其厚度；

b. 屋面积灰时，应根据灰源和积灰环境确定积灰实测点，测量积灰厚度和分部状态，还应调查清灰方法和制度，了解生产变化情况和气象条件；

c. 调查了解增加的荷载情况。

13　安全性鉴定

（1）根据钢网架的各项检验结果，进行结构的承载力、稳定性和刚度计算以评估网架的安全性能。

（2）当用计算方法尚不能准确作出安全性评估时，可对网架结构进行正常工作状态下的荷载试验和局部构造节点的实物或模型试验。

参 考 文 献

[1] 网架结构工程质量检验评定标准（JGJ 78—1991）.
[2] 网架结构设计与施工规范（JGJ 7—1991）.
[3] 钢网架螺栓球节点（JG 12—1999）.
[4] 钢网架焊接球节点（JGJ 11—1999）.
[5] 钢网架检验及验收标准（JGJ 10—1999）.
[6] 钢网架螺栓球节点用高强度螺栓（GB/T 16939—1997）.
[7] 钢结构工程施工质量验收规范（GB 50205—2001）.
[8] 建筑结构检测技术标准（GB/T 50344—2004）.
[9] 焊接球节点钢网架焊缝超声波探伤及质量分级法（JG/T 3034.1—1996）.
[10] 螺栓球节点钢网架焊缝超声波探伤及质量分级法（JG/T 3034.2—1996）.
[11] 钢结构检验评定及加固技术规程（YB 9257—96）.

声波透射法检测钻孔灌注桩基桩完整性检测技术

管　钧　王维刚　陈卫红　张全旭

（北京智博联科技有限公司，北京西城区德外大街 11 号 B 座 216 室，100088）

声波透射法检测混凝土灌注桩基桩完整性的方法具有全面、可靠、快捷等特点，应用越来越广泛。本文介绍了该方法的原理及数据判定方法，分析了声学参量与缺陷性质的关系，并对现场检测中设备常见的问题或故障进行了分析和处理。

1　概述

混凝土灌注桩是桩基础中的主要形式，由于其成桩质量受地质条件、成桩工艺、机械设备、施工人员、管理水平等诸多因素的影响，较易产生夹泥、断裂、缩颈、混凝土离析、桩底沉渣较厚及桩顶混凝土密实度较差等质量缺陷，危及主体结构的正常使用与安全，甚至引发工程质量事故，加上是隐蔽工程，因此加强对桩基础质量的现场检测十分必要。为此，近年来国家先后出台了《建筑基桩检测技术规范》（JGJ 106—2003）和《公路工程基桩动测技术规程》（JTG/T F81—01—2004），进一步明确要求、规范基桩工程的现场质量检测工作。

基桩完整性的检测方法主要有：钻芯法、高应变动测法、低应变动测法、声波透射法。与其他方法相比，声波透射法有其特点：检测全面、细致，检测范围可覆盖整个桩长的各个断面，无检测"盲区"；检测结果准确可靠，全桩长的断面扫描检测，加上短距离时声波对较小范围的缺陷也较为敏感，可以较为准确测定各缺陷在深度方向的准确位置和范围、径向的范围，便于分析及对缺陷的处理；不受桩长、桩径的限制，也不受场地的限制；检测较为快捷、方便。因此该方法已成为大直径、长桩长的混凝土灌注桩完整性检测的重要手段，《公路工程基桩动测技术规程》（JTG/T F81—01—2004）也专门规定"对重要工程的钻孔灌注桩，采用超声波透射法检测的桩数不应少于50%"。

2　检测原理

如图 1 所示，首先在被测桩内预埋两根或两根以上竖向相互平行的声测管作为检测通道，管中注满清水作为耦合剂，将超声脉冲发射换能器与接收换能器置于声测管中，由超声仪激励发射换能器产生超声脉冲，穿过桩体混凝土，并经接收换能器，由仪器接收并显示接收的超声波的波形，判读出超声波穿过混凝土的声时、接收波首波的波幅以及接收波主频等声参数，通过桩身缺陷引起声参数或波形的变化，来检测桩身是否存在缺陷。

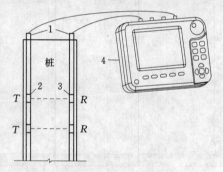

图 1　声波透射法检测基桩完整性示意图
1—声测管；2—发射换能器；3—接收换能器；4—超声仪

关于声波透射法检测基桩完整性的现场测试方法及常规的数据处理，已在相关规范及其他书籍中有较为详尽的阐述，不再详述，仅结合笔者近年来超声脉冲检测技术在工程中的应用及非金属超声检测分析仪的研制经历和体会，对声波透射法的检测、缺陷判定及检测现场常见的问题，进行如下初步总结。

3　声波透射法的检测及缺陷判定

3.1　对于缺陷程度即范围的判定需要结合平测、斜测或扇形测试的多种测试方法综合测定

换能器同步平测测试速度快、效率高，可作为是否存在缺陷的初步判断依据；但仅依据平测的数据进行完整性判定，其准确性降低，因此尤其是对于缺陷范围及其严重程度进行判定时，应至少结合斜测、扇形测试中的一种方法。例如，某工程 21—1# 基桩为采用钻孔、反循环工艺施工的灌注混凝土摩擦桩，设计桩径 1.5m、设计桩长 49.5m、预埋 4 根声测管，采用声波透射法平测法测试测点间距 0.25m，其中 1—2、1—3、1—4 剖面在

13.2～14m 处同时出现声参量异常（见图 2），异常范围的波速比平均波速下降 15％、幅度比平均幅度下降 30dB，而其他剖面在此位置无明显异常，初步判断该桩在 13～14m 处存在异常（缺陷），且缺陷区在 1 号声测管所在的方位，但无法判定缺陷范围，进而将其归入 Ⅱ 类还是 Ⅲ 类桩。为确定缺陷的严重程度和范围，在 1—2、1—3、1—4 剖面，从 9～19m，分别作收、发换能器约 45°倾斜的双向斜测，测点间距为 10cm，斜测结果如图 3 所示，通过每一剖面、每一方向斜测的数据，确定其斜测的各个声参量异常的测线，各剖面的异常测线的包络范围如图 3 上阴影部分所示，可以看出 1—3、1—2、1—4 剖面的径向缺陷尺寸依次增大，且 1—3、1—2 剖面未超过 1/2 测距，因此该缺陷是靠近 1 号声测管方向的缩径类缺陷；从缺陷范围上看纵向尺寸在 0.8m 左右、径向尺寸小于桩径的四分之一，从缺陷区声参量及波形上看声参量幅度不太大、且波形基本完整，因此将此缺陷判定为轻微缺陷，该桩判为 Ⅱ 类桩。

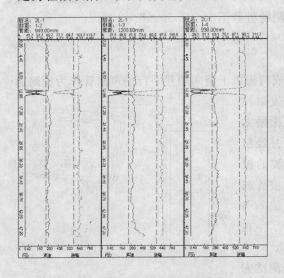

图 2　2L—1 桩平测深度曲线　　　　　　图 3　2L—1 桩斜测及缺陷示意（单位：m）

3.2　应正确理解并处理相关规范中关于桩身完整性的判定

基桩检测的相关规范中，根据桩身是否存在缺陷及存在缺陷的严重程度，将桩的完整性分为 Ⅰ、Ⅱ、Ⅲ、Ⅳ 共 4 个类别；并依据各检测剖面的声学参数异常点的分布情况及异常点的偏离程度，决定被测桩的完整性类别；对实际的检测数据，采用概率法确定声速临界值来评判声速是否异常，采用平均幅度减去 6dB 作为幅度临界值来评判幅度是否异常。

但由于混凝土是集结型的复合材料，多相复合体系，分布复杂界面（骨料、气泡、各种缺陷），因此其检测的声参量数据波动较大；加上灌注桩的混凝土需要自密实、地质条件以及成桩工艺复杂等情况，其声参量的波动性就更大了，因此在实际测试的过程中完全不出现异常测点的可能性较小，因此不能机械地理解并执行规范中桩身完整性的判定标准（规范对声参量异常判断均采用"可判断"），否则工程上很难有 Ⅰ 类桩，也不符合桩的完整性分类的定义。因此上述理论异常点只是可能的缺陷点，应根据以下 5 个方面进行综合判定：异常点的实测声速与正常混凝土声速的偏离程度；异常点的实测幅度与同一剖面内正常混凝土幅度的偏离程度；异常点的波形与正常混凝土的波形相比的畸变程度；异常点的分布范围及其他剖面异常点的分布情况；桩的类型（摩擦型或端承型）、地质情况及成桩工艺，桩的类型及地质情况决定了桩身混凝土的压应力及弯矩大小随深度的变化规律，因此相同大小及程度的缺陷在桩身不同深度对该桩是否达到设计要求的影响程度差别较大，应适当加以区分。

3.3 声学参量与缺陷性质的关系

混凝土内部存在缺陷必然会引起声参量的变化或波形畸变，但目前并未建立声参量的变化或波形畸变与缺陷性质之间的良好对应关系，仅结合结构和桩基础混凝土检测或试验的工作给出如下体会，供大家参考：

（1）对于因混凝土离析造成的骨料堆积、砂浆少的缺陷，由于骨料声速高于砂浆，因此该缺陷处的声速基本不会比正常混凝土低甚至偏高，但声波经过的界面明显增多，导致幅度下降。相反对于骨料少而砂浆多的低强区，其波速偏低，但幅度基本不变甚至偏高。

（2）对于因坍塌形成的缩径、夹泥（砂）缺陷，导致该处的声速、幅度较正常混凝土均有明显的下降，因缺陷介质的声速低于混凝土、衰减系数高于混凝土，可通过斜测或扇测确定缺陷的径向尺寸范围及位置，确定其缩径、夹泥（砂）的位置及范围。

（3）桩底一段深度范围内的波速和幅度的明显下降表明桩底存在一定厚度的沉渣，因清孔未彻底遗留的成孔过程中的地层松散体，成分复杂、波速低、衰减大。

（4）桩头部分波速和幅度明显、缓慢下降一般表明该范围内浮浆过多、强度较低，因灌注桩浇筑工艺会导致在浇筑过程中上部骨料较少、浮浆及气泡较多，若浇筑到桩头部位时上述浮浆未排出会造成波速、幅度及强度降低。

（5）若导管提升不当，或施工故障导致停留时间过长，拔管清理不净、二次浇筑，形成断桩，造成声速和幅度的急剧下降、波形严重畸变或无接收波形，且所有剖面的大致相同的深度范围均存在上述异常情况。

对于缺陷的性质除根据声参量的变化情况外，还必须结合地勘报告、施工工艺，甚至施工记录（参考）综合分析，进行判断。

4 检测现场常见问题或故障的判断及处理

4.1 检测过程中接收信号突然消失

有两种原因可产生该类现象，一是声测管内无水；二是设备系统故障。首先应检查声测管内是否有水，可在采样状态下，迅速往声测管注水（以防声测管破裂造成大量的水外流），至现象消除，否则，将换能器提出声测管，平行靠近（5cm左右）放在空气中，采样、观察是否有接收波形，无接收波形，则设备系统故障。

4.2 判断设备系统的故障部位

将故障的设备换上平面换能器，将平面换能器的辐射面平行相对，相距5cm左右，进行采样，如波形正常，证明超声仪正常，仅仅是径向换能器故障。若判断换能器故障时，接上径向换能器，进行采样，如果发射换能器发出响声、无接收波形，则接收换能器故障；如果发射换能器无响声，仅将发射换能器更换成平面换能器，将平面换能器的辐射面对准径向换能器的辐射体（中间部位），进行采样，如有波形，则接收换能器完好、发射换能器故障，否则，收、发径向换能器均有故障。

4.3 发射正常、接收时好时坏

换能器刚下水测试时波形正常，一会儿波形逐渐异常，甚至无接收波形，提出声测管后波形正常，或提出声测管、待换能器干燥后波形正常。该现象是由于换能器信号线破损（漏水）、水密性丧失、遇水压大时渗透到换能器主体造成，换能器故障，修复较为困难。

4.4 桩头最后一测点声速、幅度急剧下降

一些桩在桩头部位的最后一个或几个测点的声参量急剧下降，而桩头部位混凝土表观良好。该现象可能是剔除桩头（使用机械设备）时，引起声测管与混凝土脱离（产生间隙）或者混凝土局部破损（产生裂隙）而造成，可在声测管外壁或桩头混凝土浇清水，该现象好转。

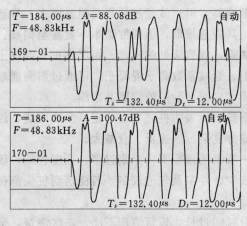

图 4　波形反向示意图

4.5 波形反向及处理

在测试的过程出现波形首波反向的情况，如图 4 所示，其中下为正常波形（首波向下）、上为反向波形（首波向上）。从反向波形中可以看出，若以上跳波作为首波，则声速正常、但幅度偏小；若以下跳波作为首波，则幅度正常、声速偏小，因此应尽量避免上述情况的发生。上述情况多出现在换能器运动过程进行采样并存储的测试中（自动测桩），造成上述现象的理论机理不十分清楚，可能是换能器运动过程中，辐射体的部分与声测管接触，造成与正常状态的声波传播过程中的介质界面的状况发生变化所致，因此通过使用扶正器可以大大减小该现象产生的概率，因此，建议在换能器运动的过程中进行采样、存储的测试状态下，必须保证换能器的扶正器可以正常工作。

5　小结

本文结合作者的实际工作，对声波透射法对基桩完整性的检测及缺陷判定、常见问题及设备故障的处理进行总结，旨在为从事该项工作的同人提供参考，可能不尽全面、准确，欢迎同人指正并进一步交流。

石材质量的超声波检测技术研究

童寿兴

（同济大学，上海，200092）

本文尝试将成熟的超声波无损检测混凝土缺陷的方法移植于石材质量的判定。试验表明，针对混凝土非均质材料的超声检测技术，完全适用于在石材上的无损试验。研究结果对于均质石材内部质量的判据，应比混凝土更严格些，建议可提高至声速平均值减一倍标

准差的临界值来评判。

本研究的起因来源于上海博物馆的一个委托检测项目，为了对文物采取保护措施，要求对明代艾可久原墓前的一块记事石碑的石材的内部质量以及表面裂缝的深度进行无损检测和鉴定。超声波检测混凝土缺陷的技术已日臻完善，目前国内对混凝土缺陷的检测都采用标准《超声法检测混凝土缺陷技术规程》[1]（CECS 21：2000），在石材上进行超声波无损检测的工作国内展开较少，作者依据参考文献［1］，运用超声波检测缺陷的声速异常值判据以及裂缝深度的计算公式对艾可久记事石碑进行了无损检测。

1　检测目的及内容

艾可久，明代上海人，嘉靖四十一年（1562 年）进士，历官太常寺卿、御史、衡州知州、山东副使、江西和陕西参政、按察使、南京通政使等。后迁居上海，建墓于上海市浦东新区孙桥乡。艾可久墓石碑长、宽各约 105cm，高约 200cm，石碑的四面均刻有长篇碑文，是 400 多年前的历史文物。该石碑当年曾置于亭内，"文革"时遭破坏被推弃于河边，现今吊装、搬运重置于川沙档案馆内保存。因受自然风化和人为破坏的影响，现石碑四周的棱边存在不同程度的勒损和崩裂。石碑四周立面均有大小不等的表观裂纹，其中有两条较大且具有典型性：南立面中下半部有一条较长的西高东低裂缝（以下简称 1 号斜裂缝）；西立面的中部有一条水平裂缝（以下简称 2 号水平裂缝）。艾可久墓石碑是上海市内难得的历史久远的刻有记事的珍贵石碑，具有较高的文物保护价值。受上海博物馆的委托，我们采用超声波法对该石碑的内部质量及上述两条较大且具有典型性的表观裂缝进行深度的检测。

2　超声法检测石材缺陷基本原理

（1）超声脉冲波在检测石材内部的缺陷界面产生散射和反射，使到达接收换能器的声波能量（波幅）显著减小，可根据波幅变化的程度判断缺陷。

（2）超声脉冲波通过缺陷时，部分声波会产生路径和相位变化，不同路径或不同相位的声波叠加后，造成接收信号波形畸变，可参考畸变波形分析判断缺陷的性质。

（3）超声脉冲波在检测石材中遇到缺陷时产生绕射，可根据声时及声程的变化，判别和计算缺陷的范围。

（4）当检测石材的组成、内部质量及测试距离一定时，各测点超声传播速度、首波幅度等声学参数一般无明显差异。如果某部分检测石材中存在裂纹或损伤等缺陷，破坏了石材的整体性，通过该处的超声波与无缺陷处相比较，声时明显偏长，波幅和频率明显降低。超声法检测材料内部缺陷，正是根据这一基本原理，对同条件下的检测石材进行声速、波幅测量值的相对比较，从而判断其缺陷情况。

3　现场检测

3.1　检测设备

ZBL－U510 非金属超声检测仪。

3.2　检测方案

（1）石碑青石材内部质量的检测：在石碑的南、北对称两侧立面，水平及垂直方向各间隔 15cm（水平布线 11 条、垂直布线 7 条）呈网格状组成检测测区及测点，采用水平对测法逐点超声波检测。异常数据判断值 X_0 计算公式：$X_0 = m_v - \lambda_1 \times S_v$。

（2）石碑表观裂缝深度的检测：对南立面中下半部的 1 号斜裂缝以及西立面中部的 2 号水平裂缝，参照《超声法检测混凝土缺陷技术规程》（CECS21：2000）单面平测法检测裂缝深度的计算公式：$h_{ci} = \dfrac{1}{2} l_i \sqrt{(t_i^0 v / l_i)^2 - 1}$ 进行处理。

4　检测数据的处理

4.1　石碑青石材内部质量的检测

采用超声法检测艾可久墓石碑青石材的质量。在南、北对称相对二个侧面以 15cm 见方网格普测，共布置超声测点 77 对。检测部位 77 对声测点的平均声速 m_v、声速标准差 S_v、异常数据判断值 X_0 以及小于 X_0 声速值测点数见表 1。

表 1　　　　　　　　　　　　石碑青石材内部质量的检测

测点数 （对）	λ_1 （$n=77$）	平均声速 m_v(km/s)	标准差 S_v(km/s)	判断值 X_0(km/s)	最小声速 v_{min}(km/s)	小于 X_0 的测点数
77	2.225	6.098	0.1578	5.75	5.770	0

检测部位 77 对声测点的平均声速 m_v 为 6.098(km/s)，声速标准差 S_v 为 0.1578(km/s)，检测部位 77 对声测点的最低声速 5.770km/s，即测点中没有超声声速数据小于异常数据判断值 X_0 的测点，参照 CECS 21：2000 规程，可判定石碑检测部位的青石材内部质量正常，无结构破坏性缺陷。

在超声法检测混凝土内部缺陷的历史研究过程中，曾有采用 2 倍或 3 倍标准差的指标评判其质量[2]，一般而言，$m_v - 2S_v$ 的小概率为 2.27%，$m_v - 3S_v$ 的小概率为 0.13%，如采用 $m_v - 3S_v$ 的小概率判断混凝土内部是否有缺陷，判准率比 $m_v - 2S_v$ 高，即不会错判，但有可能承担缺陷被漏判的风险。艾可久墓石碑曾遭自然风化和搬运等人为破坏的影响，四周的棱边存在不同程度的勒损和崩裂，表观裂纹明显可见，但参照 CECS 21：2000 规程，采用异常数据判断值 $X_0 = m_v - \lambda_1 \times S_v$ 计算公式来评判却未能发现缺陷。

在材料存在缺陷的场合，其声速波动的离散性随缺陷的严重程度而变大，即标准差偏大，用 3 倍或由测点数对应的 λ_1 倍的标准差作为判据的 X_0 值较小，亦有可能存在缺陷被漏判的风险。对于检测要求高的如匀质石材质量的超声波检测，可用声速平均值减 1 倍标准差 $m_v - S_v$ 的值 X_{01} 作为判据。按表 1 中的检测数据计算 $X_{01} = m_v - S_v$ 为 5.94(km/s)，考察 77 对超声测点中，有 12 对数值小于 X_{01}，即有 12 对异常数值的可疑缺陷测点，这些测点主要分布于石碑南立面的东侧以及 1 号斜裂缝的附近，这和石碑的外观表层勒损等情况相符。如采用 1 倍标准差作为判据，即缺陷不会漏判，但存有被错判的可能，结合检测部位的 77 对测点超声波波形正常、无严重畸变，首波幅度较高，最终综合判定 12 对低数值测点部位属表层缺损，艾可久墓石碑青石材的内部质量为正常。

4.2 石碑表观裂缝深度的检测

4.2.1 单面平测法检测

参照 CECS 21：2000 规程，布置跨缝、不跨缝超声测点，以公式 $h_{ci} = \frac{1}{2} l_i \times \sqrt{(t_i^0 v / l_i)^2 - 1}$ 计算裂缝深度，两条较大且具有典型性的表观裂缝：南立面下半部 1 号斜裂缝的深度为 69mm，西立面中部 2 号水平裂缝的深度为 40mm。

4.2.2 首波相位的反转现象

在混凝土裂缝深度的检测，常有当两换能器的跨缝间距 2 倍以上于裂缝深度时，超声接收波的首波为向下的负波，此时换能器相近移动，改变两换能器的跨缝间距至不足 2 倍裂缝深度时，首波反转向上为正波[3]。该规律在石碑上同样呈现，而且在匀质石材上的反转现象比在混凝土中更明确。这对佐证以公式计算得到的裂缝深度有良好的辅助作用，而且在实际工程的检测时对裂缝深度的信息来源比裂缝深度计算公式得到的结果更早更直观，且有利于在工程检测中及时调整换能器的布置位置。

4.3 对测声速与平测声速的相关关系

对于裂缝深度的检测时，参照 CECS 21：2000 规程，需以平测法检测不跨缝的声速，石碑超声平测的声程—声时回归声速 $v_{平测}$ 为 5.870(km/s)，77 对超声对测平均声速 $v_{对测}$ 为 6.098(km/s)，则 $v_{对测}$ 与 $v_{平测}$ 的比值为 1.04，这与在混凝土中的检测结果相当[4]。

5 结论

（1）针对混凝土非均质材料的超声检测技术，完全适用于在石材上的无损试验。

（2）对于检测要求高的如均质石材内部质量的判据，应比混凝土更严格些，为避免缺陷可能被漏判，建议异常值的判据可提高至用声速平均值减一倍标准差 $X_{01} = m_v - S_v$ 的临界值来评判。

（3）当两换能器的跨缝间距在 2 倍裂缝深度左右时，首波相位会发生反转现象：大于 2 倍裂缝深度时首波向下为负波；2 倍裂缝深度以内时反转向上为正波。匀质石材上的反转现象比混凝土更明确。

（4）匀质石材上的对测声速比平测声速高，其比值约为 1.04，这与混凝土的检测结果相当。

参 考 文 献

[1] 超声法检测混凝土缺陷技术规程 [S]（CECS 21：2000）.

[2] 李为杜 . 混凝土无损检测技术 [M]. 上海：同济大学出版社，1989：p62 - 63.

[3] 林维正 . 土木工程质量无损检测技术 [M]. 北京：中国电力出版社，2008：p142 - 144.

[4] 童寿兴，王征，商涛平 . 混凝土强度超声波平测法检测技术 [J]. 无损检测，2004，26（1）：p24 - 27.

混凝土结构实体钢筋检测的研究

张全旭　管　钧　张立平　范瑞民

（北京智博联科技有限公司，北京西城区德外大街 11 号 B 座 216 室，100088）

本文介绍了电磁感应法在钢筋检测方面的应用，对保护层厚度和钢筋直径的检测原理进行初步分析，并对实际构件检测中的相关问题作了深入探讨。

钢筋是混凝土结构中最重要的元素之一，它直接决定了结构的抗压、抗剪、抗震、抗冲击性能，影响结构的安全性和耐久性。2002 年 4 月颁布的《混凝土结构施工质量验收规范》（GB 50204—2002）[1]，对工程的梁、板类构件的保护层厚度检测提出了明确要求；另外，在对旧有结构进行评估、改造过程中对内部的钢筋分布（数量、规格、保护层厚度）也需进行现场检测。面对大量的检测需求，如何快速、准确地进行检测，是我们面临的需要探索研究的课题之一。

目前主要有两种钢筋检测方法：一是利用电磁波波动原理的雷达检测，二是利用电磁感应原理的钢筋检测仪检测。前一种方法由于设备较为昂贵、定量性较差，应用面较小；目前国内外广泛使用电磁感应原理进行检测，现在对该方法及现存问题进行以下探讨。

1　检测原理

仪器通过传感器在被测结构内部局部范围发射电磁场，同时接收在发射电磁场内金属介质产生的感生电磁场，并转换为电信号，主机系统实时分析处理数字化的电信号，从而判定钢筋位置、保护层厚度和钢筋直径。接收信号大小和钢筋位置的相对关系如图 1 所示。

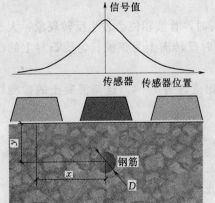

图 1　检测原理

其中，信号值 E 可以表达为[2]：

$$E = f[D, x, y] \tag{1}$$

式中　E——信号值；

　　　D——钢筋直径；

　　　x——传感器到钢筋中心的平行距离；

　　　y——传感器到钢筋中心的垂直距离。

由图 1 可以看出仪器接收的信号值大小与被测钢筋直径成正比，与传感器到被测钢筋的距离成反比。

1.1　钢筋位置和保护层厚度测量

从图 1 中信号值与传感器和被测钢筋相对位置之间的曲线图可以看出，当传感器位于被测钢筋正上方时接收信号值最大，因此通过检测传感器在被测钢筋上方移动时接收信号的峰值点而判断钢筋位置。上述信号峰值检测只有在接收信号上升越过峰值点并开始出现下降趋势的时候才能够判断，所以钢筋位置的自动判定是在传感器越过了钢筋正上方后才发生，这就是所说的"滞后效应"。

如果传感器处于钢筋正上方时由式（1）可知，式（1）中 $x=0$ 时：

$$E=f[D,y] \tag{2}$$

因此当已知钢筋直径 D 时，由信号值 E 的大小可以检测出被测钢筋的保护层厚度 H：

$$H=y-D/2 \tag{3}$$

1.2 钢筋直径测量

由公式（2）可知必须测量两种状态下的信号值大小，建立以下方程组：

$$E_1=f[D_1,y_1]$$
$$E_2=f[D_2,y_2]$$

求解出钢筋直径 D 和保护层厚度 H。

目前测量钢筋直径的方式主要有以下两种。

（1）正交测量法。传感器在与被测钢筋平行和垂直的位置、且置于钢筋正上方各测量一次，得出直径测量值。该方法的测量过程因变换位置引入了两次测量误差。

（2）内部切换法。当传感器置于钢筋正上方，仪器自动切换传感器的测量状态，进行两次测量，得出直径测量值。该方法不需变换传感器位置，减少了出现误差的环节，快捷方便，容易操作。

2 板、柱类构件钢筋的位置及保护层厚度检测

2.1 钢筋位置检测

板、柱类构件相对于梁底钢筋间距一般较大，其钢筋位置检测一般有两种测量方法：平行扫描法、旋转扫描法。

2.1.1 平行扫描法

如图 2 所示，首先在与箍筋（上层钢筋）设计方向大致垂直的方向标志两条相互平行的扫描线 a1、a2，分别扫描确定箍筋钢筋的准确位置和走向；选择间距较大箍筋的中间位置标志两条相互平行的扫描线 b1、b2，分别扫描确定主筋（下层钢筋）的准确位置和走向。避免在图 3 所示的情况下扫描钢筋位置，此时明显会出现错误的测量结果。

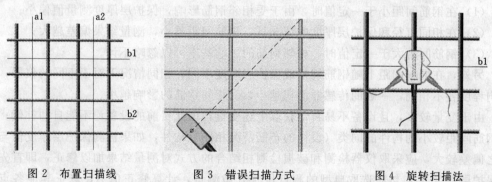

图 2　布置扫描线　　　　　图 3　错误扫描方式　　　　　图 4　旋转扫描法

2.1.2 旋转扫描法

（该方法只适用于有指向性的传感器）如图 4 所示，首先在与被测钢筋设计方向大致垂直的方向，沿直线匀速移动传感器，当仪器提示找到一根钢筋时，在附近位置左右旋转传感器，找到信号值最大的位置，此时传感器轴向与钢筋平行；然后保持传感器角度不变，平行左右移动传感器，找到信号值最大的位置，即是钢筋的准确位置。

对于能大致判断出钢筋分布方向的构件进行检测，宜采用平行扫描法。对不能判断钢筋的大致布局和走向的特殊构件进行检测，宜采用平行扫描法和旋转扫描法相结合的方式。

2.2 保护层厚度检测、影响及修正

保护层厚度检测一般有以下两种方式。

（1）钢筋准确定位定向后，将传感器平行放置在钢筋正上方，仪器显示的厚度值即是保护层厚度。

（2）传感器平行于钢筋方向放置，并沿与钢筋轴向垂直的方向匀速移动，当传感器越过钢筋正上方时，仪器自动判定保护层厚度值。

保护层厚度的测量准确程度受相邻钢筋、骨料品种（含铁质成分）、钢筋材质、水泥品种等诸多成分的影响，但相邻钢筋对测量结果影响较大。为此，我们分别采用不同仪器，对不同钢筋规格、不同保护层厚度、不同主筋及箍筋间距对测量结果的影响做了大量的室内和现场试验工作，仅对主筋直径 18mm、箍筋直径 8mm、在不同钢筋间距情况下实际测量的结果列表如表 1 所示。

表 1　　　　　　　　　　不同钢筋间距时保护层厚度实测结果　　　　　　　　单位：mm

箍筋间距 主筋间距 保护层厚度	40					60					120				
	80	90	100	110	120	80	90	100	110	120	80	90	100	110	120
20	16	17	19	19	19	16	17	19	20	20	17	19	20	20	20
30	25	26	27	28	28	25	26	28	28	29	27	28	29	30	30
40	33	34	35	36	36	34	35	36	37	38	36	37	38	39	40
50	43	43	43	44	44	44	44	45	45	46	46	47	48	48	49

由此可以看出：

（1）在钢筋间距小于一定值时，由于受相邻钢筋影响，保护层厚度测量值偏小；

（2）在相同直径和保护层厚度的情况下，钢筋间距越小，测量结果偏差越大；

（3）钢筋间距大于一定值时，相邻钢筋的影响基本可以忽略不计。

另外，在同一间距下随钢筋规格或保护层厚度不同，相同情况下对于不同的仪器，其影响程度各不相同，一般的传感器面积越小，受相邻钢筋的影响越小。

由于变量较多，且设备不易自动获取上述变量，因此目前的设备均不能自动补偿；对于钢筋间距较小的构件的同类（设计的布筋情况相同）构件，如果被测保护层厚度值与设计之偏差较大，应采取仪器检测和破损检测相结合的方式对测量结果加以修正，即首先测量保护层厚度 T_i，然后选取典型的测点位置开凿测量，计算修正值 Δ，修正其他各点的

测量结果。

$$\Delta = T_n - T_r \qquad\qquad (4)$$

$$T_{im} = T_i + \Delta \qquad\qquad (5)$$

式中　T_n——开凿处仪器测量的保护层厚度值；

　　　T_r——开凿处保护层厚度实际值；

　　　T_i——其他相类似位置仪器测量的保护层厚度值；

　　　T_{im}——修正后的测量结果。

3　梁类构件的位置及保护层厚度检测

　　在检测这类构件时，如钢筋间距较密（中心距在 2 倍钢筋直径左右），仪器的信号值变化相对较小，其显示的保护层厚度值变化更小，甚至几乎没有变化，如图 5 所示。

　　在这种情况下，目前大多数钢筋检测仪器都不能自动判定钢筋数量。

　　对该类构件的检测一般应采用下列方法：首先确定箍筋的准确位置；在间距较大的两条箍筋中间位置布置一条扫描线，沿扫描线以较慢的速度匀速移动传感器，人工判定钢筋位置；一次扫描过程结束后，在相反的方向重新扫描一次，两次扫描结果相互验证。为了慎重

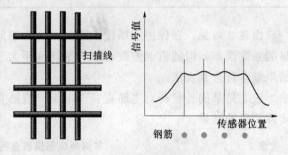

图 5　密集钢筋检测信号

起见，最好在另外两条上层钢筋中间重复上述测量，以核实测量结果，并且准确定向钢筋。

　　我们在理论研究和大量的模型试验基础上，成功地解决了较密集钢筋检测中的自动判读问题，并且在工程现场检测中取得了很好的效果。

4　钢筋直径检测

　　直径检测是钢筋检测中的一大难题，一般仪器在实验室可以取得较好的测量结果，但往往在现场检测中出现较大的偏差。出现这种现象的原因主要有两个方面，一个是钢筋定位的准确程度，另一个是相邻钢筋的影响。

　　钢筋直径检测是以传感器位于钢筋正上方，并且与钢筋相互平行（或垂直）为条件的。在现场检测中，只有精确测量钢筋位置和走向后才能够满足测量条件。试验证明，在钢筋正上方左右移动传感器，一般在 10～20mm 仪器显示的保护层厚度值没有明显变化，也就是说，如果单纯依据保护层厚度值很难准确定位钢筋。有些仪器提供了比保护层厚度更灵敏的定位手段，可以大大提高钢筋定位精度，从而为钢筋直径检测提供更好的条件。

　　钢筋直径的检测一般是以单根钢筋为物理模型进行设计的，但是在实际混凝土结构中，钢筋都以主筋配箍筋或网状筋的方式布置，与物理模型存在较大差距，因而不可避免地要产生测量误差。在钢筋间距很大的情况下，这种影响很小，基本可以忽略不

计；但是在一般情况下，测量结果与真值存在很大的偏差，检测结果一般偏大。表2是某仪器对主筋直径18mm、箍筋直径8mm的构件在不同钢筋间距情况下实际测量的结果。

表2		不同钢筋间距时钢筋直径实测结果										单位：mm			
箍筋间距＼主筋间距		40					60					120				
保护层厚度		80	90	100	110	120	80	90	100	110	120	80	90	100	110	120
30		—	25	25	28	28	20	20	22	22	22	18	18	18	18	18
40		28	28	28	28	28	22	20	22	22	22	20	20	18	18	18
50		28	28	28	28	28	28	25	25	25	25	25	22	20	20	20

由表2可见，在保护层厚度大致相同、主筋间距大致相同的情况下，测量结果存在明显的系统误差，但随机误差较小，当箍筋间距大于80mm、保护层厚度为30mm时，测量结果基本符合真实值。

表3是某国外仪器对主筋直径18mm、箍筋直径8mm的构件在不同钢筋间距情况下实际测量的结果。

表3		某国外仪器钢筋直径实测结果										单位：mm			
箍筋间距＼主筋间距		40					60					120				
保护层厚度		80	90	100	110	120	80	90	100	110	120	80	90	100	110	120
30		40	44	50	50	—	20	20	20	20	22	16	14	14	14	14
40		50	50	50	50	50	32	28	28	28	32	20	18	16	16	16
50		50	50	50	50	50	40	40	36	32	36	28	20	20	25	18

由表3可见，测量结果的随机误差较大。

在实际检测工作中，如果随机误差较小，则可采用局部破损方法加以修正，消除系统误差的影响。

利用电磁感应原理进行结构实体钢筋检测除受相邻钢筋的影响外，仍在不同程度受骨料、水泥、配合比、钢筋材质等诸多因素的影响，一般情况下其影响程度小于前者，由于受时间、条件限制笔者未做大量的试验工作，但若进一步提高现有的检测水平，可能仍需由广大同人一起做大量细致的研究工作。

以上是我们对于混凝土结构钢筋检测的一些浅见，限于笔者水平，有不当之处，希望大家批评指正。

参 考 文 献

[1] 中国建筑科学研究院．混凝土结构工程施工质量验收规范．北京：中国建筑工业出版社，2002.
[2] 邰佑诚，房少军．电磁场与电磁波．大连：大连海事大学出版社，2003.

超声波检测拱桥的拱肋钢管混凝土质量

童寿兴

(同济大学，上海，200092)

1 概述

某工程的主桥上部是一个下承式系杆拱桥，跨径 75.0m，拱高 12.5m，桥宽 10.5m。它由主拱圈、拱上风撑、系梁、端横梁、中横梁、桥面板以及吊杆组成。主撑拱肋的拱脚和端横梁是一个整体，通过拱脚预埋件与拱圈连接为整体组成无铰拱。

主拱肋是钢管混凝土结构，钢管直径 1.0m，由 16mm 厚的 A3 钢板在工厂分段卷制焊接成型。钢管内混凝土是 C50 微膨胀混凝土。

为了了解钢管内混凝土的泵注密实性以及混凝土与钢管内壁的胶结质量，采用超声波脉冲法对该工程主拱肋钢管混凝土的施工质量进行非破损检测鉴定。

2 钢管混凝土检测基本原理

在钢管混凝土超声波检测工作中，沿钢管壁传播时，超声波信号对检测是否有影响是检测人员所关注的问题，也是能否采用超声脉冲法检测钢管混凝土质量的关键。根据实验模拟声波传播的距离及实例结果可以归纳如下。

当超声波换能器布置为直接对穿法检测时，超声波在钢管混凝土中径向传播的时间 t_c 与绕钢管壁半周长传播时间 t_{sp} 的关系为：

$$t_c = \frac{2R}{v_c} \tag{1}$$

$$t_{sp} = \frac{\pi R}{v_{sp}} \tag{2}$$

即

$$t_{sp} = \frac{\pi v_c t_c}{2 v_{sp}} \tag{3}$$

式中　R——钢管的半径；

v_c——超声波在钢管混凝土中的传播速度；

v_{sp}——超声波绕钢管壁的传播速度。

该工程钢管混凝土的设计强度等级为 C50，采用 525♯ 普通硅酸盐水泥、中沙、5～25mm 碎石，掺 Ⅱ 级低钙灰、高浓高效泵送剂以及 U 形膨胀剂。钢管混凝土实测超声声速 v_c 约为 4.5km/s，钢管的声速 v_{sp} 约为 5.4km/s，即：

$$t_{sp} = 1.3 t_c \tag{4}$$

由式（4）可以看出，只要钢管混凝土内部是密实的，且混凝土与钢管内壁胶结良好，则用对穿法检测时，接收信号的首波是沿钢管混凝土径向传播的超声纵波，而绕钢管壁半周长传播的时间较长，其初至波叠加于首波之后，因此，应用超声波检测钢管混凝土的质量是可行有效的。

超声波声通路取决于钢管内混凝土的检测直径，而超声波通过的与发、收换能器接触的两层钢管壁，其厚度相对于钢管混凝土的直径要小得多，虽然钢的声速总大于混凝土的声速，但对"声时"检测的影响与普通钢筋混凝土检测时垂直于声通路排置钢筋的影响相当，一般可忽略不计。为了计算方便，可取钢管外径作为超声波检测的实际传播距离。

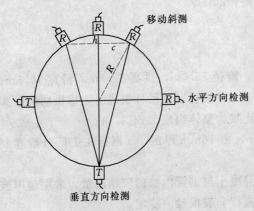

图1　超声波检测换能器布置方式

3　检测方法

超声波纵波脉冲对穿法检测，选用频率50kHz、直径为4cm的换能器，以黄油作为耦合剂。在钢管圆周上放置发、收两换能器时，为保证径向传播距离的对称性而又不倾斜，特制了换能器定位模具作为基准，用于超声波的检测。该模具为一半圆环，半径略大于钢管半径 R，可正好卡在钢管外壁上，半圆环的两端部距环中点的垂直高度为 $R-2cm$。正常检测时，发、收换能器直接靠在半圆环模具的两端，不必另行专门画线布点，快速方便，且能保证为径向传播。

超声波检测时换能器布置方式见图1，在同一圆周上布置2对或4对超声测点，可先在水平方向检测，然后上下方向检测2对测点，同时测得超声波声时、首波幅值、接收频率等声学参量。如果发现混凝土与管壁胶结脱空等可疑测点，再补加测点扫测，确定缺陷的范围和程度。

4　检测数据的判别

本工程拱肋钢管混凝土超声波检测，超声波首波接收信号好、接收频率较高、声时传播正常、计算所得的混凝土声速值在4.3km/s以上，即表明混凝土内部严密充实、混凝土与钢管管壁胶结良好的测点仅占测点总数的38%，其余测点综合声时、接收频率和首波幅值，判定混凝土与钢管内壁存在不同程度的胶结不良或脱空缺陷。为了检测可疑测点处混凝土与钢管内壁脱空的最大距离，如图1所示：将发射换能器 T 固定，接收换能器 R 左右移动测量，根据换能器移动位置在水平的投影距离 C，可计算出理论最大脱空距离 h。或按式（5）可预先确定满足工程要求时的换能器平移最大距离。

$$h=R-\sqrt{R^2-C^2} \tag{5}$$

或

$$C=\sqrt{2Rh-h^2} \tag{6}$$

式中　h——混凝土与钢管壁的最大脱空距离；

　　　R——钢管的半径；

　　　C——换能器斜测时移动的距离在水平面上的投影。

按工程要求，混凝土与钢管内壁的最大允许脱空距离 h 不应大于3mm，根据式（7），

当 $R=500mm$ 时，计算的换能器平移距离 C 为 55mm。若在 $C \leqslant 55mm$ 处测得的超声信号正常，则表明 $h \leqslant 3mm$，满足工程要求。

5 检测结果与分析

本工程钢管混凝土检测部位存在较多的脱空区域，一旦混凝土与钢管壁脱离胶结，超声波将沿钢管壁半周长传播，此时声时偏长，单独采用 $h=R-\sqrt{R^2-C^2}$ 理论推导公式，有时会对检测结果产生误判。在超声检测基础上，作者选择疑有缺陷、有代表性的测区，在钢管上钻取 4mm 的小孔后用游标卡尺测量，测得的混凝土与钢管内壁的最大脱空距离为 1.5~2.8mm。

该工程采用设计强度等级为 C50 的微膨胀混凝土，每立方米的水泥用量为 560kg，U型膨胀剂的掺量为 14%。掺膨胀剂的目的是为了补偿收缩，防止或减少钢管内混凝土的干缩和水化热产生的冷缩，从而防止混凝土与钢管壁的胶结脱离。补偿收缩混凝土的技术特征是在满足工作性、强度的前提下，必须达到设计的限制膨胀率，一般为 0.02%~0.04%，因此，膨胀剂的掺量是关键，膨胀剂的质量是保证，多掺对强度不利，少掺或膨胀剂质量差均难以达到补偿收缩的效果。

该工程混凝土设计强度高，水泥用量多，从而水化热较大，而混凝土试配测得的膨胀率仅为 0.0128%。施工单位在钢管内泵注混凝土后，连续数日在钢管外壁采用小锤敲击检测，有空壳声响的区域随龄期的增加而渐多，可见该工程混凝土的微膨胀未能有效补偿混凝土的干缩和冷缩。

此外，超声波检测布置在水平方向的换能器测点，在两根主拱的内侧面的一系列相同部位，都检测到混凝土与钢管内壁有一定程度的脱空。对于这种有规律的脱空现象，经调查，这些部位在混凝土泵注前，为了防止钢管的移位变形，都采用了剪刀撑的形式在钢管对称部位电焊过钢板连接件。钢管混凝土结构表面的温度要求不超过 100℃，当超过 100℃ 时，应采取有效的防护措施。施工单位在混凝土泵注后，为了拆除剪刀撑，用气焊割除钢管外壁上的钢板，气焊切割过程违反钢管混凝土施工规程，产生的高温未采取有效措施，切割时产生的热效应造成了这些部位钢管内壁与混凝土的脱离。

6 结论

（1）超声波技术能有效检测、鉴定钢管混凝土的内部质量，特制的换能器定位模具能确保声波的径向传播。

（2）微膨胀混凝土膨胀剂的掺量是关键，膨胀剂的质量是保证，混凝土配合比设计测得的膨胀率应满足补偿收缩的要求。

（3）钢管混凝土结构表面温度不宜超过 100℃。钢管混凝土泵注后，任何未采取有效防护措施的热影响都可能造成钢管内壁与混凝土的胶结脱离。

混凝土中的钢筋锈蚀检测应用技术方法

张全旭　管　钧　陈卫红

（北京智博联科技有限公司，北京西城区德外大街 11 号 B 座 216 室，100088）

本文介绍钢筋锈蚀产生的机理及检测方法，重点介绍了最常用的半电池自然电位法在钢筋锈蚀检测中的应用。

1　钢筋锈蚀机理

钢筋混凝土中钢筋发生锈蚀主要是电化学反应的结果。混凝土浇注后，水泥的水化反应产生强碱环境，钢筋会在该环境中发生氧化反应（又称钝化反应），从而在钢筋的外表面产生一层致密的氧化层，就是常说的钝化膜。完整的钝化膜能够将钢筋和外部环境隔离开来，阻止钢筋的锈蚀。

当混凝土受外力破坏或化学侵蚀造成钝化膜局部消失时，失去保护的钢筋在具有氧气和水的环境中就会逐渐发生锈蚀。主要有以下几种常见的因素。

1.1　氯化物

氯化物渗透到钢筋表面后，Cl^- 的局部酸化作用使钢筋表面 pH 值下降，导致钝化膜的破坏。

1.2　酸性环境

混凝土处于酸性环境中时，离子渗透作用会逐渐改变钢筋周围的 pH 环境，当 pH 值低于 10 的时候，钝化膜被加速破坏，锈蚀发生。

1.3　碳化

混凝土碳化反应是环境气体中的二氧化碳向混凝土内部扩散，当混凝土中含有水分时，产生酸性环境，造成锈蚀发生的可能。

1.4　应力

一般混凝土构件都是用来承受压力、拉力、剪切力等力的作用。当应力作用使钢筋表面发生裂纹，导致钝化膜的破坏，而且钢筋周围没有重新产生钝化膜的强碱环境时，钢筋失去保护，会加速钢筋的锈蚀。

2　钢筋锈蚀检测技术

长期以来，国内外一直都在研究钢筋锈蚀检测的方法，目前主要有以下几种。

2.1　电化学法

电化学法是根据钢筋锈蚀的电化学特性，通过一定的检测方法来测定电参数，总结不同锈蚀情况下相应的规律，从而确定钢筋的锈蚀程度或速度。目前，该类方法主要有自然电位法、交流阻抗法、线性极化法、混凝土表面电阻率法、恒电量法、电化学噪声法等。

2.1.1 自然电位法

自然电位法是现在应用最广泛的钢筋锈蚀检测方法。把钢筋混凝土作为电极，通过测量钢筋电极和参考电极的相当电势来判断钢筋的锈蚀情况。

自然电位法的优点是设备简单、操作方便，缺点是只能定性地判定钢筋锈蚀的可能程度，不能定量测量钢筋锈蚀比例；在混凝土表面有绝缘体覆盖或不能用水浸润的情况下不能使用该种方法进行测试。

2.1.2 交流阻抗法

交流阻抗法是对混凝土构件施加一个小的交流信号，通过测量和对比输入与输出信号振幅及相位之间的关系来判断混凝土电极体系的性质。它不仅可以确定出电极的各种电化学参数，而且可以确定出电化学反应的控制步骤。通过交流阻抗谱随时间的演变也可以研究电极过程的变化规律。该方法的缺点是，测量时间较长，仪器设备也比较昂贵，对低速率锈蚀体系需要低频交流信号，测量也有一定的困难；分析方法复杂，测量的阻抗谱与构件的几何尺寸有关，不适合现场测试。

2.1.3 线性极化法

线性极化法以过电位很小时（＜10mV）过电位与极化电流呈线性关系作为理论依据。通过向测量区域施加一个小电流，测量该电流引起的电位变化，电位变化量与电流之比称为极化电阻，极化电阻与锈蚀电流成反比。因此测定出极化电阻可以求得极化电流，根据法拉第定律可以将极化电流转换为钢筋的损失量。该方法测量方便快捷测试精度较高。缺点是：现场构件的计算系数不容易准确测定；线性极化测量是建立在已知测量范围的基础上，由于测量时输入信号会发生侧向扩散，很难准确界定测量范围的大小；仪器精度要求很高。

2.1.4 混凝土表面电阻率法

钢筋锈蚀发生时，会产生电子的迁移，从而在混凝土表面发生电子分布差异，通过测量混凝土表面的电阻率分布情况判断钢筋的锈蚀可能性。该方法受混凝土表面水分含量和化学成分的影响。

2.2 物理法

物理法主要是通过测定与钢筋锈蚀相关的电阻、电磁、热传导、声波传播等物理特性的变化来反映钢筋的锈蚀状况。常用方法有电阻棒法、涡流探测法、射线法、声发射探测法等。该类方法的优点是操作方便，受环境的影响较小，缺点是容易受到混凝土中其他损伤因素的干扰；而且建立物理测定指标和钢筋锈蚀量之间的对应关系比较困难。物理法目前主要处于理论研究阶段，未见用于现场检测。

3 半电池自然电位法检测的优点

位于离子环境中的钢筋可以视为一个电极，锈蚀反应发生后，钢筋电极的电势发生变化，电位大小直接反映钢筋锈蚀情况。众所周知，电池是由一个阴极和一个阳极构成，钢筋电极只具有电池的一半特征，所以被称为半电池。在混凝土表面放置一个电势恒定的参考电极（硫酸铜电极或氯化银电极），和钢筋电极构成一个电池体，就可以通过测定钢筋电极和参考电极之间的相对电势差得到钢筋电极的电位分布情况。总结电位分布和钢筋锈蚀间的统计规律，就可以通过电位测量结果判定钢筋锈蚀情况。

该方法操作简单、测试速度快，便于连续测量和长时间跟踪，在各国应用都比较广泛，也是目前国内使用最多的测试方法。

4 半电池自然电位法的应用

依据《建筑结构检测技术标准》（GB/T 50344—2004）中的电化学测定方法（自然电位法），智博联公司研制出钢筋锈蚀检测专用设备"ZBL—C310 钢筋锈蚀检测仪"，采用极化电极原理，通过铜/硫酸铜参考电极来测量混凝土表面电位，利用通用的自然电位法判定钢筋锈蚀程度。

该产品具有图形化测试界面（见图 1），测量直观、便捷；自动对测量结果进行统计（见图 2），帮助用户判定。技术指标与国外同类仪器相当：测量范围 ±1000mV，分辨率 1mV。

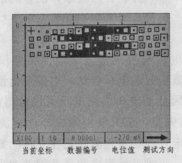

图 1 图形化测试界面

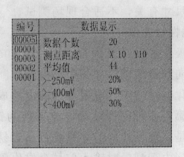

图 2 数据统计

性能特点：

(1) 操作简便，测试结果以数字或图形方式显示；

(2) 测点读数快速而稳定，电位读数变动不超过 2mV；

(3) 钢筋锈蚀程度分 9 级灰度（见图 3、图 4）或图形显示；

(4) 绘制电位等值线图（见图 5），等值线差值可设置（50～100mV）；

(5) 强大的专业分析处理，自动生成检测报告。

图 3 彩色图

图 4 灰度图

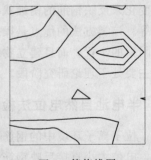

图 5 等值线图

参 考 文 献

[1] 张伟平，张誉，刘亚琴.混凝土中钢筋锈蚀的电化学检测方法.工业建筑，1998，28（12）.

[2] 罗刚，施养抗. 钢筋混凝土构件中钢筋锈蚀量的无损检测方法. 福建建筑，2004（12）.

混凝土黑斑成因引发石子氯盐检测问题的思考

王文明　邓少敏

（新疆巴州建设工程质量检测中心，新疆库尔勒，841000）

本文结合库尔勒机场迁建工程实例对混凝土黑斑的成因作了具体的检测分析和阐述，从而引发对石子氯盐检测问题的思考和建议，供有关质量检测部门和标准制定部门在进行相关检测和标准修订时作为参考依据。

1 工程地质水文环境条件及工程施工概况

库尔勒机场迁建工程场区位于新疆塔里木盆地东北边缘，天山南麓。属阿瓦提—琼库勒隆起砾质戈壁区，标高在 905.03～934.03m，场区地势为北东高南西低，由北向南缓倾，坡度约为 1.0%，最大高差可达 29.00m。场区地形较为平坦开阔，无任何地物存在，不存在滑坡、泥石流、崩塌、岩溶、采空区、磁铁矿等特殊工程地质问题。该区气候属暖温带大陆性干燥气候，中低云少，多晴天，阳光充足，冷热悬殊，昼夜温差和冬夏温差大。夏季干热冬季寒冷但少严寒，蒸发强烈，空气干燥。历年平均气温为 12℃，极端最高温度 42.0℃，极端最低温度 −28.1℃，当地 1 月份出现最低温度，平均气温为 −14.8℃。历年平均降雨量 58.4mm，降雨集中在 5～9 月，占全年雨量的 77%。历年平均降雪量 5.5mm，年平均积雪厚度 21mm，降雪集中在 12 月和 1 月，占全年降雪量的 56%。历年平均风速为 3.0m/s，春夏季风速较大，月平均风速为 3.5～4.0m/s，冬季约为 2.5m/s。

该机场迁建工程所用水泥为新疆和静水泥股份有限公司生产的 P.II 型 42.5 强度等级的硅酸盐水泥。水泥熟料由湿法旋窑生产，C_3S 为 58%～60%，C_2S 为 14%～20%，C_3A 约为 1% 和 C_4AF 为 16%～20%。采用二水石膏作调凝剂，水泥掺有 2%～3% 的石灰石作混合材。碎石主要由库尔勒采石场提供，有少量可能来自库尔勒永超有限责任公司采石场，采石场岩石存在部分盐粘接颗粒。沙采自戈壁滩，外加剂为缓凝高效减水剂。

库尔勒机场迁建工程为方便施工定位，机场区域内设立 200m×200m 主方格网控制坐标。平行于跑道轴线方向称为行，以 H 表示，自下向上递增；垂直于跑道轴线方向称为排，以 P 表示，自左向右递增；每一单位方格距离为 40m×40m（P×H）。跑道长 2800m，宽 50m，跑道两侧各设 5m 宽的道肩，道面总宽度为 60m。该机场迁建工程 2800m 长的跑道和 320m 长的民航站坪混凝土道面建于 2004 年 9 月 5 日至 10 月 29 日，对于飞机使用的道面混凝土设计抗折强度为 5.0MPa，对于运输飞机（军用，民用）使用道面的道肩混凝土设计抗折强度为 4.5MPa，相应的抗压强度均不低于 30MPa。2004 年 11 月道面混凝土出现 1～3cm 大的黑斑 ［图 1（a），图 1（b），图 1（c）］，有白色结晶物析出，至 2005 年 3 月，黑斑数量增加，凿开混凝土，可见黑斑下存在松散颗粒（图 2）。经对道面混凝土黑斑进行鉴定分析，明确黑斑形成的原因，从而引发对黑斑形成因素石子中氯盐监测问题的思考。

(a)

(b)

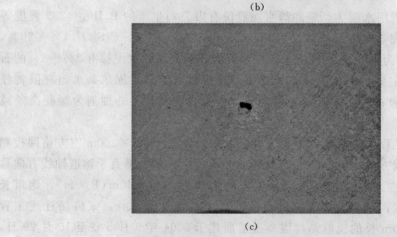

(c)

图 1　机场道面黑斑

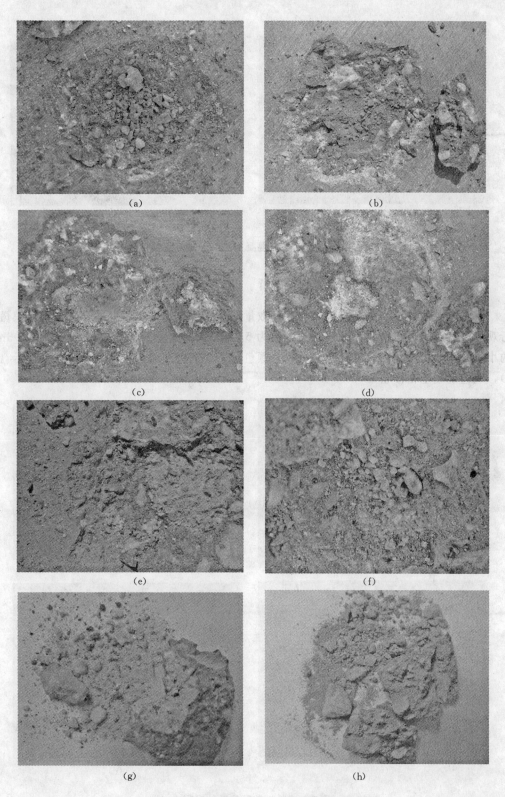

图 2 (一) 道面混凝土黑斑下的松散颗粒

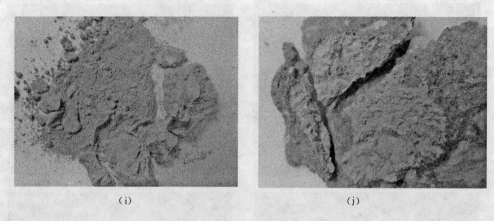

（i）   （j）

图 2（二）   道面混凝土黑斑下的松散颗粒

2　机场混凝土道面黑斑成因具体分析

在跑道及站坪道面混凝土表面均存在数量不等的黑斑，随机凿开跑道道面部分黑斑进行观测，其下均存在松散颗粒，颗粒多数为 5～20mm，少数为 20～40mm，由小于 5mm 的小颗粒石子、土和白色软颗粒等组成，颜色为黄、灰白和黑色。将松散颗粒清除后（图3），周边混凝土粘接正常。

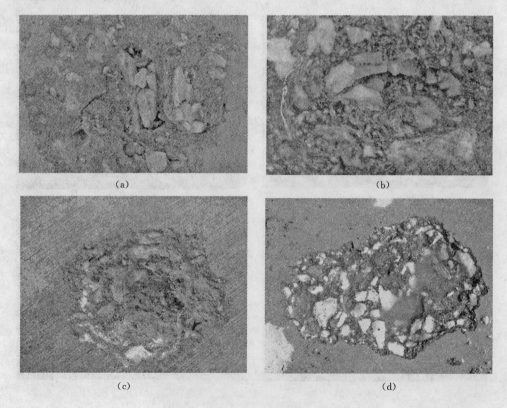

（a）   （b）

（c）   （d）

图 3　清除松散颗粒后的混凝土

该部位的外观特征与碱集料反应情形相似，因此黑斑的成因疑为碱集料反应。但该工程采用的是低碱水泥，沙石骨料也曾依据现今较为公认的标准方法 CECS 48：1993 进行了碱活性试验，从试件膨胀率均小于 0.10％的结果表明，该工程所用沙石骨料均为非活性。因此排除了碱集料反应的可能。为查明道面混凝土黑斑的真正成因，机场迁建工程指挥部委托国家建材专业检测人员从道面混凝土黑斑取了松散颗粒，从碎石矿山采集了部分岩石，主要由库尔勒采石场提供，有少量可能来自库尔勒永超有限责任公司采石场。采石场岩石存在部分盐粘接颗粒如图 4 所示，工地的碎石情况如图 5 所示，沙采自戈壁滩，工地沙如图 6 所示。

(a)　　　　　　　　　　　　(b)

(c)　　　　　　　　　　　　(d)

图 4　采石场中部分盐粘接岩石

(a)　　　　　　　　　　　　(b)

图 5　工地碎石

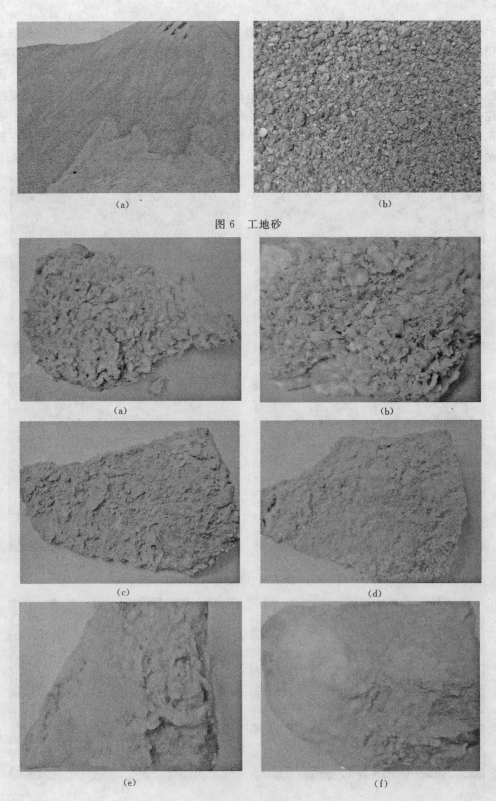

从道面混凝土钻取了部分芯样，从施工单位料堆采集了碎石和沙，从库房采集了水泥和减水剂，从搅拌站水池采集了拌和水，全部作了组成和性能分析。发现黑斑后，对原材料和配合比进行复查，没有发现异常情况。后经研究分析发现，机场混凝土道面黑斑是由盐（石盐）粘接岩石（见图 7）溶解生成 NaCl 进入砂浆引起的。

通过采用工程所用沙、石、水泥和外加剂按工程配合比配制混凝土，在混凝土中埋置少量盐粘接岩石。然后用南京的沙、水泥拌制砂浆，在砂浆中埋置少量盐粘接岩石。在实验室放置 2d 后，混凝土试件和砂浆试件出现了类似道面混凝土的黑斑，黑斑位置对应于埋置盐粘接岩石的位置（见图 8）。因此可以判定，混凝土道面的黑斑是由盐粘接岩石引起的。经过仔细检查料堆，发现石子中确实存在少量结晶盐和软弱颗粒，与混凝土黑斑下的结晶物外观色泽相近，化学成分相似，主要是氯盐，可以确定黑斑应该由粗骨料石子中盐分引起的。

 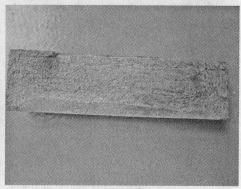

（a）混凝土试件　　　　　　　　　　　　　（b）砂浆试件

图 8　混凝土试件和砂浆试件表面的黑斑

通过显微镜下观察到的颗粒结构（见图 9 和图 10），小颗粒岩石由盐粘接在一起。

道面水泥混凝土试块抗折、抗压强度均符合设计要求，钻芯取样试件经劈裂抗拉强度试验，见图 11 和图 12，将劈裂抗拉强度换算为抗折强度后均符合设计要求，合格率 100%。对石子的有害物含量进行检测，硫酸盐含量合格。石子的国家标准中对氯盐没有具体指标要求，所以在检测中没有及时发现这个问题。

从现场斑点分布情况分析，石盐在混凝土搅拌运输过程中分散，但没有完全溶解，在振捣过程中上浮，造成混凝土上表层斑点偏多。氯盐的主要危害是引起钢筋锈蚀，《混凝土质量控制标准》（GB 50164—1992）对混凝土拌和物中的氯化物总含量（以氯离子重量计）应符合下列规定：对素混凝土，不得超过水泥重量的 2%；对处于干燥环境或有防潮措施的钢筋混凝土，不得超过水泥重量的 1%；对处在潮湿而不含有氯离子环境中的钢筋混凝土，不得超过水泥重量的 0.3%。根据南京工业大学对现场混凝土的分析结果，氯离子含量为 1.00kg/m³，占水泥重量的 0.3%，可以用于跑道类干燥环境。

从现场道面混凝土黑斑下取出松散颗粒的样品，并碾磨成粉末，用于 X—射线衍射分析和化学分析（见图 13）。化学分析仅分析松散颗粒中可溶于水的 K^+、Na^+、SO_4^{2-} 和 Cl^-。另将部分样品溶水后的残渣烘干，用于 X—射线衍射分析。用于衍射分析的仪器为

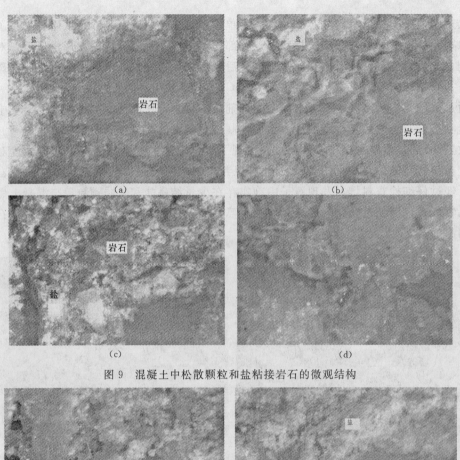

图 9　混凝土中松散颗粒和盐粘接岩石的微观结构

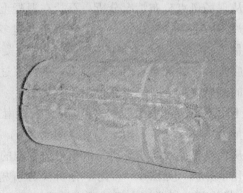

图 10　混凝土中松散颗粒和盐粘接岩石的微观结构

图 11　圆柱体芯样在劈裂抗拉试验装置　　图 12　圆柱体芯样劈裂抗拉试验后破坏形态

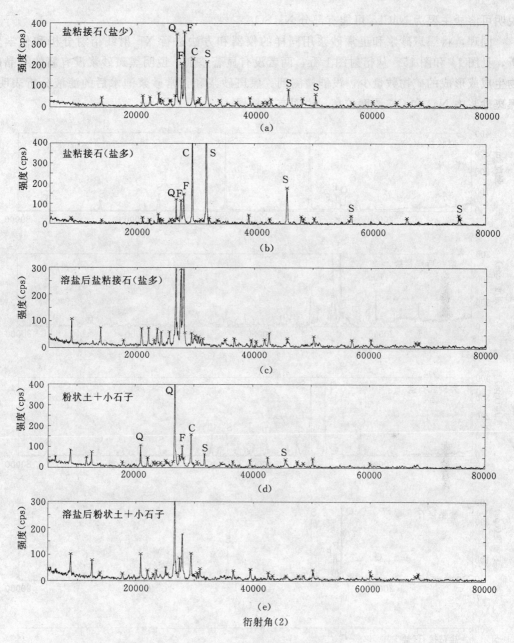

图 13　从混凝土中取出的松散颗粒粉末样及其熔岩后的 X—射线衍射谱图

Q—石英；F—长石；C—方解石；S—石盐

日本理学 Dmax-rB/12 型 X—射线衍射仪，铜靶，扫描速度为 $10°/min$。结果表明，混凝土黑斑下的松散颗粒中均含有石英、长石和石盐。松散颗粒溶水后的残渣基本由石英和长石组成，石盐组分消失，表明在溶解过程中石盐发生了溶解。同时，对混凝土松散颗粒溶水后的溶液进行分析，结果表明从松散颗粒中溶解出了不同数量的 Cl^-、SO_4^{2-}、Na^+ 和 K^+，其中 Cl^- 和 Na^+ 含量较高，有一定数量的 SO_4^{2-} 含量，K^+ 含量相对较低，见表 1。

说明可溶盐主要为 NaCl，可能有部分 Na_2SO_4。

同理，将黑斑砂浆和正常砂浆用同样的仪器和方法进行 X—射线衍射分析和化学分析，见图 14 和图 15。从衍射图上看，两者没有显著差别，说明黑斑砂浆没有新的结晶矿物生成或形成的矿物数量少，没能检测到。黑斑砂浆和正常砂浆泡水后的滤液分析表明，黑斑砂浆中 Na^+ 和 Cl^- 浓度较高，说明有石盐侵入。

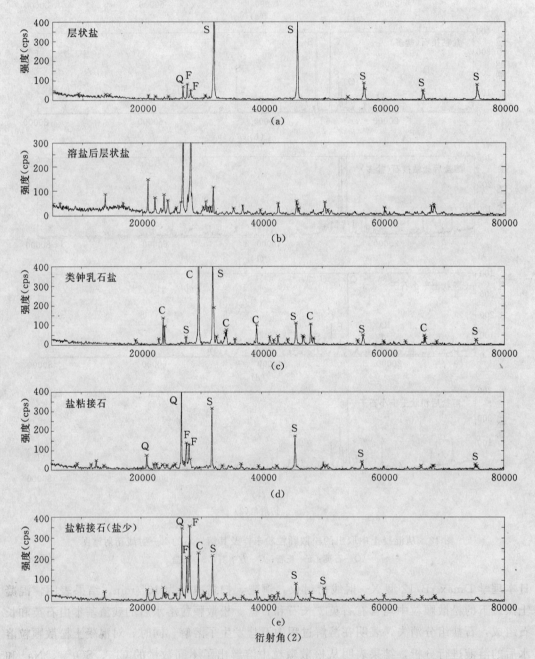

图 14　矿山盐黏接岩石及其熔岩后的 X—射线衍射谱图
Q—石英；F—长石；C—方解石；S—石盐

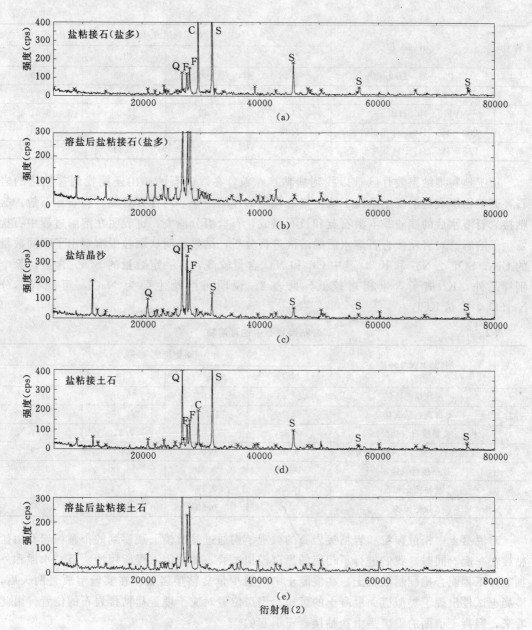

图 15　矿山盐粘接岩石及其熔岩后的 X—射线衍射谱图

Q—石英；F—长石；C—方解石；S—石盐

表 1　　　　　　　　混凝土中软弱颗粒及砂浆的可溶物

样号	取 样 部 位	可溶物组成（%）			
		Na^+	K^+	Cl^-	SO_4^{2-}
1	P85+33　H50+20	0.29	—	—	3.50
2	P85+0　H50+20	8.05	0.04	11.31	6.47
3	P85+33　H49+34	13.35	0.04	22.56	5.26

样号	取样部位	可溶物组成（%）			
		Na^+	K^+	Cl^-	SO_4^{2-}
4	P85+25　H50+2	1.36	0.03	1.93	2.00
5	P69+5　H49+38	31.14	0.01	45.90	6.33
6	P118+10　H49+33	15.88	0.01	26.38	3.41
7	P85+33　H49+34 黑斑砂浆	1.11	0.02	1.11	0.58
8	P85+33　H49+34 正常砂浆	0.41	0.07	0.38	0.46

而工地料堆结果数月已难以找到盐粘接颗粒，在取碎石的矿山还能找到盐粘接的岩石，其矿物组成与混凝土黑斑下取出松散颗粒的样品一样，均含有石英、长石和石盐。盐粘接岩石溶水后的残渣基本由石英和长石组成，石盐组分消失，也表明在溶解过程中石盐发生了溶解。对岩粘接岩石溶水后的溶液进行分析，结果表明从颗粒中溶解出了不同数量的 Cl^-、SO_4^{2-}、Na^+ 和 K^+，其中 Cl^- 和 Na^+ 含量较高，有一定数量的 SO_4^{2-} 含量，除个别样品外，K^+ 离子含量相对较低，见表 2。说明可溶盐主要为 NaCl，可能有部分 Na_2SO_4，少量 KCl。

表 2　　　　　　　　　　　　　　　　岩粘接岩石中的可溶物

样号	样品名称及特征	可溶物组成（%）			
		Na^+	K^+	Cl^-	SO_4^{2-}
1	层状结晶盐层	27.63	0.02	50.18	0.80
2	类钟乳石结晶盐层	24.75	10.96	14.45	1.61
3	盐粘接石（盐少）	8.60	2.91	7.21	1.07
4	盐粘接石（盐少）中水溶残渣	0.03	0.02	0.03	0.09
5	盐粘接石（盐多）	16.48	3.21	16.23	3.10
6	盐粘接土和石	10.09	2.29	11.84	2.60
7	盐粘接沙	4.16	0.39	3.91	4.77

对混凝土中松散颗粒和岩粘接岩石的微观结构通过显微镜下观察到的小颗粒岩石由盐粘接在一起。同时，我们进行了相应的黑斑模拟试验，即采用工程所用沙、石、水泥和外加剂按工程配合比配制混凝土，在混凝土中埋置少量盐粘接岩石。在实验室放置两天后，混凝土试件出现了类似道面混凝土的黑斑，黑斑位置对应于埋置盐粘接岩石的位置。由此看来，混凝土道面的黑斑是由盐粘接岩石引起的。

综合上述结果，我们分析得知机场混凝土道面黑斑由盐（石盐）粘接岩石溶解生成 NaCl 进入砂浆引起的。

也就是说主要由于盐粘接岩石中氯离子作用而引起。由于黑斑的出现使机场道面混凝土的质量引起了相关方面的关注和质疑，在机场道面混凝土配合比设计是以混凝土的抗折强度为前提的，因此验证机场道面混凝土的质量应以混凝土的抗折强度为前提。我们通过在道面混凝土中随机截取了 6 个抗折试件，尺寸为 550mm×150mm×150mm，同时用钻芯机钻取了 33 个圆柱体芯样并加工成 ϕ150mm×300mm。对以上两种不同尺寸的试件分别进行了直接抗折试验和通过劈裂抗拉强度推定抗折强度的试验。（见表 3 和表 4）

表 3 　　　　　　　　现场截取的抗折试件（550mm×150mm×150mm）试验数据

试验编号	试件长度（mm）L_0	试件宽度（mm）b	试件高度（mm）h	支座间距（mm）L	破坏荷载（kN）P	抗折强度（MPa）R_b	平均值（MPa）
	550	150	150	450	31.85	4.25	
F200500163	550	150	150	450	34.33	4.58	4.6
	550	150	150	450	36.51	4.87	
	550	150	150	450	42.61	5.68	
F200500161	550	150	150	450	47.76	6.37	6.1
	550	150	150	450	47.17	3.29	
备注	$R_b = PL/bh^2$（MPa）［详见《民用机场飞行区水泥混凝土道面面层施工技术规范》（MH 5006—2002）］						

表 4 　　　　　　　　圆柱体芯样劈裂抗拉试验数据

试验编号	试件尺寸（mm×mm）$d \times h$	受压面积（mm²）A	破坏荷载（kN）P	劈裂抗拉强度（MPa）σ_c	抗折强度换算值（MPa）σ_b	取样部位（33个）	
	150×300	45000	258	3.65	5.77	P50+02	H50+02
F200500182	150*300	45000	252	3.57	5.66	P68+18	H50+18
	150×300	45000	270	3.82	6.00	P60+03	H50+23
	150×300	45000	260	3.68	5.81	P67+25	H49+21
	150×300	45000	222	3.14	5.06	P107+12	H49+22
F200500183	150×300	45000	196	2.77	4.54	P114+15	H50+25
	150×300	45000	230	3.26	5.23	P111+18	H49+23
	150×300	45000	228	3.23	5.19	P94+15	H58+30
F200500184	150×300	45000	232	3.28	5.26	P97+30	H59+35
	150×300	45000	208	2.94	4.78	P89+22	H60+15
F200500185	150×300	45000	238	3.37	5.38	P87+30	H53+17
	150×300	45000	194	2.75	4.51	P92+10	H49+19
F200500186	150×300	45000	273	3.86	6.06	P89+5	H50+22
	150×300	45000	234	3.31	5.30	P94+12	H50+21
F200500187	150×300	45000	263	3.72	5.87	P114+17	H50+23
	150×300	45000	294	4.16	6.47	P167+14	H49+23
F200500188	150×300	45000	245	3.47	5.52	P92+12	H49+17
	150×300	45000	265	3.75	5.91	P92+06	H49+16
	150×300	45000	302	4.27	6.91	P95+28	H50+04
F200500159	150×300	45000	254	3.60	5.70	P97+00	H50+21
	150×300	45000	290	4.11	6.40	P99+00	H49+36
	150×300	45000	392	5.55	8.31	P114+08	H50+23
F200500160	150×300	45000	252	3.57	5.66	P50+06	H50+21
	150×300	45000	278	3.94	6.17	P59+23	H49+20

试验编号	试件尺寸 (mm×mm) $d×h$	受压面积 (mm²) A	破坏荷载 (kN) P	劈裂抗拉 强度 (MPa)σ_c	抗折强度 换算值 (MPa)σ_b	取样部位 (33个)	
	150×300	45000	313	4.43	6.83	P78+14	H49+33
	150×300	45000	237	3.36	5.37	P78+14	H50+7
	150×300	45000	283	4.01	6.26	P78+14	H49+38
	150×300	45000	234	3.31	5.30	P80+34	H49+29
F200500234	150×300	45000	319	4.52	6.95	P82+17	H50+11
	150×300	45000	379	5.36	8.06	P84+6	H50+2
	150×300	45000	312	4.41	6.80	P90+29	H50+9
	150×300	45000	319	4.52	6.95	P90+30	H49+39
	150×300	45000	302	4.27	6.61	P90+30	H49+34
备注	$\sigma_c = 6370P/d×h$(MPa) σ_c 为混凝土劈裂抗拉极限强度（MPa）； P 为破坏荷载（N）；d 为圆柱体试件的直径（cm）； [详见《民用机场飞行区水泥混凝土道面面层施工技术规范》（MH 5006—2002）]			$\sigma_b = 1.868\sigma_c^{0.871h}$（MPa）（花岗岩碎石混凝土） σ_b 为抗折强度换算值（MPa）； h 为圆柱体试件的高度（cm）。			

由于在截取抗折试件时 6 个截面有 5 个截面受到不同程度的游动以及因切割设备的原因造成各截面不够平整的影响，导致实测抗折强度有相应程度的降低，但基本满足设计要求。而圆柱体芯样相对于截取的抗折试件来说，影响因素要较小，比较接近真实值。除个别芯样因切割过程不连续致使端面不平整实测值稍许偏低外，大部分抗折强度满足设计要求。从表 3 和表 4 的试验数据以及有关方面采用图像处理软件对混凝土孔隙分析的结果来看，抗折强度满足要求，混凝土的孔隙并不明显，平均孔直径在 0.40～2.08mm，平均孔隙率为 0.60％～6.45％。从目前鉴定分析的结果看，黑斑尚未显著影响混凝土的现行质量和混凝土日后的耐久性。但对于配制混凝土中的沙石骨料有害成分的检测尤其是产生黑斑主因的石子中氯盐的检测不得不引起我们的警惕。

3 混凝土黑斑成因引发对沙石料尤其是石子中氯盐检测问题的思考和建议

近年来，库尔勒地区工程建设的迅猛发展加速了本地天然砂砾的消耗。随着时间的推移，库尔勒市区天然砂砾几近枯竭。建设工程用沙石将逐步转变成山体破碎石，目前已有相当一部分施工单位在工程建设中开始使用这些破碎石作为混凝土的骨料成分。据统计，在库尔勒地区现有的 72 家采石厂中已有 48 家开始经营山体破碎石。因此，从工程建设的需求和采石厂的发展趋势来看，山体破碎石的使用将成为未来的必然趋向。根据我中心近年来对库尔勒地区沙石料检测情况来看，有相当一部分沙石料存在级配、含泥量、氯盐、硫酸盐等项目不合格，尤以山体破碎石中的氯盐成分最为突出。

从库尔勒迁建机场道面混凝土黑斑质量事故的鉴定分析得知：黑斑是由于山体破碎石中盐粘接岩石溶解生成 NaCl 进入砂浆引起的。而现行规范中只对沙子的氯离子含量有要求，对石子的氯离子含量没有明确要求，因此对石子因氯盐引起的质量问题就容易忽视。从机场道面混凝土黑斑一事及未来发展的趋向给我们工程质检部门敲响了警钟，给予了深刻的启迪。根据库尔勒地区沙石料使用的现状，各县用天然砂砾较多，要重点检测控制砂砾中氯盐的含量是否超标准。库尔勒市区山体破碎石的石盐（主要为氯盐）含量较高，在使用到工程之前须经水清洗后方可使用。由于委托方为节省试验费用或是逃避某些不合格项特别是有害成分的检测，人为地减少检测项目，致使有可能不合格沙石料造成漏检以致漏判错判现象，势必对工程质量产生隐患。

鉴于以上几个方面，为避免类似工程质量事故的发生，应确保工程用沙石料的质量特提出以下几点建议，望斟酌参考。

（1）建议国家或相关行业在修订相关标准时将石子中氯离子含量控制标准作一明确的补充规定，便于各地区在工程质量检测中能够有规可依，确保工程质量。

（2）建议各地区由建设主管部门牵头各相关检测机构直接参与，联合当地矿管局和质量技术监督局等相关部门对沙石料厂的沙石料进行彻底的质量摸查和监控，重点检查有害成分。对不符合质量要求的沙石料厂家视情况轻重给予警告、整改。直至取缔等处理措施，绝不姑息迁就。

（3）建议出台相关规定或措施，对重要工程或重要结构件部位应在施工前对沙石料进行强制性全项检测以避免委托人为减项造成漏检现象。施工中间过程实施不定期的摸查和监控，特别要加强有害成分的检测。对拟用于工程的沙石料特别是石盐含量较高的山体破碎石应进行冲洗并经检测合格后方可使用，以避免不合格沙石料用于工程建设引发质量事故。

参 考 文 献

[1] 中国工程建设标准化协会标准（CECS 48：1993）.
[2] 王爱琴，张承志，王秀军，马锋铃. 不同评定骨料碱活性方法之间的比较. 水力学报，1999（4）.
[3] 民用机场飞行区水泥混凝土道面面层施工技术规范.（MH 5006—2002）.
[4] 新疆库尔勒机场迁建工程飞行区场道工程施工图设计说明及施工技术要求.
[5] 中华人民共和国行业标准（GB/T 14685—2001）.
[6] 中华人民共和国行业标准（GB/T 14684—2001）.
[7] 普通混凝土用砂质量标准及试验方法（JGJ 52—92）.
[8] 普通混凝土用石质量标准及试验方法（JGJ 53—92）.
[9] 王文明. 建设工程质量检测鉴定实例及应用指南. 北京：中国建筑工业出版社，2008.

遭受火灾后结构安全性的鉴定方法

王文明

（新疆巴州建设工程质量检测中心，新疆库尔勒，841000）

本文结合某综合楼遭受火灾的实例，介绍遭受火灾后结构安全性的鉴定方法，即首先进行现场勘察、取证，然后选择适宜的检测方法和手段进行检测，最终通过对相应检测数据的分析和处理，作出明确的安全性鉴定等级结果，供相关方面作为处理问题的依据。

1 工程概况

某正在装饰中的综合楼位于某市交通西路，结构形式为框架结构，地上层数为 4 层，地下一层。抗震等级为三级，结构抗震设防烈度为 7 度，设计基本加速度值为 0.15g，设计地震分组为第一组。本工程的设计有效安全期为 50 年，地基基础设计等级为丙级，施工质量控制等级为 B 级，建筑结构安全等级为二级。现浇混凝土梁、板、柱构件设计强度等级均为 C30，构造柱混凝土设计强度等级为 C20，钢筋保护层厚度，柱为 30mm，梁为 25mm，板为 15mm。

2 现场勘察、取证、检测的结果

通过现场调查了解，位于某市交通西路的某房产综合楼于 2004 年 3 月 16 日凌晨 7 时许发生火灾，建筑物受损情况见图 1～图 4。据该综合楼房产公司提供的"某公安厅消防局火灾原因、事故责任重新认定书"可知，过火面积达 1799m²，火灾烧毁五部东芝牌自动扶梯，烧毁部分室内装修，直接财产损失 4899810 元。认定火灾事故原因为安装在 B 区东侧楼梯间三至四层北楼梯段中部铁艺扶手上部的临时照明白炽灯泡烤燃附近木质材料蔓延成灾。

图 1 火灾外破损一角（1）

图 2 火灾外破损一角（2）

图 3 自动扶梯破损一角（1）

图 4 火灾内破损一角（2）

根据现场勘察，该综合楼自动扶梯间及过火部分三至四层钢筋混凝土楼梯段烧损严重，钢筋混凝土梯面2～3cm混凝土已酥粉（见图5），部分木质装修材料已烧成木炭，玻璃幕墙已爆裂，现场可见玻璃已软化变形，部分为熔化状态，钢架、钢窗严重变形，楼顶吊顶结构烧毁变形，楼面损伤程度严重处陶瓷砖碎裂颜色发黄，房间内部分砖墙、梁、柱烧酥烧裂（见图6、图7和图8）。根据可燃物燃烧特性及火灾现场的已熔化物质，我们可以推定火灾发生时的现场环境温度最高可达1000℃左右。四层楼板混凝土因受高温煅烧，已致使钢筋混凝土板底保护层严重剥落，部分受力钢筋已裸露。经对四层现浇顶板上裸露的Q235—ϕ12的光圆钢筋随机抽检，目测钢筋已呈扁圆状态（见图9），实测该钢筋2个相互垂直方向的截面直径共9组，其数据见表1。

图5　三至四层钢筋混凝土梯面2～3cm厚已酥粉

图6　火灾内破损一角（1）

图7　火灾内破损一角（2）

图8　自动扶梯破损全貌

表1　　　　　　　　　　　　　　钢筋截面直径检测结果

钢筋型号规格		实测直径（mm）								
Q235—ϕ12	方向1	11.84	11.38	11.38	11.60	11.58	11.36	11.58	11.38	11.58
	方向2	12.24	12.36	12.00	12.56	12.56	12.36	12.30	12.30	12.36

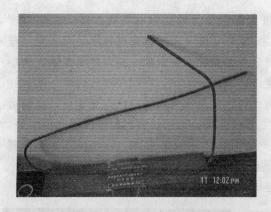

图 9　四层板上截取的钢筋

图 10　现场截取的 7 节钢筋

图 11　三层板钢筋外露

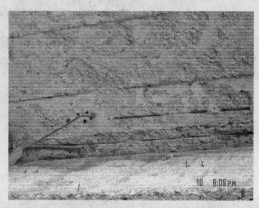

图 12　四层板钢筋外露

图 13　检测工作人员在板上钻芯

图 14　现场钻取的部分芯样

　　由表 1 可见，圆形钢筋经高温煅烧后外观几何尺寸已发生明显塑性变形，尺寸偏差已不符合国家建材强制标准的要求。为了考证该钢筋的力学性能，我们对该类钢筋截取了 7节（见图 10）进行试验。其中 5 节用于拉伸试验，2 节用于弯曲试验，具体试验结果见表 2。

表 2 钢筋力学性能检测结果

试样编号	实测直径 (mm)	面积 (mm²)	拉 伸 试 验				弯 曲 试 验		
			屈服强度 (MPa)	抗拉强度 (MPa)	延伸率 (%)	断口位置及判定	弯心直径 (mm)	角度 (°)	弯曲结果
1	11.87	110.7	305	430	31	＞Lo/3 塑断	—	—	—
2	12.04	113.3	310	420	37	＞Lo/3 塑断	—	—	—
3	11.92	111.6	325	430	26	＞Lo/3 塑断	—	—	—
4	11.74	108.2	335	455	35	＞Lo/3 塑断	—	—	—
5	11.87	110.7	300	445	26	＞Lo/3 塑断	—	—	—
6	11.87	—	—	—	—	—	取 12.0	180	无裂纹
7	11.87	—	—	—	—	—	取 12.0	180	无裂纹
备注	a. 表中实测直径取值为相互垂直 2 个方向的平均值；b. GB 13013—1991 规定的屈服强度≥235MPa，抗拉强度≥370MPa，延伸率≥25%。								

尽管抽检的 Q235－φ12 光圆钢筋拉伸性能和弯曲性能均达到《钢筋混凝土用热轧光圆钢筋》（GB 13013—1991）中规定的质量指标，但从表 2 中实测数据可以看出，所取钢筋试件之间延伸率差异显著，部分钢筋试件延伸率已接近其下限值 25%。通过采用 PROFMETER5 型钢筋直径/保护层厚度测试仪对表面混凝土未脱落部分梁、板、柱分别进行钢筋保护层厚度测试，总计抽检了 180 个点，合格点为 165 点，合格点率为 92%，符合《混凝土结构工程施工质量验收规范》（GB 50204—2002）中结构实体检验规定的要求。因火灾是由安装在 B 区内东侧楼梯间三至四层北楼梯段中部铁艺扶手上部的临时照明白炽灯泡烤燃附近木质材料蔓延所致。因此一、二层几乎未受损，但三、四层扶梯间顶板因受高温煅烧致使钢筋混凝土保护层严重剥落（图 11 和图 12），为了检测混凝土过火后强度损失情况，我们仅对三层柱、四层柱、四层板分别做了回弹、取芯和碳化深度检测（图 13）。从回弹的情况来看，相同强度等级的构件在不同部位所测数值因过火损伤程度不同而差异较大，碳化深度最小值为 0mm，最大值达 2.0～3.0mm。从回弹值与碳化深度对比看，严重过火灼伤处才出现碳化，并有微裂出现，此时回弹值也明显偏低，由于过火原因造成了混凝土内外质量的不一致，因此这些构件测试的回弹值不能作为代表值。从钻芯情况来看（见图 14），有些因未过火而没有受损。但四层柱经钻芯后发现，其烧酥深度已达 2～3cm，其他过火部位也受到不同程度的损伤，因此混凝土强度在回弹和钻芯两种方式测试的结果中最后以钻芯检测为准。其强度推定值见表 3。

表 3 混凝土强度检测结果

编号	构件名称	设计强度等级	强度推定值（MPa）	达到设计强度标准值（%）
1	三层柱	C30	21.9	73
2	四层框架柱	C30	14.4	48
3	四层板	C30	35.9	120
4	四层板	C30	35.9	120
5	四层板	C30	26.2	87
备注	在回弹法和钻芯法两种方式检测的结果中，以钻芯检测结果作为强度推定值。			

由表3中数据可见，四层顶板部分混凝土强度差异达33%，框架柱强度最低为14.4MPa，已低于原设计强度最低允许值的1/2（原设计混凝土强度为C30），部分混凝土脱落，钢筋受高温煅烧已局部变形，握裹力下降。顶板中部受力钢筋出现裸露和松动。

3 鉴定结论及建议措施

经对该综合楼过火部位进行现场结构实体检测及试验分析，根据中华人民共和国国家标准——《民用建筑可靠性鉴定标准》（GB 50292—1999）评定标准，其结构质量与安全性鉴定结论如下。

（1）综合楼B段东侧过火部位结构安全性鉴定为A_{su}级，结构整体性质量为A_u级，对主体结构构件可不采取措施（注："可不采取措施"，仅对安全性鉴定而言，不包括正常使用性鉴定所要求采取的措施）。

（2）自动扶梯间过火部位一、二层结构安全性鉴定为A_{su}级，结构整体性质量鉴定为A_u级，对主体结构构件可不采取措施（注："可不采取措施"，仅对安全性鉴定而言，不包括正常使用性鉴定所要求采取的措施）。

（3）三层框架结构柱安全性鉴定为C_{su}级，结构整体性质量鉴定为C_u级，混凝土框架柱应采取措施（"C_u级"：结构质量不符合设计要求，显著影响承载功能和使用功能，需经设计验算、加固补强后，方可保证结构安全性）。

（4）四层框架结构柱、板安全性鉴定为D_{su}级，结构整体性质量鉴定为D_u级，混凝土框架柱及混凝土顶板必须立即采取措施（"D_u级"：结构质量安全不符合设计要求，已严重影响结构及使用安全，应予以拆除重建）。

采用低应变动测和钻芯取样综合检测高层建筑嵌岩桩罕见缺陷

罗仁安

（上海大学理学院力学系和力学实验中心，上海市宝山区上大路99号，200444）

在湖北省某高层建筑人工挖孔嵌岩桩检测中，采用了低应变动测（应力波反射法）和钻芯取样综合评定方法检测方案。先用低应变动测初步检测评定桩身完整性，后对动测判定有疑问的桩再进行钻芯取样验证，通过综合两种检测技术各自优点，使检测结果评定直观可靠，避免漏判或错判。该工程用综合法检测，发现在大直径桩中隐藏着世界桩基施工罕见的特大缺陷（巨大的空洞），有效地避免该建筑物发生重大安全事故。

1 工程概况

1.1 建筑物和桩基类型

湖北省某房地产公司在某市中心位置兴建国际贸易中心大厦，主楼23层，附楼5层，地下室一层，该建筑物主体为框架剪力墙结构，基础采用人工挖孔灌注桩，桩径1.0～

2.6m，桩长 16～24m，持力层为中风化岩，桩身混凝土强度设计等级 C35，总桩数 96 根。

1.2　工程地质概况

该建筑物场地地貌原为湖塘，20 世纪 80 年代初期经人工填平，场地下伏基岩埋深均在 20m 左右，岩石上部为砖红色泥质角砾岩，泥质较差，胶结程度很差。下部为角砾岩，属硬质岩。场地由上至下分成：杂填土，厚 2.90～5.10m；淤泥质黏土，分 3 个亚层，3.0～4.8m，粉质黏土厚 1.00～5.85m，黏土厚 1.15～7.20m，粉质黏土厚 4.90～8.50m；角砾岩上部强风化与中部中风化厚 1.00～2.00m，下部微风岩，该层深度达 20m以上，可作嵌岩桩持力层。工程地质条件剖面见图 1。

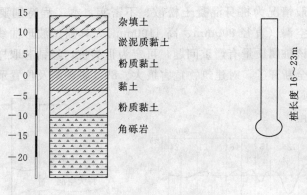

图 1　工程地质条件剖面图

2　桩基质量检测方案制订

2.1　检测方案选择和实施

楼桩基础混凝土施工浇灌注结束之后，按照国家规范规定必须进行桩基质量检测。建筑工程质量监督部门、设计院、建设单位、施工单位以及有关检测单位和个人提出了多种检测方案。在选择检测方案时，否定了用高应变动测检测承载力和桩身质量，建设单位考虑经费不同意采用静载试验方法检测桩基质量。最后各方一致通过低应变和钻芯综合检测评定方案。

因此，在桩基施工完毕后，组织技术人员用低应变动测检测评定桩身完整性。如果发现某些桩身混凝土存在严重缺陷，针对低应变检测发现的问题进行钻芯取样，诊断评定该桩严重缺陷。

2.2　检测方案评估和问题处理

人工挖孔嵌岩桩是一种常用的桩基型式；桩身混凝土一般不会出现严重的混凝土离析、蜂窝狗洞或者桩底沉渣缺陷等现象，但如果不认真地进行检测，会降低桩基使用的可靠度，甚至留下重大隐患危及建筑物的安全使用。

应力波反射法（低应变动测法）是目前使用的最广泛的方法，低应变动测能定性分析而且测试方便，但其对桩身完整性的诊断评定大部分属于定性分析，既不能提供嵌岩桩基沉渣厚度的定量结果，又不能对断裂程度作定量分析，并且不能对桩身作多个缺陷分析或者缺陷类型的判断检测等。

钻芯验桩是一种较直观的检测方法，但成本高且对桩身质量有影响，仅仅靠一、二个钻孔芯样来判断评价桩的质量，存在着局限性。

因为桩基已施工完毕不可能进行岩基石试验，静载试验费用太高、时间长、数量太少，因此只有综合应力反射波法（低应变动测）和钻芯验桩法各自优点，方能获得极佳的检测效果。

3 检测发现桩的中部有罕见的缺陷

3.1 检测发现 89♯桩身混凝土中存在 4.1m 特大空洞

有缺陷的桩一般情况为桩身混凝土松散、不密实，本工程特别要指出的是 89♯桩，存在罕见的特大的空洞（直径 800mm、高 4100mm），其测试波形曲线分析图见图 2。通过低应变测试判断该桩属质量有严重问题，可定为Ⅲ类桩，经钻芯取样发现桩中部有罕见的特大空洞[1]，完全断开了，对建筑物危害极大。89♯桩缺陷及位置示意图，见图 3。

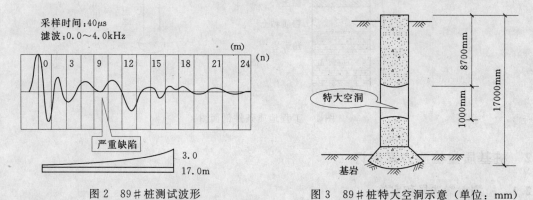

图 2　89♯桩测试波形　　　　　　　　图 3　89♯桩特大空洞示意（单位：mm）

从图 4 可以看到洞内的钢筋没有粘接任何混凝土。从图 5 可以看到洞顶钻芯孔和锅底状混凝土。通过上述综合检测发现桩中部罕见的高 4100mm 特大空洞，该桩属质量有严重问题，应评定为Ⅳ类桩，如果本次检测没有发现，其后果不堪设想。

图 4　洞内钢筋没有粘接任何混凝土

图 5　洞顶钻芯孔和锅底状混凝土

3.2 76#桩底沉渣太厚的问题

经低应变动测试分析判断发现76#桩存在严重的质量问题。76#桩的测试波形见图6，波形表明可判断其桩底有较厚沉渣。据应力波传播原理，知微风化基岩的密度远比桩身混凝土的密度要大，动测曲线的分析判定桩底嵌岩较好的桩，其桩底反射波应与桩顶入射波反向。由上述知76#桩桩底嵌岩不佳，其桩底反射波应与桩顶入射波明显同向。钻芯取样结果验证，76#桩桩底嵌岩不佳，低应变动测评定该桩属Ⅲ～Ⅳ类桩的可能性很大。

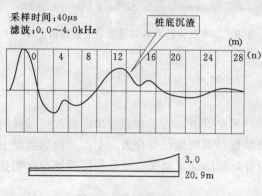

图6　76#桩测试波形　　　　　　　　图7　沿89#桩旁挖孔检查缺陷

4 检测数据结果分析验证

4.1 89#桩现场人工开挖验证

通过反射波法测试发现89#桩属于具有严重问题的疑问基桩，经研究后决定对该桩开挖验证。沿89#桩旁挖一根直径1m的红砖护壁人工桩（见图7），对89#桩进行直观的验证，检查缺陷情况。

检查时发现该桩有很大的空洞，因此采取人工凿除并清除混凝土松散部分，并清洗干净，然后再采用比原混凝土设计配合比强度高一等级的混凝土，重新把空层这一部分浇灌密实，清除隐患。89#桩旁边新挖的桩配以适量的构造钢筋，并用C25混凝土浇灌起来，起到对89#桩加固补强的作用。

4.2 76#桩采用钻芯取样验证

76#桩桩底离析，泥浆、沉渣太厚，通过钻芯取样补充资料，发现76#桩桩端混凝土严重离析厚度达2700mm（见图8），该桩属质量有严重问题，应判定为Ⅳ类桩。钻芯后芯样见图9。

4.3 其他有疑问的桩采用钻芯取样验证

除了上述89#桩有罕见的特大空洞，76#桩桩底离析，泥浆、沉渣太厚外，还有和76#桩相类似的离析或狗洞比较严重的桩，该工程用低应变动测初步评定为Ⅲ～Ⅳ桩的高达36根。通过钻芯取样补充资料，最后评定在有疑问的36根中，有严重缺陷的Ⅳ类桩2根，Ⅲ类桩19根，排除有严重缺陷的桩15根。

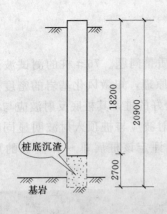

图 8　76#桩端混凝土严重离析
示意（单位：mm）

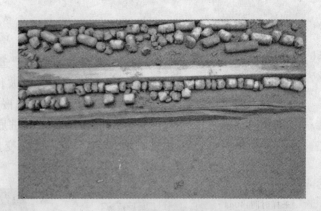

图 9　76#桩钻芯后桩端混凝土严重离析芯样

5　桩基础加固补强后检测

对于单桩加固补强效果按常规分为好与不好两个等级。为了加固效果评价与桩基低应变动测完整性评定结果相一致，经研究决定将单桩加固效果评价分为：Ⅰ，加固后混凝土质量优良，缺陷完全消失；Ⅱ，加固后效果较好，缺陷基本消失；Ⅲ，加固后还存在明显缺陷；Ⅳ，加固效果不好仍存在严重缺陷。

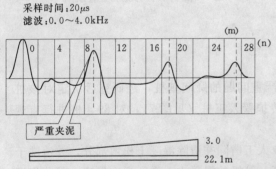

图 10　6#桩桩身严重夹泥灌浆加固前实测形波

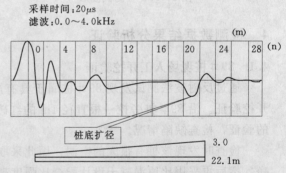

图 11　6#桩桩身严重夹泥灌浆后测试波形

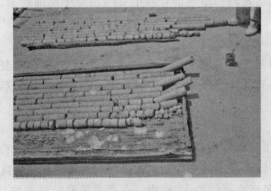

图 12　6#桩高压灌浆补强
加固后钻芯密实芯样

例如，6#桩桩身严重夹泥灌浆加固前测试波形图，见图 10，高压灌浆补强加固之后的测试波形图，见图 11，将测试波形图相比较，可发现二者有明显的不同。6#桩高压灌浆补强加固之后，通过钻芯取样补充观测资料，发现芯样密实，钻芯后芯样见图 12。

加固补强评述：人工挖孔嵌岩桩是一种常用的桩基型式，当桩身混凝土出现严重的缺陷（混凝土离析、蜂窝狗洞或者桩底沉渣等）时，影响桩基承载力、降低桩基使用的可靠度，甚至留下重大隐患危及建筑物的安全使用，因此必须对有缺陷的部位进行加固补强处理。

本工程对不同形式的缺陷采用不同的加固补强方法较好。不仅仅用一般的钻孔注浆的方法进行补强加固，对 89♯桩身混凝土中存在 4.1m 特大空洞采用挖辅助桩、76♯桩底 2700mm 厚沉渣采用多次高压注浆，加固补强对有缺陷的病害桩加固处理效果和作用，主要表现为缺陷处理后修补程度、混凝土加固后的密实度和强度、加固后桩身混凝土完整性等。因此，灌浆孔的布置、灌浆压力和渗透性、水泥浆强度、水泥浆液凝固时间、浆液的配制和施工工艺流程执行情况等，都决定了加固效果的好坏。

本工程不仅仅在加固补强处理方案的选择方面正确，在加固补强处理之后的效果检测方法也较佳，增加了桩基使用的可靠度，保证了建筑物的安全使用。

6 结论

在湖北省某市某某高层建筑桩基础质量的检测评定过程中，提出了多种检测方案，在选择检测方案时，否定了用高应变动测法检测桩基承载力后，最后通过了低应变和钻芯综合方法检测评定方案，即采用低应变动测检测评定桩身完整性，然后对低应变检测发现有疑问的桩进行钻芯取样，评定该桩缺陷严重程度检测效果较佳[2]。

（1）在该高层建筑桩基础质量的检测评定过程中，应用综合方法分析评定，使检测结果评定直观正确，避免漏判或错判，保证该建筑物的安全使用，有着良好的社会效益和经济效应。

（2）人工挖孔嵌岩桩是一种常用的桩基型式，桩身混凝土一般不会出现严重的混凝土离析、蜂窝狗洞或者桩底沉渣缺陷等现象，人们往往会产生麻痹思想，认为人工挖孔桩检测只是可有可无的例行公事，因此大大地降低桩基可靠度，甚至留下重大隐患危及建筑物的安全使用。本工程是不可多得的反面事例。

（3）采用桩基无损检测新技术方法，诊断评定桩身存在混凝土胶结差、严重蜂窝空洞或桩底未嵌岩等严重质量隐患，准确地检测判断这类有严重问题的桩，保证建筑物安全使用，是十分必要的和可行的。

（4）本工程不仅仅在方案的选择方面十分正确，检测人员的技术素质和敬业精神也十分重要。仅靠低应变动测技术、方法进行桩身质量评定不一定完全准确，只有综合应力反射波法（低应变动测）和钻芯验桩法等检测技术各自优点，再加上检测人员兢兢业业的精神，才能获得极佳的检测效果。

参 考 文 献

[1] 罗仁安，忻元跃，黄理兴，等．病态嵌岩桩基模糊综合诊断评定．岩土工程学报，2000（2）．
[2] 罗仁安，朱瑞赓，等．桩基础诊断技术及综合评判方法综述．武汉工业大学学报，1998，20（增）．
[3] 罗仁安，朱瑞赓，等．桩基加固补强效果的模糊综合评定研究．岩石力学与工程学报，1999，18（6）．
[4] 王雪峰，吴世明．桩基动测技术．北京：科学出版社，2001．
[5] 罗仁安，等．某国贸大厦人工挖孔桩重大质量事故检测处理．建筑技术开发，2002，19（11）．

某办公楼加层改造工程质量检测鉴定

王文明

（新疆巴州建设工程质量检测中心，新疆库尔勒，841000）

通过对某办公楼加层改造工程进行现场结构实体检测及试验分析，对其结构质量与安全性做出具体的结论，为设计单位的加层改造设计提供复核依据。同时，对加层改造工程的检测鉴定提出通用的程序和方法，供类似工程检测鉴定时借鉴参考。

1 工程概况

某办公楼加层改造工程，为某拖拉机厂综合楼。1995 年由某建筑设计室设计，原设计建筑总面积 6892.06m²，设计层数共九层带地下室。地基承载力标准值为 $f_k = 250$kPa，混凝土设计强度等级：柱基 C20，垫层、条基、毛石混凝土挡土墙基为 C10，框架梁、柱设计为 C30，其余未注明构件均为 C20。钢筋混凝土保护层厚度：柱基、条基底板设计为 35mm，梁、柱 25mm，墙板 15mm。1995 年打好基础后停工至 1997 年由某局接管复工建设，1999 年实际施工完成至 4 层封顶后使用至检测时。受该局委托，于 2007 年 6 月 28 日～2007 年 7 月 4 日对该办公楼加层改造工程进行了质量鉴定。

2 检测鉴定内容和目的

根据某建筑勘察规划设计院设计的该办公楼加层改造设计图纸"结构设计说明"中"续建要求"第 2 条之规定，房屋加层改造施工之前，应由专业检测部门对原结构的主要受力构件进行检测，如截面尺寸、混凝土强度、钢筋混凝土保护层厚度等，并出具检测报告。根据该局书面委托，要求检测鉴定的目的、范围、内容如下：对该工程基础混凝土强度和柱、梁的截面尺寸、混凝土强度及钢筋保护层厚度进行随机抽检，为设计单位提供加层改造设计的复核依据。

3 检测方法与注意事项

3.1 现场调查了解

据调查了解，该楼前期资料基本齐全，基础及地下室和 1～4 层分别由同一建筑公司两个不同施工队伍施工，某市质量监督站监督检测，保证资料结论合格。现场观察该楼已建造至 4 层封顶，1 层为某公司租用，2 层为某营业场所，3 层和 4 层为某监察大队办公室。1 层和 2 层已豪华装修且正在营业，3 层和 4 层简单装修，墙面、柱、板均未见裂缝。屋面保温层已剥开，屋面各柱钢筋根部已凿开。楼梯间部分梁柱抹面层已剥开，此前曾有相关检测部门进行过检测，但仅通过回弹法测强和碳化深度检测，现场明显可见检测痕迹。检测报告未下结论，但所抽检构件的碳化深度大于 60mm，与现场实际严重不符，其数据可靠度不高。

3.2 检测方案及检测复核依据

3.2.1 检测方案

考虑到该工程资料基本齐全，前期竣工验收合格，外观无明显结构缺陷，目前都在正常使用中。经与业主、监理协商，最终决定主要对地下室、楼梯口、廊道等不影响正常使用且有检测工作面的梁、柱进行随机抽查。重点检查梁、柱截面尺寸、混凝土强度及钢筋保护层厚度，主要通过检测数据真实地反映工程质量现状。尽可能通过检测发现的不合格点，找出该工程的最薄弱处，供设计复核验算。

3.2.2 检测复核依据

（1）混凝土强度及碳化深度检测依据　鉴于该工程建成部分竣工验收后使用至检测时，已有10余年时间。混凝土龄期远超过现行回弹法检测规程最大龄期所规定的1000d，不能单纯依据回弹法进行强度检测评定，但钻芯取样对混凝土结构破坏较大，不利于加层改造。决定参照现行《回弹法检测混凝土抗压强度技术规程》（JGJ/T 23—2001）进行回弹法检测的同时，辅佐采用其他无损检测方法进行比对和修正。考虑到该楼拟加层的需要，为了尽可能地减小对抽检构件的破坏，不采用钻芯法进行修正，而依据《后装拔出法检测混凝土强度技术规程》（CECS 69：1994）进行了后装拔出法检测，最终得出该楼混凝土的修正系数。混凝土碳化深度检测则依据《回弹法检测混凝土抗压强度技术规程》（JGJ/T 23—2001）中的规定，凿取直径约15mm的孔洞，除净孔洞中的粉末和碎屑，滴定浓度为1%的酚酞试剂后采用混凝土碳化深度测定仪进行测定。

（2）梁、柱截面尺寸、钢筋保护层厚度检测依据及预应力空心板等其他相关项复核依据　梁、柱截面尺寸和钢筋保护层厚度检测依据《混凝土结构工程施工质量验收规范》（GB 50204—2002）和设计图纸进行。对于柱的钢筋混凝土保护层厚度因仅有设计值，而无允许偏差值的规定，对检测结果参照梁的允许偏差值进行。对于预应力空心板检测复核，主要通过检测空板跨度及内置钢筋数量规格，依据新93G402（一）图集与设计图纸进行比对确认。对于其他相关项如外观质量主要是根据现场实物进行目测。部分梁、柱轴线位置的复核，主要是根据施工方定位放线的线条痕迹和设计图纸进行抽查复核。

4 检测结果与分析

4.1 混凝土强度和碳化深度的检测与分析

该楼1层为某公司租用，2层为某营业场所，内外已装饰且正在营业。受现场实际条件的制约和业主的有关要求，随机抽检的构件主要集中于地下室、3层和4层，并主要集中于该建筑物南端。另外为降低破坏和影响，对于房间内梁、柱主要受力构件，仅在3层廊道选取了3榀梁进行了检测。根据现场实际情况，对原检测机构所检构件中外露部位太小无法满足检测测区布置要求的混凝土梁及基础进行了重新扩宽处理，对该楼南端选取不同部位的构件，参照回弹法规程采用单个构件方式进行混凝土强度检测，并采取后装拔出法进行修正。通过选取梁、柱两类构件共6处，采用YJ-PI型拔出仪，依据《后装拔出法检测混凝土强度技术规程》（CECS 69：1994）进行了后装拔出法检测，最终得出该楼混凝土的修正系数：后装拔出法检测结果/回弹法检测结果为1.1，故最终混凝土强度推定值＝回弹法检测结果×1.1。抽检部位构件混凝土强度的检测结果见表1。

表 1　　　　　　　　　　　　　　　　　　　柱、梁混凝土强度检测结果

检测部位	测区数 n（个）	强度换算值的平均值 $m_{f_{cu}^c}$（MPa）	标准差 $s_{f_{cu}^c}$（MPa）	构件测区数<10个时的 $f_{cu,e}$（MPa）	构件测区数≥10个或按批量检测时的 $f_{cu,e}$（MPa）	回弹强度推定值 $f_{cu,e}$（MPa）	混凝土强度最终推定值（MPa）	混凝土设计强度等级
地下室5轴交D-E轴柱基	20	26.6	2.79	—	22.0	22.0	24.2	C20
地下室11轴交E轴柱基	20	22.6	2.70	—	18.2	18.2	20.0	C20
地下室13轴交1/C轴柱	10	29.8	1.01	—	28.1	28.1	30.9	C30
地下室11轴交E轴柱	8	—	—	40.0	—	40.0	44.0	C30
地下室4轴交E轴柱	9	—	—	33.8	—	33.8	37.2	C30
地下室5轴交D轴柱	10	39.5	1.56	—	36.9	36.9	40.6	C30
地下室5轴交E轴柱	10	40.0	2.04	—	36.6	36.6	40.3	C30
地下室8轴交E轴柱	10	34.2	2.18	—	30.6	30.6	33.7	C30
地下室10轴交E轴柱	10	30.9	1.78	—	28.0	28.0	30.8	C30
地下室12轴交F轴柱	10	29.9	1.61	—	27.3	27.3	30.0	C30
3层12轴交A-E轴梁	9	—	—	29.2	—	29.2	32.1	C30
3层3轴交A-E轴梁	8	—	—	29.6	—	29.6	32.6	C30
3层8轴交A-E轴梁	8	—	—	27.4	—	27.4	30.1	C30
4层10轴交A-E轴梁	8	—	—	27.3	—	27.3	30.0	C30
4层6轴交A-E轴梁	10	31.4	0.83	—	30.0	30.0	33.0	C30

注　表中回弹强度推定值 $f_{cu,e}$ 是参照《回弹法检测混凝土抗压强度技术规程》（JGJ/T 23—2001）检测计算结果，最终混凝土强度推定值＝回弹强度推定值 $f_{cu,e}$×1.1。

　　从表1数据可见，混凝土离散性较大，主要由于施工队伍施工水平的差异引起。此外，通过选取不少于30%混凝土强度测区数进行混凝土碳化深度测定。依据有关规定，用深度测量工具测量已碳化与未碳化混凝土交界面到混凝土表面的垂直距离多次，取平均值。经现场测定，碳化深度范围基本上在0～3mm，平均碳化深度约2.0mm。从房屋使

用 10 余年碳化深度较小的情况分析，我们认为混凝土浇筑完不久即抹面处理，对混凝土起到了很好的保护作用，加之新疆地区气候干燥，进一步有效地抑制了混凝土的碳化。

4.2 梁、柱截面尺寸、钢筋保护层厚度及外观质量和屋面预应力空心板等其他相关项的检测与分析

4.2.1 梁、柱截面尺寸的检测与分析

通过采用 FROFOMETER5 型钢筋直径/位置测定仪对钢筋情况进行测定，所抽检部位结构构件的钢筋直径、数量符合图纸设计要求。但抽取的梁、柱构件截面尺寸和钢筋保护层厚度与设计有一定偏差，检测结果见表 2～表 5。

表 2　柱的截面尺寸测试数据一览表

部　位	设计值及允许偏差(mm)		实测值(mm)	评　定	备　注
地下室 4 轴交 E 轴柱	长	600^{+8}_{-5}	616	未达标	—
	宽	500^{+8}_{-5}	528	未达标	—
地下室 11 轴交 E 轴柱	长	600^{+8}_{-5}	621	未达标	—
	宽	500^{+8}_{-5}	516	未达标	—
地下室 5 轴交 D 轴柱	长	500^{+8}_{-5}	521	未达标	—
	宽	500^{+8}_{-5}	518	未达标	—
地下室 5 轴交 E 轴柱	长	500^{+8}_{-5}	516	未达标	—
	宽	500^{+8}_{-5}	506	达标	—
地下室 8 轴交 E 轴柱	长	600^{+8}_{-5}	615	未达标	—
	宽	500^{+8}_{-5}	515	未达标	—
地下室 10 轴交 E 轴柱	长	600^{+8}_{-5}	605	达标	—
	宽	500^{+8}_{-5}	514	未达标	—
地下室 12 轴交 F 轴柱	长	500^{+8}_{-5}	506	达标	—
	宽	400^{+8}_{-5}	407	达标	—
4 层 13 轴交 1/C 轴柱	长	500^{+8}_{-5}	530	未达标	—
	宽	500^{+8}_{-5}	508	达标	—

表 3　梁截面尺寸测试数据一览表

部　位	设计值及允许偏差(mm)		实测值(mm)	评　定	备　注
3 层 11 轴交 A－E 轴梁	高	900^{+8}_{-5}	919	未达标	—
	宽	250^{+8}_{-5}	268	未达标	—
3 层 3 轴交 A－E 轴梁	高	900^{+8}_{-5}	905	达标	—
	宽	250^{+8}_{-5}	252	达标	—
3 层 8 轴交 A－E 轴梁	高	900^{+8}_{-5}	920	未达标	—
	宽	250^{+8}_{-5}	247	达标	—

部　位	设计值及允许偏差 （mm）		实测值 （mm）	评　定	备　注
4层10轴交 A－E 轴梁	高	900^{+8}_{-5}	921	未达标	—
	宽	250^{+8}_{-5}	254	达标	—
4层6轴交 A－E 轴梁	高	900^{+8}_{-5}	935	未达标	—
	宽	250^{+8}_{-5}	247	达标	—
4层3轴交 A－E 轴梁	高	900^{+8}_{-5}	926	未达标	—
	宽	250^{+8}_{-5}	248	达标	—

表4　　　　　　　　　　　　柱的钢筋保护层厚度测试数据一览表

部　位	设计值 （mm）	实测值（mm）						超限 点数	超差 点数	合格 点数	评定
		1	2	3	4	5	6				
地下室13轴交 1/C 轴柱	25^{+10}_{-7}	49	36	29	23	—	—				
地下室11轴交 E 轴柱	25^{+10}_{-7}	35	34	29	28	25	25				
地下室4轴交 E 轴柱	25^{+10}_{-7}	34	35	35	38	—	—				
地下室5轴交 D 轴柱	25^{+10}_{-7}	21	18	24	20	—	—				
地下室5轴交 E 轴柱	25^{+10}_{-7}	45	38	51	54	—	—				
地下室5轴交 G 轴柱	25^{+10}_{-7}	41	38	37	34	—	—	10	8	28	未达标
地下室8轴交 E 轴柱	25^{+10}_{-7}	17	16	18	21	23					
地下室10轴交 E 轴柱	25^{+10}_{-7}	21	13	29	30	—	—				
地下室12轴交 F 轴柱	25^{+10}_{-7}	23	27	16							
3层13轴交 1/C 轴柱	25^{+10}_{-7}	25	22	20	20	—	—				
4层13轴交 1/C 轴柱	25^{+10}_{-7}	59	60	58	48	—	—				

注　因柱的钢筋混凝土保护层厚度仅有设计值，而无允许偏差值的规定，该表数据是参照梁的允许偏差值进行评定
　　的结果。

表5　　　　　　　　　　　　梁钢筋保护层厚度测试数据一览表

部　位	设计值 （mm）	实测值（mm）						超限 点数	超差 点数	合格 点数	评定
		1	2	3	4	5	6				
2层12轴交 A－E 轴梁	25^{+10}_{-7}	31	43	34	24	—	—				
3层12轴交 A－E 轴梁	25^{+10}_{-7}	42	35	24	—	—	—				
3层11轴交 A－E 轴梁	25^{+10}_{-7}	18	19	16	—	—	—				
3层3轴交 A－E 轴梁	25^{+10}_{-7}	17	20	12	—	—	—				
3层8轴交 A－E 轴梁	25^{+10}_{-7}	24	28	30	—	—	—	5	4	24	未达标
4层10轴交 A－E 轴梁	25^{+10}_{-7}	37	12	40	—	—	—				
4层6轴交 A－E 轴梁	25^{+10}_{-7}	28	25	22	—	—	—				
4层3轴交 A－E 轴梁	25^{+10}_{-7}	32	20	11	—	—	—				
4层12轴交 A－E 轴梁	25^{+10}_{-7}	25	29	21	41	—	—				
4层13轴交 E－1/C 轴梁	25^{+10}_{-7}	19	26	27	32	—	—				

从表2和表3可见，所抽取构件的截面尺寸大多偏大，主要是由于模板固定力度不够造成跑模胀模所致。

从表4和表5可见，所抽取构件的钢筋保护层厚度普遍偏厚，分析其原因主要是截面尺寸大多偏大。柱的钢筋保护层厚度未达标，主要因截面尺寸偏大导致普遍偏厚的正偏差。而梁的钢筋保护层厚度未达标点主要是侧面的钢筋保护层厚度，对于受力主筋的钢筋保护层厚度基本合格。考虑到柱的受力主要在混凝土，而梁的受力主要在受力主筋，加之加层荷载主要分布在柱上，对梁的受力影响不大，因而从所抽检构件的钢筋检测情况来看，对该楼加层改造不会造成影响。

4.2.2 混凝土外观质量检查与分析

对剔除抹灰层后受检构件混凝土表面质量目测发现，该楼地下室与2～4层混凝土施工水平有明显差异。所抽检的地下室梁、柱构件表面光洁，混凝土较为密实，观感相对较好。而2～4层部分梁、柱构件存在蜂窝、麻面、露筋及跑模胀模现象，导致截面尺寸大多偏大，混凝土强度部分偏低，以及钢筋保护层厚度出现超差点甚至超限点，使最终钢筋保护层厚度未达标。其中抽检的3层12轴交A-E轴和4层12轴交A-E轴2榀梁，各有1道肉眼可见的贯穿性竖向裂缝，经测定最大裂缝宽度分别为0.1mm和0.2mm，未超出钢筋混凝土裂缝宽度最大限值标准。考虑其加层及使用的耐久性，建议进行修缮处理。

4.2.3 屋面预应力空心板和其他相关项的检测与分析

考虑到加层荷载的变化，对现屋面（即原设计4层）空板部位抽取1处踢开端头进行了检查。从侧面可见受力主筋为10Φ5，实测空板跨度为3.6m，经查对新93G402（一）图集确认，该板型号为YKB366-2，符合原设计图纸要求。

此外，从施工单位对现屋面（即原设计4层）定位放线情况来看，部分轴线位置存在较大偏移。2层南端楼梯梁、柱可见明显错位，主要是由于施工原因造成。

另外，在该楼北端地下室和1层有浸泡迹象，墙皮严重脱皮。主要是由于有关排水系统的堵塞和破坏所致。

5 结论

5.1 经对该办公楼进行现场结构实体检测及试验分析，对其结构质量与安全性鉴定结果作出判定

（1）混凝土强度：抽检的混凝土构件强度推定值满足原设计要求。

（2）钢筋：钢筋直径、数量符合图纸设计要求。对于受检构件的钢筋保护层厚度，柱的钢筋保护层厚度未达标，主要是因截面尺寸偏大导致普遍偏厚的正偏差，而梁的钢筋保护层厚度未达标点主要是侧面的钢筋保护层厚度。因而从所抽检构件的钢筋检测情况来看，对该楼加层改造不会造成影响。

（3）构件外观质量及截面尺寸：地下室梁、柱构件表面光洁，混凝土较为密实，观感相对较好。而2～4层部分梁、柱构件观感较差，局部存在蜂窝、麻面、露筋、开裂及跑模胀模现象。所抽检构件的截面尺寸尽管偏差不合格，但均为正偏差，不影响结构受力，对该楼加层改造不会造成影响。

（4）屋面预应力空心板：对现屋面（即原设计4层）空板部位抽取1处检查，确认为

YKB366－2型预应力空板，与原设计图纸相符。

（5）其他相关项：在该楼北端地下室和1层有浸泡迹象，墙皮严重脱皮。须对局部损坏的排水系统进行相关修复处理，并建议地质勘察部门对该处进行勘察复核。

5.2 通用的检测鉴定程序和方法

现场勘察、取证是重点，检测方案的制订是关键，主要受力结构构件的检测鉴定是核心。重点放在截面尺寸、混凝土强度、钢筋混凝土保护层厚度等方面，以分析结构实体的质量现状。对于超长龄期（＞1000d）混凝土强度的检测，不能单纯采用回弹法检测结果作为推定结果。考虑到实际拟加层改造的需要，不宜采用钻芯法。一般推荐超声法、拔出法，也可参照回弹法规程检测并辅佐超声法或拔出法进行结果修正。

对火灾后钢筋混凝土结构检测的方法

赵　强

（山西省建筑科学研究院，山西太原，030001）

本文论述了火灾发生后，钢筋混凝土结构检测的重要性，列出了检测重点，结合工程实例，介绍了火灾后的现场勘察情况，论述了过火构件烧伤深度的检测方法，为钢筋混凝土结构的加固处理提供依据。

近年来，随着国民经济的飞速发展，城市高层建筑群的兴建及城市人口的不断加密，火灾已成为目前发生概率最大、损失最严重的一种灾害。就建筑结构而言，火灾发生后，会对该建筑结构的各类构件产生不同程度的损伤，从而影响结构的安全使用。钢筋混凝土结构作为近阶段我国城市建筑的主要形式，如何做好其火灾后的结构检测工作，为火灾后钢筋混凝土结构的复核计算，加固处理提供可靠依据，尤显重要。而目前，我国在火灾检测鉴定方面尚无具有使用价值的国家规范和规程。故结合笔者主持和参与过的火灾后钢筋混凝土结构检测工作与大家进行探讨。

1　火灾后检测钢筋混凝土结构的重点

对钢筋混凝土结构而言，其主要的受力、传力构件为钢筋混凝土柱、墙、梁、板。在受到火灾的高温影响下，各类钢筋混凝土构件可能会产生不同程度的损伤，如混凝土强度降低，钢筋屈服强度降低，构件截面烧酥、受损，构件变形、开裂等，从而影响钢筋混凝土构件的承载能力，导致整体结构安全性下降，甚至倒塌伤人。

笔者认为，构件的混凝土强度、钢筋的力学性能、构件混凝土受损厚度、构件的变形、裂缝等是钢筋混凝土结构火灾后检测的重点。在此类检测过程中，应结合工程现场实际情况，进行详尽的现场勘察，通过现场残留物、构件外观表现、构件烧损层厚度等对火场温度进行判定，确定工程的过火范围，各类构件的过火受损程度，从而有针对性地进行检测。下面就笔者参与主持过的某失火工程火灾现场勘察及烧伤深度检测进行介绍。

2 工程实例

某在建工程为地下 2 层、地上 16 层框架—剪力墙（核心筒）结构，当施工至 13 层时，焊工作业中焊渣落入电梯井防护棚上引燃可燃物，从而引发火灾。

2.1 火灾后的现场勘察

2.1.1 过火范围调查

该楼火灾事故的起火点在 12 层西电梯井，从火灾产生到熄灭历时约 6 个 h。火灾现场的可燃物主要是木模板、木龙骨等，因火灾发生时，12 层、11 层的木模板尚未拆除，火沿楼板蔓延，烧落的模板散落在下层楼板上继续燃烧。经调查确定该楼火灾过火范围为10 层局部、11 层局部、12、13 层全层，过火面积约 6300m²。

2.1.2 火灾温度判定

火灾的过程可分为发展期、旺盛期和衰减期，其中火灾旺盛期对结构的损伤最为严重。因现场可燃物（即木模板、木方）的数量和分布不同，各构件受火的旺盛期有较大差异，同时各区域通风条件不同，火场温度也存在较大差异。

该楼东、西两个核心筒因上部直接暴露在外，客观上起到烟囱作用，故核心筒附近火场温度较高，结构构件受损最为严重，其他楼板上存在预留孔洞的区域也存在类似情况。十层火灾区域因堆放模板、木方较多，故该部分构件受损较为严重。该楼是在施工阶段失火，火灾现场残留物不多，故根据未燃尽的模板残留物和部分变形的钢筋，结合结构外观和烧损情况判定过火区域温度，参考相关资料，经综合分析判断给出 4 个温度区段，即严重烧伤区域（$T>800℃$）、中度烧伤区域（$600\sim800℃$）、轻度烧伤区域（$300℃<T<600℃$）和未受损区域（$T<300℃$）。

2.1.3 过火构件受损情况检查

因火场温度不同，且各类型构件受火位置和面积不同，故过火区域内各类混凝土构件受损程度也不同。现场勘察，火灾发生时 13 层楼板、12 层所有构件、11 层部分构件的模板、木方等可燃物尚未拆除，火势向上蔓延，上部温度较高，且楼板受火面积较大，楼板厚度较小，保护层薄，故楼板受损构件较多且严重，梁次之。因核心筒在火灾中实际起到了烟囱作用，故该部分剪力墙受损亦较严重。框架柱截面较大，受火程度相对较轻。对应调查的火灾温度和构件表观现象的检查，将其划分为 3 个等级：严重（Ⅲ类构件）、一般（Ⅱ类构件）和基本完好（Ⅰ类构件）。划分程度等级的原则见表 1。

表 1　　　　　　　　　划分程度等级原则

构件		严重（Ⅲ类）	一般（Ⅱ类）	基本完好（Ⅰ类）
板	下部	表面呈浅土黄到灰白色，大面积混凝土剥落，受力钢筋大面积外露	表面颜色呈铁锈红到浅黄色，小面积混凝土剥落，板底有少量钢筋外露	表面有过火烟熏痕迹或颜色呈粉红，锤子敲击时声音较响亮，混凝土表面不留下明显印痕，表层混凝土轻微剥落
	上部	混凝土大面积爆裂，钢筋大面积外露	混凝土小面积爆裂，钢筋小部分外露	表层混凝土局部爆裂，无钢筋外露

构件	严重（Ⅲ类）	一般（Ⅱ类）	基本完好（Ⅰ类）
梁	表面呈浅土黄到灰白色，大面积混凝土剥落，出现较多裂缝或贯通裂缝，钢筋大面积外露。锤子敲击时声音发闷、发哑，混凝土粉碎坍落	表面颜色呈铁锈红到浅黄色，小面积或角部混凝土剥落，出现微细裂缝，有少量钢筋外露。锤子敲击时声音较闷，混凝土表面留下印痕	表面有过火烟熏痕迹或颜色呈粉红，锤子敲击时声音较响亮，混凝土表面不留下明显印痕，表层混凝土轻微剥落
柱	表面呈浅土黄到灰白色，大面积混凝土剥落，钢筋大面积外露。锤子敲击时声音发闷、发哑，混凝土粉碎坍落	表面颜色呈铁锈红到浅黄色，小面积或角部混凝土剥落。锤子敲击时声音较闷，混凝土表面留下印痕	表面有过火烟熏痕迹或颜色呈粉红，锤子敲击时声音较响亮，混凝土表面不留下明显印痕，表层混凝土轻微剥落
剪力墙	表面呈浅土黄到灰白色，大面积混凝土剥落，钢筋大面积外露。锤子敲击时声音发闷、发哑，混凝土粉碎坍落	表面颜色呈铁锈红到浅黄色，小面积或角部混凝土剥落。锤子敲击时声音较闷，混凝土表面留下印痕	表面有过火烟熏痕迹或颜色呈粉红，锤子敲击时声音较响亮，混凝土表面不留下明显印痕，表层混凝土轻微剥落

2.1.4　过火构件混凝土裂缝检测

现场勘察中，发现过火区域内的梁、板、柱、剪力墙构件存在不同程度的裂纹和裂缝。各类构件裂缝分述如下：

框架柱：过火较严重的柱存在部分表观裂缝，裂缝较细微，走向杂乱。经打磨验证，此类裂缝仅为表面混凝土层因受高温影响而产生的失水龟裂，深度 2mm 左右。

剪力墙：过火较严重的 12 层剪力墙部分构件存在裂缝，裂缝基本呈竖直走向，裂缝宽度多在 0.1～0.15mm。在钻芯检测时，发现裂缝已基本贯通。

楼板：过火区域的 11～13 层楼板，部分构件存在多条贯通、通长裂缝，裂缝基本位于楼板的中部或沿板内埋管走向分布。12、13 层裂缝宽度较 10、11 层大；过火构件裂缝宽度较未过火构件裂缝大。

梁：过火区域的框架梁和次梁普遍存在裂缝，梁体裂缝的形态分为竖向和斜向两类，部分梁的梁体同时存在此两类裂缝。从过火构件现场观测，受火越严重的梁类构件，裂缝条数越多、宽度越大。

综上所述，过火的墙、梁、柱构件所存在的竖向裂缝为混凝土收缩和温度剧变共同作用所致。因混凝土浇筑时间较短，受火灾高温影响，混凝土失水收缩增大，从而导致受火严重的构件出现裂缝条数较多，且宽度增大。

梁体上出现的斜裂缝是由于火灾烧损了模板及支撑，而混凝土浇筑时间较短，且该阶段气温较低，混凝土强度偏低，不足以抵抗构件自重荷载而产生的剪切或斜拉裂缝。同时混凝土收缩和温度突变加剧了此类裂缝的程度。

2.2　过火构件烧伤深度检测

该楼过火区域面积较大，过火时间较长，且火灾发生距混凝土浇注施工时间较短，情况较特殊、复杂。采用超声波检测混凝土声速，并结合碳化测试和现场烧损深度勘察情况，推断过火构件的烧伤影响深度。

2.2.1 超声波检测

混凝土在火灾高温作用下，加速了游离水分的蒸发，并导致水泥浆体疏松、脱水、分解、骨料晶体分解、开裂和强度降低等一系列变化，超声波脉冲在火灾受损层混凝土中的传播速度必然较未受损混凝土中的低。据以上原理，从所取芯样中随机抽取部分梁、柱、剪力墙混凝土芯样进行超声波测试。对Ⅲ类构件各检测批选取 5 个芯样试件，对Ⅰ、Ⅱ类构件混凝土芯样各批次选取 3 个芯样试件。对未达到抽检数量的批次，取该检测批所有芯样试件。共计选取 45 个过火构件芯样进行超声波测试。同时对未过火的 15 个芯样（10 层所选的 5 道剪力墙、5 根柱、5 根梁）进行超声波测试，以资比较分析。

采用 NM—3B 型非金属超声仪，依据《超声法检测混凝土缺陷技术规程》（CECS 21：2000）对所选芯样沿芯样长度方向分段，按径向进行超声波测试。在芯样的两对应侧面上间距 20mm 布置超声测点，测试时选用频率较低的换能器，换能器与芯样表面保持耦合良好。

分别绘制未过火构件、过火构件、Ⅲ类构件、Ⅱ类构件、Ⅰ类构件、柱过火构件、梁过火构件、剪力墙过火构件等 8 条声速—深度曲线。对曲线和数据进行综合分析，未过火构件声速平均值为 4.912km/s，随着深度变化，声速曲线几乎与横坐标（深度坐标）平行；过火构件Ⅲ类声速平均值为 4.732km/s，Ⅱ类声速平均值为 4.748km/s，Ⅰ类声速平均值为 4.878km/s。各类声速曲线在 20～80mm 处随着深度的增加而声速递增，其后基本与横坐标平行，在 40～80mm 处存在较为明显的拐点。

分析可知：

（1）Ⅱ、Ⅲ类过火构件受火灾影响，混凝土内部密实程度有所降低。

（2）所有过火构件声速在 40～80mm 处存在较大差异，Ⅰ、Ⅱ、Ⅲ类构件混凝土表层受损深度基本划定在 40～80mm 深度。

2.2.2 混凝土表层碳化深度

对所钻取的芯样用 1‰酚酞乙醇溶液试剂进行碳化测试，共计测试了 145 个钢筋混凝土构件芯样的表层碳化深度。其中，24 个构件表层存在不同程度碳化，而其他构件表层尚未发现碳化。从碳化测试结果可知，该工程过火楼层大多构件由于浇注时间较短，且构件混凝土表层密实性较好，尚未被碳化。但部分构件受火灾温度影响产生了不同程度碳化，其中受火严重的板类构件碳化较大，剪力墙、柱、梁等构件的Ⅱ、Ⅲ类构件也有较大的碳化现象。

2.2.3 构件烧伤深度

分析超声波检测数据，并参考碳化测试结果，结合现场勘察各类构件表层混凝土烧损深度，综合推断过火构件烧伤影响深度：Ⅰ类 20～40mm；Ⅱ类 40～60mm；Ⅲ类 60～80mm。

孔雀大厦屋面梁可靠性鉴定分析

王文明

（新疆巴州建设工程质量检测中心，新疆库尔勒，841000）

通过现场对孔雀大厦屋面梁的全面检测结果分析，从安全性鉴定和正常使用性鉴定两方面入手，对屋面梁可靠性进行了相应的鉴定评级。为相关设计部门出具切实可行的加固方案提供了可靠依据。

1　工程概况

孔雀大厦原名巴州科技服务楼，位于新疆库尔勒市滨河路与石化大道接壤处，毗邻孔雀河风景旅游带西岸。（见图1，图2）。

图1　孔雀河风景旅游带一角（1）　　　　图2　孔雀河风景旅游带一角（2）

该服务楼建成已13年，建筑总面积2260.32m²，建筑结构为框架结构，现浇梁混凝土设计强度等级为C30，钢筋保护层厚度设计为25mm。柱下独立基础，25根基柱，地下一层，地上六层，建筑长度27.0m，高度为25.2m，总荷重约3400t。

该工程从2005年7月开始经过3个月的前期准备工作于2005年10月进行过16.8m的整体平移，在平移前后仅对地下一层和一至六层梁、板柱进行过仔细观测，均未发现任何裂缝。由于该楼地上第六层顶面（即屋面层）在整体平移前已吊顶装修，因此在平移前后未对六层吊顶内的梁是否开裂进行过检查。施工单位拟在该建筑上增加两层，当打开六楼吊顶时发现梁上有许多裂缝。于是委托对该屋面梁可靠性作出检测鉴定分析。

2　现场勘察、检测分析及鉴定结果

（1）勘察、检测、鉴定的目的、范围和内容。受新疆巴音工程建设集团105项目部的委托，根据中华人民共和国行业标准——《回弹法检测混凝土抗压强度技术规程》（JGJ/T 23—2001）（参照）、国家标准——《混凝土结构工程施工质量验收规范》（GB 50204—2002）和《民用建筑可靠性鉴定标准》（GB 50292—1999），于2006年4月22日至2006年4月25日对孔雀大厦（原巴州科技服务楼）屋面梁进行了勘察、检测和鉴定。

1）勘察、检测、鉴定的目的：对该工程屋面梁可靠性作出评价；

2）勘察、检测、鉴定的范围和内容：在六层屋面梁总计8榀中，随机抽取具有代表性的3榀主梁（KL2-7、KL3-7和KL4-7）和1榀连续边梁KLA-7中1跨（2～3轴）进行质量鉴定（其他梁可参照抽检鉴定结论及处理措施执行）。检测鉴定的内容为：测定梁的净跨及断面尺寸、配筋情况、混凝土强度及裂缝延展情况，对该工程屋面梁可靠性作出最终评价。

（2）对抽检的六层屋面梁（主梁 KL2－7、主梁 KL3－7、主梁 KL4－7 和连续边梁 KLC－7 中 2～3 轴）的净跨（指表中长度）、断面尺寸及配筋进行了检测，与设计图纸对比，见表1。

表1　　　　　所抽检梁的净跨、断面尺寸（宽×高）及主筋配筋检测结果

构件名称代号	图纸设计尺寸（mm）		实测尺寸（mm）	
	净跨	断面尺寸（宽×高）	净跨	断面尺寸（宽×高）
主梁 KL2－7	11350	810×300	11330	810×300
主梁 KL3－7	11350	810×300	11320	810×300
主梁 KL4－7	11350	810×300	11357	810×300
连续边梁 KLA－7（2～3轴）	6100	455×300	6083	455×300

注　1. 表中梁的净跨均指两柱内侧的间距。
　　2. 实测 KL2－7 双排底筋，上下各 4Φ25，KL3－7 双排底筋，上下各 4Φ28；KL4－7 双排底筋，上 4Φ22＋下 4Φ28；KLA－7（2～3轴）单排底筋 4Φ20，实测配筋与设计图纸一致。
　　3. 按《混凝土结构工程施工质量验收规范》（GB 50204—2002）现浇结构尺寸允许偏差为＋8mm，－5mm。实测净跨尺寸不合格。

（3）对六层屋面梁抽检主梁 KL2－7、主梁 KL3－7、主梁 KL4－7 和连续边梁 KLC－7 共 4 榀具有代表性的屋面梁的裂缝深度、宽度以及裂缝在梁身的延展分布情况做了仔细的检查。通过显微测缝仪测得主梁两侧最大缝宽为 0.5mm，梁底最大缝宽为 0.2mm，连续边梁 KLA－7 中 1 跨（2～3 轴）两侧最大缝宽为 0.3mm，梁底最大缝宽为 0.1mm。从裂缝在梁身的延展分布详细情况来看（见图 3～图 5），这些裂缝大部分为横向剪切裂缝，且大多已经贯穿。因此屋面梁整体承载能力已大大减弱。仅就裂缝一项就可将该屋面梁安全性鉴定评级为最低级和正常使用性鉴定评级为最低级。

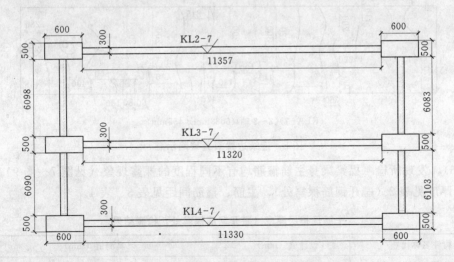

图3　所检屋面层梁柱结构平面示意（单位：mm）

（4）通过采用 FROFOMETER5 型钢筋直径/保护层厚度测定仪，对主梁 KL2－7、主梁 KL3－7、主梁 KL4－7 和连续边梁 KLC－7 共 4 榀梁的主筋、箍筋分别进行了检测

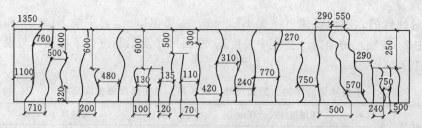

(a)(KL2-7)11330mm×810mm

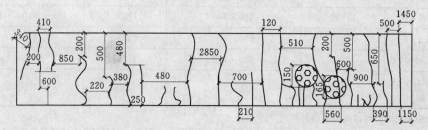

(b)(KL3-7)11320mm×810mm

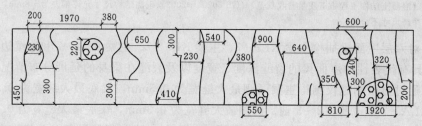

(c)(KL4-7)(11357mm×810mm)

图4　主梁裂缝缺陷示意

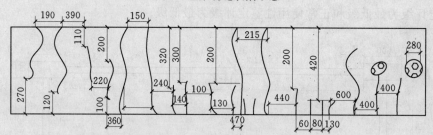

(KLA-7)(2~3轴)(6083mm×455mm)

图5　连续边梁裂缝缺陷示意

（见图6），发现所检4榀梁梁身主筋箍筋均有不同程度的裸露现象（见图7～图9）。主筋保护层厚度见表2（避开钢筋裸露处），主筋、箍筋间距见表3、表4。

表2　　　　　　主筋保护层厚度（避开钢筋裸露处）检测结果

构件名称代号	设计值（mm）	实测值（mm）			
主梁 KL2-7	25	18	20	16	15
主梁 KL3-7	25	29	25	21	22
主梁 KL4-7	25	24	17	22	29

构件名称代号	设计值（mm）	实测值（mm）			
连续边梁 KLA-7（2～3 轴）	25	16	22	23	29

注　a. 按《混凝土结构工程施工质量验收规范》（GB 50204—2002）中允许偏差为±5mm；合格点率为 64％，判为不合格。（合格判定标准为合格点率应达到 90％及 90％以上，且不得有超过尺寸偏差 1.5 倍的数值）

　　b. 按《混凝土结构工程施工质量验收规范》（GB 50204—2002）附录 E 中 E.0.4 允许偏差为＋10mm、－7mm。合格点率为 75％，判为不合格。（合格判定标准为合格点率应达到 90％及 90％以上，且不得有超过尺寸偏差 1.5 倍的数值）

表3　　　　　　　　　　　　　主筋间距检测结果

构件名称代号	设计值（mm）	实测值（mm）			允许偏差（mm）	合格点率（％）
主梁 KL2-7	75	57	90	80	±10	33
主梁 KL3-7	74	60	70	95	±10	33
主梁 KL4-7	75	70	95	74	±10	67
连续边梁 KLA-7（2～3 轴）	77	63	97	63	±10	33

注　间距设计值以钢筋中心轴为基准，主筋允许偏差按《混凝土结构工程施工质量验收规范》（GB 50204—2002）表 5.5.2 为±10mm。

表4　　　　　　　　　　　　　箍筋间距检测结果

构件名称代号	设计值（mm）	实测值（mm）								
主梁 KL2-7	200	170	183	225	216	190	220	172	224	229	180
主梁 KL3-7	200	245	225	200	165	215	200	215	205	185	190
主梁 KL4-7	200	198	180	187	225	183	210	170	210	229	194
连续边梁 KLA-7（2～3 轴）	200	210	198	220	202	176	174	226	208	185	197

注　间距设计值以钢筋中心轴为基准，箍筋允许偏差按《混凝土结构工程施工质量验收规范》（GB 50204—2002）表 5.5.2 为±20mm。

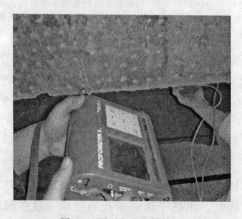

图 6　现场测试配筋情况

图 7　屋面梁露筋蜂窝狗洞缺陷（1）

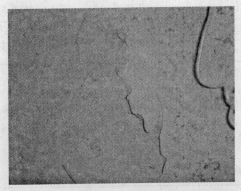

图 8　屋面梁露筋开裂蜂窝狗洞缺陷（2）　　　　　图 9　屋面梁露筋蜂窝狗洞缺陷（3）

（5）由于屋面梁裂缝密布，并伴有多处蜂窝狗洞及露筋现象，不宜采用后装拔出法进行微破损检测，更不能采用钻芯法进行半破损检测。由于混凝土龄期较长已超出回弹规程规定，因此仅能通过参照使用《回弹法检测混凝土抗压强度技术规程》（JGJ/T 23—2001），采用 HT225 型回弹仪，对所检 3 榀主梁及 1 榀连续边梁 2～3 轴部位分别抽取 10个测区，并凿取了 10 处约 2cm 大小和深度的孔洞。经采用浓度为 1‰酚酞试剂对凿取的小孔洞滴定后观测，混凝土未变色，说明凿开深度为 2cm 的混凝土已全部碳化。鉴于屋面梁已有许多明显破坏现状，没有进行取芯。由于没有芯样无法实测到混凝土的实际碳化深度以及碳化与未碳化之间的界限。因此对裂缝是否因为平移引起尚无法断定。实测到混凝土强度推定值及标准差见表 5。

表 5　　　　　　　　　　　　　混凝土强度推定值及标准差检测结果

构件名称	设计强度	平均值（MPa）	标准差（MPa）	强度推定值（MPa）	设计强度（%）
KL2－7	C30	28.9	2.21	25.3	84
KL3－7	C30	31.5	3.64	25.5	85
KL4－7	C30	29.8	2.02	26.5	88
KLA－7	C30	33.4	5.08	25.0	83

注　中华人民共和国国家标准——《民用建筑可靠性鉴定标准》（GB 50292—1999）对确定材料强度标准作出了以下规定，当受检构件仅 2～4 个，且检测结果仅用于鉴定这些构件时，允许取受检构件强度推定值中的最低值作为材料标准值。

由表 5 可见，从混凝土测定的标准差差值较大可见混凝土有较大离散性，且实际强度也达不到原设计 C30 的要求。从混凝土碳化深度大于 20mm 且部分钢筋保护层厚度小于20mm 来看，部分屋面梁主筋已处于碳化区内，会增加钢筋的锈蚀破坏，从而影响整梁的承载能力。

3　结论及处理措施

根据中华人民共和国国家标准——《民用建筑可靠性鉴定标准》（GB 50292—1999），混凝土结构构件的安全性鉴定包括：承载能力、构造、不适于继续承载的位移（或变形）和裂缝 4 个检查项目，评级分为 a_u、b_u、c_u 和 d_u 级 4 个等级。混凝土结构构件的安全性鉴定应按承载能力、构造、不适于继续承载的位移（或变形）和裂缝 4 个检查项目分别评定每一受检构件的等级，并取其中最低一级作为该构件使用等级。正常使用性鉴定包括位移和裂缝两个检查项目，评级分为 a_s、b_s 和 c_s 级 3 个等级。混凝土结构构件的正常使用性鉴定，应按位移和裂缝两个检查项目，分别评定每一受检构件的等级，并取其中较低一级作为该构件使用等级。综观以上情况，所检屋面梁安全性鉴定评级为 d_u 级，所检屋面梁正常使用性鉴定评级为 c_s 级，因此该屋面梁可靠性评级为 d 级，其可靠性不满足设计要求，在荷载不变的情况下，亦须进行加固处理。当准备再增加两层时，应对平移后的基础及梁板柱进行全面检测鉴定再结合考虑其实际状况来进行新的加固方案的设计。

无损检测技术在世界文化遗产
平遥古城城墙检测中的应用

苏丛柏

（山西省太原市尖草坪 48 号矿建 2-3-6，太原市，030003）

本文简要介绍了在世界文化遗产平遥古城墙检测中采用的多项无损检测新技术，指出采用无损检测新技术在文物古建筑检测保护中具有良好的社会效益和经济效益，笔者期望加强文物古建筑领域无损检测新技术的开发研究与推广应用。

山西省平遥古城是中国境内保存最为完整的一座古代县城，是国家级历史文化名城，被联合国教科文组织列入《世界遗产名录》。平遥古城城墙作为古代城防工程以其气势恢弘、保存完整的格局成为这一遗产的重要组成部分。

整座城墙由墙身、马面、瓮城、角台等构成。城门六道，南北各一道，东西各两道。城墙顶部的附属物包括堞楼、角楼、城楼。古城墙东、西、北三面俱直，唯南墙随柳根河蜿蜒而筑，形如龟状。平遥古城墙始建于西周初为夯土墙。现存的城墙为明代洪武三年（1370 年）扩建，并在夯土墙外墙面包砌了城砖。如图 1 所示。

平遥古城墙保护总体上是卓有成效的，迄今 600 余年，历经沧桑，保存基本完好，因而弥足珍贵。但是亟待解决的问题也不少，2004 年 10 月 17 日，平遥古城南门瓮城外侧一段长 17.3m 的城墙突然坍塌上千块青砖落地，这是古城被评为世界文化遗产后出现的第一次大面积垮塌，引起社会各界特别是新闻媒体的广泛关注。此外，古城墙的很多地方也出现墙体裂缝、破损、酥碱，外闪鼓胀，地基下沉等隐患，险象环生，令人担忧。特别是古城位于汾渭地震带上，地震设防烈度为 8 度，一旦发生相当规模的地震其后果更是不堪设想。

因此尽快对整个平遥古城墙进行可靠性鉴定与评估是非常必要、非常迫切的。笔者受之重托精心组织策划对古城墙进行了全方位的检测鉴定，对其安全可靠性水平作出客观的评价，为古城墙的维修加固技术决策和编制保护规划提供了科学的依据。

1 采用多项无损检测技术

鉴于本项检测鉴定工作难度大，时间紧，责任重，工作量非常大，为圆满完成本项任

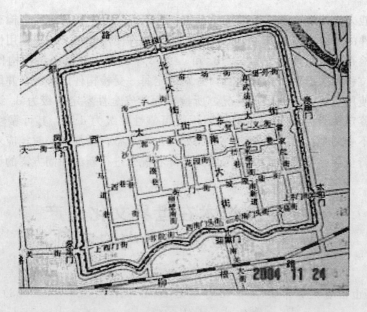

图1 平遥古城城墙平面简图

务抽调了精兵强将由中冶建筑研究总院牵头组成项目部，并聘请国内著名专家负责本项目的技术把关。

鉴于平遥古城墙的特殊性、重要性、危险性，检测鉴定工作不能依靠简单的传统经验法，不能对古城墙造成新的破坏，我们在墙体检测中充分发挥自身优势，采用了高科技的无损检测技术和数字化等多种新技术，完成了平遥古城墙现状测绘、墙体缺陷检测、雷达检测、古砖砌体强度的检测、古砖砌体理化性能分析、墙体钻芯取样、内窥检测等，有史以来第一次为古城墙进行了全面"体检"，为古城墙的可靠性分析计算和维修加固保护提供了可靠的数据。

1.1 GPS测绘技术

现状测绘是对古城墙进行安全性检测鉴定的基础，是计算分析的依据，也是古城墙保护管理工作的基本要求。由于各方的原因平遥古城墙至今尚未有完整准确的图件。本次现状测绘的目的就是建立一套科学完整的数字化记录档案。在现状测绘中我们采用了GPS及全站仪等先进的测绘仪器，建立了完整的坐标体系和高程体系，在取得了大量的、丰富的现场测量数据的基础上，绘制出了精确的平遥古城墙现状图纸，完成了平遥古城墙总平面、瓮城、马面、外墙、内墙的全部测绘工作。如图2所示。

本次测绘总共绘制了156张CAD图件，分别制作了光盘和纸基资料。有

图2 GPS测绘现场

史以来第一次为平遥古城墙建立了完整的数字化的图纸资料，准确地确定了古城墙的各项几何数据。

由现状测绘的数据表明，平遥古城城墙轴线全长共计6142.63m。各段长度及外墙面展开长度、内墙面展开长度测绘统计结果见表1。

表1　　　　　　　　　　　　测 绘 统 计 结 果　　　　　　　　　　单位：m

位置 尺寸	东墙	西墙	南墙	北墙	总长度
外墙面展开长度	1722.60	1904.06	2023.70	1757.52	7407.87
内墙面展开长度	1513.63	1484.00	1761.89	1458.23	6217.75
城墙轴线长度	1465.71	1488.35	1737.97	1450.60	6142.63

1.2　数码摄像检测技术

平遥古城城墙的外墙面由青砖包砌，外墙砖种类很多，有明代、清代、现代等不同朝代，不同大小规格的砖。砌体结构开裂现象普遍、严重，裂缝数量多、宽度大，并且多处风化腐蚀。而内墙面是夯土墙，由于雨水的冲刷、动植物的破坏、温度的影响等，墙面存在许多裂缝、孔洞与破损。内外墙面都存在严重的外观质量缺陷，严重影响到结构承载力和安全性，必须对墙体进行全面的外观检测。为了在短时期内完成这样面积大（内、外墙面将近14万 m²）、裂缝多、情况复杂的墙体检测，采用传统的方法是难以完成的，必须采用新技术，应用新设备。

为此，我们进行了多方案比较，最终采用了数码摄影检测技术，收到了快速、高效、低成本的实效，缩短检测时间3个月，节约费用近百万元。在本次检测中，我们采用高像素的数码相机对墙体的每个单元都进行了数码拍照，如图3所示。而后通过我们编制的专用计算机程序进行图像处理，对墙面裂缝的长宽、风化、残缺、孔洞的大小范围都作出具体的定量描述。每个单元都有如实的数字化记录和描述，并提供了纸基和光盘资料，见图4。

图3　平遥古城城墙检测现场

外观普查检测包括瓮城6个、马面70个、外墙81面、角台4个、点将台1个、内墙124面、排水槽118个，都对其进行了全面检测。

通过检测发现砖墙面主要裂缝（最大裂缝宽度大于1mm）有1580余条，其中最大裂缝宽度达到了445mm，最长裂缝长度为84500mm。裂缝形状多处为上下的竖向裂缝，少数为斜向裂缝，个别墙体还存在水平裂缝和向外的鼓凸，内墙面有的部位孔洞严重，最大的有1800mm×1500mm×350mm，这对于墙体的承载力和稳定性极为不利，是古城墙安全的重大隐患。

位置	裂缝			酥碱			鼓突			残缺			缺陷等级
	序号	长度	最大宽度	序号	面积	深度	序号	面积	凸出值	序号	面积	深度	
M-27 北	F1	2500	10										
	F2	3800	5				T1	9000×7900	196				
	F3	4000	7										
M-27 西	F4	7900	100										
	F5	3000	8										
	F6	7150	20										
	F7	1600	4										
	F8	6200	10							C1	140×300	260	
M-27 南	F9	3800	8										
	F10	6000	10										
备注													

图 4　外墙缺陷检测结果

1.3　古砖砌体强度无损检测

为了对平遥古城墙的可靠性作出科学、客观的评价，必须对砖砌体进行应力分析计算。而进行应力分析计算则必须首先确定城墙砌体的材料强度。而传统的材料强度试验方法就是采用破坏性试验方法。这对于弥足珍贵的古建筑往往难以进行，在墙体上大量采样做破坏性试验根本不可能实现，采样少又缺乏代表性，以点代面，缺乏真实性，并且现场取样危险性很大，甚至会危及墙体安全。因此在不少古建筑维修加固中往往凭经验估计，因人而异，误差较大，甚至发生误判，要么高估风险，降低结构安全度，要么低判保守，造成不必要的浪费。

早在20世纪70年代末笔者就开始步入混凝土非破损检测研究领域，曾为建立山西省的混凝土非破损测强曲线而努力。80年代初在冶金工业部的大力支持下又在新混凝土非破损检测研究的基础上继续拓宽研究领域，采用非破损方法对老混凝土以及新、旧砖石砌体结构的强度进行了专门研究，并应用于当时的抗震加固检测鉴定以及新建工程的砌体现场质量检测中。之后在山西省文物局、山西省博物馆、山西省古建研究所等单位的大力支持配合下，又采用非破损方法对古砖石砌体结构的强度进行了专门研究，并应用于工程实践，对山西省五台山佛光寺、蒲县莺莺塔、大同华严寺等古建筑中砖的强度进行了无损检测。20世纪90年代笔者组织策划对太原市的标志建筑——太原双塔寺东塔（明代建筑）进行了全面的无损检测，为东塔的纠偏、加固、维修提供了可靠的依据，取得了良好的效益。

从理论上讲古砖石砌体结构强度的非破损检测研究与混凝土非破损检测基本相同，但实际操作上它比混凝土要难得多。主要是它的试验样本来之不易，古砖不可能自己去制作，文物古建筑不可能让你随便采样，要想得到几块古砖需要付出许多艰辛。通过各种关系，利用各条渠道，在有关部门的大力支持下，笔者总共获得了500余块十分珍贵的历代古砖。通过我们大量的试验表明，古砖砌体中砖与灰浆的抗压强度值同样与超声波穿透它们时的超声速度值和回弹值之间具有比较好的相关关系。借助概率论与数理统计的理论，建立超声、回弹以及超声与回弹综合的专用测强曲线，评定古砖砌体中古砖与灰浆的抗压强度是完全可行的，具有较好的测试精度，误差小于12%，可以满足工程要求。鉴于文物古建筑的特殊性，在采用非破损方法对古砖石砌体结构强度进行的专门研究中，笔者应用了由中国建筑科学研究院邱平高工研制的聚能指数型探头，收到了良好的效果。经过艰苦的努力，笔者领导的研究组建立了多条古砖砌体的非破损专用测强曲线，并且应用于实际工程。

1.3.1　超声—回弹综合法

为了加大平遥古城墙检测的精度，我们充分利用了南门瓮城坍塌修复的契机，现场又采集了各种明代砖、清代砖、仿明砖、仿清砖、近代砖、现代砖的试样，在试验室采用非破损的检测方法对各种试样的超声值、回弹值进行了测定，之后采用传统的破坏法，进行了强度试验。我们在原有研究的基础上又进一步拟订出平遥古城墙的专用测强曲线，并以此计算分析实体的各种强度值。我们所采用的超声仪有两种：一种是我们自己研制的DC—88型超声仪；另一种是北京智博联科技有限公司生产的ZBL－U520数字化的非金属超声检测仪。这两种仪器具有便携、多功能、体积小、重量轻的特点，特别适用于古建筑的检测。我们采用的回弹仪是天津建筑仪器厂的系列产品HT—75与HT—28型两种回弹仪，见图5。

图5　现场超声检测

根据现有检测规范我们原计划对于古城墙的检测按比例抽样即可，但在实际检测中发现样本的离散性很大，所以一再增加抽样个数，以至于最后不得不对马面、外墙、瓮城、角台、排水槽等做了全数检测，虽然增加了大量的工作量，但检测结果更加真实可靠。这也充分显示了无损检测技术的优越性。

本次现场无损检测总共400多个构件，选取了4000多个测区，获得原始数据90000余个，经计算分析处理检测结果见表2。

从现场检测中可见平遥古城墙砖砌体的种类繁多，有明代砖、清代砖、仿明砖、仿清砖、近代砖、现代砖；个体差异大，离散性大，砖的强度最高可达16MPa，最低可达1MPa；灰浆强度最高可达10MPa，最低可达0.5MPa。

表 2

平遥古城墙砖砌体强度检测结果（马面）

序号	测 区 部 位		砖抗压强度值 （MPa）	灰浆抗压强度值 （MPa）	备 注
1	M－1	D	11.42	5.57	
2	M－1	N	10.53	2.37	
3	M－1	X	11.41	2.70	
4	M－2	D	11.34	3.13	

1.3.2 灰浆片剪切法试验

灰浆片剪切法是一种推定砖砌体中的砌筑灰浆强度的方法，它是从砖墙中抽取灰浆片试样，采用灰浆测强仪测试其抗剪强度，然后换算成灰浆抗压强度。在本次检测中我们充分利用了南门瓮城坍塌修复的机会，现场采集了各个年代的若干灰浆片，在实验室进行了灰浆片剪切法试验与筒压法检测试验，并与超声—回弹综合法进行了对比。灰浆片剪切法抗压强度试验结果见表3。

表 3   灰浆片剪切法抗压强度平均值汇总

序号	测区部位	试件破坏截面面积 （mm²）	试件抗剪强度载荷值 （N）	试件的抗剪强度 （MPa）	测区试件的抗剪强度平均值 （MPa）	测区的灰浆抗压强度平均值 （MPa）
1	NMWC 塌墙处	825.4	1452.7	1.672	1.631	11.7
		549.7	904.4	1.568		
		403.5	702.8	1.635		
2	D3～D4 挡马墙	240.5	354.3	1.397	1.270	9.1
		283.3	302.9	1.017		
		225.8	333.0	1.397		
3	D4 处挡马墙	413.0	392.8	0.903	0.878	6.3
		302.4	281.4	0.884		
		244.0	218.1	0.846		
4	马面 20	122.9	81.0	0.627	0.599	4.3
		235.2	149.7	0.608		
		328.6	192.5	0.561		
5	护城河	443.0	220.8	0.475	0.425	3.0
		177.8	62.0	0.333		
		368.0	182.2	0.466		
6	WQ～77 外墙	298.1	160.0	0.513	0.839	6.0
		337.7	477.4	1.340		
		251.6	177.2	0.665		

1.3.3 筒压法检测灰浆强度的试验

为了使测出的灰浆强度具有可比性，在使用了灰浆剪切法后，我们又用筒压法对灰浆强度进行了复检试验。该方法适用于砖墙中的砌筑灰浆强度，先进行筒压比试验，然后换算为灰浆强度。筒压法检测灰浆强度试验结果见表4。

表4　　　　　　　　　　　　　筒压法检测灰浆强度平均值汇总

序号	测区部位	标准试样筒压比	测区灰浆筒压比	测区灰浆强度平均值（MPa）
1	NMWC 塌墙处	0.7356 0.7942 0.7884	0.7727	11.3
2	D3～D4 挡马墙	0.7602 0.6390 0.6438	0.6810	9.3
3	马面20	0.3070 0.4222 0.4550	0.3947	4.1

1.4　雷达检测技术

为了对城墙内部缺陷（松散、空洞和地道等）进行普查，对城墙砖厚度进行局部探测，对城墙地面以下砖及砖基础进行局部探测，我们采用雷达仪对古城墙进行了扫描测试。试验用雷达仪采用了意大利 IDS 公司生产的 RIS－2Ka 探地雷达，选用了 900MHz、400MHz 和 40MHz 三种天线，累计测试长度 8000 余 m，测试断面 300 余个，工作量之大是前所未有的。测试现场见图6。

图6　雷达检测现场

利用地质雷达探测古城墙的技术应用，在我国尚处于实验阶段，目前没有先例和规范可供借鉴。此外，平遥古城墙介质成分和结构十分复杂，无法获得各分层介质准确的物理参数（如介电常数），雷达图像的解译工作非常困难。因此，对平遥古城墙开展地质雷达检测，是一项具有创新性的探索研究工作。

此次探测，主要依据地质雷达工作的基本原理和常规工作程序，依据有限的介质物性参数和已知数据，并参考现场水平探孔资料，进行探测和解译的探索研究。

通过本次的雷达测试发现（图7）：

（1）城墙竖向探测采用 40MHz 天线，沿全城城墙顶面所做的纵向剖面探测获得的探

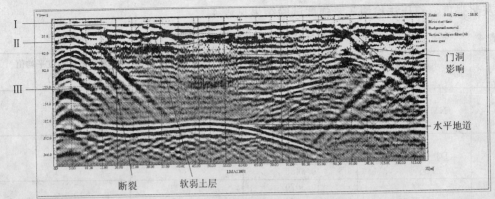

图7　马面1至迎薰门雷达剖面图

地雷达图像判断，四面墙体自上而下大致均可分成4个分层结构。说明了各时期城墙夯筑的情况。

（2）对瓮城的探测发现，墙体结构自上而下大致可分成4～5层。如北瓮城，由较连续的界面分隔出5个结构层。其中，以第2分层变形最大。第4分层可见水平孔洞。值得特别注意的是，瓮城的纵向雷达剖面显示，所有瓮城的墙体中，均发现了倾向城外的反射界面，这对瓮城墙体的稳定极为不利。对瓮城外墙的竖向观测还发现，砌砖和夯土间局部脱节，脱节产生的空洞在雷达图像上反映十分突出。

（3）对城墙砖厚度的探测表明，各处的砖墙厚度不尽相同。从结构上看，一般为上窄下宽（个别墙段为上下同宽或上宽下窄）；砌砖与夯土之间往往有宽窄不一的充填层。

位置：马面1至迎薰门。

天线：40MHz。

剖面长：118.8m。

数据处理：零点漂移；背景去噪；垂直带通滤波；线性增益。

分析：顶部盖层较连续，第二分层厚度变化较大，15m处可见一小断裂，30m处可见软弱土体，在第三结构层内，右侧异常反射结构均为迎薰门西便门的影响所致，并非墙体缺陷。剖面下部见纵向水平孔洞，判断为地道。

1.5　钻芯检测技术

为了给平遥古城墙的维修加固提供可靠的依据，在本次现场检测中，我们采用工程钻机对具有600多年历史的古城墙内部结构首次进行了钻芯取样。

鉴于古城墙是世界遗产无比珍贵，现有状况又是险象环生，我们大胆谨慎地采用GJY—150型柴油钻机，应用干法低速对古城墙进行水平钻孔，探测古城墙的内部秘密（见图8、图9、图10）。每面墙体上布置了3个钻孔，总共12个钻孔。每个钻孔都要将城墙钻通，最长的达14.6m，12个孔总进尺达

图8　现场钻芯取样

133.6m，前后共耗时7d。对每个钻孔的芯样进行了客观描述，同时选取不同试样进行了土工试验与砖的芯样试验，获得了最为宝贵的第一手资料（见表5与图11）。

图9　从墙体中钻取出的芯样

图10　钻取出的内部夯土芯样

工程名称	平遥古城墙可靠性检测鉴定墙体勘探		工程编号	KC2005－04A	钻孔日期	2005年3月2日
孔号	西1#（WQ-13）	坐标	距地面为1.0m	钻孔直径	90mm	稳定水位	
孔口标高		距 XNJT 为23.3m	初见水位		测量日期	

时代成因	层号	层底标高(m)	进尺深度(m)	分层厚度(m)	柱状图 1：50	岩性描述	取样深度(m)	标贯深度(m)	标贯实测击数	附注
	①		0.85	0.85		砖墙，青灰色，墙体较结实，0.3～0.6m松散				
	②		1.50	0.65		夯填土，褐灰色，以黏性土为主，稍湿，硬塑，土体松散				
	③		3.50			夯填土，棕褐色，以粘性土为主，稍湿，硬塑～可塑，土体密实，岩芯成块状	2.00			$w=7.8$ $p=1.51$ $p_d=1.43$ $e=0.890$ $C_1=80kPa$ $C_2=31kPa$ $C_3=15kPa$ $\Phi_1=22.8$ $\Phi_2=20.2$ $\Phi_3=16.6$
			5.00				5.00			
	④		5.50	0.50		夯填土，棕褐色，土体松散，有空洞				
	⑤		7.80	2.30		夯填土，棕褐色，以黏性土为主，稍湿，硬塑～可塑，土体松散，岩芯成片状 未穿透	7.00			$w=7.8$ $p=1.58$ $p_d=1.46$ $e=0.845$

图11　钻孔柱状图

表 5			古砖芯样试验结果（节选）		
序　号	芯样部位	芯样高度 （mm）	芯样面积 （mm²）	破坏载荷 （kN）	抗压强度 （MPa）
1	WQ-05 (1)	90	4039	30	7.4
2	WQ-05 (2)	90	4253	32	7.5
3	WQ-10	90	4843	39	8.1
4	WQ-37 (1)	90	4843	55	11.4
5	WQ-37 (2)	90	4843	41	8.5
6	WQ-47 (1)	90	5099	49	9.6
7	WQ-47 (2)	90	4736	49	10.3
8	WQ-53	90	4596	42	9.1
9	WQ-62	90	3783	54	14.3
10	WQ-67 (1)	90	3179	46	14.5
11	WQ-67 (2)	90	4970	40	8.0
12	WQ-74 (1)	90	5050	58	11.5
13	WQ-74 (2)	90	4359	65	14.9
14	WQ-76	90	4280	28	6.5

图 11 中，w 为含水率；p 为湿密度；p_d 为干密度；e 为孔隙比，$C_1\Phi_1$ 为风干快剪系数，$C_2\Phi_2$ 为天然快剪系数，$C_3\Phi_3$ 为饱和快剪系数。

通过这次钻孔探查，揭示了城墙内部的情况，为本次检测鉴定的进行提供了有用的数据。探查结果表明：

（1）钻孔探查的高度基本一致，该处的砖墙厚度基本相同，均在 0.9m，有一例可见加厚的砖柱，厚度较厚，达到 1.8m。

（2）钻取的土样多处较湿，说明内部夯土墙有严重的渗水、漏水现象，通过实验室试验分析现场所取土样，四面墙中尤以西墙土样含水量普遍较大。

（3）部分土样松散，而部分土样呈块状或片状，表明内部夯土结构密实度相差较大，而土质松散部分对于城墙的整体稳定性极为不利。

（4）所取得的土样多为粉土，但也有黏土，颜色不一，表明夯土的年代时期不同。

（5）探查发现个别区域有空洞存在，表明夯土墙的内部仍然存在未经填实的防空洞或孔洞，如在北墙的 1♯孔，在钻进到 4.7～6.2m，为一空洞。

（6）探查发现个别区域后填砖为碎砖无灰浆，如北墙的 3♯孔，钻进到 5.8～8.7m，内部填充物松散，且含有大量碎砖块等杂物。

（7）在试验室对土样进行了天然、饱和与风干对比试验表明，C、Φ 值变化很大，在进行维修、加固中应特别注意。

1.6　理化分析

为了对古城墙进行全面分析，我们还对城墙砌体材料进行了物理试验和化学分析，部分结果见表 6、表 7、表 8、表 9。

1.6.1 物理试验

表 6　　　　砖外观尺寸、重量、容重汇总结果（节选）

| 序　号 | 年　代 | 几　何　尺　寸 | | | 重量 (kg) | 容重 (kg/m³) |
		长度 (mm)	宽度 (mm)	高度 (mm)		
1	清代	311.0	150.5	57.5	4.380	1627.5
2	清代	283.5	141.0	55.5	3.980	1794.0
3	清代	310.0	150.0	65.5	4.855	1594.0
4	明代	341.0	167.5	84.0	7.605	1585.1
5	明代	344.0	166.0	82.0	7.505	1602.8
6	明代	344.5	164.0	75.5	6.855	1607.0
7	仿明	349.5	160.0	75.5	6.950	1559.4
8	仿明	352.0	172.5	76.5	7.650	1646.2
9	仿明	333.5	164.5	79.5	6.905	1646.9
10	仿清	263.0	129.0	59.0	3.280	1638.6
11	仿清	259.5	125.0	60.0	3.385	1732.3
12	仿清	259.0	124.0	61.0	3.295	1681.9
13	现代	239.0	111.0	51.0	2.200	1626.0
14	现代	237.0	109.5	53.0	2.245	1632.2
15	现代	236.5	110.0	50.5	2.225	1693.6

表 7　　　　灰浆容重汇总表（节选）

序号	部位	几何尺寸 (cm³)	重量 (g)	容重 (g/cm³)	平均 (g/cm³)
1	NMWC 塌墙处 基底	3.40×2.15×0.90	7.12	1.082	1.270
		4.00×2.70×0.70	11.71	1.549	
		2.95×2.50×0.85	7.40	1.180	
2	WQ-77 外墙	2.10×1.90×1.30	5.53	1.066	1.172
		3.35×2.80×1.10	12.51	1.212	
		3.15×1.70×1.05	6.96	1.238	
3	D3～D4 挡马墙	3.75×2.70×1.15	14.30	1.228	1.248
		2.80×2.30×0.95	7.53	1.231	
		2.50×2.00×1.00	6.42	1.284	

1.6.2 化学分析

表 8　　　　平遥古城城墙古砖化学分析

样品名称：平遥城砖				数量：8			
测试依据：				ICP-AES 法（定量）			
分析结果：含量（以氧化物计%）							
编号	SiO_2	Al_2O_3	Fe_2O_3	MgO	CaO	Na_2O	SO_3	pH
明 29#	31.52	39.24	8.41	0.85	7.62	1.09	0.07	6.1
明 42#	31.66	40.08	7.84	0.94	7.81	1.03	0.05	6.3

编号	SiO₂	Al₂O₃	Fe₂O₃	MgO	CaO	Na₂O	SO₃	pH
明 10#	31.43	41.10	8.09	1.07	7.93	1.17	0.07	6.5
清 4#	35.49	37.94	7.66	0.89	8.31	1.31	0.10	6.3
清 6#	36.06	37.16	8.17	0.93	8.12	1.25	0.07	6.2
清 19#	35.97	38.34	8.02	0.76	8.54	1.29	0.07	6.4
清腐	35.81	38.65	8.43	0.69	8.63	1.31	0.05	6.0
明腐	32.65	39.77	8.25	0.84	8.77	1.40	0.10	6.4

表 9　　　　　　　　　　　　　　　　平遥古城城墙灰浆化学分析

样品名称：平遥城墙灰浆				数量：3		
测试依据：				ICP - AES法（定量）		
分析结果：含量（%）						
编号	SiO₂	Al₂O₃	Fe₂O₃	MgCO₃	CaCO₃	pH
挡马墙	2.33	1.45	1.26	6.53	85.65	7.9
护城河	2.45	1.78	0.97	5.94	86.03	8.1
南门瓮城	2.39	1.67	1.14	5.92	86.27	8.3

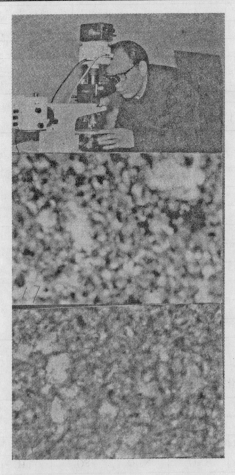

图 12　光学检测分析仪器（上）、明代古砖岩性结构（中）和现代红砖岩性结构（下）

1.7　岩性结构分析

　　为了对古砖的微观结构进行科学的分析，我们利用地质学中岩相分析的技术对不同年代的古砖进行了岩性结构分析（图 12）。从岩性结构分析中可以看出古砖的组织结构、密实状况、烧制情况等，对于分析判断古建筑结构性能能够提供非常有意义的信息。

1.8　内窥镜检测技术

　　内窥技术最早应用于医学检测，如胃部、腹部、食管等病变的检查。近年来国外已经将此项技术引用到工程检测中来，特别是在对文物古建筑的检测中内窥技术更有其独到之处。在本次平遥古城墙检测中，我们试探性地应用内窥镜对城墙裂缝内部进行了探查（图 13）。通过内窥镜可以清楚地看到裂缝内部实际状况，还可以进行数码拍照。但遗憾的是目前国内尚未有应用于建筑工程的内窥镜。

2　实效——良好的社会效益和显著的经济效益

　　本次对平遥古城墙进行全面检测鉴定的目的就是要查清古城墙的病态、隐患和病因，进而区分轻重缓急，对其安全性及其可靠性水平作出客观的评价，为古城墙的维修加固技术决策和编制保护规划提供科学的依据。

根据现状调查、现场各项检测等取得的有关数据及信息，结合专家会诊的意见，对古城墙的各部分结构安全性进行了初步综合评定，提出了第一批危险点，即存在严重安全隐患的部分。在第一批危险点报告中提出危险点共计 52 处，其中非常严重的危险点 26 处。在第一批危险点中，马面占其总数的 41.4％，外墙占其总数的 18.5％。6 个瓮城有 5 个为危险点，4 个角台有 2 个为危险点，还有一个便门为危险点。在初步报告中又提出了第二批危险点总共 12 个。第二

图 13　内窥探测墙体内部

批危险点主要是内部夯土墙。在第二批危险点中，内墙危险点占其总数的 9.6％，较之外墙危险点的数量及比例大为减少，但其危险程度也不容忽视。检测鉴定表明，平遥古城墙存在着严重的安全隐患，应当立即采取必要的措施及时进行可靠的处理，避免坍塌事故再次发生，进一步避免人员伤亡及财产损失。

目前，国内外对于古城墙结构的安全性及其可靠性检测鉴定尚没有一个可以直接依据的法定标准，我们根据多年检测鉴定的经验及资料积累的基础上，结合现场检测鉴定的有关数据及现状总体情况，参照国家现行有关建筑结构检测鉴定的规程、标准等，以保证平遥古城墙结构的安全为前提，并结合古城墙文物的特殊性，编制了一套适合平遥古城墙构筑物现状的、客观的可靠性检测鉴定试行标准。根据可靠性评定结果，区分出轻、重、缓、急，指导了抢修加固维修工作的及时开展，避免或减少了事故发生。

平遥古城墙可靠性检测鉴定工作是一个综合性边缘性的课题，涉及文物保护、物理、化学、水文、地质、气象、历史、考古、建筑、材料、施工工艺等多方面的内容。本课题采用了科学合理的检测鉴定方法，按照可靠性理论对古城墙进行了各种理论计算，对古城墙的可靠性做出了合理的评估，提出了多种加固、维修、保护的方案，在文物建筑领域的安全性评估方面填补了国内外空白。

本课题完全达到了预期的目的，保证了古城墙的安全性和耐久性，可给国家挽回直接和间接经济损失近亿元，取得了良好的社会效益和显著的经济效益。

本课题已经通过了有关部门组织的技术鉴定，总体上达到了国际先进水平，并荣获了省部级科技成果一等奖。

3　展望——广阔天地，大有作为

世界文化遗产是全人类的共同财富，保护世界文化遗产，就是保护人类可持续发展的共同物质和文化基础。我国是世界文明古国，至今已有 31 处世界遗产，居世界第三。我国的文物古建数量位居世界前列，占有相当重要的位置。

工程实践已经充分表明文物古建领域、文化遗产保护工作，十分需要无损检测技术。

文物古建领域是无损检测技术的一个重要的发展领域，有着广阔的天地，可以充分发挥无损检测技术的特长，显示无损检测技术的优越性，展示无损检测技术的魅力，无损检测技术可以在文物古建领域大有作为。

经过多年的工程实践笔者深深体会到文物古建筑工程比一般建筑工程对无损检测技术有更新更高的要求，因此笔者提出以下期望和建议。

3.1 期望研究更适合文物古建检测的无损检测技术

文物古建筑的检测比一般的建筑工程难度更大，条件更差，限制更多，更具有挑战性。文物古建领域的木结构、砖石结构、夯土结构等无损测强曲线的建立比一般混凝土困难得多。需要无损检测技术研究人员不断创新，学习国外的先进技术，采用 B 超、CT、内窥镜、核磁共振、光纤光栅、声发射等技术，对文物古建的重要部位进行实时监控，保证文物古建筑的结构安全，避免事故的发生，在文物古建的保护中充分发挥无损检测技术的威力。

3.2 期望生产更适合文物古建检测的无损检测设备或工具

鉴于世界文化遗产、文物古建筑的特殊性，需要无损检测仪器的生产单位与无损检测技术研究人员密切配合，学习国外的先进生产技术研制生产更适合文物古建检测的无损检测设备或工具。比如，小直径的薄壁空心钻头，高能量聚能超声传感器、小体积的微型雷达、适用于古建筑领域的内窥镜，等等。

3.3 期望编制出台适合文物古建领域无损检测的行业标准或地方标准

应当由无损检测技术学会牵头，联合组织科研单位、大专院校、生产厂家、文物古建管理部门共同协作来完成。可以结合一个项目、一个课题、一个工程，可以在一个行业、一个地区、一个省份从实际出发、由点到面、由个体到一般逐步进行。以便提高我国对世界文化遗产、文物古建的保护水平，提高我国无损检测技术水平。标准的编制出台可以大大促进无损检测实际工作，而实际工程又可以为标准的编制提供更多的资料和依据。

3.4 期望加强文物古建领域无损检测的技术交流

学术技术的交流可以大大促进该技术的繁荣发展，我们需要大力加强文物古建领域无损检测的技术交流，大力促进无损检测技术在文物古建领域的推广应用。可以结合一个文物古建检测鉴定工程实际也可以结合对某一个世界文化遗产、文物古建筑的考察，适时组织召开一些现场技术交流会，对于无损检测技术的工作者、研究单位和文物古建管理部门、专业工作者都是大有益处，可以达到合作共赢。

总之，笔者衷心期望无损检测技术的工作者、研究单位和文物古建管理部门、专业工作者团结协作、锐意进取、不懈努力，开拓一片新天地，取得更多更好的科研成果，获得更大的经济效益，为世界文化遗产与祖国文物古建的保护作出应有的贡献。

参 考 文 献

[1] 杜拉柱，等．平遥古城志．北京：中华书局，2002．

[2] 刘红婴，王健民．世界遗产概论．北京：中国旅游出版社，2003．

[3] 杜仙洲，等．中国古建筑修缮技术．北京：中国建筑工业出版社，1983．

[4] 罗哲文．罗哲文古建筑文集．北京：文物出版社，1998．

[5] 刘大可. 中国古建筑瓦石营法. 北京：中国建筑工业出版社，1993.
[6] 吴新璇. 混凝土无损检测技术手册. 北京：人民交通出版社，2003.
[7] 邱平. 新编混凝土无损检测技术：应用新规范. 北京：中国环境科学出版社，2002.
[8] 邱平. 建筑工程结构检测数据的处理. 北京：中国环境科学出版社，2002.

天津信达广场混凝土实体质量检测

龚景齐

（天津港湾工程研究所，天津，300000）

本文通过一座高达 207m 的现浇钢筋混凝土超高层建筑物，在整个混凝土施工期间对这种特殊建筑物的混凝土质量监控工作进行了研究。其途径是用扩展度/坍落度比值（扩坍比）测定混凝土拌和物的和易性，控制混凝土拌和物的质量；用超声波法、超声回弹（芯样校核）综合法，测定硬化后的混凝土质量，控制混凝土浇筑质量。采用这种"双控"法保证了这座超高层混凝土建筑物的混凝土工程质量。

天津信达广场是目前天津市规模最大、高度最高的现浇钢筋混凝土建筑物。浇筑用的混凝土强度等级列于表 1。

表 1　　　　　　　　　　　　　　混凝土强度等级及分布

序　号	楼　层	强　度　等　级
1	1～7	C60
2	8～21	C50
3	22～51	C40

由表 1 所示，C50 以上混凝土强度等级占楼层总数 41.2％；C40 混凝土强度等级浇筑 22～51 层，已属高程泵送混凝土，这些都会给施工带来一定困难。

超高层建筑是特殊房屋建筑工程，在原国家标准《建筑安装工程质量检验评定标准》（GBJ 300—1988）中，不包括这类建筑的混凝土质量验收标准。其次，混凝土拌和物是由预拌混凝土站直接供应，由建筑工程公司负责浇筑。

基于工程上述实况，按现行我国混凝土施工验收规范所规定的用制取混凝土试件的抽样检验方法（简称"试件检验"法），难以全面控制建筑物的混凝土质量。由于试件检验与构件制作工艺和环境条件的不同，混凝土试件强度同构件中混凝土强度具有一定的差异。再者，试件检验不能反映构件中残留的隐患。若这些隐患不能及时发现并加以处理，对于整个建筑物而言，其后果不堪设想。所以，保证信达广场混凝土工程质量，需要建立适应这种局面的混凝土质量控制体系。

基于此目的，建设单位委托天津港湾工程质量检测中心承担了天津信达广场混凝土质量监控工作，为能实施委托方的要求，天津港湾工程研究所编制了《天津信达广场混凝土控制方法（试用）》的企业标准，并将其列入标书，作为合同检验混凝土拌和物质量和硬化混凝土质量的约定检测项目，以此达到控制混凝土工程的整体质量。

1　混凝土拌和物质量控制

现将混凝土拌和物质量（主要是指合理地组成混凝土各种成分的配合比例和组成材料的品质）及测定混凝土拌和物和易性的方法分述如下。

1.1　混凝土配合比

（1）按表 1 所示的各种强度等级混凝土，其基本特点如下。

a. C50 和 C60 的高强度混凝土；

b. C40 为高程泵送混凝土，要求坍落度值不小于 20cm。

这些混凝土均属特制品混凝土。

（2）混凝土配合比是由搅拌站负责配制，在配制过程中作了下述建议。

a. 水泥用量≤500kg/m^3；

b. 可采用复合掺和料，其用量不大于 50kg/m^3；

c. 用水量控制在 170～180kg/m^3；

d. 外加剂掺量应符合规范要求，须做可溶性试验；

e. 沙率在 38%～42% 调整；

f. 混凝土配制强度按下式计算：

$$f_{cu,0} = f_{cu,k} + 1.645\sigma_0$$

式中　$f_{cu,0}$——混凝土配制强度，MPa；

　　　$f_{cu,k}$——混凝土立方体抗压强度标准值，MPa；

　　　σ_0——混凝土强度标准差的平均水平，可按表 2 选取。

表 2　　　　　　　　　　　　　　　　　　σ₀ 值

混凝土强度等级	C60	C50	C40
σ_0（MPa）	6.0	5.5	4.5

（3）确定混凝土配合比的程序如下。

a. 水泥应优先选择 42.5♯普通硅酸盐水泥；

b. 原材料品质必须符合规范要求，掺和料品质应符合混凝土耐久性的标准；

c. 混凝土配合比由搅拌站通过试拌确定，确定的混凝土的试件强度应大于表 3 所示的混凝土抗压强度值。

表 3　　　　　　　　　　　混凝土配制强度值

混凝土强度等级	C40	C50	C60
配制强度（MPa）	45.0	56.0	66.0

1.2　混凝土拌和物的和易性

（1）混凝土拌和物的和易性应从流动性、可塑性、稳定性和易密性 4 个方面进行考察。

（2）目前测定混凝土拌和物和易性的方法，一般采用坍落度试验。但对大于 18cm 高流态泵送混凝土单一地测定坍落度来表示混凝土的和易性就不怎么灵敏了。

（3）判定高流态混凝土拌和物和易性。从 1989 年开始，天津港湾工程研究所结合国际大厦、天津日报大厦等超高层混凝土工程质量检测进行高流态混凝土和易性测定。研究测定高流态混凝土和易性方法的理论是宾厄姆流变学。研究方法是引用 1972 年德国工业标准《混凝土试验方法和结构中混凝土试验方法》（DIN 1048—1972）规定的扩展度试验方法。测试方法是将测定高流态混凝土拌和物的坍落度试验完毕后，待坍落度塌陷稳定后，测量扩展成圆形的长径和短径，计算二值的平均值，此平均值称为扩展度值。将扩展度/坍落度间的比值，简称为扩坍比，作为控制高流态混凝土和易性的依据。从宾厄姆流变学理论解释，坍落度值是表示混凝土拌和物的屈服值，而扩展度值是反映混凝土拌和物的塑性黏度。应用这两个参数值就能更好地反映混凝土拌和物的质量。

（4）总结了国际大厦和天津日报大厦测定拌和物的检测结果，参照日本土木学会标准（草案）（JSCE－F503—1990）制定测点大流动混凝土的和易性的标准。

表 4　　　　　　　　　　　　坍落度、扩展度、扩展度/坍落度控制值

试验项目	坍落度	扩展度	扩展度/坍落度
测定值	16～18	24～32	1.5～1.8
	20～24	52.5～60	2.5～2.7

将表 4 中所示的测定混凝土拌和物和易性的控制值在金皇大厦进行了验证工作，通过验证证实，采用括探比来测定大流态混凝土拌和物和易性优于单一地用坍落度测试，因为扩坍比值是能真实地反映混凝土拌和物的屈服值和塑性黏度（塑性变形速度）。

（5）将表 4 所示的坍落度、扩展度和扩坍值作为判定混凝土拌和物"接收"还是"拒收"的界限值，与混凝土搅拌站一起通过对 1～4 层的试验验证，决定采用表 4 所示的控制值作为混凝土拌和物质量"接收"和"拒收"的界限值。

（6）各国的混凝土施工验收规范，都以混凝土施工期间留置的混凝土试件强度为验收依据。因此，测定混凝土拌和物和易性完毕后，制作混凝土试件强度。

（7）将检验混凝土和易性检验结果和混凝土试件强度检测结果一并列于表 5。

表 5　　　　　　　　混凝土和易性检测结果和混凝土试件强度检测结果

楼层	测量（次）	和易性试验			组数	试件试验		
		扩展度/坍落度				抗压强度（MPa）		
		m_v	s_v	η_{min}		$m_{fcu,e}$	$s_{fcu,e}$	$f_{cu,e\,min}$
5	17	2.5	0.2	1.8	10	76.0	0.9	74.3
6	10	2.5	0.1	2.3	10	72.1	1.5	69.4
7	15	2.5	0.2	2.2	10	68.6	2.6	65.1
8	13	2.4	0.2	2.1	10	70.4	2.3	67.2
9	16	2.5	0.1	2.3	10	61.6	2.7	58.3
10	12	2.5	0.3	2.1	10	62.2	3.0	58.1
11	10	2.6	0.2	2.2	10	67.6	3.0	61.1

楼层	测量（次）	和 易 性 试 验			组数	试 件 试 验		
		扩展度/坍落度				抗压强度（MPa）		
		m_v	s_v	η_{min}		$m_{fcu,e}$	$s_{fcu,e}$	$f_{cu,e\ min}$
12	11	2.6	0.2	2.3	10	65.7	2.2	61.9
13	10	2.6	0.1	2.3	10	65.6	1.3	63.8
14	11	2.7	0.1	2.6	10	68.3	2.1	63.5
15	12	2.6	0.1	2.4	10	61.9	4.0	52.9
16	12	2.6	0.1	2.5	10	61.4	1.7	58.6
17	12	2.7	0.1	2.6	10	62.5	5.0	54.8
18	14	2.5	0.4	2.2	10	62.5	4.9	53.2
19	12	2.5	0.2	1.6	10	69.6	0.7	68.2
20	14	2.6	0.2	2.1	10	64.7	2.3	62.2
21	11	2.2	0.1	2.0	10	62.9	1.4	50.8
22	10	2.2	0.1	1.9	10	51.2	0.7	50.5
23	10	2.2	0.2	1.9	10	53.1	1.2	50.0
24	12	2.3	0.2	1.9	10	53.5	1.2	51.0
25	11	2.1	0.1	2.0	10	55.0	1.7	51.0
26	9	1.6	0.1	1.5	10	55.2	0.8	54.4
27	9	2.1	0.2	1.7	10	51.5	1.4	48.7
28	10	1.7	0.2	1.3	10	54.7	1.0	53.2
29	9	2.2	0.1	2.0	10	51.7	3.0	48.3
30	9	2.1	0.3	1.7	10	51.4	1.5	49.6
31	11	1.9	0.1	1.8	10	54.1	2.8	50.1
32	10	2.3	0.1	2.1	10	53.6	3.2	47.8
33	11	2.3	0.1	2.1	10	53.6	3.2	47.8
34	10	1.9	0.1	1.7	10	51.0	2.9	47.3
35	9	2.4	0.1	2.2	10	55.8	1.1	53.4
36	12	2.3	0.1	2.0	10	56.7	1.0	54.9
37	12	2.4	0.2	2.2	10	56.3	1.3	54.0
38	12	2.6	0.2	2.0	10	54.5	1.6	52.1
39	10	2.5	0.1	2.4	10	55.0	1.5	52.9
40	11	2.4	0.1	2.3	10	54.5	1.6	52.1
41	11	2.3	0.3	1.6	10	49.5	1.0	48.0
42	11	2.6	0.2	1.9	10	49.6	1.2	47.7
43	13	2.6	0.1	2.4	10	49.9	1.3	48.0
44	10	2.4	0.2	2.0	10	50.4	1.1	48.3
45	11	2.6	0.3	2.0	10	50.3	0.9	49.1
46	13	2.4	0.3	1.8	10	51.9	1.7	49.2
47	10	2.3	0.4	1.4	10	53.6	1.0	51.8
48	13	2.4	0.2	2.0	10	52.0	2.4	49.1
49	19	2.6	0.2	2.2	10	49.9	1.7	47.8
50	13	2.6	0.2	2.0	10	53.3	1.1	51.3
51	13	2.5	0.1	2.0	10	53.1	0.8	51.8

由表 5 所示结果可得：

（1）扩坍比较小于 2.0 的楼层计有 26 层、28 层、31 层和 34 层等 4 个楼层，检测这些完毕的楼层混凝土，发现局部有蜂窝、云斑、露石等表观缺陷。分析其原因，浇筑 26 层和 28 层混凝土时，天气温度较高，沙的含水率未能及时调整；34 层遭受寒流袭击，粗细骨料表面温度极低，有的还含有冰碴。这些均影响了混凝土拌和物的和易性，但对混凝土强度影响很小。

（2）42 层混凝土拌和物中掺入过量外加剂，致使缓凝至 36h 后混凝土拌和物开始硬化，测定的初凝时间与各楼层的初凝时间相比较，均延缓 60min。缓凝后的混凝土强度未受影响。

（3）用表 4 所示的扩展度、坍落度和扩坍比作为控制混凝土拌和物的"接收"或"拒收"的界限值。从实际应用中证实，以定量的方式判断混凝土拌和物质量是可行的。例如，在群楼的浇筑过程中，拒收 12 罐（约 60m³）混凝土拌和物，主要是外加剂和用水量过多，引起混凝土离析。塔楼 1 层掺和料选择不当，可溶性差，停止浇筑，立即把混凝土配合比调整至符合"接收"界限值时再继续浇筑。17 层和 38 层因外加剂和用水量失控所致；26 层和 28 层受气温的影响。17 层、26 层、28 层和 38 层累计拒收 48 灌（约 90m³）混凝土拌和物，对保证混凝土浇筑质量起了积极作用。

（4）从这次控制混凝土拌和物质量进程中，证实了一个质量稳定的混凝土拌和物，制作的混凝土试件能达到设计所需的混凝土强度等级。

2　混凝土质量的实体检测

2.1　基础工程

基础全部采用灌注桩；用超声波检测基桩的完整性。

1. 基桩的分布图

塔楼基桩分布如图 1 所示。

2. 测试方法

（1）在灌注桩中预埋两根钢管，较高于桩的长度，按每 50cm 为一个超声测点，用测定桩的混凝土的均匀性推定桩的完整性。

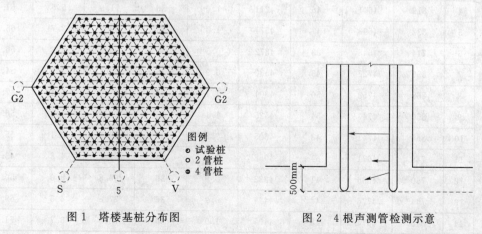

图 1　塔楼基桩分布图　　　　图 2　4 根声测管检测示意

通过对 516 根桩的超声检测中，出现 56♯桩声速离散，推断在 15m 处有断桩，经用取芯法进行验证，证实在该位置断层，高度约 50cm，经用补桩处理。有 25 根桩的桩顶有松顶，采用压浆法修整。

（2）用 4 根声测管检测桩端压浆质量，如图 2 所示。

分析检测结果可得：

1）灌注桩的桩端是有沉渣存在，深度约为 15cm。

2）桩端压浆的作用：

a. 压入水泥浆后与桩端沉渣混合在一起，提高了混凝土声速，使桩端密实；

b. 压入的水泥浆在桩端四周扩散，改善了桩的周围土质。

3）按两根声测管、3 根声测管、4 根声测管的比较试验结果中证实，两根声测管只能测得桩的中心部位质量，3 根声测管可测桩的缩颈和塌陷，4 根声测管就能测定桩的完整性。所以测定灌注桩混凝土质量建议采用 3 根声测管以上的测试方法，不推荐采用两根声测管。

3. 超声波检测特点

用超声波法测定灌注桩混凝土能正确、迅速地反映混凝土浇筑质量，缺点就是缺乏随机性和增高经济成本。

2.2 混凝土构件质量检测

（1）检测混凝土构件质量采用超声波法、超声回弹（芯样校核）综合法，检测结果列于表 6。

表 6 　　　　　　　　　　超声回弹（芯样校核）综合法检测结果

强度等级	楼层	超声波法				超声回弹（芯样校核）综合法			
		测点（个）	混凝土声速（m/s）			δ_v（%）	测区（个）	抗压强度（MPa）		
			m_v	s_v	v_{min}			$m_{fcu,e}$	$s_{fcu,e}$	$f_{cu,e\ min}$
C60	1	320	4880	58	4250	1.2	18	93.8	6.6	79.6
	2	560	4557	41	4376	0.9	18	85.4	5.4	75.3
	3	234	4758	71	4494	1.5	18	82.4	5.4	75.3
	4	819	4641	46	4211	1.0	36	71.9	5.5	61.2
	5	832	4693	47	4571	1.0	33	69.2	2.7	65.0
	6	714	4648	23	4372	0.5	36	65.7	5.2	56.0
	7	858	4727	43	4530	0.9	36	62.2	3.9	54.4
C50	8	868	4753	50	4301	1.1	36	66.0	6.4	47.4
	9	856	4747	51	4525	1.1	36	64.2	4.4	56.3
	10	864	4741	43	4505	0.9	36	63.3	5.1	55.7
	11	748	4671	61	4058	1.3	36	52.2	4.8	43.0
	12	750	4636	41	4233	0.9	36	66.8	8.0	50.8
	13	744	4776	44	4444	0.9	36	77.8	4.5	69.0
	14	848	4674	48	4405	1.0	36	78.2	3.7	71.0

强度等级	楼层	超声波法					超声回弹（芯样校核）综合法			
		测点（个）	混凝土声速（m/s）			δ_v（%）	测区（个）	抗压强度（MPa）		
			m_v	s_v	v_{min}			$m_{f_{cu,e}}$	$s_{f_{cu,e}}$	$f_{cu,e\,min}$
C50	15	744	4695	41	4329	0.9	36	49.3	6.0	73.8
	16	744	4720	57	4396	1.2	27	76.1	5.7	66.3
	17	750	4668	67	4186	1.4	45	79.1	6.9	57.8
	18	750	4693	51	4415	0.5	36	76.2	6.2	63.8
	19	748	4729	59	4393	1.2	36	77.6	5.8	67.5
	20	748	4641	46	4352	1.0	36	67.4	6.7	58.6
C40	21	748	4612	36	4357	0.8	36	66.7	5.5	54.7
	22	748	4517	31	4237	0.7	36	58.8	5.5	47.9
	23	748	4524	33	4158	0.7	36	60.8	4.4	51.0
	24	748	4509	34	4233	0.8	36	61.9	3.1	48.6
	25	748	4338	34	4115	0.8	36	48.9	1.8	44.3
	26	748	4363	54	4167	1.2	36	49.5	2.4	42.7
C40	27	748	4346	44	4145	1.0	35	48.5	3.0	43.8
	28	748	4405	57	4211	1.3	36	48.3	2.5	43.8
	29	748	4483	51	4215	1.1	36	53.7	3.5	47.9
	30	748	4532	57	4233	1.3	36	55.0	4.2	48.4
	31	748	4509	50	4281	1.1	36	53.8	3.6	47.6
	32	744	4444	33	4132	0.7	36	50.4	2.7	44.9
	33	744	4451	37	4167	0.8	36	49.5	2.5	45.2
	34	744	4374	43	4057	1.0	36	48.7	4.4	42.3
	35	744	4527	58	4141	1.3	36	52.1	3.2	46.8
	36	744	4422	45	4211	1.0	36	48.5	2.0	44.1
	37	744	4245	36	3974	0.9	18	49.5	2.3	45.2
	38	744	4303	55	3861	1.3	36	45.5	3.8	39.3
	39	744	4295	42	3946	1.0	36	48.5	4.4	40.2
	40	744	4329	46	4057	1.1	36	46.4	3.4	41.3
	41	748	4360	63	4146	1.4	36	47.3	4.7	42.1
	42	748	4334	38	4146	0.9	36	47.6	4.2	40.6
	43	744	4349	54	4153	1.2	36	48.5	3.8	42.7
	44	744	4343	45	4052	1.0	36	46.8	2.9	41.3
	45	676	4430	92	4065	2.1	36	48.0	3.2	42.1
	46	648	4526	64	4162	1.4	36	60.8	4.6	52.7
	47	368	4558	51	4357	1.1	18	60.7	4.0	55.2
	48	409	4619	47	4371	1.0	27	53.0	3.5	48.7
	49	156	4487	34	4167	0.8	15	48.4	6.1	37.1
	50	226	4457	68	4202	1.5	18	56.6	3.2	51.5

由表 6 所示检测结果得：

1）从混凝土声速分析：

a. C50 和 C60 的混凝土声速平均值 m_v 大于 C40 混凝土声速平均值，混凝土声速随着高强度混凝土的密实性增高，符合混凝土声速的增长规律；

b. 用混凝土声速的平均值 m_v 和变异系数 δ_v 衡量，混凝土内部质量是良好的；

c. 按每层混凝土声速最小值推定的缺陷可疑值和警告值，经用取芯法验证，无缺陷。

2）用超声回弹（芯样校核）综合法推断的混凝土强度，符合设计所需的混凝土强度。

（2）将测定混凝土和易性（扩坍比）、混凝土试件强度和超声回弹（芯样校核）综合法推断的混凝土强度绘制于图 3。

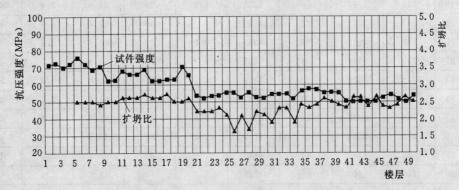

图 3　抗压强度与扩坍比值的比较

分析图 3 所示曲线，扩坍比与混凝土试件强度基本呈直线。由图 3 中所示位于 26 ～34 层的曲线呈锯齿形，因扩坍比受材料温度和外加剂掺量的影响，但对混凝土影响甚微。

（3）将用超声回弹（芯样校核）综合法推定的结构中混凝土强度与混凝土试件强度的试验数据绘于图 4。

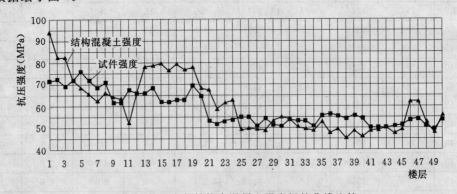

图 4　试件强度与结构中混凝土强度间的曲线比较

由图 4 所示曲线 C50 和 C60 高强度部分，两条曲线间的距离较大，而 C40 间距较小，从整体分析两条曲线基本逼近。

（4）通过这次混凝土质量控制，采用控制混凝土拌和物质量和检测混凝土实体质量的"双控"方法，确能保证混凝土的整体质量。

参 考 文 献

[1] 冯乃谦. 实用混凝土大全. 北京：科学出版社，2001.
[2] 肖纪美，朱逢吾. 材料能量学. 北京：科学技术出版社，1999.
[3] A. M. 内维尔. 混凝土的性能. 北京：中国建筑工业出版社，1983.

某抗震加固工程结构质量安全性
检测鉴定与加固处理

王文明

（新疆巴州建设工程质量检测中心，新疆库尔勒，841000）

随着社会经济的不断发展，抗震设计标准和抗震设防标准在不断提高，一些学校、医院、城镇生命线工程等重要建（构）筑物抗震设防能力已不满足现行标准要求。一旦发生烈度较大的地震灾害，将直接威胁到人民群众的生命财产安全。"5·12"汶川大地震致使建筑物严重损毁，造成大量的人员伤亡。特别是学校、医院等公共建筑严重损毁，其惨痛教训给处于地震多发区的新疆提供了前车之鉴。面对严峻的地震形势，新疆维吾尔自治区高度重视把实施抗震防灾工程作为一项重要的民生工程。并由有关部门组织印发了《新疆维吾尔自治区建筑抗震排查鉴定指导手册》，为抗震排查鉴定工作规范有序地开展提供技术指导。某教学楼作为抗震排查鉴定的抗震加固工程之一，在抗震加固过程中，开挖基础后发现钢筋严重锈蚀，因此需对地面以下结构质量安全性进一步进行检测鉴定。该抗震加固工程的检测鉴定，可为类似工程提供有益的借鉴和参考。

1 工程概况及鉴定缘由

某中学（北校区）教学楼原为某学院理工教学楼，由青岛市仪表建筑设计研究院2000年9月设计，框架结构六层，局部七层（见图1），总建筑面积9220.8m²。原抗震设防烈度为7度，框架抗震等级为三级，2002年竣工交付使用。根据《新疆维吾尔自治区建筑抗震排查鉴定指导手册》，该教学楼作为抗震排查鉴定的抗震加固工程，于2009年7月开始实施抗震加固工作，需要加固的基础部位均开挖至基底。经现场勘察，暴露的基础部分框架柱截面及钢筋保护层明显达不到设计要求，部分柱基钢筋外露锈蚀。因此，需对该教学楼地面以下结构质量安全性进一步进行检测鉴定。

2 结构质量安全性检测鉴定过程与方法

2.1 设计图纸及有关质保资料核查

据了解，由于设计施工均为外地单位，加之房屋经多次变更使用，又由于交接等不完善造成有关质保资料不完整。目前仅有部分设计图纸，无地勘资料和施工检测资料。经查

图1　某中学（北校区）教学楼一角

看某中学（北校区）原设计图纸得知，基础和柱混凝土设计强度等级分别为C20和C40，基础分为三台。基础部位无垫层处钢筋保护层为70mm，有垫层处钢筋保护层为35mm。

2.2　现场结构质量安全性检测鉴定

依据《岩土工程勘察设计规范》（GB 50021—2001）进行地质勘察；依据《混凝土结构工程施工质量验收规范》（GB 50204—2002）和《混凝土中钢筋检测技术规程》（JGJ/T 152—2008），对地面以下基础及柱结构实体钢筋保护层进行检测；依据《回弹法检测混凝土强度技术规程》（JGJ/T 23—2001）对现场随机选点进行回弹及碳化深度测试，结合笔者论著《回弹—钻芯法在混凝土质量鉴定中的应用与研究》有关成果进行数据分析处理。具体情况如下。

（1）地质勘察设计复核　依据《岩土工程勘察设计规范》（GB 50021—2001）通过补做地质勘察，勘察结果表明：场地土层1.0m以上对混凝土结构具弱腐蚀性，对混凝土中的钢筋具中等腐蚀性；场地土层1.0m以下对混凝土结构及钢筋不具腐蚀性。地基承载力经复核满足350kPa设计要求。

（2）钢筋保护层厚度检测　采用FRO-FOMETER5型钢筋直径/保护层厚度测定仪对基础部位钢筋保护层进行测试，仪器已无法显示具体数据，说明钢筋保护层厚度已超过80mm。原设计图纸上没有地圈梁，但在检测过程发现结构实体确有地圈梁存在，经检测钢筋保护层厚度为35～60mm。

（3）结构混凝土强度检测　从开挖出来的基础来看，基础分为三台，和设计图纸相符。但设计图纸没有任何防腐处理，而实际基础表面均有沥青胶泥防腐处理。连接基础

图2　开挖出的基础端面及采用砖模
施工浇筑的基础部位柱子根部

部位柱子根部采用砖模施工浇筑，混凝土呈明显酥松状，且有较大蜂窝狗洞，造成钢筋严重锈蚀（见图2，图3，图4）。

为了满足回弹检测的要求，需对基础1～3台和基础部位柱子根部测试表面沥青胶泥清除干净。依据《回弹法检测混凝土强度技术规程》（JGJ/T 23—2001）现场随机选点，采用 HT225 型回弹仪（出厂编号：329；检定证号：20090619）进行回弹及碳化深度测试，结合笔者论著《回弹—钻芯法在混凝土质量鉴定中的应用与研究》有关成果进行数据分析处理，检测结果详见表1。

图3　混凝土明显酥松，且有较大　　　　图4　混凝土明显酥松，且有较大

蜂窝狗洞，钢筋严重锈蚀（1）　　　　蜂窝狗洞，钢筋严重锈蚀（2）

表1　　　　　　　某中学（北校区）教学楼基础及柱结构混凝土强度检测评定结果

检验批容量	不同部位均为33个	检测类别	B
抽样依据	参照 JGJ/T 23—2001	抽样方案	随机
抽样数量	各10个	设计单位	青岛市仪表建筑设计研究院
设计强度等级	C20	浇筑工艺	普通工艺
样本强度测试结果			
测试部位	回弹强度 X（MPa）	修正方式	结构混凝土强度 Y（MPa）
基础一台	42.2	$Y=2.980+0.812X$	37.2
基础二台	47.3	$Y=2.980+0.812X$	41.4
基础三台	50.9	$Y=2.980+0.812X$	44.3
基础部位柱子根部	43.6	$Y=2.980+0.812X$	38.4

备注说明

a. 检测类别分为 A、B、C 三类。A 类适用于一般施工质量的检测；B 类适用于结构质量或性能的检测；C 类适用于结构质量或性能的严格检测或复检。

b. 结构混凝土强度是指将回弹强度按 $Y=2.980+0.812X$ 计算值，Y 指结构混凝土强度推定值，X 指回弹强度值。

c. 本工程检测鉴定是依据《回弹法检测混凝土强度技术规程》（JGJ/T 23—2001）对现场随机选点进行回弹及碳化深度测试，结合笔者论著《回弹—钻芯法在混凝土质量鉴定中的应用与研究》有关成果进行数据分析处理

由表1可知，基础一台结构混凝土强度推定值为 37.2MPa，基础二台结构混凝土强度推定值为 41.4MPa，基础三台结构混凝土强度推定值为 44.3MPa。

对连接基础部位的柱子根部受力钢筋严重锈蚀处使用游标卡尺测定（见图5，图6），

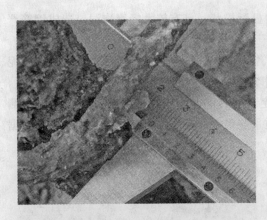

图 5　使用游标卡尺测定钢筋锈蚀（1）

钢筋锈蚀 2.0～3.0mm。对目测外观混凝土较为密实处可测面进行测试后再对数据进行分析处理，强度推定值为 38.4MPa，达设计强度的 96％。

（4）混凝土碳化深度检测　对回弹测区选取 30％进行混凝土碳化深度检测，在所选测区凿取直径深度均约 1.5cm 的孔洞，滴定浓度为 1％的酚酞试剂后采用混凝土碳化深度测量仪进行测试，地面以下基础及柱混凝土碳化深度为 1.0～2.0mm，碳化深度平均值为 1.5mm（见图 7）。因此说明混凝土总体相对密实。

图 6　使用游标卡尺测定钢筋锈蚀（2）

图 7　混凝土碳化深度检测

3　结构质量安全性检测鉴定结论意见与建议处理措施

3.1　结构质量安全性检测鉴定结论意见

经对该抗震加固工程进行现场结构实体检测及试验分析，根据中华人民共和国国家标准《民用建筑可靠性鉴定标准》（GB 50292—1999）评定标准，针对原设计抗震要求，其结构质量与安全性鉴定结论如下。

（1）该抗震加固工程地基与基础部位结构安全性鉴定为 A_{su} 级，结构整体性质量为 A_u 级，对地基与基础 1～3 台混凝土结构可不采取措施（注：“可不采取措施”，仅对安全性鉴定而言，不包括正常使用性鉴定所要求采取的措施）。

（2）该抗震加固工程采用砖模施工浇筑的基础部位柱子根部结构安全性鉴定为 C_{su} 级，结构整体性质量鉴定为 C_u 级，对柱子根部应采取措施（“C_u 级”：结构质量不符合设计要求，显著影响承载功能和使用功能，需经设计验算、加固补强后，方可保证结构安全性。）

3.2　对该抗震加固工程的建议处理措施

（1）该抗震加固工程目前作为中学教学楼使用，根据国家标准《建筑工程抗震设防分类标准》（GB 50223）规定应按“重点设防类”（简称“乙类”）建筑对待。根据《建筑抗震鉴定标准》（GB 50023—2009），其抗震措施核查和抗震验算的综合鉴定应符合"乙类"要求：6～8度应按比本地区设防烈度提高一度的要求核查其抗震措施，9度时应适当提高要求；抗震验算应按不低于本地区设防烈度的要求采用。

（2）原地基与基础1～3台可不必处理。

（3）由于钢筋锈蚀严重，现在的配筋已不满足设计要求。建议对连接基础部位的柱子根部外围砖模及呈明显酥松状混凝土剔除干净，对裸露的严重锈蚀钢筋进行除锈，然后采用压力水进行冲洗后增加配筋重新浇筑混凝土，或依据《建筑抗震加固技术规程》（JGJ 116—2009）对基础部位的柱子进行加固，抗震加固可采用主要提高基础部位柱子抗震承载力的方案，即采用钢构套、现浇钢筋混凝土套或粘贴钢板、碳纤维布、钢绞线网—聚合物砂浆面层等加固方法。

（4）本工程根据现场实际，采用《新06系列建筑结构标准设计图集》进行加固处理，具体加固方案见框架柱加固详图（图8）。从图示可知新增12根牌号为HRB335直径为22mm的受力钢筋，箍筋为5根直径为12mm的光圆钢筋，箍筋间距为200mm。箍板间距加密区为250mm，非加密区为500mm，角柱加固时箍板间距为100mm。基础圈套配筋双层双向ϕ12@200。

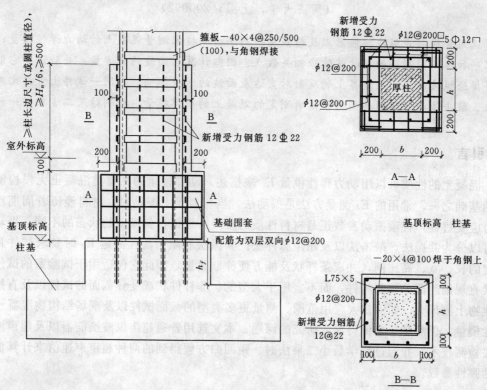

图 8　框架柱加固详图
注：箍板间距100时为角柱加固；新增混凝土为C40混凝土。

（5）抗震加固施工时，建议采取分段加固的方式进行，避免一次性加固方式可能带来的不利影响。

参　考　文　献

[1]　王文明．建设工程质量检测鉴定实例及应用指南．北京：中国建筑工业出版社，2008.
[2]　王文明．混凝土检测标准解析与检测鉴定技术应用指南．北京：中国建筑工业出版社，2011.
[3]　王文明，罗民．建筑结构技术新进展．北京：原子能出版社，2004.
[4]　王文明．关于某抗震加固工程地面以质量安全性检测鉴定．混凝土世界，2011（11）.
[5]　民用建筑可靠性鉴定标准（GB 50292—1999）.
[6]　建筑工程抗震设防分类标准（GB 50223—2008）.
[7]　建筑抗震鉴定标准（GB 50023—2009）.
[8]　建筑抗震加固技术规程（JGJ 116—2009）.
[9]　新 06 系列建筑结构标准设计图集．北京：中国建筑工业出版社，2007.
[10]　混凝土结构工程施工质量验收规范（GB 50204—2002）.

用超声纵波换能器测量混凝土的动弹模量

童寿兴

（同济大学，上海，200092）

选用普通超声纵波换能器以及超声波平测法检测技术测量混凝土的动力弹性模量；提出了一种取不同测距的接收波波峰相关散点、回归计算表面波的新方案；并验证了它能克服并排除纵波在底面及边界上的反射对直达表面波的干扰影响。在同一试件上直接比对超声法、敲击法两种不同类型的仪器所测定的混凝土的动弹模量，检测结果二者相当一致。

1　引言

混凝土的性质可以用动力弹性模量 E_d 来描述，动弹模量的测量是混凝土无损检测技术的基础之一。常用的 E_d 测量方法是振动法。当材料受力振动时，材料经历着周期性的应力应变过程，各项振动参数正是材料性质的反应。根据材料振动的状态的不同，振动法又可以分为共振法、敲击法以及超声脉冲法。共振法和敲击法在测定 E_d 时要求试件具有一定的长、宽、高比例，并成条杆状及能方便称取重量，因此它仅适用于试验室的试件及形状有规则的部分预制构件，而不宜用于大型的、非杆件状或变异截面的试件以及直接在构建物上测试[1]。如何扩大应用范围、测量更多类型的截面试件以及现场结构物混凝土的弹性模量，仍然是一个值得深入研究的课题。本文选用普通超声纵波换能器以及超声波平测法检测技术，并通过数学最小二乘法时、距回归方程得到的两种超声声速值来计算混凝土的弹性参数。

2　以往的研究

无限大固体的弹性参数可以由以下各式计算。

$$v_P = \sqrt{\frac{E_d}{\rho}} \times \sqrt{\frac{1-\gamma}{(1+\gamma)(1-2\gamma)}} \tag{1}$$

$$v_S = \sqrt{\frac{E_d}{2\rho(1+\gamma)}} \qquad\qquad (2)$$

$$v_R = \frac{0.87+1.12\gamma}{1+\gamma} \times \sqrt{\frac{E_d}{2\rho(1+\gamma)}} \qquad\qquad (3)$$

式中　v_P、v_S、v_R——纵波、横波、表面波的速度；

ρ——固体的密度；

γ——泊松比。

联立式（1）和式（2），得：

$$\gamma = \frac{v_P^2/2 - v_S^2}{v_P^2 - v_S^2} \qquad\qquad (4)$$

联立式（1）和式（3），得：

$$\frac{v_P}{v_R} = \sqrt{\frac{2(1-\gamma)(1+\gamma)^2}{(1-2\gamma)(0.87+1.12\gamma)^2}} \qquad\qquad (5)$$

可见，只要已知 v_P 和 v_S 或者 v_P 和 v_R，则可由式（4）和式（1）或式（5）和式（1）解得 γ 及 E_d 的值。即混凝土的泊松比 γ 的常规检测，可以分别采用纵波和横波换能器，各自测定其纵波 v_P 和横波 v_S 的声速后通过式（4）计算得出。再将 γ 值代入式（1）或式（2），进而确定混凝土的动弹模量。众所周知，横波比纵波的测量方法更为复杂，因为横波不能在液体中传播。为使横波换能器与试件的声接触良好，须在二者之间放置铝箔并施加很大的压力才能保证良好的声耦合，这只有在实验室才能做到。罗骐先等[2]提出了一个采用普通的纵波换能器通过测量混凝土纵、表面波速度来确定现场混凝土 γ 及 E_d 的好方法。

采用超声波平测法检测时，当一对收、发换能器以一定间隔置于混凝土表面时，可获得图1的波形。

波形的前部为纵波，因为纵波速度最大，以"1"表示为纵波的初至点，而表面波速度小于纵波的速度，但是它的能量大、信号强，加上叠加的效应，图1中波形后面部分振幅突然增大是由于表面波的到达，以"2"表示，并以"3"表示表面波到达后的第一个峰值点，参照超声波平测法[3]声速检测的方法（固定一个换能器，以一定间距移动另一个换能器），用不同时—距的回归计算方程式，得到"1"纵波、"3"表面波的声速值。将纵波 v_P、表面波 v_R 代入式（5）、式（1），即可得到混凝土的 γ 及 E_d 的值。

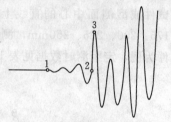

图1　平测法接收波形与
特征检测点

3　试件尺寸选择的问题

为了比较超声法、共振法二者之间测量混凝土弹性模量的差别，为了克服试件边界及底面反射纵波对直达表面波的干扰，文献［2］对试件尺寸做了刻意的考虑：测量纵波 v_P、表面波 v_R 用大试件，尺寸为 200mm×500mm×500mm；共振法测量频率用传统的在实验室做共振法试验的小试块，尺寸为 100mm×100mm×500mm。但是，基于试件尺寸的选择和工程实用性之间的关系考虑，尚有下列问题未能解决。

（1）两种尺寸不同的试件虽然是由同批的混凝土拌制且在同条件下养护，但总有差别，不能在同一试块上检验用超声法、共振法测定弹性模量的差值，缺乏比对性和更强的说服力。

（2）小试件或工程中有些构件比较薄，如楼板、剪力墙等。超声检测的底面反射纵波对直达表面波测值的影响该如何克服？

（3）在实际检测中，有很多类似对超声检测的影响因素，接收信号中常杂有波形畸变现象，有时较难获得如图1这样典型的理想化波形。检测有否排除干扰波的改良方法？

4 试验试件及仪器

4.1 混凝土试件

本试验采用某无损检测课题遗留下来、设计强度等级成系列的 C20、C30、C40、C50、C60 混凝土试件。试件尺寸为 150mm×150mm×550mm。该批试件龄期近三年，利用一直放置在室内的较长龄期混凝土试件，其内外干燥程度比较一致，而且混凝土强度发展已趋于稳定。因在同一试件上检测，所以可以尝试用超声、敲击两种试验方法比较测量的动弹模量的差别，验证比对超声纵波换能器测量混凝土弹性参数的准确性。

4.2 仪器

（1）采用 CTS-25 型非金属超声波检测仪。模拟型超声仪适宜做本课题研究工作，能够灵活操作、方便读取所观察波形峰值位置处的声时值。

（2）采用 JS38-Ⅲ型敲击法弹性参数测定仪，同步测量混凝土的横向振动弹性模量。

5 试验方法及结果

本试验采用了试验室常规试件尺寸，特别针对有可能检测到来自于边界或底面反射纵波在表面波之前到达的状况，更新改良文献〔2〕的检测方法：将超声波收、发换能器沿试件成型侧面中心的直线上放置，以 10 个不同的测距：25、50、75、100、125、150、175、200、225、250mm，测量图 2 波形上相应点 A、B、C、D 点的声时值。以 C40 组试件为例，定距测时数据见表1。

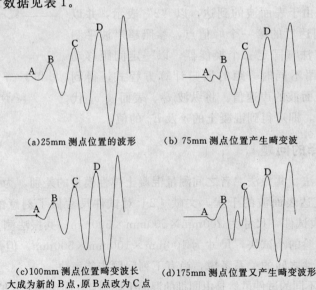

(a)25mm 测点位置的波形　　(b)75mm 测点位置产生畸变波

(c)100mm 测点位置畸变波长　(d)175mm 测点位置又产生畸变波形
大成为新的 B 点,原 B 点改为 C 点

图 2　接收波形特征检测点

表 1

C40	25mm	50mm	75mm	100mm	125mm	150mm	175mm	200mm	225mm	250mm
测点 A	8.2	14.4	18.9	23.9	30.3	37.0	43.5	49.6	55.1	60.3
测点 B	27.7	40.3	31.2	38.4	47.5	57.0	63.2	69.2	74.4	81.0
测点 C	52.6	64.3	50.0	61.8	71.3	82.8	91.7	89.0	93.2	99.6
测点 D	76.9	84.9	76.9	88.3	98.3	108.4	118.5	105.3	114.4	124.4

表 1　　　　　　　　　混凝土 C40 组测量时—距数据　　　　　　　单位：μs

以声时值 $S(\mu s)$ 作为 x 轴，测距 L (mm) 作为 y 轴，将所测得的 A、B、C、D 测点数据绘制散点图。以 C40 组试件为例，见图 3。

显而易见，A 点的散点几乎成一条直线，以最小二乘法回归计算直线方程 $y_a = a_a + v_P t_a$，方程式中的系数 v_P 为该直线方程的斜率，即平测法纵波声速值。除 A 点外，B、C、D 各测点的散点的连线都有折线段情况。在实验中观察到，各组试块分别在间距 75mm、175mm 附近均有畸变分支小波峰出现。见图 2（b）和图 2（d）。

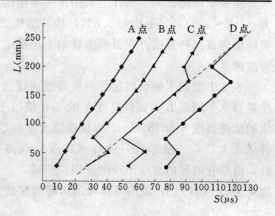

图 3　C40 组混凝土时—距散点图

在 75mm、175mm 测距处，即在图 2（b）A 峰与 B 峰、图 2（d）B 峰与 C 峰之间生成的畸变分支波在以后的测距中逐渐变大并成为独立的波峰。每当畸变分支波波幅变大并成为独立的波峰后，就成为一个新的波峰读数测点。试用一根直线去串联 B、C、D 的相关测点（见图 3），并将这些连接测点即表 1 中已被突出显示为阴影的定距测时数据以最小二乘法回归成直线方程 $y = a + vt$，方程式中的系数 v 为疑似表面波传播速度。将 A 测点直线的斜率 v_P 及相应 B、C、D 测点的连线的斜率 v 代入式（5）。式（5）可化解为一元三次方程：

$$(-2.5088p^2 + 2)\gamma^3 + (-2.6432p^2 + 2)\gamma^2 + (0.4350p^2 - 2)\gamma + (0.7569p^2 - 2) = 0$$

式中，p 为纵波与表面波声速的比值。考虑到文献 [2] 的泊松比 γ 是图解法求得的，用图解法求 γ 值易产生误差。本文采用 MATLAB6.5 软件解一元三次方程得泊松比 γ。然后将 γ 值代入式（1），计算以超声纵波换能器测定的动力弹性模量 E_d 见表 2。用敲击法测定的动弹模量 $E_{d敲}$ 也于表 2 一同列出。

表 2　　　　　　　试验回归数据及混凝土弹性参数的计算结果

项　　目	C20	C30	C40	C50	C60
v_P(km/s)	3.87	4.23	4.23	4.25	4.25
v_R(km/s)	2.06	2.33	2.33	2.34	2.37
v_P/v_R	1.8786	1.8155	1.8155	1.8162	1.7932
γ	0.2481	0.2151	0.2151	0.2155	0.2013

项　　目	C20	C30	C40	C50	C60
超声法 E_d（MPa）	28845	36475	36349	36800	36986
敲击法 E_{dt}（MPa）	29447	37191	36875	37254	38664
比对偏差（％）	−2.0	−1.9	−1.4	−1.2	−4.3

由表2可见，同一试件上采用不同类型的检测仪器和方法测得的 E_d 值，其偏差范围为（1.2～4.3）％，平均为2.2％，检测结果二者相当一致。同时也表明，将B、C、D相关峰值测点回归直线方程得到的疑似 v 可确定为排除了界面、底面纵波反射干扰波后的表面波速度 v_R。

表2中混凝土的纵波速度与表面波速度之比约为1.8，根据三角几何关系可知，当两换能器水平间距 L 为试件高度 h 的1.3倍以上时，底面反射波就会先于表面波到达。本文的试件高度 h 为150mm，即换能器水平间距为195mm左右时，底面反射纵波就会出现并增大为C点［图2（d）的C点将改为D点］。这也证实了试验中每当 $L=175$mm附近处，波形有畸异的波峰出现的原因。同理，当 $L=98$mm时［图2（b）原B点改为C点、原C点改为D点］，波形畸异峰的出现为纵波在试件检测平面边界的折射所致。

6　结语

（1）文献［2］提出了一种用纵波换能器可检测混凝土的纵波、表面波速度，从而测定动弹模量 E_d 的方法，但该方法需排除边界、底面反射波的影响，仅适合使用在大体积的试件上。

（2）本文提出了一种用接收波波峰相关散点回归计算表面波的新方案。试验证明新方案能克服纵波在底面、边界上产生的反射波干扰。用超声纵波换能器平测法检测的 v_P、v_R 声速值可直接进行动弹模量 E_d 的计算，在同一尺寸的母体试件上直接比对超声法、敲击法两种不同类型仪器所测定的混凝土的动弹模量，其偏差平均为2.2％，检测结果二者相当一致。

（3）新方案最大的技术特点是能检测非长条圆、棱柱体特殊截面形状试件，这是其他动弹性模量测量仪无法克服的必要试验条件。新方案不仅适用于试验室常规小试件混凝土动弹模量 E_d 的检测，因为采用了常规的超声波平测法检测技术，当然也可以在现场确定各种尺寸构件的弹性参数。实际工程中的混凝土构件都配有钢筋，在现场检测时为减少钢筋的影响，[4] 二换能器连线可与钢筋纵横走向呈45°斜角布置。

参　考　文　献

[1] 吴慧敏. 结构混凝土现场检测技术. 长沙：湖南大学出版社，1998.
[2] 罗骐先，J. H. Bungey. 用纵波超声换能器检测混凝土表面波速和动弹模量. 水利运输科学研究，1996，3.
[3] 童寿兴，王征，商涛平. 混凝土强度超声波平测法检测技术. 无损检测，2004，1.
[4] 童寿兴，张晓燕，金元. 超声波首波相位反转法检测混凝土裂缝深度. 建筑材料学报，1998，1（3）.

第九部分　检测仪器研制与应用

智能型、模拟型超声仪声时测量值的比对试验

童寿兴

（同济大学，上海，200092）

本文通过采用不同种类、不同型号的超声仪对同一块匀质试件的声时测量值的比对试验，发现操作者因所用的仪器不同导致测量的声时数据之间存在或大或小的偏差，这将直接影响到超声声速检测值的真实性。分析表明影响匀质试件超声检测比对结果的成因竟是操作者对超声仪开机时扣除零读数 t_0 方法的准确性存在问题，此偏差与所用模拟型还是智能型超声波检测仪的种类无关。

1　问题的提出

我国目前使用的非金属超声波检测仪主要有模拟型超声仪以及智能型超声仪两类。一直以来，总给人感觉这两类仪器的声时测量值有系统偏差，似乎是智能型超声仪的声时测值要比模拟型超声仪的大。问题一：这两类仪器的声时测量值是否真的存在系统偏差？问题二：产生偏差的原因是什么？本文结合上海市的一次混凝土非破损比对活动，旨在通过跟踪不同种类的超声仪对同一匀质试件的声速测量的比对试验，针对 20 多个参加比对单位的 20 多台超声仪不同声时测量值，展开模拟型超声仪以及智能型超声仪这两类超声仪器的声时测值是否存在系统偏差以及产生偏差原因的讨论。

2　混凝土超声波检测仪

我国的超声波仪器的研制生产和推广应用主要始于 20 世纪 70 年代。经历了模拟型仪器、数字型仪器、智能型仪器 3 个阶段。模拟型超声波检测仪的代表型号为 CTS—25 型，这是过去国内批量生产最多的超声仪。数字型仪器以 CTS—35 型和 CTS—45 型为代表。智能型超声仪具备高速数据采集、声参量自动测量和存储、数据分析和处理等功能，自动化程度较高，其代表产品有康科瑞 NM 系列、智博联 ZBL—U5 系列、同济 U‑sonic 以及岩海 RS—ST01C 型等。

3　检测仪器型号及试验对象

3.1　超声波检测仪

模拟型超声仪：CTS‑25 型非金属超声波检测仪（仪器读数精度：0.1μs）。

智能型超声仪：康科瑞 NM 系列、智博联 ZBL—U520、岩海 RS—ST01C、TiC0 以

及 UTA 型等（仪器读数精度：视选用的采样频率而定）。

3.2 试验对象

匀质试件为纯环氧树脂长方体试件：试件尺寸 93mm×93mm×387mm。

4 试验数据记录及处理

不同型号的超声波检测仪、采用超声对测法对匀质试件检测的数据见表1。

表 1 匀质试件超声检测声时读数比对试验数据

编号	超声仪	声时检测读数（μs）		零读数偏差或 t_o	真实声时读数（μs）	
		（387mm）T_1	（93mm）T_2	μs	（387mm）t_1	（93mm）t_2
0001	CTS—25	154.5	37.0	−0.2	154.7	37.2
0002	NM—4A	155.2	37.2	−0.1	155.3	37.3
0003 *	CTS—25	153.7	36.3	−0.8	154.5	37.1
0004 *	CTS—25	155.6	38.1	0.9	154.7	37.2
0011	NM—3B	155.0	37.0	−0.3	155.3	37.3
0109	NM—4A	154.6	37.0	−0.2	154.8	37.2
0117	NM—3C	154.8	37.2	0.0	154.8	37.2
0130	NM—3A	155.0	37.9	0.9	154.1	37.0
0136	CTS—25	154.8	37.4	0.3	154.5	37.1
0138	NM—4B	154.8	37.2	0.0	154.8	37.2
0144	RS—ST01C	153.5	35.3	−2.1	155.6	37.4
0186	CTS—25	154.5	37.4	0.4	154.1	37.0
0188	ZBL—U520	153.8	36.2	−1.0	154.8	37.2
0189	UTA	153.5	35.0	−2.5	156.0	37.5
0191	CTS—25	153.7	36.6	−0.4	154.1	37.0
0193	CTS—25	154.4	36.8	−0.4	154.8	37.2
0377 * *	CTS—25	158.4	41.1	4.0	154.0	37.1
0386	NM—4A	154.6	37.1	−0.1	154.7	37.2
0419	NM—4A	155.6	37.6	0.3	155.3	37.3
0448	CTS—25	154.6	37.1	−0.1	154.7	37.2
0478	TiC0	155.8	37.8	0.5	155.3	37.3

＊—CTS—25 型非金属超声波检测仪采用标准棒法扣除零读数 t_o；
＊＊—CTS—25 型非金属超声波检测仪的"调零旋钮"位于顺时针最大位置。

5 检测结果分析与讨论

表 1 中使用模拟型 CTS—25 型非金属超声波检测仪的数据有 9 个；使用智能型超声仪的数据有 12 个。通常人们扣除超声仪零读数 t_o 的方法有以下几种。

（1）可以通过采用（如编号 0377 ＊＊）超声检测匀质试件的长、短边边长方向的声时读数与相对测距的计算值。

（2）采用（如编号 0003 ＊、编号 0004 ＊）标准棒法。

（3）采用将两只换能器直接耦合的方法。

除打＊号以外的CTS—25型非金属超声波检测仪以及智能型超声仪都采用了两只换能器直接耦合的方法扣除零读数 t_0。在超声波的非破损试验中，当扣除了仪器的零读数 t_0 后，理论上再通过在匀质试件长、短边边长方向的距离和声时读数来计算零读数 t_0 应该为 0。如果计算值不等于 0，则为操作者扣除零读数 t_0 时的试验误差。表1中21组"声时检测读数（μs）"栏的数值偏差比较大，但是经作者计算修正处理后的"真实声时读数（μs）"栏之间的数值偏差很小。9组模拟型 CTS—25 型非金属超声波检测仪 t_1 和 t_2 的平均声时读数分别为 154.5μs 和 37.1μs、检测环氧树脂试件的平均声速为 2.506km/s；而 12 组智能型超声仪 t_1 和 t_2 的平均声时读数分别为 155.0μs 和 37.3μs、检测环氧树脂试件的声速为 2.495km/s。这两类仪器检测环氧树脂试件的声速偏差 0.011km/s，相对误差约 0.4％。完全满足现行混凝土无损检测规程[1]声速检测的准确性不能大于 2％的要求。如果在 12 组智能型超声仪中，再除去编号为 0478 的 TiC0 超声仪（无波形显示）、编号为 0189 的 UTA 超声仪、编号为 0144 的 RS—ST01C 超声仪后，即康科瑞、智博联厂家的 9 组相近性智能型超声仪 t_1 和 t_2 的平均声时读数分别为 154.8μs 和 37.2μs、检测环氧树脂试件的平均声速为 2.499km/s。模拟型 CTS—25 型非金属超声波检测仪与康科瑞、智博联厂家的智能型超声仪这两类仪器检测环氧树脂试件的声速偏差 0.007km/s，相对误差仅为 0.28％。

表1中"零读数偏差或 t_0（μs）"栏如果操作正确，（除编号 0377＊＊外）理论计算值应该等于 0，一般不应该有大于 0.4μs 以上的试验误差。但是表1中还有 7 组之多的计算偏差数值为 0.5～2.5μs，表明这些操作者的零读数 t_0 扣除有问题。作者注意到，凡是 CTS—25 型非金属超声波检测仪、采用标准棒扣除零读数 t_0 的操作者（编号 0003＊、编号 0004＊）偏差都较大。CTS—25 型非金属超声波检测仪配备了圆柱体的金属标准棒，由于使用者在传统的等幅读数认识上存在一个误区，圆柱体的金属标准棒的不正确使用误导了以此方法扣除模拟型超声仪零读数 t_0 的操作者。金属标准棒目前有的生产厂商一般已经舍弃不用了，现在普遍采用两只换能器直接耦合的方法扣除零读数 t_0，但是采用此方法时，比对试验中有 5 家智能型超声仪的"零读数 t_0 或偏差（μs）"栏数值也比较大，其原因可能和操作者选用的采样频率有关，当采样频率为 2.5MHz，则相邻采样点时间间隔为 0.4μs，仪器产生的声时偏差为 2 个采样点时，即声时读数偏差为 0.8μs、声时读数误差为 ±0.4μs。这个系统误差如果在开机后扣除零读数 t_0 的环节时产生，此误差将一直延续至试验结束关机时为止。

声时读数 0.4μs 的误差如在大试件上检测引起的测量误差一般较小，但是在小试件上检测，引起的测量误差不容忽视。比如以早期上海市采用的超声声速与混凝土强度的计算公式 $F=0.0012v^{6.8808}$ 举例：50MPa 强度的混凝土其超声声速约为 4.693km/s，在 100mm ×100mm×100mm 的立方体试块上检测的超声声时值为 21.3μs，如果声时有 0.4μs 的读数误差，则超声声速的误差为 1.9％，代入 $F=0.0012v^{6.8808}$ 公式计算的强度误差为 13％。当超声仪采样频率选择低于 2.5MHz 时，声时读数误差则更大，致使混凝土强度的计算误差将非常严重。

智能型超声仪也具有采样频率为 10MHz，相邻采样点时间间隔为 0.1μs 的功能，即声时读数精度为±0.1μs。但是通常此时智能型超声仪显示的是周波很宽的波形，首波与水平线的连接呈圆弧状，因首波不陡峭，时常会造成更大的读数误差。同济大学声学研究所研制的 U-sonic 智能型超声仪通过计算机内程处理，解决了这一问题。即在采样频率为 10MHz、声时读数精度为 0.1μs 的时候，超声接收波形仍然显示 CTS—25 型非金属超声波检测仪那样周波宽适宜、首波较陡峭的波形。

6 结论

(1) 智能型超声波检测仪测量的声时读数在材料中传播的时间要比模拟型超声波检测仪测量的时间略长，但这两类仪器检测环氧树脂试件的声速相对误差仅为 0.4%。

(2) 计算分析各种类型仪器的声时检测读数与真实声时读数的偏差结果，发现影响匀质试件超声检测比对结果的成因竟是操作者开机时对超声仪扣除零读数 t_0 的准确性问题。试验误差的大小因人而异，但这只是操作者个人技术的问题，而和仪器的类型无关。

(3) 智能型超声波检测仪通常采用采样频率为 2.5MHz，此时波形的周波宽较适宜、首波较陡峭，相邻采样点时间间隔为 0.4μs，仪器产生的声时偏差为 2 个采样点时，声时读数误差为±0.4μs，声时读数误差将致使混凝土强度的计算误差。

(4) 如果超声仪扣除零读数 t_0 不当，声时读数产生的在大试件上检测引起的声速误差一般较小，但是在小试件上检测时，引起的声速测量误差不容忽视。

参考文献

[1] 超声回弹综合法检测混凝土强度技术规程 (CECS02：2005) [S].

小波分析在 ZBL - P810 基桩动测仪中的应用

陈卫红

(北京智博联科技有限公司，北京西城区德外大街 11 号 B 座 216 室，100088)

本文对小波分析的原理进行了简单介绍，并将小波分析应用于 P810 基桩动测仪，通过对多个工程实测曲线进行小波分析前、后的对比，发现小波分析可以提取有用信号，对动测曲线的分析有较好的帮助。

小波分析是近 15 年来发展起来的一种新的时频分析方法。它克服了短时傅立叶变换在单分辨率上的缺陷，具有多分辨率分析的特点，在时域和频域都有表征信号局部信息的能力，时间窗和频率窗都可以根据信号的具体形态动态调整。在一般情况下，在低频部分（信号较平稳）可以采用较低的时间分辨率，而提高频率的分辨率；在高频情况下（频率变化不大）可以用较低的频率分辨率来换取精确的时间定位。因为这些特征，小波分析可以探测正常信号中的瞬态，并展示其频率成分，广泛应用于各个时频分析领域。

小波分析能够分析信号的局部特征，如可以发现叠加在一个非常规范的正弦信号上的一个非常小的畸变信号的出现时间，传统的傅立叶变换只能得到平坦的频谱上的两个尖峰，利用小波分析可以非常准确地分析出信号在什么时刻发生畸变。可以检测出许多其他分析方法忽略的信号特性，如信号的趋势，信号的高阶不连续点，自相似特性等，还能以非常小的失真度实现对信号的压缩与消噪。总之，小波变换作为一种数学理论和方法在科学技术和工程界引起了越来越多的关注和重视。尤其在工程应用领域，特别是在信号处理、图像处理、模式识别、地震勘测、CT 成像、机械状态监控与故障诊断等领域被认为是近年来在工具和方法上的重大突破。

在利用反射波法检测基桩完整性时，有时桩底反射信号或桩身的缺陷信号很弱或很"杂乱"，被其他的信号"淹没"，不易被识别，如何能使有用信号突出，这是每一个检测人员比较关心的问题，而现在比较常用的一些数字信号处理方法可能已经无能为力，而小波分析处理方法则能较好地处理该类问题。美国 PDA 公司的 PIT 反射波基桩完整性测试仪数据分析软件中的 Wavelet 及荷兰 TNO 公司的 SIT 测桩仪数据分析软件中的 Smooth 就是利用小波分析对基桩反射波信号进行分析，取得了较为良好的效果。国内也有部分厂家的测桩数据分析软件中引入了小波分析，但由于分析处理方法的选取等问题，造成使用起来很复杂，而且效果不太理想。为了进一步提升我公司的 P810 基桩动测仪的性能与功能，我们在对该分析方法针对动测领域应用的基础上，研究了专用的处理方法，并在仪器内部的分析软件及 Windows 平台下的分析软件中予以实现。

1 小波原理

小波是定义在有限间隔而且其平均值为零的一种函数，现在比较常用的一维小波主要有 Daubechies 小波系、Morlet 小波、Mexican hat 小波等，如图 1 所示。小波具有有限的持续时间和突变的频率和振幅，波形可以是不规则的，也可以是不对称的，在整个时间范围里的幅度平均值为零。小波分析是将信号分解成一系列小波函数的叠加，而这些小波函数都是由一个母小波函数经过平移与尺度伸缩得来的。

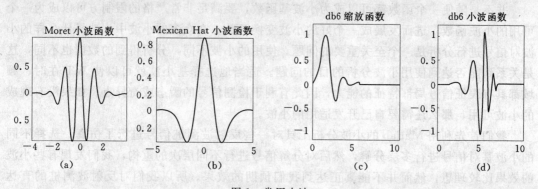

图 1　常用小波

在数学上，小波定义为对给定函数局部化的函数。小波可由一个定义在有限区间的函数 $\psi(x)$ 来构造，$\psi(x)$ 称为母小波。一组小波基函数，$\{\psi_{a,b}(x)\}$，可通过缩放和平移基本小波 $\psi(x)$ 来生成

$$\psi_{a,b}(x) = \left| \frac{1}{\sqrt{a}} \right| \psi\left(\frac{x-b}{a} \right)$$

函数 $f(x)$ 以小波 $\psi(x)$ 为基的连续小波变换定义为函数 $f(x)$ 和 $\psi_{a,b}(x)$ 的内积

$$W_f(a,b) = (f,\psi_{a,b}) = \int_{-\infty}^{+\infty} f(x)\,\frac{1}{\sqrt{a}}\psi\left(\frac{x-b}{a}\right)\mathrm{d}x$$

式中　a、b——小波函数的尺度因子和位移因子，位移因子 b 决定时频窗的位置，尺度因子 a 决定时频窗的大小；

　$f(x)$ ——被检测的信号；

　$\psi(x)$ ——采用的基本小波函数。

信号的连续小波变换相当于对信号时域做了滑动加窗处理，而对频域作了截断处理。从信号处理而言，小波变换相当于信号通过有限长度的带通滤波器，不同尺度的小波变换相当于不同通频带的带通滤波器。

小波变换完成之后得到的系数是在不同的缩放因子下由信号的不同部分产生的。小波的缩放因子小，表示小波比较窄，度量的是信号细节，表示频率比较高；相反，缩放因子大，表示小波比较宽，度量的是信号的粗糙程度，表示频率比较低。

离散小波变换可以被表示成由低通滤波器和高通滤波器组成的一棵树。原始信号通过这样的一对滤波器进行的分解叫做一级分解。信号的分解过程可以迭代，也就是说可进行多级分解。如果对信号的高频分量不再分解，而对低频分量连续进行分解，就得到许多分辨率较低的低频分量，形成小波分解树。分解级数的多少取决于被分析的数据和用户的需要。

离散小波变换用来分解信号，把分解的系数还原成原始信号的过程叫做小波重构。重构过程中滤波器的选择也是一个重要的研究问题，这是关系到能否重构出满意的原始信号的问题。为避免产生混叠，在分解和重构阶段应精心选择关系紧密但不一定一致的滤波器。

2 小波分析在 P810 中的应用

2.1 专用小波的开发

并不是随便一个函数都可以成为小波基函数，要满足非常严格的限制方可以成为一个可用的小波函数，进而发展成一个好的小波变换函数。在众多的小波中，选择什么样的小波对信号进行分析是一个至关重要的问题。使用的小波不同，分析得到的数据也不同，这是关系到能否达到使用小波分析的目的问题。适当地选择基小波就可以使 WT 在时、频域都具有表征信号局部特征的能力，因此有利于检测信号的瞬态或奇异点。如果没有现成的小波可用，那么还需要自己开发适用的小波。

我们首先利用 Matlab 的小波分析工具对一些反射波测桩信号进行了仿真，选择不同的小波基对信号进行多层分解，然后对分解信号进行不同层次的重构，我们发现有些小波的效果比较理想，然而并不能真正达到我们预期的效果。所以我们对反射波测桩的直达波、桩底及缺陷反射信号进行了大量的研究对比，在此基础上开发出一种专用的小波，并在 Matlab 中进行仿真，经过大量的测试，多次对小波进行修改调整，最终选择了一种效果较好的小波。

2.2 小波分析程序的开发

在 Matlab 语言开发的小波分析程序基础上，我们利用 VC^{++} 6.0 对其进行了移植，开发出一个专用的小波分析类，并加入到 Windows 平台下的反射波测桩分析软件中，经过调试

后生成了带小波分析的新版测桩分析软件，此软件的测试版已经可以在我公司网站上下载。

在 Windows 平台测桩分析软件开发成功之后，为了使用户在现场就能利用小波分析对测试信号进行分析，提高测桩的可靠性，我们用 MSC 对小波分析类进行了移植，并加入到 P810 基桩动测仪的机内分析软件中，现在该软件已通过测试，即将发布，到时用户可以从网站下载后对仪器内部软件进行升级。

3 应用实例

3.1 模拟桩

模拟桩为长 1m，直径 50mm 的聚四氟乙烯棒，在距桩顶 30cm 处有一缩径缺陷（宽度 2mm，深约 8mm 的环向缝）。用 ZBL－P810 基桩动测仪对该桩进行测试的波形如图 2 所示。图 2（a）是对原始信号进行积分后的波形，图 2（b）是对积分信号进行小波分析后的波形，很显然，小波分析后的波形突出了缺陷信号，而抑制了无用信号。图 2（c）则是将该桩的原始测试信号转换成美国 PIT 的数据格式后用 PITW 2003 软件进行小波分析后的波形，不难看出，P810 的小波分析波形与 PIT 的小波分析波形完全相同。

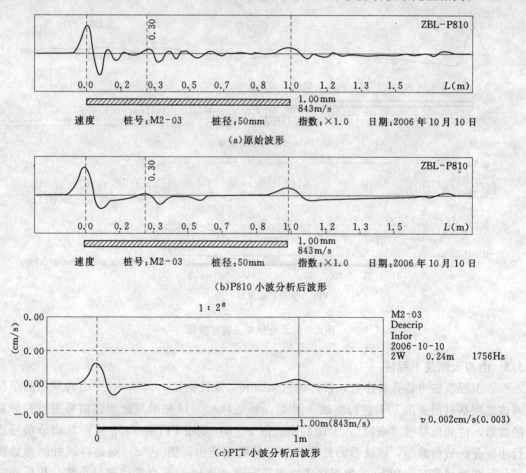

(a)原始波形

(b)P810 小波分析后波形

(c)PIT 小波分析后波形

图 2　用 2BL－P810 基桩动测仪对模拟桩进行测试

3.2 河北沧州某工程桩

该工程基桩为钻孔灌注桩，设计桩长 45m，设计桩径 1500mm，同时用 ZBL－P810 基桩动测仪和美国 PIT 进行对比测试。图 3（a）是对 12♯桩的原始测试信号进行积分后的波形，该波形较"杂乱"，桩底信号不清晰；图 3（b）是对积分信号进行小波分析后的波形，该波形的桩底反射信号明显突出；图 3（c）则是将该桩的原始测试信号转换成美国 PIT 的数据格式后用 PITW 2003 软件进行小波分析后的波形，P810 与 PIT 的小波分析结果完全相同。

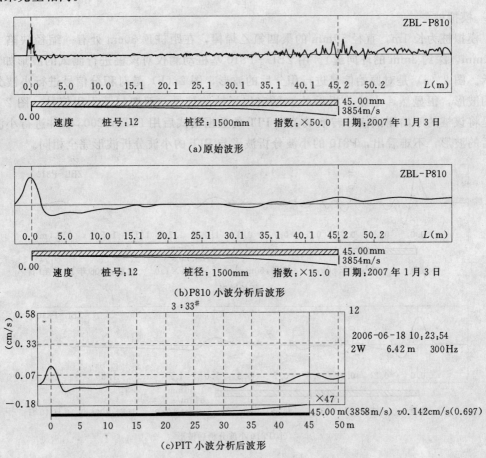

(a)原始波形

(b)P810 小波分析后波形

(c)PIT 小波分析后波形

图 3　河北沧州某工程桩波形

3.3 山西太原某工程桩

该工程基桩为钻孔灌注桩，设计桩长 40.8m，设计桩径 1500mm。由山西某检测单位对该工程基桩用美国 PIT 进行测试，图 4（a）是对 60－1♯桩的原始测试信号进行积分后的波形，桩底信号被"淹没"，无法判别；图 4（b）是用 PITW 2003 软件对积分信号进行小波分析后的波形，该波形的桩底反射信号明显突出；图 4（c）则是将该桩的原始测试信号转换成 ZBL－P810 的数据格式后用其配套 Windows 平台软件进行小波分析后的波形，显而易见，P810 与 PIT 分析软件所得的结果完全相同。

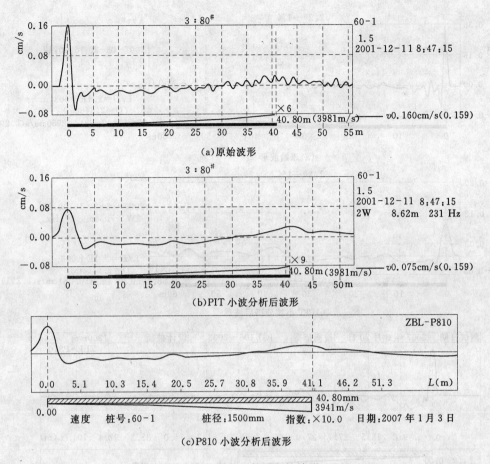

(a)原始波形

(b)PIT 小波分析后波形

(c)P810 小波分析后波形

图4 山西太原某工程桩波形

3.4 福建福州某工程桩

该工程基桩为冲孔灌注桩，设计桩长 56m，设计桩径 1500mm，同时用 ZBL－P810 基桩动测仪和美国 PIT 进行对比测试。图 5（a）、（c）分别是 PIT、P810 测试 A23－2# 桩的原始波形（已进行积分），该波形较"杂乱"，桩底信号不清晰；图 5（b）、（d）分别是利用 PITW 2003、P810 分析软件对积分信号进行小波分析后的波形，该波形的桩底反射信号明显突出。可以看出，P810 与 PIT 的小波分析结果基本相同。

4 结论

（1）对反射波测桩信号进行小波分析能够获得比较理想的效果，适当地选择基小波或者开发专用的小波，才能充分发挥小波分析的优势，使有用信号突出，而抑制干扰信号。

（2）对于同一信号，P810 测桩分析软件与美国 PIT 的 PITW 2003 软件中的小波分析后的结果是完全一致的。

（3）小波分析处理功能及软件的开发，使北京智博联公司生产的 ZBL－P810 基桩动测仪的性能有了较大幅度的提升，达到了国际先进水平，并且操作简便，相信会为广大用户带来意想不到的使用效果。

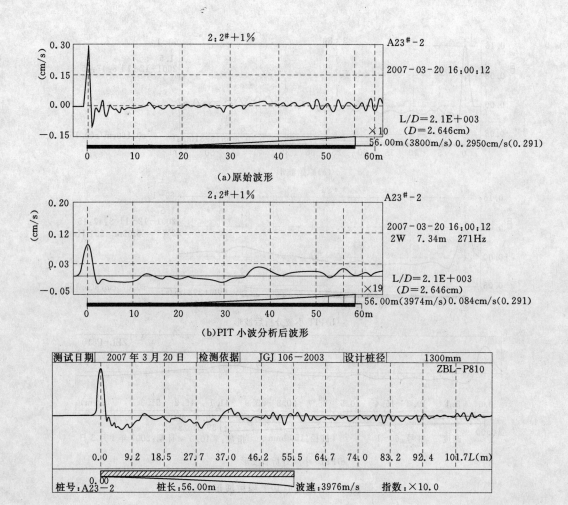

(a)原始波形

(b)PIT 小波分析后波形

(c)P810 原始波形

(d)P810 小波分析后波形

图 5　福建福州某工程桩波形

参 考 文 献

[1]　飞思科技产品研发中心.MATLAB6.5 辅助小波分析与应用.北京:电子工业出版社,2003.

[2]　杨福生.小波变换的工程分析与应用.北京:科学出版社,1999.

[3] Daubechies I. Ten lectures on wavelets [M]. Society for Industrial and Applied Mathematics Philadelphia, Pennsylvania, 1992.

[4] 胡昌华，张军波，等. 基于 MATLAB 的系统分析与设计：小波分析. 西安：西安电子科技大学出版社，1999.

超声波首波波幅差异与声时测量值的关系研究

童寿兴

（同济大学，上海，200092）

本文研究了超声波首波波幅对声时测量值的影响程度。采用模拟型超声检测仪，随着首波波幅的减小声时值读数偏大，而且声时值偏长的程度随着首波波幅的缩小而增大。在平测法的声时测量中，虽然同理随首波波幅的减小声时值读数偏大，但如果在测距步进增大中仍采取等幅读数，时距回归得到的平测声速与首波设定的等幅波幅的取值无关。采用智能型超声检测仪，首波波幅在一定的范围内变动，声时读数重复性好，但首波波幅过大或过小时都会造成读数偏差。

1 混凝土超声检测仪

我国的超声波仪器的研制生产和推广应用经历了模拟型仪器、数字型仪器、智能型仪器三个阶段。目前使用的非金属超声波检测仪主要有模拟型超声仪以及智能型超声仪两类。众所周知，混凝土超声波检测仪的基本任务是向待测的结构混凝土发射超声波脉冲，然后接收穿过混凝土的脉冲信号。仪器显示超声脉冲穿过混凝土所需的时间、接收信号的波形、波幅等。根据超声声时和测距，即可计算声速，根据波幅的变化可得知超声脉冲穿越混凝土的能量衰减，根据所显示的波形，经适当处理后可得到接收信号的频谱等信息。

2 声时测量及读数精度

2.1 模拟型超声仪

模拟型超声仪一般都可显示波形，该波形为模拟信号，即时间和幅值均为连续变量。模拟型超声仪声时读数主要采用手动游标测读，手动游标判读时调节首波幅度使之陡峭，越接近垂直其越易准确捕捉到真正的读数值；幅值较小时游标往往后移，以至声时读数偏大，因此在实际测读时，必须注意应尽可能使接收信号的幅值调节到足够大，或调节到特定的某一个统一的高度再开始读数。若测距太长、混凝土质量较差衰减严重，或接收信号太弱时，振幅又不能达到特定的等幅，可增高发射电压，或增大增益或熟悉在幅值较低时起点的正确读法。模拟型超声仪要求声时的读数精度为 $0.1\mu s$，实际声时读数误差主要决定于信号质量和操作者的水平。

2.2 智能型超声仪

随着超声检测技术的发展，将越来越多地运用信息处理技术，以便充分运用波形所携带的材料内部的各种信息，对被测混凝土结构作出更全面、更可靠的判断。智能型超声仪具备数据的高速采集和传输、大容量的存储与处理、高速运算能力和配置各种应用软件等条件。智能型超声仪的声时判读方法以自动判读为主，声时自动判读技术通过计算机软件自动捕捉首波并确定首波起点，在停止采样后即可自动读取声时值并用光标显示出判读位置。[1]

智能型超声仪的判读方法基本上能保证对首波起始点的正确判定，读数精度对首波起始点的判定偏差不大于±2个采样点，对应的声时读数偏差则与采样频率相关，采样频率越高，相邻采样点时间间隔越短，则声时偏差越小。例如，当采样频率为5MHz，则相邻采样点时间间隔为$0.2\mu s$，当声时偏差为2个采样点时，声时读数偏差为$0.4\mu s$，若要达到模拟型超声仪可读精度$0.1\mu s$的要求，则采样频率应为20MHz，但此时有些类型的智能型超声仪显示的波形将被拉宽，首波弯曲的弧度增大，其波幅较小时可能致使自动读数的较大误差。

3 波幅测量

3.1 首波的判定与捕捉

在混凝土声测技术中，首波到达时，首波波峰幅值是重要的参数，因此首先必须准确地判定并捕捉到首波。智能型超声仪设置了专用参数"基线控制线W_n"，它是在基线上下的一对水平幅度线，距基线间距可调，它的作用相当于将固定的关门电平变为可调，只要将W_n调至介于首波波幅与噪声之间均可以快速准确地捕捉到首波，在此基础上，可以实现声时、幅度、主频等声参量的自动判读。

3.2 波幅测量

波幅直接反映了超声波传播过程中的衰减程度，在模拟型超声仪中，示波器中显示的模拟波形不能量化，只能采用等幅测量的方法，直读衰减器的量值，一般动态范围为80dB，精度为±0.5dB。智能型超声仪的分级增益放大与衰减相互配合，通过计算机可作闭环的自动调节，一般动态范围为133dB，加之屏幕显示的数字化波形样品的量化范围是42dB，波幅总的动态范围达175dB，单次采样的波列样品可以用波形文件格式存储，根据波形文件中记录的工作参数和全波列样品点的LSB值，可以很容易地计算出全波列所有样本的波幅（dB）值。在仪器、换能器、信号电缆以及发射电压保持不变的条件下，多次测量过程中的波幅值具有相互可比性。

4 试验仪器

CTS—25型模拟型超声仪；智博联ZBL－U510智能型超声仪。

5 波幅与声时测量值的关系

5.1 模拟型超声仪

以往的研究[2]表明采用模拟型超声检测仪进行测试时，随着首波波幅的减小，会造成接收波起始点位置向声时延长的方向偏移，从而造成声时值读数偏大，而且声时值增长的程度随着首波波幅的不断缩小而增大。

5.2 智能型超声仪

5.2.1 两只换能器直接耦合的检测

智博联 ZBL－U510 超声仪，换能器的频率为 50kHz，用一对发、收换能器直接耦合对测。设置"采样周期"为 0.4μs、"电压挡"为 500V 时，测定并自动扣除"零读数"t_0=12.4μs。检测时均保持对换能器施加相同的压力和良好的耦合状态。在前述仪器参数下，试验步骤依次设置"采样周期"为 0.4μs、0.2μs、0.1μs 以及 0.8μs，分别改变首波的幅度在 1 格、2 格、3 格、4 格、5 格、6 格以及 7 格时，其声时读数见表 1。

表 1　　　　　　　　换能器直接对测时首波幅度与声时关系

采样周期（μs）	不同首波幅度（格）时的声时读数（μs）						
	1 格	2 格	3 格	4 格	5 格	6 格	7 格
0.4	0.4	0	0	0	0	0	0.4
0.2	－0.6	－0.6	－0.6	－0.6	－0.6	－0.6	－0.8
0.1	－1.2	－1.2	－1.2	－1.2	－1.2	－1.3	－1.3
0.8	0.8	0.8	0.8	0.8	0.8	0.8	1.6

如表 1 所示，设置"采样周期"为 0.4μs（已扣除"零读数"t_0=12.4μs），当首波幅度为 2～6 格时，声时读数为 0μs，首波幅度在 1 格和 7 格时，声时读数为 0.4μs；此时依次改变"采样周期"为 0.2μs 和 0.1μs，声时读数为负值；"采样周期"为 0.8μs 时声时读数均为 0.8 的整数倍。除"采样周期"为 0.4μs 以外的读数值均出现了不为 0 的误差，这可能和改变"采样周期"的同时未调正 t_0 的读数有关。

5.2.2 不同材料试样的检测

分别将两换能器对测圆柱体的标准棒、长方体混凝土试块和匀质环氧树脂试块，统一设置"采样周期"为 0.4μs，"电压挡"置为 500V，"零读数"t_0=12.4μs 已经扣除，首波幅度不同取值时与声时的关系见表 2。

表 2　　　　　　　　不同首波幅度对声时测量值的影响

试件品种	不同首波幅度（格）时的声时读数（μs）						
	1 格	2 格	3 格	4 格	5 格	6 格	7 格
ϕ45 标准棒	27.2	26.8	26.4	26.4	26.4	26.4	26.0
160mm 混凝土试块	37.6	37.6	37.2	37.2	37.2	37.2	37.2
93mm 环氧树脂	37.6	37.2	37.2	37.2	37.2	37.2	36.8
387mm 环氧树脂	156.8	156.4	156.4	156.4	156.4	156.4	156.4

对于不同材质的声时检测，首波幅度越高（低）则声时读数值越小（大）。因为"标准棒"的标称测量值为 26.3μs，以此为标准，当首波幅度为 3～6 格时，视声时读数为正常。即首波幅度为 1～2 格时声时读数偏大、7 格时声时读数值偏小，其读数误差为"采样周期"±0.4 的倍数。

5.2.3 单面平测法试验结果分析

采用模拟型超声仪平测法检测 150mm×150mm×600mm 混凝土试件的声速值。平测时测距每步进 50mm 至 300mm，反复检测 4 次，每次的检测置首波幅度分别等幅为 1cm、2cm、3cm、4cm。如表 3 所示，由首波幅度的等幅幅值不同，所得的声时值明显存在差异的现象，这同样也是由于接收波起始点后移所引起的。但由于平测法声速的计算运用了最小二乘法（即一元线性回归直线的斜率即是声速值）来求得，如表 3 最后一行所示 4 个波幅对应的声速值都比较接近。因为平测法和对测法计算声速方法的区别，所以首波波幅对最终得到的声速值影响不大，在平测法的声时测量中，虽然随首波波幅的减小，声时值读数偏大，但如在测距步进增大时仍采取等幅读数，时距回归得到的平测声速与首波波幅的取值无关。

表 3   **单面平测法不同首波波幅试验结果**

不同首波幅度（格）时的声时读数（μs）				
测距（mm）	4cm	3cm	2cm	1cm
50	15.0	15.1	15.3	15.7
100	26.1	26.2	26.5	27.0
150	37.0	37.3	37.4	38.0
200	49.6	49.8	50.0	50.8
250	59.6	59.8	60.0	60.6
300	73.6	73.7	73.8	74.1
V(km/s)	4.302	4.301	4.309	4.310

将表 3 的数据经回归处理的直线方程见表 4。

表 4   **一 元 线 性 回 归 方 程**

$L = -A + V_t$	
$L_4 = -12.1 + 4.302t$	$L_2 = -13.9 + 4.309t$
$L_3 = -12.7 + 4.301t$	$L_1 = -16.2 + 4.310t$

模拟型超声仪平测法检测混凝土的声速，由表 4 可知，不同首波波幅的检测结果其直线的斜率基本相同，在 X、Y 的直角坐标系中，4 条直线为截距不同的平行线。由此可见，为了得到正确的平测声速值，只需在测距步进增大的检测过程中，相对保持等幅读数即可，兼顾长测距波幅宜衰减，首波波幅取 2cm 或 3cm 为宜。

6 结论

（1）智能型超声仪开始检测前扣除零读数 t_0 时，应同时相应设置"采样周期"和"电压挡"，这些仪器设置的初始数值，在同一工程（试件）的检测中，不宜随意改变。一旦任意改变"采样周期"等设置，其"零读数"应重新测量设置，否则将会产生"采样周期"倍数的误差。

（2）模拟型超声仪的声时读数与超声波首波的幅度取值有关。其规律为所测到的声时值随着首波波幅值的减小而增大。

（3）智能型超声仪当首波幅度为 2~5 格时，超声声时的测量一般不会产生误差，当波幅太小，首波幅度小于 2 格时声时读数不稳定，声时读数误差偏大；反之首波幅度大于 6～7 格时，声时读数有偏小的倾向，容易产生和"采样周期"相应的误差。建议智能型超声仪取首波幅度 3～5 格时声时读数为宜。

（4）与对测法相同，平测法随首波波幅减少声时值增大，虽然同一测距的声时值随着首波波幅的不同取值而变化，但由于平测法采用时距法回归计算声速值，如当测距步进增大时仍采取等幅检测，首波波幅等幅取值不同的检测所得的声速值，即一元线性回归求各点的平均斜率，并没有明显差异。

参 考 文 献

[1] 林维正. 土木工程质量无损检测技术 [M]. 北京：中国电力出版社，2008.
[2] 吴慧敏. 结构混凝土现场检测技术 [M]. 长沙：湖南大学出版社，1988.

混凝土雷达检测新技术及应用

王正成

（北京铁城信诺工程检测有限公司，北京市海淀区复兴路 40 号，100855）

本文着重介绍无损混凝土雷达对建筑结构检测的新技术，从雷达原理入手，详细说明其成像原理，分辨率和波形特征分析方法。通过对建筑结构无损检测的应用实例，说明雷达检测技术的先进性和实用性。

混凝土雷达基本上是从探地雷达发展过来的，其检测原理，仪器，数据处理等方式都与探地雷达极其相似，也可以说是探地雷达在结构混凝土检测方面的拓展与延伸。结构混凝土相对土层来说，成分单一，结构致密，含水量低，适于电磁波的传播。混凝土雷达检测具有检测速度快，分辨率高，单面检测，操作简便等优点，适用于大面积和小截面构件的快速质量检查。

1　工作原理

混凝土雷达是利用电磁技术对地下或混凝土内不可见的目标和界面进行定位的无损检测设备。雷达系统通常由主机、天线、电源三部分组成，其中天线又包括发射机和接收机两部分，通常发射机和接收机以固定距离固定在屏蔽的天线盒内。混凝土雷达工作时，发射机向混凝土内或地下发射高频带脉冲电磁波，经存在电性差异的界面或目标体反射后返回测量表面并由接收机接收。电磁波在介质中传播时，其路径、电磁场强度与波形将随所通过介质的电性质和几何形态而变化，对接收的信号进行分析处理，可判断混凝土的钢筋、层厚和缺陷位置。根据发射信号与接收信号的 Δt（双程走时）以及电磁波在混凝土中的传播速度 v，可以计算出目标物所处的深度 D。

$$D = 1/2 \times v \times \Delta t \tag{1}$$

根据检测目标物深度和精度的不同，可选用不同频率的天线进行检测。根据雷达原理，天线中心频率越高，测深越浅，分辨率越高；反之，天线中心频率越低，测深越大，分辨率越低。例如，当对楼板、暗墙内钢筋位置和间距以及构件厚度进行检测时，可选用 1000～2000MHz 天线；当对底板下暗梁位置、填充物分层厚度进行检测时，通常采用 500～1000MHz 天线；当对更深的大体积混凝土质量检测时，可选用 100～500MHz 天线。表 1 列出了经常使用的天线的测深及主要应用范围。

表 1   **不同频率天线测深及应用范围**

天线中心频率 （MHz）	可达深度 （m）	参考穿透深度 （m）	主 要 应 用 范 围
200	1～6	3.5	暗梁、柱位置，大体积混凝土分层，地基夯填分层及墙体剥离界面，混凝土内部缺陷等
500	1～4.5	2	暗梁、柱位置，大体积混凝土分层，地基夯填分层及墙体剥离界面，混凝土内部缺陷等
1200	0.3～1	0.8	钢筋位置、间距，楼板、墙、柱的厚度，空心砖填筑质量，混凝土内部缺陷等
1600	0.2～0.7	0.6	钢筋位置、间距，楼板、墙、柱的厚度，空心砖填筑质量，装饰层厚度，混凝土内部缺陷等
2000	0.1～0.5	0.3	钢筋位置、间距，楼板、墙、柱的厚度，空心砖填筑质量，装饰层厚度，混凝土内部缺陷等

2 探地雷达的分辨率

探地雷达的分辨率是分辨最小异常的能力，可分为垂向分辨率与横向分辨率。垂向分辨率是指在雷达剖面中能够区分一个以上反射界面的能力。理论上可以把雷达天线主频波长的 1/8 作为垂直分辨率的极限，但考虑到外界干扰等因素，一般把波长的 1/4 作为其下限。当地层厚度超过 $\lambda/4$ 时，复合反射波形的第一波谷与最后一个波峰的时间差正比于地层厚度。地层厚度可以通过测量顶面反射的初至和底界反射波的初至之间的时间差确定出来。横向分辨率是指探地雷达在水平方向上能分辨的最小异常体的尺寸。横向分辨率又包含目标体本身的最小水平尺寸和两个有限目标体的最小间距。雷达的横向分辨率可以用 Fresnel 带（见图 1）加以说明，假设地下有一水平反射层面，以发射天线为中心，以到层面的垂距为半径，作

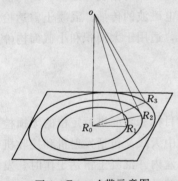

图 1 Fresnel 带示意图

一圆弧和反射层面相切。此圆弧代表雷达波到达该层面的波前，再以多出 1/4 和 1/2 子波长度的半径画弧，在水平反射层面的平面上得出两个圆。其中内圆称为第一 Fresnel 带，两圆之间的环带称作第二 Fresnel 带，同理还可以有第三带、第四带等。根据干涉原理，除第一带外，其余各带对反射的贡献不大，可以不予考虑。当反射层面的深度为 D，发射和接收天线间距远小于 D 时，第一 Fresnel 带的直径 d_F 可以按式（2）计算。

$$d_F = 2\sqrt{(D+\frac{\lambda}{4})^2 - D^2} = 2\sqrt{\frac{1}{2}\lambda D + \frac{1}{16}\lambda^2} = \sqrt{2\lambda D + \frac{1}{4}\lambda^2} \approx \sqrt{2\lambda D} \tag{2}$$

式中　λ——波长；

D——反射层面深度。

Fresnel 带的出现使中断的目标体的边界模糊不清，它和绕射现象一致。因此，雷达图上目标体的尺寸都大于它的实际大小。我们可以得出结论，探地雷达的水平分辨率高于 Fresnel 带直径的 1/4，两个目标体之间的最小间距大于 Fresnel 带时才能把两个目标体区分开。

3　数据解释基础和检测技巧

3.1　反射系数 R 和折射系数 T

电磁波在不同介质的分界面上，由于不连续效应，会产生发射和折射现象。当电磁波垂直入射混凝土结构时，其反射和折射系数为：

$$R = \frac{\sqrt{\varepsilon_1\mu_1} - \sqrt{\varepsilon_2\mu_2}}{\sqrt{\varepsilon_1\mu_1} + \sqrt{\varepsilon_2\mu_2}} \approx \frac{\sqrt{\varepsilon_1} - \sqrt{\varepsilon_2}}{\sqrt{\varepsilon_1} + \sqrt{\varepsilon_2}} \tag{3}$$

$$T = \frac{2\sqrt{\varepsilon_1\mu_1}}{\sqrt{\varepsilon_1\mu_1} + \sqrt{\varepsilon_2\mu_2}} \approx \frac{2\sqrt{\varepsilon_1}}{\sqrt{\varepsilon_1} + \sqrt{\varepsilon_2}} \tag{4}$$

式中　R——界面的电磁波反射系数；

T——界面的电磁波折射系数；

ε_1、ε_2——第一层和第二层介质的相对介电常数；

μ_1、μ_2——第一层和第二层介质的磁导率，约等于 1。

当 $\varepsilon_1 > \varepsilon_2$ 时，R 为正值；当 $\varepsilon_1 < \varepsilon_2$ 时，R 为负值。R 的正、负差别意味着相位相反（即相位变化 π）。

从反射系数公式可以得出以下两个结论。

（1）界面两侧介质的电性质差异越大，反射波信号越强。

（2）电磁波从介电常数小入射到介电常数大的介质时，即从高速介质进入到低速介质，反射系数为负，相位变化 π，即反射振幅反向。反之，从介电常数大入射到介电常数小的介质时，反射系数为正，反射波振幅与入射波同向。

如果从空气（$\varepsilon_{空} = 1$）入射到混凝土（$\varepsilon_{混凝土} \approx 6 \sim 10$）时，混凝土反射振幅反向，折射波不反向。从混凝土后边的脱空区再反射回来时，反射波不反向，因此脱空区的反射方向与混凝土表面的反射方向正好相反。

如果混凝土后面充满水（$\varepsilon_{水} = 81$），电磁波在该界面的反射也将发生反向，与表面反射波同向，而且反射振幅较大。

如果是混凝土中的金属物体如钢筋（$\varepsilon_{钢筋} = \infty$），反射波反向，而且反射振幅特别强。

3.2　反射波同向轴形态特征

在雷达数据记录资料中，根据相邻道上反射波的对比，把不同道上同一连续界面反射波相同相位连接起来的对比线称为同向轴。同向轴的时间、形态、强弱、方向正反等特征是数据解释最重要的基础，而反射波组的同向性与相似性也为反射层面的追踪提供依据。

同向轴的形态与探测目标物的形态并非完全一致，由于边缘反射效应的存在，使得目标物波形的边缘形态有很大差异。对于孤立的目标体，其反射波的同向轴为开口向下的抛物线，有限平板界面反射的同向轴中部为平板，两端为半支开口向下的抛物线。

3.3 反射波的频谱特性

不同介质有不同的结构特征，内部反射波的高、低频率特征也明显不同，这可作为区分不同物质界面的依据。例如，混凝土与地基相比，介质比较均匀，没有地基构造复杂，因此，混凝土内部反射波较少，只是在有缺陷的地方有反射，而地基中反射波明显，特别是高频波较为丰富。如果地基中含水较多，反射信号会出现低频高振幅的反射特征，易于识别。

3.4 检测技巧

检测过程中要尽量保持天线平稳匀速前进，测线及其间距可根据工程需要合理布置，一般横纵两个方向都要布置。检测过程应尽量避免下面情况发生：天线不接触检测面，这样会导致数据图像的质量下降，分辨率和测深会降低；在时间模式下不断改变检测速度，这会使目标物的图像扭曲变形，增大分析难度；在覆盖有金属或类似装置的检测面上进行数据采集，金属反射信号强烈，会在图像上产生竖直条纹。

4 工程实例

4.1 地下停车场基础拉梁检测

深圳某小区居民楼完工之后，有人反映施工单位擅自取消了地下停车场的基础拉梁，因为有地下室底板覆盖，所以传统检测方法不能判断基础拉梁是否存在。如果采用钻孔取芯的方法，不仅对结构破损严重，而且时间长，工作量大，因此不宜采用。当我们使用500MHz的混凝土雷达对其进行检测时，则取得十分满意的效果，现场即可判明。雷达检测具有数据采集速度快，处理简单，结果直观等优点。图2所示左侧和右侧的抛物线分别是两根拉梁反射的雷达剖面图，深度大概在0.6m。

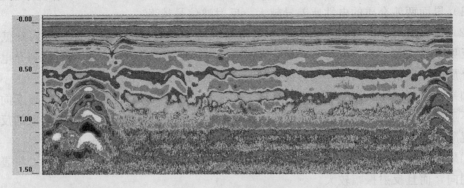

图2 拉梁雷达剖面图

4.2 楼板厚度及钢筋检测

图3是检测某楼板的雷达数据，图3（a）是经过处理的雷达截面图，图3（b）是截面图黑线位置的单道波形图。根据左侧雷达截面图能够非常肯定找出第一排钢筋，且可以判定有第二排钢筋，但因为受第一排钢筋影响，其位置较难读取。为了得到第二排钢筋深

度和楼板厚度，有必要结合右侧的波形图进行分析。根据前面讲到的反射系数分析方法，1 处为楼板面的反射位置（采样点：36，深度：0m），2 处为第一排钢筋的反射位置，其深度为（采样点数：87；深度：0.09m），因为波形不是位于第一排钢筋正上方，所以其值偏大，将黑线移到第一排钢筋抛物线顶点位置，从对应的波形上即可得到实际值为（采样点数：64；深度：0.04m），3 处为第二排钢筋的反射位置（采样点数：118，深度：0.15m），4 处为楼板底面的反射位置（采样点数：131，深度：0.17m）。由此可见，波形特征分析是雷达数据解释的根本方法和重要手段。

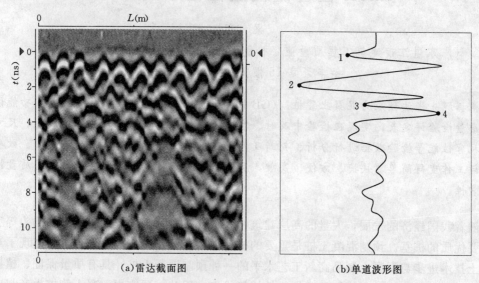

（a）雷达截面图　　　　　　　　　　（b）单道波形图

图 3　雷达截面图和波

5　结束语

混凝土雷达具有数据采集快、分辨率高、操作简单、结果直观等优点，其应用范围包括定位钢筋位置及间距、测量楼板结构层及装饰层厚度、空心砖填筑质量、古建筑墙体剥离层、暗梁的位置等。虽然混凝土雷达的应用十分广泛，但是在解决钢筋直径、裂缝深度、密集钢筋定位等问题上还存在相当大的难度。我们应该公正合理地看待混凝土雷达的功能，既不能夸大，也不能说得一无是处，在工程检测中最好和其他设备配合使用，相互校验，采用综合的方法进行判断和分析。

参　考　文　献

[1]　李大心．探地雷达方法与应用．北京：地质出版社，1994.

[2]　Philip Kearey, Michael Brooks, Lan Hill. An Introduction to Geophysical Exploration, 2002.

[3]　王正成，王新泉．第七届全国建筑物鉴定与加固改造学术论文集（上册）．重庆：重庆出版社，2004；p139.

[4]　吴新璇．混凝土无损检测技术手册．北京：人民交通出版社，2003.

第十部分 数据分析与处理

Excel 在管桩质量检验中的应用

梁　润

（广东湛江市建筑工程质量监督检测站，湛江市赤坎区金城大道南 1 号
年丰豪庭 15 幢 1 单元，524039）

根据《先张法预应力混凝土管桩》（GB 13476—1999），运用 Excel 的函数等功能设计管桩质量检验评定表，实现在检验中及时、准确计算加载值和对输入的外观质量、尺寸偏差及抗弯性能等检验数据进行分析、判断及评价，或打印检验报告，使原本烦琐、效率低的验评工作变得简单、快捷、方便、高效，且有效地减少计算或验评误差，提高质量检验的可靠性。

随着我国经济的发展，大量的高层建筑、大跨度桥梁、高速公路、港口、码头等工程均需要优质的桩基。预制混凝土桩是重要的桩基材料，而预应力混凝土管桩是体现了当代混凝土技术进步与混凝土制品高新工艺水平的一种预制混凝土桩，具有质量保证、植桩方便、耐打性好、施工速度快、桩基抗震性好等优点，因此，预应力混凝土管桩生产与应用得到迅速发展，尤其在我国有合适工程地质条件的珠三角、长三角等沿海、沿江、沿湖地区的交通、工业与民用建筑等土木工程中得到广泛的应用[1]。

质量检验是评价管桩质量的科学手段。管桩验评指标较多，验评工作很烦琐，又需及时计算加载值，因此给我们提出了怎样做到及时、准确的要求。Microsoft 公司推出的 Excel 电子表格软件，是应用十分广泛的办公软件，其强大的函数功能使原本烦琐的计算、验评变得简单、快捷和准确。随着计算机的普及，尤其手提电脑的应用，使在检验现场运用计算机处理数据变为现实，故可将 Excel 应用到管桩质量检验中去。

1 管桩检验评定 Excel 表格设计

根据 GB 13476—1999 的技术要求，管桩检验主要包括外观质量、尺寸偏差和抗弯性能，故设计的 Excel 表格应有对上述检验数据进行分析和评判的功能[2]。

首先新建一个 Excel 工作簿，命名为"管桩检验数据处理系统"。打开该工作簿，依次设置 11 个名分别为："抗弯指标"，"检验报告"，"复检报告"，"外观质量"，"尺寸偏差"，"抗弯 A"，"抗弯 B"，"抗弯复 1" ～ "抗弯复 4"的工作表，各表按标准和检验要求设计，表格局部见表 1～表 5。

管桩信息的引用、验评参数和加载值的计算，检验数据的分析、处理和评判，均可在各验评表格的相应单元格内输入 Excel 的各种函数公式或表达式来实现[3]。具体如下：

1.1 "抗弯指标"表中数据的建立

鼠标先点击进入"抗弯指标"工作表，在单元格区域 C3：D38 内各单元格中输入与管桩型号相对应的抗弯性能指标，再点击"格式/单元格/保护/锁定"和"工具/保护/保护工作表/确定"。

表 1 抗弯性能指标（局部）

外径（mm）	型　　号	抗裂弯矩（kN·m）	极限弯矩（kN·m）
300	A	23	34
	AB	28	45
	B	33	59
	C	38	76

表 2 先张法预应力管桩检验报告（局部）

湛江市建筑工程质量检测站		编号		20041110001		
先张法预应力混凝土管桩检验报告				第 1 页　共 1 页		
检验日期	2004 年 11 月 10 日	报告日期		2004 年 11 月 10 日		
产品名称	先张法预应力高强混凝土管桩	型号规格	PHC	A	300 70 10	GB13476
委托单位	宏基建设管桩有限公司	生产单位		宏基建设管桩有限公司		
生产日期	2004 年 10～11 月	抽样日期		2004 年 11 月 10 日		
检验依据	GB 13476—1999	检验类别		型式检验		
来样方式	抽样	抽样地点		厂内堆场		
抽样数量	10 根	检验批量		约 30000m		
检验项目	标准要求	检验结果		单项评价	备注	
外观质量	见国标表 2	见外观质量验评表		合格品		

1.2 "检验报告"和"复检报告"表中表达式

（1）鼠标点击进入"检验报告"工作表，在相应各单元格内输入"验评指标"、"检验结果"引用的表达式：

C13＝IF（抗弯 A！H13=""，""，抗弯 A！H13）。

C15＝IF（抗弯 A！M13=""，""，抗弯 A！M13）。

D13＝IF（抗弯 A！B39=""，""，抗弯 A！B39）。

F13＝IF（抗弯 A！D39=""，""，抗弯 A！D39）。

D14、D15、D16、F14、F15、F16 可依此类推。

G11＝IF（外观质量！B29=""，""，外观质量！B29）。

G12＝IF（尺寸偏差！B30=""，""，尺寸偏差！B30）。

（2）在相应各单元格内输入"单项评价"、"检验结论"评判的表达式：

G13＝IF（F13=""，""，IF（AND（F13＞＝C13，F14＞＝C13），" 合格"，" 不合格。"））。

G15＝IF（F15=""，""，IF（AND（F15＞＝C15，F16＞＝C15），" 合格"，" 不合格。"））。

G17 ＝IF（D17＝"",""，D17）。

C18 ＝IF（F13＝"",""，IF（AND（G11＝"优等品"，G12＝"优等品"，G13＝"合格"，G15＝"合格"),"优等品"，IF（AND（OR（G11＝"一等品"，G11＝"优等品"），OR（G12＝"一等品"，G12＝"优等品"），G13＝"合格"，G15＝"合格"),"一等品"，IF（AND（OR（G11＝"一等品"，G11＝"优等品"，G11＝"合格品"），OR（G12＝"一等品"，G12＝"优等品"，G12＝"合格品"），G13＝"合格"，G15＝"合格"),"合格品"，IF（AND（OR（F13＜C13，F15＜C15），OR（F14＜C13，F16＜C15)),"不合格."，IF（OR（G11＝"合格品"，G12＝"合格品"),"应从同批产品中抽取加倍数量进行抗弯性能复试.","不合格."))))))。

（3）"复检报告"表中的部分单元格表达式如下：

J13 ＝IF（'检验报告'！C18＝"",""，IF（'检验报告'！C18＝"应从同批产品中抽取加倍数量进行抗弯性能复试.","从同批产品中抽取加倍数量进行抗弯性能复试",""))。

F15 ＝IF（AND（J13＝"从同批产品中抽取加倍数量进行抗弯性能复试"，OR（G11＝"合格品"，G12＝"合格品"），抗弯复1！D39,""）。

F16～F18、F21～F24 可依此类推。

G13＝IF（F15＝"",""，IF（AND（F15＞＝B13，F16＞＝B13，F17＞＝B13，F18＞＝B13),"合格","不合格"))。

G19＝IF（F21＝"",'.'，IF（AND（F21＞＝B19，F22＞＝B19，F23＞＝B19，F24＞＝B19),"合格","不合格"))。

B26 ＝IF（F15 ＝"",""，IF（AND（G13 ＝"合格"，G19 ＝"合格"),"合格品","不合格"))。

（4）鼠标选定整个工作表后，点击"格式/单元格/保护/选定锁定和隐藏"，然后选定需输入内容的单元格区域 H1：J1 并点击"格式/单元格/保护/取消锁定和隐藏"，同类单元格依此类推，最后点击"工具/保护/保护工作表/确定"。

1.3 "外观质量"表中公式或表达式

（1）鼠标点击进入"外观质量"工作表，在相应各单元格内输入"管桩信息"引用的表达式：

C4＝IF（'检验报告'！C4＝"",""，'检验报告'！C4）。

类似单元格依此类推。

（2）在相应各单元格内输入"桩外表面积"、"桩长"、"桩周长"和某些"验评指标"的计算公式：

AB4 ＝IF（P4＝"",""，3.1416 * O4 * AB5/100）。

AB5 ＝IF（P4＝"",""，1000 * ABS（Q4））。

AB6 ＝IF（P4＝"",""，3.1416 * O4）。

F13 ＝IF（AB4＝"",""，AB4 * 0.2/100）。

H13 ＝IF（AB4＝"",""，AB4 * 0.5/100）。

F16 ＝IF（AB5＝"",""，AB5 * 5/100）。

H16 ＝IF（AB5＝"",""，AB5 * 10/100）。

434

F26＝IF（AB6＝""，""，AB6＊1/8）。

H26＝IF（AB6＝""，""，AB6＊1/4）。

（3）单桩外观质量等级评定"程序"设计。为判断各检验项目是否符合"优等品"，确定不符合"优等品"的项目数，在与表中检验项目（见表3）相对应的单元格区域V12：W28各单元格内输入：

V12＝IF（I12＝""，""，IF（I12＝0，0，1））。

V13＝IF（I13＝""，""，IF（I13＝0，0，1））。

W12＝IF（OR（V12＝""，V13＝""），""，MAX（V12：V13））。

V14＝IF（I14＝""，""，IF（I14＝0，0，1））。

V15＝IF（I15＝""，""，IF（I15＝0，0，1））。

V16＝IF（I16＝""，""，IF（I16＝0，0，1））。

W14＝IF（OR（V14＝""，V15＝""，V16＝""），""，MAX（V14：V16））。

V17＝IF（I17＝""，""，IF（I17＝0，0，1））。

V18＝IF（I18＝""，""，IF（I18＝0，0，1））。

W17＝IF（OR（V17＝""，V18＝""），""，MAX（V17：V18））。

V19＝IF（I19＝""，""，IF（I19＝"无"，0，1））。

W19＝IF（V19＝""，""，V19）。

V20＝IF（I20＝""，""，IF（I20＝"无"，0，1））。

W20＝IF（V20＝""，""，V20）。

V21＝IF（I21＝""，""，IF（I21＝"平"，0，1））。

W21＝IF（V21＝""，""，V21）。

V22＝IF（I22＝""，""，IF（I22＝"无"，0，1））。

W22＝IF（V22＝""，""，V22）。

V23＝IF（I23＝""，""，IF（I23＝0，0，1））。

W23＝IF（V23＝""，""，V23）。

V24＝IF（I24＝""，""，IF（I24＝"无"，0，1））。

W24＝IF（V24＝""，""，V24）。

V25＝IF（I25＝""，""，IF（I25＝0，0，1））。

V26＝IF（I26＝""，""，IF（I26＝0，0，1））。

W25＝IF（OR（V25＝""，V26＝""），""，MAX（V25：V26））。

V27＝IF（I27＝""，""，IF（I27＝"无"，0，1））。

W27＝IF（V27＝""，""，V27）。

W28＝SUM（W12：W27）。

不符合"一等品"或"合格品"的检验项目数，可依此类推。

为判定第一根桩外观质量等级，在V29单元格内输入表达式：

V29＝IF（OR（V12＝""，W28＝""，Y28＝""，AA28＝""），""，IF（W28＝0，"优等品"，IF（Y28＝0，"一等品"，IF（AA28＝0，"合格品"，"不合格"))))。

检验批中每根桩的外观质量等级判定表达式，可先用鼠标选定单元格区域V11：AA29

并点击"编辑/复制"，再选定单元格区域 AB11：CC29 和点击"编辑/粘贴"复制实现。

（4）检验批桩外观质量等级评定"程序"设计。为对单桩外观质量等级分析、判断，确定检验批中符合"优等品"要求的桩数，首先引入其评定结果，如第一根桩结果引用：

I28 ＝IF（V29＝""，""，V29）。

其余桩可依此类推。

其次在单元格区域 X7：AH7 内输入表达式，其中：

X7 ＝IF（I28＝""，""，IF（I28＝"优等品"，1，0））。

Y7：AG7 表达式可先通过"复制/粘贴"实现，然后在单元格 AH7 内输入表达式：

AH7 ＝SUM（X7：AG7）。

检验批中符合"一等品"或"合格品"的桩数，可依此类推。

检验批桩外观质量等级判定表达式：

B29 ＝IF（OR（AH7＝""，AH8＝""，AH9＝""），""，IF（AH7＞＝8，"优等品"，IF（AH8＞＝8，"一等品"，IF（AH9＞＝8，"合格品"，"不合格"））））。

（5）鼠标选定整个工作表后，点击"格式/单元格/保护/选定锁定和隐藏"，然后选定需输入内容的单元格区域 I12：S28 并点击"格式/单元格/保护/取消锁定和隐藏"，B30：S30 依此类推，接着选定 T～CD 列并点击"格式/列/隐藏"，最后点击"工具/保护/保护工作表/确定"。

表3　　　　　　　　　　　　　　外观质量验评（局部）

检验项目	标准要求（国际表2）			检验结果										备注
	优等	一等	合格	1	2	3	4	5	6	7	8	9	10	
粘皮和麻面　h_{max}(mm)	小允许	≤　5	≤　10	0	0	2	0	0	0	0	0	0	0	
$\sum s$(cm²)		≤　188	≤　471	0	0	20	0	0	0	0	0	0	0	

1.4　"尺寸偏差"表中公式或表达式

与"外观质量"表原理、方法类似的信息引用、等级评定的表达式从略，与管桩规格相关的某些验评指标计算公式如下（表4）：

B12 ＝IF（M4＝""，""，3＊ABS（M4））。

B13 ＝IF（M4＝""，""，－3＊ABS（M4）））。

B14 ＝IF（K4＝""，""，IF（K4＜＝600，2，IF（K4＞600，3，""）））。

B15 ＝IF（K4＝""，""，IF（K4＜＝600，－2，IF（K4＞600，－2，""）））。

B20 ＝IF（K4＝""，""，0.003＊K4）。

B21 ＝IF（M4＝""，""，ABS（M4）/1.5）。

C12～C15、C20、C21、D12～D15、D20、D21 可依此类推。

表4　　　　　　　　　　　　　　尺寸偏差验评表（局部）

检验项目	标准允许偏差（国际表3）			检验结果										备注
	优等	一等	合格	1	2	3	4	5	6	7	8	9	10	
桩长 L	30	50	70	－30	－35	－20	－26	－30	－27	－30	－25	－21	－31	
	－30	－40	－50											

1.5 “抗弯 A”表中公式或表达式设计

与“外观质量”表原理、方法类似的信息引用的表达式从略，与管桩规格相关的某些验评指标计算公式和抗弯性能评定表达式如表 5。

表 5　　　　抗裂（抗弯）性能验评表（局部）

管桩外径 D (mm)	300	管桩壁厚 t (mm)	70	管桩密度 r_c (kg/m³)	2600	管桩密度 q (kg/m³)	131.5	垂直向下加载，分配梁及其支座、垫板对桩的作用力(kN)	2.0			
千斤顶	型号	YD200A	油泵	型号	ZB4-500	传感器	型号	BHR-4	压力显示仪	型号	GGD-6	
	编号	96		编号	20150		编号	02503		编号		
	油缸活塞面积 (m²)	3.14×10−2		油压表编号	No.1165		测量范围 (kN)	0～500		测量精度 (kN)	0.1	
垂直向下加载的自重引起弯矩 M_g	3.2	标准抗裂弯矩 M_f (kNm)	23	标准极限弯矩 M_u	34							
加荷分段(%)		试验弯矩 M(kNm)	垂直向下加载 (kN)	传感器读数 (kN)	裂缝(mm)			变形 (mm)			挠度 (mm)	桩开裂或破坏描述
					条	Max		左	中	右		
						宽	长					
	14.0	3.2	0.0	0.0								

(1) 管桩密度 q 和自重弯矩 M_g 计算公式：

I9=((B9/1000)^2−(B9/1000−2 * D9/1000)^2) * F9 * 3.1416/4。

C13=IF(OR(K3="", B9="", D9=""),"", I9 * ABS(M3)^2 * 9.81/40/1000)。

(2) 抗裂（抗弯）标准值引用的表达式：

在单元格区域 R13：S18 的各单元格中及单元格 H13、M13 内分别输入表达式如下：

Q13=IF(AND(J3="A", K3=300), 抗弯指标！C3, IF(AND(J3="AB", K3=300), 抗弯指标！C4, IF(AND(J3="B", K3=300), 抗弯指标！C5, IF(AND(J3="C", K3=300), 抗弯指标！C6, IF(AND(J3="A", K3=350), 抗弯指标！C7, IF(AND(J3="AB", K3=350), 抗弯指标！C8, IF(AND(J3="B", K3=350), 抗弯指标！C9, 0)))))))。

R13=IF(AND(J3="A", K3=300), 抗弯指标！D3, IF(AND(J3="AB", K3=300), 抗弯指标！D4, IF(AND(J3="B", K3=300), 抗弯指标！D5, IF(AND(J3="C", K3=300), 抗弯指标！D6, IF(AND(J3="A", K3=350), 抗弯指标！D7, IF(AND(J3="AB", K3=350), 抗弯指标！D8, IF(AND(J3="B", K3=350), 抗弯指标！C9, 0)))))))。

其余标准值依此类推分组输入单元格 Q14～Q18，R14～R18。

H13=IF(Q13>0, Q13, IF(Q14>0, Q14, IF(Q15>0, Q15, IF(Q16>0, Q16, IF(Q17>0, Q17, IF(Q18>0, Q18,""))))))。

M13=IF(R13>0, R13, IF(R14>0, R14, IF(R15>0, R15, IF(R16>0, R16,

IF(R17>0, R17, IF(R18>0, R18,""")))))))。

（3）加载分级百分数确定的表达式：

B17＝IF(C13="","", IF(100＊(C13/H13)<20, 100＊(C13/H13),""))。

B18＝IF(OR(B17="", D17=""),"", IF(AND(G17>0, G17<1.5, G16=""), 5, IF(OR(G17>=1.5, O17="D", O17="E", O17="G", O17="H"),"", 20)))。

B19＝IF(OR(B18="", D18="", AND(G18>0, G18<1.5, G17="", B18<=100)),"", IF(AND(G18>0, G18<1.5, G17=""), 5, IF(OR(G18>=1.5, O18="D", O18="E", O18="G", O18="H"),"", (B18＋20))))。

单元格 B20～B21 内表达式，可通过"复制/粘贴"B19 实现。

B22＝IF(OR(B21="", D21="", AND(G21>0, G21<1.5, G20="", B21<=100)),"", IF(AND(G21>0, G21<1.5, G20=""), 5, IF(OR(G21>=1.5, O21="D", O21="E", O21="G", O21="H"),"", (B21＋10))))。

单元格 B23 内表达式，可通过"复制/粘贴"B22 实现。

B24＝IF(OR(B23="", D23="", AND(G23>0, G23<1.5, G22="", B23<=100, O23="B")),"", IF(AND(G23>0, G23<1.5, G22=""), 5, IF(OR(G23>=1.5, O23="D", O23="E", O23="G", O23="H"),"", (B23＋5))))。

B25＝IF(OR(B24="", D24=""),"", IF(AND(G24>0, G24<1.5, G23=""), 5, IF(OR(G24>=1.5, O24="D", O24="E", O24="G", O24="H"),"", (B24＋5))))。

单元格 B26～B38 内表达式，可通过"复制/粘贴"B25 实现。

（4）确定各级试验弯矩值的表达式：

C17 ＝C13。

C18 ＝IF(OR(C17="抗裂不合格", C17="", O17="D", O17="E", O17="G", O17="H"),"", IF(OR(AND(G17>0, G17<1.5, B17<100), AND(G17>0, B17=100, O17="B")),"抗裂不合格", IF(G17="", ＄H＄13＊B18/100,"")))。

单元格 C19～C23 内表达式，可通过"复制/粘贴"C18 实现。

C24 ＝IF(OR(C23="抗裂不合格", C23="", O23="D", O23="E", O23="G", O23="H"),"", IF(OR(AND(G23>0, G23<1.5, B23<100), AND(G23>0, B23=100, O23="B")),"抗裂不合格", IF(G23="", ＄H＄13＊B24/100, IF(AND(G23>0, G23<1.5, G22=""), C23＋＄M＄13＊B24/100,""))))。

C25 ＝IF(OR(C24="抗裂不合格", C24="", O24="D", O24="E", O24="G", O24="H"),"", IF(G24="", ＄H＄13＊B25/100, IF(AND(G24>0, G24<1.5, G23=""), C24＋＄H＄13＊B25/100, IF(AND(G24>0, G24<1.5), C24＋＄H＄13＊(B25－B24)/100,""))))。

单元格 C26～C38 内表达式，可通过"复制/粘贴"C25 实现。

（5）加载值及传感器读数计算的表达式：

D18 ＝IF(OR(C18="", C18="抗裂不合格"),"", IF(C18<=＄H＄17, 0, 4＊(C18－＄H＄13)/(0.6＊ABS(＄H＄3)－1)))。

单元格 D19～D38 内表达式，可通过"复制/粘贴"D18 实现。

E17 ＝IF(D17＝"",""，IF(D17＞＄H＄9，D17－＄H＄9，0))。

E18 ＝IF(D18＝"",""，IF(D18＞＄H＄9，D18－＄H＄9，0))。

单元格 E19～E38 内表达式，可通过"复制/粘贴"E18 实现。

（6）确定抗裂、极限弯矩值的表达式：

Q17＝IF(N17＝"持荷桩裂"，C17，IF(N17＝"加荷桩裂"，（C16＋C17)/2，IF(OR(N17＝"持荷破坏"，N17＝"持荷桩断"，N17＝"持荷混凝土碎")，C17，IF(OR(N17＝"加荷破坏"，N17＝"加荷桩断"，N17＝"加荷混凝土碎")，（C16＋C17)/2，""))))。

单元格 Q18～Q38 内表达式，可通过"复制/粘贴"Q17 实现。

D39 ＝IF(MIN(Q17：Q38)＝0，""，MIN(Q17：Q38))。

I39 ＝IF(MAX(Q17：Q38)＝MIN(Q17：Q38)，""，MAX(Q17：Q38))。

（7）鼠标选定整个工作表后，点击"格式/单元格/保护/选定锁定和隐藏"，然后选定需输入内容的单元格区域 A17：A38 并点击"格式/单元格/保护/取消锁定和隐藏"，F17：K38 依此类推，接着选定 Q～T 列并点击"格式/列/隐藏"，最后点击"工具/保护/保护工作表/确定"。

（8）其余抗弯性能表可通过"复制/粘贴"和调整实现。

1.6 各表验评表打印区域设置。

鼠标点击"文件/页面设置/工作表"，输入需要打印的区域。

2 管桩检验数据处理系统的使用说明

2.1 输入检验批管桩相关信息

先复制"管桩检测数据处理系统"工作簿并重新命名（如 PHC－A600－130），再点击进入其"检验报告"工作表，在相应格内输入管桩名称、型号规格；委托、生产单位；检验依据、类别；抽样地点、日期、型式、数量等信息（注：输入内容均显为蓝色）。

2.2 外观质量、尺寸偏差检验结果的输入

用文字表述的作如下约定："内外表面露筋"、"表面裂缝"、"断筋脱头"、"内表面混凝土坍落"和"空洞蜂窝"用"有"和"无"表述，"桩端面平整度"用"平"和"否"表述；为实测值的则输入实测数值。

2.3 抗弯性能表中信息及检验数据的输入

输入管桩编号、生产日期、体积密度和抽样数量，检验设备型号、编号及其技术指标等。在检验中当发现首条裂纹时，在与加载等级相对应的表格内，立即记录此时裂纹的最大宽度、最大长度和条数，同时按表右侧"桩开裂或破坏特征描述代码说明"，在表中"裂破代码"列相应位置输入桩裂特征代码；此后每级加载结束都须输入上述三项数据，当加载至 GB 13476—1999 第 5.5.2 条款之一情况出现时则停止试验，并输入此时的裂缝最大宽度、最大长度、数量及桩破坏特征代码。

2.4 检验报告及附件打印

按检验实际情况，在"检验报告"或"复检报告"中输入报告编号和报告日期后，即可打印整份检验报告。

3 结论

（1）采用 Excel 设计的管桩质量验评表切实可行，稳定可靠，能实现对输入的检验数据进行分析、处理和评判。

（2）本"管桩检测数据处理系统"，使原本烦琐的管桩验评工作变得简单、快捷和准确，有效地减少计算或验评误差，提高质量检验的可靠性。

（3）本"管桩检测数据处理系统"直观简明，使用方便，适宜管桩检验现场使用。

参 考 文 献

[1] 阮起楠. 预应力混凝土管桩. 北京：中国建材工业出版社，2000.
[2] 蒋元海，等. 先张法预应力混凝土管桩. 北京：中国标准出版社，1999.
[3] 伯纳德·林姆. Excel 在科研与工程中的应用. 北京：中国林业出版社，2003.

回弹法检测混凝土抗压强度的 Excel 方法

赵全斌

（山东建筑大学土木工程学院，济南市临港开发区凤鸣路，250101）

本文提出了利用 Excel 计算表单建立回弹法检测混凝土抗压强度的数据处理方案，并结合实例介绍了 Excel 计算表单方法的具体操作过程。

使用回弹法检测及推定混凝土强度，具有简便快速的特点，能够对无表层与内部质量明显差异或内部存在缺陷的混凝土结构或构件进行检测，能在短期内进行较多数量的检测，取得代表性较高的总体混凝土强度质量，这一检测技术在结构检测领域应用广泛，但对大量检测数据的处理是一项耗时费力的重复性劳动。作为 Microsoft 公司的旗舰级软件，Excel 软件是一个使用方便、功能强大的表格数据处理和分析软件，它具有强大的函数计算功能，其内嵌的函数众多，拥有良好的操作界面，具有强大的数据输入、编辑、访问及复制功能，易学易用，功能强大，绘图性能优秀，基本流程符合工程思维等一些特点。依据《回弹法检测混凝土抗压强度技术规程》（JGJ/T 23—2011），本文简述了利用 Excel 软件处理回弹法检测数据，力图说明计算表单软件在此领域的广泛应用。

1 回弹法检测数据的处理过程

文献 [1] 规定的回弹值计算的基本方法是从某测区的 16 个回弹值中剔除 3 个最大值

和 3 个最小值，余下的 10 个回弹值应按下式计算：$R_m = \dfrac{\sum\limits_{i=1}^{10} R_i}{10}$。结构或构件的测区混凝土强度平均值可根据各测区的混凝土强度换算值计算。当测区数为 10 个及 10 以上时，应

计算强度标准差，平均值及标准差应按下式计算：$m_{f_{cu}^c} = \dfrac{\sum\limits_{i=1}^{n} f_{cu,i}^c}{n}$；$s_{f_{cu}^c} =$

$$\sqrt{\sum_{i=1}^{n}\frac{\left(f_{\mathrm{cu},i}^{c}\right)^{2}-n\left(m_{f_{\mathrm{cu}}^{c}}\right)^{2}}{(n-1)}}$$，而结构或构件的混凝土强度推定值（$f_{\mathrm{cu,e}}$）应按下式确定：当该结构或构件测区数少于 10 个时，$f_{\mathrm{cu,e}}=f_{\mathrm{cu,min}}^{c}$；当该结构或构件测区数不小于 10 个或按批量检测时，应按下列公式计算，$f_{\mathrm{cu,e}}=m_{f_{\mathrm{cu}}^{c}}-1.645s_{f_{\mathrm{cu}}^{c}}$，其余条件与参数的具体含义见文献［1］。

2 计算表单的解决方案

2.1 基本数据输入

（1）建立两个工作表，分别命名为"平均回弹值计算"和"测区混凝土强度推算表"。

（2）在"平均回弹值计算"工作表中区域（A1：U12）建立如图 1 所示的测区读数和碳化深度表格（假定测区数为 10）。

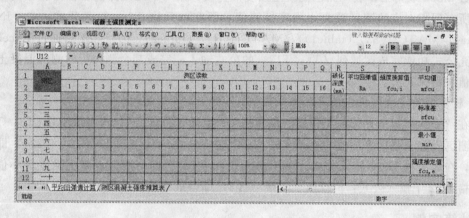

图 1

（3）在"测区混凝土强度推算表"工作表中区域（A1：N199）输入文献［1］附录 A的测区混凝土强度换算表，如图 2 所示。

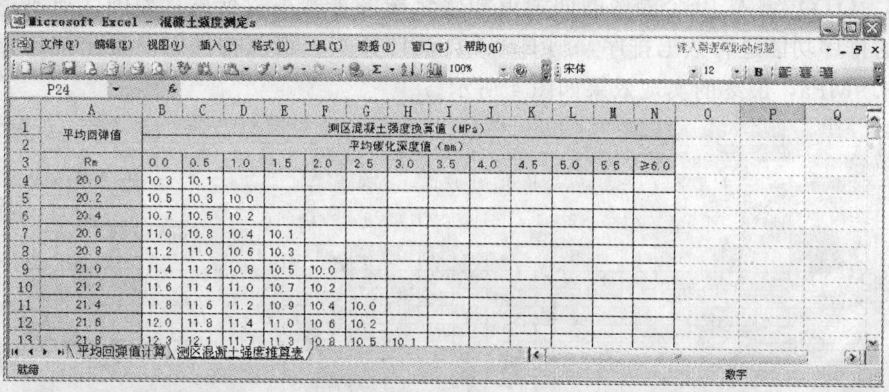

图 2

2.2 取得测区混凝土强度换算值

（1）回弹值排序：在"平均回弹值计算"工作表中选定区域（B3：Q3），选定"数据”—“排序”，选择“行 3”—“升序”，完成测区一回弹值的升序排序；同理，依次选定区域（B4：Q4），…，（B12：Q12），完成其余多测区的升序排序。

（2）测区平均回弹值 R_m 的计算：对于测区一，在单元格 S3 中输入公式“＝AVERAGE(E3：N3)”即可取得除去 3 个最大值和 3 个最小值之外的位于区域（E3：N3）的 10 个回弹值的平均值，然后通过 Excel 的快速填充公式功能（即拖曳操作）快速完成区域列（S4：S12）的公式输入，完成其余测区行的平均回弹值计算。

（3）查表取得换算值：首先，将工作表“测区混凝土强度推算表”中的区域（A4：A199）定义为 table1，区域（B3：N3）定义为 table2，区域（B4：N199）定义为 data。通过公式：“＝MATCH(R3，(table2)，0)”和“＝MATCH(S3，(table1))”可以取得工作表“测区混凝土强度推算表”中平均回弹值所在的行和平均碳化深度值所在的列，通过函数 index 取得工作表“测区混凝土强度推算表”中与平均回弹值所在行和平均碳化深度值所在列相对应的测区混凝土强度换算值，即在单元格 T3 中输入公式：“＝INDEX((data)，MATCH(S3，(table1))，MATCH(R3，(table2)，0))”，然后通过 Excel 的快速填充公式功能完成区域列（T4：T12）的公式输入，完成其余测区行的测区混凝土强度换算值取得。

2.3 计算混凝土强度推定值

在“平均回弹值计算”工作表的单元格 U3 中输入公式：“＝AVERAGE(T3：T12)”即得测区混凝土强度平均值，在单元格 U6 中输入公式：“＝STDEV(T3：T12)”即得标准差，在单元格 U9 中输入公式：“＝MIN(T3：T12)”即得测区混凝土强度最小值，在单元格 U12 中输入公式：“＝U3－1.645＊V3”即得最终的强度推定值。

3 计算实例

某四层内框架混合结构房屋，某构件设计混凝土强度等级为 C20，采用混凝土回弹仪对该构件混凝土进行水平回弹，实测 10 个测区，则在“平均回弹值计算”工作表中的区域（B3：Q12）输入 10 个测区的回弹值和碳化深度等基本数据后，如图 3 所示。然后用 Excel 的排序功能进行数据排序，则 Excel 自动计算查表得该构件的混凝土抗压强度推定值为 18.9MPa，最终的实现效果如图 4 所示。

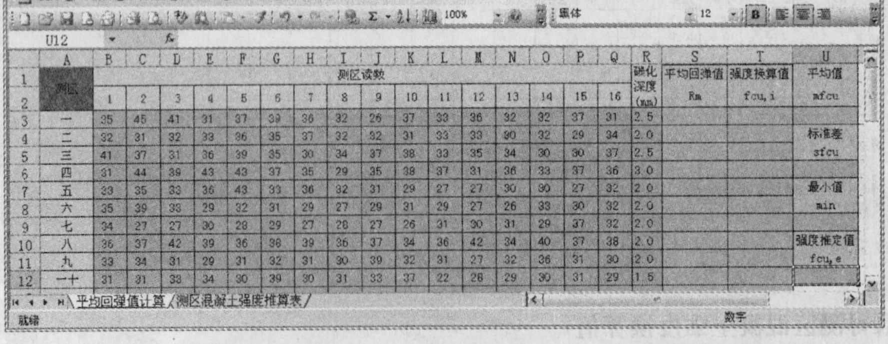
Microsoft Excel － 混凝土强度测定s

测区	1	2	3	4	5	6	7	8	9	10	11	12	13	14	15	16	碳化深度(mm)	平均回弹值 Rm	强度换算值 fcu,i	平均值 mfcu
一	35	45	41	31	37	39	36	32	26	37	33	36	32	32	37	31	2.5			
二	32	31	32	33	36	35	37	32	32	31	33	33	30	32	29	34	2.0			标准差
三	41	37	31	36	39	35	30	34	37	38	33	35	34	30	30	37	2.5			sfcu
四	31	44	39	43	43	37	35	29	35	38	37	31	36	33	37	36	3.0			
五	33	35	33	36	43	33	36	32	31	29	27	27	30	30	27	32	2.0			最小值
六	35	39	33	29	32	31	29	27	29	31	29	27	26	33	30	32	2.0			min
七	34	27	27	30	28	29	27	28	27	26	31	30	31	29	37	32	2.0			
八	36	37	42	39	36	38	39	36	37	34	36	42	34	40	37	38	2.0			强度推定值
九	33	34	31	29	31	32	31	30	39	32	31	27	32	36	31	30	2.0			fcu,e
一十	31	31	33	34	30	39	30	31	33	37	22	28	29	30	31	29	1.5			

平均回弹值计算／测区混凝土强度推算表

图 3

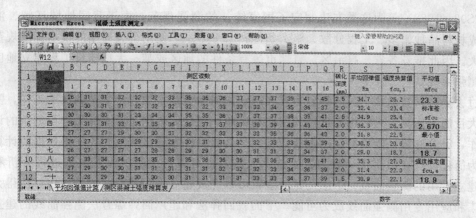

图 4

4 结语

（1）上述方法主要是针对回弹仪水平方向和浇筑侧面的情况，而对于回弹仪非水平方向或非浇筑侧面以及测区小于 10 个和测区强度值出现小于 10.0MPa 的情况，可以依据上述计算表单方法作相应修正，此处不再赘述。

（2）Excel 计算表单方法有效地解决了回弹法检测及推定混凝土强度时对大量检测数据的人工处理，节省了大量时间和精力。

（3）Excel 计算表单方法对解决类似大量数据处理及查表问题时效果良好，对此类问题具有推广应用的价值。

参 考 文 献

[1] 回弹法检测混凝土抗压强度技术规程（JGJ/T 23—2001）.
[2] 赵全斌，谢剑，赵彤. Excel 计算表单在建筑工程中的应用 [J]. 工程力学增刊，2004；6（21）：368 - 373.

巧用 Excel 表格建立混凝土强度
专用（地区）曲线

常志红 杨 涛

（北京市康科瑞检测技术有限责任公司，北京市西城区百万庄大街 3 号，100037）

本文介绍了建立测强曲线过程时，使用 Excel 表格强大的计算功能和丰富的函数，可以把复杂的计算工作变得非常简单，有利于这一方法的普及和推广应用。

回弹法作为无损检测的主要方法之一，因其操作简便、设备简单、测定结果直观等优点被广泛地应用到工程质量监测和控制中去。我国目前正在实行的《回弹法检测混凝土抗压强度技术规程》（JGJ/T 23—2001）、《超声回弹综合法检测混凝土强度技术规程》

（CECS02：1988）等为这类方法制定了国家统一的测强规范。由于我国地域辽阔、混凝土组成材料品种繁多、工程分散、施工条件和水平不一，使用全国通用的技术标准规范误差较大。因此推荐各省、自治区、直辖市等有条件的地区或某一大型建设工程建立地区和专用测强曲线。

过去受科学技术水平的制约，建立和制定测强曲线是一项非常复杂的技术工作，需要投入大量的人力物力进行标准试件的制作和试验，对试验数据还要有专人进行复杂的计算等工作，十分麻烦。随着科技的发展，特别是计算机技术的迅速发展，使得数据的计算工作大为简化。现在即使是一般的工程技术人员，也可以对大量的试验数据进行分析和处理，建立专用的测强曲线。一般的试验室就可以完成建立专用测强曲线的工作，使得大范围推广和应用专用测强曲线成为可能。下面就回弹法和超声回弹综合法测强曲线的建立和计算方法作简单叙述。

1 试件制作、回弹值和声时值测试、试件抗压强度试验

参考《回弹法检测混凝土抗压强度技术规程》（JGJ/T 23—2001）第 45 页。《超声回弹综合法检测混凝土强度技术规程》（CECS 02：1988）附录一。

2 数学模型的建立

2.1 公式的选用

回弹法曲线选用幂函数方程：

$$f_{cu}^c = A \times R^B \times 10^{C \times L} \tag{1}$$

超声回弹综合法选用幂函数方程：

$$f_{cu}^c = A \times v^B \times R^C \tag{2}$$

式中　f_{cu}^c——混凝土强度换算值，MPa；

　　　R——回弹值的平均值；

　　　v——试块声速平均值，km/s；

　　　L——碳化深度值，mm；

A、B、C——回归系数。

2.2 原理：选用回归方程式 $f_{cu}^c = A \times R^B \times 10^{C \times L}$ 和 $f_{cu}^c = A \times v^B \times R^C$ 用最小二乘法原理计算

根据试验所得的数据利用 Execl 表格强大的计算功能和丰富的函数功能自动进行计算，可以方便快捷地求出回归方程式。

由于选用的幂函数方程是非线性函数方程，所以在进行回归分析时，首先要变为标准线性方程 $Y = m_n x_n + \cdots + m_2 x_2 + m_1 x_1 + b$ 的形式，n 为制定回归方程式的试块数，对上述方程式作以下变换：

式（1）、式（2）分别在两边同时取自然（或常用）对数：

$$\ln f_{cu}^c = \ln (A v^B R^C) = \ln A + \ln v^B + \ln R^C = B \times \ln v + C \times \ln R + \ln A$$

$$\lg f_{cu}^c = \lg (A R^B 10^{C \times L}) = \lg A + \lg R^B + \lg 10^{C \times L} = B \times \lg R + C \times L + \lg A$$

经以上变换，通过 Excel 表格计算后：

444

得到公式（1）的回归系数 B、C、$\ln A$；

得到公式（2）的回归系数 B、C、$\lg A$。

2.3 输入原始数据（以超声回弹综合法为例）

按表 1 格式把测试所得的数据输入 Excel 表格中，A 列为回弹平均值，B 列为声速平均值，C 列为试件抗压强度值。

表 1   原 始 数 据 输 入 表

序号	A	B	C	D	E	F	G	H	I
1	R	$v(\text{km/s})$	$f_{cu}(\text{MPa})$	$\ln R$	$\ln V$	$\ln(f_{cu})$			
2	31.0	4.80	25.3	$=\ln(A2)$					
3	30.8	4.75	26.0						
4	30.5	4.66	27.1						
5	38.6	4.87	39.0						
6	36.6	4.85	38.8						
7	38.2	4.91	40.7						
8	20.7	4.07	10.0						
9	18.8	4.08	10.0						
10	17.2	4.23	10.2						
11									
12									
13	B	C	$\ln(A)$	A					
14	$=\text{linest}(f2:f10,d2:e10,1,1)$			$=\exp(c14)$					
15				r					
16				$=a16\hat{\ }0.5$					

2.4 自动取对数

在 D 列第 2 行内输入公式如表 1 所示，然后把光标移至该单元格右下角，当光标变为"+"号时，按住鼠标左键向右拖动至 F 列第 2 行放开。同理，选中 D2—F2，然后把光标移至 F2 右下角，当光标变为"+"号时，按住鼠标左键向下拖动至最后一行数据所在行放开。Excel 就可以自动计算输入数据的自然对数值。

2.5 计算回归系数

在工作表中选定一个无数据的区域输入公式。如选中左下角所示阴影区域，按"F2"键，在 A 列第 14 行中输入公式"=Linest(f2:f10,d2:e10,1,1)"，同时按下"Ctrl＋Shift＋Enter"三个键，Excel 就可以自动计算出回归系数 B、C、LN（A）。

说明：

（1）图表中 A14 为系数 B；B14 为系数 C；C14 为系数 LN（A）。可用计算器计算出 A 的值。或在图表中 D 列 14 行输入公式"＝exp（c14）"，由 Excel 表格自动计算回归系数 A。

（2）表中 A 列第 16 行数据为相关系数的平方，可在 D 列第 16 行中输入公式"＝

A16^0.5"自动计算相关系数。

3　强度的平均相对误差 δ 和回归方程式的强度相对标准差 e_r 的计算方法

在表 1 的 G2、H2、I2 单元格内分别输入公式"＝A×b2^B×a2^C"、"＝(c2/g2－1)^2"、"＝abs(c2/g2－1)"后按回车键，然后选中 G2－I2，把光标移至 I2 右下角，当光标变为"＋"号时，按住鼠标左键向下拖动至最后一行放开。在 H14 和 I14 单元格内分别输入公式"＝((sum(h2:h10)/(9－1))^2"、"＝sum(i2:i10)/9"即可自动求出 e_r 和 δ。如果符合规程要求可报主管部门审批。

4　实例

利用《超声回弹综合法检测混凝土强度技术规程》（CECS 02：1988）附录一的原始数据进行计算。

从表 2 中可以直接读出 $A=0.00187$，$B=3.39$，$C=1.27$，相关系数 $r=0.9842$。

回归方程式为 $f_{cu}^c = 0.00187 \times V_a^{3.39} \times R_a^{1.27}$。

如表 2 所示：把 A 列的回弹值及对应 B 列的声速测试值分别代入上式，则可分别计算出回归曲线对应的强度值（表 2 中 G 列中的数据就是计算出的结果）。根据计算结果求出强度的平均相对误差 $\delta=7.6\%$；回归方程式的强度相对标准差 $e_r=8.87\%$。

表 2　　　　　　　　　　　回归曲线对应强度值

序号	A R_a	B V_a(km/s)	C f_{cu}(MPa)	D $\ln R_a$	E $\ln V_a$	F $\ln(f_{cu})$	G F_{cuc}	H $(C_i/G_i-1)^2$	I $|C_i/G_i-1|$
1	31.0	4.80	25.3	3.434	1.569	3.231	29.3	0.0184	0.1355
2	30.8	4.75	26.0	3.428	1.558	3.258	28.1	0.0057	0.0756
3	30.5	4.66	27.1	3.418	1.539	3.300	26.2	0.0011	0.0330
4	38.6	4.87	39.0	3.653	1.583	3.664	41.7	0.0041	0.0639
5	36.6	4.85	38.8	3.600	1.579	3.658	38.2	0.0003	0.0164
6	38.2	4.91	40.7	3.643	1.591	3.706	42.0	0.0010	0.0319
7	20.7	4.07	10.0	3.030	1.404	2.303	10.2	0.0004	0.0199
8	18.8	4.08	10.0	2.934	1.406	2.303	9.0	0.0133	0.1154
9	17.2	4.23	10.2	2.845	1.442	2.322	8.8	0.0262	0.1617
10	20.9	4.40	14.8	3.040	1.482	2.695	13.0	0.0196	0.1399
11	21.5	4.56	15.9	3.068	1.517	2.766	15.0	0.0036	0.0601
12	20.0	4.45	14.6	2.996	1.493	2.681	12.6	0.0250	0.1581
13	24.0	4.28	13.0	3.178	1.454	2.565	14.6	0.0116	0.1079
14	25.2	4.20	13.3	3.227	1.435	2.588	14.8	0.0100	0.1002
15	24.6	4.25	13.5	3.203	1.447	2.603	14.8	0.0076	0.0870
16	28.2	4.41	19.0	3.339	1.484	2.944	20.0	0.0024	0.0494
17	26.1	4.37	18.7	3.262	1.475	2.929	17.4	0.0052	0.0722

序号	A	B	C	D	E	F	G	H	I
	R_a	V_a(km/s)	f_{cu}(MPa)	$\ln R_a$	$\ln V_a$	$\ln(f_{cu})$	F_{cuc}	$(C_i/G_i-1)^2$	$|C_i/G_i-1|$
18	27.0	4.50	19.6	3.296	1.504	2.976	19.9	0.0003	0.0167
19	31.6	4.63	23.8	3.453	1.533	3.170	27.1	0.0146	0.1208
20	27.2	4.65	20.8	3.303	1.537	3.035	22.2	0.0038	0.0615
21	30.1	4.58	23.9	3.405	1.522	3.174	24.5	0.0006	0.0237
22	30.5	4.62	24.9	3.418	1.530	3.215	25.6	0.0007	0.0267
23	30.7	4.70	25.5	3.424	1.548	3.239	27.1	0.0037	0.0607
24	29.9	4.60	25.0	3.398	1.526	3.219	24.6	0.0003	0.0179
25	38.6	4.77	41.8	3.653	1.562	3.733	39.2	0.0043	0.0659
26	40.4	4.79	47.9	3.699	1.567	3.869	42.3	0.0172	0.1311
27	36.8	4.75	39.0	3.605	1.558	3.664	36.2	0.0060	0.0773
28	41.0	4.78	46.8	3.714	1.564	3.846	43.0	0.0079	0.0889
29	35.0	4.70	36.3	3.555	1.548	3.592	32.7	0.0122	0.1104
30	36.3	4.75	36.7	3.592	1.558	3.603	35.5	0.0011	0.0336
31	B	C	ln (A)	A				e_r	δ
32	3.39	1.27	−6.279	0.00187				0.0887	0.075
33	0.593	0.131	0.571	r					
34	0.969	0.088	♯N/A	0.9842					

5 说明

(1) 需要特别说明的是，地区和专用测强曲线仅适用于建立时用以统计试件的最大—最小回弹值区间，不得外推。同时要定期取一定数量的同条件试块，对测强曲线进行校核，出现有较大差异时，应查明原因采取措施，否则不得继续使用。

(2) 当施工条件或测试结果与实际值相差较大时，可在结构或构件上钻取一定数量的混凝土芯样，对测试结果进行修正。

(3) 与回弹法规程不同的是，《超声回弹综合法检测混凝土强度技术规程》（CECS 02：1988）中建立地区和专用测强曲线只对强度的相对标准差 e_r 作了限制。地区测强曲线的 $e_r \leqslant \pm 14.0\%$，专用测强曲线的 $e_r \leqslant \pm 12.0\%$ 时可上报上级主管审批。而对强度的平均相对误差 δ 没有作规定，建议工程技术人员参考回弹法的有关规定，$\delta \leqslant \pm 14.0\%$，$\delta \leqslant \pm 12.0\%$，确保强度曲线的准确性。

(4) 如果大家感兴趣的话，也可以选用其他的一些回归方程式进行计算比较，取其中相对标准差和相对误差较小的一个回归方程式作为绘制专用测强曲线的依据。

回弹法可参考的回归方程式有：

$$f_{cu}^c = A + B \times R, \quad f_{cu}^c = A + B \times R + C \times R^2$$

$$f_{cu}^c = A \times R + B \times R^{0.5} + C, \quad f_{cu}^c = A \times R^B \times L^C$$

$$f_{cu}^c = (A \times R + B) \times 10^C \times L$$

超声回弹综合法可参考的回归方程式有：

$$f_{cu}^c = A \times v_a^B \times R_a^C \times 10^L$$

$$f_{cu}^c = A \times v_a^B \times R_a^C \times L^D$$

各参数含义同 3.1 中说明。

参 考 文 献

[1] 《超声回弹综合法检测混凝土强度技术规程》（CECS 02：1988）.

第十一部分 裂缝的检测、分析与修复

某多层砖混结构住宅楼严重开裂
事故的分析和处理

王文明

（新疆巴州建设工程质量检测中心，新疆库尔勒，841000）

通过对某多层砖混结构住宅楼严重开裂事故的调查与分析，阐述了该楼质量事故的主要原因并作出了定量分析，提出了相应处理措施和房屋基础设计应以建筑场地实际工程地质勘察资料为依据。

1 工程概况

某县统建住宅楼，共四单元带地下室，上部为五层砖混结构，东西方向长约40m，南北宽约2.8m，层高约2.8m，建筑面积约2000m²。除卫生间、客厅为整体现浇外，其余房间均为预应力混凝土空心板，每层设圈梁，混凝土等级为C20。顶层为M2.5混合砂浆、MU7.5红砖；其余各层为M5.0水泥混合砂浆、MU7.5红砖砌筑370外墙、240内墙。该楼于1995年5月施工，并于年底竣工验收后投入使用，1997年年初发现墙面有少量裂纹，随后逐渐发展为裂缝，且日渐增多增大，至2000年3月裂缝已发展到严重阶段，达数百条，较大宽缝基本在12mm以上，局部最大达20~30mm，居民无法安居随后纷纷迁出，于是该楼质量事故立即引起有关部门的重视。

2 现场调查与检测

2.1 周边环境观察及裂缝检测

经实地观察，该楼西邻道路，东连旧楼，南接花池绿化带，北为混凝土地平。墙体开裂已达数百条，大小不一，主要集中在西单元。在西单元楼梯段有一上下连续贯穿的裂缝，经检测最大宽缝为18mm，内外纵墙裂缝分布的方位大体对应，严重开裂处缝宽在12~20mm不等。西山墙有3条水平裂缝，裂缝较小，平均宽度在2~3mm，圈梁多处有贯穿性裂缝，纵横墙交接处有多处严重拉脱开裂，楼板明显往下滑移，上下错动约20mm；楼板与墙体结合处有水平裂缝出现，已装修的房间地板砖与楼地面大部分分离，地板砖基本松动，未装修的房间水泥地面明显可见拼接缝多处开裂。

2.2 设计、施工、质保资料等核查及混凝土、砂浆强度检测

根据工程周边环境及裂缝分布情况，我们从设计、施工及质保资料入手进行全方位核

查。我们了解到圈梁混凝土强度等级为 C20，主筋为 4 根 φ12，从施工记录及混凝土、砂浆试块试验报告来看，检测结果均满足设计要求；对该楼不同部位混凝土、砂浆强度进行分层随机检测，从检测结果来看，除个别地方略低于设计强度等级外基本能满足规定要求；且从设计图纸上得知，地基容许承载力 [R] 达 120kPa，应该说房屋整体性很好，而且地基承载力较高，完全可以满足正常使用要求，不会引起不均匀沉降，但从裂缝分布特征来看又与不均匀沉降引发的症状相当吻合。为此，我们着力对地基与基础资料及处理情况进行调查了解。经对地下室混凝土基础及钢筋混凝土地圈梁部位开挖后检测混凝土基本无强度可言，同时发现混凝土已严重腐蚀，由于地下水位较高，基础混凝土基本处于地下水的浸泡之中。从设计施工及质保资料来看，各环节均有正常的校审程序和隐蔽记录，原材料检验及混凝土、砂浆试块报告基本符合规范及设计要求，但对有关该楼的工程地质勘察报告却一直未见。经对该房设计单位进行地质勘察情况的了解以确认地基容许承载力 [R] ＝120kPa 的可靠性，该设计院才道出了其中的真相。该房屋设计时根本就未做工程地质勘察，建设方为节约此勘察经费，委托设计单位参考附近的房屋工程地质勘察资料来确定地基容许承载力 [R]。据施工方介绍，当初地基开槽后发现东西两边地基土情况并不一致，东端三单元地基土为较坚硬的砂砾层，西单元地基土一大半为粉砂层，局部为粉质黏土。东端三单元较坚硬未做任何技术处理，西单元较松软且土质较差进行了约 50cm 厚的换填土处理，换填土采用天然戈壁并进行了打夯处理，但如此较大面积的换填土处理采用的是小型蛙式打夯机，而且未做击实试验和回填土密实度检测，仅凭个别技术人员盲目的个人感觉作为报验依据直接进入了下一道工序。究竟西单元软弱地基土有多厚，容许承载力有多大，回填土密实度能否满足地基容许承载力设计要求，均无从保证。

3 事故原因及定量分析

3.1 事故原因

从现场调查与检测的情况分析，我们认为主要是由于东端三单元与西单元的地基土种类的不同，从而导致了地基土物理力学性能的显著差异，加之处理的不规范，以及地下水的渗透造成地基土的软化和基础混凝土的腐蚀，导致不均匀沉降引发严重开裂事故。

（1）由于建设方的盲目节约资金以及设计的不尊重实际、不遵循设计原则，错误地参考了附近地质资料，还有施工管理的不完善、不科学导致了个别人的主观臆断，从而导致了地基与基础处理的不规范，最终引发了地基的不均匀沉降。

（2）由于该楼紧接南边山墙处的后院为花池绿化带，绿化带中钻有一井，并由该井泵水进行长期不定时的滥灌，使绿化带饱和水不断通过地表往山墙及基础渗透，加之水位随季节温度的变化而不断变化，进一步加速了地下水的流动而加剧了西部地基的软化以至混凝土的腐蚀。从而导致了严重的不均匀沉降。

3.2 定量分析

虽然施工单位只要求为其找出事故原因，以便进行妥善处理，而未要求进行定量分析，但笔者认为仅有一个笼统的分析其说服力是远远不够的。而且施工方也难以发现施工质量水平与实际使用质量要求会存有多大的差距。也难以领会科学数据的真正内涵，因此有必要进行相关的定量分析。

根据施工方对事故发生后房屋的标高复核情况，我们大体可得到大致均等三个部位的沉降量（以东单元东端为参考）分别为 157mm、129mm、28mm，通过计算斜率分别为 11.80‰、9.70‰、2.09‰，由于东中部位斜率极为相近，可将其变形看做大致的直线形状，同时相应的变形协调力也可视为直线分布。我们可以近似地将该楼看做一个弹性体，视外纵墙为一根长 40m，嵌固区 13.4m，悬臂区 26.6m，高 17.8m、宽 0.37m 的悬挑梁，在西端最大值为 q_m 的三角形的荷载作用下弯曲。变形和内力分析示意图如图 1 所示。

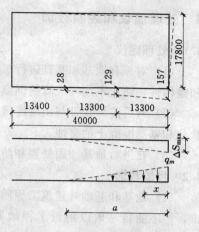

图 1　变形和内力分析示意图

分析可得最大挠度为 129mm，根据悬臂梁在三角形荷载作用下的最大挠度公式：

$$\Delta S_{max} = \frac{11q_m a^4}{120EJ}$$

则

$$q_m = \frac{120EJ}{11a^4}\Delta S_{max}$$

由 M2.5 混合砂浆，MU7.5 砖砌体可得 $E = 700 \times 2.2 = 1540$MPa。惯性矩的选取，根据最不利因素以纵墙设窗的部位为最薄弱处，则 $J = 6.2 \times 10^{13}$mm^4。因此：

$$q_m = \frac{120EJ}{11a^4}\Delta S_{max} = \frac{120 \times 1540 \times 6.2 \times 10^{13}}{11 \times 26600^4} \times 129 = 268(\text{N/mm})$$

$$M_{max} = -\frac{q_m a^2}{3} = -\frac{268 \times 26600^2}{3} = -6.32 \times 10^{10}(\text{N} \cdot \text{mm})$$

$$\sigma_{max} = -\frac{M_{max}}{J}\frac{h}{2} = -\frac{-6.32 \times 10^{10}}{6.2 \times 10^{13}} \times \frac{17800}{2} = 9.1(\text{MPa})$$

而 σ_{max} 为将房屋按弹性体计算出的最大应力值，而实际发生的最大应力乘以松弛系数 β，根据沉降快慢情况，β 可在 0.3~1.0 取值，一般来说，突发性沉降 β 值取 1.0，施工期间发生沉降可取 0.5，沉降在竣工后数月发生 β 可取 0.3，因此该楼的实际最大应力 $\sigma'_{max} = 0.3 \times \sigma_{max} = 0.3 \times 9.1 = 3.0$（MPa），此应力发生在 $\sigma'_{max} > f_{c,cra}$（混凝土抗裂强度）或 $\sigma'_{max} > f_{mtm}$（砖砌体弯曲抗拉强度）时，圈梁或砖砌体将发生开裂。由以上计算结果我们不难看出 $\sigma'_{max} > f_{c,cra}$（1.6MPa）、$\sigma'_{max} > f_{mtm}$（0.4MPa），所以该住宅楼严重开裂。同理我们也可对东单元未开裂作出验算：

据 $M_x = \frac{q_m x}{6}\left(3 - \frac{x}{a}\right)$，令 $x = 11000$mm，则：

$$M_x = \frac{268 \times 11000}{6} \times \left(3 - \frac{11000}{26600}\right) = 1.40 \times 10^{10}(\text{N} \cdot \text{mm})$$

$$\sigma'_{max} = 0.3 \times \frac{M_x}{J} \times \frac{h}{2} = 0.3 \times \frac{1.40 \times 10^{10}}{6.2 \times 10^{13}} \times \frac{17800}{2} = 0.6(\text{MPa})$$

因为 f_{mtm}（砌体）$< \sigma'_{max} < f_{c,cra}$（混凝土），所以东单元圈梁未裂。

4 处理建议和经验教训

4.1 处理建议

（1）对原有地基和基础进行扩宽加固处理，以调整地基附加应力，增强建筑物的刚度和整体性，防止不均匀沉降的继续发展。

（2）对后院绿化带与山墙连接处做深层防渗挡土墙，以防水分继续渗透造成地基土的软化和基础混凝土的腐蚀。

（3）在进行地基加固处理和防渗挡土墙之后，将该楼所有裂缝进行封闭处理。

4.2 经验教训

（1）地基和基础对建筑工程质量至关重要，因此在进行设计前，工程地质勘察必不可少，绝不能轻易地以附近工程地质资料为依据，而应以建筑物场地实际工程勘察资料为准。

（2）加强技术交底，完善施工管理程序，以回填土不做击实试验和密实度检测为戒，在工程技术的各个环节均应尊重科学数据，杜绝无技术交底、无技术把关程序，盲目以个人经验感觉作为报验依据的现象。

（3）在规划设计时应严格遵循相关设计规程，将绿化带置于距房屋至少 3.5m 以外，并加砌深层防渗挡土墙以防水分渗透造成的破坏。

参 考 文 献

[1] 王文明. 某多层砖混住宅楼严重开裂事故的分析和处理. 住宅科技，2002（6）.
[2] 王文明. 多层砖混结构住宅楼严重开裂事故的分析和处理. 建筑技术开发，2002（9）.
[3] 王文明. 建设工程质量检测鉴定实例及应用指南. 北京：中国建筑工业出版社，2008.
[4] 王文明. 混凝土检测标准解析与检测鉴定技术应用指南. 北京：中国建筑工业出版社，2011.

超声检测混凝土裂缝深度中首波
相位反转法的研究

童寿兴

（同济大学，上海，200092）

本文根据超声波平测法检测混凝土裂缝深度时接收信号首波相位反转变化规律，提出了"正波法"检测和确定裂缝深度的可行性。并在首波相位发生反转变化的临界点上，无论采用换能器对称或不对称布置检测时，给出了裂缝深度 d_c 与换能器 L 间距的关系式。

1 概述

本文对超声波的接收波形作了这样的规定：首波向下呈山谷状为负波；首波向上呈山峰状为正波。

任何一台数显混凝土超声波检测仪，如 CTS－25 型非金属超声波检测仪当换能器作（超声、回弹综合法测强）对测法布置时，其首波的相位是不发生改变的，通常首波为负波。但如果将某一换能器内的压电陶瓷晶片反向改装，其首波将变成正波。这种首波相位反转的变化是因为压电晶体的正、负极反向改变引起的。而当换能器作平测法布置，在混凝土裂缝深度的检测过程中，随两换能器测距的不同，有首波相位反转变化的现象。

国内外对混凝土裂缝深度（50cm 以下）的超声波检测主要有 $d_c = L/2 \left[(t_1/t_2)^2 - 1 \right]^{1/2}$ 和英国标准 BS－4408 法。在这些方法中，都采用了超声波首波为负波读取声时值。从工程实测中得到：对 20cm 以上的裂缝深度的检测，由于两换能器跨距大，超声信号衰减的结果致使首波幅度降低，声时测读的误差较大。采用前述的负波读数方法，裂缝深度计算的可靠性和有效性较差。实际上，当两换能器的间距小于二倍裂缝深度时，超声波接收波形的首波为正波。

针对这种情况，本文对 9～30cm 的一系列裂缝，首波分别采用两换能器间距较小布置呈正波和两换能器间距较大布置时的负波读数，从而进行对比检测试验，验证这两种读时方法对混凝土裂缝深度检测的精度。其次，对 CECS 21：1990《超声波检测混凝土缺陷技术规程》[1] $t_c - t_0$ 法检测混凝土裂缝深度时的声时读取方法略作变动，即仅跨缝检测读取 t_1 值，即其对应测距的未跨缝检测的 t_2 值，用"时—距"回归分析，确定换能器间距修正值 a 时的同一回归方程式验算得出。

本论文再次讨论了混凝土裂缝深度采用首波相位反转法检测[2]，给出裂缝深度 d_c 与二换能器间距的普通关系式 $d_c = \sqrt{L_1 L_2}$，作为特例，当换能器距裂缝对称布置时，$d_c = L/2$。

2 试验方法

2.1 正波、负波检测混凝土裂缝深度

根据 $d_c = L/2 \left[(t_1/t_2)^2 - 1 \right]^{1/2}$ 计算裂缝深度，当两换能器间距在两倍裂缝深度以内时，超声波接收波形的首波出现正波；在两倍裂缝深度之外则出现负波。根据这一现象，先用首波相位反转法找出"临界点"，再在"临界点"的里、外各测 3～5 个点，即分别采用正波和负波读取声时 t_1。混凝土测缺规程中对不同测距的 t_2 只读一次，读取数值时带有偶然性，并有产生误差的可能性，本试验中 t_2 的声时读数利用换能器间距修正值 a 时的"时—距"回归分析计算而得。具体做法为：在表观完好的无裂缝混凝土表面以两换能器间距为 5、10、15、20、25cm 等一系列测点，建立"时—距"回归方程 $L = -a + vt_2$，回归系数常数项 a 为两换能器间距修正值，把跨缝检测的各测距 L 代入回归方程 $t_2 = (L + a)/v$ 即可求出相等未跨缝测距下的 t_2 值或超声检测混凝土裂缝深度直接改用 $d_c = L/2 \times \left[(t_1 v/L)^2 - 1 \right]^{1/2}$ 公式计算。$L = -a + vt_2$ 公式一举数得，既减少了 t_2 的检测工作量，又使 t_2 的数值直接在线性回归系统中获得，显然比原方法每点对应只测读一次误差小，尤其是可改善、提高当两换能器间距相隔较远因衰减大首波幅度较低时的读数精度，该方法现已编入 CECS21：2000《超声波检测混凝土缺陷技术规程》中。

2.2 首波相位反转法检测裂缝深度

根据换能器平置于裂缝两侧时，因两换能器之间的距离不同而引起的首波幅度及相位

变化的"首波相位反转现象"，在首波相位发生反转变化的临界点上，直接用尺量出两换能器到裂缝中心的距离，计算出裂缝的深度。

3 试验结果及讨论

3.1 正、负波检测裂缝深度结果及讨论

对不同深度的裂缝进行检测，试验结果见表1。

表 1 各组裂缝测量平均误差

裂缝实际深度（cm）	正波测量平均误差（%）	负波测量平均误差（%）
9.3	4.0	7.2
13.8	5.5	4.6
17.2	2.1	1.0
22.0	0.9	45.6
26.0	8.5	12.0

从表1可以看出：

（1）当裂缝深度不超过20cm时，正、负波测量误差均很小，两者相差不大。

（2）随着裂缝深度的增加，尤其超过20cm时，负波测量的平均误差明显增大，主要原因是采用负波测量时，换能器间距大于两倍的裂缝深度，发射波绕过裂缝传播到达接收换能器的信号已经很微弱，即声能的衰减很大，首波幅度相当低（一般在5mm左右），使得在读取声时难以识别首波信号而误读后续波，采用估读的结果易产生较大的误差，甚至导致检测错误。如表1中裂缝深度为22.0cm时，负波测量值的平均相对误差竟达到45.6%。

（3）当裂缝深度超过20cm时，正波测量所产生的误差明显小于负波，主要原因是用正波读数时，换能器间距在两倍裂缝深度以内，声能的衰减远小于负波测量时的衰减，接收换能器收到的信号比较强，首波幅度较高（一般在20mm左右），在读取声时时明显比负波精确，测量的误差也小。

同时，在试验中发现，正波波形清晰可鉴，并且随着测距的增大，振幅下降幅度较小，因此能够保证检测数据的可靠性。而随着测距的增大，负波的振幅下降却很快，检测时的重复性差，声时的读取带有较大的偶然性。

由于CTS—25型非金属超声波检测仪示波器的基线（计数门前后两段水平线）为左低右高，常规检测采用首波负波读数时，当负波从右高的水平段下降至左低的水平线处，此时首波前沿恰好有一明显的缺口，按此规律读取声时值重复性极好。而当采用"正波法"检测混凝土裂缝深度时，正波和计数门相切处没有这一明显的标志，相切点难以把握，会产生人为的读数误差。作者根据换能器压电陶瓷晶片极性相反时首波产生倒相原理，为混凝土裂缝深度的检测，专用一只晶片极性反装的换能器，此时在裂缝深度的检测过程中，当换能器间距大于两倍裂缝深度时为正波，而小于两倍裂缝深度时为负波，即换能器在二倍裂缝深度以内的短跨距中，仍呈现负波，采用负波按缺口规律读数，有利于读数的准确性。

3.2　首波相位反转法试验分析

作者早在过去的试验[2]中发现了因换能器平置于裂缝两侧的间距不同，而引起首波幅度及相位变化的现象。若置换能器于裂缝两侧，当换能器与裂缝间距离 L_0 分别大于、小于裂缝深度 d_c 时，首波的振幅相位将先后发生 180° 的反转变化，即在平移换能器时，随着 L_0 的变化，存在一个使首波相位发生反转变化的临界点。对不同深度的裂缝进行了反复的观察，试验发现当两换能器采用对称布置的方式移至临界点上时，测得的回转角 $\alpha+\beta$ 均约为 90°，此时 $L_0 \approx d_c$，如图 1（a）所示。并且发现，当换能器不对称布置在裂缝两侧 [见图 1（b）]，或当换能器连线与裂缝不垂直时，在正负波转相的临界点上，回转角均约为 90°。

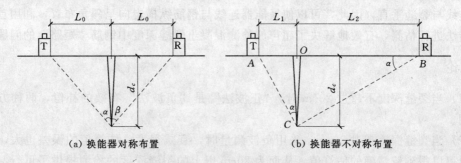

（a）换能器对称布置　　　　　　　　　（b）换能器不对称布置

图 1　首波相位反转法测量裂缝深度

当换能器对称布置时，如图 1（a）所示，裂缝深度即为

$$d_c = L_0$$

当换能器不对称布置在裂缝两侧时，如图 1（b）所示，在首波相位发生反转变化的临界点上，△ABC 为直角三角形。

在 $R_t \triangle AOC$ 中：
$$\tan\alpha = \frac{OA}{OC}$$

在 $R_t \triangle BOC$ 中：
$$\tan\alpha = \frac{OC}{OB}$$

因为
$$\frac{OA}{OC} = \frac{OC}{OB}$$

所以
$$OC = \sqrt{OA \cdot OB}$$

即
$$d_c = \sqrt{L_1 \cdot L_2}$$

因此，只需在临界点上测出 L_1，L_2 即可方便地计算出裂缝深度。检测数据见表 2。

表 2　　　　　　　　首波相位反转法检测结果

测距 L_1 (cm)	测距 L_2 (cm)	裂缝实际深度 (cm)	裂缝计算深度 (cm)	误　差 (%)
5.5	16.1	9.3	9.4	1.1
12.5	15.6	13.8	14.0	1.4
9.8	32.0	17.2	17.7	2.9
18.6	28.5	22.0	23.0	4.5
15.8	45.7	26.0	26.9	3.5

由表 2 中数据可以看出，首波相位反转法测量裂缝深度，能够较快、较方便地估算出裂缝深度，并且误差更小，检测数据更可靠。

采用不对称布置法检测时，还具有以下优点。

（1）在实际检测过程中，当不具备对称检测条件时，可灵活采用不对称法来测量。

（2）当钢筋穿过裂缝而又靠近换能器时，钢筋将使信号"短路"，读取的声时不反映裂缝深度，因此换能器的连线应避开平行钢筋一定距离。在工程中，如现浇混凝土楼板，一般钢筋的间距 S 为 15～20cm，当混凝土裂缝深度大于 5cm 时，按 T_c-T_0 法检测时，声通道就有被钢筋"短路"之虑，因而 T_c-T_0 法便无法检测。而不对称法可以不要求换能器连线与裂缝垂直，因此，可以使换能器连线与钢筋纵横走向呈斜角布置，利用首波相位反转法进行估测，有效地解决了超声波检测混凝土裂缝深度中钢筋"短路"的问题。

4　结论

（1）当裂缝深度不超过 20cm 时，"正波法"是"负波法"有效的补偿，两种方法均可采用。

（2）当裂缝深度超过 20cm，采用负波测量时，衰减很大，估算值的误差也大，用正波测量可以得到较精确的估算值，从而为 20cm 以上的裂缝深度的检测提供了可行、有效的方法。

（3）无论在"正波法"还是"负波法"检测中，混凝土裂缝深度计算公式中的 t_2，原 CECS21：90《超声波检测混凝土缺陷技术规程》采用一次取样，具有一定的偶然性和误差。现利用"时—距"回归方程，在得出换能器间距修正值 a 的同时获得 t_2 值，既省略了 t_2 的检测工作量，又使具有统计意义的 t_2 误差小、合理、方便，进而有效地提高了检测精度。

（4）首波相位反转法测量裂缝深度，能够较快、较方便、较准确地估算出裂缝深度，且采用不对称法布置时，更具灵活性，值得在实际工程检测中推广使用。

参 考 文 献

[1]　超声波检测混凝土缺陷技术规程 CECS 21：1990 [S].
[2]　童寿兴，金元，张晓燕. 超声波首波相位反转法检测混凝土裂缝深度 [J]. 建筑材料学报，1998，1（3）：287－290.

某化肥厂冷却塔塔下水池裂缝鉴定分析

王春娥

（新疆能实建设工程项目管理咨询有限责任公司，新疆，831000）

本文通过对某化肥厂冷却塔塔下水池底板及侧壁的混凝土原材料及配合比设计的检测复核，分析其裂缝产生的具体原因，为相关工程施工提供了宝贵的经验教训，以供类似工程施工时作为警戒，防患工程质量事故于未然。

1 建筑物概况

（1）该冷却塔塔下水池为矩形截面，池壁厚 250mm，池壁水平配筋为 $\phi 14 \times 200$，该水池壁每 30m 设立一道伸缩缝。

（2）该水池混凝土设计强度等级为 C30，水泥采用 P·O32.5，设计图纸要求，混凝土中水泥用量不低于 350kg/m³，水灰比不大于 0.55，混凝土应内掺水泥重量 10%～12% 的 UEA 膨胀剂，中部设 1m 宽掺 UEA 膨胀剂混凝土加强带，带内混凝土内掺 15% 的 UEA 膨胀剂，带两侧用钢丝网隔开，两侧混凝土同时浇筑，抗渗等级为 P6。钢筋混凝土保护层厚度侧板为 30mm，柱为 35mm，底板及 DL 为 40mm。具体配合比设计由某地区检测中心提供（见表 1），混凝土由某混凝土搅拌站按配比单拌制供应。

表 1 混凝土配合比设计书

工程名称	某冷却塔		报告编号		20040709291
工程部位	塔身		委托日期		2004 年 7 月 9 日
委托单位	某混凝土搅拌站		报告日期		2004 年 8 月 5 日
搅拌方式	机械（泵送混凝土）		设计强度及抗渗等级		C30 P6
坍落度	70～120mm	水胶比	0.327	沙率（%）	37
原材料名称	规格		重量配合比	混凝土材料用量（kg/m³）	
水泥	P.O32.5		1	468	
沙	中沙 $M_x=2.6$ 含泥量 1.2%		1.35	634	
石子	5～20mm		1.04	485	
	16～31.5mm		1.27	595	
外加剂	高效减水剂（北京科宁）ADD－NS		0.9%	4.2	
	UEA 膨胀剂（新疆南湖）		10%	52	
水			0.36	170	

（3）该水池底板及侧壁混凝土首次浇筑日期分别为 2004 年 8 月 20 日和 2004 年 8 月 26 日，浇筑 2d 后发现裂缝。

2 鉴定的目的、范围和内容

根据委托方要求，鉴定的目的、范围和内容如下。

（1）鉴定的目的：对所委托的冷却塔塔下水池开裂原因进行分析和判断。

（2）鉴定的范围和内容：对所委托的冷却塔塔下水池池底及池壁部位裂缝进行鉴定，并提出修补措施。

3 现场检查、分析、鉴定的结果

通过现场了解得知，该冷却塔塔下水池混凝土采用的是掺膨胀剂和高效减水剂的泵送混凝土。8月20日施工1号水池底板，6d后即浇筑了侧壁，可见实际养护还不足一周。9月4日经现场查看，1号水池底板和侧壁均出现了裂缝。1号水池底板裂缝呈不规则状，分布不均，最大裂缝宽度1.6mm；池壁为垂直裂缝，上下贯通，里外对称，每5～6m一道，最大缝宽0.7mm，与二次浇注的池壁等高，裂缝下部混凝土基础未发现裂缝。池壁混凝土表面未覆盖，采用人工浇水养护，太阳光可直射池壁，侧壁表面干燥。

经核查资料发现，搅拌站所用的膨胀剂与某地区检测中心设计配合比中的不相符，原设计配合比中用的是乌鲁木齐市五杰化工厂生产的"南湖"牌膨胀剂，而实际施工配合比使用的是乌鲁木齐市某工贸有限公司生产的膨胀剂，且膨胀剂无进场复验报告，搅拌站没有该配合比的验证试验记录。另外，原配合比设计用5～31.5mm卵石，实际用5～40mm卵石。以上资料反映出搅拌站技术管理不到位。

由于该混凝土配合比水泥用量为468kg/m³，膨胀剂掺量为52kg/m³，胶凝材料总量达520kg/m³，坍落度约为180mm，由于水泥用量大导致水化热大且易出现温度裂缝；同时水胶比只有0.327，而UEA膨胀剂水化反应生成钙钒石需要大量养护用水，前期养护用水跟不上极易产生裂缝。

为查找原因，我们在搅拌站试验室对所有配合比进行验证试验，发现混凝土和易性满足要求，但坍落度损失稍微偏大；用P·O.42.5水泥掺膨胀剂与不掺膨胀剂进行对比，掺膨胀剂后和易性明显下降，18d抗压强度只有不掺膨胀剂的81%。

我们对膨胀总碱量和限制膨胀两项进行了检验（检测结果见表2），总碱量和限制膨胀率均不合格，可以判定该膨胀剂不合格。从相邻的污水池没有掺外加剂也没裂缝可知该膨胀剂没有起到补偿收缩混凝土的作用。

表2　　　　　　　　　UEA膨胀剂检测结果（按JC 476—2001标准）

检验项目		计量单位	质量指标（合格品）	检验结果	单项判定
总碱量		%	≤0.75	1.85	未达标
限制膨胀率	水中 7d	%	≥0.025	0.009	未达标
	水中 28d	%	≤0.10	0.04	未达标
	空气中 21d	%	≥－0.020	－0.050	未达标
备注	规定掺量（替换水泥度）10%				

掺膨胀剂的混凝土设计和施工都有特殊的要求，在《混凝土外加剂应用技术规范》（GB 50119—2003）中，对掺膨胀剂的补偿收缩混凝土有以下要求：水平钢筋间距宜小于150mm，而该水池壁设计为φ14@200；膨胀混凝土不宜过早拆模，且应饱水养护不少于14d，这在设计图纸的施工注意事项也已明确要求，在炎热条件下应采取降温措施。拆模后混凝土表面应加覆盖，防止阳光直接曝晒，而这一切施工现场条件均无法达到。

再者由于外加剂市场混乱，膨胀剂合格率低，复检时间长，工期又紧，在施工单位的要求下：尽量采用强度等级为42.5的水泥掺膨胀剂配制混凝土，如没有合格膨胀剂应优先选用收缩率小的普通混凝土，其次采用掺其他品种外加剂的混凝土。

由于使用方坚持要用商品混凝土，用强度等级为42.5水泥的掺高效减水剂经委托试配后，于9月24日泵送施工3号水池，3d后拆模发现仍然有裂缝。10月2日采用不掺外加剂普通混凝土施工 2# 水池，拆模后未发现明显裂缝，3d 后西面池壁中部发现裂缝，东面池壁无裂缝。10 月 6 日观察发现部分裂缝已经扩展到基础外侧底部。

从裂缝发展情况看，9 月 3 日池壁下基础未裂，池壁最大裂缝宽度超过 0.7mm，10 月 17 日池壁下基础多处拉裂，1 号池有 14 条贯穿裂缝，池壁 1.5m 高处最大裂缝宽度 0.5～1.5mm；2 号池有 7 条贯穿裂缝，池壁 1.5m 高处最大裂缝宽度 0.5～1.0mm；3 号池有 2 条贯穿裂缝，池壁 1.5m 高处最大裂缝宽度 0.3～0.35mm。池壁最大裂缝宽度 1.5mm。从开裂顺序看是浇筑带中间先产生裂缝，然后两边的中部产生裂缝。从裂缝开裂形式看，都是垂直贯穿裂缝，且距离相当，因此应以温度收缩裂缝为主。

从设计要求采用补偿收缩混凝土，30m 设 1 道伸缩缝可知设计已经考虑到收缩裂缝，但由于膨胀剂不合格，混凝土收缩无法补偿，导致产生裂缝。由于没有合格的膨胀剂和工期因素，采用泵送混凝土和普通混凝土，混凝土收缩仍然无法补偿，因此裂缝是必然的。但泵送混凝土收缩率大于普通混凝土，所以裂缝就比较多。

4 鉴定结论与建议措施

综上所述，使用不合格的膨胀剂是裂缝产生的主要原因，养护没有跟上加剧了 1 号水池裂缝的扩展。由于工期和产品质量限制，2 号、3 号水池在无法满足设计要求的情况下施工，最终导致裂缝的大量产生。

裂缝的存在将导致水池渗漏和钢筋锈蚀，影响使用功能和结构安全，因此必须进行补强型化学灌浆技术处理。裂缝的修补很大程度上取决于使用要求，根据我国现行《混凝土结构设计规范》（GB 50010—2002）规定，对使用中允许出现裂缝的钢筋混凝土应验算裂缝宽度。计算所得的裂缝宽度对处于室内正常环境的一般构件最大不应超过 0.3mm，对处于年平均相对湿度小于 60% 的地区，其最大裂缝宽度不应超过 0.4mm。对于屋架、托架、重级工作制的吊车梁以及露天或室内高湿度环境，其最大裂缝宽度不应超过 0.2mm。因此，对经验算超出最大限值的裂纹应进行必要修补，对未超出最大限值的裂纹可根据使用环境和使用功能要求酌情处理，对远低于最大限值的裂纹或不影响使用功能的裂缝可不必修补。

由于新疆地区在 10 月底进入霜冻期，该冷却塔塔下水池随着温度下降裂缝仍然在扩展，建议等裂缝扩展稳定后进行防渗漏的内处理，即在水池内壁糊贴玻璃纤维增强树脂（俗称玻璃钢）或采用水溶性聚氨酯压力灌浆，因此它具有其他化学灌浆材料所不具备的二次渗透现象，具有弹性且能遇水膨胀，在补漏后不易被拉裂，遇水膨胀可以有效填充孔隙最大限度地减少渗漏。

参 考 文 献

[1] 王文明. 建设工程质量检测鉴定实例及应用指南. 北京：中国建筑工业出版社，2008.
[2] 王文明. 全国混凝土质量检测高级研修班培训教材. 北京：全国高科技建筑建材产业化委员会培训中心，2010.
[3] 王文明. 混凝土检测标准解析与检测鉴定技术应用指南. 北京：中国建筑工业出版社，2011.

某工程梯板裂缝与主体框架柱垂直偏差原因分析与处理

王文艺

（新疆温商房地产开发有限公司　新疆乌鲁木齐沙区炉院街 333 号，831000）

某工程主体工程完工后，发现部分梯板出现裂缝，部分主体框架柱垂直偏差较大，需对其既有结构工程实体质量进行检测鉴定。通过现场调查了解，结合对出现问题的梯板进行结构实体混凝土强度、钢筋保护层厚度及裂缝的检测分析，对主体框架柱垂直偏差进行分析及设计复核，进而对既有结构的实体质量问题出现的原因作出明确分析判断，并提出相应的补救处理措施，以确保工程质量达到设计要求。

1　工程概况

某工程位于某市新区团结南路延伸段，建筑类别等级属三类二级，抗震设防烈度为 7 度，最高为框架五层，局部 1～3 层。总建筑面积为 35000m²。工程基础及建筑结构安全等级为二级，建筑地基基础设计等级为丙级，结构设计使用年限为 50 年。抗震设防烈度为 7 度。

图 1　梯板出现垂直于梯段的贯穿裂缝，向上逐渐变小

该工程自 2008 年 8 月开工建设，至 2009 年 6 月主体工程均已完工。由于工程质量检查中发现两处梯板出现裂缝（见图 1），部分主体框架柱垂直度超出《混凝土结构工程质量验收及施工规范》要求。为确保工程质量，须对其进行检测鉴定，分析其原因并提出相关补救措施。

2　现场检查、分析、鉴定的结果

2.1　相关工程质保资料核查

（1）经现场调查，该校舍工程施工所用钢材为金特和钢钢铁厂、八一钢铁厂等厂家生产，有产品出厂合格证和部分进场的复验报告，未严格对进场使用的钢筋按规定批次进行见证取样和送检，批次不够。但经补送后所有批次进场使用的钢筋质量符合相应的产品质量要求。

（2）商品混凝土由西部混凝土搅拌站负责供应。混凝土资料有厂家商品混凝土合格证及厂家的原材料送检报告，缺同条件结构实体检测报告。混凝土施工过程虽制备了同条件结构实体检测用抗压强度试块和试验用试块，但未按规定及时送检，因此质保资料不全，后进行了补送。从补送的同条件结构实体检测用抗压强度试块来看，尽管龄期偏长，但实际强度达到设计要求。通过查阅有关质保资料得知，出现裂缝的梯板拆模时的混凝土实际龄期为 7d，混凝土实际强度达到 29.7MPa。

2.2 工程质量现场检查

通过结构实体检查，发现该工程 1 号楼梯 7.16～9.66m 标高处的 1TB4 和 7 号楼梯 10.01～11.97m 标高处的 7TB6 出现多条明显规则裂缝。裂缝宽度在 2～4mm，1 号楼梯 7.16～9.66m 标高处的 1TB4 的最大裂缝出现在梯段第 8～9 踏步之间，而且为垂直于梯段的贯穿裂缝，向上逐渐变小。该工程 7 号楼梯 10.01～11.97m 标高处的 7TB6 的最大裂缝出现在梯段第 4～5 踏步之间，裂缝特征和 1 号楼梯基本一致。为分析裂缝产生的原因，进行了详细的实地勘察和检测。从楼梯外观质量来看，在楼梯接茬处的施工缝存在较严重的夹渣现象。重点检查了拆模时的混凝土龄期和强度，同时也对楼梯结构实体混凝土强度和钢筋保护层厚度进行了检测。

从查阅的质保资料得知，开裂梯板设计强度等级为 C25，实际拆模时的混凝土强度达到 29.7MPa，满足《混凝土结构工程质量验收及施工规范》的要求，不存在拆模过早导致梯板开裂的说法。

依据《回弹法检测混凝土强度技术规程》（JGJ/T 23—2001），采用 HT225 型回弹仪对楼梯结构实体混凝土强度进行检测。该工程 1 号楼梯 7.16～9.66m 标高处的 1TB4 的混凝土强度推定值为 30.7MPa，7 号楼梯 10.01～11.97m 标高处的 7TB6 的混凝土强度推定值为 33.4MPa，均达到设计强度等级 C25 的要求。

同时，采用 FROFOMETER5 型钢筋直径/保护层厚度测定仪对梯板钢筋保护层厚度进行检测。7 号楼梯 10.01～11.97m 标高处的 7TB6 端部的钢筋保护层厚度在 50～69mm，1 号楼梯 7.16～9.66m 标高处的 1TB4 端部的钢筋保护层厚度在 63～80mm。由于该型仪器检测范围为 7～80mm，在梯板中部仪器已感应不到钢筋位置，说明钢筋的保护层厚度至少在 80mm 以上。梯板两端钢筋保护层厚度也在 60～80mm 不等。后经实体破损发现板厚仅 120mm 的钢筋保护层厚度最大值近 100mm（见图 2、图 3）。也就是说应该在板底起受拉作用的钢筋已跑位到板的上表层部位的受压区，因此，由于钢筋受力的反向使梯板的开裂破坏成为了必然。

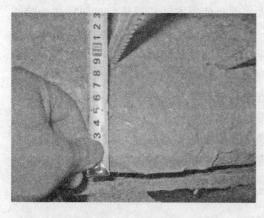

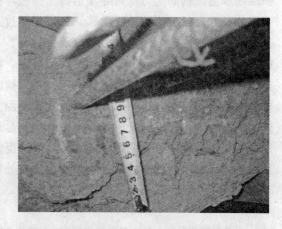

图 2　开裂部位混凝土钢筋保护层近 100mm（1）　　图 3　开裂部位混凝土钢筋保护层近 100mm（2）

2.3　相关主体框架柱垂直度实测及设计复核

通过现场监理，在对工程主体框架柱垂直度进行实际测量时，发现工程主体框架柱垂直度有所偏差。对其结构实体混凝土强度进行回弹检测均达到设计要求。根据以上检查数据，工程主体框架柱混凝土强度没有问题，垂直度偏差虽有局部超出《混凝土结构工程施工质量验收规范》（GB 50204—2002）要求，但经原设计院复核，钢筋根部基本无位移，对结构安全不构成影响。分析其主要原因为框架柱浇筑前模板支撑加固不牢。局部框架柱筋有移位的均在梁底至板面这一区域内调整，没有在板面进行柱筋弯折现象。原设计院复核后建议对柱面突出部分不用铲除，对保护层薄弱部位，用钢板网抹灰加厚。

3　检测鉴定结论意见和思考建议

3.1　检测鉴定结论意见

通过现场检测结果，推断梯板开裂的原因在于整体钢筋保护层过厚，因此导致钢筋受力反向造成梯板开裂破坏，而非某建筑学会分析的该处梯板支撑拆模过早导致梯板裂缝，不能简单地只将中间部位混凝土拆除。尽管梯板根部所受剪力最大，但由于根部开始钢筋保护层厚度就显著偏厚，综观以上情况，建议将该梯板混凝土开裂梯段整体剔除后，用压力水将混凝土尘土冲洗干净，检查并调整钢筋位置后制安模板。为加强梯板两段施工缝结构的抗剪能力，根据施工图配置钢筋规格增加 50% 钢筋量植筋。植筋两端锚固到相应梯梁中，将植入的拉结钢筋与板筋焊接形成受力整体。宜将混凝土强度提高一个等级进行浇筑，浇筑前重新用压力水进行一次全面冲洗和湿润，浇筑后应加强混凝土的养护工作。

通过工程主体框架柱垂直度现场检测数据和原设计院复核，认为造成主体框架柱垂直度偏大的原因是浇筑前模板支撑加固不牢，但出现问题的主体框架柱钢筋根部基本无位移，对结构安全不构成影响。因此，对柱面凸出部分可不用铲除，对保护层薄弱部位，建议用钢板网抹灰加厚处理。

3.2　思考建议

施工过程保护层厚度的控制和实体检测应引起高度重视，特别要避免本案中因钢筋保护层超厚造成钢筋受力反向导致结构实体破坏的情形。模板的制作和加固要牢靠，避免模板移位导致混凝土结构轴线偏移。如果偏移过大，就会使原本轴心受压的框架柱成为偏心受压构件，导致整个结构受力系统发生转变。一旦偏移造成结构体系的失稳就会出现坍塌的危险。对于此类既有工程结构的检测鉴定，应初步判断质量问题可能产生的原因，制订具体的检测鉴定方案。根据检测鉴定方案对检测项目、检测目的、建筑结构状况和现场条件选择适宜的检测方法和规程。严格执行检测方法和规程，一定要根据检测批的容量和具体的检测类别，合理确定样本容量，且应满足最小样本容量的规定。通过这样的检测鉴定程序所获得的检测鉴定结果才能客观真实地反映工程质量的实际状况，有利于准确地分析判断质量事故产生的确切原因，为制定相应处理对策提供相对可靠的保障。

参　考　文　献

[1]　回弹法检测混凝土抗压强度技术规程（JGJ/T 23—2011）.
[2]　混凝土结构工程施工质量验收规范（GB 50204—2002）.

[3]　王文明．建设工程质量检测鉴定实例及应用指南．北京：中国建筑工业出版社，2008.

[4]　王文明．混凝土检测标准解析与检测鉴定技术应用指南．北京：中国建筑工业出版社，2011.

关于某土木结构和砖木结构房屋的质量鉴定

王春娥

（新疆能实建设工程项目管理咨询有限责任公司，831000）

通过对某土木结构和砖木结构房屋的主体、墙体、地基基础及屋面工程质量逐一加以检测，根据现场检测的结果作出鉴定结论。

1　工程概况

某房屋位于某县文化路陕西巷，主要包括：洗澡堂、锅炉房、仓库、饭厅，呈一字型排列（见图1），总建筑面积约300m²。始建于30多年前，建筑结构为土木结构和砖木结构。

图1　某房屋呈一字型排列

2　鉴定的范围、内容和目的

根据《民用建筑可靠性鉴定标准》（GB 50292）和委托方要求，鉴定的目的、范围、内容如下。

（1）鉴定的目的。对焉耆县新房寺洗澡堂、锅炉房、仓库、饭厅等房屋进行质量安全性鉴定。

（2）鉴定的范围、内容。鉴定范围和内容包括：洗澡堂、锅炉房、仓库、饭厅等房屋主体、墙体、地基基础及屋面工程质量，根据现场检测的结果作出鉴定结论。

3 现场检测、鉴定过程及结果

3.1 基础部分检测

通过现场勘察，该房屋主要由土木结构（见图2）和砖木结构（见图3）两大部分组成。考虑到检测的代表性和开挖的可行性，我们在不同结构类型房屋北侧分别随机选取一处基础进行开挖。经观察检测，一种是砌石结构基础（见图4），经测量基础高度为39cm；另一种是砖石结构基础（见图5），上半层为普通烧结砖构成，经测量高度为30cm，下半层为石头构成，经测量高度为19.5cm。

图2 土木结构

图3 砖木结构

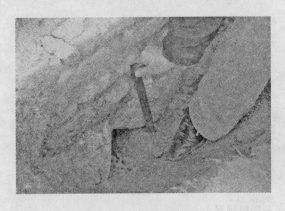

图4 砌石结构基础（1）

图5 砖石结构基础（2）

3.2 主体部分检测

（1）墙体部分，通过现场勘察，房屋墙体砌筑结构有两种，一种是土坯砌筑，另一种是普通红砖砌筑，通过砖回弹仪检测，砖强度达到 MU5.0，通过仪器检测，墙体中未发现钢筋和混凝土存在。北面黏土墙体被严重侵蚀，表层酥软，砖墙部分砂浆强度下降明显，经检测，最低处砂浆强度低于1.0MPa。

（2）主体结构，通过现场勘察，房屋结构分为土木结构和砖木结构，无任何构造柱存在；墙体上有不同程度的裂缝存在，裂缝最大宽度超过5.0mm，裂缝延伸最大跨度超过1m（见图6）。

（3）屋面部分，通过现场勘察，房屋屋面为木质结构，多处已经塌陷、木质风化破损严重（见图7）。

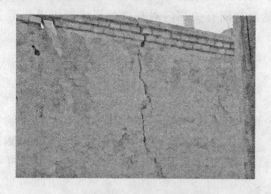

图 6　墙体上出现的严重裂缝　　　　图 7　屋面塌陷、木质风化破损严重

4　检测、鉴定结论及建议处理措施

根据《民用建筑可靠性鉴定标准》（GB 50292—1999），北墙表面风化、剥落，砂浆粉化，有效截面削弱达 1/4 以上时构成危险点；砌体裂缝宽度超过 5.0mm 时构成危险点。因此，该土木结构和砖木结构房屋洗澡堂、锅炉房、仓库、饭厅等房屋经检测鉴定，目前存在的危险点已超过 3 个，处于局部危险状态，不能满足结构承载力正常使用要求，构成局部危房，评定 C 级。建议拆除重建。

现场预制桥梁 T 梁开裂分析、处理及预防

梁　润

（广东湛江市建筑工程质量监督检测站，湛江市赤坎区金城大道
南 1 号年丰豪庭 15 幢 1 单元，524039）

本文对后张法现场预制 T 梁的裂缝进行描述，从混凝土的原材料、配合比、施工和养护，环境条件等方面分析引起 T 梁开裂的原因，提出了处理办法及预防措施。对指导施工具有积极意义。

近年来，公路工程随着国民经济发展不断增多，建设速度也加快。桥梁是公路工程中的重要结构物，桥梁梁体的制作是桥梁施工中的重要一环，由于受运输条件的限制，预制梁不能像铁路桥梁那样在良好的条件下实行工厂化生产，大都需要在施工现场进行预制或现浇。如何利用现场条件保证梁体的质量，满足设计要求，这是施工中需要认真考虑的问题。

机场路为我市 2004 年重点市政工程，由省政府投资兴建。机场路跨线桥全长104.8m，桥梁总宽30.8m，按两座独大桥设计施工，桥梁上部结构由 14 片 40m 及 28 片30mT 梁构成。30mT 梁自 2004 年 5 月 25 日开始施工，至 6 月 17 日共浇筑 7 片

（编号1～7♯）。我站在6月18日检查发现2～6♯共5根预制T梁出现裂缝，为了弄清T梁的破坏程度及裂缝产生的原因，我们先采用DJCK－2裂缝测宽仪等检测这些裂缝的位置、走向、宽度及长度（检测结果见表1），然后会同有关部门对裂缝的形成原因进行了分析，并提出了处理办法和预防措施。

1 设计、材料及施工概况

1.1 设计情况

预制T梁端及梁底部厚40cm，腹板厚18cm，上翼缘厚8cm，翼板宽218cm，共分布7道对称横隔板，每片梁预留预应力孔道4个。梁体马蹄布置ϕ12纵向钢筋10根，梁腹纵向构造配筋由ϕ12钢筋18根组成，箍筋由ϕ12钢筋制成，沿梁长每20cm布置一根（两端受剪区每10cm布置一根）。布置如图1所示。

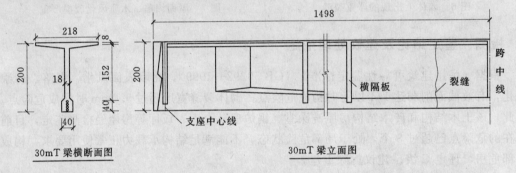

图1 预制T梁构造

1.2 混凝土原材料及配合比

混凝土采用商品混凝土搅拌站生产的C50预拌混凝土，混凝土原材料性能如下。

水泥：采用广西华润红水河水泥有限公司生产的PO425R水泥。

粗、细骨料：采用的细骨料是细度模数为2.6的中河沙，其表观密度为2640kg/m³，堆积密度为1490kg/m³，含泥量为0.5%，泥块含量为0.2%；采用的粗骨料是颗粒级配为5～25mm的花岗碎石，其表观密度为2650kg/m³，堆积密度为1430kg/m³，含泥量为0.4%，泥块含量为0.1%；针片状含量为5.3%，压碎指标为10.7%。

矿物掺和料：采用湛江电厂生产的Ⅱ级粉煤灰。其细度为15.8%，需水量比为97.7%，SO_3为0.72%，烧失量为5.7%。

外加剂：采用厦门粤海志成贸易有限公司生产的明珠牌ZWL－Ⅴ缓凝高效减水剂（水剂），其固体含量为30%，减水率为18.6%，泌水率为42%，含气量为2.1%。

1.3 预制场地基及梁体基座

预制场场地为路线K1+360－K1+580的交叉口路基范围，施工前为山坡空地，施工期间采用14t压路机进行了反复碾压。张拉台及台座采用C25钢筋混凝土。

1.4 施工及养护环境条件

湛江市三面临海，T梁施工和养护期间，温度23～34℃，相对湿度69%～91%，平均风速5～28km/h。

1.5 混凝土的施工和养护

模板采用整体式钢模。混凝土由龙门吊车吊至梁顶下料口，混凝土浇筑方向从梁的一端向另一端分层推进，振捣以插入式振动棒振动为主，附着式振动器为辅。浇筑时间约4h。浇筑10～12h后拆模。梁顶面采用湿麻袋覆盖，顶板、梁腹、马蹄及横隔板均采用洒水养护（白天2h洒水一次，夜晚不洒水，养护14d）。

1.6 混凝土的抗压强度

在浇注1♯T梁时制作的混凝土试件，其7d龄期抗压强度为47.6MPa，据此可预测该混凝土的实际强度等级应高于C50。随后由混凝土抗压强度试验结果可知，该混凝土属大于C60的高强混凝土，施工和养护时宜采取相应措施保证质量。

2 T梁开裂原因分析

一般地，将混凝土结构的裂缝分为荷载作用裂缝和间接作用裂缝。由上述对T梁裂缝描述可知，T梁在施工期间产生的裂缝应属后者，是混凝土内部宏观拉应力的生成与混凝土材料抵抗这个应力的能力（抗拉强度发展）相互作用的结果，与混凝土材料的成熟规律（胶材的水化和养护）、施工环境条件（温度和湿度的变化）、张拉台座对T梁的约束作用和施工组织方式产生的活荷载密切相关[1]。首先从混凝土细观结构来看，一定环境条件下浇筑的低水灰比高强混凝土，初凝后就会因水泥继续水化消耗内部游离水的自干燥作用而引发自收缩，而且当环境的相对湿度小于混凝土内部的相对湿度时，混凝土内孔中的水分就会向外环境迁移，从而内部失水而引发干燥收缩，此时混凝土的收缩为早期自收缩和干燥收缩的总收缩，它们的大小都与混凝土早期的孔结构密切相关。其次，混凝土浇筑完成后，水泥水化热释放大量的热量使混凝土内部由于温差产生温度应力从而引起热收缩。由于混凝土受到约束，温湿的变化引起的混凝土冷热收缩在其开裂前并没有完全以应变的形式表现出来，而是在混凝土内部产生拉应力，拉应力的大小与此时混凝土的弹性模量有关。同时，混凝土是一种弹塑性体，具有徐变性能，在持续拉应力的作用下，混凝土会发生应力松弛，使用混凝土时内部由于收缩而引发裂缝，并逐步向外表面扩展。随着龄期的发展，混凝土的收缩和弹性模量增大，从而在混凝土内引发的拉应力增大，对混凝土的开裂有促进作用；同时混凝土的抗拉强度及应力松弛能力也随着龄期的发展而增加，对混凝土的开裂具有抑制作用[2]。

根据上述混凝土开裂原理，结合T梁的设计、材料及施工等情况和裂缝及混凝土的检测结果可知：各种材料的检验结果均符合其品质指标的要求，裂缝也没有无规则网状特征，因而可排除因水泥安定或碱骨料反应引致的裂缝；张拉台座的地基经反复压实且为C25钢筋混凝土，场地的排水又畅顺，因而也可排除因台座的不均匀沉降所造成的裂缝；施工期间也无可造成开裂的活荷载，因此，T梁裂缝是混凝土收缩裂缝，引起收缩裂缝的原因主要是干燥收缩和温度收缩过大。具体原因分析如下。

2.1 干燥收缩

由混凝土的抗压试验结果知，1～7♯T梁所用混凝土强度高，且施工时实测混凝土的坍落度也较大，因此应按高性能混凝土来对待。大量试验研究表明，高性能混凝土的收缩与普通混凝土类似的地方，但其早期塑性收缩、自干燥收缩和干燥收缩都与普通混凝土有别。姚燕等研究表明[2]，高强混凝土的微观结构特征是微观结构致密、大孔少、细孔多、孔隙率小。与普通混凝土相比存在：早期的总收缩明显增大；弹性模量明显升高；徐变变形能力明显减小，应力松弛能力降低；抗拉强度略有增加，但增加的幅度远小于抗压强度的增长。综上所述 T 梁的开裂是混凝土各种性能综合作用的结果。材料及配合比、施工养护环境等方面对 T 梁开裂的影响分析如下。

2.1.1 混凝土材料及配合比

混凝土是由水泥水化产物形成的粘接基质，将沙、石等骨料粘接在一起的非均质混合材料。由于粘接基质与骨料的结构和性能不同，其收缩性能也不同，骨料的收缩要比粘接基质小得多。因此，混凝土的材料选择及配合比设计时要综合考虑各方面因素，在满足混凝土强度等技术要求的前提下，配合比设计应增加骨料含量，降低水泥（胶材）浆量。对于强度等级较高的混凝土，一般水灰比越小，收缩越大，抗裂能力也越差，故宜选用较大水灰比，当水灰比相同时，应尽可能减少用水量，从而降低水泥（胶材）浆量，减少收缩，提高抗裂能力。同时还要注意选择细度合适的水泥，选择有利于抗裂的矿物掺和料、外加剂及采用适宜掺量。从 T 梁的混凝土材料及配合可知：是如下内因使混凝土干缩增大，加大了混凝土 T 梁开裂的趋势。

（1）水灰比过小。有关混凝土早期自收缩与水灰比的研究表明，早期自收缩随着水灰比减小而增大，且水灰比越小越明显。虽然 T 梁的混凝土设计强度等级为 C50，但混凝土抗压强度达 72.6MPa，故水灰比 0.33 偏小。因水灰比小，强度高，弹性模量大，松弛能力降低，从而加大了混凝土 T 梁的开裂趋势。

（2）混凝土用水量过大。每立方米混凝土的水泥（胶材）用量达 562kg，偏多。由于用水量大，水灰比小，水泥（胶材）用量就多，水泥（胶材）浆所占体积百分比大，收缩则大，从而加大了混凝土 T 梁开裂的趋势。

（3）混凝土减水剂和砂率选择不合理。一方面，由于所选减水剂的减水率小或其与水泥的相容性差，另一方面，对用 5～25mm 花岗岩碎石和中砂配制的混凝土，取砂率32.8％则偏小。以上两方面不合理均会造成混凝土需水量增大，从而使水泥用量增加，水泥（胶材）浆所占体积百分比大，收缩增加，最终加大了混凝土 T 梁开裂的趋势。

（4）粉煤灰掺量减少不合理。大量试验研究表明，当掺量不超过 30％时，随粉煤灰掺量增加而混凝土的收缩减少，尤其对高强混凝土收缩有明显的降低作用。这是因为对水泥（胶材）较多的高强混凝土，加入粉煤灰，降低水泥用量，粉煤灰早期又较少参与水化反应，生成的水泥石硬化体结构相对疏松，小孔含量降低，早期自收缩明显减少；同时粉煤灰混凝土早期强度较低、弹性模量也小，从而在收缩受约束时引发的弹性拉应力较低且发展较慢，使混凝土有足够的时间发挥徐变性能，松弛弹性应力。

以上几种因素的综合作用能使粉煤灰高强混凝土收缩大大降低。故从混凝土中粉煤灰掺量来看，由先浇的 1♯ T 梁掺 18.7％（采用 4402 配比）降为后浇的 2～7♯ T 梁掺 15％的改变，也是加大混凝土 T 梁开裂的趋势原因之一。

2.1.2 混凝土施工及养护环境条件

混凝土内部失水引发混凝土结构干缩变形甚至开裂，混凝土的失水速率取决于构件表面积/体积之比和周边的环境等因素，主要包括温度、湿度和风速。外界温湿度、风速的变化影响混凝土内部湿度场的分布。

Sellevold 完成的试验表明[1]，高强混凝土的内部相对湿度，在最初 12h 没有显著变化，但其后 240h 内迅速下降，由于混凝土内部游离的自由水很快消耗掉（12h 内），随着水泥的持续水化必然导致内部相对湿度降低并发生自干缩，使已形成的骨架发生收缩变形。有时尽管养护环境保持相对湿度 100％，干燥收缩不易产生，但其自收缩量也足以约束混凝土开裂。

由于存在干燥自收缩，高强混凝土的干燥收缩大小往往不易确定。高小建等试验表明[3]，当水灰比小于 0.4，混凝土自收缩随着水灰比减小而增大，其占干燥条件下总收缩的比例也明显增大，3d 混凝土自收缩量占总收缩的比例可达 43％～58％。

要产生持续的干燥收缩，外界的相对湿度必须小于混凝土内部。高强混凝土因水泥水化耗水，其内部相对湿度很快就降低到 90％以下，当掺硅粉含量高时，可达到 80％以下，则其暴露于外界相对湿度 80％以上的环境中时将不会发生干燥收缩[1]。

2004 年 5 月 25 日至 6 月 17 日，共制作 30mT 梁 7 片（编号 1～7♯），在发现裂缝之前，其养护条件基本相同，为什么在 6 月 17 日检查时发现：1♯梁未开裂，而 2－6♯梁开裂且裂缝数量、长度各异，7♯梁也未见裂缝，其中 6♯梁的裂缝未至翼板底。加强养护后，6♯梁的裂缝不再进一步扩展，7♯梁则保持不裂。现结合施工及养护期间的温湿度、风速分析如下：

由 T 梁养护期间环境的温度、湿度与风速知：至 6 月 18 日前，在整个养护期内环境最高温度平均值为 32℃左右，最低温度平均值为 25℃左右，变化不大，但相对湿度和平均风速有较大变化，这两方面是造成 T 梁是否开裂和裂缝数量多少及长短的外因。如 1♯梁养护环境的相对湿度平均值为 80.2％，平均风速 13.8km/h，其相对湿度最大、风速较小，因此 1♯梁不开裂；2♯、3♯梁养护环境的相对湿度平均值为 78.2％～79％，平均风速 15.5～15.8km/h，其相对湿度和平均风速居中，于是二梁都开裂，但数量仅一条；4♯、5♯梁养护环境的相对湿度平均值为 77.5％左右，平均风速 16.8～17km/h，其相对湿度较大且平均风速最大，故它们不仅开裂，且裂缝数量多达三条；6♯梁养护环境的相对湿度平均值为 78.2％，平均风速 12.8km/h，其相对湿度较大、风速也较小，虽然梁开裂，但因龄期较短，故裂缝不长；7♯梁养护环境的相对湿度平均值为 71％，平均风速 8.8km/h，虽其相对湿度最小，但因龄期较短且风速也最小，故未见开裂。自发现裂缝，对 T 梁侧面包裹麻袋浇水加强养护，尽管后期环境的相对湿度较小，6♯梁裂缝也不扩展，7♯梁也未发生开裂。这是加强养护的结果，可见加强养护也能有效避免混凝土的开裂。

2.2 温度收缩

混凝土结构浇筑完成后，水泥持续水化，释放大量的水化热使混凝土内部温度上升，通过与外界的热交换，其温度逐渐与周围环境的温度趋于平衡。这期间，热量引起温度膨胀（或者温度收缩）变形，如果结构受到约束限制则会产生拉应力，当拉应力超过此时的混凝土抗拉强度，结构构件则会出现温度裂缝。由于置于现场环境中的混凝土结构构件，不仅受水泥水化热影响，还受环境温度变化的影响，而且还因混凝土材料的热工特性参数，随混凝土的不同而变化，导致相同的环境条件所得温度的发展结果不同。由于混凝土结构内产生的大量水化热散发不出去，表面和内部升温、降温速度不同，从而会产生表面裂缝甚至贯穿裂缝。混凝土的水化热绝热温升与水泥用量和水化热成正比，与混凝土比热和密度成反比。水泥的放热量与放热速率还与水泥的品种、细度及介质温度有关。混凝土的中心温度不仅取决于水化热，还与混凝土材料温度、施工环境温湿度及结构的散热条件密切相关。材料、环境温度高及散热条件差将导致混凝土中心温度高；环境温度变化大，使混凝土的内外温差大，一般大体积混凝土内外温差不宜大于 25℃，降温速度不应大于1.5℃/d，否则，如果不采取降温或保温措施，混凝土将可能出现温度收缩裂缝[4]。

根据上述原理，结合 T 梁的水泥用量、水泥细度、环境温度及变化和散热条件可知：由于水泥用量大（464kg/m³），细度较细（1.1%），夏季施工环境温度高（30℃以上），温度变化也较大（温差 10℃左右），导致混凝土内外温差大，再加上 T 梁表面与体积之比大、风速大使混凝土降温速度快，同时促使混凝土产生收缩变形和温度应力，从而导致 T梁开裂。

2.3　边界约束

混凝土构件发生干燥收缩和温度收缩，只有其在受约束的情况下，才会诱发拉伸应力，当超过其抗拉强度时产生裂缝。T 梁在混凝土温度应力与收缩应力的共同作用下，梁体混凝土发生变形，但由于梁体混凝土与底模混凝土摩擦系数较大（$\mu \geq 0.4$），梁的变形受到摩擦力的约束无法自由变形，中间固定，两侧拉伸，导致在梁跨中最薄弱处的混凝土产生有规则的裂缝。

3　T 梁裂缝的预防及处理

3.1　T 梁裂缝的预防

从对 T 梁开裂原因分析可知，为防止预制 T 梁开裂，应从混凝土的原材料、配合比、混凝土施工及养护等方面采取如下预防措施。

（1）试验确定最佳配合比。粉煤灰掺量宜 20％左右，选用缓凝型高效混凝土减水剂，取沙率 28％～34％，水胶比在 0.33～0.35，控制水泥用量在 400kg/m³ 左右，用水量在165kg/m³ 以下，通过混凝土对拌和物和易性及强度试验，确定合适的配合比。

（2）混凝土施工控制。夏天露天施工的混凝土，一是商品混凝土搅拌站要注意散装水泥的库存温度是否过高、防止沙石等材料暴晒，想办法降低混凝土的出机温度；二是施工队伍要根据湛江市气候条件，混凝土浇注最好安排在夜间施工，以降低混凝土体内温度。同时，混凝土应分层浇注，分层厚度以 30～40cm 为宜，以利于振捣密实，排出内部气泡，但要避免过振而使混凝土离析。

（3）加强混凝土的养护。混凝土终凝后，表面要及时用麻袋覆盖浇水养护并保持湿润，当拆模后，T 梁的外表面均要及时包裹麻袋等浇水养护至 14d。

（4）适当增加构造配筋。在梁的温度、收缩应力较大区域增配温度及收缩裂缝的构造配筋。

（5）减少 T 梁的约束。在混凝土底模加铺 3～5mm 厚薄钢板以减少梁体收缩时的摩擦阻力。

（6）及时进行张拉。混凝土强度达到设计要求时宜及时对梁体施加预应力，使混凝土产生一定的压缩变形，防止裂缝的产生。

采取上述措施后，后期浇注余下的 30m 和 40mT 梁，均未发现开裂，其混凝土抗压强度平均值为 60.9MPa。

3.2　T 梁裂缝的处理

对于已开裂的混凝土 T 梁，采用裂缝灌浆和粘贴碳纤维布双重补强加固处理。方法如下：

（1）在 T 梁后张预应力钢筋张拉之前，对混凝土 T 梁已有裂缝采用化学灌浆修补，裂缝灌浆充填密实，以达到防掺堵漏，补强加固，恢复其整体性。

（2）待 T 梁后张预应力钢筋张拉、孔道灌浆完毕后，梁侧面裂缝处贴单向编织碳纤维布，充分利用其高强度、高模量的特点以增强构件的承载力和延性，改善其受力性能，抑制裂缝进一步发展。

对于开裂的 T 梁，采用上述方法处理后，该桥梁竣工交付使用至今已两年多，检查未发现异常。

4　结语

T 梁裂缝是混凝土收缩裂缝，引起收缩裂缝的原因主要是干燥收缩和温度收缩过大。内因是混凝土配合比不合理，外因是环境温湿度等条件不利，又没采取合适的养护措施。

提出对 T 梁裂缝的处理办法和预防措施，实践证明是合适的、可行的和合理的，对指导施工具有积极意义。

参 考 文 献

[1]　袁勇．混凝土结构早期裂缝控制．北京：科学出版社，2004.

[2]　姚燕，马丽媛，王玲，高春勇．钢筋混凝土结构裂缝控制指南 [C]．北京：化学工业出版社，2004.

[3]　高小建，巴恒静，祁景玉．钢筋混凝土结构裂缝控制指南 [C]．北京：化学工业出版社，2004.

[4]　王铁梦．工程结构裂缝控制．北京：中国建筑工业出版社，1997.

某桥梁工程桥板裂缝原因分析鉴定及处理

王文艺

（新疆温商房地产开发有限公司，新疆乌鲁木齐沙区炉院街 333 号，831000）

某桥梁工程主体完工后，发现部分桥板出现裂缝，需对其裂缝情况进行检测鉴定。通过现场调查了解，结合对出现问题的桥板进行结构实体混凝土强度、钢筋数量、直径、保护层厚度及裂缝的具体检测，对桥板裂缝出现的原因作出明确分析判断，并提出相应的补救处理措施，以确保桥梁工程使用过程的安全可靠性。

1　工程概况

某开发区建设局建设的某桥梁工程，由某景观设计研究院设计，某建设集团负责施工

（见图1）。该桥上部结构采用装配式预制钢筋混凝土空心板，其尺寸规格为：12960mm×1240 mm×550mm，设计钢材为16锰钢，混凝土强度等级为C30，抗渗等级为W6，抗冻等级为F200。该桥共五跨，每跨由30块桥板组成。桥梁设计汽车荷载等级为：汽一20、挂一100。

图1　某开发区建设局建设的某桥梁工程

2　鉴定的范围与目的

根据《公路桥涵施工技术规范》（JTJ 041—2000），鉴定的目的、范围和内容如下。

（1）鉴定的目的：通过对某桥梁工程桥板裂缝现状的检测鉴定分析对其质量是否满足设计作出评价。

（2）鉴定的范围和内容：某桥梁工程桥板裂缝现状。

3　现场调查、分析及检测鉴定结果

2009年7月3日对某开发区建设局建设的某桥梁工程桥板裂缝进行了鉴定，并于2009年7月7日出具了鉴定报告。原鉴定报告对该预制钢筋混凝土空心桥板设计强度等级及实际强度进行了具体描述和检测鉴定。鉴定至今有两个多月，桥面100mm厚的钢筋混凝土铺装层已铺设完毕。

受某建设集团的委托，于2009年9月22日再次对其委托的某开发区建设局建设的某桥梁工程桥板裂缝进行观测。在总计150块桥板中，有24块存在大于0.10mm的明显可见裂缝，约占总桥板数的16％。经观测，部分裂缝已延伸至侧面。为了描述的方便，我们把该桥由北向南依次划分为1、2、3、4、5跨，自西向东依次编为第1、2、3…30块。现场观测存在明显可见裂缝的板有：第1跨的第1、9、27块板；第2跨的第1、28、29、30块板；第3跨的第3、4、5、6、7、10块板；第4跨的第3、4、22、27、28、29、30块板；第5跨的第1、25、29、30块板。对以上24块板的裂缝采用全自动裂缝测宽仪进行检测后，再采用裂缝校验刻度板进行比对验证（见图2、图3）。

图2 采用全自动裂缝测宽仪测试后再用 　　　　图3 采用裂缝校验刻度板进行比对验证
　　　校验刻度板进行比对验证

发现有 7 块板的裂缝宽度超过 0.20mm。具体为：第 1 跨的第 1 块板；第 3 跨的第 3、4、5、6 块板；第 4 跨的第 27、30 块板。其中，第 4 跨的第 27 块板裂缝宽度最大值达 0.35mm。因此，说明由于桥面钢筋混凝土铺装层的铺设导致荷载的增加裂缝确实存在扩展的情形。但是在所有桥板总计 150 块板中，大部分裂缝宽度仍在《混凝土结构设计规范》（GB 50010—2002）允许的范围内，其余基本无明显裂缝。原来断定的部分假性裂缝（见图 4），至今没有任何变化，也验证确实为施工时底模印记及所用腻子粉干缩而至水泥浆下流凝结而致的正确性。

采用钢筋直径/保护层厚度检测仪对桥板的底部受力主筋进行扫描确认为 17 根公称直径为 25 mm 的钢筋，钢筋数量和钢筋直径与设计图纸标示的相符。钢筋保护层厚度基本在 25～33mm，满足《混凝土结构工程施工质量验收规范》（GB 50204—2002）的要求。对开裂与未裂的板进行回弹测试发现，未裂的板强度高于开裂的板，开裂的板混凝土强度略低于未裂的板，但仍满足设计强度等级 C30 的要求。

结合对该开发区其他已竣工桥梁工程桥板的调查和实地观测，均存在同样的裂缝情况，而且均为同一设计单位设计。因此，说明该类桥板出现裂缝已是普遍现象。

图4 左侧裂缝为假性裂缝 　　　　　　　图5 桥板预制现场观察可知底模为砖模

再者，从桥板预制现场观察可知，底模为砖模（见图 5），预制现场采用了两种施工方法：一是在砖模上面刮涂腻子粉后再涂刷隔离剂然后预制桥板；二是在砖模上面直接铺塑料薄膜后预制桥板。因此，由于不同的施工方法使得该板底部的外观质量及强度都有不同程度的差异。砖模上铺塑料薄膜的板底比砖模上面刮涂腻子粉后再涂刷隔离剂的板底颜色要深，外观质量要好。前者呈青色，后者为灰白色。前者的养护条件要明显好于后者。后者主要由于砖模本身的吸水导致混凝土的失水因而强度要低于前者。从现场对不同板底的回弹数据就可以得到验证。另外，在施工过程对部分板底挠度预留偏小导致吊装后板底有轻微下陷，也加剧了裂缝的开展。

另外，通过调查了解得知，该桥板采用的 JT/GQB 002—1993 图集目前主要用于交通量少的农村三、四级公路。因此，建议结合该桥在开发区日后实际使用状况对该桥设计进行综合考虑，以进一步确定该桥实际使用的安全可靠性。

4　检测鉴定结论及建议处理措施

桥板开裂主要是由于受设计实际采用的图籍的限制和现场施工方法、养护条件的影响以及在施工过程对部分板底挠度预留偏小导致吊装后板底受自重轻微下陷等多种因素的影响。综观以上情况，根据《公路桥涵施工技术规范》（JTJ 041—2000）及《混凝土结构设计规范》（GB 50010—2002）检测鉴定，大部分桥板基本满足设计要求。建议对裂缝宽度超出 0.20mm 的桥板立即进行相应处理。

同时，随着该开发区经济的发展、交通量的增加及大吨位车辆通行的需要，建议该开发区有关部门对开发区现有桥梁工程中所有超出有关裂缝规定的桥板，委托有关设计单位进行相应的复核处理。

参 考 文 献

[1]　回弹法检测混凝土抗压强度技术规程（JGJ/T 23—2001）．
[2]　公路桥涵施工技术规范（JTJ 041—2000）．
[3]　混凝土结构工程施工质量验收规范（GB 50204—2002）．
[4]　王文明．建设工程质量检测鉴定实例及应用指南．北京：中国建筑工业出版社，2008．
[5]　王文明．混凝土检测标准解析与检测鉴定技术应用指南．北京：中国建筑工业出版社，2011．

关于某办公楼裂缝的鉴定与处理

王文艺[1]　王春娥[2]

（1. 新疆温商房地产开发有限公司，新疆乌鲁木齐，831000；
2. 新疆能实建设工程项目管理咨询有限责任公司，831000）

1　工程概况

某办公楼 1992 年 6 月设计为框架四层，建筑总面积 1885.8m^2，1993 年竣工使用。

框架梁、柱及梁混凝土强度等级为 C30，板为 C20。混凝土保护层梁、柱为 25mm，板为 15mm。

2 现场调查、分析及检测鉴定

经核实该工程竣工验收文件、质保资料基本齐全，建设程序基本符合要求，但 1 轴（三楼悬挑部分拐角处下部）增加的柱未见质保资料，建设单位解释大约是在 2000 年前施工的，因当时四楼女儿墙下出现水平裂缝，为防止悬挑部分继续下沉，未经设计自行增加的。

通过对该电视台办公楼实地勘察，外墙除北侧女儿墙下出现水平裂缝外没有其他裂缝；室内局部有砌体裂缝、地面裂缝、梁板裂缝；屋面局部坡度不够，有积水现象；后墙有少量马赛克空鼓，有脱落危险。

外墙西北角及北侧女儿墙下水平裂缝与梁平齐，位于女儿墙下 1.2m 处，宽度 15mm。因为下部柱子支撑，裂缝已经稳定。

室内砌体裂缝出现在四楼南侧楼梯间和窗户下沿拐角处，出现大致呈 45°角斜裂缝（图 1），长约 2m，在其他地方没有类似裂缝。分析认为是后砌墙洞口处理不佳造成洞口薄弱部位开裂，后砌墙面积不大，可以拆除重砌，不影响结构安全。

地面裂缝出现在四楼西侧磁带库（原设计为磁带资料库）。四楼西侧磁带库（原设计为磁带资料库）地面裂缝成直线状（见图 2），位于房屋中间梁上部，与下部梁平行，裂缝最大宽度约 2.5mm，东侧磁带库地面没有发现裂缝。

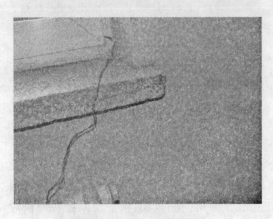

图 1　窗户下沿拐角处裂缝

图 2　地面裂缝成直线状

四楼磁带资料库有 8 排可移动式档案柜（见图 3），每排档案柜有 8 个柜子，每个柜子可放 150 盘磁带，磁带重 0.72kg，总计可放 9600 盘磁带，重 6912kg；档案柜按每个 40kg 计算总重 2560kg；部分柜子未放满或放的是光盘，房间还堆有办公用品等杂物，估计总重量在 8t 左右，若装满磁带约 10t 重。西侧磁带库轨道与梁平行，轨道在梁的两侧；东侧磁带库轨道与梁垂直，且大部分柜子在梁的一侧。由于档案柜可以在轨道上来回移动，位置不固定，楼板承受的是动荷载，楼板承重向下弯曲变形，引起板端部相对上翘受拉，同时柜子底部的滑轮分布在梁的两侧地板上，使地面受压变形，造成梁上水磨石地面受拉开裂。经观察，开裂处下部承重梁板没有裂缝，说明荷载还没有超出梁的承载能力，目前没有安全隐患，但要加强观察，由设计单位复核承载力的安全系数。

图 3 可移动式档案柜（8 个柜子）

梁、板裂缝出现在办公楼北侧地下室顶板、一楼顶板、二楼顶板的同一部位（2～3 轴间靠 3 轴 1m 处，与梁垂直），这些裂缝均为自上而下扩展延伸，上面裂缝大，下面裂缝小；一楼、二楼对应处地面未见裂缝。地下室顶板裂缝从 B 轴到 D 轴裂缝总长度 7.8m（地下室顶中间 7 根次梁有 6 根开裂，但框架梁和 B 轴次梁没有开裂），已经贯穿现浇板，到梁的中下部，但未到梁下部主要受力钢筋处，最大裂缝宽度 1mm。从建设单位 2006 年 9 月 30 日对地下室裂缝所作的标记来看，至今 3 年，贴纸基本完好，板裂缝没有明显的扩展（见图 4），个别梁原来所作的标记往下细微延伸 20～30mm（见图 5）。一楼顶板、二楼顶板在同一部位同样开裂，只是裂缝较小。

图 4 贴纸基本完好，裂缝没有明显的扩展

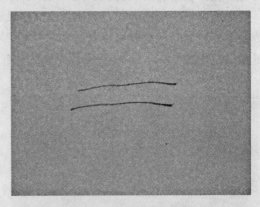

图 5 裂缝延伸 20～30mm

现场抽取部分梁、板结构进行外观尺寸检查复核，经目测，地下室混凝土外观质量较差，有明显蜂窝及跑模现象。结构尺寸经实测基本与设计相符，个别处因跑模存在少许偏移。一楼会议室底板和地面的总厚度实测为 165mm。采用钢筋直径/保护层厚度检测仪对梁、板的底部受力主筋进行扫描，确认钢筋保护层厚度控制较差，现场实测梁的钢筋保护层厚度基本在 34～37mm，板的钢筋保护层厚度基本在 6～15mm，不满足《混凝土强度工程施工质量验收规范》（GB 50204—2002）的要求。对地下室梁、板混凝土强度及碳化深度进行测试，板的混凝土强度 20.0～27.5MPa，梁的混凝土强度为 21.8～27.6MPa，梁、板强度差异不明显，板符合设计强度等级 C20 的要求，梁不满足 C30 的要求。碳化深度均大于 6.0mm，说明混凝土不够密实。楼顶的卫星信号接收器底座较大，主要集中在北侧屋面，荷载较大。

经实地勘察和现场检测综合分析认为，办公楼北侧出现的梁板裂缝为结构性破坏裂缝，主要是由于北侧的电视转播设备（见图6）等各种荷载较大，独立柱基础沉降大于南侧，且房屋的开间达10.8m，上部配筋较少，梁强度偏低，造成梁板上部结构受拉破坏。

图6　电视转播设备

3　检测鉴定结论及建议处理措施

综观以上情况，根据《民用建筑可靠性鉴定标准》（GB 50292—1999）及委托方要求检测鉴定，该电视台办公楼局部梁板裂缝已严重影响结构的整体性，结构整体性安全性鉴定为 C_u 级，即结构质量不符合设计要求，显著影响承载功能和使用功能，须经设计验算、加固补强后方可保证结构安全性。

第十二部分　无损检测新技术的研究与应用

直拔法检测混凝土抗压强度技术试验研究

王文明

（新疆巴州建设工程质量检测中心，新疆库尔勒，841000）

1　直拔法技术研究背景、内容及成果简介

1.1　直拔法技术研究背景

直拔法检测混凝土抗压强度技术（以下简称"直拔法"），是采用直拔试件抗拉强度与边长为 150mm 的立方体标准试件抗压强度建立相关关系，推定结构或构件混凝土的抗压强度。"直拔法"被列入中国建筑科学研究院 2010 年度应用技术研究项目，邀请全国建筑、铁路、公路、港工等 13 家重点试验研究单位协作攻关，其中 3 家单位为仪器设备制造单位。课题完成后以课题组转为规程编制组随即申报编制检测规程。我单位为全国"直拔法"课题 13 家研究单位之一，为全国"直拔法"课题研究提供实验数据，并负责新疆地区的直拔法具体课题研究。

1.2　直拔法技术研究内容

直拔法技术研究内容包括：混凝土不同龄期尤其是早龄期、长龄期试件的试验研究；胶粘和机械连接器高强度区段比对试验；直拔试件直径及测试面等重要影响因素的比对试验；卵石和碎石等不同骨料配制的混凝土试件的比对试验；不同钻制深度直拔力影响因素的研究；不同数量直拔试件修补后对强度影响的试验研究；不同取值方法和测强曲线函数形式的最佳组合分析研究以及工程现场的验证试验。全国 10 个地区（行业）直拔法检测混凝土抗压强度技术测强曲线值，见表 1。

表 1　全国 10 个地区（行业）直拔法检测混凝土抗压强度技术测强曲线

地区（行业）	回归方程系数		相关系数	相对标准差	平均相对误差	龄期
	a	b	r	（%）	（%）	(d)
新疆	21.0940	0.9402	0.9821	11.7	9.7	180
山西	17.5160	1.0882	0.9287	11.9	10.1	177
廊坊	22.1620	0.8720	0.9208	9.4	8.0	180
北京	20.1190	0.9584	0.9208	10.0	7.8	180
辽宁	24.9280	0.9084	0.9603	10.5	8.1	180
山东公路	14.7900	1.0153	0.9673	9.5	7.5	180

地区（行业）	回归方程系数		相关系数	相对标准差	平均相对误差	龄期
	a	b	r	（%）	（%）	（d）
天津港湾	20.1010	0.8305	0.9798	6.4	5.1	180
深圳	28.0360	0.7864	0.9388	11.6	9.5	180
广西	15.1250	1.2098	0.9500	11.7	10.1	163
杭州中铁	20.5950	0.9607	0.9714	11.4	9.5	180

1.3 直拔法技术研究成果

由于"直拔法"不需对直拔试件进行任何加工处理，可大大减少或避免测试误差，使"直拔法"测强技术具有相关性好、代表性强等突出特点。"直拔法"与其他检测方法的区别，如表2所示。截至目前，"直拔法"测试所用的关键部件——"直拔法"自锁式机械直拔头也已经研制完成，现已申报"实用新型专利"。目前，"检测混凝土抗压强度的直拔装置及直拔方法"已获国家发明专利证书。全国"直拔法"课题已于2011年8月24日在北京顺利通过验收，被验收专家委员会评定为国际领先水平。现以新疆直拔法课题组试验研究为例，对直拔法检测混凝土抗压强度检测技术作一详尽介绍。

表 2　　　　　直拔法检测混凝土抗压强度和其他检测方法的主要区别

检测方法	特　　点	原　　理
直拔法	对被测混凝土结构构件无太大损伤，而且是测试的混凝土内部的强度，测试时影响因素少，直拔应力单纯	依据混凝土立方体（边长为150mm）试件抗压强度与直拔试件强度建立的相应关系，推定混凝土的抗压强度
后装拔出法	需在被测面形成一定的损伤，测试过程影响因素多，混凝土内应力复杂	利用混凝土内的后装锚具被拔出时的应力和事先建立的相关关系来推定混凝土的抗压强度
剪压法	对被测混凝土结构构件有一定损伤，而且是测试的混凝土表面的强度，测试时影响因素多，剪压力复杂	依据剪压仪对混凝土构件直角边施加垂直于承压面的压力，使构件直角边产生局部剪压破坏，并根据剪压力来推定混凝土强度的检测方法
钻芯法	对被测混凝土结构构件有较大损伤，加工测试影响因素多	在结构或构件上钻取混凝土试件，加工成标准芯样在压力试验机上通过抗压试验获得混凝土强度
回弹法	对被测混凝土结构构件没有损伤	依据混凝土表面的硬度和强度的关系推定混凝土抗压强度
超声—回弹综合法	对被测混凝土结构构件没有损伤	依据混凝土表面的硬度和混凝土内超声波波速综合推定混凝土抗压强度
后锚固法	对被测混凝土结构构件有一定损伤，测试时影响因素多，后锚固应力复杂	依据混凝土表层30mm的范围内后锚固法破坏体的拔出力推定构件混凝土抗压强度

注　综上所述，抗折法检测混凝土抗压强度的检测装置及检测方法，与目前的其他混凝土抗压强度检测方法有实质性的不同。

2　试验研究课题组成立及发展壮大

根据2010年7月全国"直拔法检测混凝土抗压强度技术"课题组成立暨第一次工作会议纪要的有关要求，2010年8月5日成立了以新疆巴州建设工程质量检测中心为负责单位、西部建设为协作参加单位的新疆试验研究课题组，对课题组进行了具体分工和经费预算。

负责单位课题参加人负责钻芯、拉拔等具体实验操作和实验记录，包括样品标志的标注。参加协作单位课题参加人负责试件制作、拆模、养护、保管（检测人员协助），包括样品标志的标注。

结合 2010 年 12 月"直拔法检测混凝土抗压强度技术"课题组第二次工作会议纪要的有关内容，为更好地完成课题任务，新疆课题组在原有的基础上，增加了马兰部队、新疆兵团建科院、新疆库尔勒天山神州混凝土有限责任公司、新疆交通厅等单位。并先后到新疆兵团建科院、马兰部队等进行现场技术指导和经验交流。

3 直拔法技术研究依据及计划进度

（1）依据中国建筑科学研究院应用技术研究项目"直拔法检测混凝土抗压强度技术"有关会议纪要要求，在 2010 年 8 月 15 日前成立新疆试验研究课题组。

（2）2010 年 10 月 15 日前完成试验数据分析处理工作并进行分析汇总、提出研究报告和"直拔法"操作要点编写大纲。

（3）2010 年 11 月前完成新疆"直拔法"操作要点，报中国建筑科学研究院应用技术研究项目"直拔法检测混凝土抗压强度技术"课题组；2011 年 10 月前完成新疆"直拔法检测混凝土抗压强度技术"研究报告。

（4）待中国建筑科学研究院应用技术研究项目"直拔法检测混凝土抗压强度技术"课题鉴定完成后，申报新疆"直拔法检测混凝土抗压强度技术"课题成果鉴定，课题成果鉴定通过后申报新疆地方标准"直拔法检测混凝土抗压强度技术规程"立项，成立相关规程编制组。

（5）2012 年 3 月完成相关规程送审稿。

4 直拔法技术试件制作及技术要求

4.1 直拔法技术试件制作数量和材料规定

直拔法技术试件制作及技术要求，原则上按以下规定进行。试件选用本地区常用原材料和常用配合比配制，在本地区较大商品混凝土站成型制作；如果按卵石和碎石分别配制，试件数量在表 3 基础上增加一倍。"直拔法"试件具体数量，见表 3。

表 3　　　　　　　　　　　　"直拔法"试件数量

强度 等级	钻芯 试件	龄　期（d）							
		7	14	28	60	90	180	360	720
C10	5 块	1(3块)	1(3块)	2(6块)	1(3块)	1(3块)	1(3块)	1(3块)	1(3块)
C20	5 块	1(3块)	1(3块)	2(6块)	1(3块)	1(3块)	1(3块)	1(3块)	1(3块)
C30	5 块	1(3块)	1(3块)	2(6块)	1(3块)	1(3块)	1(3块)	1(3块)	1(3块)
C40	5 块	1(3块)	1(3块)	2(6块)	1(3块)	1(3块)	1(3块)	1(3块)	1(3块)
C50	5 块	1(3块)	1(3块)	2(6块)	1(3块)	1(3块)	1(3块)	1(3块)	1(3块)
C60	5 块	1(3块)	1(3块)	2(6块)	1(3块)	1(3块)	1(3块)	1(3块)	1(3块)
C70	5 块	1(3块)	1(3块)	2(6块)	1(3块)	1(3块)	1(3块)	1(3块)	1(3块)
C80	5 块	1(3块)	1(3块)	2(6块)	1(3块)	1(3块)	1(3块)	1(3块)	1(3块)

强度等级	钻芯试件	龄 期(d)							
		7	14	28	60	90	180	360	720
C90	5块	1(3块)	1(3块)	2(6块)	1(3块)	1(3块)	1(3块)	1(3块)	1(3块)
C100	5块	1(3块)	1(3块)	2(6块)	1(3块)	1(3块)	1(3块)	1(3块)	1(3块)
合计	50块	10(30块)	10(30块)	20(60块)	10(30块)	10(30块)	10(30块)	10(30块)	10(30块)
总合计		90组(270+50个钻芯试件=320块)							

结合课题需要和其他实际情况的考虑，我们的试件选用库尔勒地区和乌鲁木齐地区常用原材料和新疆西部建设股份有限公司常用配合比配制，C10～C60由该混凝土搅拌站在库尔勒成型制作，C70～C100由新疆西部建设股份有限公司在乌鲁木齐成型制作，制作成型2d后拉回库尔勒，拉回的试件存在一定的缺棱掉角。实际上，考虑不同侧面的影响因素分析的需要及其他各种可能因素的影响，我们将每个强度等级的试件按20组（即60块）成型。另外选择3个较为常用的强度等级（C20、C40、C60）采用卵石制作作为骨料影响因素的分析，每个强度等级的试件按5组（即15块）成型。因此，实际成型试件总计215组（即645块），比原计划增加一倍多。

4.2 直拔法技术试件制作技术要求

（1）同一强度等级试件9组混凝土试件（27+5个钻芯试件=32个试件）应一次成型完成其中一组试件须送标准养护室（图1）标准养护28d再进行抗压试验（故28d龄期试件为2组），其余8组全为自然养护；我们试验研究所用的215组（即645块）试件，分3次完成。对同一强度等级试件都是一次性成型完毕。考虑到试件抗压可能出现超差导致试验结果无效的情况，每个强度等级备用2组试件送标准养护室标准养护。待28d进行抗压试验无超差情况出现后，余下的一组作为长龄期试件备用。其他全为自然养护。

图1 巴州建设工程质量检测中心标养室　　　　图2 同条件自然养护试件放置处

（2）直拔试件与抗压试件应同条件自然养护，同条件自然养护应放置在不受风吹雨淋日晒地方按品字型堆放或在专用试件架上堆放。同条件自然养护我们搭设了专用篷子和试件架（图2），在专用篷子里放置了4个铁架。将试件放置在4个铁架上，将试件堆放在不直接受日晒雨淋地方。虽未严格按品字型堆放，但每个试件错位分层放置，中间都留有相应的空隙，完全可满足试件养护到位的需求。

（3）试件全部为 150mm×150mm×150mm 立方体试件。

（4）试件按规定进行编号，如制作 C20 试件，2010 年 8 月 15 日成型，编号应为"C20 2010.8.15"。

（5）试件到达某一龄期时，取出 3 个试件进行抗压试验，同时将"5 个直拔试件"各选取一个侧面钻制一个直拔试件进行直拔测试，记录 5 个直拔数据和对应的两组试件每个试件抗压强度值。为与今后实测情况相同，避免不同龄期、不同强度等级混凝土钻制直拔试件切割应力不同的影响，3d 和 7d 必须是龄期到达后钻取，不允许提前钻制直拔试件。14d 龄期钻芯可允许 1d 误差，28d 龄期钻芯可在龄期到达 1～2d 内钻取。后来因仪器线路故障有几组试件延误。但因为 11 月份新疆气温较低，试件延误几天对强度影响不大，试验结果误差较小。

（6）钻制直拔试件与抗压试件应同条件自然养护，建议试件按品字型堆放在不直接受日晒雨淋地方。尤其是 5 个钻制直拔试件的混凝土试件应格外注意保护好。

（7）有的地区（或行业部门）有特殊的情况，仍按表 3 要求选取制作部分试件，以作为该地区的影响因素。

（8）对于高强混凝土试件的试验龄期应根据试验时的季节和温度变化规律适当缩短，以获得高强混凝土的早龄期强度数据。

（9）要求至少 10 个强度等级 320 个混凝土试件都成型试验，以获取完整数据。而我们实际成型试件总计 215 组（即 645 块），比原计划增加一倍多。

（10）表 3 中提供的试件数量为最少数量，考虑到试件损坏等因素建议每一强度等级增加 3 组试件，其中 1 组用于 28 d 标准养护，以防止出现数据无效时备用。

5　测试数据记录

试验数据按表 4 记录，所有数据采用 Excel 进行统一上报，便于统计处理。

表 4　　　　　　　　　　直拔法检测混凝土抗压强度试验记录

试验日期：				单位：强度用 MPa；直拔力、荷载用 kN；尺寸用 mm					第　　页		共　　页
编号	设计强度等级	成型日期	龄期	直拔试件					立方体试件破坏荷载		
				直拔试件	直拔力	直径 1	直径 2	面积	1	2	3	平均强度
				1#								
				2#					拔拉强度	取值	抗压强度	取值
				3#					1#			
				4#					2#			
				5#					3#			
				备注					4#			
									5#			

试验日期：				单位：强度用 MPa；直拔力、荷载用 kN；尺寸用 mm					第　页		共　页

编号	设计强度等级	成型日期	龄期	直拔试件					立方体试件破坏荷载			
				直拔试件	直拔力	直径1	直径2	面积	1	2	3	平均强度
				1#								
				2#					拔拉强度	取值	抗压强度	取值
				3#					1#			
				4#					2#			
				5#					3#			
				备注					4#			
									5#			
				1#								
				2#					拔拉强度	取值	抗压强度	取值
				3#					1#			
				4#					2#			
				5#					3#			
				备注					4#			
									5#			
				1#								
				2#					拔拉强度	取值	抗压强度	取值
				3#					1#			
				4#					2#			
				5#					3#			
				备注					4#			
									5#			

审核：　　　　　试验：　　　　　记录：　　　　　计算：

上表填写说明：

1）为便于数据处理分析，请按上表格式填写试验数据；

2）"编号"请注上地区拼音字母，如新疆填写"XJ"；

3）断口较长、短尺寸是指芯样断口处，离直拔连接头边缘距离，如长、短尺寸一样说明断面呈正切面破坏；不一样呈斜面破坏，应在备注说明栏标志说明清楚；

4）抗压试件1、2、3为对应立方体试件编号，备注说明栏还可供试验直拔试件特征（标准试件、影响因素试件……）记录；

5）直拔试件拔拉强度取值，可按大平均、去大小、取中值、去两小、最大值、大小平均等6种方式进行取值；

6）直拔试件拔拉强度取值规定：大平均指5个值的平均值，去大小指在5个值中剔除较大和较小值1个值，取余下3个值平均，取中值指5个值的中间值，去两小指在5个值中剔除较小2个值，取余下3个值平均，最大值指取5个值的最大值，大小平均指在5个值中取最大和最小值的平均值；

7）混凝土立方体试件抗压强度取值，按现行施工验收规范规定执行。

483

图3 钻制C30早期直拔试件

6 直拔法技术研究过程、进度及成果介绍

我单位作为新疆直拔法技术研究负责单位，是全国课题组成员单位之一，是试验研究数据最多的单位之一。除此之外，还进行了混凝土早龄期（1～3d）试验（见图3～图6）；胶粘和机械连接器高强度区段比对试验；直拔试件直径及测试面影响等重要因素的比对试验；卵石和碎石等不同骨料配制的混凝土试件的比对试验；长龄期1年的试验数据以及工程现场的验证试验。以下就我们新疆方面具体开展的课题工作向各位作一汇报。

图4 钻制C30早期直拔试件

图5 C30早期直拔试验后情形

(a)0.68kN

(b)0.92kN

(c)1.31kN

(d)1.33kN

(e)1.35kN

图6 不同拔拉力读数值

6.1 直拔法技术研究过程、进度

（1）仪器调试。仪器调试发现拉拔仪活塞出现故障，通知厂家予以更换，全部仪器10

月 6 日到位，经过 2 天的重新试运行，确保万无一失后于 10 月 9 日全面启动课题工作。

（2）2010 年 10 月 9 日—10 月 11 日试件制作完成后，于 2010 年 10 月 11 日编制完成了直拔法检测混凝土强度技术课题研究具体实施日程，见表 5。

表 5　　　　　　　　直拔法检测混凝土强度技术课题研究具体实施日程

编制人：王文明　　　　　　　　　　　编制日期：2010.10.11

试块成型日期＼龄期　　强度批次	3d	7d	14d	28d	60d	90d	180d	360d	720d
Ⅰ（2010.10.09）	2010.10.12	2010.10.16	2010.10.23	2010.11.06	2010.12.08	2011.01.07	2011.04.07	2011.10.05	2012.09.30
Ⅱ（2010.10.10）	2010.10.13	2010.10.17	2010.10.24	2010.11.07	2010.12.09	2011.01.08	2011.04.08	2011.10.06	2012.10.01
Ⅲ（2010.10.11）	2010.10.14	2010.10.18	2010.10.25	2010.11.08	2010.12.10	2011.01.09	2011.04.09	2011.10.07	2012.10.02
备注	Ⅰ批次：包括常规 C20、C30、C40 及卵石 C20、C40（2010.10.09 制作）； Ⅱ批次：包括常规 C10、C50、C60 及卵石 C60 高强 C90、C100（2010.10.10 制作）； Ⅲ批次：包括高强 C70、C80（2010.10.11 制作）。								

新疆直拔法课题组自 2010 年 8 月成立之后，就开始了课题研究。根据新疆地区的实际特点，进入 11 月以后，气温急剧下降，取消了原计划的 60d 和 90d 龄期的直拔法实验。待 2011 年 4 月气温回暖后，完成了 C10～C100 共 10 个强度等级的 180d 龄期（见图 7～图 10）直拔法实验数据，9 月完成了 360d 龄期的直拔法实验数据，将原有数据由 3～28d 龄期扩展到 1～360d 龄期。

图 7　新疆课题组成员在进行 180d
龄期直拔试验

图 8　新疆课题组成员在对 180d 龄期直拔
试件直径进行测量

图 9　180d 龄期试件直拔试验后的情形 1

图 10　180d 龄期试件直拔试验后的情形 2

6.2 直拔法技术研究成果介绍

6.2.1 直拔法实验数据统计结果汇总

从表 6 的直拔法实验数据统计结果汇总可知，1～360d 龄期的直拔法实验数据统计分析相关系数依然高达 0.97 以上。

表 6　　　　　　　　　　计算结果汇总表（1～360d）

数 据 名		XJ-1（大平均）	XJ-2（去大小）	XJ-3（取中值）	XJ-4（去两小）	XJ-5（最大值）	XJ-6（大小平均）
数　　量		56	56	56	56	56	56
$Y=a+bx$（直线方程）	A	5.2031	5.8268	6.4326	3.3143	1.8528	4.9222
	B	16.6146	16.3842	16.3060	15.8712	14.7406	16.6739
	相关系数 r	0.9470	0.9480	0.9326	0.9563	0.9548	0.9370
	相对误差（%）	18.8	19.8	22.2	16.7	15.7	19.7
	平均误差（%）	14.0	14.7	16.5	12.4	12.4	14.5
$Y=ax^b$（幂函数方程）	A	19.0284	19.4191	19.3905	16.7753	14.7281	18.6666
	B	0.9805	0.9617	0.9702	1.0136	1.0292	0.9946
	相关系数 r	0.9688	0.9639	0.9543	0.9722	0.9721	0.9685
	相对误差（%）	17.1	18.9	21.6	15.8	15.4	17.5
	平均误差（%）	12.8	13.6	14.8	11.6	12.4	12.8
$Y=ae^{bx}$（指数方程）	A	13.4121	13.7052	13.9100	12.7147	12.0819	13.1912
	B	0.4282	0.4201	0.4184	0.4107	0.3858	0.4334
	相关系数 r	0.8920	0.8884	0.8745	0.9046	0.9133	0.8902
	相对误差（%）	28.2	28.7	30.9	25.8	24.8	29.7
	平均误差（%）	22.8	23.1	24.5	20.3	20.2	23.0
$Y=a+bx+cx^2$（抛物线方程）	A	-6.8208	-5.7809	-6.9715	-7.1862	-6.9318	-7.4836
	B	28.1339	27.5472	28.9899	25.1370	21.8832	28.4977
	C	-0.0730	-2.0003	-2.2549	-1.5553	-1.1116	-2.1344
	相关系数 r	0.9610	0.9616	0.9510	0.9665	0.9611	0.9512
	相对误差（%）	17.1	18.4	21.3	16.7	18.2	17.9
	平均误差（%）	12.3	13.1	15.0	12.2	13.2	12.9

从表 6 采用 6 种组合分别计算得出的结果（未剔除任何粗大误差数据）来看，按 5 个直拔试件中最大抗拉强度值与试件抗压强度值最好，说明我们计算的其他 5 种组合偏低。直拔法检测强度采用最大值计算最接近试件抗压值。把影响因素统计进去了，不会有较大影响。从新疆已有数据来看，相关系数很高，两种误差都很小。

6.2.2 早龄期（1～3d）试验

（1）早龄期（1～3d）试验结果见表 7《直拔法》试验记录、计算表。

486

表 7 　　　　　　　　《直拔法》试验记录、计算表

单位：强度用 MPa；荷载用 kN；尺寸用 mm，直拔试件直径用 mm 　　　　　　第　页共　页

混凝土强度设计等级	龄期(d)	直 拔 试 件							立方体试件抗压强度（MPa）			
		试件编号	拔拉力（kN）	直径1、2	断边1、2	面积	强度	取值	1	2	3	平均强度
C30	1－C30	1#	0.31	43.5		1486.51	0.21		124.5	131.9	127.9	5.7
		2#	0.17	43.2		1465.06	0.12	0.12	直拔试件			
		3#	0.15	43.3		1471.18	0.10		直拔取值	换算强度	误差	
		4#	0.21	43.6		1490.96	0.14		0.12	6.1	7.3 %	
		5#	0.16	43.1		1460.32	0.11					
									1	2	3	平均强度
C30	2－C30	1#	0.90	43.7		1496.44	0.60		180.3	213.4	220.6	9.1
		2#	0.69	43.5		1488.56	0.46	0.49	直拔试件			
		3#	0.48	43.8		1507.08	0.32		直拔取值	换算强度	误差	
		4#	0.94	43.8		1503.99	0.63		0.49	9.5	4.8%	
		5#	0.61	43.8		1508.12	0.40					
									1	2	3	平均强度
C30	3－C30	1#	1.31	43.7		1498.15	0.87		318.2	316.1	313.1	14.0
		2#	1.35	43.6		1491.98	0.90	0.79	直拔试件			
		3#	1.33	43.6		1490.27	0.89		直拔取值	换算强度	误差	
		4#	0.92	43.5		1488.90	0.62		0.79	13.0	－7.7%	
		5#	0.68	43.4		1476.96	0.46					
									1	2	3	平均强度
C20	4－C20	1#	0.74	44.0		1520.53	0.49		200	225	200	9.3
		2#	0.84	44.0		1520.53	0.55	0.48	直拔试件			
		3#	0.50	44.0		1520.53	0.33		直拔取值	换算强度	误差	
		4#	1.00	44.0		1520.53	0.66		0.48	9.4	1.5%	
		5#	0.63	44.0		1520.53	0.41					
									1	2	3	平均强度
C30	4－C30	1#	1.87	44.0		1520.53	1.23		420	468	474	20.2
		2#	1.39	44.0		1520.53	0.91	1.19	直拔试件			
		3#	1.97	44.0		1520.53	1.30		直拔取值	换算强度	误差	
		4#	1.65	44.0		1520.53	1.09		1.19	18.4	－9.0 %	
		5#	1.90	44.0		1520.53	1.25					
									1	2	3	平均强度
C50	3－C50	1#	3.06	44.0		1520.53	2.01		640	664	660	29.1
		2#	2.92	44.0		1520.53	1.92	1.96	直拔试件			
		3#	2.18	44.0		1520.53	1.43		直拔取值	换算强度	误差	
		4#	2.99	44.0		1520.53	1.97		1.96	31.7	8.8 %	
		5#	3.01	44.0		1520.53	1.98					
									1	2	3	平均强度

混凝土强度设计等级	龄期(d)	直 拔 试 件							立方体试件抗压强度(MPa)			
		试件编号	拔拉力(kN)	直径1、2	断边1、2	面积	强度	取值	1	2	3	平均强度
C60	3-C60	1#	2.88	44.0		1520.53	1.89		606	608	616	27.1
		2#	2.61	44.0		1520.53	1.72	1.77	直拔试件			
		3#	3.38	44.0		1520.53	2.22		直拔取值	换算强度	误差	
		4#	2.60	44.0		1520.53	1.71		1.77	28.0	3.5 %	
		5#	2.33	44.0		1520.53	1.53					
									1	2	3	平均强度
C70	3-C70	1#	5.57	44.0		1520.53	3.66		1336	1160	1272	55.8
		2#	4.53	44.0		1520.53	2.98	3.07	直拔试件			
		3#	3.49	44.0		1520.53	2.30		直拔取值	换算强度	误差	
		4#	3.90	44.0		1520.53	2.56		3.07	57.4	2.9%	
		5#	5.57	44.0		1520.53	3.66					
									1	2	3	平均强度
C80	3-C80	1#	3.66	44.0		1520.53	2.41		1088	1332	1152	52.9
		2#	1.67	44.0		1520.53	1.10	2.77	直拔试件			
		3#	6.09	44.0		1520.53	4.01		直拔取值	换算强度	误差	
		4#	4.45	44.0		1520.53	2.93		2.77	49.7	−6.1%	
		5#	4.53	44.0		1520.53	2.98					

（2）早龄期（1～3d）试验回归分析见表8；同时，经对早龄期数据回归分析最优曲线图，见图11。

表 8　　　　　　　早龄期（1～3d）试验回归分析

直拔试件抗拉强度	混凝土抗压强度	数 据 名		XJ(去大小)
0.12	5.7	数量		9
0.49	9.1	$Y=a+bx$（直线方程）	A	0.3360
0.79	14.0		B	17.4190
0.48	9.3		相关系数 r	0.9854
1.19	20.2		相对误差(%)	48.5
1.96	29.1		平均误差(%)	21.2
1.77	27.1	$Y=ax^b$（幂函数方程）	A	15.3510
3.07	55.8		B	0.7388
2.77	52.9		相关系数 r	0.9633
—	—		相对误差(%)	23.2
—	—		平均误差(%)	19.1

直拔试件 抗拉强度	混凝土 抗压强度	数 据 名		XJ（去大小）
—	—	$Y=ae^{bx}$ （指数方程）	A	6.6360
—	—		B	0.7477
—	—		相关系数 r	0.9832
—	—		相对误差（％）	14.6
—	—		平均误差（％）	10.7
—	—	$Y=a+bx+cx^2$ （抛物线方程）	A	5.1833
—	—		B	7.3480
—	—		C	3.1459
—	—		相关系数 r	0.9954
—	—		相对误差（％）	6.7
—	—		平均误差（％）	5.7

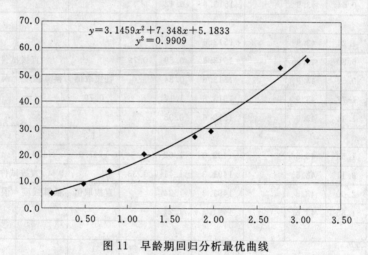

图 11 早龄期回归分析最优曲线

由上可知，早龄期试验将试件龄期缩短至 1d，而且相关系数更是高达 0.99 以上。对测高强混凝土有独到之处，对预应力混凝土的张拉和放张提供了切实依据，可采用直拔法取代以往通过制作试件进行抗压的方法，为指导预应力混凝土的早期施工奠定可靠的基础。

6.2.3 影响因素的实验分析

对于影响因素的实验分析，目前主要完成了不同浇筑面的比对实验数据（见表 9）和分析（见表 12 和图 12）、不同直径的比对实验数据（见表 10）和分析（见表 13 和图 13）、胶粘和机械连接器高强度区段比对试验（见表 11）和分析（见表 14 和图 14）；同时，也完成了卵石和碎石等不同骨料配制的混凝土试件的比对试验以及长龄期 1 年的试验数据。由于卵石和碎石等不同骨料配制的混凝土试件的比对试验以及长龄期 1 年的试验数据较少，在此不作专门分析。

表9 不同浇筑面的影响试验记录

混凝土强度设计等级	直拔试件							立方体试件抗压强度（MPa）			
	试件编号	拔拉力（kN）	直径1、2	断边1、2	面积	强度	取值	1	2	3	平均强度
C20 底	1#	0.77	43.9		1514.7	0.51		646	605.6	610.6	27.6
	2#	0.85	43.9		1512.2	0.56	0.56	直拔试件			
	3#	0.88	44.0		1520.9	0.58		直拔取值	换算强度	误差（%）	
	4#	0.90	43.8		1504.3	0.60		0.56			
	5#	0.80	43.9		1511.9	0.53					
	注							1	2	3	平均强度
C20 侧	1#	0.88	43.9		1513.6	0.58					27.6
	2#	0.85	43.9		1513.6	0.56	0.57	直拔试件			
	3#	1.51	43.9		1513.6	1.00		直拔取值	换算强度	误差（%）	
	4#	0.84	43.9		1513.6	0.55		0.57			
	5#	0.64	43.9		1513.6	0.42					
	注							1	2	3	平均强度
C20 表	1#	1.24	43.9		1513.6	0.82					27.6
	2#	0.89	43.9		1513.6	0.59	0.79	直拔试件			
	3#	0.51	43.9		1513.6	0.34		直拔取值	换算强度	误差（%）	
	4#	1.77	43.9		1513.6	1.17		0.79			
	5#	1.44	43.9		1513.6	0.95					
	注							1	2	3	平均强度
C40 底	1#	1.53	43.6		1493.0	1.02		1147.9	1124	1104.4	50.0
	2#	2.11	43.6		1491.3	1.41	1.33	直拔试件			
	3#	2.00	43.6		1491.3	1.34		直拔取值	换算强度	误差（%）	
	4#	1.85	43.6		1491.3	1.24					
	5#										
	注							1	2	3	平均强度
C40 侧	1#	2.47	43.5		1486.2	1.66					50.0
	2#	0.69	43.5		1486.2	0.46	1.58	直拔试件			
	3#	2.49	43.5		1486.2	1.68		直拔取值	换算强度	误差（%）	
	4#	2.07	43.5		1486.2	1.39					
	5#										
	注							1	2	3	平均强度
C40 表	1#	2.15	43.6		1493.0	1.44					50.0
	2#	2.67	43.6		1493.0	1.79	1.72	直拔试件			
	3#	2.46	43.6		1493.0	1.65		直拔取值	换算强度	误差（%）	
	4#	2.58	43.6		1493.0	1.73					
	5#										
	注							1	2	3	平均强度

混凝土强度设计等级	直拔试件							立方体试件抗压强度（MPa）			
	试件编号	拔拉力（kN）	直径1、2	断边1、2	面积	强度	取值	1	2	3	平均强度
C60 底	1#	2.62	43.7		1499.9	1.75		1163.1	1207.4	1250.6	53.6
	2#	2.02	43.7		1499.9	1.35	1.93	直拔试件			
	3#	3.89	43.7		1499.9	2.59		直拔取值	换算强度	误差（%）	
	4#	3.39	43.7		1499.9	2.26					
	5#	2.67	43.7		1499.9	1.78					
	注							1	2	3	平均强度
C60 侧	1#	2.60	43.6		1493.0	1.74					53.6
	2#	2.46	43.6		1493.0	1.65	2.21	直拔试件			
	3#	3.62	43.6		1493.0	2.42		直拔取值	换算强度	误差（%）	
	4#	4.01	43.6		1493.0	2.69					
	5#	3.66	43.6		1493.0	2.45					
	注							1	2	3	平均强度
C60 表	1#	3.04	43.1		1459.0	2.08					53.6
	2#	4.01	43.1		1459.0	2.75	2.43	直拔试件			
	3#	2.39	43.1		1459.0	1.64		直拔取值	换算强度	误差（%）	
	4#	5.51	43.1		1459.0	3.78					
	5#	3.59	43.1		1459.0	2.46					
	注							1	2	3	平均强度
C80 底	1#	5.59	43.6		1493.0	3.74		1968.4	1838.1	1761.6	82.5
	2#	5.83	43.6		1493.0	3.90	3.51	直拔试件			
	3#		43.6		1493.0	0.00		直拔取值	换算强度	误差（%）	
	4#	3.46	43.6		1493.0	2.32					
	5#	4.30	43.6		1493.0	2.88					
	注							1	2	3	平均强度
C80 侧	1#	6.42	43.9		1513.6	4.24					82.5
	2#		43.9		1513.6	0.00	3.80	直拔试件			
	3#	5.22	43.9		1513.6	3.45		直拔取值	换算强度	误差（%）	
	4#	6.70	43.9		1513.6	4.43					
	5#	5.62	43.9		1513.6	3.71					
	注							1	2	3	平均强度
C80 表	1#	6.78	44.0		1520.5	4.46					82.5
	2#		44.0		1520.5	0.00	4.21	直拔试件			
	3#	6.36	44.0		1520.5	4.18		直拔取值	换算强度	误差（%）	
	4#	6.45	44.0		1520.5	4.24					
	5#	3.23	44.0		1520.5	2.12					
	注										

表 10　　　　　　　　　　　　　不同直径的影响试验记录

混凝土强度设计等级	直　拔　试　件							试件抗压强度（MPa）			
	试件编号	拔拉力（kN）	直径 1、2	断边 1、2	面积	强度	取值	1	2	3	平均强度
C20 侧面 39	1#	0.36	38.1		1140.1	0.32					27.6
	2#	0.57	38.1		1140.1	0.50	0.67	直拔试件			
	3#	1.8	38.1		1140.1	1.21		直拔取值	换算强度	误差（%）	
	4#	0.58	38.1		1140.1	0.51					
	5#	1.15	38.1		1140.1	1.01					
	注							1	2	3	平均强度
C20 侧面 49	1#	1.46	47.2		1749.7	0.83					27.6
	2#	1.33	47.2		1749.7	0.76	0.84	直拔试件			
	3#	2.09	47.2		1749.7	1.19		直拔取值	换算强度	误差（%）	
	4#	0.99	47.2		1749.7	0.57					
	5#	1.63	47.2		1749.7	0.93					
	注							1	2	3	平均强度
C20 侧面 44	1#	0.58	44.0		1520.5	0.38					27.6
	2#	1.12	44.0		1520.5	0.74	0.62	直拔试件			
	3#	1.46	44.0		1520.5	0.96		直拔取值	换算强度	误差（%）	
	4#	0.81	44.0		1520.5	0.53					
	5#	0.88	44.0		1520.5	0.58					
	注							1	2	3	平均强度
C40 侧面 39	1#	1.20	38.0		1132.9	1.06					50.0
	2#	1.46	38.0		1134.1	1.29	0.89	直拔试件			
	3#	0.67	38.0		1134.1	0.59		直拔取值	换算强度	误差（%）	
	4#	0.83	38.0		1134.1	0.73					
	5#	0.98	38.0		1134.1	0.86					
	注							1	2	3	平均强度
C40 侧面 49	1#	2.33	47.1		1742.3	1.34					50.0
	2#	3.26	47.1		1742.3	1.87	1.43	直拔试件			
	3#	1.94	47.1		1742.3	1.11		直拔取值	换算强度	误差（%）	
	4#	2.44	47.1		1742.3	1.40					
	5#	2.72	47.1		1742.3	1.56					
	注							1	2	3	平均强度
C40 侧面 44	1#	2.69	44.0		1520.5	1.77					50.0
	2#	1.57	44.0		1520.5	1.03	1.69	直拔试件			
	3#	2.67	44.0		1520.5	1.76		直拔取值	换算强度	误差（%）	
	4#	2.34	44.0		1520.5	1.54					
	5#	2.70	44.0		1520.5	1.78					
	注							1	2	3	平均强度

混凝土强度设计等级	直 拔 试 件							试件抗压强度（MPa）			
	试件编号	拔拉力（kN）	直径 1、2	断边 1、2	面积	强度	取值	1	2	3	平均强度
C60 侧面39	1#	1.31	37.8		1122.2	1.17					53.6
	2#	1.74	37.8		1122.2	1.55	1.60	直拔试件			
	3#	1.49	37.8		1122.2	1.33		直拔取值	换算强度	误差（%）	
	4#	2.20	37.8		1122.2	1.96					
	5#	2.17	37.8		1122.2	1.93					
	注							1	2	3	平均强度
C60 侧面49	1#	2.78	47.1		1739.4	1.60					53.6
	2#	1.57	47.1		1739.4	0.90	1.72	直拔试件			
	3#	3.70	47.1		1739.4	2.13		直拔取值	换算强度	误差（%）	
	4#	3.10	47.1		1739.4	1.78					
	5#	3.44	47.1		1742.3	1.97					
	注							1	2	3	平均强度
C60 侧面44	1#	2.10	44.0		1520.5	1.38					53.6
	2#	3.45	44.0		1520.5	2.27	1.70	直拔试件			
	3#	1.56	44.0		1520.5	1.03		直拔取值	换算强度	误差（%）	
	4#	2.75	44.0		1520.5	1.81					
	5#	2.89	44.0		1520.5	1.90					
	注							1	2	3	平均强度
C80 侧面39	1#	3.44	38.1		1137.1	3.03					82.6
	2#	5.28	38.1		1139.5	4.63	3.73	直拔试件			
	3#	3.71	38.1		1140.1	3.25		直拔取值	换算强度	误差（%）	
	4#	3.78	38.1		1140.1	3.32					
	5#	5.43	38.1		1140.7	4.76					
	注							1	2	3	平均强度
C80 侧面49	1#	6.27	47.2		1749.7	3.58					82.6
	2#	8.20	47.2		1749.7	4.69	3.65	直拔试件			
	3#	5.94	47.2		1749.7	3.39		直拔取值	换算强度	误差（%）	
	4#	3.38	47.2		1749.7	1.93					
	5#	6.96	47.2		1749.7	3.98					
	注							1	2	3	平均强度
C80 侧面44	1#	3.82	44.0		1520.5	2.51					82.6
	2#	5.18	44.0		1520.5	3.41	3.31	直拔试件			
	3#	4.42	44.0		1520.5	2.91		直拔取值	换算强度	误差（%）	
	4#	5.52	44.0		1520.5	3.63					
	5#	6.38	44.0		1520.5	4.20					
	注										

表 11　　胶粘和机械连接器高强度区段比对试验记录

混凝土强度设计等级	试件编号	拔拉力（kN）	直径 1、2	断边 1、2	面积	强度	取值	立方体试件抗压强度（MPa） 1	2	3	平均强度
C60 胶连	1#	2.82	43.7		1499.9	1.88					57.8
	2#	3.96	43.7		1502.3	2.64	2.46	直拔试件			
	3#	4.45	43.8		1507.1	2.95		直拔取值	换算强度	误差（%）	
	4#	3.45	43.8		1506.4	2.29					
	5#	3.71	43.9		1516.0	2.45					
	注							1	2	3	平均强度
C60 机连	1#	4.61	43.7		1499.9	3.07					57.8
	2#	3.98	43.7		1499.9	2.65	2.42	直拔试件			
	3#	4.52	43.8		1506.7	3.00		直拔取值	换算强度	误差（%）	
	4#	2.43	43.8		1506.7	1.61					
	5#	1.12	43.9		1513.6	0.74					
	注							1	2	3	平均强度
C70 胶连	1#	6.04	43.7		1499.9	4.03					75.3
	2#	4.61	43.8		1506.7	3.06	3.86	直拔试件			
	3#	5.80	43.7		1507.1	3.85		直拔取值	换算强度	误差（%）	
	4#	7.73	43.8		1506.4	5.13					
	5#	5.57	43.8		1506.7	3.70					
	注							1	2	3	平均强度
C70 机连	1#	5.67	43.8		1506.7	3.76					75.3
	2#	6.22	43.8		1506.7	4.13	3.69	直拔试件			
	3#	4.36	43.8		1506.7	2.89		直拔取值	换算强度	误差（%）	
	4#	4.79	43.8		1506.7	3.18					
	5#	7.08	43.8		1506.7	4.70					
	注							1	2	3	平均强度
C80 胶连	1#	7.20	43.8		1506.7	4.78					76.1
	2#	7.81	43.8		1506.7	5.18	4.82	直拔试件			
	3#	7.07	43.8		1506.7	4.69		直拔取值	换算强度	误差（%）	
	4#	7.51	43.8		1506.7	4.98					
	5#	5.05	43.8		1506.7	3.35					
	注							1	2	3	平均强度
C80 机连	1#	6.73	43.8		1506.7	4.47					76.1
	2#	7.74	43.8		1506.7	5.14	3.79	直拔试件			
	3#	4.71	43.8		1506.7	3.13		直拔取值	换算强度	误差（%）	
	4#	5.62	43.8		1506.7	3.73					
	5#	4.77	43.8		1506.7	3.17					
	注							1	2	3	平均强度

混凝土强度设计等级	直 拔 试 件							立方体试件抗压强度（MPa）			
	试件编号	拔拉力（kN）	直径1、2	断边1、2	面积	强度	取值	1	2	3	平均强度
C90 胶连	1#	9.39	43.3		1472.5	6.38					70.8
	2#	6.83	43.5		1486.2	4.60	5.82	直拔试件			
	3#	8.99	43.5		1486.2	6.05		直拔取值	换算强度	误差（%）	
	4#	8.76	43.4		1479.3	5.92					
	5#	8.28	43.8		1506.7	5.50					
	注							1	2	3	平均强度
C90 机连	1#	7.77	43.3		1472.5	5.28					70.8
	2#	6.64	43.5		1486.2	4.47	5.04	直拔试件			
	3#	6.61	43.5		1486.2	4.45		直拔取值	换算强度	误差（%）	
	4#	8.61	43.4		1479.3	5.82					
	5#	8.08	43.8		1506.7	5.36					
	注							1	2	3	平均强度
C100 胶连	1#	8.58	43.8		1507.8	5.69					81.1
	2#	6.38	43.8		1506.4	4.24	4.49	直拔试件			
	3#	6.92	43.9		1511.2	4.58		直拔取值	换算强度	误差（%）	
	4#	5.59	43.8		1507.1	3.71					
	5#	7.01	43.8		1508.8	4.65					
	注							1	2	3	平均强度
C100 机连	1#	8.35	43.8		1507.8	5.54					81.1
	2#	7.55	43.8		1506.4	5.01	5.19	直拔试件			
	3#	8.11	43.9		1511.2	5.37		直拔取值	换算强度	误差（%）	
	4#	4.71	43.8		1507.1	3.13					
	5#	7.84	43.8		1508.8	5.20					
	注										

表 12　　　　　　　　　　　直拔试件浇筑面影响对比分析

等级	编号	侧面直拔	抗压强度	表面直拔	抗压强度	底面直拔	抗压强度
C20	XJ	0.57	27.6	0.79	27.6	0.56	27.6
C40	XJ	1.58	50.0	1.72	50.0	1.33	50.0
C60	XJ	2.21	53.6	2.43	53.6	1.93	53.6
C80	XJ	3.80	82.5	4.21	82.5	3.51	82.5
	平均值	2.04	53.4	2.29	53.4	1.83	53.4

	侧面直拔	表面直拔	底面直拔
直拔力平均值（kN）	2.04	2.29	1.83
抗压强度平均值	53.4	53.4	53.4

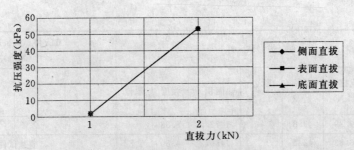

图 12　直拔试件浇筑面影响对比分析

表 13　　　　　　　　　　　直拔试件直径影响对比分析

编号	直径 44	抗压强度	直径 39	抗压强度	直径 49	抗压强度
XJ	0.62	27.6	0.67	27.6	0.84	27.6
XJ	1.69	50.0	0.89	50.0	1.43	50.0
XJ	1.70	53.6	1.60	53.6	1.72	53.6
XJ	3.31	82.5	3.73	82.5	3.65	82.5
平均值	1.83	53.4	1.72	53.4	1.91	53.4
直径 44		直径 39		直径 49		
1.83		1.72		1.91		
53.4		53.4		53.4		

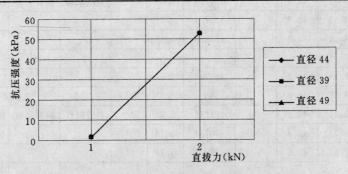

图 13　直拔试件直径影响对比分析

表 14　　　　　　　　　　胶粘连接、机械连接对比分析

等级	编号	胶粘连接	抗压强度	机械连接	抗压强度	
C60	XJ	2.46	57.8	2.42	57.8	
C70	XJ	3.86	75.3	3.69	75.3	
C80	XJ	4.82	76.1	3.79	76.1	
C90	XJ	5.82	70.8	5.04	70.8	
C100	XJ	4.49	81.1	5.19	81.1	
	平均值	4.29	72.2	4.03	72.2	
胶粘连接			机械连接			
4.29			4.03			
72.2			72.2			

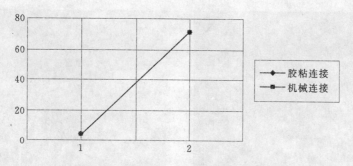

图 14　胶粘连接、机械连接对比分析

6.2.4　工程现场的验证试验

（1）工程验证现场相关图片见图 15～图 26。

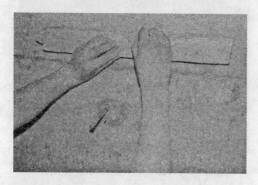

图 15　对剪力墙上的 5 个直拔试件进行
扫描位画线 1

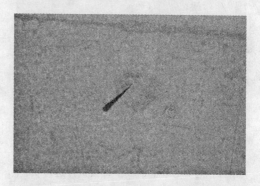

图 16　对剪力墙上的 5 个直拔试件进行
扫描定位画线 2

图 17　对仪器进行固定

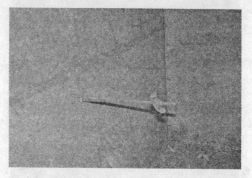

图 18　剪力墙固定件的背面

（2）工程验证报告（图 27～图 28）。

综合上述验证报告和用户意见，采用的直拔法检测混凝土抗压强度技术操作简便，数据直观，经验证与混凝土同条件试块抗压强度值非常接近。相对于钻芯法和回弹法检测混凝土强度，具有试验误差小，人为因素影响小，对实体结构强度破坏微乎其微，可以用在工业与民用建筑、铁路公路桥梁、水运港工等行业中，包含建设工程施工的试验、验收、检验、检测、推定混凝土强度使用，检测精度优于现有的无损测强方法，是一种先进、高

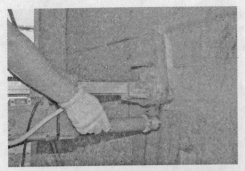

图 19　在剪力墙上钻取直拔试件宜从
下到上旋转（1）

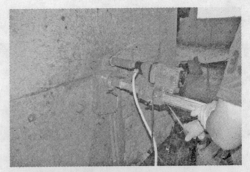

图 20　在剪力墙上钻取直拔试件宜从
下到上旋转（2）

图 21　对剪力墙上的 5 个直拔试件进行吹干

图 22　剪力墙上拔出的 5 个直拔试件

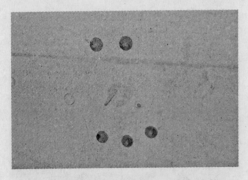

图 23　剪力墙上胶粘的 5 个直拔试件

图 24　剪力墙上胶粘的 5 个直拔试件试验完后

图 25　现浇板表面进行钢筋扫描定位

图 26　现浇板表面钻取的 5 个直拔试件

图 27　库尔勒南航房产开发有限公司
高层综合楼验证报告

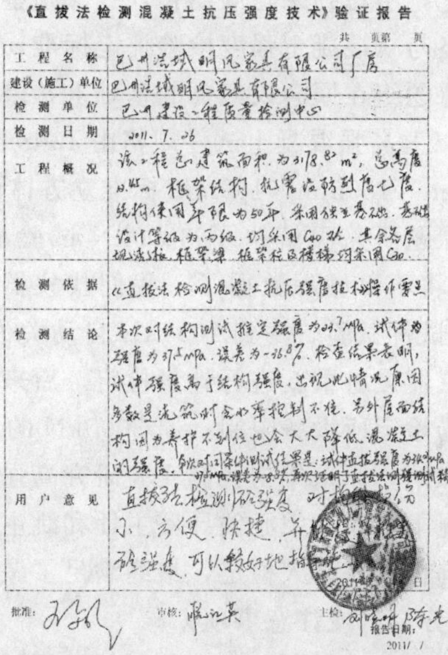

图 28　巴州浩域明风家具有限公司
厂房验证报告

效的检测技术，与目前的其他混凝土强度检测方法有实质性的改进，具有较好的推广使用价值。

为避免"直拔法"和钻芯法的某些定义重复并重点体现"直拔法"的创新，提出把所有"直拔法"课题中涉及的"芯样试件"统一更改为"直拔试件"，把在混凝土结构或构件中钻取的直径与深度均为 44mm 的用于直接拉拔试验的试件定义为标准直拔试件。

7　课题研究中出现的问题、取得的经验及注意事项

7.1　出现的问题

（1）仪器设备到位晚，到位后又发现存在新的故障。浙江台州王厂长负责的钻芯机由于新的配件（如大、小尺寸钻头）制作、直拔试件深度限位装置以及试件定位等多项因素，到位较晚。等钻芯机到位后模拟实验时又发现，最终拉拔仪的活塞不能升起，与河北遵化厂家的张厂长、王厂长联系重发，最终直到 10 月 6 日才收到。但重发的仪器与原有的使用说明书不一致（因此仪器调试后应保证使用说明书和实体操作一致）。

（2）直拔头接头本身加工的不规整导致套杆无法安装，后来进行了二次加工满足了实验要求。课题研究发现：直拔试件直径会随着钻机钻头的磨损慢慢变大，当实验到 28d 时都已达到 44mm 以上，导致直拔头安装过紧或无法安装。后来又对所有直拔头进行了二次打磨加工，将内径扩大了 0.2mm，最终满足了实验要求。

（3）根据新规程的要求，向课题组提建议解决了 C60 以上高强混凝土试件规格问题。课题组第一次会议纪要原计划 C60 以上高强混凝土试件规格全部为 100mm×100mm×100mm 立方体试件，而《混凝土强度检验评定标准》（GB/T 50107—2010）自 2010 年 12 月 1 日起实施。实施后的新标准，对 C60 及 C60 以上混凝土非标准尺寸的换算系数方法

发生了变化，考虑到课题周期长，到课题鉴定时可能出现麻烦。发现问题后立即向课题组汇报，最终与《混凝土强度检验评定标准》（GB/T 50107—2010）负责人韩素芳老师联系确认后，课题组在原会议纪要的基础上，以电子邮件方式发送了新的变更通知：课题组原设计 C60 以上高强混凝土试件规格由 100mm×100mm×100mm 非标准立方体试件全部更改为 150mm×150mm×150mm 标准立方体试件。

（4）课题研究中解决了 3000kN 试验机存在问题。课题研究过程突然发现，一到 2014kN 后将不再显示数据了，我们找仪器修理工检查发现有限位措施，解除后再采用 2014kN 的试件试验，一到 2014kN 自动关油了。鉴于我单位今年 3 月搬迁到新的地址办公，所有仪器设备重新进行计量检定。后来从设备管理员处了解到，限于库尔勒地区质量技术监督局检定所设备限制，原 3000kN 的试验机按照 2000kN 进行了标定设置（这个笔者当时不知情，原来年初我们实验研究高强混凝土回弹仪课题时用过没有问题的）。十万火急的情况下，我们中心领导罗主任和姚主任高度重视，给予了大力支持，不惜花出较大代价联系乌鲁木齐来人检定，最终满足了课题需要。

7.2　经验分享（或注意事项）

（1）制作的试件同一强度等级的必须同一批成型，确保母体的一致性，这是试验相关性的前提和基础。

（2）制作的试件表面一定要抹平，切忌偏高，以免钻取直拔试件安放时出现安放不下的情况，此时再去磨平相对费时费力。

（3）浙江台州调试好的钻芯机，我们模拟实验时验证，无论采用多大尺寸的钻头，每面都可以钻好 2 个芯样，也就是说在一个试件的 4 个侧面完全可以钻取 8 个芯样，可以满足课题预先计划的 8 个龄期的需要（即 7d、14d、28d、60d、90d、180d、360d、720d）。因此，大可不必再采取其他措施进行固定了（如把底座卸下来再把钻芯机安放在其他构件上进行固定）。当时仪器定位箍过紧套不下，我们采取在钻头距端部规定位置（44mm 或 39mm、49mm）处画一彩色标记，但实际操作时因转速快彩色标记也无法看到，最后还是设法采用定位箍进行限位。

（4）吹风机我们准备了 2 个，一个是强力吹风机，一个是理发用的吹风机。强力吹风机温度为常温，但风压大可以把水分和粉末强力吹出；理发用的吹风机具有一定的温度，可以进行 2 次吹风，把芯样尽量快速吹干。

（5）制作的试件当选择作为钻芯拉拔的试件时，一定要确保每个钻芯试件不能出现掉角，否则拉拔时支撑就会出现问题。后来为了满足进度和实际需要，对个别出现掉角的钻芯试件重新配置了一块钢板进行试验，试验后发现在同一块试件上垫垫块后的拉拔力明显偏小（分析认为垫块本身的平整度以及增加垫块后调平的误差）。（插入照片）建议仪器改进，将三脚架间距适当内缩。特别注意和提醒：通常情况下，建议最好不要垫垫块，直接在试块上做，否则，误差增大。

（6）钻取直拔试件过程一定要确保匀速，其间不得出现缺水、断电，一定要一次到位，切不可二次作业来完成。特别注意和提醒：对于短龄期的试件，强度低，钻取直拔试件时要更加细致，尤其是要放慢速度且匀速。实际课题试验过程发现，我们前期快，3d 时出现些离散，7d 时要求首先保证质量再管速度，结果相关性很好。

（7）胶水尽量搅拌均匀并涂抹在直拔头的侧壁上，端部可无胶（实验证明，直拔试件的拉拔关键靠直拔头的侧壁的胶水粘接力，端部的粘接力是无济于事的）。胶水搅匀后建议不要急于粘上去，一定要待胶开始出现拔丝现象时再粘，即让胶有些初凝。目的有二：一是避免安好后松开手，连接件会慢慢地下沉，造成不同心，导致拉拔时产生弯矩；二是为了加快固化速度，缩短试验等待时间。冬天建议等待时间 1h 以上，适当采取室内加温措施（热空调、电暖气）。对于挤出的胶水一定要及时擦掉，以免影响后面连接件的安装。

（8）拉拔过程尽量模拟施工现场的实际状况，如侧面拉拔尽可能采用水平方向，表面采用垂直向上方向，对于底面采用垂直向下方向相对较难，课题试验建议采用与侧面一致即水平方向。

（9）直拔试件拉拔断裂现在有 3 种情形，从根部、中部、直拔头里断裂。大多在中部断裂。正常来说，从任何部位断裂都有可能。对于直拔试件的破坏状态和一些异常情况做好详细记录以利后续具体分析。对于尺寸的测量有可能的话尽量全部测量，基于一些直拔试件拉拔断裂在直拔头的试件尺寸建议按照该组已测量尺寸的平均值进行取值。

（10）高温炉脱模方便快捷（推荐具体视频资料给大家供借鉴参考）。先将高温炉升温到 500℃，把钻芯后的直拔头放进去约 10min，就可以了。直拔头放进去约 10min 后，打开高温炉箱门，取出直拔头，在别的物体上轻轻敲击就会掉落，有些甚至不用敲击就自动脱落。对于个别直拔头残留的胶体污物趁热清除干净。

（11）提前拟订计划，建议拉拔头多备一些，最好一次到位。我们目前有 140 多个拉拔头，大、小直径（49mm、39mm）的各 30 多个，标准尺寸 44mm 的有 80 多个。（13 组×5＝65 个，考虑不同浇筑面这一影响因素还需要至少 3 组×5＝15 个）加工很好加工的。我们加工的工艺和外观质量都很好。请大家把试验情况记录清楚，能否纳入全国曲线数据等计算时定，作为影响因素，或修正都是有用的数据。

（12）对于高强混凝土抗压试验，试件破坏时基本是爆裂破坏。因此，试验时一定要锁好防护板，避免试件爆裂时混凝土碎片飞溅伤人。

（13）配制高性能混凝土（HPC），石子类别宜采用玄武岩或石英岩，最大粒径必须限定在 31.5mm 以下，推荐使用 5～20mm 粒径级配。有关岩相分析资料表明：新疆巴音郭楞蒙古自治州地区大多为变质花岗岩和玄武岩，在喀什靠近巴基斯坦方向有很多石英岩，笔者曾在那儿做过鉴定，发觉这类石英岩质地相当坚硬，取芯十分费劲。以下推荐笔者试验验证过的高性能混凝土的典型配合比（见表 15），供应用时借鉴参考。

表 15　　　　　　　　　　高性能混凝土的典型配合比

强度范围（MPa）	60～100	强度范围（MPa）	60～100
浆体体积（%）	26～38	硅粉	5～15
水泥用量（kg/m³）	300～450	外加剂（%）	适量
粉煤灰（%）	15～35	水胶比	0.20～0.35
矿渣微粉（%）	15～50		

注　外加剂的适量是指按照产品说明书的推荐掺量或适配验证掺量；粉煤灰、矿渣微粉、硅粉可单掺和复掺；石子类别宜采用玄武岩或石英岩，最大粒径必须在 31.5mm 以下，推荐使用 5～20mm 粒径级配；水泥强度等级可采用 52.5 或 62.5，不宜采用早强型水泥。

（14）笔者认为对于高性能混凝土（俗称高强混凝土），最关键的有以下几点。

1）正确认识理解决定高强混凝土强度的主要因素。水泥不是强度的主要因素，关键是看粗骨料（即石子）的强度，这是决定能否达到高强的根本原因。只有你选择的石子抗压强度超过你所要配制的强度，才有可能配出你所要的强度的混凝土。否则，你用最高的强度等级的水泥，无论用多少水泥都是无济于事的。打个比方，就好比一个较高强度的砌体，它是一定要有满足强度等级的砌块但并不需要很高的砂浆强度。

2）石子的选择。只有正确认识和理解了石子是决定混凝土高强能否达到的根本原因，才会在配制高强混凝土时把选择石子作为重要的事来做。对于石子的强度可以采用直接制成立方体试件进行抗压来进行定量选择，或通过岩相分析对岩石进行定性判定来选择。对于配制 C40 以上的混凝土不宜采用花岗岩类石子，宜采用玄武岩或石英岩。而且粒径不宜过大，必须在 31.5mm 以下，推荐使用 5～20mm 粒径级配。

3）外加剂的选择。高效减水剂的选择，所选高效减水剂应与使用的水泥相适应，且减水率宜在 25％以上。建议尽可能采用聚羧酸减水剂，这类减水剂的减水率较好，可高达 35％～40％。对于不同外加剂的复配，必须具有相容性。因此，膨胀剂与引气剂，缓凝剂与早强剂等不具相容性的品种严禁混合使用。

4）对于掺和料的选择。对于选用的粉煤灰最好是一级，二级灰尽量少用，三级灰不得使用。对于矿渣微粉比表面积不宜低于 $420m^2/kg$，最好能达到 $450m^2/kg$ 以上。对于各种掺和料而言，细度越细活性越好，在混凝土中发挥的作用越大。

5）对于水泥的选择。水泥不宜选择各种类型的复合水泥，也不宜采用早强型水泥，宜选择普通硅酸盐水泥，目的就是考虑掺混合材后混凝土的强度需要后期激发。

6）水胶比的控制。水胶比在满足混凝土各项基本性能的情况下，以选择最小为宜，通常推荐的水胶比为 0.20～0.35，最好能控制在 0.25 左右。

7）不要混淆在混凝土中掺混合材和各类复合水泥之间的实质性的区别。在基准混凝土配合比的基础上掺矿渣微粉、粉煤灰，这和把水泥换成矿渣水泥、复合水泥是完全不同的概念，一定不要混淆。有学员在质量检测高级研修班专家答疑时曾提及此类问题，笔者曾专门给他做过解释，这是实质性的区别。各类复合水泥是在水泥熟料中掺加适量的不同品种的混合材后，所形成的具有一定特殊特征和性能的水泥，它是和普通水泥相对应的一个概念。而在基准混凝土配合比的基础上掺入矿渣微粉、粉煤灰等掺和料，要求这些掺和料的细度比水泥小得多，确保具有较好的活性因子，主要是激发混凝土的潜能。如果掺和料的细度大于水泥的话，那这样的掺和料就是混合材，不能替代水泥，不具备活性因子，也就不能对混凝土的强度产生激发的作用。

8 结束语

从"直拔法"课题组试验研究目前的数据来看，新疆的试件制作强度从 C10～C100，强度范围大，试件数量多；从课题试验研究结果来看，相关系数、相对误差和平均误差都非常理想。可以说这种方法是非常可行的，而且有特别大的推广价值，说明这个课题研究非常有意义。

鉴于目前全国的《直拔法检测混凝土抗压强度技术》课题鉴定业已完成，我们已向新疆自治区有关部门正式申报了新疆《直拔法检测混凝土抗压强度技术规程》的立项。现征求意见稿已经通过审核，近期将完成送审稿的审查和标准报批稿的报批实施。

参 考 文 献

[1] 王文明. 直拔法检测混凝土抗压强度技术试验研究. 混凝土世界，2012（5）.

红外热像法检测混凝土建筑物饰面缺陷的试验研究

张荣成

（中国建筑科学研究院，北京北三环东路 30 号，100013）

红外线技术已经在许多领域得到了应用，在建筑方面的应用起步较晚，除了在检测保温隔热性能上有少量应用外，还未见应用实例。通过检查外墙表面温度分布，从而判断建筑外墙饰面质量的红外热像法则不需要脚手架，避免危险作业而且可以快速非接触、大面积扫查建筑饰面。鉴于该技术的优点，我们对其在建筑饰面工程中应用的可行性及其工作原理、使用范围、应用办法等方面做了试验研究。

按照习惯做法，建筑物外墙通常要做饰面工程，但是近年来饰面砖、饰面砂浆等外墙饰面材料从建成的建筑物上掉下来的事故时有发生，甚至有个别城市发生过伤亡事故。所以建筑外墙饰面工程质量事故已经成了一个社会问题。为了提高全国建筑物外墙饰面工程质量，建设部于 1997 年 10 月 1 日发布了《建筑工程饰面砖粘结强度检验标准》。这一标准的发布无疑对饰面施工质量控制起到了很大的作用。但是该标准中规定的检验方法属于局部破损实验，实验时抽样数量受到很多限制，而且需要有脚手架。这样一来对于新建大面积饰面工程和已使用若干年的建筑外墙饰面质量有无变化等情况的检查来说，会有很多困难。即便检查，抽样数量也很少且没有针对性。尤其是我国北方城市，一年四季的气温变化很大，建筑外墙饰面材料与粘结材料之间，基底材料与粘结材料之间在冬季存在冻融现象，致使施工时没有空鼓的墙面也会逐渐出现空鼓，严重时便会发生脱落。即使在我国南方，刚刚还是烈日炎炎，转眼倾盆大雨突至的天气也是常有的。这种天气会使建筑物表面在短时间内产生几十摄氏度的温度下降（即产生较大的温度差），由于装饰材料与结构材料的热胀冷缩并不完全同步，因此，它们之间会有温度应力出现，在这种应力作用下，饰面粘结较薄弱的部位则会出现裂缝，在各种外界因素作用下，这种温差反复出现，导致裂缝扩大，直至形成空鼓。在这种背景下，人们希望找到一种能够大面积检查建筑外墙饰面空鼓情况，而又不损伤饰面材料的方法。

1 仪器性能及饰面质量检测原理

1.1 仪器

1.1.1 仪器的工作原理

红外线辐射是自然界存在的一种普遍现象。从微观上讲，它是基于任何物体在常温下都会产生自身的分子和原子无规则的运动，并不停地辐射出热红外能量。分子和原子的运动越剧烈，辐射的能量越大，反之，辐射的能量越小。物体的表面温度与其辐射出的热红外能量密切相关。

温度在绝对零度以上的物体，都会因自身的分子运动而辐射出红外线。通过红外探测器将物体辐射的功率信号转换成电信号后，成像装置的输出信号就可以完全一一对应地模拟扫描物体表面温度的空间分布，经电子系统处理，传至显示屏上，得到与物体表面热分布相应的热像图。运用这一方法，便能实现对目标进行远距离热状态成像和测温，并对被测物体的状态进行分析判断。

1.1.2 试验仪器技术规格

本次试验研究中采用的仪器技术性能如下：

温度测量范围：$-50\sim2000℃$；

最小温差分辨率：$0.08℃$（$30℃$时），$0.02℃$（信噪比改善方式）；

测量精度：$0\sim200℃$；$\pm1.2℃$；

检测波长：$8\sim13\mu m$；

探测器类型：HgCdTe（碲镉化汞）；

冷却方式：液态氮冷却（LN_2）；

横向分辨率：大于$334/$线（$1.5mrad$）；

扫描线数：207条；

成像范围：$30°$（水平）$\times28.5°$（纵向）；

每帧时长：$0.8s$；

聚焦距离：$20cm\sim\infty$；

外形尺寸及重量：192（W）$mm\times150$（H）$mm\times176$（D）mm，$3.0kg$。

1.1.3 建筑饰面质量检测原理

检测原理可以用图1来加以说明。

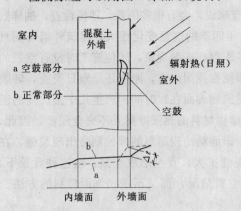

图1 混凝土外墙温度梯度

当外墙饰面材料产生空鼓时，在其空鼓的位置就会形成很薄的空气层，由于这个空气层有很好的隔热性能，所以饰面材料空鼓部分使外墙饰面和建筑结构材料之间的热传递变得很少。

混凝土或钢筋混凝土墙体的热容量很大，在正常情况下，外墙表面的温度较结构材料的温度高时，热量会由外墙饰面传递给结构墙体材料，当外墙饰面的温度较结构材料的温度低时，则热量会反向传递。由于饰面材料空鼓部分与结构材料之间的热传递很少，因此，有空鼓的外墙面在日照或外气温发生变化时，较正常墙面的温度变化大。一般来说，日照时外墙表面温度会升高，此时，由于空鼓的隔热作用，空鼓部位的热量未及时传递给饰面基底（墙体），所以温度比正常部位的温度要高，当外墙表面日照减少时，与上述情况正好相反，表面温度会降低，空鼓部位的温度会相反

504

地比正常部位的温度低。红外热像法就是根据这个原理，通过外墙表面温度场的变化来判断饰面工程质量的。

2 试验参数选择及试验结果分析

2.1 瓷砖饰面质量检测试验

试件的基底材料采用设计强度等级为 C30 的钢筋混凝土板，板的外形尺寸为 2500mm ×900mm×150mm。考虑到制作的模拟空鼓材料不能吸水且能达到实际空鼓隔热效果，采用了发泡苯乙烯材料。饰面的空鼓厚度、空鼓位置、空鼓面积等技术参数及完成后的试件照片如图 2、图 3 所示。

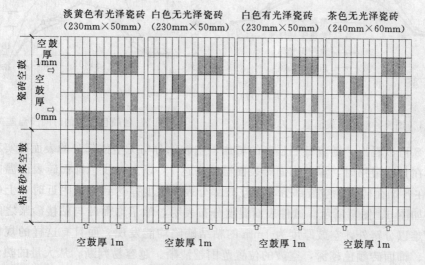

图 2　瓷砖饰面试件示意

试件的制作，充分考虑了实际饰面工程中的常用施工工艺、饰面材料的不同色彩以及饰面砖表面的粗糙程度等可能对试验结果产生影响的因素。饰面砖选用了淡黄色有光泽瓷砖（230mm×50mm）、白色无光泽瓷砖（230mm × 50mm）、白色有光泽瓷砖（230mm × 50mm）和茶色无光泽瓷砖（240mm×60mm）4 种。

红外热像仪主要是通过收集物体发出的红外线，经过处理后将其转换成温度，使物

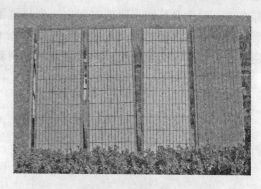

图 3　瓷砖饰面

体表面的温度分布以场的形式成像。那么，在相同的热辐射条件下，饰面材料表面的不同色彩、不同的粗糙程度对其表面温度分布有无影响呢？针对这一问题，试验中在相同光照等外界环境条件下，将试件的饰面朝南摆放，采用辐射测温仪对试件上无空鼓处的各种色彩的饰面同一点进行了 12h 观测。观测结果如图 4 所示。

从不同颜色饰面砖表面温度的试验结果可以知道，在相同日照下，浅色饰面砖比深色

饰面砖的表面温度低，这种温度差别在白色有光泽饰面砖与茶色无光泽饰面砖之间尤为突出。也就是说，浅色饰面反射率大，所以，实际吸收的热量少，与深色饰面比较，其表面的温度变化也小。

采用红外热像法检测实际外墙饰面时，空鼓部分与无空鼓部分的表面是否存在温差的问题，是更为重要的问题。它决定了红外热像法是否可以在建筑外墙检测方面的应用。空鼓部分与无空鼓部分的表面温度差试验结果如图 5 所示。

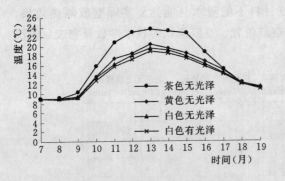

图 4　饰面砖颜色与表面温度关系　　　　图 5　各颜色瓷砖的时间—温差关系

从图 5 可以看出，随着日照强度的增加，空鼓部分与无空鼓部分的表面确实存在温度差，而且在日照最强时，深色饰面砖表面温差高达 7℃以上，浅色饰面砖表面温差也超过了 3℃。在各饰面砖试件空鼓部分与无空鼓部分表面温度差达到峰值附近时（上午 11 时）的热像图如图 6、图 7 所示。试件表面温度分布表明，除了饰面砖与粘接砂浆之间空鼓厚度为零时难以分辨外，空鼓厚度为 1mm 的粘结缺陷均能发现。而且有这样的规律：空鼓面积越大、饰面砖颜色越深，空鼓的位置范围越清晰、越容易判断；从大量的热像分析结果得知，易于判断饰面砖本身与粘接砂浆之间空鼓，或粘接砂浆与墙体之间空鼓的时段，都在墙面温度升高和下降的时间内。当环境温度趋于不变时（如凌晨 3 时到 5 时），或饰面材料与墙体之间达到热平衡时，空鼓部分的表面温度与无空鼓部分的表面温度没有差别，此时，则不能通过红外热像法检测来判断空鼓是否存在。

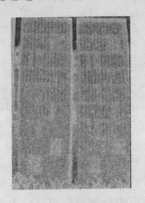

图 6　淡黄色及白色瓷砖饰面　　　图 7　白色及茶色瓷砖饰面
　　　试件热像图　　　　　　　　　　试件热像图

2.2 砂浆饰面质量检测试验

在实际工程中，砂浆饰面的做法被广泛采用，砂浆饰面的通常做法是砂浆饰面完成后，再根据建筑立面效果要求，在其表面涂刷各种颜色的涂料。试验中也模拟砂浆饰面的施工方法制作了试件，并做了热像法判断空鼓的感知界限（该方法可作出判断的最大空鼓深度和最小空鼓厚度）试验及常规砂浆饰面空鼓检测试验。试验时将试件的饰面朝南摆放。

2.2.1 热像法判断空鼓的感知界限试验

试件的基底材料采用设计强度等级为 C30 的钢筋混凝土板，板的外形尺寸为 2500mm×900mm×150mm。人造空鼓选用了发泡苯乙烯材料。在热像法感知最大空鼓深度的试件上，统一设置了 1mm 厚的模拟空鼓，而空鼓上面的饰面砂浆厚度分别为 20mm、40mm、50mm、75mm。在热像法感知最小空鼓厚度的试件上，模拟实际工程情况，砂浆饰面层厚度均取 25mm，饰面层下面的模拟空鼓厚度分别为 0.04mm、0.2mm、0.4mm、1mm。试件技术参数及完成后的试件照片如图 8、图 9 所示。

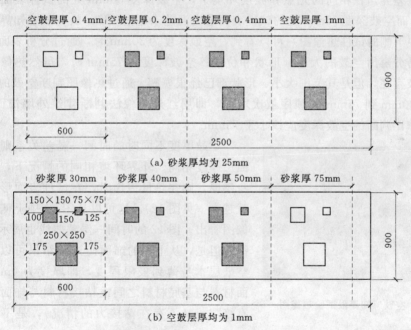

图 8 判断空鼓感知界限试件

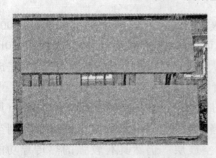

图 9 判断空鼓感知界限试件照片

图 10 辐射测温仪测试温度情形

试验时首先用辐射测温仪对试件上有空鼓与正常饰面的温度差进行了测试，测试情形见图10，时间—温差关系见图11、图12。

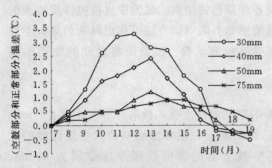

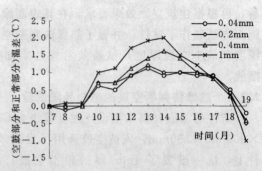

图 11 空鼓深度不同时的时间—温差关系（1）　　　图 12 空鼓厚度不同时的时间—温差关系（2）

温度差试验结果表明，空鼓深度不同时，正常部位表面与内部存在空鼓部位的表面温度差有明显差异。在相同的光照和温度环境下，空鼓深度 30mm 处的试件表面最大温差超过 3℃，而空鼓深度 75mm 处的试件表面最大温差未超过 1℃。从空鼓感知界限热像图（见图 13 中下侧的试件热像图）可以看到，空鼓深度为 30mm 时，通过分析表面温度场的变化很容易分辨出空鼓的大小、形状和位置；空鼓深度为 75mm 时，虽然热像图上可以看到有空鼓存在，但是其范围大小、形状都已经很模糊。通过热像图判断空鼓的难度，按空鼓深度 30mm 到 75mm 的顺序依次增加，即用红外热像法判断建筑外墙饰面质量时，可以明确作出判断的空鼓深度应该小于 75mm。

图 13 空鼓感知界限试验热像图

空鼓厚度不同时的时间—温差关系则说明在饰面层厚度相同、外界环境相同的情况下，空鼓层本身越厚，则在热量传递时，在试件表面形成的温差就越大（见图 12）。这可以从图 13 中上侧的试件热像图看出。图 12 的时间—温差曲线也展示了这个规律。但是，从上面的饰面砖试验结果可以知道，当空鼓层本身薄到极限程度，即厚度为 0mm 时（饰面材料与基底材料之间或粘接材料与饰面砖之间没有缝隙，又不存在粘接力的情况），是不能对空鼓存在与否进行判断的。

2.2.2 砂浆饰面的模拟试验

砂浆饰面的试件基底仍然采用设计强度等级为 C30，外形尺寸为 2500mm×900mm×150mm 的钢筋混凝土板。为模拟实际工程中可能出现的饰面尺寸，选用了 20mm 和 30mm 两种砂浆饰面厚度。模拟空鼓的位置、大小和厚度等技术参数见图 14。完成后的试件照片见图 15 和图 16。试验中将试件的饰面朝南摆放。

试验结果见图 17、图 18。试验热像图清楚地表明，对于砂浆饰面中大于 0mm 厚度的空鼓，采用红外热像法能够做出准确的判断。当空鼓厚度为 0mm 时，则难于鉴别空鼓的存在。这主要是由于空鼓为 0mm 时，意味着"空鼓层"仍然具有较强的热传导功能，反映在其所对应的饰面温度场变化上，则温度梯度接近于零所致。

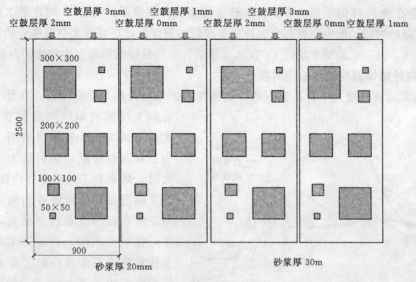

空鼓层厚 2mm　　　空鼓层厚 0mm　　　空鼓层厚 2mm　　　空鼓层厚 0mm 空鼓层厚 1mm

空鼓层厚 3mm　　　空鼓层厚 1mm　　　空鼓层厚 3mm

300×300

2500

200×200

100×100

50×50

900

砂浆厚 20mm　　　　　　　砂浆厚 30m

图 14　砂浆饰面试件示意

图 15　厚 20mm 砂浆饰面
试件照片

图 16　厚 30mm 砂浆饰
面试件照片

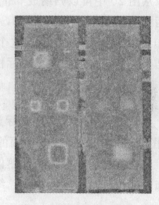

图 17　厚 20mm 砂浆饰面
试件热像图

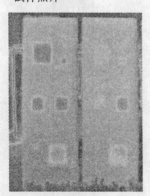

图 18　厚 30mm 砂浆饰面试件热像图

图 19　19 时拍摄的厚 30mm 砂浆

509

图 19 是在晚上 17 时拍摄的厚 30mm 砂浆饰面试件热像图。晚上 17 时正是太阳落下后温度迅速下降的时段，图中空鼓部分的饰面呈较低的温度区，相反地无空鼓部分的饰面呈相对高的温度区。这一试验结果验证了"1.1.3 建筑饰面质量检测原理"中阐述的内容。

2.3 各朝向外墙饰面的最佳检测时段

由于实际建筑外墙并不都是朝南的，其他朝向的外墙内如果存在空鼓，在什么时段最有利于检测的问题就显得很重要了。大量的试验、分析结果表明，当空鼓与正常饰面的温差达到最大或接近最大时，最有利于采用红外热像法检测。为了搞清在什么时段各朝向外墙空鼓与正常饰面的温差达到最大，分别在实际建筑的东墙、西墙、南墙、北墙上按常规施工方法粘贴了带有模拟空鼓的饰面砖，于 2000 年 11 月 4 日利用辐射测温仪对空鼓饰面温度和正常饰面温度做了测试。测试结果见图

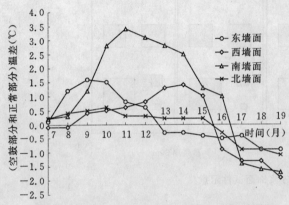

图 20　东西南北墙面瓷砖表面时间—温差关系

20。从图 20 中可以归纳成 5 个最佳检测时段，即建筑物东立面在 8：00～10：00，建筑物西立面在 13：00～15：00，建筑物南立面在 11：00～14：00，建筑物北立面在 9：30～10：30 或 19：00 以后。这个试验结果是在 11 月份得出的。我国幅员辽阔，所以该试验结果有一定的局限性，实际检测时应根据当地的实际情况和季节变化进行调整。

4　试点工程

为验证红外热像法在实际建筑外墙饰面质量检测的可行性，做了一些实际工程检测（见图 21 和图 22）。由于篇幅的限制，仅举一例。一栋写字楼的砂浆饰面外墙检测结果如下：该建筑外墙在利用红外热像法检测后，又采用敲击法及局部破损的办法对判断有空鼓的饰面部位进行了确认检测，结果证明红外热像法检测结果是正确的。

图 21　大楼东立面

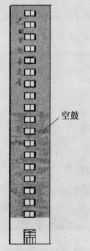

图 22　大楼东立面检测结果

通过实际工程的检测也发现采用红外热像法检测时，尚需要留意的问题有如下几点。

(1) 应尽量选择风和日丽的天气进行检测工作，刮风、下雨、有雾的天气不能进行检测。

(2) 检测前应进行实地勘察，对需要检测的墙面上是否存在颜色差异，是否有裂缝、污物或维修的痕迹等应作好记录，以备数据处理时参考。

(3) 应根据所测的墙面朝向，确定检测时段和热像拍摄地点。其拍摄地点应尽量避开周边建筑物的反射、天空的反射、阳光的反射、树木遮蔽等的不利影响。

(4) 拍摄热像时应注意当前位置所拍图像的分辨率，必要时采用望远镜头，将墙面分成若干部分拍摄或采用广角镜头。

(5) 对于热像的后期处理，应注意将分块拍摄的图像正确地加以拼接。对于仰角造成的图像变形应能够进行几何修正，并消除热像上拍摄角度不同造成的温度梯度。

(6) 为了使空鼓部位突出，应在图像处理时正确设定温度显示范围。

(7) 为了准确表达空鼓所在的位置，处理后的热像图应与相应外墙立面图进行叠加（重合）处理。

(8) 对红外热像法检测结果必须用其他方法（如敲击法）加以少量地局部确认。

5 结论

(1) 红外热像法检测建筑外墙饰面质量是可行的。该方法可以快速、非接触、大面积扫查建筑饰面质量。

(2) 空鼓面积越大、空鼓层越厚、饰面颜色越深，空鼓的位置范围越容易判断。

(3) 一般情况下，红外热像法能够检测的外墙饰面空鼓的最大深度范围小于 75mm，而且难于检测出厚度为零的空鼓。

(4) 实际工程检测时，应选择合适的时段和适宜的环境条件。

(5) 实际工程检测时，应采用其他方法（如敲击法）对红外热像法检测结果加以少量地局部确认测试。

超声反射法单面检测钢—混凝土粘接界面质量的研究

黄政宇　周伟刚　李　瑜

（湖南大学土木工程学院，湖南长沙市，410082）

根据超声检测的原理，提出了采用超声多次反射法单面检测钢—混凝土粘接界面质量，分析了该方法的可行性，综合考虑各试验参数的影响．试验表面采用底波衰减系数和底波个数作为判断钢—混凝土粘接界面质量的依据是可行的。

钢板与混凝土界面的粘接质量对工程结构具有十分重要的意义，它直接影响着结构的安全性和设备运行的稳定性。而实际工程中，如钢管混凝土、大型设备底部钢板、结构加固中的外贴钢等，钢—混凝土界面的缺陷大量存在。以往对钢—混凝土粘接质量进行检测，一般采用超声透射法[1]，这种方法就是通常采用两个换能器分别布置在试件两侧，一个将脉冲波发射到试件中，另一个接收穿透试件后的脉冲信号，依据脉冲波穿透试件后的能量的变化来判断内部缺陷的方法。但具体操作时，经常会遇到换能器只能布置在一个面上的情况，这便对我们的检测方法提出了新的要求。因此，找到一种合理的无损检测方法来判断钢—混凝土粘接质量具有重要的工程意义和实用价值。

本文采用超声多次反射的方法来单面检测钢—混凝土界面粘接质量。超声反射法就是由换能器发射脉冲波到试件内部，通过观察来自试件底面的反射波来对试件进行检测的方法[2]。其基本原理是通过界面的反射率来判断界面的粘接质量。这种测试方法在检测钢—混凝土粘接质量中还从未使用过，但它在工业中已有所运用，如航天工业中采用超声脉冲回波多次反射法检测固体火箭发动界面粘接质量[3]；采用超声反射法检测厚涂层的粘接强度[4]等。

1 超声反射法检测钢—混凝土粘接质量的原理

超声波从一种介质（声阻抗 $Z_1 = p_1 v_1$）垂直入射另一种介质（声阻抗 $Z_2 = p_2 v_2$），一部分超声波在界面上发生反射，而另一部分超声波折射后进入另一种介质[5]。

反射波的声压与入射波的声压之比为反射率 r：

$$r = \frac{Z_2 - Z_1}{Z_2 + Z_1} \tag{1}$$

通过声压 p_2 与入射声压 p_1 之比，称为透过率 t：

$$t = \frac{p_2}{p_1} = \frac{2Z_2}{Z_1 + Z_2} \tag{2}$$

当第二介质层很薄时：

$$t = \left[\frac{1}{1 + \frac{1}{4}\left(m - \frac{1}{m}\right)^2 \sin^2\left(\frac{2\pi\delta}{\lambda}\right)} \right]^{\frac{1}{2}} \tag{3}$$

式中 m——声阻抗之比，即 $m = \dfrac{Z_1}{Z_2}$；

　　　λ——波长；

　　　δ——第二介质的厚度。

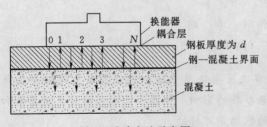

图 1 试验方法示意图

超声反射法检测钢—混凝土界面粘接质量如图 1 所示。从换能器发出的超声波，透过耦合层进入钢板，在钢—混凝土界面发生反射，超声波回到耦合层时一部分能量被换能器接收，这就是第一次底面反射波（简称"底波"）；另一部分能量在耦合层发生反射进入钢板，在钢—混凝土界面发生反射，再次回到耦合层的一部分能量被换能器接收，这就是第二次底波。以此类推，换能器可能接收到第 n 次底波。

由于凡士林耦合层的厚度非常薄，它与检测中常用超声波长之比几乎为 0，根据式（3）可知超声波在耦合层近似于全透射，因此超声波在耦合层中的衰减可以忽略不计。

根据声波传导理论，弹性波在介质中传播时，其能量随传播距离的增加而逐渐减弱，衰减符合下面的规律[6-8]：

$$p = p_0 \times e^{-\alpha} \tag{4}$$

式中　p_0——起始声压；

p——超声波从声压为 p_0 处传播一段跨度 x 后的声压；

c——介质衰减系数，它与超声波的频率、速度有关，也与介质的黏滞系数、导热性、不均匀性和晶粒大小等因素有关。

根据超声波在试件中的传播路径可以得出换能器接收到底波声压计算公式：

$$p_1 = p_0 e^{-2cd} r_{钢-混凝土} t_{钢换} \tag{5}$$

$$p_2 = p_0 e^{-4cd} r_{钢-混凝土}^2 r_{钢换} t_{钢换} \tag{6}$$

$$p_n = p_0 e^{-2ncd} r_{钢-混凝土}^n r_{钢换}^{n-1} t_{钢换} \tag{7}$$

$$p_n / p_{n-1} = e^{-2cd} r_{钢-混凝土} r_{钢换} = e^{-a} \tag{8}$$

$$a = 2cd - l_n \gamma_{钢-混凝土} - l_n \gamma_{钢换} = e^{-a} \tag{9}$$

以上式中　d——钢板厚度；

p_0——超声从换能器进入钢板时声压；

p_n——换能器接收到的第 n 次底波声压；

$r_{钢-混凝土}$——钢—混凝土界面的反射率；

$r_{钢换}$——钢—换能器界面的反射率；

$t_{钢换}$——钢—换能器界面的透过率；

a——底波衰减系数。

由式（8）可知，底波声压的衰减规律服从一元指数曲线方程 $y(x) = Ae^{-ax}$。

由式（9）可知，在钢板厚度和换能器确定的情况下，在某一次检测中，底波声压的衰减速度只与钢—混凝土界面的反射率有关，而与换能器耦合情况无关。钢—混凝土界面粘接质量良好时为钢—混凝土界面，粘接质量不理想时为钢—气界面或者钢—水界面。由于钢和混凝土声阻抗接近，其界面反射率低，声压衰减较快，底波衰减系数 a 较大；而钢和水或空气声阻抗相差悬殊，则界面反射率大，声压衰减相对较慢，底波衰减系数 a 较小。因此，底波衰减系数 a 可以反映界面粘接质量。

根据超声检测仪的设计原理，把超声波的初始声压确定，如果声压的衰减速度快，那么超声脉冲迅速衰减到一定程度后，仪器的显示屏上就不再显示。超声仪能显示的底波个数就少，反之则多。因此，根据底波的个数也可以判断界面粘接质量。

2　试验设计

考虑到实际工程的情况，我们选择了 4 种不同的钢板，其厚度分别是 4mm、8mm、13mm、18mm。钢板的一个面完全光滑，另一个面保持粗糙。试验使用汕头超声仪器研究所生产的 CTS—23A 超声探伤仪，耦合剂采用凡士林。

2.1 换能器频率对检测的影响

根据公式（5）可知，超声波在介质中的衰减与介质衰减系数 c 有关，而介质衰减系数 c 与超声波的频率、速度等因素有关。在钢板厚度一定情况下，为了保证超声反射法单面检测钢—混凝土粘接质量的分辨力，需要通过试验确定最合适频率的换能器来进行检测。

钢板粗糙度一定的情况下，波长越短的超声波就越容易在粗糙面发生散射[7]。因此也需要通过试验来确定合适频率的换能器。

本文采用汕头超声仪器研究所生产的 1MHz、2.5MHz、5MHz、10MHz，SHN—Z 系列窄脉冲探头对 18mm 厚钢—气界面和钢—水界面进行试验。

2.2 测试条件对检测的影响

根据公式（4）可知，超声波在介质中的衰减量与超声波传播路程 x 有关。随着钢板厚度的增加，每个底波的传播路程也在增加，超声波的衰减量增大。因此，本文对厚度为 4～18mm 的钢板进行试验，从而判断厚度变化是否对检测产生较大的影响。

混凝土含水量变化，混凝土的声阻抗也会发生一定的变化，那么钢—混凝土界面的反射率也会发生变化[9]，根据公式（9）可知底波衰减系数 a 也会发生变化。因此，需要通过试验来判断混凝土含水量对检测的影响。

在实际工程中，为了防止暴露在空气中的钢板产生锈蚀，而在钢板外露面涂上防锈油漆。一般情况下油漆层的厚度有几十个微米，这样就相当于换能器与钢之间增加了一个薄层，根据公式（3）可知，透过率略有减小。因此，需要通过试验来判断油漆层对检测的影响。本文在 18mm 钢的表面刷一层铁红醇酸调合漆，对钢—气界面和钢—水界面进行试验。

混凝土、环氧树脂砂浆、水泥砂浆凝结硬化的早期随着强度的增长，声速急剧增长，但到了后期声速增长变缓，甚至停止增长。它们的声阻抗处于动态的变化中，这些材料和钢组成界面的反射率也在变化中，根据公式（9）可知底波衰减系数 a 也会发生变化[10]。因此，本文采用 5MHz 纵波换能器对 18mm 厚钢—混凝土、钢—水泥砂浆及钢—环氧砂浆界面在 28d 时间内持续进行试验，以发现界面反射率趋于稳定的时间。其中，混凝土强度为 C30，原材料为韶峰牌 32.5 普通硅酸盐水泥，普通中砂，粗集料的卵石，配合比为：$m_c : m_w : m_s : m_G = 1 : 0.433 : 1.402 : 3.272$。水泥砂浆采用韶峰牌 32.5 普通硅酸盐水泥，普通中砂，其配合比为 $m_c : m_w : m_s : m_G = 1 : 0.433 : 1.402 : 3.272$，环氧树脂砂浆的 A 剂与 B 剂的质量比为 $m_a : m_b = 1 : 0.4$，胶砂比为 0.5。

2.3 界面比较分析

对钢—气界面、钢—水界面、钢—水泥砂浆界面及钢—混凝土界面，进行综合比较分析，并对本文所用理论模型的准确性进行验证。

3 试验结果及分析

3.1 不同频率的换能器

不同频率纵波换能器对 18mm 钢进行测试，把相同频率换能器测试所得的钢—气界面、钢—水界面的底波波峰包络曲线进行比较。

从图 2 可见，换能器频率在 1.0～5.0MHz 底波的个数随频率增大而逐渐增加，换能器频率大于 5.0MHz 后底波的个数随频率增大而急剧减少，为了保证超声反射法单面检测界面粘接质量的分辨力，所选用的换能器在界面反射率变化时底波个数和幅值应变化明显，试验发现 5.0MHz 测试 18mm 钢—气界面和钢—水界面时底波次数和幅值变化最明显。因此，在超声反射法检测钢—混凝土界面黏结质量时选择 5.0MHz 超声纵波探头最合适。

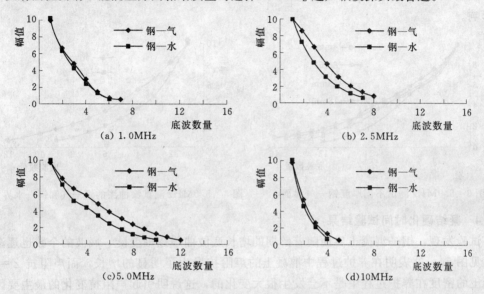

图 2 不同频率换能器 18mm 钢—气界面和钢—水界面测试结果

3.2 测试条件对检测的影响

3.2.1 钢板厚度对检测的影响

试验结果见图 3，随着钢板厚度的增加，底波在钢板内传播的路程变长，由公式（4）可知其声压的衰减量相应地增加。反映在测试结果上就是底波衰减系数 a 随着钢板厚度的增大而增大，即底波波峰包络曲线变陡，底波的个数减少，但这并不影响对粘接质量的判断。

3.2.2 混凝土含水率对检测的影响

试验结果（见表 1）表明，混凝土含水饱和时，底波的幅值比较大，当含水量处于自然状态时，底波的幅值有所下降，而混凝土完全干燥时，底波的幅值又有所上升。由于含水量的变化对反射底波的个数和幅值的影响并不显著，因此，含水量的变化并不会影响对界面粘接质量的判断。

表 1　　　　　　　　　　　　不同含水量混凝土—钢筋界面底波幅值

板厚度	含水量	1	2	3	4	5	6
18mm	饱和	10.0	5.8	3.6	2.2	1.1	0.6
	自然	10.0	5.5	3.3	2.1	1.1	0.6
	干燥	10.0	5.7	3.6	2.2	1.1	0.6

3.2.3 油漆层对检测的影响

在不调大超声探伤仪增益的情况下，油漆钢板的底波幅值明显小于无油漆的钢板。这说明油漆层作为一个薄层存在于钢和换能器之间，会降低超声在界面的通过率。用5.0MHz换能器对涂油漆后的18mm钢—气界面和钢—水界面进行试验，试验结果如图4所示。钢—气界面底波个数明显多于钢—水界面，因此，油漆层不会对检测判断造成很大的影响。

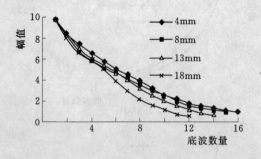

图3　5.0MHz测试不同厚度钢—气界面　　图4　5.0MHz测试涂油漆的钢—气和钢—水界面

3.2.4 凝结硬化时间试验结果

试验发现，钢—混凝土界面随着龄期的增长底波曲线逐渐变陡，底波的个数也逐渐减少（见图5）。这表明在养护过程中混凝土的声阻抗发生了明显的增长，而声阻抗 $Z=\rho c$，混凝土的密度在养护过程中是不会发生很大变化的，这说明引起声阻抗变化的最主要因素是超声纵波在混凝土中的声速的变化。

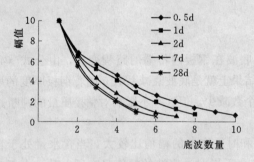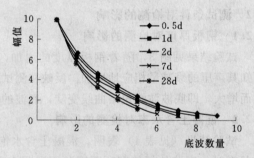

图5　不同龄期C30混凝土的钢—混凝土　　　　图6　不同龄期砂浆的钢—砂浆
　　　界面的测试结果　　　　　　　　　　　　　　界面的测试结果

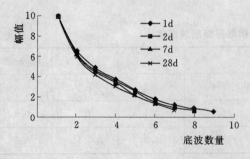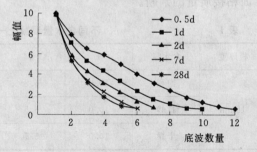

图7　不同龄期环氧砂浆的钢—环氧砂　　　　图8　钢与不同材料界面
　　　浆界面的测试结果　　　　　　　　　　　　的测试结果

如图 6 所示，钢—水泥砂浆界面的试验结果和钢—混凝土界面基本相似，不同之处在于钢—混凝土界面在 3d 后反射率变化趋缓，而钢—水泥砂浆界面反射率的变化在 5d 后才变缓。混凝土中存在大量粗集料，相当于很多粒子已经连接在一起了[4]，而粗集料的超声纵波的传播速度较大，因此，混凝土相对于水泥砂浆就更容易趋于稳定，钢—波氧砂浆界面的试验也有类似的现象（见图 7）。

4 不同界面检测结果分析

用 5.0MHz 探头对 18mm 厚钢板的各种界面进行检测，试验结果（见图 8）表明：当界面反射率下降时，底波的个数迅速减少，同时，对这些底波波峰包络曲线进行回归分析。各界面底波的个数和回归系数 a_h 见表 2。

由表 3 中材料的声阻抗值，通过公式（1）计算出各种界面的反射率 r，再由公式（9）计算出各粘接界面的底波衰减系数 a。其中，根据 Mason[8] 等人的研究结果，在使用 5MHz 换能器测试钢板时介质衰减系数 c 近似取为 0.08dB/cm，即 0.00921Np/cm，d 为钢板厚度 1.8cm。计算结果见表 4。

钢—混凝土粘接实质上是钢板与混凝土表面的水泥砂浆的粘接，因此，采用单面超声检测钢—混凝土界面实际得到的底波衰减系数 a 应该和钢—水泥砂浆界面的底波衰减系数 a 接近。

界面材料的声阻抗相差越大界面反射率就越大，超声波仪所接收到的底波个数就多，那么在界面发生散射的次数也就更多。因此，钢—物—气界面和钢—水界面试验所得的底波衰减系数 a_h 比理论计算值偏大，而钢—环氧砂浆界面和钢—水泥砂浆界面试验所得的底波衰减回归系数 a_h 基本吻合，这就说明本文分析所采用的理论模型能用于界面粘接质量的超声反射法检测。

表 2   各种界面底波个数和底波衰减回归系数 a_h

界面类型	钢—气	钢—水	钢—环氧砂浆	钢—水泥砂浆	钢—混凝土
底波个数	12	10	7	6	6
a_h	0.2349	0.3044	0.3968	0.5207	0.5516

表 3   各种常见材料的声阻抗值

常见	空气	水	环氧砂浆	水泥砂浆	混凝土	探头塑料	钢
声阻抗	0.0004	1.48	4.00	7.20	9.35	3.63	45.3

表 4   各种界面反射率 r 和底波衰减系数 a

界面	钢—气	钢—水	钢—环氧砂浆	钢—水泥砂浆	钢—混凝土	钢—换能器
γ	0.999	0.937	0.838	0.726	0.658	0.852
α	0.9143	0.2584	0.3701	0.5135	0.6119	

5 结论

试验表明，采用超声反射法单面检测钢—混凝土粘接质量是可行的，采用底波衰减系

数 a 和底波的次数作为判定钢—混凝土粘接质量的依据是有效的。单面超声反射法检测钢—混凝土粘接质量，可为工程质量控制提供有关信息。对于 $4\sim18mm$ 厚的钢板使用 5MHz 换能器具有较强的分辨力。钢板厚度在一定范围内变化并不会影响对检测结果的判断。混凝土含水量和钢板油漆层也不会影响对检测结果的判断。钢—混凝土界面和钢—水泥砂浆界面的检测最好在 7d 后进行，而钢—环氧砂浆界面可以安排在 3d 后进行。

参 考 文 献

[1] 潘绍伟，叶跃忠，徐全. 钢管混凝土拱桥超声波检测研究 [J]. 桥梁建设，1997，(1)：32-35.
[2] 《国防科技工业无损检测人员资格鉴定与认证培训教材》编审委员会. 超声检测 [M]. 北京：机械工业出版社，2005：86-87.
[3] 陆德炜. 对固体火箭发动机粘接界面声学无损检测的探讨 [J]. 上海航天，1996，1：48-52.
[4] 易茂中，冉丽萍，何家文. 厚涂层结合强度测定方法研究进展 [J]. 表面技术. 1998 (2)：33-37.
[5] 吴慧敏. 结构混凝土现场检测新技术：混凝土非破损检测 [M]. 长沙：湖南大学出版社，1998，32-39.
[6] 廉国选，李明轩. 超声在粘接界面的反射和折射 [J]. 应用声学，2004，23 (4)：34-42.
[7] 应崇福，张守玉，沈建中. 超声在固体中的散射 [M]. 北京：国防工业出版社，1994.
[8] 罗斯 J L. 固体中的超声波 [M]. 何存富，吴斌，王秀彦，等译. 北京：科学技术出版社，2004.
[9] 商淘，童寿兴. 混凝土超声检测中含水量对超速影响的研究 [J]. 无损检测，2003，25 (4)：189-191.
[10] 刘欢. 水泥胶结过程的超声监测系统 [D]. 北京：中国科学院声学研究所，2003：40-47.
[11] 卢建国. 薄板粘接界面超声检测方法研究及 DSP 实现 [D]. 呼和浩特：内蒙古大学，2003：1.

雷达在建筑工程无损检测中的应用

王正成

（北京铁城信诺工程检测有限公司，北京市，100855）

建筑工程质量直接关系到人民群众的切身利益。如何对建筑工程进行监督检验成为工程质量监督部门的一大难题。在军事、航空、地质勘探、考古、市政管线等领域应用较为广泛、成熟的雷达无损检测手段，正以其优越的性能和高精度的分辨率吸引着人们的目光，逐渐成为建筑无损检测仪器中的首选。本文结合瑞典 RAMAC/GPR 雷达在国内工程检测实例，浅谈一下混凝土雷达在建筑工程检测中的应用体会。

随着国民经济建设迅猛发展，大型基础设施建设工程、城市公共建设工程、住宅小区开发工程、道路工程、水利工程等正在全国各地展开。为了保证工程质量能够达到预期目标，在工程进行过程中和竣工后的工程质量检测成为一个非常重要的环节。混凝土工程检测手段可大体分为两种：混凝土材料的破坏试验和结构材料的非破损测试试验。材料破坏试验主要用于工程施工过程中对所用原材料力学指标的确认，它不能完全代表结构的混凝土情况，仅仅作为对材料力学指标是否符合设计要求的一种确认。对于混凝土结构质量情况的确认就必须采用局部破损或非破损的方法进行检测，而对于绝大多数的结构来说，破损试验是不允许的。这样一来非破损测试试验就显得很重要。我国目前就有几种混凝土质量非破损检测方法的行业标准和学会标准，但这些方法及其目前的技术水平还不能解决特殊混凝土结构质量的检测问题。例如，高层建筑基础承台底板质量的确认、水坝等水利工程中大体积混凝土质量的确认、隧道内混凝土护壁与岩石之间结合质量的确认、桥梁中大型混凝土箱梁结构质量的确认、空心砌块住宅楼内外墙内混凝土芯柱浇注质量的确认、混凝土内钢筋配置情况，等等。混凝土雷达作为一种先进的检测设备，它具有高精度的分辨率、检测速度快、操作简便等特点，为上述工程检测提供了一种可行的检测手段。

1 雷达工作基本原理

雷达系统主要由主机、天线以及传输光纤或电缆组成（见图1，光纤相对电缆传输线来说，具有频带宽、传输速度快、抗干扰能力强的优点），其中天线部分一般又分为发射机和接收机两部分，发射机发射高频电磁波信号到地下介质中，反射回来的信号被接收机接收，然后在接收机内通过 A/D 转换器把模拟信号转换成数字信号，通过传输线将信号传送到主机并储存起来供以后分析使用。混凝土雷达通常在混凝土表面进行扫描，连续发射信号到混凝土结构中，每单位长度或时间扫描一定的道数，检测结果同步显示在计算机屏幕上。由于半无限空间的扩散，点反射体（如与天线拖动方向垂直的钢筋，见图2）的图像为抛物线，面反射体（如楼板底面，见图3）保持原来的形状，其斜度和垂直分辨率在 0.01～1m，取决于使用的天线频率。高频天线分辨率较高，但检测深度较浅，低频天线分辨率较低，但检测深度较深。通常来讲，在建筑里检测楼板或柱体内钢筋及厚度时，中心频率在 1000MHz 频率的天线就能够满足要求。钢筋深度位置是电磁波在混凝土中的双程旅行时间与传播速度乘积的一半，水平位置则是由一个精密的水平距离定位器计算得出来的，其中双程旅行时间是指发射机发出电磁信号后，经钢筋反射，再被接收机接收的时间总和。

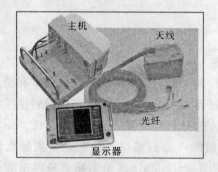

图 1　雷达系统组成

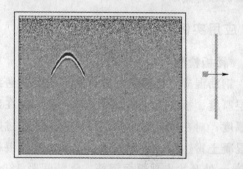

图 2　点反射体成图示意图

2 检测方法和技术

2.1 现场检测方法

对楼板或柱进行检测时，我们对测量区域通常采取网格式扫描的方法。这是因为当沿着某一个方向的测试路线扫描时，在雷达图上只能清楚地识别和测线垂直方向的钢筋，每个抛物线代表一根钢筋，抛物线的顶点位置一般是钢筋的上表面，中心点是钢筋轴心的水平位置。因此，当要对双层网状钢筋进行检测时，就必须对检测区域进行网格式扫描（图3、图4）。当我们只需要一个方向的配筋情况时，也可只沿垂直钢筋的方向拖动天线。

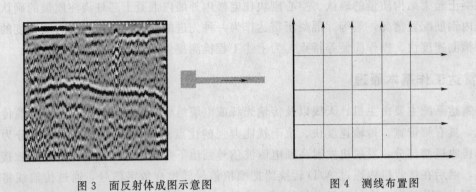

图 3　面反射体成图示意图　　　　　　　　　　图 4　测线布置图

2.2　雷达技术应用

　　混凝土雷达相对其他检测设备而言，具有单面检测、检测非金属目标（如孔洞、塑料管等）、典型测深能够达到 0.5～0.7m、对双排钢筋有明显反应、检测速度快、图像直观等特点。它能够精确确定双排钢筋的水平位置、钢筋间距、楼板厚度等。需要特别指出的是，目前混凝土雷达技术水平尚不能达到建筑检测和设计上对钢筋直径毫米级精度的要求，笔者曾做过一些针对性的实验，从雷达图像上基本不能区分 10mm 和 12mm 直径的钢筋。如果钢筋直径是检测非常重要的指标的话，目前通常是采用综合法来进行保守性分析的，即结合钢筋定位仪等其他检测设备采取多次读数取平均值的方法并结合建筑结构概念知识综合判断。

3　应用实例

3.1　楼板检测

　　钢筋混凝土楼板是实际检测工程经常遇到的检测对象，需要检测的项目通常有楼板结构层厚度、板底板面钢筋配置情况等。对在建工程而言，可从雷达图上直接得到楼板结构层厚度；对在役工程而言，可由雷达图通过间接方法分别得到面层及结构层厚度。图 5 是用混凝土雷达在一块厚度为 150mm 厚的混凝土板的一面扫描得到的，距离测量起始点 690mm 处开始出现板面钢筋，钢筋间距 180mm，直径 12mm（其中钢筋直径项由综合法得到）；距离起始点 650mm 处开始出现板底钢筋，钢筋间距 150mm，直径 6mm（其中钢筋直径项由综合法得到）；距离测量起始点 300mm 处有一直径 80mm 的圆孔。混凝土雷达能够清晰地看到圆孔的位置、板面钢筋、板底钢筋的位置（或钢筋间距）以及板的厚度，但钢筋的直径和圆孔尺寸不能精确地得出。方框标示的位置是孔洞的雷达波形反应，圆点标示的位置是钢筋的雷达波形反应。

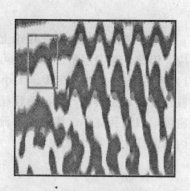
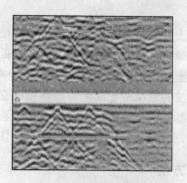

图5 楼板雷达截面图　　　　　　　　　图6 空心砖雷达截面图

3.2 空心砌块检测

空心砌块是建筑结构中经常采用的围护结构材料，它具有施工速度快、保温、隔声效果好、结构自重轻等特点。但如果施工过程中对质量监控不严，对应该灌实混凝土的部位少灌或者不灌混凝土，该植入钢筋的部位没有植入钢筋，这将会对工程的整体性能产生不可估计的影响。图6就是用混凝土雷达对空心砌块混凝土灌注的密实性进行检测得到的同一部位的两张雷达图，在起始部位混凝土比较密实，中间部位混凝土相对疏松，而最后部分则没有灌注混凝土。红线标出的位置是墙体厚度分界线。

4 后记

混凝土雷达虽然在建筑结构检测领域中的应用越来越广，但还有大量的研究工作需要我们去做。例如，利用拟合法测量钢筋直径问题，即在混凝土这种单一介质中，通过在不同深度、不同直径的钢筋抛物线形状的差异，利用反演的方法来反推钢筋直径等。

参 考 文 献

[1] 李大心. 探地雷达方法与应用. 北京：地质出版社，1994.

结构混凝土超声波衰减层析成像的试验研究

黄政宇

（湖南大学土木工程学院，湖南长沙市，410082）

在获知对象的波速分布后，分别采用首波幅值和上升时间衰减信息对混凝土超声波衰减层析成像进行了试验研究。试验结果表明，衰减反演可以正确反映试件内部缺陷的衰减性质及其位置、大小，而且比波速反演对缺陷区性质差异的反映要更为敏感，图像分辨率相应提高；上升时间的测量稳定可靠，较首波幅值更适合混凝土超声波衰减层析成像。

近年来，在混凝土超声检测中引入的层析成像[1,2]技术，可精确完整地反映层析面上混凝土的内部质量，结果直观明晰，较传统方法有明显的优点，因而具有广阔的应用前景。

混凝土的弹性常数（弹性模量、泊松比，密度）与超声波的波速之间在理论上存在定量关系，蜂窝、孔洞等缺陷都经常有较低的波速响应，因此，速度层析成像方法可以用来获得混凝土的内部结构信息，但其分辨率有限，因为声时变化对缺陷性质、大小并不敏感，超声波的衰减对于缺陷物理性质的变化比超声波速度要敏感得多[3-5]，而且超声波的衰减与混凝土内部缺陷的形状和性质、裂缝的发展密度，以及孔隙率、渗透性等流体性质密切相关，所以衰减层析成像也是全面认识混凝土内部缺陷的有效手段。

1 原理方法

时间域内超声波衰减成像主要基于两种衰减信息，一是首波幅值衰减，二是上升时间衰减。本文分别采用这两种信息进行衰减成像的试验研究。

1.1 幅值衰减成像

超声波能量的衰减最明显的表现就是首波幅值的变化，因此在考虑衰减成像研究时，首先考虑到的就是首波幅值衰减法，在黏弹性介质中，超声波在发射点处的幅值 A_0，随传播距离增大而减少，在距离震源 x 的任意点处变为 A，超声波幅值之间基于黏滞衰减的简单关系可以用下式表示：

$$A_0 e^{-\int_x \beta(x) dx} = A \tag{1}$$

这里的 β 即为吸收系数，它的值为

$$\beta = \frac{\pi f}{Qv} \tag{2}$$

式中　Q——品质因子（无量纲）；

　　　f——频率；

　　　v——波速。

文献［5］提到基于角度修正的超声波传播方程：

$$A_0 e^{-\int_x \beta(x) dx} h(\theta) = A \tag{3}$$

$$h(\theta) = 1 - 0.6444\theta \tag{4}$$

式（3）和式（4）中 θ 均为发射点与接收点的连线与发射基准线之间的夹角，且 $0 \leqslant \theta \leqslant \pi/2$。式（3）可离散化为

$$\sum(r_{ij}\beta_j) = \ln\left(\frac{h(\theta_i)A_0}{A_i}\right) \tag{5}$$

式中　　　r_{ij}——第 i 条射线被其经过的第 j 个像元截取的长度，射线路径只能由波速结构确定；

　　　　　β_j——第 j 个像元的吸收系数；

　　$h(\theta_i)$，A_i——第 i 条射线的方向性因子和超声波的首波幅值。

记 $x = (\beta_i)$，$y = \left[\ln\left(\frac{h(\theta_i)A_0}{A_i}\right)\right]$，则式（5）的矩阵表达形式为 $\boldsymbol{R}x = y$，$\boldsymbol{R}$ 为射线路

径矩阵，x 为图像参数向量（吸收系数），y 为测量向量。

1.2 上升时间衰减成像

除了幅值的变化外，随着超声波在混凝土中的传播，其波长会变长，频率会变低，这一现象被称作脉冲增宽，Gladwin 与 Stacey 提出了一种被称为上升时间[3]原理的经验关系式：

$$\tau = \tau_0 + \frac{C}{Q}t \tag{6}$$

式中 τ_0 与 τ——源点与接受点的初至波形上升时间；

$\qquad$ Q——品质因子；

$\qquad$ t——走时；

$\qquad$ C——一个常数。

式（6）显示上升时间与走时之间的关系是线性的，而且这种关系由 Q 值确定。要确定子波的上升时间，需要先找出子波前像的最大斜率位置，通过此点按最大斜率画一条直线，这条直线与振动平衡线（波形的零线）和通过后面波峰的水平线各有一交点，这两个交点的时间差就称为上升时间。Blair 与 Spathis 还给出了另一个上升时间定义：子波前像90%幅值处与10%幅值处之间的时间差，他们还通过实验证明两个定义之间的差别不大，也有人将脉冲宽度用作上升时间，Kjartansson 从 Q 值恒定理论中导出当 $Q>20$ 时，C 是一个常量，而 Blair 与 Spathis 则从实验结果中得出了 C 在源点与波形有关的结论：

上升时间原理说明，可以利用上升时间（或脉冲宽度），以及两个观测点之间的走时来获得衰减系数。

将式（6）离散化，有

$$\tau_j - \tau_{0j} = \sum_i \left| \frac{1}{Q_i} \right| C_j t_{ij} \tag{7}$$

这里的脚标 i 与 j 分别表示网格与射线，t_{ij} 为射线路径矩阵，由射线追踪计算出来。无论 C 是常数量还是由波形定，该公式都可以适用，还可以使用更简单的公式，令 $k_i = \frac{C}{Q_i}$

$$\tau_j - \tau_{0j} = \sum_i k_i t_{ij} \tag{8}$$

这里的 k 是增宽因子（无量纲），它是衰减特性在表示形式上的一种变化。在得到 k 值后，可根据式（2）获得吸收系数 β 的分布图。

2 试验研究

2.1 试验试件与仪器

本文设计了三个内部有模拟缺陷的 C30 素混凝土试件 a、b、c，龄期为两年，其外观尺寸为 40cm×40cm×20cm。试件 a 中的缺陷为砂浆块，试件 b 中的缺陷为蜂窝块，试件 c 中的缺陷为空洞，缺陷均从上至下贯通，如图 1 所示。试验仪器为北京康科瑞公司生产的 NM－3C 非金属超声检测仪和 50kHz 的换能器。

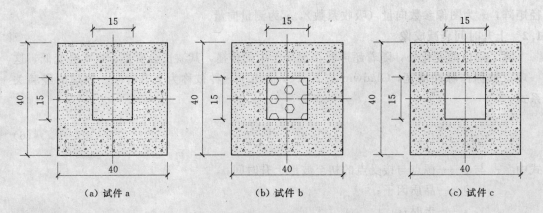

<table>
<tr><td>（a）试件 a</td><td>（b）试件 b</td><td>（c）试件 c</td></tr>
</table>

图1 试件平面图（单位：cm）

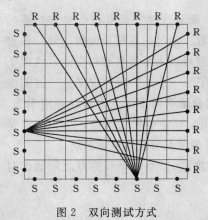

图2 双向测试方式

2.2 试验方法

首先，将试件平面（反演区域）划分为 8cm×8cm 的网格，网格（像元）大小为 5cm×5cm，发射换能器和接收换能器位于每个网格的中心，通过凡士林作为耦合剂与打磨光滑试件表面紧密接触，采用双向检测方式，移动接收换能器和发射换能器的位置进行超声测试，完成初至走时、首波幅值和上升时间的采集工作，如图2所示。图中S为发射点，R为接收点。

然后，通过本文编制的速度反演程序进行超声波的初至走时反演，重建试件的波速分布。速度反演程序采用弯曲射线追踪[6,7]和加权最小二乘算法[8]。获得试件的波速结构后，亦即确定了射线路径矩阵，再采用加权最小二乘算法分别对式（5）和式（8）进行求解，反演各个像元的 β 值和 k 值。

最后，采用方差截断、中值滤波和聚类分析[5,9]的方法对反演的原始图像进行去噪后处理，以提高层析图像的分辨率和可读性。

2.3 试验结果分析

试件 a、b、c 的衰减层析图像经图像后处理后，用等值线图的形式给出。图3为试件基于首波幅值的衰减反演结果，图4为试件基于上升时间的衰减反演结果。比较图3和图4，可以看到基于首波幅值和基于上升时间的衰减反演均能有效地反映出混凝土内部缺陷的衰减性质，并且上升时间的衰减反演能更准确可靠地反映缺陷的位置和大小。

表1列出了试件 a、b、c 衰减反演和速度反演的具体数值结果，其中相对差异是指缺陷区反演值相对于背景区的差异。分析表中数据可知，超声波的衰减对于缺陷物理性质的变化的确比超声波速度要敏感得多。例如，试件 b，缺陷区蜂窝的波速比背景区混凝土的波速低 15.02%，而 β 值、k 值分别比背景区混凝土高 34.64% 和 31.63%。可见衰减差异比波速差异要更为明显，这将有利于缺陷的判别。砂浆、混凝土、蜂窝和孔洞的 β 值或 k 值依次变大，并有一定的区分度，这与实际情况吻合。另外，衰减反演的首波幅值法和上

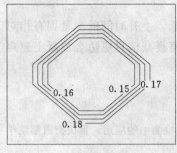
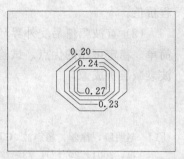

试件 a   试件 b   试件 c

图 3   首波幅值衰减反演等值线图

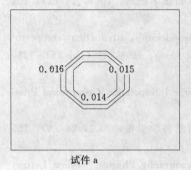
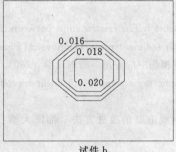
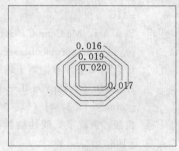

试件 a   试件 b   试件 c

图 4   上升时间衰减反演等值线图

升时间法对背景混凝土吸收性质的计算稳定，尤其是上升时间法。这是因为首波幅值的影响因素多、信噪比不高，上升时间则利用了相对于幅值更精确稳定的走时测试数据，故上升时间法比首波幅值法的结果更为准确可靠。

表 1   试件 a、b、c 波速反演和衰减反演结果

试件	缺陷类型	波速反演			衰减反演					
		背景区波速（m/s）	缺陷区波速（m/s）	相对差异（%）	首波幅值			上升时间		
					背景区 β 值	缺陷区 β 值	相对差异（%）	背景区 k 值	缺陷区 k 值	相对差异（%）
a	砂浆	4458	4188	−6.06	0.1781	0.1350	−24.20	0.01570	0.01324	−15.67
b	蜂窝	4481	3808	−15.02	0.1894	0.2550	34.64	0.01546	0.02035	31.63
c	孔洞	4537	3026	−33.30	0.1790	0.2785	41.37	0.01544	0.02116	37.05

4   结论

（1）试验结果表明，获得对象的波速结构以后，基于首波幅值和上升时间的超声波时域衰减层析成像可以精细地正确反演出混凝土内部缺陷的衰减性质以及位置、大小，而且比波速反演对缺陷区性质差异的反映更为敏感，图像分辨率相应提高。本文的衰减层析成像研究成功地拓展了超声波层析成像技术在结构混凝土缺陷检测中的应用，具有重要的工

程价值。

（2）首波幅值易受外界环境、试验条件的影响，信噪比低，上升时间的测量则有相对简单、稳定可靠的优点。试验结果表明，上升时间较首波幅值衰减信息更适合混凝土超声波衰减层析成像。

参 考 文 献

[1] 赵明阶，徐蓉. 超声波. CT 成像技术及其在大型桥梁基桩无损检测中的应用. 重庆交通学院学报，2001，20（2）：73-77.

[2] 王五平，罗骐先，宋人心，等. 声波 CT 检测钻孔灌注桩内部质量. 施工技术，2000，29（10）：26-28.

[3] 王辉，常旭，高峰. 井间地震波衰减成像的几种方法. 地球物理学进展，2001，16（1）：104-110.

[4] Best A I，Mc Cann C，Sothcott J. The relationships between the velocities, attenuation, and petrophysical properties of reservoir sediment rocks. Geophysical Prospecting，1994，42（1）：151-178.

[5] 缪仑. CT 技术在混凝土超声探伤中的应用. 湖南大学，2001.

[6] Asakawa E，kanawa T. Seismic ray tracing using linear traveltime Interpolation. Geophysical Prospecting，1993，41（1）：99-111.

[7] 黄靓，黄政宇. 线性插值射线追踪的改进方法. 湘潭大学自然科学学报，2002，24（4）：105-108.

[8] Berryman J G. Fermat's principle and nonlinear traveltime tomography. Physical Review Letter，1989，62（25）：2953-2956.

[9] 黄靓. 混凝土超声 CT 的数值模拟与试验研究. 长沙：湖南大学，2003.

混凝土雷达在结构无损检测的应用技术

王正成

（北京铁城信诺工程检测有限公司，北京市，100855）

混凝土雷达是用于建筑结构无损检测的一门新技术，理论上满足麦克斯韦方程和波动方程，具有分辨率高、可单面采集、测深大、数据处理简单、结果直观等特点。随着雷达技术水平的发展，混凝土雷达逐渐从探地雷达系统中独立出来，形成了专门用于混凝土结构检测的一套系统。本文结合 CX 系列混凝土雷达阐述了其理论和方法的可行性。

用于混凝土结构无损检测的雷达，称之为混凝土雷达，它是探地雷达在混凝土结构检测中的具体应用。混凝土雷达工作时，发射机向混凝土内或地下发射高频带脉冲电磁波，经存在电性差异的界面或目标体反射后返回测量表面并由接收机接收。电磁波在介质中传播时，其路径、电磁场强度与波形将随所通过介质的电性质和几何形态而变化，对接收的信号进行分析处理，可判断混凝土的钢筋、层厚和缺陷位置。当目标体为面反射体时，雷达图像上显示的是与反射界面一致的一条曲线，当目标体为点反射体时，其雷达图像上显示的是一个抛物线，或称之为双曲线的一支。与其他无损检测技术相比，混凝土雷达具有单面检测、分辨率高、测深大、工作效率高、数据处理简单、结果直观等优点。混凝土雷达的应用范围包括定位钢筋位置及间距，混凝土内金属及非金属管线或电缆，测量楼板结构层及装饰层厚度，空心砖填筑质量，古建筑墙体剥离层，暗梁的位置等。虽然混凝土雷达的应用十分广泛，但是在解决钢筋直径、裂缝深度、密集钢筋定位等问题上还存在相当大的难度，因此，应科学客观地看待混凝土雷达的功能和能力，其应用领域也有待我们进一步开发。

1 工作原理

混凝土雷达采用高频电磁波进行测量，图 1 所示的单道波形就是经过目标体反射的电磁波图形，在模拟信号向数字信号转换过程中，根据信号振幅大小和正负的不同，使用黑白或彩色进行填充，得到二维的扫描图。最终得到的雷达剖面图就是由多个这样的扫描图排列组成的。根据电磁波传播理论，高频电磁波在介质中的传播服从麦克斯韦方程组。即

$$\nabla \times E = -\frac{\partial B}{\partial t}$$

$$\nabla \times H = J + \frac{\partial D}{\partial t}$$

$$\nabla \cdot B = 0$$

$$\nabla \cdot D = \rho \tag{1}$$

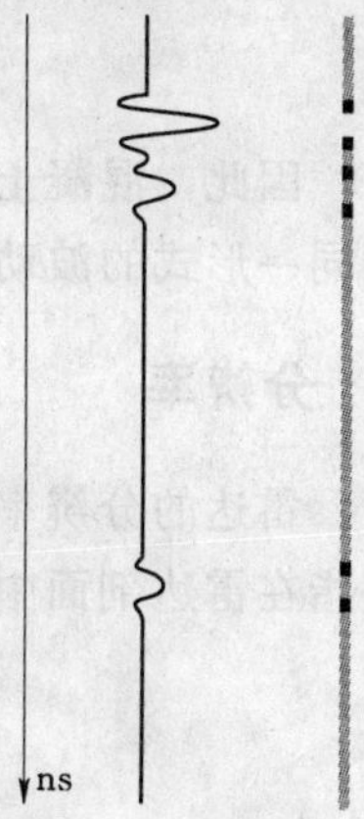

式中　ρ——电荷密度，C/m^3；

J——电流密度，A/m^2；

E——电场强度，V/m；

D——电位移，C/m^2；

B——磁感应强度，T；

H——磁场强度，A/m。

图 1　单道波形窗口

麦克斯韦方程组描述了电磁场的运动学规律和动力学规律。其中，E、B、D 和 H 这 4 矢量称为场量，是在问题中需要求解的；J 和 ρ 中一个为矢量，一个为标量，均称为源量，一般在求解问题中是给定的。例如，在利用时间域有限差分（FDTD）方法求解中，在已知的边界条件下，给定发射源的类型和大小等。要充分地确定电磁场的各场量，求解上述方程的 4 个参数是不够的，必须补进媒质的本构关系。所谓的本构关系，是场量与场量之间的关系，决定于电磁场所在介质中的性质。介质由分子或原子组成，在电场和磁场作用下，会产生极化和磁化现象。由于介质的多样性，本构关系也相当复杂。最简单的介质是均匀、线性和各向同性介质，其本构关系为

$$J = \sigma E$$

$$D = \varepsilon E$$

$$B = \mu H \tag{2}$$

式中　ε——介电常数，F/m；

μ——磁导率，H/m；

σ——电导率，S/m，均为标量常量，也是反映介质电性质的参数。

麦克斯韦方程组描述了场随时间变化的一组耦合的电场和磁场。输入一个电场时，变化的电场产生变化的磁场。电场和磁场相互激励的结果是电磁场在介质中传播。探地雷达利用天线产生电磁场能量在介质中传播，根据麦克斯韦方程以及上述的本构关系，可以写成如下形式

$$\nabla \times \nabla \times E = -\frac{\partial}{\partial t}(\nabla \times \mu H) \tag{3}$$

将安培定律代入上式可以得到

$$\nabla \times \nabla \times E = -\frac{\partial}{\partial t}(J + \frac{\partial D}{\partial t}) = -\mu\sigma\frac{\partial E}{\partial t} - \mu\varepsilon\frac{\partial^2 E}{\partial t^2} \tag{4}$$

整理可以得到

$$\nabla \times \nabla \times E + \mu\sigma\frac{\partial E}{\partial t} + \mu\varepsilon\frac{\partial^2 E}{\partial t^2} = 0 \tag{5}$$

同理可以获得

$$\nabla \times \nabla \times H + \mu\sigma\frac{\partial H}{\partial t} + \mu\varepsilon\frac{\partial^2 H}{\partial t^2} = 0 \tag{6}$$

因此，混凝土雷达的电磁波传播理论和弹性波的传播理论有很多类似的地方。两者遵循同一形式的波动方程，只是波动方程中变量代表的物理意义不同。

2 分辨率

雷达的分辨率是分辨最小异常的能力，可分为垂向分辨率与横向分辨率。垂向分辨率是指在雷达剖面中能够区分一个以上反射界面的能力。理论上可以把雷达天线主频波长的

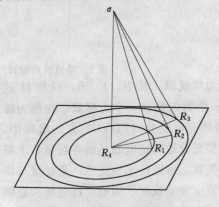

图 2 Fresnel 带示意图

1/8 作为垂直分辨率的极限，但考虑到外界干扰等因素，一般把波长的 1/4 作为其下限。当地层厚度超过 $\lambda/4$ 时，复合反射波形的第一波谷与最后一个波峰的时间差正比于地层厚度。地层厚度可以通过测量顶面反射的初至和底界反射波的初至之间的时间差确定出来。横向分辨率是指探地雷达在水平方向上能分辨的最小异常体的尺寸。横向分辨率又包含目标体本身的最小水平尺寸和两个有限目标体的最小间距。雷达的横向分辨率可以用 Fresnel 带（图 2）加以说明，假设地下有一水平反射层面，以发射天线为中心，以到层面的垂距为半径，作一圆

弧和反射层面相切。此圆弧代表雷达波到达该层面的波前，再以多出 1/4 和 1/2 子波长度的半径画弧，在水平反射层面的平面上得出两个圆。其中内圆称为第一 Fresnel 带，两圆之间的环带称作第二 Fresnel 带，同理还可以有第三带、第四带等。根据干涉原理，除第一带外，其余各带对反射的贡献不大，可以不予考虑。当反射层面的深度为 D，发射和接收天线间距远小于 D 时，第一 Fresnel 带的直径 d_F 可以按式（2）计算。

$$d_F = 2\sqrt{(D+\frac{\lambda}{4})^2 - D^2} = 2\sqrt{\frac{1}{2}\lambda D + \frac{1}{16}\lambda^2} = \sqrt{2\lambda D + \frac{1}{4}\lambda^2} \approx \sqrt{2\lambda D} \tag{7}$$

式中 λ——波长；

$\qquad D$——反射层面深度。

Fresnel 带的出现使中断的目标体的边界模糊不清，它和绕射现象一致。因此，雷达图上目标体的尺寸都大于它的实际大小。可以得出结论，探地雷达的水平分辨率高于 Fresnel 带直径的 1/4，两个目标体之间的最小间距大于 Fresnel 带时才能把两个目标体区分开。

3 混凝土雷达的基本参数

3.1 电磁波的传播时间 t

$$t = \frac{\sqrt{4z^2 + x^2}}{v} \approx \frac{2z}{v} \tag{8}$$

式中 z——目标体的深度；

$\qquad x$——天线发射端和接收端的距离（因为通常式中 $4z^2 \geqslant x^2$，故 x^2 项可以忽略不计）；

$\qquad v$——电磁波在介质中的传播速度。

3.2 电磁波在介质中的传播速度 v

$$v = \frac{c}{\sqrt{\varepsilon_r \mu_r}} \approx \frac{c}{\sqrt{\varepsilon_r}} \tag{9}$$

式中 c——电磁波在真空中的传播速度（0.3m/ns）；

$\qquad \varepsilon_r$——介质的相对介电常数；

$\qquad \mu_r$——介质的相对磁导率（一般 $\mu_r \approx 1$）。

3.3 电磁波的反射系数 R

$$R = \frac{\sqrt{\varepsilon_1 \mu_1} - \sqrt{\varepsilon_2 \mu_2}}{\sqrt{\varepsilon_1 \mu_1} + \sqrt{\varepsilon_2 \mu_2}} \approx \frac{\sqrt{\varepsilon_1} - \sqrt{\varepsilon_2}}{\sqrt{\varepsilon_1} + \sqrt{\varepsilon_2}} \tag{10}$$

式中 R——界面的电磁波反射系数；

$\qquad \varepsilon_1$——第一层介质的相对介电常数；

$\qquad \varepsilon_2$——第二层介质的相对介电常数。

当 $\varepsilon_1 > \varepsilon_2$ 时，R 为正值；当 $\varepsilon_1 < \varepsilon_2$ 时，R 为负值。R 的正、负差别意味着相位相反（即相位变化 π）。

从反射系数公式可以得出以下两个结论。

1）界面两侧介质的电性质差异越大，反射波信号越强。

2）电磁波从介电常数小入射到介电常数大的介质时，即从高速介质进入到低速介质，反射系数为负，相位变化 π，即反射振幅反向。反之，从介电常数大入射到介电常数小的介质时，反射系数为正，反射波振幅与入射波同向。

如果从空气（$\varepsilon_{空} = 1$）入射到混凝土（$\varepsilon_{混凝土} \approx 6 \sim 10$）时，混凝土反射振幅反向，折射波不反向。从混凝土后边的脱空区再反射回来时，反射波不反向，因此脱空区的反射方向与混凝土表面的反射方向正好相反。

如果是混凝土中的金属物体，如钢筋（$\varepsilon_{钢筋} = \infty$），反射波反向，而且反射振幅特别强。

3.4 电磁波传播时间与目标体深度的关系

$$z = \frac{1}{2}vt = \frac{1}{2}\frac{c}{\sqrt{\varepsilon_r}}t \tag{11}$$

式中　z——目标体深度；

　　　v——电磁波在介质中的传播速度；

　　　c——电磁波在真空中的传播速度；

　　　ε_r——介质的相对介电常数；

　　　t——探地雷达记录的电磁波传播时间。

通过这个公式，可以将混凝土雷达接收到的双程走时转换为反射目标体的深度。

4 应用实例

混凝土雷达在结构无损检测领域应用非常广泛，它在定位钢筋位置及间距、楼板厚度、暗梁等结构构件的位置，空心砖灌注质量，预应力钢筋定位等方面都有着不俗的表现。雷达数据结果通常是以二维的剖面图形式表示，分析时从中找出目标体的信号反射特征。随着技术水平的提高，雷达水平切片图也开始逐渐被采用，从而为数据分析提供了另一种途径，提高了判断的准确性。

4.1 构造柱混凝土缺陷检测

为了达到试验的目的，在某建筑物外墙构造柱内人为地留有空洞，希望通过红外热像仪和混凝土雷达的方法找到缺陷位置。图3是使用频率1.2GHz的天线沿构造柱柱身采集的雷达数据，可以看出，椭圆内部的雷达反射波形明显与其他部位的波形不同，同相轴不连续，信号反射强烈。经核实此处便是构造柱内缺陷的位置。另外，雷达剖面图上还有几个小的抛物线形状的波形，这是墙体内起加固作用的钢筋的反射信号。

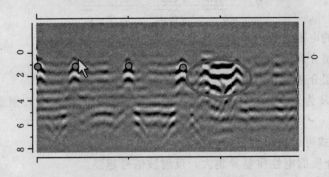

图3　构造柱混凝土缺陷雷达剖面图

4.2 天线频率，分辨率及穿透深度的对比

混凝土雷达的天线中心频率越高，分辨目标体的能力越强，但其穿透深度也就越浅；反之，天线中心频率越低，分辨目标体的能力越弱，穿透深度也就越大。图4是分别采用1.2GHz、1.6GHz和2.3GHz中心频率的天线在同一区域采集的雷达数据。从1.2GHz天线雷达剖面图中，可以看到四根钢筋的反射信号，钢筋位置如图标注所示；1.6GHz天

线雷达剖面图中，四根钢筋的反射信号更加强烈，更容易判读，分辨率比 1.2GHz 天线要高；在 2.3GHz 天线雷达剖面图中，不仅能够清晰识别第一排的四根钢筋，而且能够识别出第二排钢筋的存在，其位置如图 4 所示。从三张雷达剖面图中可以看出，天线中心频率越高，电磁波的穿透深度越浅，如 2.3GHz 天线的测深在混凝土中大概在 0.2m 左右。

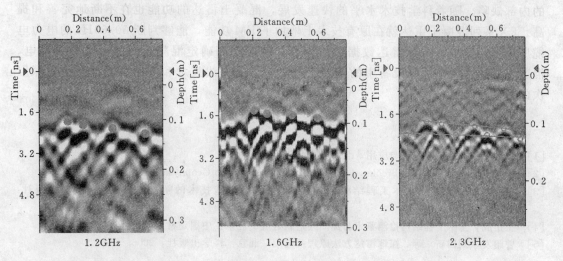

图 4　1.2 GHz、1.6GHz 和 2.3GHz 天线同一区域的测量数据

4.3　2.5D 雷达数据

雷达剖面图反映的是垂直于混凝土测量表面，测线正下方的回波信息，横坐标为天线拖动距离，纵坐标为电磁波传播时间（即目标体埋藏深度）。混凝土雷达通过对测量区域进行网格式扫描，经过数据处理，可以得到沿深度变化的水平切片图，因为这种方法介于二维和真正意义的三维数据之间，所以称之为 2.5 维。为得到 2.5 维图像，雷达测线需要布置成横纵两个方向，测线间距为 0.1m，测线长度可以根据工程需要自行设定，没有特殊限制，如图 5 所示。这种方法通常适用于小面积的精细成像扫描。数据经过处理后，不仅能够查看 X 轴和 Y 轴方向上的垂直雷达剖面图，还可以得到整个测量区域内不同深度的水平切片图，图 6 的例子就是探测钢筋网的水平切片图，可以清晰地看到钢筋的分布情况。

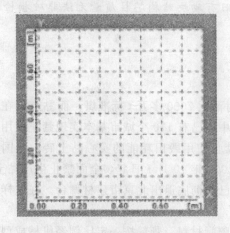
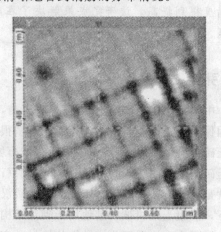

图 5　网格式测线布置示意图　　　　图 6　钢筋网探测雷达水平切片图

5　结束语

混凝土雷达天线的中心频率通常都大于 1GHz，具有精度高、体积小、屏蔽效果好、易于操作的特点，既适合大面积混凝土的快速扫描，又能够准确定位小面积构件的内部缺陷。随着科学技术水平的快速发展，混凝土雷达的功能也在不断地完善和提高。CX 系列混凝土雷达就在原有技术上增加了 EM 功能，能够判断 50/60Hz 的电力电缆所产生的信号，结合雷达数据共同分析，就能现场确定混凝土内的电缆是否带电。混凝土雷达是无损检测设备中的重要工具之一，其方法技术和应用领域都有待更深层次的开发和研究。

参　考　文　献

[1] 李大心．探地雷达方法与应用．北京：地质出版社，1994.

[2] Philip Kearey, Michael Brooks, Lan Hill. An Introduction to Geophysical Exploration，2002.

[3] 王正成，王新泉．土木工程结构检测鉴定、加固与改造技术的新进展．重庆：重庆出版社，2004：139.

[4] 王正成．土木工程结构检测鉴定与加固改造新进展．北京：中国建材工业出版社，2006：285.

[5] 曾昭发，刘四新，等．探地雷达方法原理及应用．北京：科学出版社，2006.

红外线—微波综合法检测砌块结构中混凝土芯柱浇筑质量技术的研究

张荣成

（中国建筑科学研究院，北京市，100013）

本文通过模型试验和试验结果的实际工程验证，系统地研究了红外线与微波相结合的方法检测砌块结构混凝土芯柱质量的问题。红外线与微波相结合的检测技术，既避免了单一方法在结构内部检测时存在的检测盲区，又便于两种方法的相互校核，使检测精度得到提高。该研究成果解决了在建和旧有砌块结构芯柱质量无法非破损检测的问题。

1　引言

中国每年因生产黏土砖毁田 50 万亩，同时消耗 7000 多万 t 标准煤，而黏土砖在使用中因保温隔热性能差致使建筑能耗总量很大。中国已有 170 个城市基本实现禁止使用实心黏土砖。到 2010 年年底，中国所有城市城区禁止使用毁田耗能的实心黏土砖，全国实心黏土砖产量控制在 4000 亿块以下。北京市从 2004 年 10 月 1 日起，全面禁止生产黏土砖。也就是说，有数千年生产历史的"秦砖汉瓦"已经彻底退出北京市建材舞台。在这样的背景下，混凝土砌块被大量地用于砌筑结构。

混凝土砌块属于非烧结性的块材。它是由胶凝材料、骨料按一定比例经机械成型、养护而成的块材。在材料组成上有以砂石作骨料的混凝土承重空心砌块；以浮石、火山渣、天然煤矸石为骨料的轻集料混凝土砌块、保温砌块、装饰砌块、铺路混凝土砌块，近年来又研制出大掺量粉煤灰混凝土承重砌块等。如以砌块的尺寸划分则有小型混凝土空心砌块，小型混凝土空心砌块又按厚度划分为 190mm 和 290mm 两大系列，而每种系列又包括标准砌块、辅助砌块等多种形式。混凝土砌块多用于墙体结构。由于建筑结构抗震的要求，用于承重墙体的空心砌块中需要按一定的间距设置混凝土芯柱，混凝土芯柱施工结束后，在墙外看不到它的存在，属于"隐蔽结构"，确认混凝土芯柱施工质量是很困难的。我们在实际工程检测工作中，曾发现某砌块结构工程有 80％承重墙应设置混凝土芯柱的位置只配了钢筋，而未浇筑混凝土。如果这种情况未及时发现和未及时采取补救措施，就会给结构抗震留下致命的安全隐患。采用破损的方法来检查实际砌块工程施工中，是否在设计的位置上浇筑了混凝土芯柱是不可取的。理由是检查点数不宜过多，不利于全面评价混凝土芯柱的施工情况。因此，在非破损检测砌块结构混凝土芯柱方面，进行了研究工作。初期研究中采用了超声波法进行了试验，结果并不理想，原因是与现场施工的正常混凝土相比砌块本身的混凝土不够密实（见图 1），内部存在较多的小气孔，这些气孔大大影响了超声波法对芯柱的判断。再有超

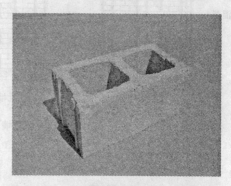

图 1　砌块外观

声波法需要有两个对应的测试面，在无脚手架的情况下不能对处于高位置的外墙进行检测工作。后来我们采用红外线和微波进行了试验研究，取得了成功。

2　试件制作概况

为了模拟实际砌块工程，制作了一个足尺的砌块结构模型，模型高 3200mm，平面尺寸 7300mm×3800 mm。芯柱混凝土强度等级为 Cb30，具体分布见图 2（芯柱的不连续是特意设置的）。模型制作时考虑了外墙和内墙（图 2 中 1 轴上的墙紧靠相邻的结构墙体，视为内墙）的情况，同时也考虑了承重墙上设有门窗（图 2 中 A 轴、B 轴上的外墙）和不设门窗（图 2 中 2 轴上的南墙）的情况。模型所用的砌块采用厚度为 190mm 系列的小型混凝土砌块。完成后的模型见图 3。

3　试验

试验分别采用红外线检测技术和微波检测技术进行。这两种检测技术有各自的不同特点。之所以采用两种方法进行试验研究，是因为这两种方法可以相互弥补其技术上的不足，使缺陷判断更为准确。

3.1　红外线检测试验

3.1.1　检测原理

所有物体都会发出红外线——辐射能量，建筑物外墙也同样会发出红外线。而红外热像仪可以接收其"视野"内物体各部分辐射出的热能，并根据其各细部辐射能量大小用图

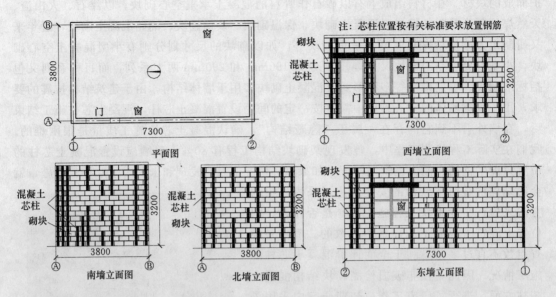

注：芯柱位置按有关标准要求放置钢筋

图 2　承重墙内芯柱分布（单位：mm）

图 3　模型外观

像显示出来。

普通的可见光照相机可以拍摄可见光，而构成红外热成像系统的红外热像仪则可以探测到物体辐射出来的红外线。不论在白天或夜晚，这些热像都能反映其物体表面温度分布以及物体的形状。

对于空心砌块结构的承重墙体来说，其内部有两种情况，一种情况是墙内设有混凝土芯柱，另一种情况是砌块空心部分未填充任何建筑材料。这两种情况导致墙体在环境温度变化时（也就是墙体受到外部热能辐射时），表面的温度场将发生变化。

具体假设如下：当外辐射增加时，由于无芯柱的空心砌块部分是中空的，空腔中的空气对热量传递速度较慢，表现为热能量在墙表"堆积"，导致该位置的墙面温度迅速升高。而设有混凝土芯柱的墙体在热辐射作用下，所接收的辐射能量经过空心砖侧壁后，直接传递给混凝土芯柱，表面没有热能"堆积"现象，温升没有像未设芯柱的墙表面那样急剧。当环境温度降低，墙体向周围辐射热能时，情况与上述情形正好相反。原理见图 4 所示。

红外线检测就是利用墙体表面温度分布成像技术来判断砌块结构内芯柱是否存在质量缺陷的。由于建筑物尺寸大，所以砌块结构表面的温度场变化还要依靠自然界的热辐射变化来实现。

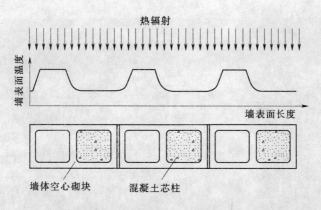

热辐射

墙表面温度

墙表面长度

墙体空心砌块　　混凝土芯柱

图 4　砌块结构在热辐射作用下表面温度分布示意图

3.1.2　试验仪器

试验中采用的仪器为 NEC TH3101MR 红外热像仪，其主要技术性能如下：

温度测量范围：－50～2000℃；

温度分辨率：0.08℃（30℃时）、0.02℃（S/N 方式）；

测量精度：±0.5％RFS；

工作波长：8～13μm；

探测器：碲镉汞 HgCdTe；

冷却方式：液氮冷却；

视场角：30°×28.5°；

图像刷新时间：0.8s；

聚焦范围：20～∞；

像素：344×230；

温度计算：自动；

环境温度校正：有；

辐射率修正：0.10～1.00（步长 0.01）；

光学放大：1～5 倍；

A/D 分辨率：12 位；

图像处理功能：带微机处理；

显示：彩色液晶显示器；

重量：约 3kg。

3.1.3　试验过程和试验结果

试验前确定了各方位墙面测试的最佳时段[1]，选择晴朗微风的天气进行了试验。墙体外观、相应墙体混凝土芯柱布置及试验结果见图 5～图 20。

从图 7 的红外热像可以看出，由于所测墙体外侧有遮蔽物（落水管、栏杆等），所以试验结果受到了影响。图 8 是在模型内北半部拍摄的热像图，混凝土芯柱的不完整不连续情况清晰可见。但是，最左侧的低温区是由于外部影响造成的，该位置并未设置芯柱。

图 11 和图 12 是南墙的试验结果，南外墙除在左下角有局部树影外，整个墙面与热像

535

图5 东墙外观

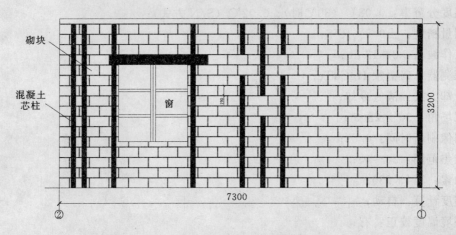

图6 东墙内混凝土芯柱分布（单位：mm）

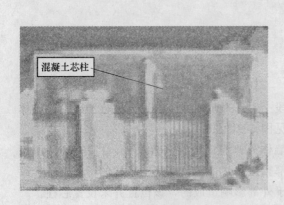

图7 东墙热像图

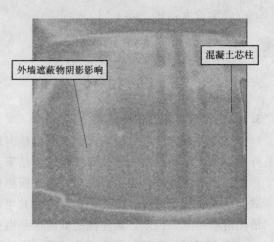

图8 东墙内（北半部）热像图

图 9　南墙外观

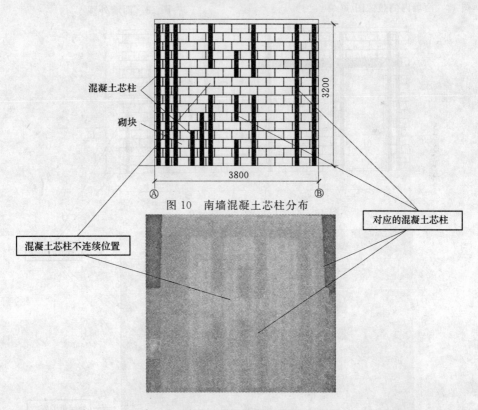

混凝土芯柱

砌块

3200

3800

Ⓐ　　　　Ⓑ

图 10　南墙混凝土芯柱分布

对应的混凝土芯柱

混凝土芯柱不连续位置

图 11　南墙外侧热像图

仪之间没有其他物体遮挡，热像图很清晰，图 11 和图 10 的混凝土芯柱形状有很好的对应关系。图 12 是在模型内拍摄的南墙芯柱分布情况，由于是在墙的内侧测试，所以，图像中的芯柱与图 10 是关于 A 轴的镜像关系。从图 12 还可以看出，并未发现靠近墙两侧的芯柱。原因是在模型内测试时，两边的芯柱已经不在仪器的"视野"之内。

在试验过程中，还发现在模型内拍摄热像的最佳时段要比在模型外的拍摄最佳时段推迟 30min 左右。这是由于外辐射热传递到墙体内表面时需要一定的时间。

图 12　南墙内侧热像图

图 13　西墙外观

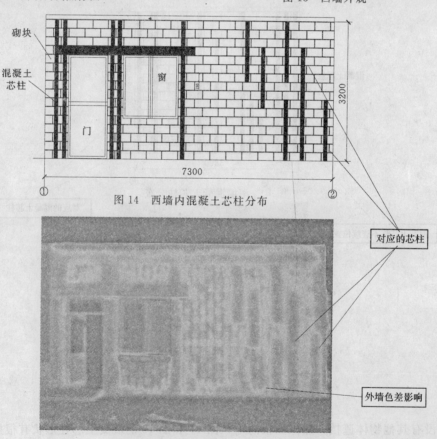

图 14　西墙内混凝土芯柱分布

图 15　西墙热像图

图 15 和图 16 是西墙试验结果，图 16 热像中的芯柱与图 14 西墙内侧南半部是关于 2 轴的镜像关系。两张热像图中混凝土芯柱与图 14 设置的芯柱范围形状完全相符。试验中

发现外墙表面颜色差异较大时，会对试验结果产生影响。

图 19 和图 20 是北墙的试验结果，由于北墙是作为内墙设置的，所以，其测试结果与其他墙面有相当大的差别。图 19 是在室温迅速升高时测得的红外热像图，从图中可以大体上看到所测范围的芯柱形状和位置，但是，受到了阳光的影响，导致图中的左下部分温度很高。待阳光的影响减弱后，拍摄到了图 20 所示的热像，其结果说明室内温差很小，内墙表面的热量很快就达到了平衡。表现在热像图上则为不能确定芯柱位置和形状的画面。因此，对于内墙来说，欲找到容易分辨芯柱的测试最佳时段是比较困难的。

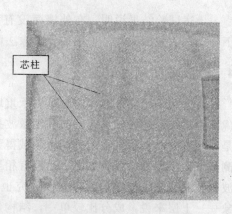

图 16　西墙内（南半部）热像图

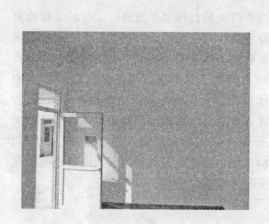

图 17　北内墙外观

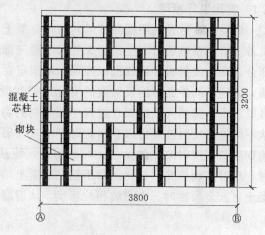

图 18　北墙内混凝土芯柱分布

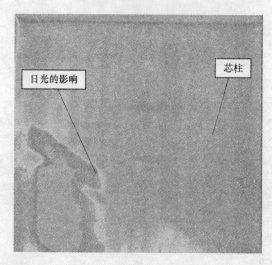

图 19　北墙热像图（一）

图 20　北墙热像图（二）

上述试验结果说明，在外墙面没有大的颜色差异和仪器与墙面之间无遮蔽物的前提下，选择适宜的天气，采用红外热像法可以对砌块结构芯柱灌筑质量进行检测。

4 微波辅助测试试验

考虑到采用红外热像法对室内承重墙内芯柱测试的困难，以及采用其他方法对红外热像法测试结果的校核，我们又利用微波技术对模型进行了试验。微波探测技术最早的应用是在军事方面，后来在地质调查领域得到了普及，目前使用微波探测地质分布情况以及探测地下设施埋设位置等方面，已经有相当多的研究论文发表。一些国家在建筑领域使用微波检测混凝土结构缺陷的探索性研究也只是近些年来的事。结构混凝土相对地质探测对象——土层来说，成分比较单一，结构致密，含水量低，适于电磁波的传播。微波检测装置——雷达具有检测速度快、分辨率高、单面检测、操作简便等优点，适用于大面积和小截面构件的快速质量扫查。

4.1 雷达工作原理

混凝土雷达是利用微波技术对构件混凝土内不可见的目标和界面进行定位的无损检测设备。雷达系统通常由主机、天线和电源三部分组成，其中天线又包括发射机和接收机两部分，通常发射机和接收机以固定距离固定在屏蔽的天线盒内。我们可以用微波在地下传播，遇到不同界面时的反射波的变化来描述微波探测的工作原理（见图21）。从图21中可以看出，探测天线在扫查过程中探测到的物体材质、大小和形状可由反射波形来推定。从不同界面反射波还可以看出，对于垂直入射波，波从介电常数小的物质射入介电常数大的物质时，反射波相位反相。与此相反，波从介电常数大的物质射入介电常数小的物质时，反射波相位并不变化。对于钢筋混凝土结构来说，波由孔洞等缺陷射入混凝土或由混凝土射入金属物时，电磁波相位相反，从混凝土射入孔洞时波相位并不变化。

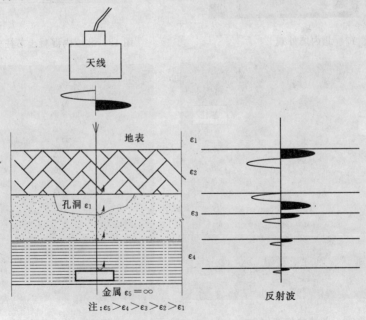

图 21 检测中雷达反射波变化示意图[3]

540

实际检测时一般根据混凝土构件尺寸和所探测缺陷的大小来选择天线。波长比较短的天线指向性和分辨率比较好。但是，信号容易衰减，有效探测距离小。波长较长的天线所发射的微波可以到达混凝土中较深的地方，可是分辨率会降低，无法判断较小尺寸的缺陷。因此，需要综合考虑检测对象和检测深度选择适宜的波长。检测对象内部缺陷位置，可以根据发射信号与接收信号的 Δt（双程走时）以及电磁波在混凝土中的传播速度 v，计算出目标物所处的深度 D。

$$D = 1/2v \times \Delta t$$

4.2 试验过程和试验结果

在试验中我们采用了瑞典 MALA 公司生产的 CX10 雷达仪。仪器的主要技术指标如下：

CX10 主机：

脉冲重复频率：100kHz；

A/D 转换：16 位；

时间稳定性：≥60ps；

采样频率：6～700 GHz；

采集模式：距离/时间/手动；

时窗：0～70ns；

控制装置：组合式旋转按钮；

屏幕：高亮度液晶显示器；

工作温度：－20～＋50℃；

数据下载：USB1；

1.2GHz 天线：

中心频率：1.2GHz；

尺寸：190mm×115mm×110mm；

重量：1.0kg。

试验时首先在墙面不同的高度上（距地面 0.5m、1.5 m、2.5 m），沿水平方向探测混凝土芯柱的位置。然后，再在芯柱的位置沿芯柱轴向探测混凝土芯柱是否灌筑完整。

经过对各墙体采集的微波信号分析处理后，得到如图 22～图 25 的判断结果。该结果与试验模型预设的缺陷相吻合。但是，由于雷达仅能探测天线正下方的目标，所以，天线未到达的墙角位置的芯柱没能探测到，也就是说由于结构形式的问题，雷达探测会有一些"死角"。

微波的辅助测试试验结果与红外线的试验结果是一致的，辅助测试进一步增强了红外线检测结果的可靠性。通过采用红外线、微波这两种测试方法即通常所说的综合法，大大提高了对砌块结构混凝土芯柱灌筑质量的检测精度。

从微波试验结果可以看出，微波测试也有一定的弱点。首先是测试时需要将雷达天线接触测试对象，因此，对外墙外侧测试时需要有脚手架。其次是对墙体内侧测试时，测不到墙体转角部位设置的芯柱。再有，微波检测结果的表达不够直观，有待进一步的研究。目前作为红外线检测的校核测试手段较为合适。

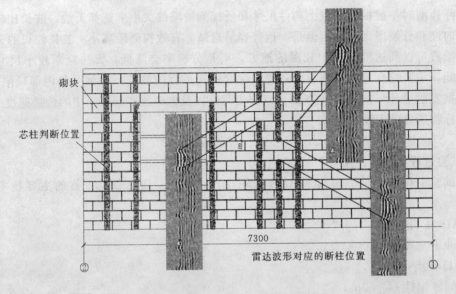

图 22 东墙混凝土芯柱试验结果（单位：mm）

注：所有雷达测试试验均在模型内进行，为了使其测试结果与红外线试验结果能够在同一侧画面上比较，其图示结果做了镜像处理。能够在模型内探测的芯柱均进行了测试，由于版面限制等，只给出1根或几根芯柱的雷达波。图中芯柱判断位置即为雷达检测出存在芯柱的位置。

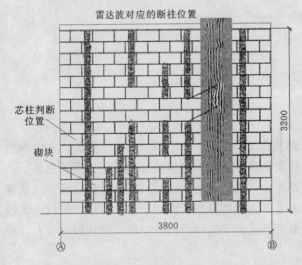

图 23 南墙混凝土芯柱试验结果（单位：mm）

5 工程应用

某住宅楼为砌块结构，竣工后交业主使用，住宅外观见图 26。业主在做内装修时发现承重墙多处芯柱位置只配有钢筋而没有灌筑混凝土（见图 27），所以业主委托我们进行现场检测。

采用红外线和微波相结合的方法对整栋建筑进行了芯柱完整性检测。现以住宅西山墙为例介绍上述技术的应用情况。西山墙外观见图 28 和图 29。

红外线检测选择下午 3 时～4 时在室外进行，微波辅助检测在室内进行。热像图见图 30 和图 31，实测芯柱设置位置见图 32。

为进一步验证检测结果的正确性，在判断有芯柱和断柱的位置分别钻取直径为 20mm 的芯样（见图 33 和图 34）。在判断有芯柱的位置取到了混凝土芯样（见图 35），而在断柱的地方当空心钻头钻入砌块后，未发现有混凝土存在。钻芯结果证明了红外线—雷达综合法检测结果是正确的。

542

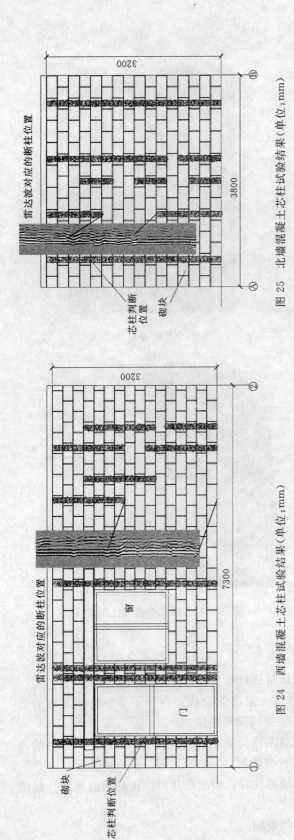

图 24　西墙混凝土芯柱试验结果（单位：mm）

图 25　北墙混凝土芯柱试验结果（单位：mm）

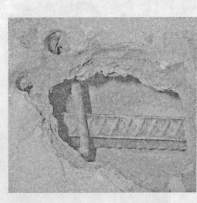
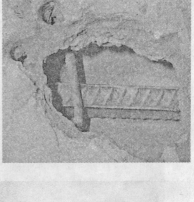

图 27　承重墙芯柱位置只配有钢筋而没有浇筑混凝土

图 26　住宅外观

543

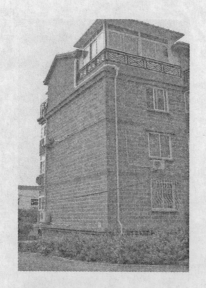

图 28　西山墙外观（1）

图 29　西山墙外观（2）

图 30　红外线热像原始数据

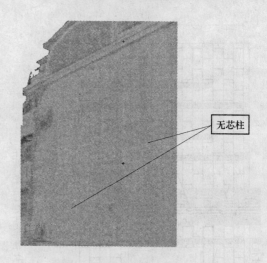

无芯柱

图 31　红外线热像图（处理后）

6　研究结论

（1）红外线可以对砌块结构的芯柱灌筑质量进行检测。

（2）微波检测配合红外线检测法即红外线—微波综合法，弥补了单一检测方法的弱点，通过检测过程中的相互校核，可以大大地提高检测精度。

（3）红外线适用于大面积的砌块结构外墙芯柱检测，而微波适用于砌块建筑各层的内墙芯柱检测和对红外线外墙芯柱检测结果的校核检测。

（4）在砌块结构内部采用红外线检测外墙芯柱时，检测最佳时段比外墙检测最佳时段迟 30min 左右。

（5）红外线检测时，应注意外墙面色差的影响。

544

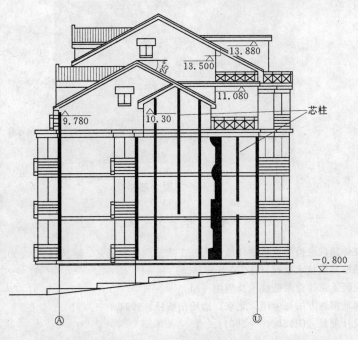

图 32　实测芯柱设置位置

图 33　在判断有芯柱和断柱的
位置分别钻取芯样

图 34　钻取芯样

（6）在砌块结构内部检测混凝土芯柱时，红外线和微波均有检测盲区。

（7）微波检测结果在表达方面还需要进一步的研究。

（8）采用红外线—微波综合法检测砌块结构外墙，不需要搭建脚手架，只需要很少的人力就可以完成现场工作，检测效率高。

（9）红外线—微波综合法解决了在建和旧有砌块结构芯柱质量无法非破损检测的问题。

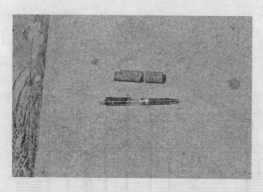

图 35　混凝土芯样

参 考 文 献

[1]　张荣成．红外热像法检测建筑物外墙饰面施工质量的试验研究．建筑科学，2002（1）.

[2]　外墙饰面粘贴质量技术规程（Q/JY 25—2003）．

[3]　王正成．混凝土雷达检测新技术及应用［M］．

[4]　李大心．探地雷达方法与应用．北京：地质出版社，1994.

[5]　砌体结构设计规范（GB 50003—2001）．